Regelungstechnik für Ingenieure

Serge Zacher · Manfred Reuter

Regelungstechnik für Ingenieure

Analyse, Simulation und Entwurf von Regelkreisen

16., überarbeitete und erweiterte Auflage

 Springer Vieweg

Serge Zacher
Stuttgart, Deutschland

Manfred Reuter
Kreuztal, Deutschland

ISBN 978-3-658-36406-9   ISBN 978-3-658-36407-6   (eBook)
https://doi.org/10.1007/978-3-658-36407-6

Die Deutsche Nationalbibliothek verzeichnet diese Publikation in der Deutschen Nationalbibliografie; detaillierte bibliografische Daten sind im Internet über http://dnb.d-nb.de abrufbar.

Planung/Lektorat: Reinhard Dapper
Springer Vieweg ist ein Imprint der eingetragenen Gesellschaft Springer Fachmedien Wiesbaden GmbH und ist ein Teil von Springer Nature.
Die Anschrift der Gesellschaft ist: Abraham-Lincoln-Str. 46, 65189 Wiesbaden, Germany

Vorwort zur 1. Auflage

Das vorliegende Buch stellt eine Einführung in die Grundlagen der Regelungstechnik unter besonderer Berücksichtigung der Laplace-Transformation dar und ist für Studenten an Fachhochschulen gedacht. Die zum Teil sehr ausführliche Darstellung soll, wenn nötig, auch ein selbständiges Einarbeiten in das Stoffgebiet ermöglichen. Zur Untersuchung der einzelnen Regelkreisglieder werden die klassischen Methoden wie: Differentialgleichung, Sprungantwort, Frequenzgang, Ortskurve und Bode-Diagramm angewandt. Diese sind die Voraussetzung für die in der modernen Regelungstheorie benutzten Verfahren der z-Transformation und der Betrachtung im Zustandsraum.

Nach der Einführung der Grundbegriffe der Steuerung und Regelung in Kapitel 1, wird in Kapitel 2 die mathematische Behandlung einzelner Regelkreisglieder erörtert. Ausgehend vom Zeitverhalten der Grundtypen von Regelkreisgliedern in Kapitel 3, werden in Kapitel 4 die Regelstrecken ausführlich behandelt. Für jede Streckenart werden sowohl elektrische als auch für den Maschinenbauer geeignete Beispiele durchgerechnet. Zur Ermittlung des charakteristischen Verlaufs der einzelnen Sprungantworten wird abwechselnd je ein Beispiel nach der klassischen und eines mittels Laplace-Transformation gelöst. Bei der Behandlung der Regeleinrichtungen (Kapitel 5) wird gleichzeitig deren typisches Verhalten an einfachen Regelstrecken untersucht. Über den Störfrequenzgang und die entsprechende Differentialgleichung werden deren Vor- und Nachteile, z. B. der Einfluß der einzelnen Reglerparameter auf die bleibende Regelabweichung und die Dämpfung aufgezeigt. Die für den Regelungstechniker wichtige Darstellung im Bode-Diagramm ist in Kapitel 6 zusammengefaßt. Zur Stabilitätsbetrachtung von Regelkreisen (Kapitel 7) werden die Kriterien von Hurwitz, Nyquist, die Behandlung im Bode-Diagramm und das Zweiortskurvenverfahren abgeleitet und an Beispielen ausführlich erläutert. Das Zweiortskurvenverfahren dient ferner der Behandlung von Nichtlinearitäten mittels der Methode der harmonischen Balance in Kapitel 9. Für verschiedene Nichtlinearitäten werden die Beschreibungsfunktionen abgeleitet. Anschließend werden in Kapitel 10 Zwei- und Dreipunktregler ohne und mit Rückführung erläutert. Das abschließende Kapitel 11 behandelt kurz die Wirkungsweise des Analogrechners. Ferner wird auf die Programmierung der wichtigsten Regler und Regelstrecken eingegangen. Den Anhang (Kapitel 12) bilden eine kurzgefaßte Ableitung der Laplace-Transformation sowie zusammenfassende Tabellen.

Zum Schluß möchte ich mich bei meinen Kollegen, den Herren Dipl.-Ing. E. Böhmer, Dipl.-Ing, W. Mengel und Dr.-Ing. W. Zimmermann bedanken, die mir durch Ratschläge und Anregungen geholfen haben. Ferner danke ich dem Verlag Friedr. Vieweg & Sohn und seinen Mitarbeitern, insbesondere Herrn A. Schubert für die stets gute Zusammenarbeit.

Siegen, im Januar 1972   *Manfred Reuter*

Vorwort zur 16. Auflage

Zum 50. Jahrestag des vorliegenden Buches erscheint nun die 16. Auflage. Ausgedrückt in Worten des Baulexikons, hat das Buch alle drei Stufen der Instandhaltung eines Gebäudes erfahren: *„Renovieren heißt Verschönern – Sanieren heißt Reparieren – Modernisieren heißt Verbessern.“* Zitat: Interlead GmbH, https://www.hausfrage.de

Das „stahlbetonfeste Fundament“ des Buches, das 1972 vom M. Reuter gelegt wurde, ist auch in der 16. Auflage unberührt geblieben. Das sind die Grundlagen der Regelungstechnik, die den Status „Klassiker“ verdient haben, nämlich: das Kapitel 1 mit Einführung in die Steuerung und Regelung; die Kapitel 2 bis 5 sowie das Kapitel 7 mit mathematischer Behandlung von einzelnen Regelkreisgliedern und des gesamten linearen Regelkreises in Zeit-, Laplace- und Frequenzbereichen. Später, 2010, in der 13. Auflage, hat sich hierzu das Kapitel „Zustandsregelung“ eingesiedelt.

Sanierung fand 2002 in der 10. Auflage statt, in deren Vorwort man durchlesen kann: „Die vorliegende Auflage stellt in zweifacher Hinsicht eine Zäsur dar. Zum einen sind es nun zwei Autoren und zum anderen wurden neue zukunftsorientierte Verfahren der intelligenten Regelung in das bisherige Konzept aufgenommen… Hier werden die Grundlagen der Programmierung und Regelkreisanalyse mit *MATLAB®/SIMULINK*, die modell- und wissensbasierten Verfahren wie Smith-Prädiktor und Neuro-Fuzzy vorgestellt… Die Kapitel 2 bis 7 sowie 9 und 10 wurden aktualisiert, … zum Teil neu strukturiert und erhielten eine straffere Darstellung. Sie vermitteln in ihrer Breite ein solides Fundament für die Analyse von linearen, nichtlinearen und unstetigen Regelungen… Praktische Einstellverfahren sowie die Vermaschte- und Mehrgrößenregelung fanden in Kapitel 8 Eingang in das Buch. Das Kapitel zur digitalen Regelung behandelt den aktuellen Standard heutzutage eingesetzter Techniken… Somit liegt mit diesem Buch ein umfassendes Werk zur Regelungstechnik vor, das einen Bogen von den klassischen Methoden bis hin zu den zukunftsorientierten Verfahren spannt.“

Renovierung: In der 16. Auflage sind die seit 2013 entwickelten Bus-Konzept zu einer perfekten Entkopplung von Mehrgrößenregelkreisen sowie die Verfahren der intelligenten Regelung SPFC und ASA wieder auf neuesten Stand gebracht.

Modernisierung: Vollkommen neu in der vorliegenden Auflage sind:

- das Kapitel 14 zu einer revolutionierenden Regelung mit Data Steam Management;
- die Stabilitätsanalyse nach Zwei-/ Drei-Bode-Plots-Verfahren (Kapitel 6), mit denen das 1940 angebotene Zweiortskurvenverfahren zum zweiten Leben gerufen ist;
- die modellbasierten Verfahren Bode-aided-Design, Surf-Feedback-Control, digitaler Dead-Beat-Regler und die Regelung mit dem „regelungstechnischen Neuron“.

Zum Schluss möchte ich meinen herzlichen Dank für die freundliche Atmosphäre und konstruktive langjährige Zusammenarbeit den beteiligten Mitarbeitern des Springer Vieweg Verlags aussprechen, insbesondere dem Cheflektor Elektrotechnik/ IT/ Informatik, Herrn *Reinhard Dapper*, und der Editorial-Assistentin, Frau *Andrea Brossler*.

Stuttgart, im Oktober 2021 *Serge Zacher*

Inhaltsverzeichnis

Formelzeichen

A	Fläche, Querschnitt, Schwingungsamplitude, Gewindesteigung
$\boldsymbol{A}$	Systemmatrix bzw. Dynamikmatrix
$\boldsymbol{A}_M$	Systemmatrix des Beobachters
$A_1, A_2...$	Koeffizienten der charakteristischen Gleichung $P(w)$
A_R	Betragsreserve (Amplitudenreserve)
$a_0, a_1...$	Koeffizienten der Differentialgleichung, der Fourier-Zerlegung, der z-Übertragungsfunktion, Beiwerte der Eingangsgröße und deren Ableitungen
$\boldsymbol{B}$	Steuermatrix bzw. Eingangsmatrix
b	Dämpfungskonstante
$b_0, b_1...$	Koeffizienten der Differentialgleichung, der Fourier-Zerlegung, der z-Übertragungsfunktion, Beiwerte der Ausgangsgröße und deren Ableitungen
C	Kapazität, Kondensator, Integrationskonstante, Konzentration
$\boldsymbol{C}$	Beobachtungsmatrix bzw. Ausgangsmatrix
C_0	Koppelfaktor, Koeffizient,
$\boldsymbol{C}_0$	Controlability Matrix, Steuerbarkeitsmatrix
c	Federkonstante, spezifische Wärme
D	Dämpfungsgrad, Determinante
d	Dicke, Sollwert eines Neuronausgangs
$\boldsymbol{d}$	Störgrößenvektor
E	Fehler eines künstlichen neuronalen Netzes
e	Regeldifferenz
$e(\infty)$	bleibende Regeldifferenz $e(t)$ bei $t \rightarrow \infty$
F	Kraft
f	Funktion, Frequenz
G	Erfüllungsgrad einer Fuzzy-Regel, auch Matrix
$G(j\omega)$	Frequenzgang
$|G(j\omega)|_{dB}$	Amplitudengang in dB
$G(s)$	Übertragungsfunktion
$G(z)$	z-Übertragungsfunktion
$G_{gesch}(s)$	Übertragungsfunktion des geschlossenen Kreises
$G_H(s)$	Übertragungsfunktion des Haltegliedes
$G_{HS}(z)$	z-Übertragungsfunktion Halteglied/Strecke
$G_0(s)$	Übertragungsfunktion des aufgeschnittenen Kreises
$G_M(s)$	Übertragungsfunktion des gewünschten Regelverhaltens

$G_R(s)$	Übertragungsfunktion der Regeleinrichtung
$G_S(s)$	Übertragungsfunktion der Regelstrecke
$G_v(s)$	Übertragungsfunktion des Vorfilters
$G_{vorw}(s)$	Übertragungsfunktion des Vorwärtszweigs
$G_w(s)$	Führungsübertragungsfunktion
$G_z(s)$	Störübertragungsfunktion
g	Gewichtsfunktion, Erdbeschleunigung
H	Höhe, Füllstandshöhe, magnetische Feldstärke
$\boldsymbol{H}$	Systemmatrix eines Systems mit Zustandsrückführung
h	Abstand, Höhe (Abweichung vom Arbeitspunkt), Übergangsfunktion
$\boldsymbol{I}$	Einheitsmatrix
i	Strom
i_a	Ankerstrom
i_e	Erregerstrom
J	Massenträgheitsmoment, auch Funktional, Integralkriterium
j	imaginäre Einheit $j = \sqrt{-1}$
K	Übertragungsbeiwerte, Koeffizienten, Konstante
$\boldsymbol{K}$	Zustandsrückführung
K_D	Differenzierbeiwert
$\boldsymbol{K}_d$	Störgrößenaufschaltung
K_I	Integrierbeiwert
K_{kr}	kritischer Proportionalbeiwert
K_0	Kreisverstärkung
K_P	Proportionalbeiwert
K_{PM}	Proportionalbeiwert des Modells
K_{PR}	Proportionalbeiwert des Reglers
K_{Pr}	Proportionalbeiwert des *Smith*-Prädiktors
K_{PS}	Proportionalbeiwert der Strecke
K_{Pw}	Proportionalbeiwert des geschlossenen Kreises (Führungsverhalten)
K_{PSy}	Proportionalbeiwert der Strecke beim Stellverhalten
K_{PSz}	Proportionalbeiwert der Strecke beim Störverhalten
K_S	Übertragungsbeiwert der Strecke
$\boldsymbol{K}_y$	Ausgangsrückführung
k	Wärmedurchgangszahl, Konstante
L	Leistung, Induktivität, Länge
$\boldsymbol{L}$	Rückführung des Beobachters

$L[...]$	Laplace-Transformierte von [...]
l	Länge
M	Masse, Moment
m	Ordnung des Zählerpolynoms der Übertragungsfunktion, Masse
N	Vorfilter, Scaling Factor, Windungszahl einer Wicklung
$N(s)$	Nennerpolynom
$N(\hat{x}_e)$	Beschreibungsfunktion
n	Drehzahl, Anzahl von Halbwellen, Ordnung der Übertragungsfunktion
n_i	Anzahl der Pole auf der imaginären Achse
n_l	Anzahl der Pole in der linken s-Ebene
n_r	Anzahl der Pole in der rechten s-Ebene
$\boldsymbol{O}_b$	Observability Matrix, Beobachtungsmatrix
P	Leistung, Druck
$\boldsymbol{P}$	Vektor der Polstellen
$P(w)$	Polynom der charakteristischen Gleichung im w-Bereich
$P(z)$	Polynom der charakteristischen Gleichung im z-Bereich
P_e	elektrische Heizleistung
p	Druck, Polstelle
Q	Wärmemenge, Durchflußmenge, Güteindex
$\boldsymbol{Q}$	positiv semidefinite symmetrische Matrix
Q_{abs}	Betrag der linearen Regelfläche
Q_{ITAE}	zeitgewichtete Betragsfläche
Q_{lin}	lineare Regelfläche
Q_{qrs}	quadratische Regelfläche
q	Durchfluss
R	elektrischer bzw. magnetischer Widerstand, Gaskonstante
$\boldsymbol{R}$	positiv definite symmetrische Matrix
R_F	statischer Regelfaktor
r	Radius
$S_0, S_1...$	Schnittpunkte der Ortskurve bzw. des Bode-Diagramms
$\boldsymbol{S_B}$	Beobachtbarkeitsmatrix
$\boldsymbol{S_M}$	Modellmatrix, Matrix des Beobachters
$\boldsymbol{S_S}$	Steuerbarkeitsmatrix
s	komplexe Variable $s=\sigma+j\omega$
s_N	Nullstellen
s_P	Polstellen

T	Zeitkonstante, Periodendauer
T_A	Abtastzeit
T_{an}	Anregelzeit
T_{aus}	Ausregelzeit
T_E	Ersatzzeitkonstante
T_e	Schwingungsperiode
T_g	Ausgleichszeit
T_h	Länge des Prädiktionshorizontes
T_I	Integrierzeit
T_M	Zeitkonstante des Modells
T_n	Nachstellzeit
T_R	Verzögerungszeitkonstante des Reglers
T_t	Totzeit
T_u	Verzugszeit
T_v	Vorhaltzeit
T_w	Zeitkonstante eines geschlossenen Regelkreises
t	Zeit
t_a, t_e	Ausschaltzeit, Einschaltzeit
t_w	Koordinate des Wendepunktes
t_{10}, t_{50}	Zeitpunkte für die Regelgröße von 10%, 50% stationäres Wertes
U	Spannung
u	zeitlich veränderliche Spannung (Abweichung vom Arbeitspunkt), auch Eingangsgröße
$\boldsymbol{u}$	Eingangsvektor bzw. Stellgrößenvektor
u_D	Differenzspannung des Operationsverstärkers
V	Ventil, Volumen, Verstärkungsgrad
$\boldsymbol{V}$	Hilfsmatrix zur Ermittlung der Ausgangsrückführung
$V(s)$	Übertragungsfunktion einer Mehrgrößenstrecke in V-kanonischer Struktur
v	Geschwindigkeit, Ausgang eines verdeckten Neurons
v	Transferfunktion eines Neurons
W	Gewicht eines Neurons
w	Führungsgröße, Sollwert, Operator der bilinearen Transformation
w_0	Höhe des Sollwertsprungs
X	Regelgröße, Weg
X_h	Regelbereich
x	Regelgröße (Abweichung vom Arbeitspunkt), Weg

x	Zustandsvektor
$x(t)$	Sprungantwort
$x(0)$	Anfangswert bei $t = 0$
$x(\infty)$	Beharrungswert bei $t \to \infty$
x_a, x_e	Ausgangsgröße, Eingangsgröße (allgemein)
$\hat{x}_a$	Amplitude der Ausgangsgröße
x_B	Sättigungszone
x_E	Endwert
x_{e0}	Eingangssprung
$\hat{x}_e$	Amplitude der Eingangsgröße
$2x_L$	Hysteresebreite
x_{MA}	Mittelwertabweichung
x_m	Überschwingweite
$2x_0$	Schwankungsbreite
x_r	Rückführgröße
x_{ref}	Referenzgröße
x_s	Sollwert
x_t	tote Zone
x_{50}	Zeit-Prozentkennwert
Y_h	Stellbereich
Y_0	Stellgröße im Arbeitspunkt
y	Stellgröße
y	Ausgangsvektor
y_R	Stellgröße am Ausgang der Regeleinrichtung
Z	Impedanz
$Z[...]$	z-Transformierte von [...]
$Z(s)$	Zählerpolynom
Z_0	Störgröße im Arbeitspunkt
z	Störgröße, komplexe Variable bei z-Transformation, Nullstelle bei Matlab
z_0	Höhe des Störsprungs
α	Abklingkonstante, Aktivierung, Konstante der Korrespondenztabelle, Skalierungsfaktor, Winkel, Winkelposition
β	Kennkreisfrequenz, Kreisfrequenz des ungedämpften Systems, Zeitskalierungsfaktor, auch Aktivierung eines Neurons
γ	spezifisches Gewicht
Δ	Kennzeichnung von Größenänderung
δ	Impulsfunktion, Nadelimpuls

η	Zähigkeit von Gasen, Lernschrittkonstante
θ	Schwellenwert
ϑ	Temperatur
λ	Wurzel der homogenen Differentialgleichung, Eigenwerte, auch Wärmeleitfähigkeit
$\mu(...)$	Zugehörigkeitsfunktion
ρ	Dichte
σ	Einheitssprung
τ	Zeit, Maschinenzeit
υ	Anzahl der Schnittpunkte der Ortskurve bzw. des Phasengangs
Φ	Wärmestrom, Fluss, Erregerfluss
φ	Winkel, Phasenverschiebungswinkel
φ_{Rd}	Phasenreserve
$\varphi(\omega)$	Phasengang
ω	Kreisfrequenz, Winkelgeschwindigkeit
ω_d	Durchtritts(kreis)frequenz
ω_E	Eck(kreis)frequenz
ω_e	Eigenkreisfrequenz
ω_{kr}	kritische Kreisfrequenz

Indizes

A	Anker-
a	Abfluss- , Ausbreitung-
akt	aktueller Wert
C	Feder- , Kondensator-
D	Dämpfer- , Differenzier-
F	Filter-
f	Feder-
G	Gewicht-
HT	Höher-Tiefer
M	Motor- , Moment-, auch Modell-
m.R.	„mit Regler"-Verhalten
n	negativ
0	Anfangspunkt-, Arbeitspunkt-, aufgeschnittener (offener) Kreis, Leerlauf
o.R.	„ohne Regler"-Verhalten
p	positiv
TG	Tachogenerator-
W	Wasser-

1 Einleitung

Die Regelungstechnik gehört zu den Grundlagenfächern der Ingenieurwissenschaften, die sich mit der selbsttätigen Regelung einzelner Arbeitsvorgänge sowie geschlossener Produktionsabläufe befasst. Die zunehmende Automation ist durch die rapide Verbreitung von Regelungssystemen und durch eine Expansion ihres Anwendungsbereiches gekennzeichnet. Mit Hilfe von Prozessrechnern werden auch komplexere Regelalgorithmen digital realisiert. Durch die Bustechnologie und die Vernetzung ist es heute möglich kompliziertere Systeme zu regeln, als dies mit den klassischen Regeleinrichtungen möglich war.

Das Wesentliche einer Regelung besteht in einem *Rückkopplungszweig*, der dazu dient, die zu regelnde Größe (die *Regelgröße*) von Störeinflüssen unabhängig zu machen, so dass sie stets einen vorgegebenen Wert beibehält. In technischen Anlagen sind die zu regelnden Größen physikalischer Natur, so z. B. Druck, Temperatur, Drehzahl, Durchfluss, Flüssigkeitsstand, Strom, Spannung usw.

Der Beginn der Regelungstechnik lässt sich nicht genau datieren. Bereits 1765 hat *Polsunow* einen Regler zur Wasserstandsregelung in einem Kessel über Schwimmer und Absperrklappe erfunden. Eine größere Bedeutung erlangte der 1788 von *James Watt* erfundene *Zentrifugalregulator*, der zur Drehzahlregelung von Dampfmaschinen benutzt wurde.

Wie **Bild 1.1** zeigt, besteht der Zentrifugalregulator aus zwei Massen 1, die durch die Arme 2 pendelnd gelagert sind. Bei Rotation der Welle 3 werden die beiden Massen infolge der Zentrifugalkraft nach außen bewegt. Diese Kraft wirkt über das Gestänge 4 auf die Muffe 5. Als Gegenkraft ist die Feder 6 wirksam, die der durch die Zentrifugalkraft auf die Muffe ausgeübten Kraft das Gleichgewicht hält. Einer bestimmten Federspannung entspricht eine ganz bestimmte Drehzahl.

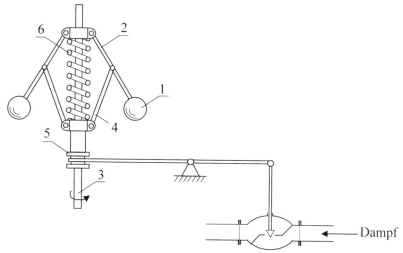

Bild 1.1   Zentrifugalregulator

© Springer Fachmedien Wiesbaden GmbH, ein Teil von Springer Nature 2022
S. Zacher und M. Reuter, *Regelungstechnik für Ingenieure*,
https://doi.org/10.1007/978-3-658-36407-6_1

Nimmt aus irgendeinem Grund die Dampfzufuhr zu und damit die Drehzahl, so wird infolge der größeren Zentrifugalkraft die Feder stärker gespannt, die Muffe angehoben und das Ventil etwas geschlossen. Dadurch wird die Dampfzufuhr gedrosselt, bis die ursprüngliche Drehzahl wieder erreicht ist. Sinkt nun infolge einer höheren Belastung die Drehzahl ab, so würde bedingt durch die Rückkopplung das Ventil so weit geöffnet, bis der durch die Feder eingestellte Sollwert wieder erreicht wird.

Die erste vollständige Theorie des Regelkreises gelang (1868) *Clerk Maxwell* und (1877) *Wyschnegradski*. Später, bei der Regelung von Wasserturbinen, wurde festgestellt, dass beim Auftreten einer äußeren Störung eine unerwünschte Erscheinung in einem Regelkreis auftreten kann, die gegebenenfalls zur Zerstörung der Anlage führt und wird. Diese Erscheinung wurde als *Instabilität* bezeichnet und wurde zuerst von *Routh* (1877) und *Hurwitz* (1895) theoretisch gelöst.

Später wurde eine weitere Zahl von *Stabilitätskriterien* entwickelt, mit deren Hilfe es möglich ist, die Bedingungen festzustellen, die zur Instabilität führen und welche Maßnahmen zu treffen sind, um dies zu beseitigen. Diese Entwicklung wurde stark von der Elektrotechnik geprägt, da die Regeleinrichtungen aus analogen Bauelementen wie Operationsverstärker bestanden.

Mit *Konrad Zuse*, der den ersten freiprogrammierbaren digitalen Computer der Welt fertig stellte, fängt der Umbruch der Regelungstechnik an. Mit *Richard Morley* kommt 1958 die erste SPS auf den Markt und revolutioniert die Technik von analog zu digital. Heute sind Automatisierungssysteme ohne Mikroprozessoren, Computer und speicherprogrammierbaren Steuerungen (SPS) undenkbar. Ein Produktionssystem lässt sich als Pyramide, wie im **Bild 1.2** gezeigt, darstellen.

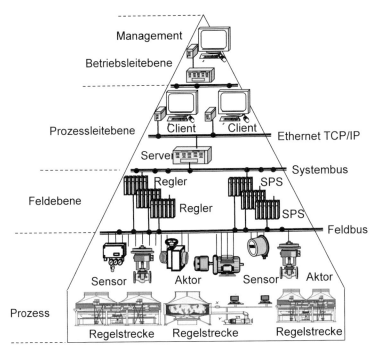

Bild 1.2   Produktionssystem als Automatisierungspyramide

Erst im 20. Jahrhundert entdeckte man, angeregt durch die Erfolge der Regelungstechnik, dass die Prinzipien der Regelung nicht allein auf technische Vorgänge beschränkt sind, sondern ebenso im biologischen und sozialen Bereich auftreten. Betrachten wir z. B. den menschlichen Körper, so werden Blutdruck, Blutzuckergehalt, Körpertemperatur usw. ständig durchmessende und regulierende Organe in engen Grenzen konstant gehalten. Auch im Zusammenleben verschiedener Lebewesen finden wir regelnde Gesetzmäßigkeiten. So fressen z.B. die Haie die Schollen. Gibt es aus irgendeinem Grund zu viele Schollen, so sind die Lebensbedingungen der Haie besonders günstig. Sie vermehren sich also. Eine größere Anzahl von Haien bedeutet eine Verminderung der Anzahl der Schollen und damit eine Verschlechterung der Lebensbedingungen der Haie, die sich dann ebenfalls wieder reduzieren. Nach einigen Pendelungen stellt sich ein stabiles Gleichgewicht ein, bis eine neue Störung auftritt.

All diese, in den verschiedensten Wissensgebieten, wie Technik, Biologie, Psychologie, Soziologie, Ökonomie usw. auftretenden analogen Probleme und Gesetzmäßigkeiten legen eine übergeordnete Wissenschaft nahe, für die *Norbert Wiener* (1948) den Begriff *Kybernetik* prägte.

Die Kybernetik, als verbindende Brücke zwischen den Wissenschaften gedacht, hat sich nicht als eine selbständige, übergeordnete Disziplin durchsetzen können. Nur in der Biologie versuchte die *Bio-Kybernetik* die im menschlichen Gehirn stattfindenden Vorgänge durch Modelle zu simulieren und zu erklären. 1962 veröffentlicht *Frank Rosenblatt* sein Konzept der Neurodynamik. 12 Jahre später wurde der erste computergesteuerte Roboter entwickelt. Wenn diese und die nachfolgenden Rechenautomaten auch partiell leistungsfähiger sind, so ist die Analogie mit den Regelvorgängen in der Biologie doch nur unvollkommen. Die Verhältnisse in der Biologie sind weit komplizierter, weil an der Regelung einer einzigen Größe sehr viele Faktoren beteiligt sind und eine gegenseitige Abhängigkeit vieler Regelkreise besteht.

Heute werden die Untersuchungen in diesem Bereich von *Computational Intelligenz* oder *Soft-Computing* übernommen. Darunter versteht man Fuzzy-Logik, künstliche neuronale Netze, genetische Algorithmen, Data Mining, Image-Prozessing und andere Methoden, mit dem Bestreben, Regelalgorithmen zu finden, deren Funktionen dem menschlichen Verhalten immer ähnlicher werden.

1.1 Das Prinzip der Regelung

Die Wirkungsweise und die Begriffe der Regelung sollen an einem einfachen, oft zitierten Beispiel behandelt werden.

Raumtemperaturregelung

Es soll die Temperatur ϑ_{ist} in einem Raum auf einem vorgegebenen Wert ϑ_{soll} (dem Sollwert) gehalten werden. Die Wärmezufuhr erfolgt durch Dampf oder Heißwasser über einen Radiator.

Ohne Regler müsste man zunächst ein Thermometer in den Raum bringen, um festzustellen, ob die gewünschte Temperatur ϑ_{soll} vorhanden ist. Liegt der Istwert ϑ_{ist} unterhalb des Sollwertes ϑ_{soll} dann wird man das Heizkörperventil mehr aufdrehen.

Im umgekehrten Fall entsprechend zudrehen, bis die gewünschte Temperatur vorhanden ist ($\vartheta_{ist} = \vartheta_{soll}$). Die Differenz zwischen Soll- und Istwert nennt man *Regeldifferenz* ϑ_e, d. h. ($\vartheta_e = \vartheta_{soll} - \vartheta_{ist}$). Diese Art der Regelung, bei der der Mensch tätig ist, bezeichnet man als manuelle Regelung oder *Handregelung*.

Es ist nun zu untersuchen, weshalb an einem einmal richtig eingestellten Heizkörperventil überhaupt noch nachträglich Verstellungen zur Aufrechterhaltung der gewünschten Temperatur notwendig sind. Man erkennt leicht, dass sich z. B. die Außentemperatur ändern kann. Nehmen wir an, die Außentemperatur ϑ_a sinkt, so wird das Wärmegefälle ($\vartheta_{ist} - \vartheta_a$) größer und damit die Wärmeabgabe durch die Wände und Fenster; die Temperatur ϑ_{ist} fällt. Ferner kann es vorkommen, dass der Energiegehalt des Wassers oder des Dampfes schwankt und somit einer bestimmten Ventilstellung keine konstante Energiemenge pro Zeiteinheit zugeordnet werden kann. Weitere störende Einflüsse können entstehen durch das Öffnen von Fenstern oder durch Veränderung der Anzahl der im Raum befindlichen Personen.

All diese Einflüsse, die eine Abweichung von der geforderten Temperatur ϑ_{soll} verursachen, nennt man *Störgrößen*. Da diese Störgrößen nicht konstant sind, ist eine Regelung erforderlich, die sofort eingreift und die Wirkung der Störung beseitigt.

Um die Raumtemperatur von Hand auf den Sollwert ϑ_{soll} zu regeln, hatten wir folgende Funktionen auszuführen:

1. Messen der zu regelnden Größe

2. Vergleichen der Regelgröße mit dem Sollwert

3. Erzeugen eines geeigneten Stellbefehls

4. Verstellen des Stellorgans.

Um die Raumtemperatur selbsttätig zu regeln, müssen die erwähnten vier Funktionen einer *Regeleinrichtung* übertragen werden, wie in **Bild 1.3** schematisch gezeigt ist.

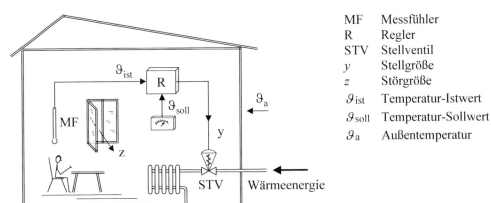

MF	Messfühler
R	Regler
STV	Stellventil
y	Stellgröße
z	Störgröße
ϑ_{ist}	Temperatur-Istwert
ϑ_{soll}	Temperatur-Sollwert
ϑ_a	Außentemperatur

Bild 1.3   Raumtemperaturregelung

Hierbei ist jedoch der Begriff des Messens allgemeiner zu fassen. Die Messgröße muss geeignet sein, als Eingangssignal der Regeleinrichtung zu dienen. Ist dies nicht der Fall, so muss die Messgröße erst in einem Messumformer entsprechend umgeformt werden. Beispielsweise verwendet man zur Durchflussmessung von Gasen oder Flüssigkeiten den Differenzdruck an einer Blende; oder zur Messung der Drehzahl die Spannung, die von einem Tachogenerator erzeugt wird.

Der eigentliche Regler besteht meistens aus einem *Verstärker* und einer *Einrichtung zur Erzeugung des gewünschten Zeitverhaltens*. Je genauer geregelt werden soll, desto empfindlicher muss der Regler auf eine Regeldifferenz reagieren. Die Energie der Regeldifferenz am Eingang des Reglers muss so verstärkt werden, dass am Ausgang genügend Energie zum Betätigen des Stellventils zur Verfügung steht. Unter dem Zeitverhalten eines Reglers versteht man die Reaktion des Reglers beim plötzlichen Auftreten einer Regeldifferenz, d. h. ob die Stellgröße sofort erzeugt wird oder erst nach einer gewissen Verzögerungszeit usw.

Verfolgt man nun die einzelnen Stufen des Regelvorganges, so stellt man fest, dass es sich um einen geschlossenen Kreis handelt, dem sogenannten *Regelkreis*, denn das Stellen wirkt immer wieder auf das Messen zurück. Der Rückkopplungszweig, der durch die Regeleinrichtung gebildet wird und den Messort mit dem Stellort verbindet, ist das wesentliche Merkmal einer Regelung.

1.2 Darstellung im Wirkungsplan

Die einzelnen Glieder des Regelkreises werden nach der DIN 19226 durch rechteckige Kästchen, *Block* genannt, symbolisiert (**Bild 1.4a**). Die Ein-/ Ausgangssignale werden durch Wirkungslinien dargestellt, deren Pfeilspitzen die *Wirkungsrichtung* angeben.

Zur genaueren Kennzeichnung wird in einem Block symbolisch angegeben, wie die Ausgangsgröße bei plötzlicher Änderung der Eingangsgröße reagiert. Außerdem werden die Stellen, an denen mehrere Signale zusammentreffen, durch eine Additionsstelle (**Bild 1.4b**) und Punkte, an denen eine Verzweigung eines Signals stattfindet, durch eine Verzweigungsstelle (**Bild 1.4c**) dargestellt.

Der gesamte Regelkreis lässt sich als Aneinanderreihung von Blöcken wiedergeben.

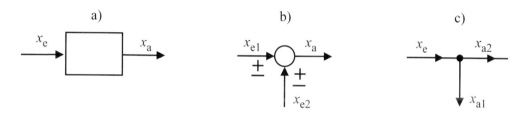

Bild 1.4 Elemente des Wirkungsplanes:
a) Blocksymbol

b) Additionsstelle $x_a = \pm x_{e1} \pm x_{e2}$

c) Verzweigungsstelle $x_{a1} = x_{a2} = x_e$

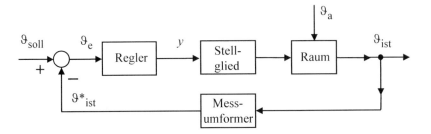

Bild 1.5   Wirkungsplan des Temperaturregelkreises

Diese Darstellung, welche die wirkungsmäßigen Zusammenhänge zwischen den Signalen wiedergibt, wie in **Bild 1.5** gezeigt, ohne gerätetechnische Einzelheiten zu berücksichtigen, wird nach der DIN 19226 als *Wirkungsplan* bezeichnet.

Generell kann man nun den Regelkreis in zwei Bereiche unterteilen. Der 1. Bereich ist durch die Anlage gegeben, in dem eine physikalische Größe geregelt werden soll, die sogenannte *Regelstrecke*. Der 2. Bereich ist der Teil, der dazu dient, die Regelstrecke über das Stellglied so zu beeinflussen, dass die Regelgröße den gewünschten Wert innehält, die sogenannte *Regeleinrichtung*. Zur Regeleinrichtung zählen also der *Messfühler*, der *Messumformer*, bei Bedarf der *Vergleicher*, der *Regler* und das *Stellglied*. Das Stellglied lässt sich sowohl der Regelstrecke als auch der Regeleinrichtung je nach Zweckmäßigkeit zuordnen (**Bild 1.6**).

Die Störgrößen können nun an verschiedenen Stellen des Regelkreises auftreten. In **Bild 1.6** ist nur eine Störgröße gezeichnet, die zusammen mit der Stellgröße der Regeleinrichtung y_R am Eingang der Strecke angreift. Dies ist aus folgendem Grund erlaubt: Sinkt die Störgröße z (Außentemperatur ϑ_a) und demzufolge die Regelgröße x (Innentemperatur ϑ_{ist}), so registriert der Messfühler eine Temperaturabnahme, kann aber nicht entscheiden, ob die Außentemperatur gesunken ist oder ob das Stellventil mehr zugedreht wurde. Ebenso registriert der Temperaturfühler eine Temperaturabnahme, wenn die zugeführte Wärmemenge pro Zeiteinheit abnimmt. Auch in diesem Fall kann der Messfühler nicht feststellen, ob der zugeführte Energieinhalt pro Zeiteinheit sich geändert hat oder das Stellventil verstellt wurde. Es ist also möglich, alle Störgrößen an den Stellort zu transformieren und als eine einzige Störgröße z zusammen mit der Stellgröße y_R am Eingang der Strecke angreifen zu lassen.

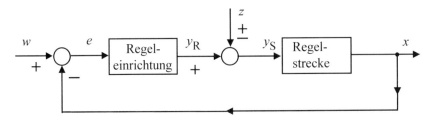

Bild 1.6   Vereinfachter Wirkungsplan eines Regelkreises

Einheitsbezeichnungen

Die in der Regelungstechnik zu regelnden Größen können sehr unterschiedlicher physikalischer Natur sein. Zur Vereinheitlichung werden die Regelgröße mit x_{ist}, der Sollwert mit x_{soll}, die Differenz zwischen x_{soll} und x_{ist} als Regeldifferenz e und die Stellgröße mit y bezeichnet, gleichgültig, ob es sich bei der zu regelnden Größe um die Temperatur in einem Glühofen, die Geschwindigkeit eines Walzgutes oder den pH-Wert einer Säure handelt. Ferner wird die Regelgröße x_{ist} einfach als x bezeichnet und anstelle des Sollwertes x_{soll} wird die Bezeichnung *Führungsgröße* w angewandt.

Wie wir noch sehen werden, interessieren bei einer Regelung weniger die Absolutwerte, sondern die Änderungen der Größen. Diese Änderungen werden im Gegensatz zu den Absolutwerten durch kleine Buchstaben gekennzeichnet.

1.3 Gerätetechnische Ausführung eines Regelkreises

Es gibt viele Möglichkeiten zur praktischen Verwirklichung der Regelung. Davon soll eine anhand der Positionsregelung einer Antenne behandelt werden (**Bild 1.7**). Der aktuelle Winkel α_x wird durch ein Potentiometer gemessen und in die Spannung U_x umgewandelt. Durch einen Vergleich mit dem Sollwert U_w wird die Spannungsdifferenz $U_e = U_w - U_x$ gebildet. Ist $U_w = U_x$ bzw. $U_e = 0$, bleibt der Motor stehen. Vergrößert sich der Winkel α_x, so vergrößert sich die Spannung U_x. Da die Sollwertspannung U_w konstant ist, entsteht dabei eine negative Spannung U_e. Diese Spannung verstärkt durch zwei Verstärkungsstufen (Regler, Leistungsverstärker) ergibt die Ansteuerung des Motors U_A. Der Motor bewegt die Antenne und den Gleitkontakt des Potentiometers bis $U_w = U_x$ bzw. der Winkel α_x dem Sollwert α_w gleich ist.

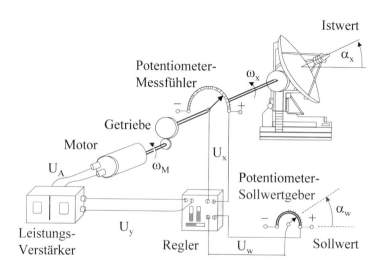

Bild 1.7 Gerätetechnische Ausführung der Positionsregelung einer Antenne

1.4 Das Prinzip der Steuerung

Unter bestimmten Voraussetzungen lässt sich eine Größe auch durch Steuern auf einem vorgegebenen Wert, der konstant oder zeitlich veränderlich sein kann, halten. Betrachten wir hierzu als Beispiel die Konstanthaltung der Winkellage einer Antenne durch Steuern unter der vereinfachenden Annahme, dass als einzig maßgebende Störgröße z die Schwankung der Windstärke auf die Antenne wirkt (**Bild 1.8**).

Zunächst sei das Steuergerät so eingestellt, dass der Antennenwinkel α_X gleich dem vorgegebenen Sollwert α_W ist und die Ansteuerungsspannung des Motors gleich Null ist. Tritt nun eine Zunahme der Windgeschwindigkeit (Störgröße z) auf, so würde ohne Steuergerät die Winkelposition der Antenne geändert. Mit Steuergerät wird die Zunahme der Windgeschwindigkeit durch den Messfühler dem Steuergerät sofort gemeldet und von diesem der Motor angesteuert. Die vorhandene Änderung der Position wird dadurch ausgeglichen und der Antennenwinkel konstant gehalten. Im Gegensatz zur Regelung handelt es sich um eine offene Wirkungskette (**Bild 1.9**).

Der Nachteil der Steuerung gegenüber der Regelung besteht darin, dass nicht alle Störgrößeneinflüsse eliminiert werden, sondern nur der, dessen Größe vom Steuergerät gemessen wird. Ferner ist Voraussetzung, dass das Verhalten der Strecke zahlenmäßig genau bekannt ist. Als Vorteil gegenüber der Regelung ist hervorzuheben, dass infolge des fehlenden Rückkopplungszweiges keine Instabilität auftreten kann. Im Idealfall wird der Sollwert genau eingehalten, während bei einer Regelung, beim Auftreten einer Störgrößenänderung, zumindest eine vorübergehende Abweichung der Regelgröße vom Sollwert auftritt.

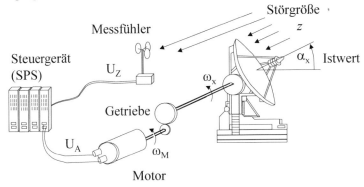

Bild 1.8   Steuerung der Winkellage einer Antenne

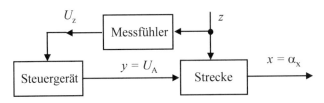

Bild 1.9   Wirkungsplan einer Steuerung

1.5 Beispiele für einfache Regelkreise

Temperaturregelung

Die Raumtemperatur x soll mittels pneumatischer Regeleinrichtung geregelt werden (**Bild 1.10**).

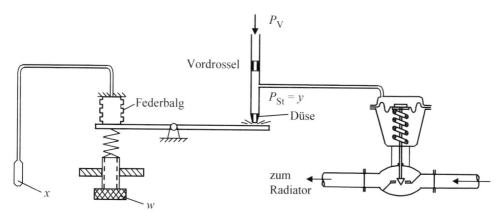

Bild 1.10 Gerätetechnische Ausführung einer Raumtemperatur-Regelung

Die Temperatur wird durch ein Flüssigkeitsausdehnungsthermometer gemessen. Bei Temperaturzunahme vergrößert sich das Flüssigkeitsvolumen und expandiert in den Federbalg. Dieser dehnt sich aus und drückt den Hebelarm entgegen der Federkraft, an welcher der Sollwert eingestellt werden kann, nach unten (Vergleichsstelle). Das rechte Ende steuert die Düsenöffnung zu und der Druck P_{St} in der Steuerleitung steigt an.

Infolge des Druckanstiegs steigt auch die Kraft auf dem Membranteller $P_{St}\cdot A$, die die Ventilspindel um einen Weg s nach unten bewegt bis die Federkraft gleich der Membrankraft ist. Der Verstärker arbeitet nach dem Düse-Prallplatte-System. Bei geschlossener Düse wird der Steuerdruck P_{St} gleich dem Vordruck P_V. Wird der Abstand Düse-Prallplatte vergrößert, so vermindert sich der Austrittswiderstand, während der Widerstand der Vordrossel konstant bleibt. Zwischen dem konstanten Vordruck P_V und dem äußeren Atmosphärendruck besteht ein Druckgefälle, das entsprechend den Drosselwiderstand aufgeteilt wird.

Druckregelung in einer Rohrleitung

In einer Rohrleitung soll der Luftdruck unabhängig von Belastungsschwankungen auf einem konstanten Wert gehalten werden. Die Freistrahldüse ist in Punkt 1 drehbar gelagert (**Bild 1.11**). Der Sollwert x_S wird durch die Schraube und Feder eingestellt. Ist die Regelgröße x gleich dem Sollwert x_S, dann befindet sich das Strahlrohr in einer symmetrischen Lage zu den beiden gegenüberliegenden Kanälen. Der Druck auf der Unterseite des Steuerkolbens ist gleich dem auf der Oberseite, der Kolben bleibt in Ruhe und ebenso die Drosselklappe.

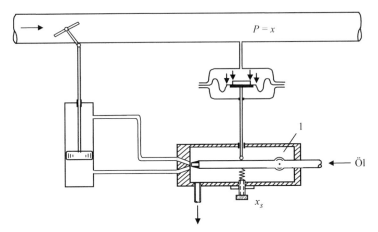

Bild 1.11 Luftdruckregelung in einem Windkanal

Bei geringerem Verbrauch steigt der Druck P und die Membrankraft bewegt die Düse entgegen der Federkraft nach unten. Dadurch wird der untere Kanal mehr beaufschlagt als der obere und der Kolben bewegt sich nach oben. Die Verstellung der Klappe bewirkt eine Druckabnahme in der Rohrleitung und das Strahlrohr bewegt sich nach oben bis es den beiden Kanälen symmetrisch gegenüber steht und der Druck P gleich dem Sollwert x_S ist.

Ist umgekehrt der Verbrauch zu groß, dann sinkt der Druck, die Düse bewegt sich nach oben, der Kolben nach unten und die Drosselklappe wird mehr geöffnet.

Sendeleistungsregelung eines Mobiltelefons

Ein Handy kann unter Vereinfachungen aus zwei Teilen dargestellt werden: einem *Register* und einem *Sender* (**Bild 1.12**). Die Sendeleistung L_h des Mobiltelefons wird während der Freiraumausbreitung gedämpft. Dadurch wird die Empfangsleistung L_{ist} der Zentrale geschwächt, d. h. $L_{ist} = L_h - L_a$.

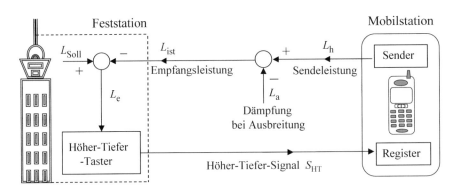

Bild 1.12 Sendeleistungsregelung eines Handy

In der Feststation (Zentrale) soll die Empfangsleistung L_{ist} mit Hilfe eines *Höher-Tiefer Tasters* (Regler) auf die gewünschte konstante Leistung L_{soll} gebracht und in Form eines Höher-Tiefer-Signals S_{HT} an das Handy gesendet werden.

Drehzahlregelung eines Gleichstrommotors

Der Gleichstrommotor, dessen Drehzahl geregelt werden soll, hat eine konstante Fremderregung, während die Klemmenspannung U_A von einem Thyristor-Stromrichter geliefert wird (**Bild 1.13**). Die zu regelnde Drehzahl n wird durch einen Tachogenerator TG gemessen, der eine der Drehzahl proportionale Spannung U_{TG} erzeugt. Diese wird durch das nachgeschaltete Tiefpass-Filter geglättet und mit der am Potentiometer einstellbare Spannung U_w (Sollwert) verglichen. Die Differenzbildung erfolgt am Eingang des Drehzahlreglers (Operationsverstärker), dessen Beschaltung mit Widerständen und Kondensator das gewünschte Zeitverhalten erzeugt.

Zur Ansteuerung des Thyristor-Stromrichters wird die Ausgangsgleichspannung des Reglers vom Steuersatz in Zündimpulse umgewandelt. Die Phasenlage der Zündimpulse bestimmt den Zündzeitpunkt der Thyristoren und damit den Mittelwert der Motorklemmenspannung.

Bei Übereinstimmung von Istdrehzahl und Solldrehzahl, d. h. $U_e = U_w - U_{TG} = 0$, ist die Ausgangsspannung des Reglers konstant. Die vom nachfolgenden Steuersatz abgegebenen Zündimpulse bewirken, dass die Ausgangsklemmenspannung des Thyristor-Stromrichters auf einen Wert eingestellt wird, der zur Deckung des erforderlichen Drehmoments notwendig ist.

Wird das Lastmoment vergrößert, so fällt zunächst die Drehzahl n und damit die Tachometerspannung U_{TG}. Die Regeldifferenz $U_e = U_w - U_{TG}$ wird größer, was zu einer größeren Aussteuerung des Verstärkers führt. Infolgedessen werden die Zündimpulse

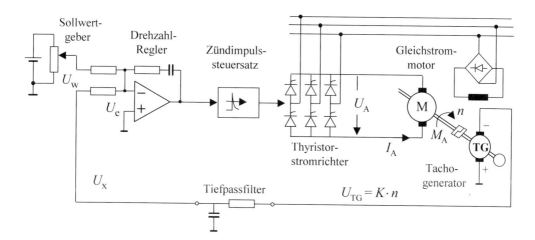

Bild 1.13 Drehzahlgeregelter Gleichstromantrieb

so verschoben, dass der Zündwinkel kleiner und damit der Mittelwert der Ankerspannung größer wird. Die Drehzahl steigt so lange an bis $U_e = 0$ ist.

Wird der Motor entlastet, so steigt die Drehzahl n und entsprechend U_{TG}. Die Regeldifferenz wird negativ, was zur Verringerung der Ausgangsspannung des Reglers führt bis schließlich bei $U_e = 0$ die Solldrehzahl wieder erreicht ist. Die Tatsache, dass der Regler auch eine Spannung abgibt, wenn die Summe der Eingangsspannungen Null ist, hängt mit der Beschaltung zusammen, die integrierend wirkt und in Kapitel 4 behandelt wird.

Tatsächlich ausgeführte Gleichstromantriebe enthalten einen zusätzlichen Stromregelkreis zur Beschränkung des zulässigen Ankerstromes. Der Ausgang des Drehzahlreglers wirkt dann nicht wie in **Bild 1.13** auf den Steuersatz, sondern dient als Sollwert des Stromreglers, der seinerseits den Steuersatz ansteuert. Zur Erfassung des Stromistwertes im Ankerkreis dient ein Stromwandler oder ein Shunt.

1.6 Beispiele für vermaschte Regelkreise

Die bisher behandelten Regelkreise waren einläufige Regelkreise, bei denen nur *eine Regelgröße* mit Hilfe *einer Stellgröße* eingeregelt werden soll. Derartige einfache Regelkreise sind am häufigsten.

Bei schwieriger zu regelnden Strecken ist es oft notwendig, mehrere Regelgrößen auf entsprechenden Sollwerten zu halten. Dabei geht man vom einläufigen zum vermaschten Regelkreis über.

Festwert-Verhältnisregelung

Es soll die Temperatur in einem gasbeheizten Glühofen geregelt werden (**Bild 1.14**). Außerdem ist das Verhältnis von Gas und Luft konstant zu halten, damit eine optimale Verbrennung stattfindet.

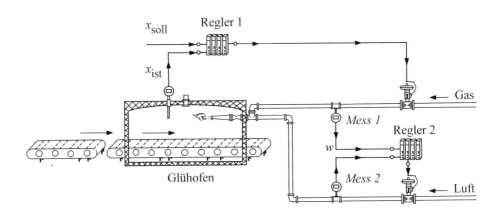

Bild 1.14 Temperaturregelung in einem Glühofen

Die Temperatur x_{ist} im Ofen wird von einem Thermoelement gemessen und in der Regeleinrichtung *Regler 1*, mit dem Sollwert x_{soll} verglichen. Ist die Temperatur x_{ist} kleiner als x_{soll}, so wird das *Ventil 1* mehr geöffnet. Der dadurch erhöhte Gasdurchsatz verursacht an der Messblende *Mess 1* einen größeren Differenzdruck, der als Führungsgröße *W* des *Reglers 2* dient. An der Messblende *Mess 2* wird der Luftdurchsatz gemessen, in *Regler 2* mit *w* verglichen und das Stellventil so verstellt, bis das gewünschte Verhältnis des Gas-Luft-Gemisches erreicht ist. Hierbei dient zur Regelung der Ofentemperatur eine Festwertregelung und gleichzeitig wird die Gas-Luft-Zusammensetzung durch eine Verhältnisregelung vorgenommen.

Kaskadenregelung

In einem chemischen Reaktor soll die Temperatur X geregelt werden (**Bild 1.15**). Die Wärmezufuhr erfolgt durch Warmwasser, das in einem Wärmeaustauscher erzeugt wird. Der Wärmeaustauscher wird mit Dampf beheizt. Eine Verstellung am Dampfventil wirkt verzögernd auf die Wassertemperatur und diese nochmals verzögernd auf die Kesseltemperatur. Durch die Verzögerung mehrerer Strecken würde ein einziger Regler, der die Regelgröße X_1 durch die Dampfzufuhr regelt, diese nur sehr ungenau einhalten. Man verwendet zusätzlich einen *Hilfsregler*, der die Schwankungen der Warmwassertemperatur X_1 erfasst und über das Dampfventil wesentlich schneller ausregelt.

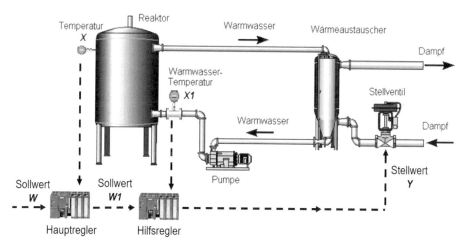

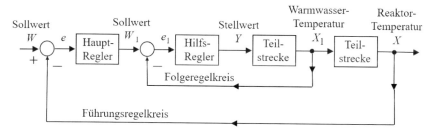

Bild 1.15 Temperaturregelung in einem Reaktionskessel

Der Hilfsregler bildet zusammen mit der Teilstrecke (Wärmeaustauscher) einen Regelkreis, wie im Wirkungsplan im **Bild 1.15** unten gezeigt ist, der vom Hauptregler als eine Teilstrecke behandelt und zusammen mit der zweiten Teilstrecke (Reaktionskessel) in einem übergeordneten Regelkreis geregelt wird.

Dadurch wird die dem Reaktionskessel zugeführte Wärmemenge konstant gehalten und nur bei Temperaturschwankungen im Reaktionskessel verändert. Nach der DIN 19226 wird der Hauptregler als *Führungsregler* und der Hilfsregler als *Folgeregler* bezeichnet.

Mehrgrößenregelung

Das Stoffgemisch von zwei Produkten (A+B) wird durch einen Molekularfilter getrennt (**Bild 1.16**). Der Molekularfilter besteht aus Hohlfaser-Membranen, die zu Hunderten in einer Plastikpatrone zusammengefasst sind. Das Stoffgemisch fließt quer zur Filtermembran und verursacht einen Druck X_1, welcher den Durchfluss X_2 durch den Filter bestimmt. Der Druck X_1 wird dem Regler R_1 über den Stellventil V_1 geregelt. Die Regelung des Durchflusses X_2 erfolgt mit dem Regler R_2 über den Stellventil V_2. Die Änderung des Durchflusses beeinflusst die Konzentration der Lösung, die ihrerseits die Filtratsrate und folglich den Druck X_1 beeinträchtigt.

Die gegenseitige Wirkung von X_1 und X_2 wird von einem Entkopplungsblock kompensiert. Durch die Entkopplung wird eine bessere Regelgüte als mit zwei getrennten einschleifigen Regelkreisen erreicht.

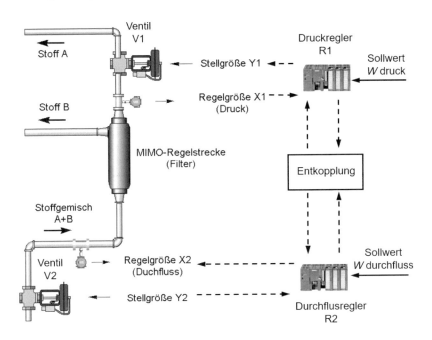

Bild 1.16 Mehrgrößenregelung einer verfahrenstechnischen Anlage mit dem Molekularfilter

2 Mathematische Behandlung von Regelkreisen

Von den Praktikern wird die genaue Beschreibung einer Strecke gern etwas gering-schätzig bewertet mit dem Argument, dass die mathematischen Methoden kompliziert sind und an der Realität vorbeigehen. Jedoch lassen sich die Kennwerte einer Strecke, z. B. eines chemischen Prozesses, experimentell ermitteln und mit Hilfe der Theorie sinnvoll einordnen.

Anliegen der Regelungstheorie ist es, die Zusammenhänge im Regelkreis zu erfassen und gegebenenfalls gezielt einzugreifen. Man kennt im voraus die Wirkung eines Re-gelparameters, ohne auf bloßes Probieren angewiesen zu sein.

2.1 Beharrungszustand und Zeitverhalten eines Regelkreisgliedes

Wir haben in den vorangegangenen Betrachtungen gesehen, dass wir den *Regelkreis* im Wirkungsplan darstellen können und haben diesen in zwei Hauptblöcke unterteilt:

- Die *Regelstrecke*
- Die *Regeleinrichtung.*

Jeder dieser Blöcke lässt sich nun wieder in einzelne rückwirkungsfreie Glieder zerle-gen. Jedes dieser gerichteten Glieder hat einen Ein- und einen Ausgang. Rückwir-kungsfrei bedeutet, dass das Signal das Glied nur vom Eingang zum Ausgang durch-laufen kann, nicht in umgekehrter Richtung (**Bild 2.1**).

Bild 2.1   Blocksymbol eines Regelkreis-gliedes

Man unterscheidet zwischen dem Beharrungszustand (statisches Verhalten) und dem Zeitverhalten (dynamisches Verhalten). Ist der Eingang X_e konstant, so ist bei propor-tionalen Systemen das Ausgangssignal X_a auch konstant. Nach einer Änderung der Eingangsgröße stellt sich normalerweise nach einer bestimmten Zeit auch eine kon-stante Ausgangsgröße ein, wie beispielsweise im **Bild 2.2** gezeigt ist.

Möglich ist es auch, dass ein Beharrungszustand überhaupt nicht erreicht werden kann. Dann ist das Regelkreisglied *ohne Ausgleich* bzw. *instabil*.

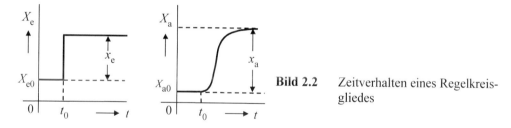

Bild 2.2   Zeitverhalten eines Regelkreis-gliedes

© Springer Fachmedien Wiesbaden GmbH, ein Teil von Springer Nature 2022
S. Zacher und M. Reuter, *Regelungstechnik für Ingenieure*,
https://doi.org/10.1007/978-3-658-36407-6_2

Die Zusammenhänge zwischen den Signalen im Beharrungszustand werden mit Hilfe von *statischen Kennlinien* bzw. Funktionen $X_a = f(X_e)$ beschrieben.

Die stationären Ein- und Ausgangsgrößen im Arbeitspunkt eines Regelkreisgliedes werden als X_{e0} und X_{a0} bezeichnet. Bei der Untersuchung des statischen Verhaltens werden wir uns auf kleine Abweichungen ΔX_e und ΔX_a von einem Arbeitspunkt beschränken, da ein betriebsfähiger Regler nur kleine Abweichung in einem Regelkreis zulässt. Dabei ist es zweckmäßig, die kleinen Abweichungen ΔX_e und ΔX_a einfach durch die kleinen Buchstaben x_e und x_a zu bezeichnen.

Die Augenblickswerte setzten sich damit aus den stationären Arbeitspunktwerten und den zeitabhängigen Abweichungen zusammen:

$$X_e(t) = X_{e0} + x_e(t)$$

$$X_a(t) = X_{a0} + x_a(t).$$

Im Weiteren werden wir lediglich die Kleinschreibung benutzen, da die Untersuchungen nur für die Abweichungen von einem Arbeitspunkt durchgeführt werden.

In einem Regelkreis spielt neben dem *statischen* Verhalten das *dynamische* Verhalten eine wesentliche Rolle, somit auch das dynamische Verhalten der einzelnen Glieder. Maßgebend sind hierbei die Augenblickswerte $x_e(t)$ und $x_a(t)$ sowie deren zeitliche Ableitungen $\dot{x}_e(t)$; $\ddot{x}_e(t)$ ... und $\dot{x}_a(t)$; $\ddot{x}_a(t)$ ...

Gleichungen, die den statischen und dynamischen Zusammenhang zwischen Ein- und Ausgangsgröße beschreiben, sind gewöhnliche, lineare Differentialgleichungen von der allgemeinen Form:

$$\begin{aligned} &... + a_3\,\dddot{x}_a(t) + a_2\,\ddot{x}_a(t) + a_1\,\dot{x}_a(t) + a_0\,x_a(t) \\ &= \quad b_0\,x_e(t) + b_1\,\dot{x}_e(t) + b_2\,\ddot{x}_e(t) + b_3\,\dddot{x}_e(t) + ... \end{aligned} \tag{2.1}$$

Die Ein- und Ausgangsgrößen sowie die konstanten Beiwerte $a_0, a_1, ... , a_n$ und b_0, $b_1, ... , b_m$ sind im Allgemeinen dimensionsbehaftet.

Die DGL der allgemeinen Form kann in die *regelungstechnische Normalform* gebracht werden, indem man:

- Die Ausgangsgrößen bzw. deren Ableitungen auf die linke DGL-Seite stellt

- Die Ausgangsgröße bzw. deren 0. Ableitung koeffizientfrei lässt.

Als Beispiel ist unten eine DGL 2.Ordnung gezeigt

$$a_2\,\ddot{x}_a(t) + a_1\,\dot{x}_a(t) + a_0\,x_a(t) = b_1\,\dot{x}_e(t) + b_0\,x_e(t),$$

die durch Division mit a_0 auf regelungstechnische Normalform gebracht wird:

$$\frac{a_2}{a_0}\,\ddot{x}_a(t) + \frac{a_1}{a_0}\,\dot{x}_a(t) + x_a(t) = \frac{b_1}{a_0}\,\dot{x}_e(t) + \frac{b_0}{a_0}\,x_e(t).$$

2.2 Das Aufstellen der Differentialgleichung

Bei der Aufstellung der Differentialgleichung eines Systems muss man die physikalischen Gesetze anwenden, denen das System unterliegt, so z. B. die mechanischen, hydraulischen, pneumatischen, elektrischen Gesetze usw.

- **Beispiel 2.1**

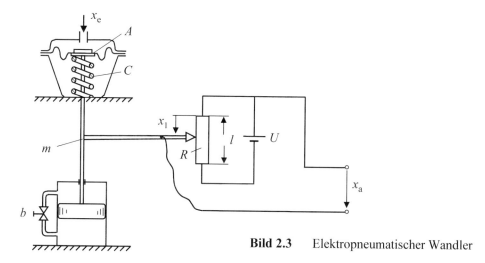

Bild 2.3 Elektropneumatischer Wandler

Die Eingangsgröße x_e eines elektropneumatisches Wandlers (**Bild 2.3**) ist der Luftdruck über dem Membranteller mit der Fläche A. Dieser erzeugt eine Kraft

$$F = A\,x_e\,.$$

Infolge dieser Kraft wird die Kolbenstange um x_1 nach unten bewegt. Dadurch wird die Feder um x_1 zusammengedrückt und erzeugt die Gegenkraft $F_c = c\,x$. Außerdem ist eine Dämpfungs-einrichtung vorgesehen.

Bewegt sich der Kolben nach unten, so muss er die unter dem Kolben befindliche Ölmenge über die Umweg-Leitung mit dem Drosselventil nach oben fördern. Die Kraft, die dazu notwendig ist, ist proportional der Geschwindigkeit, mit der sich der Kolben nach unten bewegt:

$$F_k = b\,\dot{x}_1\,.$$

Ferner sind die bewegten Teile mit einer Masse m behaftet, so dass eine weitere Gegenkraft entsteht: $F_m = m\,\ddot{x}_1$.

Nun muss in jedem Augenblick die Summe aller Kräfte gleich Null sein. Daraus folgt:

$$m\,\ddot{x}_1 + b\,\dot{x}_1 + c\,x_1 = A\,x_e\,. \tag{2.2}$$

Zwischen x_1 und x_a besteht die Proportionalität

$$\frac{U}{l} = \frac{x_a}{x_1}\,,\ \text{daraus folgt}\ x_1 = \frac{l}{U}\,x_a\,. \tag{2.3}$$

Setzen wir Gl. (2.3) in Gl. (2.2) ein, so erhalten wir

$$\frac{m \cdot l}{U} \ddot{x}_a + \frac{b \cdot l}{U} \dot{x}_a + \frac{c \cdot l}{U} x_a = A x_e. \tag{2.4}$$

Durch Vergleich mit der allgemeinen Form der DGL (2.1) finden wir die Beiwerte:

$$b_0 = A \text{ in } [\text{cm}^2], \; a_0 = \frac{c \cdot l}{U} \text{ in } [\text{N/V}], \; a_1 = \frac{b \cdot l}{U} \text{ in } [\text{Ns/V}], \; a_2 = \frac{m \cdot l}{U} \text{ in } [\text{Ns}^2/\text{V}].$$

Dividiert man Gl. (2.4) durch den Faktor $c \cdot l / U$, so folgt eine andere Art der Darstellung

$$\frac{m}{c} \ddot{x}_a(t) + \frac{b}{c} \dot{x}_a(t) + x_a(t) = \frac{A \cdot U}{c \cdot l} x_e(t),$$

bzw. mit den Abkürzungen:

$$K = \frac{A \cdot U}{c \cdot l}; \qquad T_1 = \frac{b}{c}; \qquad T_2^2 = \frac{m}{c};$$

$$T_2^2 \ddot{x}_a(t) + T_1 \dot{x}_a(t) + x_a(t) = K x_e(t). \tag{2.5}$$

T_1 und T_2 haben die Dimension einer Zeit und sind die so genannten Zeitkonstanten.

- **Beispiel 2.2**

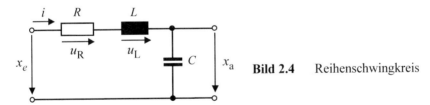

Bild 2.4   Reihenschwingkreis

Eingangsgröße des in **Bild 2.4** gezeigten Reihenschwingungskreises ist die Spannung x_e und Ausgangsgröße ist die Spannung über dem Kondensator x_a. Nach dem 2. Kirchhoffschen Satz ist die Summe aller Spannungen in einer Masche gleich Null.

$$x_e = u_R + u_L + x_a. \tag{2.6}$$

Der Spannungsabfall am Widerstand ergibt sich zu $u_R = i R$. Nach dem Induktionsgesetz ist $u_L = L \, di/dt$. Ferner ist der Ladestrom i proportional der Spannungsänderung am Kondensator $i = C \, dx_a/dt$. Diese Beziehungen in die Gl. (2.6) eingesetzt ergibt:

$$x_e(t) = x_a(t) + R C \dot{x}_a(t) + L C \ddot{x}_a(t).$$

Auch hier können wir die folgenden Zeitkonstanten einführen: $T_1 = R C$ und $T_2^2 = L C$. Somit folgt:

$$T_2^2 \ddot{x}_a(t) + T_1 \dot{x}_a(t) + x_a(t) = x_e(t). \tag{2.7}$$

Man erkennt leicht, dass der Aufbau der beiden DGL (2.5) und (2.7), abgesehen vom Faktor K, übereinstimmt. Beide Systeme verhalten sich analog.

2.3 Lösung der Differentialgleichung

Mit der gefundenen Differentialgleichung kann man noch nicht allzuviel anfangen. Es interessiert der zeitliche Verlauf der Ausgangsgröße $x_a(t)$, wenn die Eingangsgröße $x_e(t)$ einen bestimmten zeitlichen Verlauf annimmt. Um die Differentialgleichung mit der Störfunktion $x_e(t)$ lösen zu können, muss diese genau bekannt sein.

Als Eingangsfunktionen benutzt man spezielle Signale, die leicht realisierbar und vergleichbar sind. Die Eingangsfunktionen werden auch in der Praxis zur experimentellen Ermittlung des zeitlichen Verlaufs des Ausgangssignals angewandt.

Ist das Übergangsverhalten für eine spezielle Eingangsfunktion bekannt, so lässt sich daraus das Zeitverhalten bei jeder beliebigen Eingangsfunktion ermitteln.

2.3.1 Spezielle Eingangsfunktionen

a) Die Sprungfunktion

Sowohl für theoretische Untersuchungen als auch als praktische Testfunktion hat die Sprungfunktion als Eingangserregung eine große Bedeutung. Sie ist definiert durch

$$x_e(t) = \begin{cases} 0 & \text{für } t < 0 \\ x_{e0} = \text{const für } t > 0. \end{cases}$$

Der Verlauf einer solchen Sprungfunktion ist in **Bild 2.5** wiedergegeben.

Vielfach wird die Höhe des Eingangssprungs auf den Wert Eins normiert und als Einheitssprung $\sigma(t)$ bezeichnet:

$$\sigma(t) = \begin{cases} 0 & \text{für } t < 0 \\ 1 & \text{für } t > 0. \end{cases}$$

Wegen der einfacheren Schreibweise wird im Folgenden die Sprungfunktion durch

$$x_e(t) = x_{e0} \cdot \sigma(t)$$

ausgedrückt.

In **Bild 2.5** (links) sind der ideale und der technisch realisierbare Verlauf (gestrichelt) gezeigt.

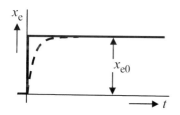
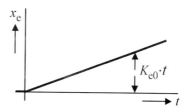

Bild 2.5 Sprungfunktion (links) und Anstiegsfunktion (rechts)

Eine ideale Sprungfunktion, d. h. eine physikalische Größe, die sich zum Zeitpunkt $t = 0$ in unendlich kurzer Zeit um einen endlichen Betrag ändert, ist technisch nicht realisierbar.

Mit den elektronischen Bauelementen kommt man zu Anstiegszeiten, die kleiner als eine Nanosekunde sind. Bei anderen physikalischen Größen (Druck, Temperatur usw.) liegen die Zeitkonstanten z. T. wesentlich höher.

b) Die Anstiegs- oder Rampenfunktion

Wie **Bild 2.5** (rechts) zeigt, steigt $x_e(t)$ bei Null beginnend, linear mit der Zeit an

$$x_e(t) = K_{e0} \cdot t \cdot \sigma(t) = \begin{cases} 0 & \text{für} \quad t < 0 \\ K_{e0} \cdot t & \text{für} \quad t > 0, \end{cases}$$

wobei $K_{e0} = \dfrac{dx_e(t)}{dt}$ die konstante Änderungsgeschwindigkeit des Eingangssignals ist.

Der zeitliche Verlauf der Ausgangsgröße bei einer Anstiegsfunktion am Eingang wird als Anstiegsantwort bezeichnet.

c) Die Impulsfunktion (δ-Funktion)

Die ideale Impulsfunktion zeigt zum Zeitpunkt $t = 0$ einen Sprung ins Unendliche und ist gleich Null für $t \neq 0$ (**Bild 2.6**, links).

$$x_e(t) = \delta(t) = \begin{cases} 0 & \text{für } t \neq 0 \\ \infty & \text{für } t = 0. \end{cases}$$

Diese Funktion kann man sich aus einem rechteckförmigen Impuls der Breite ε und der Höhe $1/\varepsilon$ für $\varepsilon \to 0$, mit der Zeitfläche 1[1], entstanden denken. Zwischen der δ-Funktion und dem Einheitssprung $\sigma(t)$ besteht der Zusammenhang

$$\delta(t) = \frac{d\sigma(t)}{dt}.$$

Der zeitliche Verlauf des Ausgangssignals bei einer Impulsfunktion am Eingang ist die Impulsantwort oder die Gewichtsfunktion $g(t)$.

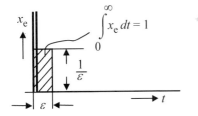
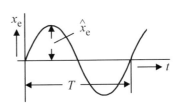

Bild 2.6   Impulsfunktion (links) und Sinusfunktion (rechts)

---

[1]   Für praktische Untersuchungen, z. B. mit einem Impulsgenerator, hat die Impulsfläche die Dimension der Amplitude multipliziert mit der Zeit (Vs, As usw.).

Technisch kann die Impulsfunktion nur mit endlicher Dauer und Höhe realisiert werden. Die Anwendung einer Sprungfunktion über einen längeren Zeitraum stellt einen massiven, manchmal unzulässigen Eingriff dar. Ein kurzzeitiger Impuls hat den Vorteil, dass die durch ihn verursachte Beeinträchtigung verhältnismäßig gering ist.

d) Die sinusförmige Eingangsgröße

Neben der Sprungfunktion zur Untersuchung von Regelkreisgliedern hat die Methode durch sinusförmige Eingangserregung eine große Bedeutung. Die Sinusschwingung (**Bild 2.6**, rechts) hat den zeitlichen Verlauf

$$x_e(t) = \hat{x}_e \sin \omega t,$$

wobei $\hat{x}_e$ die Schwingungsamplitude und $\omega = 2\pi f$ die Kreisfrequenz ist, mit f als Frequenz. Die Schwingungsperiode ist $T = 1/f$.

e) Die stochastische Eingangsgröße

Der Vollständigkeit halber sei eine weitere Zeitfunktion erwähnt, die allerdings im Rahmen dieses Buches keine Berücksichtigung findet. Die unter a) bis d) genannten deterministischen Eingangssignale sind vielfach zur Identifikation ungeeignet. Man benutzt statt dessen die immer vorhandenen stochastischen, d. h. regellos verlaufenden, Störsignale (**Bild 2.7**), wie z. B. das Rauschen in elektronischen Geräten oder die Stromschwankungen in einer der Elektroden eines Lichtbogenofens während des Einschmelzvorganges.

Bild 2.7 Typischer Verlauf eines stochastischen Signals

Meistens sind die stochastischen Signale klein gegenüber den Betriebswerten. Die Beurteilung, Verknüpfung und Auswertung der Ein- und Ausgangssignale erfolgt mittels statistischer Methoden.

Stochastische Signale mit einer Gaußschen Amplitudenverteilung spielen vergleichsweise eine ähnlich fundamentale Rolle, wie sinusförmige Signale bei deterministischer Betrachtungsweise.

2.3.2 Lösung der Differentialgleichung bei sprunghafter Verstellung der Eingangsgröße

Die am häufigsten in der Regelungstechnik angewandte Eingangsfunktion ist die *Sprungfunktion*. Setzt man die Sprungfunktion als Störfunktion in die Differentialgleichung ein und löst die DGL nach $x_a(t)$ auf, so erhält man mit $x_a(t)$ die so genannte Sprungantwort.

In den Beispielen 2.1 und 2.2 hatten wir folgende DGL gefunden:

$$T_2^2\, \ddot{x}_a(t) + T_1\, \dot{x}_a(t) + x_a(t) = K\, x_e(t)\,.$$

Vereinfachend wollen wir annehmen, dass die Zeitkonstante T_2 sehr klein sei, und damit das Glied $T_2^2\, \ddot{x}_a(t)$ vernachlässigbar. Dies wäre z. B. der Fall, wenn die Masse m im Beispiel 2.1 bzw. die Induktivität L in Beispiel 2.2 sehr klein bzw. Null wäre.

Die so erhaltene Differentialgleichung 1. Ordnung

$$T_1\, \dot{x}_a(t) + x_a(t) = K\, x_e(t) \tag{2.8}$$

bzw. für $t > 0$

$$T_1\, \dot{x}_a(t) + x_a(t) = K\, x_{e0} \tag{2.9}$$

wollen wir nun auf verschiedene Arten lösen.

2.3.3 Lösung der Differentialgleichung durch Trennen der Veränderlichen

Aus Gl. (2.9) findet man durch Umstellen nach dx_a/dt

$$\frac{dx_a}{dt} = \frac{1}{T_1}\left(K\, x_{e0} - x_a\right) \quad \text{und} \quad \frac{dx_a}{K\, x_{e0} - x_a} = \frac{dt}{T_1}\,.$$

Durch Integration beider Seiten folgt:

$$\int \frac{dx_a}{K\, x_{e0} - x_a} = \int \frac{dt}{T_1} \quad \text{bzw.} \quad -\ln\left(K\, x_{e0} - x_a\right) + C = \frac{t}{T_1}\,. \tag{2.10}$$

Unter der Annahme, dass die Ausgangsgröße $x_a(t)$ des Systems für $t = 0$ Null ist, ergibt sich die Integrationskonstante C aus (2.10) mit der Anfangsbedingung $x_a(0) = 0$.

Dies wiederum in Gleichung (2.10) eingesetzt, ergibt

$$-\ln\left(K\, x_{e0} - x_a\right) + \ln\left(K\, x_{e0}\right) = \frac{t}{T_1} \quad \text{bzw.} \quad \ln\left(1 - \frac{x_a}{K\, x_{e0}}\right) = -\frac{t}{T_1}$$

und nach x_a aufgelöst:

$$1 - \frac{x_a}{K\, x_{e0}} = e^{-\frac{t}{T_1}}\,,$$

$$x_a(t) = K\, x_{e0}\left(1 - e^{-\frac{t}{T_1}}\right)\,. \tag{2.11}$$

Der Eingangssprung und die Sprungantwort haben dann den in **Bild 2.8** dargestellten zeitlichen Verlauf.

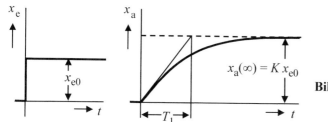

Bild 2.8 Sprungfunktion und Sprungantwort

Die Kurve $x_a(t)$ hat für $t = 0$ die größte Steigung. Legt man an die Kurve $x_a(t)$ zum Zeitpunkt $t = 0$ die Tangente, so schneidet diese den Beharrungswert $x_a(\infty)$ für $t = T_1$. Der Verlauf der Sprungantwort ist durch die Zeitkonstante T_1 und den Übertragungsbeiwert K eindeutig bestimmt.

2.3.4 Lösung der Differentialgleichung durch geeigneten Ansatz

Die vorangegangene Lösungsmethode bestand darin, dass die Veränderlichen getrennt und anschließend integriert wurden. Dieser Weg ist nur bei DGL 1. und 2. Ordnung möglich. Bereits bei einer DGL 2. Ordnung ist der Aufwand ziemlich umfangreich, weil zunächst die Ordnung reduziert werden muss.

a) Lösung der homogenen Differentialgleichung

Bei der Lösung der Differentialgleichung (2.8)

$$T_1\,\dot{x}_a(t) + x_a(t) = K\,x_e(t)$$

nach der jetzt zu besprechenden Methode, wird zunächst die homogene Differentialgleichung gelöst, d. h. das Störglied $K x_e(t)$ wird Null gesetzt:

$$T_1\,\dot{x}_a(t) + x_a(t) = 0 \,. \tag{2.12}$$

Unabhängig von der Ordnung der DGL macht man nun generell den Ansatz:

$$x_a(t) = e^{\lambda\,t}\,.$$

Es wird deshalb eine e-Funktion gewählt, weil die Ableitung einer e-Funktion ebenfalls wieder eine e-Funktion ergibt.

Wir setzen nun $x_a(t) = e^{\lambda t}$ und $\dot{x}_a(t) = \lambda\,e^{\lambda t}$ in die Gl. (2.12) ein und bestimmen den λ-Wert so, dass die Gleichung erfüllt ist:

$$\lambda\,e^{\lambda t}T_1 + e^{\lambda t} = 0 \text{ und dann } (\lambda\,T_1 + 1)\,e^{\lambda t} = 0.$$

Dies ist der Fall für $(\lambda\,T_1 + 1) = 0$, bzw. $\lambda = -\dfrac{1}{T_1}$. Daraus folgt, dass der gewählte

Ansatz mit $\lambda = -1/T_1$ eine Lösung der homogenen DGL ist.

Wie man sich leicht durch Einsetzen überzeugen kann, erfüllt auch der Ansatz

$$x_a(t) = C_1 e^{\lambda t} \tag{2.13}$$

die homogene Differentialgleichung.

Nun ist aber die zu lösende Differentialgleichung (2.8) nicht homogen, sondern mit einem Störglied $K x_e(t)$ behaftet.

b) Lösung der inhomogenen Differentialgleichung durch die Methode der Variation der Konstanten nach Lagrange

Die Methode der Variation der Konstanten besteht darin, dass die Konstante C_1, in der Lösung der homogenen Differentialgleichung (2.13) durch eine Funktion $C_1(t)$ ersetzt wird. Setzt man den modifizierten Ansatz

$$x_a(t) = C_1(t) e^{-\frac{t}{T_1}} \tag{2.14}$$

in die inhomogene Differentialgleichung (2.8) ein, so folgt:

$$T_1 \left(\dot{C}_1(t) e^{-\frac{t}{T_1}} - \frac{1}{T_1} C_1(t) e^{-\frac{t}{T_1}} \right) + C_1(t) e^{-\frac{t}{T_1}} = K x_e(t) \quad \text{bzw.}$$

$$T_1 \dot{C}_1(t) e^{-\frac{t}{T_1}} = K x_e(t).$$

Nach $\dot{C}_1(t)$ aufgelöst ergibt:

$$\dot{C}_1(t) = \frac{K}{T_1} x_e(t) e^{+\frac{t}{T_1}}.$$

Durch Integration zwischen den Grenzen $\tau = 0$ und $\tau = t$ erhält man:

$$\int_0^t \dot{C}_1(\tau) \, d\tau = \frac{K}{T_1} \int_0^t x_e(\tau) e^{\frac{\tau}{T_1}} \, d\tau.$$

Nach dem Hauptsatz der Infinitesimalrechnung ist

$$C_1(t) - C_1(0) = \frac{K}{T_1} \int_0^t x_e(\tau) e^{\frac{\tau}{T_1}} \, d\tau \quad \text{bzw.}$$

$$C_1(t) = C_1(0) + \frac{K}{T_1} \int_0^t x_e(\tau) e^{\frac{\tau}{T_1}} \, d\tau. \tag{2.15}$$

(2.15) in (2.14) eingesetzt, führt zu

$$x_a(t) = C_1(0) e^{-\frac{t}{T_1}} + \frac{K}{T_1} \int_0^t x_e(\tau) e^{\frac{\tau-t}{T_1}} d\tau.$$

Unter Berücksichtigung einer allgemeinen Anfangsbedingung $x_a(0)$ für $t = 0$ folgt

$$x_a(0) = C_1(0).$$

Somit lautet die vollständige Lösung:

$$x_a(t) = x_a(0) e^{-\frac{t}{T_1}} + \frac{K}{T_1} \int_0^t x_e(\tau) e^{\frac{\tau-t}{T_1}} d\tau.$$

Die Ausgangsgröße setzt sich aus zwei Termen zusammen. Der erste Term berücksichtigt die Abhängigkeit von der Anfangsbedingung, der zweite Term ist die Reaktion der Ausgangsgröße auf die Eingangsgröße.

Wählen wir wieder die Anfangsbedingung $x_a(0) = 0$ und als Eingangsgröße die Sprungfunktion

$$x_e(t) = \begin{cases} 0 & \text{für } t < 0 \\ x_{e0} = \text{const für } t > 0, \end{cases}$$

so wird

$$x_a(t) = \frac{K}{T_1} x_{e0} \, e^{-\frac{t}{T_1}} \int_0^t e^{\frac{\tau}{T_1}} d\tau$$

und damit

$$x_a(t) = K \, x_{e0} \, (1 - e^{-\frac{t}{T_1}}). \tag{2.16}$$

Dieses Ergebnis ist identisch mit dem zuvor gefundenen (2.11).

2.3.5 Lösung mittels Laplace-Transformation. Die Übertragungsfunktion

Bei linearen Systemen ist es vorteilhaft, die Lösung von Differentialgleichungen nicht im Zeitbereich, sondern mittels Laplace-Transformation vorzunehmen.

Gemäß der Laplace-Transformation erhält man für die einzelnen DGL-Glieder unter der Voraussetzung, dass die Anfangsbedingung Null ist, folgende Laplace-Transformierten:

$$L\ [x(t)] = x(s)$$

$$L\ [\dot{x}(t)] = s \cdot x(s)$$

$$L\ [\ddot{x}(t)] = s^2 \cdot x(s)$$

...   .

$$L\ [\int x(t)dt] = \frac{1}{s} \cdot x(s).$$

Beispielsweise treten in der DGL (2.8) an die Stelle der Glieder im Zeitbereich nun die Ein-/Ausgangsgrößen im Bildbereich:

$$T_1\ \dot{x}_a(t)\ +\ x_a(t) = K\ x_e(t)$$

$$\Downarrow \qquad \Downarrow \qquad \Downarrow$$

$$T_1 \cdot s \cdot x_a(s) + x_a(s) = K\ x_e(s).$$

Die Laplace-Transformierte stellt damit eine algebraische Gleichung dar und lautet:

$$(1 + sT_1)\ x_a(s) = K\ x_e(s).\qquad (2.17)$$

Allgemein ist das Verhältnis der Laplace-Transformierten Ausgangsgröße zur Laplace-Transformierten Eingangsgröße als Übertragungsfunktion $G(s)$ definiert, deren enge Beziehung zum Frequenzgang noch besprochen wird. Für die Gl. (2.17) gilt:

$$G(s) = \frac{x_a(s)}{x_e(s)} = \frac{K}{1 + sT_1}.$$

Für die Sprungfunktion $x_e(t)$ am Eingang (Bild 2.5) ist die Laplace-Transformierte

$$L\ [x_e(t)] = x_e(s) = \frac{1}{s}\ x_{e0}.$$

Setzt man diese in die Gleichung (2.17) ein, so folgt

$$x_a(s) = \frac{K}{1 + sT_1}\ x_e(s) = \frac{K}{1 + sT_1} \cdot \frac{1}{s}\ x_{e0}.$$

Aus der letzten Beziehung sind die Polstellen, d. h. die Nullstellen des Nenners

$$s\,(1 + sT_1) = 0\ \text{mit}\ s_1 = 0\ \text{und}\ s_2 = -\frac{1}{T_1}\ \text{ersichtlich.}$$

Die Rücktransformation in den Zeitbereich kann mittels Partialbruchzerlegung, Residuensatz oder Korrespondenztabelle erfolgen. Mit $\alpha = 1/T_1$ folgt aus der Beziehung 5 der Korrespondenztabelle (s. Anhang) sofort

$$x_a(t) = K\ x_{e0}\ (1 - e^{-\frac{t}{T_1}}),\qquad (2.18)$$

die mit den zuvor gefundenen (2.11) und (2.16) identisch ist.

Im weiteren Verlauf des Buches wird zur Lösung von Differentialgleichungen ausschließlich die Methode der Laplace-Transformation benutzt.

- **Beispiel 2.3**

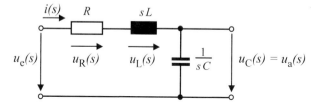

Bild 2.9   Darstellung eines Reihenschwingkreises im Bildbereich

Die Spannungen u_e und u_a eines Reihenschwingkreises (**Bild 2.9**) werden als Eingangs- und Ausgangsgrößen betrachtet. Es soll der Einschaltvorgang ermittelt werden, wenn die Eingangsspannung bei $t = 0$ von 0 auf u_{e0} sprungförmig geändert wird.

Zur Berechnung von Einschaltvorgängen in elektrischen Netzwerken ist es nicht nötig, die DGL wie in Beispiel 2.2 aufzustellen, vielmehr kann man die aus der Theorie der Wechselstromlehre bekannten Regeln in modifizierter Form als Übertragungsfunktionen anwenden.

Nach dem Ohmschen Gesetz gilt für Bild 2.9 im Zeit- und Bildbereich

$$u_R(t) = R \cdot i(t) \quad \circ\!\!-\!\!\bullet \quad u_R(s) = R \cdot i(s) . \tag{2.19}$$

An der Induktivität (Bild 2.9) sind die Beziehung zwischen zeitlichen und Laplace-Transformierten Strom und Spannung wie folgt gegeben:

$$u_L(t) = L \cdot \dot{i}(t) \quad \circ\!\!-\!\!\bullet \quad u_L(s) = s \cdot L \cdot i(s) . \tag{2.20}$$

Die Verhältnisse an der Kapazität C im Zeit- und Bildbereich sind:

$$i(t) = C \cdot \dot{u}_C(t) \quad \circ\!\!-\!\!\bullet \quad i(s) = s \cdot C \cdot u_C(s) \text{ bzw. } i(s) = s \cdot C \cdot u_a(s) . \tag{2.21}$$

Für die Ausgangsspannung folgt die Laplace-Transformierte aus dem 2. Kirchhoffschen Satz:

$$u_e(s) = u_R(s) + u_L(s) + u_a(s) . \tag{2.22}$$

Setzen wir nun die Gln. (2.19) und (2.20) in die Gleichung (2.22)

$$u_e(s) = R\, i(s) + s\, L\, i(s) + u_a(s)$$

und ersetzen wir den Strom $i(s)$ aus der Gl. (2.21) durch $u_a(s)$, so ergibt sich

$$u_e(s) = s\, R\, C\, u_a(s) + s^2 L\, C\, u_a(s) + u_a(s)$$

$$L\, C \cdot s^2 u_a(s) + R\, C \cdot s\, u_a(s) + u_a(s) = u_e(s) . \tag{2.23}$$

Aus letzter Gleichung folgt nach der Differentiationsregel der Laplace-Transformation die DGL

$$L\, C\, \ddot{u}_a(t) + R\, C\, \dot{u}_a(t) + u_a(t) = u_e(t) .$$

Zur Ermittlung des zeitlichen Verlaufs der Ausgangsgröße bei gegebenem Eingang ist die DGL nicht erforderlich, sondern wird direkt aus Gln. (2.23) in den Zeitbereich zurücktransformiert.

Die Übertragungsfunktion stellt das Verhältnis der Laplace-Transformierten Ausgangsgröße zur Laplace-Transformierten Eingangsgröße dar:

$$G(s) = \frac{u_{\mathrm{a}}(s)}{u_{\mathrm{e}}(s)} = \frac{1}{s^2\,L\,C + s\,R\,C + 1}\,. \qquad (2.24)$$

Mit den Abkürzungen $T_2^2 = L\,C$ und $T_1 = R\,C$ ergibt sich die Normalform der 2. Ordnung

$$G(s) = \frac{u_{\mathrm{a}}(s)}{u_{\mathrm{e}}(s)} = \frac{1}{T_2^2\,s^2 + T_1\,s + 1}\,. \qquad (2.25)$$

▶ **Aufgabe 2.1**

Eine Kettenschaltung von zwei gleichartigen Vierpolen mit Ein- und Ausgangsgrößen $u_{\mathrm{e}}(s)$ und $u_{\mathrm{a}}(s)$ ist im **Bild 2.10** gezeigt.

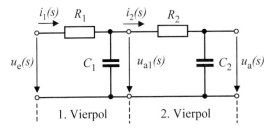

Bild 2.10 Kettenschaltung von zwei Vierpolen

Gegeben ist die Übertragungsfunktion der Kettenschaltung

$$G(s) = \frac{u_{\mathrm{a}}(s)}{u_{\mathrm{e}}(s)} = \frac{1}{s^2\,T_1 T_2 + s\,(T_1 + T_2 + T_3) + 1}\,,$$

mit folgenden Zeitkonstanten:

$$T_1 = R_1 C_1 \qquad T_2 = R_2 C_2 \qquad T_3 = R_1 C_2\,.$$

Ermitteln Sie $u_{\mathrm{a}}(t)$ bei dem für $t = 0$ gegebenen Eingangssprung von der Höhe $u_{\mathrm{e}0}$ mit

$$
\begin{aligned}
R_1 &= \ \ 50\ \mathrm{k\Omega} \qquad C_1 = 20\ \mu\mathrm{F}\\
R_2 &= 100\ \mathrm{k\Omega} \qquad C_2 = 10\ \mu\mathrm{F} \qquad \text{(Lösung im Anhang)}
\end{aligned}
$$

● **Beispiel 2.4**

Es soll die Übertragungsfunktion eines Feder-Masse-Dämpfer Systems (**Bild 2.11**) ermittelt werden.

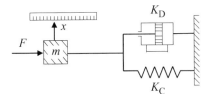

Bild 2.11 Mechanisches System

Die Eingangsgröße ist die Kraft $F(t)$, die Ausgangsgröße ist der Weg $x(t)$ der Masse m. Die Wegstrecke $x(t)$ ist von der Federkraft $F_C(t)$ und der Dämpfer-Widerstandskraft $F_D(t)$ abhängig:

$$F_C(t) = K_C\, x(t) \quad \text{und} \quad F_D(t) = K_D\, \dot{x}(t),$$ (2.26)

worin K_C und K_D die Federkonstante und die Dämpfungskonstante sind.

Aus dem Kräftegleichgewicht

$$m\, \ddot{x}(t) = F(t) - F_C(t) - F_D(t)$$ (2.27)

erhält man die Differentialgleichung des mechanischen Systems, indem man die Gleichungen (2.26) in die Gl. (2.27) einsetzt:

$$m\, \ddot{x}(t) = F(t) - K_C\, x(t) - K_D\, \dot{x}(t).$$

Nach Laplace-Transformation folgt daraus mit den Abkürzungen

$$T_2^2 = \frac{m}{K_C}, \quad T_1 = \frac{K_D}{K_C} \quad \text{und} \quad K = \frac{1}{K_C}$$

die Übertragungsfunktion 2. Ordnung, die mit Gl. (2.25) identisch ist:

$$G(s) = \frac{x(s)}{F(s)} = \frac{K}{T_2^2\, s^2 + T_1\, s + 1}.$$

▶ **Aufgabe 2.2**

Gegeben sind das in **Bild 2.12** gezeigte Netzwerk mit R-, C- und L-Elementen sowie die das System beschreibende Übertragungsfunktion:

$$G(s) = \frac{u_a(s)}{u_e(s)} = \frac{sT_1}{1 + sT_1} - \frac{1}{1 + sT_2} \quad \text{bzw.} \quad G(s) = \frac{s^2\, T_1 T_2 - 1}{(1 + sT_1)(1 + sT_2)}.$$

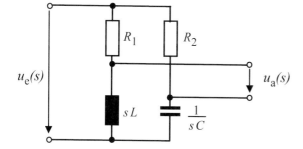

Bild 2.12 RCL-Brückenschaltung (Allpaßglied)

Die Zeitkonstanten sind durch die folgenden Abkürzungen bezeichnet:

$$T_1 = \frac{L}{R_1} \quad \text{und} \quad T_2 = R_2\, C.$$

Die Anfangsbedingungen sind Null. Es ist mit

$R_1 = \quad 1\ \text{k}\Omega \qquad C = 0{,}2\ \mu\text{F}$

$R_2 = 100\ \text{k}\Omega \qquad L = 1\ \text{H}$

zu ermitteln:

a) Die Ausgangsspannung $u_a(t)$ nach einem Einheitssprung der Spannung $u_e(t) = u_{e0} \cdot \sigma(t)$.

b) Die Werte von $u_a(t)$ für $t = 0$ und $t = \infty$.

Hinweis: Zur Rücktransformation in den Zeitbereich geht man am zweckmäßigsten von dem partialbruchzerlegten Ausdruck aus.

2.3.6 Lösung der Differentialgleichung bei sinusförmiger Eingangsgröße

Wie ist der Verlauf der Ausgangsgröße, wenn die Eingangsgröße eine sinusförmige Schwingung ist? Diese Frage soll für das in **Bild 2.13** gezeigte lineare System beantwortet werden.

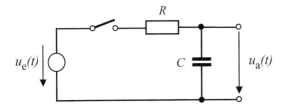

Bild 2.13 Zuschalten einer sinusförmigen Spannung auf ein RC-Glied

Die Übertragungsfunktion entspricht den Gln. (2.24) und (2.25) mit $T_1 = RC$ und ohne Induktivität L bzw. mit $T_2 = 0$:

$$G(s) = \frac{u_a(s)}{u_e(s)} = \frac{1}{1 + s \cdot RC} = \frac{1}{1 + sT_1} \, . \tag{2.28}$$

Die Anfangsbedingung ist Null. Für die sinusförmige Eingangsfunktion bei $t > 0$

$$u_e(t) = \hat{u}_e \sin(\omega t + \alpha) = \hat{u}_e \frac{e^{j(\omega t + \alpha)} - e^{-j(\omega t + \alpha)}}{2j}$$

ist die Laplace-Transformierte, gemäß der Beziehung 4 der Korrespondenztabelle

$$u_e(s) = \frac{\hat{u}_e}{2j} \left[\frac{e^{j\alpha}}{s - j\omega} - \frac{e^{-j\alpha}}{s + j\omega} \right] = \frac{\hat{u}_e}{2j} \cdot \frac{(s + j\omega) e^{j\alpha} - (s - j\omega) e^{-j\alpha}}{(s - j\omega)(s + j\omega)} \, . \tag{2.29}$$

Mit (2.29) in (2.28) folgt:

$$u_a(s) = \frac{\hat{u}_e}{2jT_1} \cdot \frac{(s + j\omega) e^{j\alpha} - (s - j\omega) e^{-j\alpha}}{(s - j\omega)(s + j\omega)} \cdot \frac{1}{s + \dfrac{1}{T_1}} \, .$$

In dieser Form sind die drei Pole mit

$$s_1 = j\omega \qquad s_2 = -j\omega \qquad s_3 = -\frac{1}{T_1}$$

bekannt. Die Rücktransformation in den Zeitbereich erfolgt am zweckmäßigsten mittels des Residuensatzes:

$$u_\mathrm{a}(t) = \frac{\hat{u}_e}{2jT_1} \cdot [\mathrm{Res}\,(s_1) + \mathrm{Res}\,(s_2) + \mathrm{Res}\,(s_3)] \tag{2.30}$$

Für die ersten zwei Pole ergeben sich die Residuen

$$\mathrm{Res}\,(s_1) = \frac{T_1\,e^{j\alpha}}{1 + j\omega\,T_1}\,e^{j\omega t}$$

$$\mathrm{Res}\,(s_2) = -\frac{T_1\,e^{-j\alpha}}{1 - j\omega\,T_1}\,e^{-j\omega t}\,,$$

die sich wie folgt zusammenfassen lassen:

$$\mathrm{Res}\,(s_1) + \mathrm{Res}\,(s_2) = T_1\,\frac{(1 - j\omega\,T_1)\,e^{j(\omega t + \alpha)} - (1 + j\omega\,T_1)\,e^{-j(\omega t + \alpha)}}{1 + (\omega\,T_1)^2}$$

bzw. durch trigonometrische Funktionen ausgedrückt:

$$\mathrm{Res}\,(s_1) + \mathrm{Res}\,(s_2) = \frac{2jT_1}{1 + (\omega\,T_1)^2}[\sin\,(\omega t + \alpha) - \omega T_1 \cos\,(\omega t + \alpha)]\,. \tag{2.31}$$

Das Residuum des dritten Pols

$$\mathrm{Res}\,(s_3) = \frac{\left(-\dfrac{1}{T_1} + j\omega\right)e^{j\alpha} - \left(-\dfrac{1}{T_1} - j\omega\right)e^{-j\alpha}}{\left(-\dfrac{1}{T_1} - j\omega\right)\left(-\dfrac{1}{T_1} + j\omega\right)}\,e^{-\frac{t}{T_1}}$$

wird vereinfacht

$$\mathrm{Res}\,(s_3) = -T_1\,\frac{(1 - j\omega\,T_1)\,e^{j\alpha} - (1 + j\omega\,T_1)\,e^{-j\alpha}}{1 + (\omega\,T_1)^2}\,e^{-\frac{t}{T_1}}$$

und auch durch trigonometrische Funktionen ausgedrückt:

$$\mathrm{Res}\,(s_3) = -\frac{2jT_1}{1 + (\omega\,T_1)^2}[\sin\alpha - \omega\,T_1 \cos\alpha\}]\,e^{-\frac{t}{T_1}}\,. \tag{2.32}$$

(2.31) und (2.32) in (2.30) eingesetzt, ergibt:

$$u_\mathrm{a}(t) = \frac{\hat{u}_e}{1 + (\omega\,T_1)^2}\left[\sin\,(\omega t + \alpha) - \omega\,T_1 \cos\,(\omega t + \alpha) - (\sin\alpha - \omega\,T_1 \cos\alpha)e^{-\frac{t}{T_1}}\right].$$

Da die Summe bzw. Differenz einer Sinus- bzw. einer Cosinusfunktion, bei gleicher Frequenz, stets wieder eine Sinusschwingung ergibt, kann man für die ersten beiden Terme in der eckigen Klammer schreiben:

$$\sin(\omega t + \alpha) - \omega T_1 \cos(\omega t + \alpha) = A \sin(\omega t + \alpha + \varphi).$$

Hierin ist A die Schwingungsamplitude und φ der Phasenverschiebungswinkel der resultierenden Schwingung. Mit Hilfe der Additionstheoreme findet man:

$$\sin(\omega t + \alpha + \varphi) = \sin(\omega t + \alpha) \cdot \cos\varphi + \cos(\omega t + \alpha) \cdot \sin\varphi$$

und somit

$$\sin(\omega t + \alpha) - \omega T_1 \cos(\omega t + \alpha) = A\left[\sin(\omega t + \alpha) \cdot \cos\varphi + \cos(\omega t + \alpha) \cdot \sin\varphi\right].$$

Setzt man die Glieder mit $\sin(\omega t + \alpha)$ bzw. $\cos(\omega t + \alpha)$ beider Seiten gleich, so ergibt sich :

$$A \cos\varphi = 1$$
$$A \sin\varphi = -\omega T_1.$$

Durch Division beider Gleichungen erhält man

$$\tan\varphi = -\omega T_1 \tag{2.33}$$

und durch Quadrieren und Addieren beider Gleichungen

$$A^2(\cos^2\varphi + \sin^2\varphi) = 1 + (\omega T_1)^2$$

bzw.

$$A = \sqrt{1 + (\omega T_1)^2}.$$

Somit ergibt sich die endgültige Lösung

$$u_a(t) = \frac{\hat{u}_e}{A}\left[\sin(\omega t + \alpha + \varphi) - \sin(\alpha + \varphi) \cdot e^{-\frac{t}{T_1}}\right].$$

Nach einer Zeit $t = 5\,T_1$ ist das Glied mit dem Faktor $e^{-\frac{t}{T_1}}$ nahezu Null und vernachlässigbar, d. h. der Einschwingvorgang (**Bild 2.14**) ist abgeschlossen und die Ausgangsgröße ist dann eine ungedämpfte Sinusschwingung mit dem zeitlichen Verlauf

$$u_a(t) = \hat{u}_a \sin(\omega t + \alpha + \varphi). \tag{2.34}$$

Wie aus Gl. (2.34) ersichtlich, hat die Ausgangsgröße u_a im stationären Zustand die gleiche Kreisfrequenz wie die Eingangsgröße mit der Schwingungsamplitude $\hat{u}_a$

$$\hat{u}_a = \frac{\hat{u}_e}{\sqrt{1 + (\omega T_1)^2}}.$$

Die Amplitude $\hat{u}_a$ ist eine Funktion von ω und nimmt mit zunehmendem ω ab.

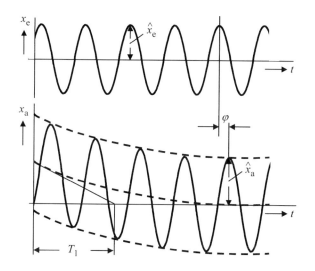

Bild 2.14 Einschwingvorgang beim Einschalten eines sinusförmigen Eingangssignals

Der Phasenverschiebungswinkel φ, den man aus der Gl. (2.33) erhält:

$$\varphi = -\arctan(\omega T_1)$$

ist stets negativ und ebenfalls eine Funktion von ω. Mit zunehmender Kreisfrequenz wird der negative Phasenverschiebungswinkel φ größer.

Das ist auch aus dem Systemaufbau zu erkennen. Mit zunehmender Frequenz kann die Ausgangsspannung, infolge der durch die Zeitkonstante RC festliegenden Trägheit, der Eingangsspannung nicht mehr folgen.

Das behandelte Beispiel, dass zu einer DGL 1.Ordnung führte, hat gezeigt, dass bei einer sinusförmigen Eingangserregung am Ausgang ebenfalls eine sinusförmige Schwingung gleicher Frequenz entsteht.

Allgemein gilt bei einem linearen System, das zu einer Differentialgleichung beliebiger Ordnung führt, dass eine harmonische Schwingung am Eingang am Ausgang ebenfalls eine harmonische Schwingung erzeugt.

Sinusförmige Eingangssignale werden nicht nur zur Untersuchung elektrischer Regelkreisglieder, sondern auch für pneumatische und andere Systeme angewandt. Diese Methode hat besonders bei schnellen Systemen Vorteile gegenüber der Sprungfunktion. Vielfach erfolgt die Anwendung nur theoretisch, wie bei Stabilitäts- und Optimierungsproblemen.

▶ **Aufgabe 2.3**

Wie müsste der Phasenwinkel der Eingangsfunktion $u_e(t) = \hat{u}_e \sin(\omega t + \alpha)$ gewählt werden, damit der stationäre Schwingungszustand direkt (ohne Einschwingvorgang) erreicht wird?

2.4 Beschreibung von Regelkreisen im Frequenzbereich

2.4.1 Der Frequenzgang

Die Rechnung bei sinusförmiger Eingangsgröße wird besonders einfach, wenn man die Sinusschwingung

$$x_e(t) = \hat{x}_e \sin \omega t \qquad\qquad\qquad (2.35)$$

aus einem, um den Ursprung der Gaußschen Zahlenebene rotierenden Zeiger entstanden denkt, der auf die imaginäre Achse projiziert ist (**Bild 2.15**).

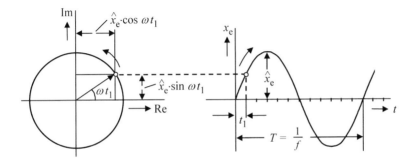

Bild 2.15 Zusammenhang zwischen Linien- und Zeigerdarstellung

Der Zeiger ist durch die beiden Komponenten $\hat{x}_e \cos \omega t$ und $j \cdot \hat{x}_e \sin \omega t$ eindeutig festgelegt:

$$x_e(t) = \hat{x}_e (\cos \omega t + j \cdot \sin \omega t).$$

Nach der Eulerschen Gleichung ist:

$$\cos \omega t + j \cdot \sin \omega t = e^{j\omega t}.$$

Damit wird:

$$x_e(t) = \hat{x}_e \, e^{j\omega t}. \qquad\qquad\qquad (2.36)$$

Das heißt, wir betrachten nicht nur die imaginäre Komponente des rotierenden Zeigers, sondern wir nehmen noch die reelle Komponente hinzu. Anstelle von (2.35) schreibt man nun (2.36).

Wird ein lineares System am Eingang mit einer Sinusschwingung $x_e(t)$ erregt, dann wird, wie im vorherigen Abschnitt abgeleitet, auch die Ausgangsgröße $x_a(t)$ im eingeschwungenen Zustand einen sinusförmigen Verlauf haben. Bei gleicher Frequenz haben Amplitude und Phasenlage von Ein- und Ausgangsgrößen im Allgemeinen verschiedene Werte. Die Ausgangsgröße $x_a(t)$ ist gegenüber der Eingangsgröße $x_e(t)$ um den Phasenwinkel φ verschoben, wie **Bild 2.14** zeigt.

Der zeitliche Verlauf der Ausgangsgröße ist somit:

$$x_a(t) = \hat{x}_a \left(\sin \omega t + \varphi \right).$$

Betrachten wir die Ausgangsgröße entsprechend der Eingangsgröße als rotierenden Zeiger, so können wir schreiben:

$$x_a(t) = \hat{x}_a\, e^{j(\omega t + \varphi)}. \tag{2.37}$$

Das Verhältnis der Zeiger von Ausgangs- zur Eingangsgröße bezeichnet man als Frequenzgang. Dieser ist, wie wir später sehen werden, nicht mehr eine Funktion der Zeit, sondern von $j\omega$

$$G(j\omega) = \frac{x_a(t)}{x_e(t)} = \frac{\hat{x}_a\, e^{j(\omega t + \varphi)}}{\hat{x}_e\, e^{j\omega t}} = \frac{\hat{x}_a\, e^{j\varphi}}{\hat{x}_e}. \tag{2.38}$$

Bei elektrischen Systemen gewinnt man den Frequenzgang mittels der Methoden der Theorie der Wechselströme.

In diesem Abschnitt soll der Frequenzgang, wie bei nichtelektrischen Systemen üblich, aus der Differentialgleichung abgeleitet werden. Dafür stellen wir zuerst die zeitlichen Funktionen (2.36) und (2.37) der Ein- und Ausgangsgrößen $x_e(t)$ und $x_a(t)$ im Frequenzbereich als Funktionen von $j\omega$ dar:

$$x_e(j\omega) = \hat{x}_e\, e^{j\omega t} \tag{2.39}$$

$$x_a(j\omega) = \hat{x}_a\, e^{j(\omega t + \varphi)}. \tag{2.40}$$

Unter Beachtung der Ableitungsregeln der Exponentialfunktionen

$$\frac{d}{dt} e^{j\omega t} = j\omega \cdot e^{j\omega t}$$

erhalten wir die zeitlichen Ableitungen der Eingangsgröße der Gl. (2.39) wie:

$$\dot{x}_e(j\omega) = j\omega \cdot \hat{x}_e\, e^{j\omega t} \qquad \text{bzw.} \qquad \dot{x}_e(j\omega) = j\omega \cdot x_e(j\omega)$$

$$\ddot{x}_e(j\omega) = (j\omega)^2 \cdot \hat{x}_e\, e^{j\omega t} \qquad \text{bzw.} \qquad \ddot{x}_e(j\omega) = (j\omega)^2 \cdot x_e(j\omega)$$

$$\dddot{x}_e(j\omega) = (j\omega)^3 \cdot \hat{x}_e\, e^{j\omega t} \qquad \text{bzw.} \qquad \dddot{x}_e(j\omega) = (j\omega)^3 \cdot x_e(j\omega) \quad \text{usw.}$$

Ähnlich ergeben sich die zeitlichen Ableitungen (2.40) der Ausgangsgröße zu:

$$\dot{x}_a(j\omega) = j\omega \cdot x_a(j\omega)$$

$$\ddot{x}_a(j\omega) = (j\omega)^2 \cdot x_a(j\omega)$$

$$\dddot{x}_a(j\omega) = (j\omega)^3 \cdot x_a(j\omega) \quad \text{usw.}$$

Nach Gl. (2.1) lautet die allgemeine Form der Differentialgleichung:

$$... + a_3 \, \ddot{x}_a(t) + a_2 \, \ddot{x}_a(t) + a_1 \, \dot{x}_a(t) + a_0 \, x_a(t)$$
$$= b_0 \, x_e(t) + b_1 \, \dot{x}_e(t) + b_2 \, \ddot{x}_e(t) + b_3 \, \dddot{x}_e(t) + ...$$

Setzen wir $x_e(j\omega)$ und $x_a(j\omega)$ sowie deren Ableitungen in diese allgemeine Differential-gleichung ein, so wird:

$$... + a_3 \cdot (j\omega)^3 x_a(j\omega) + a_2 \cdot (j\omega)^2 x_a(j\omega) + a_1 \cdot (j\omega) x_a(j\omega) + a_0 \cdot x_a(j\omega)$$
$$= b_0 \cdot x_e(j\omega) + b_1 \cdot (j\omega) x_e(j\omega) + b_2 \cdot (j\omega)^2 x_e(j\omega) + b_3 \cdot (j\omega)^3 x_e(j\omega) + ...$$

Auf der linken Seite der Gleichung lässt sich der gemeinsame Faktor $x_a(j\omega)$ und auf der rechten Seite $x_e(j\omega)$ herausziehen. Bildet man nach der Gl. (2.38) das Verhältnis $x_a(j\omega)$ zu $x_e(j\omega)$, so folgt der Frequenzgang $G(j\omega)$

$$G(j\omega) = \frac{x_a(j\omega)}{x_e(j\omega)} = \frac{b_0 + b_1 \cdot (j\omega) + b_2 \cdot (j\omega)^2 + b_3 \cdot (j\omega)^3 + ...}{a_0 + a_1 \cdot (j\omega) + a_2 \cdot (j\omega)^2 + a_3 \cdot (j\omega)^3 + ...}.$$

* **Beispiel 2.5**

Gegeben ist die Differentialgleichung

$$T_2^2 \, \ddot{x}_a(t) + T_1 \, \dot{x}_a(t) + x_a(t) = K \, x_e(t)$$

(siehe Beispiele 2.1 und 2.2).

Zu ermitteln ist der Frequenzgang $G(j\omega)$.

Setzt man die Ein- und Ausgangsgrößen $x_e(t)$ und $x_a(t)$ als Funktionen von $j\omega$ in die DGL ein, so ergibt sich:

$$T_2^2 \cdot (j\omega)^2 x_a(j\omega) + T_1 \cdot (j\omega) x_a(j\omega) + x_a(j\omega) = K \, x_e(j\omega).$$

Daraus folgt:

$$G(j\omega) = \frac{x_a(j\omega)}{x_e(j\omega)} = \frac{K}{T_2^2 \cdot (j\omega)^2 + T_1 \cdot (j\omega) + 1}.$$

2.4.2 Die Ortskurve

In Abschnitt 2.3.6 wurde gezeigt, dass eine Sinusfunktion als Eingangsgröße eine Si-nusschwingung gleicher Frequenz am Ausgang zur Folge hat. Die Amplitude und die Phasenlage der Ausgangsschwingung sind abhängig von der Frequenz.

Um das Verhalten eines Regelkreisgliedes durch sinusförmige Erregung beurteilen zu können, genügt es nicht, die Schwingung der Ausgangsgröße bei nur einer Frequenz zu ermitteln, sondern es müssen die Amplitude und die Phasenlage bezogen auf die

Eingangsgröße für alle Frequenzen von $\omega = 0$ bis $\omega = \infty$ bekannt sein. Die Eingangsgröße $x_e(t)$ hat immer die gleiche Amplitude $\hat{x}_e$.

In **Bild 2.16b** und **d** sind die Sinusschwingungen für Ein- und Ausgangsgröße für zwei verschiedene Frequenzen ω_1 und ω_2 dargestellt, wobei $\omega_1 < \omega_2$ ist. Verwendet man anstelle der Linienbilder die Zeigerbilder, so gelangt man zu der in **Bild 2.16a** und **c** gezeigten Darstellung.

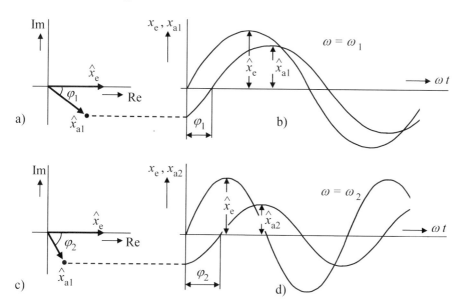

Bild 2.16 Ein- und Ausgangsgröße bei verschiedenen Frequenzen im Zeiger- und Linienbild

Im Zeigerbild bleibt die Länge und die Lage des Zeigers $\hat{x}_e$ für alle Frequenzen gleich. Lediglich die Länge und Lage des Zeigers $\hat{x}_a$ ändert sich in Abhängigkeit von der Frequenz. Normiert man die Eingangsgröße auf den Wert $\hat{x}_{e0} = 1$, dann wird die Ausgangsgröße $\dfrac{\hat{x}_a}{\hat{x}_e}$. Für verschiedene Frequenzen ω ergeben sich dann verschiedene $\dfrac{\hat{x}_a}{\hat{x}_e}$ -Werte mit jeweils verschiedenen Phasenwinkeln φ zu $\hat{x}_{e0} = 1$.

Zeichnet man die bei den verschiedenen Frequenzen erhaltenen Ausgangszeiger $\dfrac{\hat{x}_a}{\hat{x}_e}$ in ein Schaubild, wie in **Bild 2.17** gezeigt ist, und verbindet die Endpunkte der Zeiger durch einen geschlossenen Kurvenzug, so stellt dieser die *Ortskurve des Frequenzganges* dar.

Zur Beschreibung eines Regelkreisgliedes genügt die Ortskurve mit dem Frequenzmaßstab. Ist sie bekannt, so kann daraus der Frequenzgang, die Differentialgleichung und die Sprungantwort ermittelt werden.

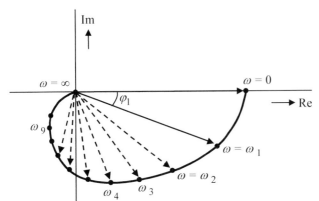

Bild 2.17 Ortskurve des
Frequenzganges

Will man die Ortskurve aus dem Frequenzgang ermitteln, so wird der komplexe Ausdruck in Real- und Imaginärteil zerlegt und für verschiedene Frequenzen in die Gaußsche Zahlenebene eingetragen.

Die Ermittlung der Ortskurve aus dem Frequenzgang soll nun an einem Beispiel gezeigt werden.

- **Beispiel 2.6**

Gegeben ist die Übertragungsfunktion eines Verzögerungsgliedes 1. Ordnung

$$G(s) = \frac{x_a(s)}{x_e(s)} = \frac{K}{1+sT} \quad \text{mit } K = 10 \text{ und } T = 0,1\text{s}.$$

Es ist der Verlauf der Ortskurve zu ermitteln. Der Frequenzgang ergibt sich aus der Übertragungsfunktion, indem wir die komplexe Variable s durch $j\omega$ ersetzen.

$$G(j\omega) = \frac{x_a(j\omega)}{x_e(j\omega)} = \frac{K}{1+j\omega T}.$$

Der Frequenzgang $G(j\omega)$ ist eine komplexe Größe, die sich in der Gaußschen Zahlenebene darstellen lässt. Zur Trennung von $G(j\omega)$ in Real- und Imaginärteil wird $G(j\omega)$ mit dem konjugiert komplexen Ausdruck des Nenners erweitert:

$$G(j\omega) = \frac{K}{1+j\omega T} \cdot \frac{1-j\omega T}{1-j\omega T} = \frac{K(1-j\omega T)}{1+(\omega T)^2} = \text{Re}(G) + j \cdot \text{Im}(G).$$

Daraus ergibt sich:

$$\text{Re}(G) = \frac{K}{1+(\omega T)^2} \quad \text{und} \quad \text{Im}(G) = \frac{-K\omega T}{1+(\omega T)^2}.$$

Variiert man nun $\omega = 0$ bis $\omega = \infty$, so ergibt sich für jeden diskreten ω - Wert je eine reelle und eine imaginäre Komponente, die zusammen einen Punkt in der Gaußschen Zahlenebene ergeben.

In der folgenden Tabelle ist das für verschiedene ω -Werte in sec $^{-1}$ durchgeführt und als Orts-kurve in **Bild 2.18** wiedergegeben.

ω	0	2	4	6	8	10	15	20	30	40	∞
Re(G)	10	9,6	8,6	7,35	6,1	5	3,07	2	1	0,59	0
Im(G)	0	−1,92	−3,44	−4,41	−4,88	−5	−4,6	−4	−3	−2,36	0

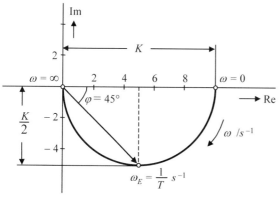

Bild 2.18 Ortskurve eines Glie-des 1.Ordnung

Die Ortskurve ist ein Halbkreis im vierten Quadranten.
Der Frequenzgang $G(j\omega)$ lässt sich in Betrag $|G(\omega)|$ und Phasenwinkel $\varphi(\omega)$ zerlegen:

$$|G(\omega)| = \sqrt{\mathrm{Re}^2\,(G) + \mathrm{Im}^2\,(G)} = \frac{K}{\sqrt{1 + (\omega\,T)^2}}$$

$$\varphi(\omega) = \arctan \frac{\mathrm{Im}\,(G)}{\mathrm{Re}\,(G)} = -\arctan\,(\omega\,T).$$

Bemerkenswert ist, dass für die so genannte Eckfrequenz $\omega = \omega_E = 1/T$ der Realteil von $G(j\omega)$ gleich dem negativen Imaginärteil von $G(j\omega)$ ist, d. h. Re(G) = $-$ Im(G) =$K/2$. Oder anders ausgedrückt, der Betrag $|G(\omega)|$ ist für ω_E nur noch $\dfrac{K}{\sqrt{2}}$ gegenüber dem Betrag K für ω = 0.
Die Phasenverschiebung beträgt bei dieser Frequenz gerade $-45°$.

2.4.3 Beziehung zwischen Ortskurve und Sprungantwort

Betrachtet man eine Differentialgleichung 1. Ordnung des Typs

$$T\,\dot{x}_a\,(t) + x_a\,(t) = K\,x_e\,(t)$$

mit dem Eingang $x_{e0} = 1$ und vergleicht die Sprungantwort (Bild 2.7) mit der Ortskur-ve (Bild 2.17), so kann man bestimmte Wechselbeziehungen erkennen (**Bild 2.19**):

- Für $t = 0$ hat die Sprungantwort den Wert $x_a(0) = 0$. Diesen Wert finden wir aus der Ortskurve für $\omega = \infty$ mit $|G(\infty)| = 0$. Daraus folgt $x_a(j\omega) = x_a(j\infty) = 0$.

- Für $t = \infty$ nimmt die Sprungantwort den Wert $x_a(\infty) = K\,x_{e0}$ an. Den gleichen Wert hat die Ortskurve für $\omega = 0$, $\dfrac{x_a}{x_e} = K$.

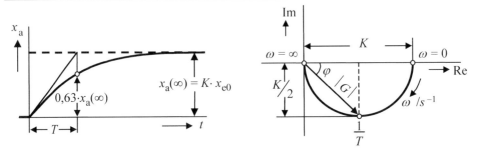

Bild 2.19 Sprungantwort und Ortskurve eines Verzögerungsgliedes 1. Ordnung

Die Sprungantwort und Ortskurve nehmen die gleichen Werte an für $t = 0$ und $\omega = \infty$,

sowie für $t = \infty$ und $\omega = 0$.

Diese Wechselbeziehung gilt allgemein und erklärt sich aus den Grenzwertsätzen:

$$\lim_{t \to 0} x_a(t) = \lim_{s \to \infty} s \cdot x_a(s) \tag{2.41}$$

$$\lim_{t \to \infty} x_a(t) = \lim_{s \to 0} s \cdot x_a(s). \tag{2.42}$$

Für einen Eingangssprung (siehe Abschnitt 2.3.1, Bild 2.5) ist $x_e(s) = \dfrac{x_{e0}}{s}$ und somit

$$x_a(s) = G(s) \cdot x_e(s) = \frac{G(s)}{s} \cdot x_{e0} \text{ bzw. } s \cdot x_a(s) = G(s) \cdot x_{e0}.$$

Setzt man nun die letzte Gl. in die Gln. (2.41) und (2.42), so wird die Beziehung zwischen Zeit- und Frequenzbereich wie folgt formuliert:

$$\lim_{t \to 0} x_a(t) = \lim_{s \to \infty} G(s) \cdot x_{e0}$$

$$\lim_{t \to \infty} x_a(t) = \lim_{s \to 0} G(s) \cdot x_{e0}.$$

Ein weiterer charakteristischer Wert ist die Zeitkonstante T :

- Bei $t = T$ erreicht die Sprungantwort 63% des Beharrungszustandwertes $x_a(\infty)$

- Für Eckfrequenz $\omega_E = \dfrac{1}{T}$ gilt $\varphi(\omega_E) = -45°$.

▶ **Aufgabe 2.4**

Auf ein System, das durch die Übertragungsfunktion $G(s) = \dfrac{x_a(s)}{x_e(s)} = K_P \dfrac{1 + sT_v}{1 + sT_1}$ beschrieben wird, wirkt ein Eingangssprung. Es ist $x_a(t)$ für $t = 0$ und $t = \infty$ im Bildbereich mittels Grenzwertsatz zu bestimmen und mit den entsprechenden Punkten der Ortskurve zu vergleichen.

2.4.4 Das Bode-Diagramm

Bei der Ortskurvendarstellung in Abschnitt 2.4.2 wird der Frequenzgang $G(j\omega)$ in Real- und Imaginärteil zerlegt und in einem einzigen Diagramm in der Gaußschen Zahlenebene dargestellt. Die Darstellung im *Bode-Diagramm* erfolgt in zwei getrennten Diagrammen, indem der Frequenzgang in Betrag $|G(\omega)|$ und Phasenwinkel $\varphi(\omega)$ zerlegt und als Funktion der Kreisfrequenz ω dargestellt wird. Charakteristisch ist, dass $|G(\omega)|$ und ω im logarithmischen Maßstab (in *Dezibel* und in *Dekaden*), $\varphi(\omega)$ im linearen Maßstab aufgetragen wird. In Kapitel 5 wird das Bode-Diagramm ausführlich behandelt und die Vorteile dieser Darstellungsart besprochen.

- **Beispiel 2.7**

Der in Beispiel 2.6 als Ortskurve dargestellte Frequenzgang $G(s) = \dfrac{x_a(j\omega)}{x_e(j\omega)} = \dfrac{K}{1+j\omega T}$

mit $K = 10$ und $T = 0{,}1\text{s}$, soll nun im Bode-Diagramm dargestellt werden.

Wie in Beispiel 2.6 ermittelt, sind:

$$|G(\omega)| = \frac{K}{\sqrt{1+(\omega T)^2}} \quad \text{und} \quad \varphi(\omega) = -\arctan(\omega T),$$

indem der Betrag in Dezibel umgerechnet wird: $|G(\omega)|_{\text{dB}} = 20\lg|G(\omega)|$.

Variiert man ω von 0 bis ∞, so erhält man für jeden diskreten ω - Wert je einen Wert des Betrags und des Phasenwinkels $\varphi(\omega)$, die in **Bild 2.20** als Bode-Diagramm dargestellt sind.

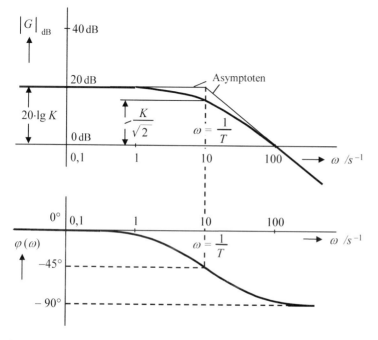

Bild 2.20 Bode-Diagramm eines Verzögerungsgliedes 1. Ordnung

2.5 Beschreibung von Regelkreisen mit Übertragungsfunktionen

2.5.1 Verbindungsmöglichkeiten von Regelkreisgliedern

In Kapitel 1 wurde gezeigt, dass man den Regelkreis im Wirkungsplan darstellen und dabei in zwei Hauptblöcke unterteilen kann, in die Regelstrecke und die Regeleinrichtung. Um die mathematische Beschreibung des Regelkreises als Gesamtheit zu vereinfachen, zerlegt man jeden der beiden Hauptblöcke in einzelne, rückwirkungsfreie Glieder, die sich nun besser theoretisch erfassen lassen. Ist die Abhängigkeit zwischen Ausgangsgröße x_a und Eingangsgröße x_e sämtlicher zur Regelstrecke bzw. zur Regeleinrichtung gehörenden Glieder bekannt, so lässt sich eine Aussage über die Abhängigkeit zwischen Eingang und Ausgang der Regelstrecke, der Regeleinrichtung und schließlich über das Verhalten des geschlossenen Regelkreises machen.

Zur Beschreibung von Regelkreisgliedern gibt es verschiedene Möglichkeiten, wie die in den vorangegangenen Abschnitten gezeigten Differentialgleichung, die Sprungantwort, die Übertragungsfunktion, sowie Frequenzgänge, Ortskurven und Bode-Diagramme.

Ist die Übertragungsfunktion $G(s)$ bekannt, so gibt diese das Verhältnis der Laplace-Transformierten Ausgangsgröße $x_a(s)$ zur Laplace-Transformierten Eingangsgröße $x_e(s)$ durch die Beziehung:

$$x_a(s) = G(s) \cdot x_e(s)$$

wieder. Die Darstellung erfolgt dann wie in **Bild 2.21** gezeigt.

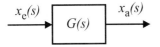

Bild 2.21 Blockdarstellung im Bildbereich

Bei der rückwirkungsfreien Kopplung mehrerer Übertragungsglieder ergeben sich besonders einfache Beziehungen. Als rückwirkungsfrei bezeichnet man ein System, dessen Signalfluss nur vom Eingang zum Ausgang erfolgt. Im Folgenden werden drei Grundformen der Kopplung von zwei Regelkreisgliedern mit den Übertragungsfunktionen $G_1(s)$ und $G_2(s)$ beschrieben.

a) Reihenschaltung

Der Ausgang des ersten Gliedes ist, wie **Bild 2.22** zeigt, mit dem Eingang des zweiten Gliedes verbunden.

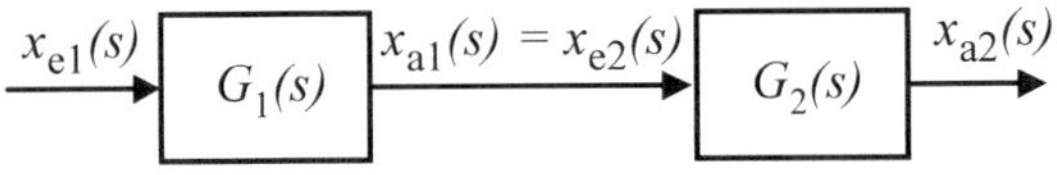

Bild 2.22 Reihenschaltung von Regelkreisgliedern

Betrachtet man die einzelnen Glieder, so ergibt sich:

$$x_{a1}(s) = G_1(s) \cdot x_{e1}(s) \text{ und } x_{a2}(s) = G_2(s) \cdot x_{e2}(s).$$

Ferner ist: $x_{a1}(s) = x_{e2}(s)$. Daraus folgt:

$$x_{a2}(s) = G_2(s) \cdot x_{e2}(s) = G_2(s) \cdot G_1(s) \cdot x_{e1}(s)$$

bzw. die Gesamtübertragungsfunktion

$$G(s) = \frac{x_{a2}(s)}{x_{e1}(s)} = G_2(s) \cdot G_1(s).$$

Bei Reihenschaltung von n Gliedern mit den Übertragungsfunktionen $G_1(s)$, $G_2(s)$,... $G_n(s)$ ist die Übertragungsfunktion des gesamten Systems gleich dem Produkt der einzelnen Übertragungsfunktionen

$$G(s) = G_1(s) \cdot G_2(s) \cdot ... \cdot G_n(s).$$

b) Parallelschaltung

Das Eingangssignal $x_a(s)$ verzweigt sich und wirkt gleichzeitig auf die beiden Eingänge der Glieder mit den Übertragungsfunktionen $G_1(s)$ und $G_2(s)$ (**Bild 2.23**). Die beiden Ausgangssignale $x_{a1}(s)$ und $x_{a2}(s)$ werden in einer Additionsstelle addiert.

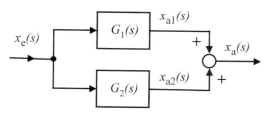

Bild 2.23 Parallelschaltung von Regelkreisgliedern

Für das erste und für das zweite Glied gilt:

$$x_{a1}(s) = G_1(s) \cdot x_e(s) \quad \text{und} \quad x_{a2}(s) = G_2(s) \cdot x_e(s).$$

Ferner ist: $x_a(s) = x_{a1}(s) + x_{a2}(s)$.

Daraus folgt:

$$x_a(s) = [G_1(s) + G_2(s)] \cdot x_e(s)$$

bzw. die Übertragungsfunktion des Gesamtsystems:

$$G(s) = \frac{x_a(s)}{x_e(s)} = G_1(s) + G_2(s).$$

Schaltet man n Glieder mit den Übertragungsfunktionen $G_1(s)$, $G_2(s)$,... $G_n(s)$ parallel, so ist die Übertragungsfunktion des gesamten Systems gleich der Summe der einzelnen Übertragungsfunktionen

$$G(s) = G_1(s) + G_2(s) + ... + G_n(s).$$

c) Rückführungsschaltung

Wie **Bild 2.24** zeigt, wird die Ausgangsgröße $x_a(s)$ des ersten Gliedes $G_1(s)$ über ein zweites Glied mit $G_2(s)$ auf den Eingang von $G_1(s)$ zurückgeführt und zu der Eingangsgröße $x_e(s)$ addiert (Mitkopplung) oder von der Eingangsgröße subtrahiert (Gegenkopplung).

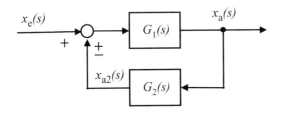

Bild 2.24 Rückkopplungs-
schaltung

Für den oberen Block gilt:

$$x_a(s) = G_1(s) \cdot [x_e(s) \pm x_{a2}(s)]$$

und für den unteren Block (im Rückführzweig):

$$x_{a2}(s) = G_2(s) \cdot x_a(s).$$

Setzt man $x_{a2}(s)$ in die obere Gleichung ein, so erhält man:

$$x_a(s) = G_1(s) \cdot [x_e(s) \pm G_2(s) \cdot x_a(s)]$$

bzw.

$$x_a(s) \cdot [1 \mp G_1(s)\,G_2(s)] = G_1(s) \cdot x_e(s).$$

Daraus folgt die Übertragungsfunktion der Rückführschaltung:

$$G(s) = \frac{x_a(s)}{x_e(s)} = \frac{G_1(s)}{1 \mp G_1(s)\,G_2(s)},$$

Mitkopplung $\widehat{=}$ negatives Vorzeichen
Gegenkopplung $\widehat{=}$ positives Vorzeichen.

2.6 Behandlung des statischen Verhaltens

Ein Regelkreis befindet sich unter der Wirkung von Eingangsgrößen, die man mittels Führungs- bzw. Störverhalten abwechselnd untersuchen kann. Der Regler soll den aktuellen Wert der Regelgröße $X(t)$ ständig dem vorgegebenen Arbeitspunkt der Regelstrecke X_0 anpassen. Dies erfolgt durch die Ansteuerung der Stellgröße $Y(t)$, die im Arbeitspunkt einen bestimmten Wert Y_0 annimmt. Von ausschlaggebender Bedeutung für die Aussage über die Güte der Regelung sind die Abweichungen vom Arbeitspunkt, die wir im Abschnitt 2.1 durch Kleinbuchstaben $x(t)$ und $y(t)$ bezeichnet haben. Zum Beispiel gilt für den in **Bild 2.25** gezeigten Regelkreis:

$$X(t) = X_0 + x(t) \qquad Y(t) = Y_0 + y(t) \qquad Z(t) = Z_0 + z(t). \qquad (2.43)$$

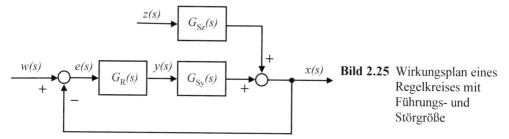

Bild 2.25 Wirkungsplan eines Regelkreises mit Führungs- und Störgröße

Im stationären Zustand soll keine Abweichung der Regelgröße vorkommen, d. h. bei $t = \infty$ soll $x(t) = 0$ und $X = X_0$, um das Verhältnis *Istwert = Sollwert* beizubehalten.

2.6.1 Statische Kennlinien

Wie in den Abschnitten 2.1 und 2.2 gezeigt wurde, kann das dynamische Verhalten einzelner Regelkreisglieder sowie des gesamten Regelkreises durch gewöhnliche, lineare Differentialgleichungen in allgemeiner Form beschrieben werden. Die Beschreibung des statischen Verhaltens kann man aus der Differentialgleichung des dynamischen Verhaltens erhalten, indem man alle zeitlichen Ableitungen gleich Null setzt.

- **Beispiel 2.8**

Aus einer DGL der Regelstrecke für das dynamische Verhalten

$$a_3 \, \dddot{X}(t) + a_2 \, \ddot{X}(t) + a_1 \, \dot{X}(t) + a_0 \, X(t) = b_0 \, Y(t) + b_1 \, \dot{Y}(t) + c_0 \, Z(t) \qquad (2.44)$$

entsteht die folgende Beschreibung des statischen Verhaltens:

$$a_0 \, X = b_0 \, Y + c_0 \, Z \, . \qquad (2.45)$$

In der Gl. (2.45) bewirkt eine Veränderung der Stellgröße oder der Störgröße eine proportionale Veränderung der Regelgröße, somit handelt es sich um eine *lineare* Regelstrecke.
Die Gl. (2.45) soll auch für den Arbeitpunkt gelten, d. h.

$$a_0 \, X_0 = b_0 \, Y_0 + c_0 \, Z_0 \, . \qquad (2.46)$$

Subtrahiert man die Gl. (2.46) von Gl. (2.44) und berücksichtigt dabei die Gleichungen (2.43), so entsteht die DGL der Regelstrecke für das dynamische Verhalten von kleinen Abweichungen vom Arbeitpunkt (Kleinbuchstaben):

$$a_3 \, \dddot{x}(t) + a_2 \, \ddot{x}(t) + a_1 \, \dot{x}(t) + a_0 \, x(t) = b_0 \, y(t) + b_1 \, \dot{y}(t) + c_0 \, z(t) \, .$$

Bei realen Regelstrecken liegen jedoch oft Nichtlinearitäten vor, wie z. B. bei Ventilen, die einen nichtlinearen Zusammenhang zwischen dem Ventilhub und dem Volumenstrom besitzen. Dabei entstehen nichtlineare Beschreibungen, wie folgende Beispiele mit multiplikativen oder nichtlinearen Funktionen und mit konstanten Koeffizienten K_1 und K_2 zeigen:

$$X = K_1 \cdot Y^2 + K_2 \cdot Z \qquad X = K_1 \cdot Y \cdot Z \qquad X = K_1 \cdot Y + K_2 \cdot \sin Z \, .$$

Das statische Verhalten kann grafisch abgebildet werden. Da in einem geschlossenen Regelkreis beim Störverhalten die Ausgangsgröße des Reglers gleichzeitig Eingangsgröße der Regelstrecke ist, wie in **Bild 2.26** gezeigt, können die statischen Kennlinien der Regelstrecke und des Reglers in ein Diagramm eingetragen werden.

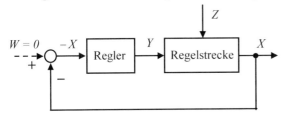

Bild 2.26 Wirkungsplan eines Regelkreises beim Störverhalten

In **Bild 2.27** ist das nichtlineare Kennlinienfeld $X = f(Y, Z)$ einer Regelstrecke und die Kennlinie eines linearen Reglers $Y = K_{PR} X$ mit der Steigung $K_{PR} = \Delta Y / \Delta X$ dargestellt, wobei K_{PR} der Proportionalbeiwert des Reglers ist. Die Werte im Arbeitspunkt A sind X_0, Y_0 und Z_0.

Das statische Verhalten des Regelkreises wird durch Einzeichnen der Kennlinie des Reglers in das Kennlinienfeld der Regelstrecke, und zwar mit dem Vorzeichenumkehr, dargestellt, wie es beispielsweise in **Bild 2.28** für das Störverhalten gezeigt ist.

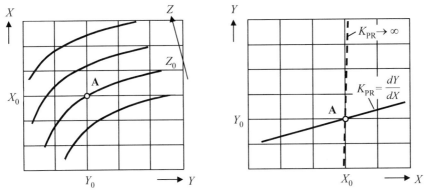

Bild 2.27 Kennlinienfeld einer Regelstrecke (links) und Kennlinie eines Reglers (rechts)

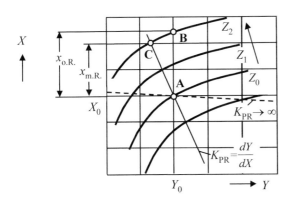

Bild 2.28 Zusammenwirken von Regler und Regelstrecke beim Störverhalten

Nehmen wir zuerst an, dass der Regler unwirksam ist. In diesem Fall wird eine Veränderung der Störgröße z. B. von Z_0 auf Z_2 bei der konstanten Stellgröße Y_0 zum Wechsel des Arbeitspunktes führen, nämlich vom Punkt A zum Punkt B. Wirkt der Regler im Regelkreis, so entspricht die Stellgröße der Reglerkennlinie (Punkt C).

Die Steigung der Reglerkennlinie des Reglers muss also entgegengesetzt zur Steigung der Kennlinien der Regelstrecke sein, um die Abweichung $x_{m.R.}$ („mit Regler") gegenüber der Abweichung $x_{o.R.}$ („ohne Regler") zu minimieren. Je größer der Proportionalbeiwert K_{PR} des Reglers bzw. die Steigung der Reglerkennlinie im Bild 2.27 wird, desto flacher liegt die Gerade im Bild 2.29 und desto kleiner wird die Abweichung der Regelgröße $x_{m.R.}$ im geregelten Zustand. Außerdem folgt aus dem Bild 2.28, dass in diesem Kreis ein proportionaler Regler im geregelten Zustand eine Abweichung $x_{m.R.}$ vom Arbeitspunkt X_0 bzw. vom Sollwert W hinterlässt.

2.6.2 Statischer Regelfaktor

Nachdem die Regelgröße einen Beharrungszustand

$$x(\infty) = \lim_{t \to \infty} x(t)$$

eingenommen hat, kann der Erfolg der Regelung, wie im **Bild 2.29** gezeigt, durch einen Vergleich der bleibenden Regeldifferenzen „mit Regler" $e_{m.R.}(\infty)$ und „ohne Regler" $e_{o.R.}(\infty)$ ausgedrückt werden.

$$\lim_{t \to \infty} x(t) = \lim_{s \to 0} s \cdot x(s) = \lim_{s \to 0} s \cdot w(s) \cdot G_W(s). \tag{2.47}$$

Für $w(t) = w_0 = \text{const}$ ist $w(s) = \dfrac{w_0}{s}$ und somit

$$\lim_{t \to \infty} x(t) = \lim_{s \to 0} s \cdot \frac{w_0}{s} \cdot G_W(s) = w_0 \cdot \lim_{s \to 0} G_W(s). \tag{2.48}$$

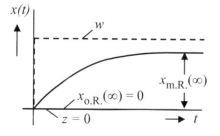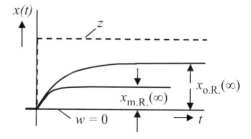

Bild 2.7   Sprungantworten beim Führungsverhalten (links) und Störverhalten (rechts)

Es wird der so genannte reelle bzw. statische Regelfaktor R_F eingeführt

$$R_F = \frac{e_{m.R.}(\infty)}{e_{o.R.}(\infty)}$$

und unter Beachtung von $e(\infty) = w - x(\infty)$ in folgende Form gebracht:

$$R_F = \frac{w - x_{m.R.}(\infty)}{w - x_{o.R.}(\infty)} .$$

Dadurch wird angegeben, wie stark die Änderung einer der Eingangsgrößen des Regelkreises (Störgröße oder Führungsgröße) durch die Regelung beseitigt wird. Je kleiner der Regelfaktor ist, desto weniger wirkt die Störgröße auf die Regelgröße und desto effektiver ist der Regler.

Abhängig von Eingangsstörung wird der Regelfaktor nach zwei verschiedenen Formeln, wie im Bild 2.29 angedeutet, berechnet:

Führungsverhalten	Störverhalten
$R_F = \dfrac{w - x_{m.R.}(\infty)}{w - 0} = \dfrac{w - x_{m.R.}(\infty)}{w}$	$R_F = \dfrac{0 - x_{m.R.}(\infty)}{0 - x_{o.R.}(\infty)} = \dfrac{- x_{m.R.}(\infty)}{- x_{o.R.}(\infty)}$

Der statische Regelfaktor kann durch die Kreisverstärkung V_0 ausgedrückt werden. Sind beispielsweise im Regelkreis (siehe Bild 2.25) der Regler und die Teilstrecke mit Proportionalbeiwerten K_{PR} und K_{PSy} enthalten, so gilt für den statischen Regelfaktor:

$$R_F = \frac{1}{1 + V_0} = \frac{1}{1 + K_{PR} \, K_{PSy}} . \qquad (2.49)$$

Der Regler muss also mit dem Einstellparameter K_{PR} so ausgelegt werden, dass bei stabiler Funktionsweise ein möglichst kleiner Regelfaktor entsteht.

In nachfolgenden Kapiteln wird gezeigt, dass ein Regler mit integrierender Wirkung keine bleibende Regeldifferenz $e(\infty)$ hinterlässt und damit einen statischen Regelfaktor von $R_F = 0$ besitzt.

2.6.3 Linearisierung mit analytischen Verfahren

Das nichtlineare Kennlinienfeld einer Regelstrecke kann durch die Tangente im Arbeitspunkt (X_0, Y_0, Z_0) linearisiert werden. Dabei wird die Funktion $X = f(Y, Z)$ durch das Differential

$$dX = \left(\frac{\partial X}{\partial Y}\right)_0 \cdot dY + \left(\frac{\partial X}{\partial Z}\right)_0 \cdot dZ \qquad (2.50)$$

beschrieben. Der Index 0 steht für die Arbeitpunktwerte X_0, Y_0 und Z_0. Die partiellen Ableitungen im Arbeitspunkt bezeichnet man durch die Koeffizienten K_{PSy} und K_{PSz}

$$K_{PSy} = \left(\frac{\partial X}{\partial Y}\right)_0 \qquad K_{PSz} = \left(\frac{\partial X}{\partial Z}\right)_0.$$ (2.51)

Bezeichnet man dX, dY und dZ in Gl. (2.50) unter Beachtung der Gl. (2.43) durch kleine Abweichungen x, y und z vom Arbeitspunkt, so ergibt sich aus Gln. (2.50) und (2.51) die linearisierte Beschreibung des statischen Verhaltens

$$x = K_{PSy} \cdot y + K_{PSz} \cdot z.$$

Das Prinzip der Linearisierung ist in **Bild 2.30** verdeutlicht. Die Variablen X, Y, und Z (Großschreibung) beschreiben die ursprüngliche nichtlineare Regelstrecke. Die linearisierte Regelstrecke wird durch die Abweichungen x, y, und z (Kleinschreibung) vom Arbeitpunkt A definiert und besteht aus zwei getrennten Teilstrecken für Stell- und Störsignale, deren Ausgänge addiert werden.

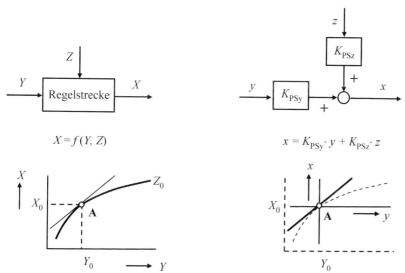

Bild 2.8 Eine nichtlineare Regelstrecke vor (links) und nach (rechts) der Linearisierung

- **Beispiel 2.9**

Eine Regelstrecke, die durch die Differentialgleichung

$$T_2^2 \cdot \ddot{X}(t) + T_1 \cdot \dot{X}(t) + X(t) = 3 \cdot Y^2(t) + 5 \cdot \sqrt{Z(t)}$$ (2.51)

beschrieben wird, soll im Arbeitspunkt

$Y_0 = 2$ und $Z_0 = 4$

linearisiert bzw. in der Form $x = K_{PSy} \cdot y + K_{PSz} \cdot z$ dargestellt werden.

Für das statische Verhalten sind $\ddot{X}(t) = 0$ und $\dot{X}(t) = 0$. Aus der Gl. (2.51) ergibt sich

$$X = 3 \cdot Y^2 + 5 \cdot \sqrt{Z}.$$

Die gesuchten Proportionalbeiwerte sind partielle Ableitungen im Arbeitspunkt:

$$K_{PSy} = \left(\frac{\partial X}{\partial Y}\right)_0 = (2 \cdot 3 \cdot Y)_0 = 2 \cdot 3 \cdot Y_0 = 12$$

$$K_{PSz} = \left(\frac{\partial X}{\partial Z}\right)_0 = \left(5 \cdot \frac{1}{2\sqrt{Z}}\right)_0 = 5 \cdot \frac{1}{2\sqrt{Z_0}} = 1{,}25 \,.$$

2.6.4 Linearisierung mit grafischen Verfahren

Wenn das nichlineare Verhalten der Regelstrecke nur im Form eines Kennlinienfeldes gegeben ist, lassen sich die Proportionalbeiwerte K_{PSy} und K_{PSz} grafisch als die Steigung der Tangente zu Kennlinien $X = f(Y)$ und $X = f(Z)$ bestimmen (**Bild 2.31**).

- **Beispiel 2.10**

Das Kennlinienfeld einer Regelstrecke ist in **Bild 2.32** gegeben. Die Regelstrecke soll im Arbeitspunkt $Y_0 = 4$ und $Z_0 = 4$ linearisiert werden.

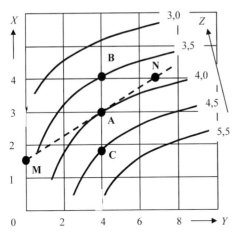

Bild 2.15 Kennlinienfeld einer Regelstrecke

Die Steigung der Tangente zur Kennlinie $X = f(Y)$ ergibt sich mit Hilfe von zwei beliebig gewählten Punkten M und N:

$$K_{PSy} = \left(\frac{\Delta X}{\Delta Y}\right)_0 = \frac{X_M - X_N}{Y_M - Y_N} = \frac{1{,}6 - 4}{0 - 6{,}9} = 0{,}35 \,.$$

Um die Kennlinie $X = f(Z)$ für die Ermittlung der Steigung der Tangente K_{PSz} nicht gesondert zu skizzieren, wählen wir die Punkte B und C, die vom Arbeitpunkt $Z_0 = 4$ gleichermaßen um $\pm\,\Delta Z = 0{,}5$ entfernt sind. Damit wird die Steigung der Sekante berechnet, die sich von der Tangente für kleine Abweichungen ΔZ nur gering unterscheidet:

$$K_{PSz} = \left(\frac{\Delta X}{\Delta Z}\right)_0 = \frac{X_B - X_C}{Z_B - Z_C} = \frac{4 - 1{,}8}{3{,}5 - 4{,}5} = -2{,}2 \,.$$

Das gesuchte statische Verhalten der linearisierten Regelstrecke im Arbeitspunkt ist:
$x = 0{,}35\,y - 2{,}2\,z .$

3 Die Regelstrecke

Die Regelstrecke ist derjenige Teil einer Anlage, in dem die zu regelnde physikalische Größe (Regelgröße x) durch die Regeleinrichtung beeinflusst wird. In den meisten Fällen ist sie fest vorgegeben und in ihren Kennwerten nur wenig veränderbar.

Während die Kennwerte der Regeleinrichtung vom Hersteller rechnerisch oder experimentell ermittelt und bekanntgegeben werden, sind die Kennwerte der Strecken vor der Projektierung der Regelung fast immer unbekannt. Bei der Projektierung einer zu regelnden Anlage sind zunächst die Kennwerte der Regelstrecke experimentell zu ermitteln, die dann eine Einordnung ermöglichen. Mit den so gefundenen charakteristischen Daten lässt sich dann der Regelkreis weiter mathematisch untersuchen, so z. B. auf seine Stabilität oder auf sein optimales Regelverhalten. Bei schwierigen Regelstrecken wird diese zusammen mit der Regeleinrichtung auf einem PC simuliert. Nur in den seltensten Fällen ist die Berechnung von Regelstrecken durch Aufstellen und Lösen von Differentialgleichungen möglich. Die in diesem Kapitel theoretisch behandelten einfachen Grundtypen von Regelstrecken sollen nur dazu dienen, das Zustandekommen der charakteristischen Kenngrößen zu erklären und sollen kein Anreiz zur Berechnung von Regelstrecken sein.

Der Wirkungsplan des Regelkreises wurde in **Bild 1.6** dargestellt. Ihm entnehmen wir den in **Bild 3.1** gezeigten Wirkungsplan der Regelstrecke. Eingangsgröße der Regelstrecke ist y, die Summe aus der Stellgröße y_R und der Störgröße z. Ausgangsgröße ist die Regelgröße x. $G_S(s)$ ist die Übertragungsfunktion der Strecke.

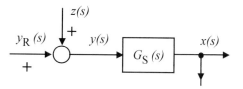

Bild 3.1   Wirkungsplan der Regelstrecke

Die Einteilung der Regelstrecken erfolgt nicht nach den zu regelnden physikalischen Größen, sondern nach ihrem zeitlichen Verhalten. Dabei ist es unwichtig, ob es sich um die Drehzahl einer Turbine, die Temperatur in einem Glühofen oder den Druck in einem Behälter handelt. Auch das Zeitverhalten der Regelstrecken kann in den meisten Fällen durch gewöhnliche lineare Differentialgleichungen von der allgemeinen Form beschrieben werden:

$$... + a_3\,\dddot{x}(t) + a_2\,\ddot{x}(t) + a_1\,\dot{x}(t) + a_0\,x(t) = y(t) \tag{3.1}$$

bzw.

$$... + T_3^3\,\dddot{x}(t) + T_2^2\,\ddot{x}(t) + T_1\,\dot{x}(t) + x(t) = K_{PS} \cdot y(t). \tag{3.2}$$

Die höchste Ordnung dieser DGL kennzeichnet die Ordnung der Strecke. Eine Strecke mit den Beiwerten a_0 und a_1 bezeichnet man als eine Strecke 1. Ordnung, eine solche mit den Beiwerten a_0, a_1 und a_2 als eine Strecke 2. Ordnung usw.

© Springer Fachmedien Wiesbaden GmbH, ein Teil von Springer Nature 2022
S. Zacher und M. Reuter, *Regelungstechnik für Ingenieure*,
https://doi.org/10.1007/978-3-658-36407-6_3

Ferner unterteilt man die Regelstrecken in:

- *Strecken mit Ausgleich* und

- *Strecken ohne Ausgleich.*

Man spricht von einer Strecke mit Ausgleich, wenn nach einer sprunghaften Verstellung der Eingangsgröße $y(t)$ die Ausgangsgröße $x(t)$ (Regelgröße) für $t \rightarrow \infty$ wieder einen neuen Beharrungszustand $x(\infty)$ annimmt, wie **Bild 3.2** zeigt.

Für $t \rightarrow \infty$ wird der Beharrungszustand erreicht, x ist dann konstant, d. h. es findet keine zeitliche Änderung von x mehr statt, folglich sind alle Ableitungen $\dot{x}(t), \ddot{x}(t), \dddot{x}(t)$ usw. Null.

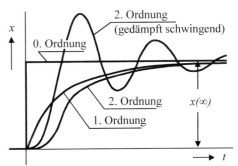

Im Beharrungszustand wird also aus Gleichung (3.1)

$$a_0\, x(\infty) = y_0, \quad x(\infty) = \frac{1}{a_0}\, y_0,$$

Bild 3.2   Sprungantwort einer Regelstrecke mit Ausgleich

$$x(\infty) = K_{PS}\, y_0. \tag{3.3}$$

Hierin ist $y(t) = y_0$ = konstant der Eingangssprung. Strecken mit Ausgleich bezeichnet man auch als *proportionale* oder kurz *P-Strecken,* weil im Beharrungszustand die Ausgangsgröße proportional der Eingangsgröße ist, gemäß Gl. (3.3).

Bei Strecken ohne Ausgleich wird bei einer Sprungfunktion am Eingang die Regelgröße x keinen Beharrungswert annehmen, sondern monoton anwachsen, wie in **Bild 3.3** gezeigt.

In der Differentialgleichung (3.1) drückt sich das so aus, dass der Beiwert $a_0 = 0$ ist.

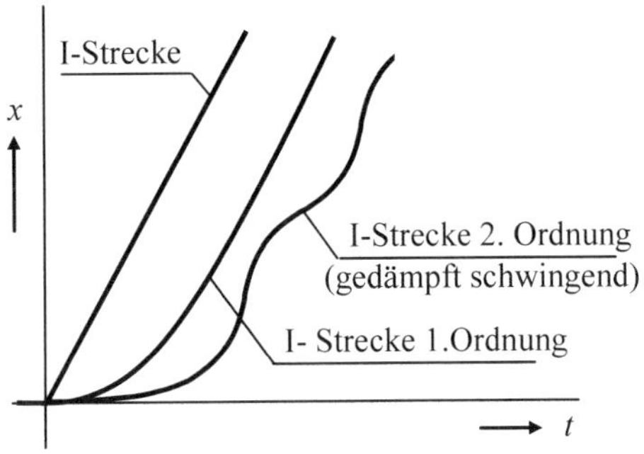

$$\ldots + a_3\, \dddot{x}(t) + a_2\, \ddot{x}(t) + a_1\, \dot{x}(t) = y(t)$$

Bild 3.3   Sprungantwort einer Regelstrecke ohne Ausgleich

bzw.

$$\ldots + a_3\, \dddot{x}(t) + a_2\, \ddot{x}(t) + a_1\, x(t) = \int y(t)\, dt. \tag{3.4}$$

Strecken ohne Ausgleich werden wegen der in Gl. (3.4) gefundenen Beziehung auch *integrale* oder kurz *I-Strecken* genannt.

3.1 P-Strecken ohne Verzögerung

Eine Regelstrecke, die zur folgenden Gleichung führt

$$a_0\, x(t) = y(t) \quad \text{bzw.} \quad x(t) = K_{PS} \cdot y(t), \text{ mit } K_{PS} = \frac{1}{a_0},$$

in der also die Glieder mit der 1. bis n-ten Ableitung fehlen, bezeichnet man als eine Strecke 0. Ordnung. Gibt man auf den Eingang einer solchen Strecke eine Sprungfunktion, so wird die Ausgangsgröße sich ebenfalls sprunghaft ändern, die Ausgangsgröße folgt ohne zeitliche Verzögerung proportional der Eingangsgröße (**Bild 3.4**).

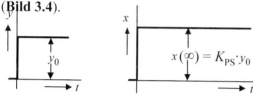

Bild 3.4
Eingangssprung (links) und Sprungantwort (rechts) einer Strecke 0. Ordnung

Solche Strecken sind höchst selten, man findet sie näherungsweise in rein ohmschen Netzen oder in hydraulischen Systemen, in denen keine nennenswerte Kompressibilität auftritt.

3.2 P-Strecken mit Verzögerung 1. Ordnung

Diese Strecken bzw. die Hintereinanderschaltung solcher Strecken ist die am häufigsten in technischen Anlagen vorkommende.

- **Beispiel 3.1**   Warmwasserbehälter (**Bild 3.5**)

m_W	$= 1200$ kg	Masse des Wassers
c_W	$= 1{,}163\ \mathrm{Wh}/_{\mathrm{kg\,K}}$	spezifische Wärme des Wassers
m_b	$= 200$ kg	Masse des Behälters
c_b	$= 0{,}134\ \mathrm{Wh}/_{\mathrm{kg\,K}}$	spezifische Wärme des Behälters
A	$= 7{,}8\ \mathrm{m}^2$	Behälters-Oberfläche
d	$= 3$ mm	Dicke der Isolationsschicht
λ	$= 0{,}052\ \mathrm{W}/_{\mathrm{mK}}$	Wärmeleitfähigkeit der Isolationsschicht
ϑ_a	$= (273 + 15)$ K	Außentemperatur
ϑ_0	$= \vartheta_a$	Anfangstemperatur des Wassers

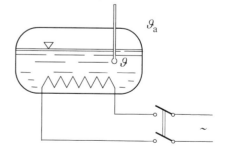

Bild 3.5
Elektrisch beheizter Warmwasserbehälter

Elektrische Heizleistung $P_{e0} = 10$ kW

Der Behälter ist mit Wasser gefüllt, das erwärmt werden soll. Regelgröße x ist die Wassertemperatur ϑ; Eingangsgröße ist die elektrische Heizleistung P_e. Die über die Heizspirale zugeführte elektrische Energie

$$\int P_e(t)\, dt$$

erwärmt einmal das Wasser und den Behälter, ferner wird infolge der nichtidealen Isolation eine von dem Temperaturgefälle $\vartheta - \vartheta_a$ abhängige Wärmemenge nach außen abgeführt. Der gesuchte Zusammenhang zwischen Ein- und Ausgangsgröße ergibt sich durch Gleichsetzen der pro Zeiteinheit dt zugeführten und aufgenommenen Wärmeenergie. Die pro Zeiteinheit zugeführte Wärmeenergie ist

$$\frac{dQ_{zu}}{dt} = P_e(t)\,. \tag{3.5}$$

Die vom Wasser gespeicherte Wärmeenergie ist

$$Q_w = m_w\, c_w\, (\vartheta - \vartheta_a)\,.$$

Daraus findet man:

$$\frac{dQ_w}{dt} = m_w\, c_w\, \frac{d\vartheta}{dt}\,. \tag{3.6}$$

Entsprechend ergibt sich für die vom Behälter aufgenommene Wärmeenergie (bei der vereinfachenden Annahme, dass der Behälter die gleiche Temperatur annimmt wie das Wasser)

$$Q_b = m_b\, c_b\, (\vartheta - \vartheta_a)$$

bzw.

$$\frac{dQ_b}{dt} = m_b\, c_b\, \frac{d\vartheta}{dt}\,. \tag{3.7}$$

Analog zu den Verhältnissen zwischen Strom und Spannung an einem ohmschen Widerstand ist der nach außen abgeführte Wärmestrom Φ proportional der Temperaturdifferenz $\vartheta - \vartheta_a$ und umgekehrt proportional dem Wärmewiderstand R_w der Isolation. Der Wärmewiderstand ergibt sich analog zum ohmschen Widerstand zu

$$R_w = \frac{d}{\lambda\, A}\,.$$

Somit ist der Wärmestrom

$$\Phi = \frac{\vartheta - \vartheta_a}{R_w} = \frac{\lambda\, A}{d}(\vartheta - \vartheta_a)\,. \tag{3.8}$$

Andererseits ist der Wärmestrom Φ gleich der zeitlichen Änderung der nach außen abgeführten Wärmemenge

$$\Phi = \frac{dQ_v}{dt}\,.$$

Die dem System zugeführte Wärmemenge ist gleich den gespeicherten bzw. abgeführten Wärmemengen

$$Q_{zu} = Q_w + Q_b + Q_v$$

oder

$$\frac{dQ_{zu}}{dt} = \frac{dQ_w}{dt} + \frac{dQ_b}{dt} + \frac{dQ_v}{dt}.$$

Setzt man die Beziehungen (3.5), (3.6), (3.7) und (3.8) in die letzte Gleichung ein, so erhält man

$$m_w \, c_w \, \frac{d\vartheta(t)}{dt} + m_b \, c_b \, \frac{d\vartheta(t)}{dt} + \frac{\lambda \, A}{d} (\vartheta - \vartheta_a) = P_e(t) \quad \text{bzw.}$$

$$d \cdot \frac{m_w \, c_w + m_b \, c_b}{\lambda \, A} \cdot \frac{d\vartheta(t)}{dt} + \vartheta(t) = \frac{d}{\lambda \, A} \cdot P_e(t) + \vartheta_a.$$

Mit den Abkürzungen:

$$K_{PS} = \frac{d}{\lambda \, A} = \frac{0{,}003 \, \text{m}}{0{,}052 \, \dfrac{\text{W}}{\text{mK}} \cdot 7{,}8 \, \text{m}^2} = 0{,}0074 \, \frac{\text{K}}{\text{W}}$$

und

$$T_1 = d \cdot \frac{m_w \, c_w + m_b \, c_b}{\lambda \, A} = 10{,}53 \, \text{h}$$

folgt

$$T_1 \, \frac{d\vartheta(t)}{dt} + \vartheta(t) = K_{PS} \, P_e(t) + \vartheta_a. \tag{3.9}$$

Die gefundene Differentialgleichung 1. Ordnung besagt, dass die vorliegende Strecke eine P-Strecke mit Verzögerung 1. Ordnung oder kurz eine P-T$_1$-Strecke ist.

Der zeitliche Verlauf der Sprungantwort $\vartheta(t)$ ergibt sich, wenn zum Zeitpunkt $t = 0$ der Schalter geschlossen wird und die elektrische Leistung $P_e(t) = P_{e0}$ konstant ist, d. h.

$$P_e(t) = P_{e0} \cdot \sigma(t). \tag{3.10}$$

Bei der Laplace-Transformation von (3.9) ist zu beachten, dass bei der Anwendung des Differentiationssatzes die Anfangsbedingung im vorliegenden Fall nicht Null, sondern $\vartheta(0) = \vartheta_a$ ist. Damit folgt aus (3.9) durch Laplace-Transformation, unter Beachtung von (3.10)

$$P_e(s) = \frac{P_{e0}}{s}$$

und

$$T_1 \left(s \, \vartheta(s) - \vartheta_a \right) + \vartheta(s) = K_{PS} \, \frac{P_{e0}}{s} + \frac{\vartheta_a}{s},$$

nach $\vartheta\,(s)$ aufgelöst

$$\vartheta(s) = (K_{PS}P_{e0} + \vartheta_a)\,\frac{1}{s\,(1 + sT_1)} + T_1\,\vartheta_a\,\frac{1}{(1 + sT_1)}\,.$$

Mit den Beziehungen 4 und 5 der Korrespondenztabelle folgt sofort

$$\vartheta(t) = (K_{PS}P_{e0} + \vartheta_a)(1 - e^{-\frac{t}{T_1}}) + \vartheta_a\,e^{-\frac{t}{T_1}}\quad \text{bzw.}$$

$$\vartheta(t) = \vartheta_a + K_{PS}P_{e0}\,(1 - e^{-\frac{t}{T_1}})\,. \tag{3.11}$$

Der zeitliche Verlauf der Sprungantwort ist im **Bild 3.6** dargestellt. Für $t = 0$ ist $\vartheta(0) = \vartheta_a$ und für $t = \infty$ ist $\vartheta(\infty) = \vartheta_a + K_{PS}\,P_{e0} = (288 + 74)\;K = 362\;K$. Die Endtemperatur $\vartheta(\infty)$ wird bei der gewählten Eingangsleistung erst nach $t = (3 \dots 5) \cdot T_1$ erreicht. Durch Vergrößerung der Eingangsleistung kann der Erwärmungsvorgang wesentlich beschleunigt werden. So wird z. B. für $P_{e0} = 50\;kW$ die Anfangssteigung

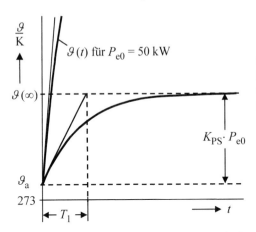

$$\frac{d\vartheta(t)}{dt} = P_{e0}\,\frac{K_{PS}}{T_1}$$

fünfmal größer. Durch eine entsprechende Regeleinrichtung (die später besprochen wird) kann eine Erwärmung des Wassers über den Siedepunkt verhindert werden.

Bild 3.6

Sprungantwort einer P-T$_1$-Strecke

Bei der Ermittlung des Frequenzganges $G_S(j\omega)$ aus Gl. (3.9) ist zu beachten, dass das konstante Glied ϑ_a entfällt, da bei sinusförmiger Eingangsgröße auch die Ausgangsgröße $\vartheta(t)$ sich sinusförmig ändert und nur die Änderungen (keine Absolutwerte) ins Verhältnis gesetzt werden. Man ermittelt zunächst aus Gl. (3.9) die Übertragungsfunktion der Strecke ohne Vorgeschichte, d. h. für $\vartheta(0) = \vartheta_a = 0$.

$$G_S(s) = \frac{\vartheta(s)}{P_e(s)} = \frac{K_{PS}}{1 + sT_1}\,.$$

In dem man s durch $j\omega$ ersetzt, folgt daraus der Frequenzgang

$$G_S(j\omega) = \frac{\vartheta(j\omega)}{P_e(j\omega)} = \frac{K_{PS}}{1 + j\omega T_1}\,.$$

Die zugehörige Ortskurve ergibt, wie in Beispiel 2.6, einen Halbkreis im 4. Quadranten mit K_{PS} als Durchmesser.

- **Beispiel 3.2**

Eingangsgröße ist die Erregerspannung y und Ausgangsgröße ist die Verbraucherklemmenspannung x eines fremderregten Gleichstromgenerators (**Bild 3.7**).

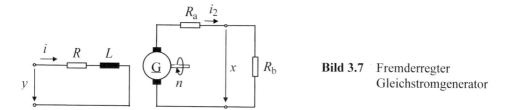

Bild 3.7 Fremderregter Gleichstromgenerator

Die Antriebsdrehzahl des Generators n ist konstant. Die Induktivität des Läufers sei vernachlässigbar. Für den Erregerkreis gilt:

$$y(t) = i(t) \cdot R + L \frac{di(t)}{dt}. \tag{3.12}$$

Der Strom i erzeugt in der Erregerwicklung den Fluss Φ. Bedingt durch die Magnetisierungskurve ist die Funktion

$$\Phi = \mathrm{f}(i)$$

nichtlinear.

Vereinfachend soll hier angenommen werden, dass die Magnetisierungskurve unterhalb der Sättigung durch eine Gerade ersetzt und der magnetische Widerstand R_m als konstant aufgefasst werden kann. Der magnetische Fluss ergibt sich dann zu

$$\Phi(t) = \frac{\theta(t)}{R_m} = \frac{N}{R_m} i(t), \tag{3.13}$$

mit

θ elektrische Durchflutung
N Windungszahl der Erregerwicklung.

Die vom Generator erzeugte Leerlaufspannung ist

$$u_0(t) = c\, n \cdot \Phi(t). \tag{3.14}$$

Der Ankerstrom ergibt sich aus

$$i_2(t) = \frac{u_0(t)}{R_a + R_b}$$

und damit die Spannung am Verbraucher

$$x(t) = i_2(t) \cdot R_b = \frac{R_b}{R_a + R_b} u_0(t). \tag{3.15}$$

Gln. (3.13) und (3.14) in Gl. (3.15) eingesetzt, ergibt

$$x(t) = \frac{R_b}{R_a + R_b} \cdot c \cdot n \cdot \frac{N}{R_m} \cdot i(t) = K_1 \cdot i(t) \,,$$

mit

$$K_1 = \frac{R_b}{R_a + R_b} \cdot c \cdot n \cdot \frac{N}{R_m} \,.$$

Nach $i(t)$ aufgelöst, folgt

$$i(t) = \frac{1}{K_1} x(t)$$

und nach einmaliger Differentiation

$$\frac{di(t)}{dt} = \frac{1}{K_1} \cdot \frac{dx(t)}{dt} \,.$$

$i(t)$ und $di(t)/dt$ in (3.12) eingesetzt, führt zu

$$\frac{L}{K_1} \frac{dx(t)}{dt} + \frac{R}{K_1} x(t) = y(t) \quad \text{bzw.}$$

$$\frac{L}{R} \frac{dx(t)}{dt} + x(t) = \frac{K_1}{R} y(t) \,.$$

Mit der Zeitkonstanten des Erregerkreises $T_1 = L/R$ und dem Übertragungsbeiwert $K_{PS} = K_1/R$ folgt die endgültige Form der Differentialgleichung

$$T_1 \frac{dx(t)}{dt} + x(t) = K_{PS} \, y(t) \,. \tag{3.16}$$

Gl. (3.16) ist der in Beispiel 3.1 gefundenen Gl. (3.9) (bis auf den Anfangswert $\vartheta(0) = \vartheta_a$) analog. Entsprechend erhält man die Lösung durch Laplace-Transformation von (3.16) (für $t = 0$ sei $x(0) = 0$)

$$T_1 \cdot s \, x(s) + x(s) = K_{PS} \, y(s) \quad \text{bzw.}$$

$$x(s) = \frac{K_{PS}}{1 + sT_1} \, y(s) \,.$$

Wählen wir als Eingangsgröße wieder die Sprungfunktion

$$y(t) = y_0 \cdot \sigma(t) \,,$$

so folgt mit $y(s) = \dfrac{y_0}{s}$

$$x(s) = K_{PS} \, y_0 \, \frac{1}{s \, (1 + sT_1)} \,.$$

Unter Verwendung der Beziehung 4 der Korrespondenztabelle erhalten wir im Zeitbereich

$$x(t) = K_{PS}\, y_0 \left(1 - e^{-\frac{t}{T_1}}\right).$$

▶ **Aufgabe 3.1**

Ermitteln Sie den Verlauf der Ortskurve des im Beispiel 3.2 durch Gl. (3.16) beschriebenen Systems für $T_1 = 0,1$ s und $K_{PS} = 10$.

3.3 P-Strecken mit Verzögerung 2. Ordnung

Regelstrecken, die durch die Hintereinanderschaltung von zwei P-Strecken 1. Ordnung entstehen, werden durch eine Differentialgleichung 2. Ordnung beschrieben. Im Gegensatz zu in sich gekoppelten Zweispeichersystemen, die in Abschnitt 3.5 behandelt werden, können sie nur aperiodische Schwingungen ausführen.

Als Beispiel soll das im **Bild 3.8** gezeigte System 2. Ordnung behandelt werden, das aus zwei hintereinandergeschalteten Gleichstromgeneratoren besteht und als Verstärkermaschine bezeichnet wird.

● **Beispiel 3.3**

Das Erregerfeld des zweiten Generators wird von dem ersten Generator erzeugt. Die Rotorwellen beider Generatoren sind gekoppelt und werden mit der Drehzahl n angetrieben.

Eingangsgröße ist die Spannung y am ersten Erregerkreis, Ausgangsgröße ist die Verbraucherspannung x.

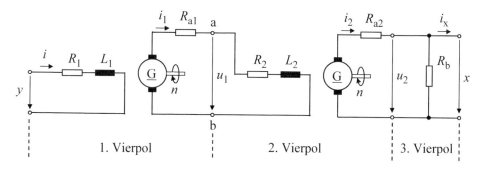

Bild 3.8 P-T₂-Strecke, gebildet aus zwei hintereinadergeschalteten Gleichstromgeneratoren

● **Ermittlung der Übertragungsfunktion**

Um die Übertragungsfunktion der in Bild 3.8 dargestellten P-T₂-Strecke

$$G_S(s) = \frac{x(s)}{y(s)}$$

zu ermitteln, kann man ebenso vorgehen wie in Beispiel 3.2. Im Ankerkreis liegt dann anstelle von R_b (Bild 3.7) $(R_2 + sL_2)$ (Bild 3.8). Der Ankerstrom i_1 ist dann gleich dem Erregerstrom des 2. Generators und bestimmt den Fluss Φ_2 usw. Im Folgenden soll eine andere Methode Anwendung finden.

Wie Bild 3.8 zeigt, kann die Verstärkermaschine als Kettenschaltung von drei Vierpolen aufgefasst werden. Der Vorteil dieser Darstellung besteht darin, dass die den 1. Vierpol beschreibende Kettenmatrix in ihrem Aufbau völlig identisch mit der des 2. Vierpols ist und sich nur durch die Indizes unterscheidet.

Betrachten wir zunächst den 1. Vierpol bei aufgetrennten Klemmen a und b, so wird dieser durch die folgenden Gleichungen beschrieben (s.a. Beispiel 3.2):

$$y(s) = i(s) \cdot (R_1 + sL_1) \tag{3.17}$$

$$\Phi_1 = \frac{N_1}{R_{m1}} \cdot i(s) \tag{3.18}$$

$$u_{o1}(s) = c_1 n \cdot \Phi_1(s) = \frac{c_1 n N_1}{R_{m1}} \cdot i(s) \tag{3.19}$$

$$u_1(s) = u_{o1}(s) - i_1(s) \cdot R_{a1}. \tag{3.20}$$

Die Beziehung des Eingangsvektors $[y, i]$ und des Ausgangsvektors $[u_1, i_1]$ lautet:

$$\begin{pmatrix} y(s) \\ i(s) \end{pmatrix} = \begin{pmatrix} A_{11} & A_{12} \\ A_{21} & A_{22} \end{pmatrix} \cdot \begin{pmatrix} u_1(s) \\ i_1(s) \end{pmatrix}. \tag{3.21}$$

Durch Umformung der Gln. (3.17) ... (3.20) sollen nun die beiden in (3.21) enthaltenen Gleichungen gebildet werden. Aus Gl. (3.20) folgt

$$u_{o1}(s) = u_1(s) + i_1(s) \cdot R_{a1}. \tag{3.22}$$

Setzen wir (3.22) in (3.19) ein und lösen nach $i(s)$ auf, so entsteht die zweite Gl. der Kettenform

$$i(s) = \frac{1}{K_1}[u_1(s) + i_1(s) \cdot R_{a1}], \tag{3.23}$$

mit der Abkürzung $K_1 = \frac{c_1 n N_1}{R_{m1}}.$

Die erste der gesuchten Gleichungen ermitteln wir mit (3.23) in (3.17) zu

$$y(s) = \frac{R_1}{K_1}(1 + sT_1)[u_1(s) + i_1(s) \cdot R_{a1}], \tag{3.24}$$

mit der Bezeichnung $T_1 = L_1/R_1$.

Die Gln. (3.24) und (3.23) lassen sich nun nach (3.21) zusammenfassen

$$\begin{pmatrix} y(s) \\ i(s) \end{pmatrix} = \frac{1}{K_1} \begin{pmatrix} R_1(1+sT_1) & R_{a1} R_1(1+sT_1) \\ 1 & R_{a1} \end{pmatrix} \cdot \begin{pmatrix} u_1(s) \\ i_1(s) \end{pmatrix}. \tag{3.25}$$

Ganz analog ergibt sich für den 2. Vierpol

$$\begin{pmatrix} u_1(s) \\ i_1(s) \end{pmatrix} = \frac{1}{K_2} \begin{pmatrix} R_2(1+sT_2^*) & R_{a2} R_2(1+sT_2^*) \\ 1 & R_{a2} \end{pmatrix} \cdot \begin{pmatrix} u_2(s) \\ i_2(s) \end{pmatrix}. \tag{3.26}$$

Für den 3. Vierpol (Querwiderstand) ist

$$\begin{pmatrix} u_2(s) \\ i_2(s) \end{pmatrix} = \begin{pmatrix} 1 & 0 \\ 1/R_b & 1 \end{pmatrix} \cdot \begin{pmatrix} x(s) \\ i_x(s) \end{pmatrix}. \tag{3.27}$$

Setzen wir die Gl. (3.27) in Gl. (3.26) ein und das Ergebnis wiederum in Gl. (3.25), so folgt

$$\begin{pmatrix} y(s) \\ i(s) \end{pmatrix} = \frac{1}{K_1 K_2} \begin{pmatrix} A_{11} & A_{12} \\ A_{21} & A_{22} \end{pmatrix} \cdot \begin{pmatrix} B_{11} & B_{12} \\ B_{21} & B_{22} \end{pmatrix} \cdot \begin{pmatrix} C_{11} & C_{12} \\ C_{21} & C_{22} \end{pmatrix} \cdot \begin{pmatrix} x(s) \\ i_x(s) \end{pmatrix}.$$

Hierin sind A_{ik}, B_{ik} und C_{ik} die Elemente der 1., 2. und 3. Vierpolmatrix. Die Multiplikation der drei Matrizen, unter Beachtung der Reihenfolge, ergibt die Produktmatrix

$$\mathbf{D} = \mathbf{A} \cdot \mathbf{B} \cdot \mathbf{C} = \begin{pmatrix} D_{11} & D_{12} \\ D_{21} & D_{22} \end{pmatrix} \text{ bzw.}$$

$$\mathbf{D} = \begin{pmatrix} A_{11} B_{11} + A_{12} B_{21} & A_{11} B_{12} + A_{12} B_{22} \\ A_{21} B_{11} + A_{22} B_{21} & A_{21} B_{12} + A_{22} B_{22} \end{pmatrix} \cdot \begin{pmatrix} C_{11} & C_{12} \\ C_{21} & C_{22} \end{pmatrix}.$$

Im vorliegenden Fall ist $i_x(s) = 0$. Zur Berechnung der gesuchten Übertragungsfunktion brauchen daher nicht alle vier Elemente der Produktmatrix D berechnet zu werden, es genügt vielmehr die Ermittlung von D_{11}.

Die Übertragungsfunktion ist dann

$$G_S(s) = \frac{x(s)}{y(s)} = \frac{K_1 K_2}{D_{11}(s)},$$

mit $D_{11} = (A_{11} B_{11} + A_{12} B_{21}) \cdot C_{11} + (A_{11} B_{12} + A_{12} B_{22}) \cdot C_{21}$.

Mit den entsprechenden Termen für A_{ik}, B_{ik} und C_{ik} aus (3.25), (3.26) und (3.27) ergibt sich

$$D_{11}(s) = [R_1 R_2(1+sT_1)(1+sT_2^*) + R_{a1} R_1(1+sT_1)]$$

$$+ [R_{a2} R_1 R_2(1+sT_1)(1+sT_2^*) + R_{a1} R_{a2} R_1(1+sT_1)] \cdot \frac{1}{R_b}.$$

Nach einigen Umformungen gelangt man zu

$$D_{11}(s) = \frac{R_1}{R_b}(R_b + R_{a2})(R_2 + R_{a1})(1 + sT_1)\left(1 + sT_2^* \frac{R_2}{R_2 + R_{a1}}\right).$$

Mit den Abkürzungen

$$K_{PS} = \frac{K_1 K_2 R_b}{(R_b + R_{a2})(R_2 + R_{a1})R_1}$$

und

$$T_2 = T_2^* \frac{R_2}{R_2 + R_{a1}} = \frac{L_2}{R_2 + R_{a1}}$$

folgt schließlich die Übertragungsfunktion der Strecke

$$G_S(s) = \frac{x(s)}{y(s)} = \frac{K_{PS}}{(1 + sT_1)(1 + sT_2)}. \tag{3.28}$$

Die Differentialgleichung des Systems finden wir aus (3.28) durch Anwendung des Differentiationssatzes der Laplace-Transformation

$$T_1 T_2\, \ddot{x}(t) + (T_1 + T_2)\, \dot{x}(t) + x(t) = K_{PS}\, y(s). \tag{3.29}$$

Es handelt sich somit bei dem vorliegenden System, wie in Abschnitt 3 definiert, um eine Strecke mit Verzögerung 2. Ordnung bzw. eine P-T2-Strecke.

- **Ermittlung der Sprungantwort der P-T2-Strecke**

Im Folgenden soll die Sprungantwort des im Bild 3.8 dargestellten Systems für

$$y(t) = y_0 \cdot \sigma(t) \quad \circ\!\!-\!\!\bullet \quad y(s) = \frac{y_0}{s} \tag{3.30}$$

ermittelt werden. Lösen wir Gl. (3.28) nach $x(s)$ auf unter Berücksichtigung von (3.30), so folgt

$$x(s) = K_{PS}\, y_0 \cdot \frac{1}{s(1 + sT_1)(1 + sT_2)} \quad \Rightarrow \quad x(s) = \frac{K_{PS}\, y_0}{T_1 T_2} \cdot \frac{1}{s\left(s + \dfrac{1}{T_1}\right)\left(s + \dfrac{1}{T_2}\right)}.$$

Die Rücktransformation in den Zeitbereich kann mittels Korrespondenztabelle, Partialbruchzerlegung oder Residuensatz erfolgen. Mittels letzterem erhalten wir sofort

$$x(t) = \frac{K_{PS}\, y_0}{T_1 T_2}\left[T_1 T_2 - T_1 \frac{e^{-\frac{t}{T_1}}}{\dfrac{1}{T_2} - \dfrac{1}{T_1}} - T_2 \frac{e^{-\frac{t}{T_2}}}{\dfrac{1}{T_1} - \dfrac{1}{T_2}} \right] \quad \text{bzw.}$$

$$x(t) = K_{PS}\, y_0 \left[1 - \frac{T_1}{T_1 - T_2} e^{-\frac{t}{T_1}} + \frac{T_2}{T_1 - T_2} e^{-\frac{t}{T_2}} \right].$$ (3.31)

Bild 3.9 zeigt die Sprungantwort für $T_1 = 2 \cdot T_2$. Aus (3.31) folgt für $t = 0$, $x(0) = 0$ und für $t = \infty$, $x(\infty) = K_{PS}\, y_0$, der stationäre Endwert. Durch Differentiation von (3.31) erhält man

$$\frac{dx(t)}{dt} = \frac{K_{PS}\, y_0}{T_1 - T_2} \left[e^{-\frac{t}{T_1}} - e^{-\frac{t}{T_2}} \right].$$

Für $t = 0$ ist $\dot{x}(0) = 0$, d. h. die Kurve beginnt für $t = 0$ mit waagerechter Tangente. Der Kurvenverlauf zeigt einen charakteristischen s-förmigen Verlauf, dessen Wendepunkt sich aus

$$\frac{d^2 x(t)}{dt^2} = \frac{K_{PS}\, y_0}{T_1 - T_2} \left[-\frac{e^{-\frac{t}{T_1}}}{T_1} + \frac{e^{-\frac{t}{T_2}}}{T_2} \right] = 0$$

ergibt bzw.

$$t_W = \frac{T_1 T_2}{T_1 - T_2} \ln \frac{T_1}{T_2}.$$

Speziell für $T_1 = 2T_2$ wird

$$t_W = 2 T_2 \cdot \ln 2 = 1{,}386\, T_2.$$

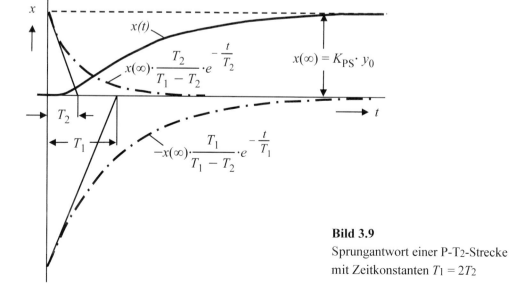

Bild 3.9

Sprungantwort einer P-T2-Strecke
mit Zeitkonstanten $T_1 = 2T_2$

Wird die Sprungantwort des Systems experimentell aufgenommen, so kann zur Identifikation von Strecken 2. und höherer Ordnung, wie in **Bild 3.10** gezeigt, die Wendetangente durch den Wendepunkt für $t = t_W$ gelegt werden.

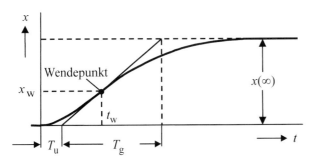

Bild 3.10
Sprungantwort und Kenngrößen:

T_U Verzugszeit

T_g Ausgleichszeit

$x(\infty)$ Beharrungszustand

Diese schneidet die Zeitachse im Punkt $t = T_U$ und den Beharrungszustand $x(\infty)$ für $t = T_U + T_g$. Bei einer Strecke 2. Ordnung können aus T_U und T_g die beiden Zeitkonstanten T_1 und T_2 bestimmt werden.

- **Die Ortskurve der P-T$_2$-Strecke**

Aus Gl. (3.28) folgt der Frequenzgang

$$G_S(j\omega) = \frac{x(j\omega)}{y(j\omega)} = \frac{K_{PS}}{(1 + j\omega T_1)(1 + j\omega T_2)} . \tag{3.32}$$

Zur Diskussion des Ortskurvenverlaufs zerlegen wir den Frequenzgang (3.32) in seinen Real- und Imaginärteil

$$\mathrm{Re}(G_S) = K_{PS} \frac{1 - \omega^2 T_1 T_2}{(1 - \omega^2 T_1 T_2)^2 + \omega^2 (T_1 + T_2)^2}$$

$$\mathrm{Im}(G_S) = -K_{PS} \frac{\omega (T_1 + T_2)}{(1 - \omega^2 T_1 T_2)^2 + \omega^2 (T_1 + T_2)^2} .$$

Das Vorzeichen von $\mathrm{Re}(G_S)$ und $\mathrm{Im}(G_S)$ wird nur durch den Zähler bestimmt, da der Nenner für beide gleich und für alle ω-Werte stets positiv ist. Variieren wir ω von 0 bis ∞, so ist der $\mathrm{Im}(G_S)$ stets negativ. Für den Realteil ergibt sich:

a) für kleine ω-Werte, d. h. $1 > \omega^2 T_1 T_2$ ist $\mathrm{Re}(G_S) > 0$

b) für $\omega^2 T_1 T_2 = 1$ bzw. $\omega = \dfrac{1}{\sqrt{T_1 T_2}}$ ist $\mathrm{Re}(G_S) = 0$ und $\mathrm{Im}(G_S) = -K_{PS} \dfrac{\sqrt{T_1 T_2}}{T_1 + T_2}$

c) Für große ω-Werte, d. h. $1 < \omega^2 T_1 T_2$ ist $\mathrm{Re}(G_S) < 0$.

Das heißt, die Ortskurve verläuft in der Gaußschen Zahlenebene im 3. und 4. Quadranten, wie in **Bild 3.11** gezeigt.

Weitere markante Punkte der Ortskurve ergeben sich für $\omega = 0$ und $\omega = \infty$ (siehe Tabelle).

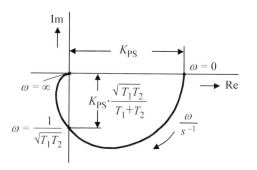

ω	Re(G_S)	Im(G_S)
0	K_{PS}	0
$\dfrac{1}{\sqrt{T_1 T_2}}$	0	$-K_{PS} \cdot \dfrac{\sqrt{T_1 T_2}}{T_1 + T_2}$
∞	0	0

Bild 3.11 Ortskurve einer P-T2-Strecke

- **Die Dämpfung des P-T2-Gliedes**

Es soll hier gezeigt werden, dass das Übergangsverhalten eines Systems 2. Ordnung entscheidend von seiner Polverteilung abhängt. Die Übertragungsfunktion (3.28) kann wie folgt umgeschrieben werden:

$$G_S(s) = \frac{K_{PS}}{T_1 T_2} \cdot \frac{1}{s^2 + s \cdot \dfrac{T_1 + T_2}{T_1 T_2} + \dfrac{1}{T_1 T_2}} .$$

Mit den Abkürzungen

$$2\alpha = \frac{T_1 + T_2}{T_1 T_2} \quad \text{und} \quad \beta^2 = \frac{1}{T_1 T_2} ,$$

α Abklingkonstante
β Kreisfrequenz des ungedämpften Systems

wird

$$G_S(s) = K_{PS}\, \beta^2 \, \frac{1}{s^2 + s \cdot 2\alpha + \beta^2} . \tag{3.33}$$

Eine weitere wichtige Größe ist die Dämpfung D, die wie folgt definiert ist

$$D = \frac{\alpha}{\beta} .$$

Die beiden Pole der Gleichung (3.33) ergeben sich zu

$$s_{1,2} = -\alpha \pm \sqrt{\alpha^2 - \beta^2}$$

$$s_{1,2} = -\alpha \pm \beta\sqrt{D^2 - 1} \qquad\qquad (3.34)$$

$$s_{1,2} = -\beta\left(D \pm \sqrt{D^2 - 1}\right).$$

Daraus ist ersichtlich, dass abhängig von D folgende Fälle möglich sind:

a) Für $\alpha > \beta$ ($D > 1$) werden die beiden Pole negativ reell (aperiodischer Fall).

b) Für $\alpha = \beta$ ($D = 1$) ergibt sich eine doppelte Polstelle, mit $s_1 = s_2 = -\alpha$ (aperiodischer Grenzfall).

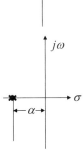

c) Für $\alpha < \beta$ ($0 < D < 1$) werden die beiden Pole konjugiert komplex

$$s_{1,2} = -\alpha \pm j\beta\sqrt{1 - D^2}$$

(gedämpfte Schwingung).

d) Für $\alpha = 0$ ($D = 0$) wird der Realteil der beiden Pole Null, d. h. die Pole werden rein imaginär $s_{1,2} = \pm j\beta$ (ungedämpfte Dauerschwingung).

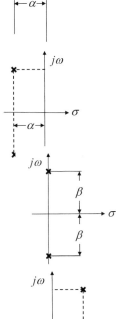

e) Für $\alpha < 0$ ($D < 0$) ist die Abklingkonstante negativ, die beiden Pole haben einen positiven Realteil

$$s_{1,2} = +\alpha \pm j\beta\sqrt{1 - D^2}$$

(aufklingende Schwingung).

Für das durch die Übertragungsfunktion (3.28) beschriebene System sind nur die Fälle a) und b) möglich ($D \geq 1$), denn

$$D = \frac{\alpha}{\beta} = \frac{T_1 + T_2}{2\sqrt{T_1\,T_2}} = \frac{1}{2}\left[\sqrt{\frac{T_1}{T_2}} + \sqrt{\frac{T_2}{T_1}}\right].$$

Mit der Abkürzung

$$a = \sqrt{\frac{T_1}{T_2}} \quad \text{bzw.} \quad \frac{1}{a} = \sqrt{\frac{T_2}{T_1}}$$

wird

$$D = \frac{1}{2}\cdot\left(a + \frac{1}{a}\right) \quad \text{und} \quad \frac{dD}{da} = \frac{1}{2}\cdot\left(1 - \frac{1}{a^2}\right) = 0\,.$$

Daraus folgt $a = +1$ bzw. $T_1 = T_2$.

Die Dämpfung des Systems ist dann

$D = 1$ (ein Minimum),

da für $a = +1$ die 2. Ableitung

$$\frac{d^2 D}{da^2} = \frac{1}{a^3} > 0 \quad \text{ist.}$$

Für $T_1 \neq T_2$ ist die Dämpfung stets größer als Eins. **Bild 3.12** zeigt die Sprungantworten eines Systems 2. Ordnung bei verschiedener Dämpfung.

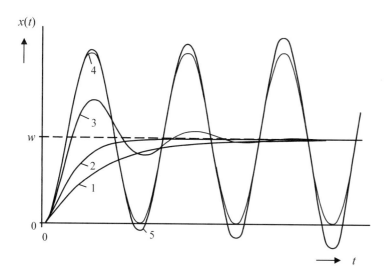

Bild 3.12 Sprungantworten eines Systems 2. Ordnung bei verschiedenen Dämpfungen
1 - aperiodischer Fall $\quad\quad\quad\quad\quad$ D > 1
2 - aperiodischer Grenzfall $\quad\quad\quad$ D = 1
3 - gedämpfte Schwingung $\quad\quad\quad$ 0 < D < 1
4 - ungedämpfte Dauerschwingung $\quad$ D = 0
5 - aufklingende Schwingung $\quad\quad\quad$ D < 0

- **Beispiel 3.4**

Das in **Bild 3.13** gezeigte System besteht aus der Reihenschaltung von Wandlern und zweier Speicher, und zwar:
a) dem Behälter, in dem das Gas bzw. Druckenergie gespeichert wird,
b) die Feder des Membranantriebs, die potentielle Energie speichert.

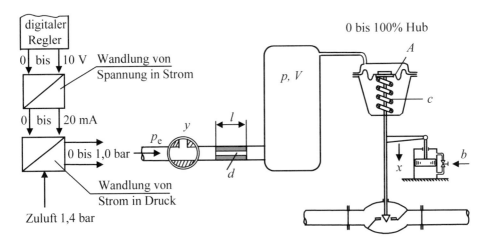

Bild 3.13 Ansteuerung eines pneumatischen Membranventils

Derartige Anordnungen kommen in der Verfahrenstechnik, z. B. wegen des Explosionsschutzes häufig vor. Mittels elektrischer Spannung von 0 bis 10 V wird die Stellung des Ventils zwischen 0 und 100% eingestellt. Die Ventilstellung x des pneumatischen Stellventils soll mittels eines Stellsignals p_e rückwirkungsfrei angesteuert werden.

Ein vor dem Druckspeicher sitzendes Ventil ist durch eine ideale Drossel ersetzt. Das Volumen über dem Membranteller ist gegenüber dem Behältervolumen V vernachlässigbar. Dadurch sind beide Systeme rückwirkungsfrei miteinander verbunden, d. h. durch eine Verstellung der Ausgangsgröße x wird rückwirkend der Druck p im Behälter nicht verändert.

Der pro Zeiteinheit durch die Drossel strömende Massenstrom dm/dt ist proportional dem Drosselquerschnitt $d^2\pi/4$ und der mittleren Geschwindigkeit $\overline{v}$:

$$\frac{dm(t)}{dt} = \frac{d^2\pi}{4} \cdot \rho \cdot \overline{v}(t) \,. \tag{3.35}$$

ρ Dichte des Gases.

Die Drosselbohrung ist so bemessen, dass eine laminare Strömung vorliegt. Es gilt dann das Poiseull'sche Gesetz

$$\overline{v} = k \, (p_e - p) \,, \tag{3.36}$$

mit dem Proportionalfaktor

$$k = \frac{d^2}{32 \cdot l \cdot \eta}$$

l Länge der Drossel

η Zähigkeit des Gases in Ns/m^2.

Gl. (3.36) in Gl. (3.35) eingesetzt ergibt

$$\frac{dm(t)}{dt} = \frac{d^2\,\pi}{4} \cdot \rho\,k \cdot [(p_e(t) - p(t)] . \tag{3.37}$$

Nach den Gasgesetzen ist ferner

$$p \cdot V = m \cdot R \cdot \vartheta \tag{3.38}$$

R Gaskonstante in Nm/kg·K

ϑ absolute Temperatur in K = konstant

m die im Behälter mit dem Volumen V gespeicherte Gasmenge in kg.

Durch Differentiation von Gl. (3.38) folgt

$$V \frac{dp(t)}{dt} = R\,\vartheta \frac{dm(t)}{dt}$$

und damit die pro Zeiteinheit im Behälter gespeicherte Menge

$$\frac{dm(t)}{dt} = \frac{V}{R\,\vartheta} \frac{dp(t)}{dt} . \tag{3.39}$$

Durch Gleichsetzen von Gl. (3.37) und Gl. (3.39) erhält man

$$\frac{V}{R\,\vartheta} \frac{dp(t)}{dt} = \frac{d^2\,\pi}{4} \cdot \rho\,k \cdot [(p_e(t) - p(t)]$$

bzw.

$$\frac{4V}{d^2 \pi \rho k R \vartheta} \frac{dp(t)}{dt} + p(t) = p_e(t) .$$

Mit der Abkürzung

$$T_1 = \frac{4V}{d^2 \pi \rho k R \vartheta}$$

wird

$$T_1 \frac{dp(t)}{dt} + p(t) = p_e(t) . \tag{3.40}$$

Durch Laplace-Transformation ergibt sich daraus die Übertragungsfunktion des ersten Systems

$$G_{S1}(s) = \frac{p(s)}{p_e(s)} = \frac{1}{1 + sT_1} . \tag{3.41}$$

Der Druck p wirkt als Eingangsgröße auf das zweite System und erzeugt mit der Membranfläche A die Kraft $A \cdot p(t)$. Diese ist mit den Gegenkräften $c \cdot x$ der Feder und $b \cdot \dot{x}$ der Dämpfungseinrichtung im Gleichgewicht.

$$b\,\dot{x}(t) + c\,x(t) = A \cdot p(t) \quad \Rightarrow \quad \frac{b}{c}\,\dot{x}(t) + x(t) = \frac{A}{c}\,p(t)\,.$$

c Federkonstante in N/m

b Dämpfungskonstante in Ns/m.

Mit den Abkürzungen $K_{PS} = A / c$ und $T_2 = b / c$ folgt für das zweite System die DGL

$$T_2\,\dot{x}(t) + x(t) = K_{PS}\,p(t)\,. \tag{3.42}$$

Die zugehörige Übertragungsfunktion lautet

$$G_{S2}(s) = \frac{x(s)}{p(s)} = \frac{K_{PS}}{1 + sT_2}\,. \tag{3.43}$$

Bild 3.14 zeigt den Wirkungsplan des Gesamtsystems.

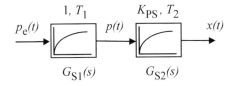

Bild 3.14 Wirkungsplan des
Membranventils nach
Bild 3.13 (P-T2-Strecke)

Daraus folgt die Gesamtübertragungsfunktion

$$G_S(s) = G_{S1}(s) \cdot G_{S2}(s) = \frac{x(s)}{p_e(s)} = \frac{K_{PS}}{(1 + sT_1)(1 + sT_2)}\,. \tag{3.44}$$

Durch Anwendung des Differentiationssatzes der Laplace-Transformation ergibt sich aus (3.44) die Differentialgleichung der P-T2-Strecke zu

$$T_1 T_2\,\ddot{x}(t) + (T_1 + T_2)\,\dot{x}(t) + x(t) = K_{PS} \cdot p_e(t)\,. \tag{3.45}$$

Vergleicht man Gl. (3.45) mit Gl. (3.29), so sieht man deren Übereinstimmung. Die Sprungantwort, Ortskurve usw. des durch (3.45) beschriebenen Systems ergeben sich analog den in den Abschnitten 3.3.2 bis 3.3.4 gefundenen Beziehungen.

▶ **Aufgabe 3.2**

Ermitteln Sie die Übertragungsfunktion und die Differentialgleichung des in Beispiel 3.2 (Bild 3.7) behandelten fremderregten Gleichstromgenerators, unter der Voraussetzung, das die Ankerinduktivität L nicht vernachlässigt werden darf.

Wie berechnen sich K_{PS}, T_1 und T_2?

Hinweis: Im Bildbereich ist der Ankerwiderstand R_a durch die Impedanz $(R_a + sL_a)$ zu ersetzen.

3.4 Strecken höherer Ordnung

Die im vorherigen Abschnitt behandelten Strecken 2. Ordnung wurden durch Hintereinanderschaltung von zwei P-T1-Strecken gebildet.

Wie die Darstellung im Wirkungsplan (Bild 3.14) zeigt, ergibt sich die Gesamtübertragungsfunktion aus dem Produkt der beiden Übertragungsfunktionen G_{S1} und G_{S2}.

Entsprechend folgt bei der rückwirkungsfreien Hintereinanderschaltung von drei P-T$_1$-Strecken (**Bild 3.15**) für die Gesamtübertragungsfunktion

$$G_S(s) = G_{S1}(s) \cdot G_{S2}(s) \cdot G_{S3}(s) = \frac{x(s)}{y(s)} = \frac{K_{PS1}K_{PS2}K_{PS3}}{(1+sT_a)(1+sT_b)(1+sT_c)}.$$

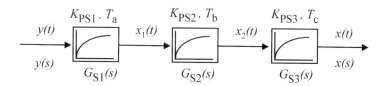

Bild 3.15 Wirkungsplan einer P-T$_3$-Strecke, gebildet aus drei hintereinandergeschalteten P-T$_1$-Strecken

Mit $K_{PS} = K_{PS1}K_{PS2}K_{PS3}$ wird

$$G_S(s) = \frac{x(s)}{y(s)} = \frac{K_{PS}}{s^3 \underbrace{T_a T_b T_c}_{T_3^3} + s^2 \underbrace{(T_a T_b + T_a T_c + T_b T_c)}_{T_2^2} + s\underbrace{(T_a + T_b + T_c)}_{T_1} + 1}$$

bzw.

$$G_S(s) = \frac{x(s)}{y(s)} = \frac{K_{PS}}{s^3 T_3^3 + s^2 T_2^2 + s T_1 + 1}. \tag{3.46}$$

Daraus ermittelt sich die zugehörige Differentialgleichung zu

$$T_3^3 \dddot{x}(t) + T_2^2 \ddot{x}(t) + T_1 \dot{x}(t) + x(t) = K_{PS} \cdot y(t). \tag{3.47}$$

Schaltet man n Glieder 1. Ordnung rückwirkungsfrei hintereinander, so nimmt die Übertragungsfunktion folgende Form an

$$G_S(s) = \frac{x(s)}{y(s)} = \frac{K_{PS}}{s^n T_n^n + \ldots + s^3 T_3^3 + s^2 T_2^2 + s T_1 + 1}. \tag{3.48}$$

Die Differentialgleichung zu (3.48) lautet

$$x^{(n)}(t) T_n^n + \ldots + \dddot{x}(t) T_3^3 + \ddot{x}(t) T_2^2 + \dot{x}(t) T_1 + x(t) = K_{PS} \cdot y(t). \tag{3.49}$$

Für den Regelungstechniker ist die möglichst genaue Kenntnis des zu regelnden dynamischen Prozesses besonders wichtig, d. h. die das System beschreibenden Parameter K_{PS}, T_1, $T_2 \ldots T_n$ müssten identifiziert werden.

Nimmt man die Sprungantwort einer unbekannten Strecke experimentell auf, so kann die genaue Ordnung dieser Strecke nicht ohne weiteres aus dem Kurvenverlauf ermittelt werden, insbesondere, wenn die einzelnen Glieder unterschiedliche Zeitkonstanten aufweisen. Bereits bei einem System 2. Ordnung, das aus zwei P-T$_1$-Gliedern mit den Zeitkonstanten T_a und T_b besteht, ist die Bestimmung der Zeitkonstanten nicht ganz einfach.

Durch Anlegen der Wendetangente lassen sich die Verzugs- und Ausgleichszeit T_u und T_g ermitteln. Mann kann zeigen, dass zwischen den Quotienten T_u/T_g und T_a/T_b eine eindeutige Funktion besteht. Die Tabelle 1 gestattet bei bekanntem T_u/T_g das Verhältnis von T_a/T_b bzw. T_a und T_b zu bestimmen.

Tabelle 1 Kennwerte eines Verzögerungsgliedes 2. Ordnung

$\dfrac{T_u}{T_g}$	$\dfrac{T_b}{T_a}$	$\dfrac{T_g}{T_a}$	$\dfrac{t_w}{T_a}$	$\dfrac{x_w}{x(\infty)}$
0,000	0,00	1,000	0,000	0,000
0,016	0,02	1,083	0,080	0,058
0,032	0,05	1,171	0,158	0,103
0,050	0,10	1,292	0,256	0,148
0,063	0,15	1,399	0,335	0,177
0,072	0,20	1,495	0,402	0,197
0,084	0,30	1,675	0,516	0,224
0,092	0,40	1,842	0,611	0,240
0,097	0,50	2,000	0,693	0,250
0,100	0,60	2,151	0,766	0,256
0,102	0,70	2,299	0,832	0,260
0,103	0,80	2,439	0,893	0,263
0,103	0,90	2,548	0,948	0,264
0,104	1,00	2,718	1,000	0,264

Bei Strecken höher als 2. Ordnung lassen sich die einzelnen Zeitkonstanten aus dem Verlauf der Sprungantworten nicht mehr ermitteln. Man gewinnt eine Näherung durch die Annahme von n hintereinandergeschalteten Verzögerungsgliedern 1. Ordnung mit gleicher Zeitkonstante T, deren Sprungantwort das gleiche Verhältnis T_u/T_g liefert, wie das der untersuchten Strecke.

Bild 3.16 zeigt den Verlauf der Sprungantworten einer P-Strecke 1. bis n-ter Ordnung mit $K_{PS} = 1$ und der Übertragungsfunktion

$$G_S(s) = \frac{1}{(1 + sT)^n} \,.$$

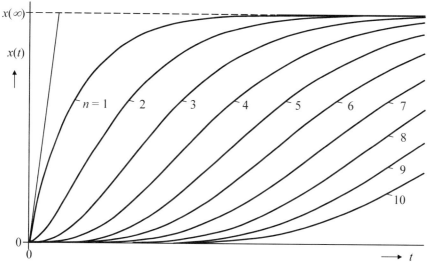

Bild 3.16 Sprungantworten zu P-Strecken 1. bis 10. Ordnung mit gleicher Zeitkonstante T

Tabelle 2 Kennwerte der Sprungantworten für Verzögerungsglieder n-ter Ordnung mit gleichen Zeitkonstanten

n	T_g / T	T_u / T	T_u / T_g
1	1,000	0,000	0,000
2	2,718	0,282	0,104
3	3,695	0,805	0,218
4	4,463	1,425	0,319
5	5,119	2,100	0,410
6	5,699	2,811	0,493
7	6,226	3,549	0,570
8	6,711	4,307	0,642
9	7,164	5,081	0,709
10	7,590	5,869	0,773

Zeigt die experimentell aufgenommene Sprungantwort eines Systems einen charakteristischen Verlauf nach Bild 3.16, so lassen sich durch Einzeichnen der Wendetangente T_u und T_g bestimmen. Bei bekanntem T_u/T_g kann die Zeitkonstante T und die Anzahl n der Glieder aus der nebenstehenden Tabelle entnommen werden. Hier ist darauf hinzuweisen, dass dieses Verfahren, bedingt durch die Konstruktion der Wendetangente, fehlerbehaftet ist. Bereits eine geringe Änderung der Neigung der Wendetangente hat eine relativ große Auswirkung auf das Verhältnis T_u/T_g.

Ortskurven der Strecken höherer Ordnung

Für eine Strecke n-ter Ordnung ergibt sich aus Gl. (3.48) folgender Frequenzgang

$$G_S(j\omega) = \frac{x(j\omega)}{y(j\omega)} = \frac{K_{PS}}{(j\omega)^n T_n^n + ... + (j\omega)^3 T_3^3 + (j\omega)^2 T_2^2 + (j\omega) T_1 + 1} \quad \text{bzw.}$$

$$G_S(j\omega) = \frac{K_{PS}}{[1 - (\omega T_2)^2 + (\omega T_4)^4 - ...] + j[\omega T_1 - (\omega T_3)^3 + (\omega T_5)^5 - ...]}.$$

In Bild 3.11 ist die Ortskurve einer P-Strecke 2. Ordnung ($n = 2$) gezeigt, die auf der reellen Achse beginnend den 4. und 3. Quadranten der Gaußschen Zahlenebene durchläuft.

Bei einer Strecke 3. Ordnung ($n = 3$) sind die Zeitkonstanten T_1, T_2 und T_3 vorhanden. Der Frequenzgang lautet somit

$$G_S(j\omega) = \frac{x(j\omega)}{y(j\omega)} = \frac{K_{PS}}{[1-(\omega T_2)^2] + j[\omega T_1 - (\omega T_3)^3]} \ .$$

Den $\mathrm{Re}(G_S)$ und $\mathrm{Im}(G_S)$ gewinnt man durch Erweiterung von $G_S(j\omega)$ mit dem konjugiert Komplexen des Nenners:

$$G_S(j\omega) = K_{PS} \frac{[1-(\omega T_2)^2] - j[\omega T_1 - (\omega T_3)^3]}{[1-(\omega T_2)^2]^2 + [\omega T_1 - (\omega T_3)^3]^2} = \mathrm{Re}(G_S) + j\,\mathrm{Im}(G_S) \ .$$

Daraus folgt

$$\mathrm{Re}(G_S) = K_{PS} \frac{1-(\omega T_2)^2}{[1-(\omega T_2)^2]^2 + [\omega T_1 - (\omega T_3)^3]^2}$$

$$\mathrm{Im}(G_S) = -K_{PS} \frac{\omega T_1 - (\omega T_3)^3}{[1-(\omega T_2)^2]^2 + [\omega T_1 - (\omega T_3)^3]^2} \ .$$

Variiert man ω von 0 bis ∞, so wird $\mathrm{Re}(G_S)$ für:

a) $\qquad \omega T_2 < 1 \qquad$ bzw. $\omega < \dfrac{1}{T_2} \qquad$ positiv

b) $\qquad \omega T_2 = 1 \qquad$ bzw. $\omega = \dfrac{1}{T_2} \qquad$ Null

c) $\qquad \omega T_2 > 1 \qquad$ bzw. $\omega > \dfrac{1}{T_2} \qquad$ negativ.

Entsprechend wird der $\mathrm{Im}(G_S)$ für

a) $\qquad (\omega T_3)^3 < \omega T_1 \qquad$ bzw. $\omega < \sqrt{\dfrac{T_1}{T_3^3}} \qquad$ negativ

b) $\qquad (\omega T_3)^3 = \omega T_1 \qquad$ bzw. $\omega = \sqrt{\dfrac{T_1}{T_3^3}} \qquad$ Null

c) $\qquad (\omega T_3)^3 > \omega T_1 \qquad$ bzw. $\omega > \sqrt{\dfrac{T_1}{T_3^3}} \qquad$ positiv.

Das heißt, die Ortskurve einer P-Strecke 3. Ordnung verläuft durch den 4., 3. und 2. Quadranten, wie in **Bild 3.17** gezeigt.

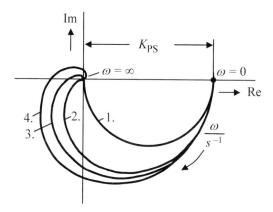

Bild 3.17
Ortskurvenverlauf von P-Strecken
1. bis 4. Ordnung

Es lässt sich zeigen, dass bei einer Strecke n-ter Ordnung n Quadranten durchlaufen werden. Für $\omega = 0$ ist der Re(G) stets gleich K_{PS} und der Im(G) stets Null. Die Ortskurven laufen für $\omega \to \infty$ stets tangential zu den Achsen in den Ursprung; für eine Strecke 1. Ordnung wird $\varphi(\omega) = \varphi(\infty) = -90°$; für eine Strecke 2. Ordnung wird $\varphi(\infty) = -180°$. Allgemein gilt für eine Strecke n-ter Ordnung $\varphi(\infty) = -n\cdot90°$.

3.5 Schwingungsfähige P-Strecken 2. Ordnung

Sind in einem System zwei unterschiedliche Speichermöglichkeiten vorhanden, so kann das System gedämpfte Schwingungen ausführen. So z. B. in einem Feder-Masse-Dämpfung-System die Speicherung von potentieller und kinetischer Energie oder in einem elektrischen Schwingkreis die Energiespeicherung im elektrischen und magnetischen Feld.

- **Beispiel 3.5**

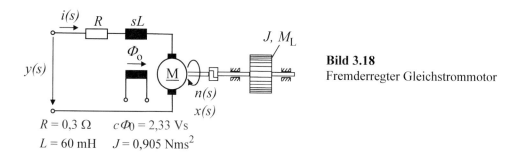

Bild 3.18
Fremderregter Gleichstrommotor

$R = 0,3 \, \Omega$ $c\Phi_0 = 2,33 \, \text{Vs}$
$L = 60 \, \text{mH}$ $J = 0,905 \, \text{Nms}^2$

Die in **Bild 3.18** dargestellte Drehzahlregelstrecke besteht aus einem Gleichstrommotor mit konstanter Fremderregung Φ_0, dessen Abtriebswelle ein Schwungrad mit dem Trägheitsmoment J antreibt sowie mit einem konstanten Moment M_L belastet ist.

Eingangsgröße ist die Ankerspannung y, durch die die Drehzahl n (Ausgangsgröße x) beeinflusst werden kann. R und L sind der Ankerwiderstand und die Ankerinduktivität.

Wir berechnen zunächst die Übertragungsfunktion

$$G_{S1}(s) = \frac{\omega(s)}{y(s)}$$

und daraus mit $\omega = 2\pi \cdot n$

$$G_S(s) = \frac{n(s)}{y(s)}.$$

Die im Anker induzierte Spannung ist

$$u_0(s) = c\,\Phi_0 \cdot \omega(s).\tag{3.50}$$

Somit gilt für den Ankerkreis

$$y(s) = i(s) \cdot [R + sL] + u_0(s)$$

bzw.

$$i(s) = [y(s) - u_0(s)] \cdot \frac{1/R}{1 + sT_1}\tag{3.51}$$

mit

$$T_1 = \frac{L}{R} = 0{,}2\,\text{s}.$$

Der Ankerstrom i und der konstante Fluss Φ_0 erzeugen das elektrische Moment

$$M_e(s) = c\,\Phi_0 \cdot i(s).\tag{3.52}$$

Dieses ist im Gleichgewicht mit dem Lastmoment M_L und dem durch die Massenträgheit verursachten Moment

$$M_m(t) = J \cdot \frac{d\omega(t)}{dt}$$

bzw.

$$M_m(s) = J \cdot s \cdot \omega(s),\tag{3.53}$$

so dass gilt

$$M_e(s) = M_L(s) + M_m(s)$$

oder

$$M_m(s) = M_e(s) - M_L(s).\tag{3.54}$$

Das durch die Gleichung (3.50) ... (3.54) beschriebene System kann durch den in **Bild 3.19** gezeigten Wirkungsplan dargestellt werden.

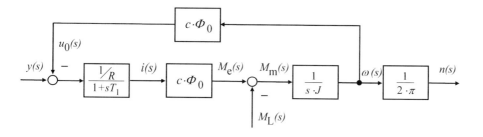

Bild 3.19 Wirkungsplan des fremderregten Gleichstrommotors nach Bild 3.18

Für $M_L = 0$ berechnet sich die Übertragungsfunktion zu

$$G_{S1}(s) = \frac{\omega(s)}{y(s)} = \frac{1}{\dfrac{s(1+sT_1)JR}{c\Phi_0} + c\Phi_0}$$

und daraus

$$G_S(s) = \frac{n(s)}{y(s)} = \frac{1}{2\pi c\Phi_0} \cdot \frac{1}{s^2\, T_1\, \dfrac{JR}{(c\Phi_0)^2} + s\, \dfrac{JR}{(c\Phi_0)^2} + 1} .$$

Mit den Abkürzungen

$$K_{PS} = \frac{1}{2\pi c\Phi_0} = 0{,}0683\,\frac{1}{Vs} = 4{,}098\,\frac{1}{V\,\min}$$

und

$$T_2 = \frac{JR}{(c\Phi_0)^2} = 0{,}05\,s$$

erhalten wir schließlich

$$G_S(s) = \frac{x(s)}{y(s)} = \frac{K_{PS}}{s^2\, T_1 T_2 + s\, T_2 + 1} . \tag{3.55}$$

Durch Anwendung des Differentiationssatzes der Laplace-Transformation bestimmt sich aus Gl. (3.55) die Differentialgleichung 2. Ordnung des Systems zu

$$T_1 T_2\, \ddot{x}(t) + T_2\, \dot{x}(t) + x(t) = K_{PS}\, y(t) . \tag{3.56}$$

Die Übertragungsfunktion nach Gl. (3.55) hat, bei den gegebenen Daten, konjugiert komplexe Polstellen. Nach dem im Abschnitt 3.3 Gesagten, wird das System gedämpfte Schwingungen ausführen.

- **Ermittlung der Sprungantwort einer schwingungsfähigen Regelstrecke 2. Ordnung**

Für

$$y(t) = y_0 \cdot \sigma(t)$$

bzw.

$$y(s) = \frac{y_0}{s}$$

folgt aus Gl. (3.55)

$$x(s) = G_S(s) \cdot y(s) = \frac{K_{PS} \cdot y_0}{T_1 T_2} \cdot \frac{1}{s} \cdot \frac{1}{s^2 + s \dfrac{1}{T_1} + \dfrac{1}{T_1 T_2}} . \tag{3.57}$$

Unter Verwendung der Beziehung 13 der Korrespondenztabelle findet man mit

$$\alpha = \frac{1}{2T_1} = 2,5\,\mathrm{s}^{-1}$$

und

$$\beta^2 = \frac{1}{T_1 T_2} = 100\,\mathrm{s}^{-2}; \quad \beta = 10\,\mathrm{s}^{-1}$$

$$x(s) = K_{PS} \cdot y_0 \cdot \beta^2 \frac{1}{s\,(s^2 + s \cdot 2\alpha + \beta^2)} . \tag{3.58}$$

Die Dämpfung des Systems ist definitionsgemäß

$$D = \frac{\alpha}{\beta} = \frac{2,5\,\mathrm{s}^{-1}}{10\,\mathrm{s}^{-1}} = 0,25 \ \text{ und damit } \ D < 1 .$$

Das gedämpft schwingende System hat die Eigenkreisfrequenz

$$\omega_e = \sqrt{\beta^2 - \alpha^2} = 9,68\,\mathrm{s}^{-1} .$$

α, β und ω_e in die Rücktransformationsgleichung eingesetzt, ergibt

$$x(t) = n(t) = K_{PS} \cdot y_0 \left[1 - \left(\cos \omega_e t + \frac{\alpha}{\omega_e} \sin \omega_e t \right) e^{-\alpha t} \right] . \tag{3.59}$$

Vielfach ist es zweckmäßig, die Sinus- und Cosinusfunktion in Gl. (3.59) zu einer Schwingung gleicher Frequenz wie folgt zusammenzufassen:

$$\cos \omega_e t + \frac{\alpha}{\omega_e} \sin \omega_e t = A \sin (\omega_e t + \varphi) . \tag{3.60}$$

Nach den Additionstheoremen ist

$$A\,(\sin \omega_e t \cdot \cos \varphi + \cos \omega_e t \cdot \sin \varphi) = A \sin (\omega_e t + \varphi). \tag{3.61}$$

Durch Vergleich der Beziehungen (3.60) und (3.61) folgt

$$A \cos \varphi = \frac{\alpha}{\omega_e} \tag{3.62}$$

$$A \sin \varphi = 1. \tag{3.63}$$

Division von (3.63) durch (3.62) ergibt

$$\tan \varphi = \frac{\omega_e}{\alpha} \quad \text{bzw.} \quad \varphi = \arctan \frac{\omega_e}{\alpha} = 75{,}52°.$$

Durch Quadrieren und Addieren von (3.62) und (3.63) errechnet sich

$$A^2\,(\cos^2 \varphi + \sin^2 \varphi) = 1 + \left(\frac{\alpha}{\omega_e}\right)^2$$

bzw.

$$A = \frac{1}{\omega_e} \sqrt{\omega_e^2 + \alpha^2} = \frac{\beta}{\omega_e} = 1{,}033.$$

Somit wird aus Gl. (3.59)

$$x(t) = n(t) = K_{PS} \cdot y_0\,[1 - A\,e^{-\alpha t} \sin (\omega_e t + \varphi)]. \tag{3.64}$$

Setzt man die errechneten Werte in Gl. (3.64) ein, so gelangt man zu

$$x(t) = n(t) = 1800\,\text{min}^{-1} \cdot \left[1 - 1{,}033\,e^{-2{,}5 \cdot \frac{t}{s}} \cdot \sin\left(9{,}68\,\frac{t}{s} + 1{,}318\right)\right] \tag{3.65}$$

mit dem in **Bild 3.20** gezeigten Verlauf der Sprungantwort:

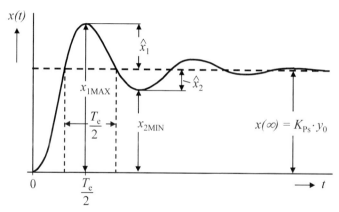

Bild 3.20 Sprungantwort einer P-T2-Strecke mit einer Dämpfung $D = 0{,}25$

Aus Gl. (3.64) folgt für $t = \infty$ der stationäre Endzustand

$$x(\infty) = K_{PS} \cdot y_0 \,.$$

Die Schnittpunkte der Kurve mit dem Beharrungszustand $x(\infty)$ ermitteln sich aus Gl. (3.64) für

$$x(t) = x(\infty) \quad \text{bzw.} \quad \sin(\omega_e t + \widehat{\varphi}) = 0 \,,$$

d. h. für

$$\omega_e t + \widehat{\varphi} = i \cdot \pi \,, \text{ mit } i = 1, 2, 3, \dots$$

Daraus folgt

$$t_i = \frac{i \cdot \pi - \widehat{\varphi}}{\omega_e} \,.$$

Der Abstand zwischen zwei Schnittpunkten ist

$$\frac{\pi}{\omega_e} = \frac{T_e}{2} \,.$$

Das heißt, dass umgekehrt aus dem Kurvenverlauf die Kreisfrequenz

$$\omega_e = \frac{2\pi}{T_e} \tag{3.66}$$

bestimmt werden kann.

Die relativen Maxima und Minima ergeben sich aus (3.64) durch Differentiation und Nullsetzen.

$$\frac{dx(t)}{dt} = K_{PS} \cdot y_0 \left[A\alpha\, e^{-\alpha t} \sin(\omega_e t + \varphi) - A\omega_e\, e^{-\alpha t} \cos(\omega_e t + \varphi) \right] = 0$$

bzw.

$$\tan(\omega_e t + \varphi) = \frac{\omega_e}{\alpha} = \tan\varphi \,.$$

Dies ist der Fall für

$$\omega_e t = i \cdot \pi \,, \text{ mit } i = 0, 1, 2, 3, \dots$$

oder

$$t_{MAX/MIN} = \frac{i \cdot \pi}{\omega_e} = i \cdot \frac{T_e}{2} \,. \tag{3.67}$$

Setzen wir Gl. (3.67) in Gl. (3.59) ein, so folgt

$$x_{MAX/MIN} = K_{PS} \cdot y_0 \left[1 - e^{-\alpha \frac{i \cdot \pi}{\omega_e}} \cos(i \cdot \pi) \right] \,. \tag{3.68}$$

- **Ermittlung der Dämpfung aus dem Verlauf der Sprungantwort**

Bezeichnet man den Betrag der Amplituden zweier aufeinander folgender Halbschwingungen mit $\hat{x}_i$ und $\hat{x}_{i+1}$, so folgt aus (3.68)

$$\hat{x}_i = K_{PS} \cdot y_0 \, e^{-\alpha \frac{i \cdot \pi}{\omega_e}} \left| \cos(i \cdot \pi) \right| \tag{3.69}$$

und daraus der Quotient

$$\frac{\hat{x}_i}{\hat{x}_{i+1}} = e^{\alpha \frac{\pi}{\omega_e}} \cdot \frac{\left| \cos(i \cdot \pi) \right|}{\left| \cos[(i+1) \cdot \pi] \right|} = e^{\alpha \frac{\pi}{\omega_e}}.$$

Durch Logarithmieren errechnet sich

$$\frac{\omega_e}{\alpha} = \frac{\pi}{\ln\left(\dfrac{\hat{x}_i}{\hat{x}_{i+1}} \right)} \quad \Rightarrow \quad \alpha = \frac{\omega_e}{\pi} \cdot \ln\left(\frac{\hat{x}_i}{\hat{x}_{i+1}} \right). \tag{3.70}$$

Andererseits ist

$$D = \frac{\alpha}{\beta} = \frac{\alpha}{\sqrt{\omega_e^2 + \alpha^2}} = \frac{1}{\sqrt{1 + \left(\dfrac{\omega_e}{\alpha} \right)^2}}. \tag{3.71}$$

Mit Gl. (3.70) in Gl. (3.71) erhalten wir schließlich

$$D = \frac{1}{\sqrt{1 + \dfrac{\pi^2}{\left(\ln \dfrac{\hat{x}_i}{\hat{x}_{i+1}} \right)^2}}}. \tag{3.72}$$

Mittels der Beziehung (3.72) lässt sich die Dämpfung eines schwingungsfähigen Systems aus einer experimentell aufgenommenen Sprungantwort bestimmen.

▶ **Aufgabe 3.3**

Ermitteln Sie für den in Beispiel 3.5 behandelten fremderregten Gleichstrommotor anhand des Wirkungsplanes (Bild 3.19) das dynamische Verhalten bei Belastung, und zwar:

a) Die Übertragungsfunktion $G_S(s) = n(s) \, / \, M_L(s)$

b) Die Sprungantwort $n(t)$ für $M_L(t) = M_{L0} \cdot \sigma(t)$, mit $M_{L0}(s) = 200$ Nm.

c) Den Verlauf der Ortskurve.

- **Beispiel 3.6**

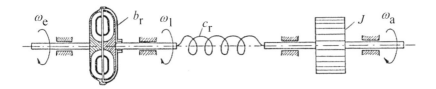

Bild 3.21 Mechanisches System mit P-T$_2$-Verhalten

b_r = 4 Nms (Dämpfungsbeiwert bezogen auf den Drehwinkel im Bogenmaß)

c_r = 40 Nm (Federkonstante bezogen auf den Drehwinkel im Bogenmaß)

J = 0,4 Nms^2 (Trägheitsmoment)

Das mechanische System (**Bild 3.21**) besteht aus einem Dämpfungsglied (ähnlich einer Föttinger-Kupplung), einer Torsionsfeder und einer trägen Masse mit dem Trägheitsmoment J. Erregt wird das System durch die Winkelgeschwindigkeit ω_e. Das durch das Dämpfungsglied übertragene Moment ist proportional der Differenz der Winkelgeschwindigkeiten ω_e und ω_1.

$$M_e(s) = b_r \cdot [\omega_e(s) - \omega_1(s)]. \tag{3.73}$$

Dieses Moment wirkt auf die Feder mit der Federkonstante c_r und tordiert diese um den Winkel $\varphi_1 - \varphi_a$:

$$M_f(s) = c_r \cdot [\varphi_1(s) - \varphi_a(s)]. \tag{3.74}$$

Gleichzeitig wird durch das eingeleitete Moment M_e die Masse mit dem Trägheitsmoment J beschleunigt

$$M_m(t) = J \cdot \frac{d\omega_a(t)}{dt} \quad \text{bzw.}$$

$$M_m(s) = J \cdot s \cdot \omega_a(s). \tag{3.75}$$

Infolge $M_e = M_f = M_m$ folgt aus (3.74) und (3.75)

$$\varphi_1(s) = \varphi_a(s) + \frac{J}{c_r} \cdot s \cdot \omega_a(s)$$

und durch einmalige Differentiation mit $\omega(t) = d\varphi(t)/dt$

$$\omega_1(s) = \omega_a(s) + \frac{J}{c_r} \cdot s^2 \cdot \omega_a(s). \tag{3.76}$$

Ferner ergibt sich durch Gleichsetzen von (3.73) und (3.75)

$$\omega_e(s) = \omega_1(s) + \frac{J}{b_r} \cdot s \cdot \omega_a(s)$$

und mit Gl. (3.76)

$$\omega_e(s) = \omega_a(s) + s \cdot \frac{J}{b_r} \omega_a(s) + s^2 \cdot \frac{J}{c_r} \omega_a(s). \tag{3.77}$$

Mit den Abkürzungen

$$T_1 = \frac{J}{b_r} = 0{,}1\,\mathrm{s} \quad \text{und} \quad T_2^2 = \frac{J}{c_r} = 0{,}01\,\mathrm{s}^2$$

erhalten wir die Übertragungsfunktion des Systems zu

$$G_S(s) = \frac{\omega_a(s)}{\omega_e(s)} = \frac{K_{PS}}{s^2\, T_2^2 + s\, T_1 + 1}. \tag{3.78}$$

Für die Dämpfung des Systems folgt mit den angegebenen Daten

$$D = \frac{\alpha}{\beta} = \frac{T_1}{2\,T_2} = \frac{\sqrt{J\, c_r}}{2\, b_r} = 0{,}5 \quad \text{und damit } D < 1 \Rightarrow \text{ gedämpfte Schwingungen.}$$

Die zugehörige Sprungantwort berechnet sich entsprechend Beispiel 3.5.

▶   **Aufgabe 3.4**

Für das durch die Übertragungsfunktion (3.78) gegebene System ist der Verlauf der Ortskurve zu bestimmen.

Beweisen Sie, dass für die Resonanzfrequenz

$$\omega = \omega_r = \beta\sqrt{1 - 2D^2}$$

gilt

$$|G_S(j\omega)| = |G_S(j\omega)|_{MAX} = \frac{1}{2D\sqrt{1 - D^2}}.$$

3.6 I-Strecken ohne Verzögerung

Eine Regelstrecke, deren Ausgang $x(t)$ proportional dem zeitlichen Integral der Eingangsgröße $y(t)$ ist, bezeichnet man als integrale Strecke oder kurz als I-Strecke:

$$x(t) = K_I \int y(t)\, dt \quad \circ\!\!-\!\!\bullet \quad x(s) = K_I \cdot \frac{1}{s} \cdot y(s).$$

Die letzte Gleichung entsteht durch Laplace-Transformation und führt zu der Übertragungsfunktion der I-Strecke:

$$G_S(s) = \frac{x(s)}{y(s)} = \frac{K_I}{s}.$$

Im einführenden Abschnitt dieses Kapitels wurde bereits gesagt, dass eine solche Strecke ohne Ausgleich ist. Es sollen hier noch einige Beispiele zur Erläuterung gebracht werden.

- **Beispiel 3.7**

Bild 3.22 zeigt eine Füllstands-Regelstrecke, deren Zufluss Q_e proportional der Ventilstellung Y (Eingangsgröße) angenommen wird

$$Q_e(t) = k\, Y(t)\,. \tag{3.79}$$

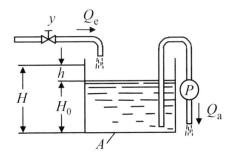

Mittels der Pumpe wird aus dem Behälter die Menge Q_a abgepumpt. Es ist leicht einzusehen, dass für $Q_e = Q_a$ das Volumen im Behälter und damit der Flüssigkeitsstand H (Ausgangsgröße) unverändert bleiben wird.

Bild 3.22 Füllstands-Regelstrecke

Für $Q_e \neq Q_a$ ergibt sich die zeitliche Volumenänderung im Behälter zu

$$\frac{dV(t)}{dt} = A\frac{dH(t)}{dt} = Q_e(t) - Q_a(t) \tag{3.80}$$

und durch Integration

$$H(t) = \frac{1}{A}\int \left[Q_e(t) - Q_a(t)\right] dt + C\,. \tag{3.81}$$

Die Integrationskonstante C ergibt sich aus der Anfangsbedingung. Bei konstantem Abfluss

$$Q_a(t) = Q_{a0} = \text{konst.}$$

wird das Eingangsventil mit $Y = Y_1$ so eingestellt, dass

$$Q_{a0} = Q_e = k\, Y_1$$

und $H = H_0$ ist.

Damit folgt aus (3.81)

$$C = H_0\,.$$

Diese Anfangsbedingung in (3.81) eingesetzt, ergibt

$$H(t) = \frac{1}{A}\int \left[k\, Y(t) - k\, Y_1\right] dt + H_0\,. \tag{3.82}$$

Führt man den Integrierbeiwert $K_{IS} = k\,/\,A$ ein und betrachtet, wie in der Regelungstechnik üblich, nur die Änderungen von Ein- und Ausgangsgröße (siehe Abschnitt 2.1), so kann man mit

$$h = H - H_0 \quad \text{und} \quad y = Y - Y_1$$

schreiben

$$h(t) = K_I \int y(t)\, dt\,. \tag{3.83}$$

Für einen Eingangssprung

$$y(t) = y_0 \cdot \sigma(t)$$

wird

$$h(t) = K_I \cdot y_0 \cdot t \qquad (3.84)$$

mit der in **Bild 3.23** gezeigten Sprungantwort.

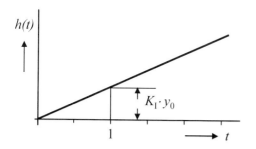

Bild 3.23
Sprungantwort einer I-Strecke
ohne Verzögerung

Die Übertragungsfunktion ergibt sich aus (3.83) durch Laplace-Transformation zu

$$G_S(s) = \frac{h(s)}{y(s)} = \frac{K_I}{s} . \qquad (3.85)$$

▶   **Aufgabe 3.5**

Ermitteln Sie den Verlauf der Ortskurve des durch (3.85) gegebenen Systems. Für welche Kreisfrequenz ω wird $|G_S(j\omega)| = 1$?

•   **Beispiel 3.8**

Bild 3.24 zeigt den Support einer Werkzeugmaschine, der durch die Spindel mit der Gewindesteigung a translatorisch bewegt wird.

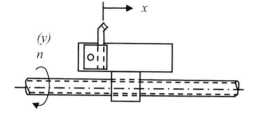

Bild 3.24
Support einer Werkzeugmaschine

Dreht sich die Spindel mit der Drehzahl n, so ist die zeitliche Änderung der Längsbewegung des Supports

$$\frac{dX(t)}{dt} = a \cdot n(t) \qquad (3.86)$$

bzw. der zurückgelegte Weg

$$X(t) = a \int n(t)\, dt + x(0) . \qquad (3.87)$$

Betrachten wir wiederum nur die Wegänderung gegenüber dem Anfangswert $X(0)$ und bezeichnen $X(t) - X(0) = x(t)$ und den Integrierbeiwert $K_1 = a$, so erhalten wir mit

$$x(t) = K_1 \int n(t)\, dt \tag{3.88}$$

eine analoge Beziehung zu Gl. (3.83).

▶ **Aufgabe 3.6**

Zeigen Sie, dass für einen Kondensator mit der Kapazität C zwischen dem Strom i (Eingangsgröße) und der Spannung u (Ausgangsgröße) eine zu Gl. (3.88) analoge Beziehung besteht.

3.7 I-Strecken mit Verzögerung 1. Ordnung

Bei I-Strecken mit Verzögerung 1. Ordnung beginnt die Sprungantwort, im Gegensatz zu denen ohne Verzögerung, mit der Anfangssteigung Null. In der Differentialgleichung kommt das durch ein weiteres Glied mit der 1. Ableitung der Ausgangsgröße zum Ausdruck. Die Übertragungsfunktion einer solcher Strecke kann als Reihenschaltung einer I-Strecke mit einer P-T_1-Strecke dargestellt werden:

$$G_S(s) = \frac{x(s)}{y(s)} = \frac{K_1}{s} \cdot \frac{K_2}{1 + sT_1} = \frac{K_1}{s\,(1 + sT_1)}\ .$$

● **Beispiel 3.9**

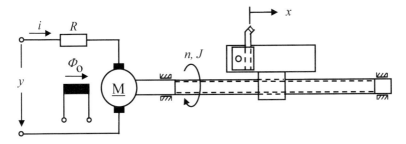

Bild 3.25 Werkzeugschlitten, angetrieben von einem fremderregten Gleichstrommotor

R	= 0,3 Ω	(Ankerwiderstand)
J	= 0,905 Nms^2	(Trägheitsmoment der rotierenden Massen)
$c\Phi_0$	= 2,33 Vs	(Erregerfluss)
n	= Drehzahl der Motorwelle	
a	= 1 mm/Umdr.	(Gewindesteigung)

Eingangsgröße ist die Klemmenspannung y, Ausgangsgröße der vom Werkzeugschlitten zurückgelegte Weg x. Die Ankerinduktivität sei vernachlässigbar klein.

Für den Ankerkreis gilt

$$y(s) = i(s) \cdot R + c\Phi_0 \cdot \omega(s)\ . \tag{3.89}$$

Der Ankerstrom i erzeugt mit dem konstanten Fluss Φ_0 das elektrische Moment

$$M_e(s) = c\Phi_0 \cdot i(s), \tag{3.90}$$

welches gleich dem durch das Massenträgheitsmoment J verursachten Gegenmoment

$$M_m(t) = J \cdot \frac{d\omega(t)}{dt}$$

bzw.

$$M_m(s) = J \cdot s \cdot \omega(s) = M_e(s) \tag{3.91}$$

ist.

Die zeitliche Wegänderung des Werkzeugschlittens ist proportional der Drehzahl n

$$\frac{dx(t)}{dt} = a \cdot n(t) \quad \circ\!\!-\!\!\bullet \quad s \cdot x(s) = a \cdot n(s)$$

oder mit $\omega = 2\pi n$

$$\omega(s) = \frac{2\pi}{a} \cdot s \cdot x(s). \tag{3.92}$$

Aus Gl. (3.91) folgt unter Berücksichtigung von Gl. (3.90)

$$i(s) = \frac{J}{c\Phi_0} \cdot s \cdot \omega(s). \tag{3.93}$$

Mit (3.93) in (3.89) erhalten wir

$$y(s) = c\Phi_0 \cdot \omega(s) + \frac{JR}{c\Phi_0} \cdot s \cdot \omega(s) \tag{3.94}$$

und mit Gl. (3.92) in (3.94)

$$y(s) = \frac{2\pi}{a} \cdot s \cdot x(s) \left[c\Phi_0 + s \frac{JR}{c\Phi_0} \right] \tag{3.95}$$

bzw.

$$\frac{a}{2\pi c\Phi_0} \cdot \frac{1}{s} y(s) = x(s) \left[1 + s \frac{JR}{(c\Phi_0)^2} \right]. \tag{3.96}$$

Führen wir die Abkürzungen

$$K_I = \frac{a}{2\pi c\Phi_0} = 0{,}06831 \frac{mm}{Vs}$$

und

$$T_1 = \frac{JR}{(c\Phi_0)^2} = 0{,}05 \, s$$

ein, so folgt aus (3.96) schließlich die Übertragungsfunktion des Systems

$$G_S(s) = \frac{x(s)}{y(s)} = \frac{K_I}{s\,(1 + sT_1)}. \tag{3.97}$$

Die sich aus (3.95) oder (3.97) ergebende Differentialgleichung

$$T_1\,\ddot{x}(t) + \dot{x}(t) = K_I \cdot y(t)$$

wird meistens als Integro-Differentialgleichung in der Form

$$T_1\,\dot{x}(t) + x(t) = K_I \int y(t)\,dt \tag{3.98}$$

geschrieben.

Sie zeigt, dass $[T_1\,\dot{x}(t) + x(t)]$ proportional dem zeitlichen Integral der Eingangsgröße y ist; daher die Bezeichnung integrales Verhalten mit Verzögerung 1. Ordnung oder kurz I-T_1-Verhalten.

Wie der in **Bild 3.26** dargestellte Wirkungsplan zeigt, kann die durch Gl. (3.97) beschriebene I-T_1-Strecke als Reihenschaltung eines P-T_1-Gliedes und eines I-Gliedes aufgefasst werden. Der Proportional- und Integrierbeiwert können auch zu K_I zusammengefasst und einem der beiden Blöcke zugeordnet werden. Allerdings hat dann die Größe zwischen den beiden Blöcken keinen physikalischen Sinn.

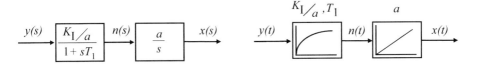

Bild 3.26 Wirkungsplan des durch Gl. (3.97) gegebenen Systems

- **Sprungantwort der I-T_1-Strecke**

Zur Ermittlung der Sprungantwort lösen wir Gl. (3.97) nach $x(s)$ auf und erhalten mit

$$y(t) = y_0 \cdot \sigma(t) \quad \circ\!\!-\!\!\bullet \quad y(s) = \frac{y_0}{s}$$

$$x(s) = K_I \cdot y_0\,\frac{1}{s^2\,(1 + sT_1)} = \frac{K_I \cdot y_0}{T_1} \cdot \frac{1}{s^2\left(s + \dfrac{1}{T_1}\right)}. \tag{3.99}$$

Für einen n-fachen Pol in a gilt der Residuensatz

$$\mathrm{Res}[G_S(s)\,e^{st}]_{s=a} = \frac{1}{(n-1)!}\,\lim_{s \to a}\,\frac{d^{n-1}}{ds^{n-1}}[(s-a)^n \cdot G_S(s)\,e^{st}]. \tag{3.99a}$$

Damit folgt aus (3.99)

$$x(t) = \frac{K_I \cdot y_0}{T_1}\left[\lim_{s \to 0}\frac{\left(s + \dfrac{1}{T_1}\right)t\,e^{st} - e^{st}}{\left(s + \dfrac{1}{T_1}\right)^2} + T_1^2\,e^{-\frac{t}{T_1}}\right]$$

bzw.

$$x(t) = K_I \cdot y_0[t - T_1(1 - e^{-\frac{t}{T_1}})]\;. \tag{3.100}$$

Für $t > 5T_1$ ist der Term mit e^{-t/T_1} vernachlässigbar klein und $x(t)$ läuft, wie **Bild 3.27** zeigt, asymptotisch gegen die Gerade

$$x_A(t) = K_I \cdot y_0 \cdot (t - T_1)\;.$$

Die Asymptote verläuft parallel zur Sprungantwort eines Systems ohne Verzögerung ($T_1 = 0$).

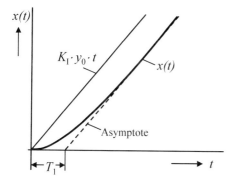

Bild 3.27
Sprungantwort einer I-T_1-Strecke

- **Ortskurve der I-T_1-Strecke**

Aus Gl. (3.97) folgt der Frequenzgang

$$G_S(j\omega) = \frac{x(j\omega)}{y(j\omega)} = \frac{K_I}{j\omega(1 + j\omega T_1)} = \frac{K_I}{-\omega^2 T_1 + j\omega}\;. \tag{3.101}$$

Durch Erweiterung mit dem konjugiert Komplexen des Nenners erhalten wir:

$$\mathrm{Re}\,(G_S) = -\frac{K_I T_1}{1 + (\omega T_1)^2}$$

$$\mathrm{Im}\,(G_S) = -\frac{K_I}{\omega[1 + (\omega T_1)^2]}\;.$$

Bild 3.28 zeigt den Verlauf der Ortskurve des I-T_1-Gliedes

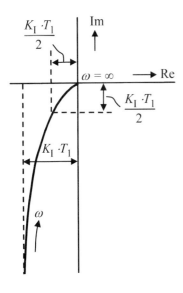

ω	Re (G_S)	Im (G_S)
0	$-K_1 T_1$	$-\infty$
$\dfrac{1}{T_1}$	$-\dfrac{1}{2} K_1 T_1$	$-\dfrac{1}{2} K_1 T_1$
∞	0	0

Bild 3.28 Ortskurve eines I-T₁-Gliedes

- **Beispiel 3.10**

Gegeben ist die Flüssigkeitsstandregelstrecke nach **Bild 3.29** mit dem Ventilhub y als Eingangsgröße und dem Flüssigkeitsstand x als Ausgangsgröße.

Es sollen folgende Voraussetzungen gelten:

a) Die pro Zeiteinheit zufließende Menge Q_e ist proportional dem Ventilhub y. Für $y = y_1 = 1$ cm ist $Q_e = Q_0 = 10$ 1/min.

$$Q_e = Q_0 \cdot \frac{y}{y_1}. \qquad (3.102)$$

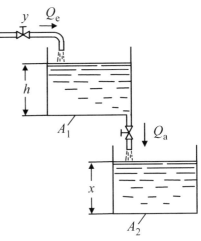

b) Die aus dem 1. Behälter ausfließende Menge Q_a ist proportional dem Flüssigkeitsstand h (laminare Strömung). Für $h = h_1 = 40$ cm ist $Q_a = Q_0 = 10$ 1/min.

$$Q_a = Q_0 \cdot \frac{h}{h_1}. \qquad (3.103)$$

Für die zeitliche Änderung des Flüssigkeitsstands im 1. Behälter gilt

Bild 3.29
Flüssigkeitsstandregelstrecke
$A_1 = A_2 = 100$ cm²

$$A_1 \frac{dh(t)}{dt} = Q_e - Q_a = Q_0 \left[\frac{y(t)}{y_1} - \frac{h(t)}{h_1} \right]$$

und nach y aufgelöst

$$\frac{A_1 h_1}{Q_0} \cdot \frac{dh(t)}{dt} + h(t) = y(t) \cdot \frac{h_1}{y_1}. \qquad (3.104)$$

Mit den Abkürzungen

$$K_1 = \frac{h_1}{y_1} = 40 \quad \text{und} \quad T_1 = \frac{A_1\,h_1}{Q_0} = 0,4\,\text{min} = 24\,\text{s}$$

folgt aus (3.104) die Differentialgleichung des 1. Teilsystems

$$T_1\,\frac{dh(t)}{dt} + h(t) = K_1 \cdot y(t) \quad \Rightarrow \quad T_1 \cdot s \cdot h(s) + h(s) = K_1 \cdot y(s) \qquad (3.105)$$

mit der korrespondierenden Übertragungsfunktion

$$G_{S1}(s) = \frac{h(s)}{y(s)} = \frac{K_1}{1 + sT_1}. \qquad (3.106)$$

Die zeitliche Änderung des Flüssigkeitsstandes im 2. Behälter ist

$$A_2\,\frac{dx(t)}{dt} = Q_a(t) = Q_0\,\frac{h(t)}{h_1}. \qquad (3.107)$$

Setzen wir $K_2 = \dfrac{Q_0}{A_2\,h_1} = 2,5\,\text{min}^{-1} = 0,0417\,s^{-1} = 24\,\text{s}$, so folgt aus Gl. (3.107)

$$\frac{dx(t)}{dt} = K_2 \cdot h(t) \qquad (3.108)$$

bzw. die Übertragungsfunktion des 2. Teilsystems

$$G_{S2}(s) = \frac{x(s)}{h(s)} = \frac{K_2}{s}. \qquad (3.109)$$

Wie die Gleichungen (3.106) und (3.109) zeigen, ist die Ausgangsgröße h des 1. Teilsystems gleich der Eingangsgröße des 2. Teilsystems. Beide Systeme sind somit, wie **Bild 3.30** zeigt, hintereinander geschaltet und ergeben mit $K_I = K_1 K_2 = 1,67\,s^{-1}$ die resultierende Übertragungsfunktion

$$G_S(s) = \frac{x(s)}{y(s)} = G_{S1}(s) \cdot G_{S2}(s) = \frac{K_1}{s\,(1 + sT_1)}. \qquad (3.110)$$

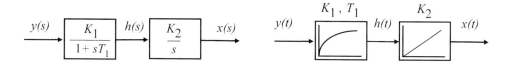

Bild 3.30 Wirkungsplan der Flüssigkeitsstandregelstrecke nach Bild 3.29

Vergleichen wir die Übertragungsfunktion (3.110) mit der in Beispiel 3.9 ermittelten Gl. (3.97), so sehen wir deren Identität. Die Sprungantwort sowie der Ortskurvenverlauf ergeben sich entsprechend Beispiel 3.9.

▶   **Aufgabe 3.7**

Die Kraft-Geschwindigkeits-Kennlinie eines Linearmotors kann in erster Näherung durch eine
Gerade $F_b = f(v_a)$ (**Bild 3.31**) dargestellt werden.

Hierin bedeuten:

F_b beschleunigende Kraft

v_a Geschwindigkeit des Linearmotors

v_s synchrone Geschwindigkeit des Wanderfelds

x zurückgelegter Weg des Linearmotors

K Proportionalitätsfaktor

m Masse des Linearmotors

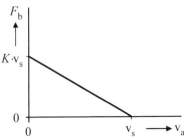

Die vom Linearmotor erzeugte Kraft F_b dient
zur Beschleunigung der Masse m des Linearmotors.

Bild 3.31 Angenäherte Kennlinie
eines Linearmotors

Gesucht sind:

a) $F_b = f(v_a, v_s)$

b) Die Differentialgleichung des Systems mit der Eingangsgröße $v_s(t)$ und der Ausgangsgröße

   $v_a(t)$. (Abkürzung $T_1 = m / K$)

c) Die Übertragungsfunktion

$$G_{S1}(s) = \frac{v_a(s)}{v_s(s)}$$

d) Die Übertragungsfunktion

$$G_S(s) = \frac{x(s)}{v_s(s)} \quad \text{mit } x(t) = \int v_a(t)\, dt$$

e) Die Sprungantwort $x(t)$ für $v_s(t) = v_0 \cdot \sigma(t)$.

3.8 Strecken mit Totzeit T_t

Gibt man auf den Eingang einer Strecke mit Totzeit (T_t -Strecke) ein Eingangssignal
$y(t)$, so erscheint am Ausgang das Eingangssignal, allerdings um die Totzeit T_t verschoben (**Bild 3.32**).

Ist $y(t)$ die Eingangsfunktion, so ist das Ausgangssignal

$$x(t) = \begin{cases} 0 & \text{für} \quad t < T_t \\ y(t - T_t) & \text{für } t \geq T_t. \end{cases} \tag{3.111}$$

Ursache für das Auftreten einer Totzeit ist die endliche Ausbreitungsgeschwindigkeit
eines Signals zwischen Stell- und Messort bzw. zwischen Sende- und Empfangsort.

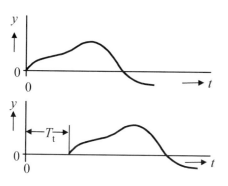

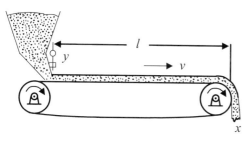

Bild 3.32
Ein- und Ausgangssignal einer
Strecke mit Totzeit T_t

Typische Regelstrecken mit Totzeit sind Förderbänder (**Bild 3.33**). Eingangsgröße ist die Schieberstellung y und Ausgangsgröße ist die pro Zeiteinheit vom Band geförderte Menge x.

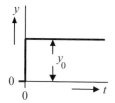

Bild 3.33
Förderband

Der Schieber sei zunächst geschlossen und werde zum Zeitpunkt $t = 0$ sprunghaft geöffnet:

$$y(t) = y_0 \cdot \sigma(t) .$$

Nach Verlauf der Totzeit T_t wird am Ausgang eine der Schieberstellung proportionale Menge

$$x(t) = K_{PS} \cdot y_0 \cdot \sigma(t - T_t)$$

vom Band laufen, mit der in **Bild 3.34** gezeigten Sprungantwort.

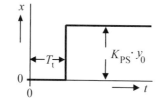

Bild 3.34 Eingangssprung und
Sprungantwort einer P-Strecke mit
Totzeit

Die Totzeit ergibt sich aus der Entfernung l zwischen Stell- und Messort und der konstanten Bandgeschwindigkeit v zu

$$T_t = \frac{l}{v} .$$

Übertragungsfunktion, Frequenzgang und Ortskurve des reinen Totzeitgliedes

Im Gegensatz zu den bisher in diesem Kapitel besprochenen Systemen, kann ein System mit Totzeit nicht durch eine gewöhnliche Differentialgleichung, sondern nur durch eine partielle Differentialgleichung beschrieben werden. Einen wesentlich einfacheren Zusammenhang zwischen Ein- und Ausgangsgröße gewinnt man im Bildbereich in Form der Übertragungsfunktion.

Unterziehen wir Gl. (3.111) der Laplace-Transformation, so ist

$$L[x(t)] = \int_0^\infty y(t - T_t) \cdot e^{-st} \, dt \; .$$

Da $y(t - T_t) = 0$ für $t < T_t$, können wir die untere Integrationsgrenze bei $t = T_t$ beginnen lassen und erhalten

$$L[x(t)] = \int_{T_t}^\infty y(t - T_t) \cdot e^{-st} \, dt \; . \tag{3.112}$$

Wir bilden nun folgende Substitution

$$\begin{aligned} \tau &= t - T_t \\ t &= \tau + T_t \\ dt &= d\tau . \end{aligned} \tag{3.113}$$

Die untere Integrationsgrenze ist für $t = T_t$ $\tau = 0$, die obere $\tau = \infty$. Damit wird

$$L[x(t)] = \int_0^\infty y(\tau) \cdot e^{-s\tau} \cdot e^{-sT_t} \, d\tau$$

$$L[x(t)] = e^{-sT_t} \int_0^\infty y(\tau) \cdot e^{-s\tau} \, d\tau = e^{-sT_t} \cdot L[y(t)] . \tag{3.114}$$

Aus Gl. (3.114) folgt unmittelbar die Übertragungsfunktion des Totzeitgliedes

$$G_S(s) = \frac{x(s)}{y(s)} = e^{-sT_t} \; . \tag{3.115}$$

Gl. (3.115) zeigt, dass die Beziehung zwischen Ein- und Ausgangsgröße durch den Verschiebungssatz der Laplace-Transformation wiedergegeben wird.

Wir erhalten aus Gl. (3.114) den Frequenzgang, in dem wir $s = j\omega$ setzen

$$G_S(j\omega) = \frac{x(j\omega)}{y(j\omega)} = e^{-j\omega T_t} \; . \tag{3.116}$$

Zur Darstellung der Ortskurve kann $G_S(j\omega)$ in seinen Real- und Imaginärteil zerlegt werden

$$G_S(j\omega) = e^{-j\omega T_t} = \cos \omega T_t - j \cdot \sin \omega T_t .$$

Günstiger ist hier die Darstellung von $G_S(j\omega)$ durch Betrag und Phase

$$G_S(j\omega) = |G_S(j\omega)| \cdot e^{-j\varphi} = 1 \cdot e^{-j\omega T_t} , \tag{3.117}$$

mit $|G_S(j\omega)| = 1$ und $\varphi = -\omega T_t$. Das heißt, die Ortskurve ist der Einheitskreis, beginnend bei $\omega = 0$ auf der reellen Achse und läuft im Uhrzeigersinn periodisch um, mit der Kreisfrequenz $\omega = 2\pi/T_t$. Jeder Punkt der Ortskurve (**Bild 3.35**) ist also beliebig vieldeutig.

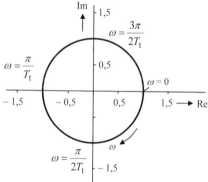

Bild 3.35 Ortskurve eines reinen Totzeitgliedes

In der Elektrotechnik treten Totzeiten verhältnismäßig selten auf, so z. B. bei der Anschnittsteuerung von Thyristoren, bei der Bildung der Auto- und Kreuzkorrelation stochastischer Signale sowie bei der Nachrichtenübertragung auf langen elektrischen Leitungen. Beabsichtigt ist dieser Effekt bei Verzögerungsleitungen (*Delay Line*) in der Oszillographen- und Impulstechnik.

Ferner macht sich die Totzeit bei der drahtlosen Nachrichtenübermittlung über große Entfernungen bemerkbar. Die Ausbreitungsgeschwindigkeit der elektromagnetischen Wellen ist gleich der Lichtgeschwindigkeit. Bei den auf der Erde zu überbrückenden Distanzen spielt die Endlichkeit der Lichtgeschwindigkeit noch keine Rolle. Bereits bei der Entfernung Erde-Mond beträgt die Totzeit ca. 1 s, d. h. eine auf der Erde gesendete Nachricht wird erst 1 s später auf dem Mond empfangen. Eine Antwort kann erst nach 2 s auf der Erde eintreffen und macht sich bei der Kommunikation schon unangenehm bemerkbar. Noch größer wird die Diskrepanz, wenn die Nachricht über eine Entfernung Erde-Mars mit T_t ca. 22,2 min (bei maximaler Entfernung) gesendet wird.

In der Verfahrenstechnik kommt die Totzeit häufiger vor. Beispiele dafür sind die Temperartur- und Druckregelstrecken. Eine Wärme- oder Druckleitung kann man als Reihenschaltung von mehreren P-T$_1$-Strecken darstellen. Im nächsten Abschnitt wird gezeigt, dass auch eine P-T$_n$-Strecke sich durch die Totzeit ersetzen lässt.

3.9 Regelstrecken mit Totzeit und Verzögerung 1. Ordnung

Vielfach kommen Totzeiten in Verbindung mit Verzögerungen vor, wie im nachfolgenden Beispiel einer Mischregelstrecke.

- **Beispiel 3.11**

In den Mischbehälter (**Bild 3.36**) mit dem Volumen V fließen die Mengen Q_1 und Q_2 mit den Konzentrationen C_1 und C_2. Die Streckenparameter sind:

$Q_1 = 4\ l/s$ $V = 0{,}5\ \mathrm{m}^3$ $h = 1\ \mathrm{m}$
$Q_2 = 1\ l/s$ $l = 10\ \mathrm{m}$.

Durch das Rührwerk wird im Mischbehälter eine gleichmäßige Durchmischung erreicht mit der Konzentration C_a. Der Zufluss $(Q_1 + Q_2)$ sei gleich dem Abfluss Q_a und konstant. Dann ergibt sich für die Konzentrationsänderung im Mischkessel

$$Q_1\, C_1(t) + Q_2\, C_2(t) - Q_a\, C_a(t) = V\,\frac{dC_a(t)}{dt}\,. \tag{3.118}$$

Im stationären Zustand ist $\dfrac{dC_a(t)}{dt} = 0$ und folglich

$$Q_1\, C_1(t) + Q_2\, C_2(t) - Q_a\, C_a(t) = 0\,. \tag{3.119}$$

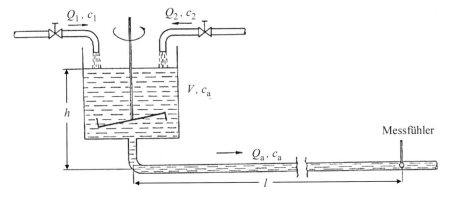

Bild 3.36 Mischbehälter mit nachfolgender langer Leitung

Ändert sich die Konzentration C_1 um $\Delta C_1 = c_1$ und folglich die C_a um $\Delta C_a = c_a$, so wird

$$Q_1\, [C_1(t) + c_1(t)] + Q_2\, C_2(t) - Q_a\, [C_a(t) + c_a(t)] = V\,\frac{d[C_a(t) + c_a(t)]}{dt}\,. \tag{3.120}$$

Durch Subtraktion der Gl. (3.118) von Gl. (3.120) ergibt sich

$$Q_1\, c_1(t) - Q_a\, c_a(t) = V\,\frac{dc_a(t)}{dt}$$

bzw. in Normalform

$$\frac{V}{Q_a} \frac{dc_a(t)}{dt} + c_a(t) = \frac{Q_1}{Q_a} c_1(t).$$

Mit den Abkürzungen

$$K_{PS} = \frac{Q_1}{Q_a} = 0{,}8 \quad \text{und} \quad T_1 = \frac{V}{Q_a} = 100\,\text{s}$$

erhalten wir die Differentialgleichung

$$T_1 \frac{dc_a(t)}{dt} + c_a(t) = K_{PS}\, c_1(t) \tag{3.121}$$

bzw. die Übertragungsfunktion

$$G_{S1}(s) = \frac{c_a(s)}{c_1(s)} = \frac{K_{PS}}{1 + sT_1}. \tag{3.122}$$

Die Änderung am Ausgang des Mischkessels wird erst nach Verlauf der Totzeit

$$T_t = \frac{l}{v}$$

am Messort wirksam.

Der Mischkessel ist ein P-T1-Glied mit der Übertragungsfunktion (3.122), während die nachgeschaltete Rohrleitung eine reine Totzeit mit folgender Übertragungsfunktion darstellt:

$$G_{S2}(s) = e^{-sT_t}. \tag{3.123}$$

Die Gesamtstrecke lässt sich somit durch die Reihenschaltung zweier Glieder (des Verzögerungs- und des Totzeitgliedes) im Wirkungsplan darstellen (**Bild 3.37**).

$$G_S(s) = G_{S1}(s) \cdot G_{S2}(s) = \frac{K_{PS}}{1 + sT_1} e^{-sT_t}. \tag{3.124}$$

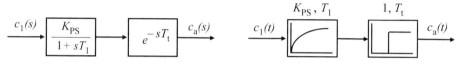

Bild 3.37 Wirkungsplan einer Strecke mit Totzeit und Verzögerung 1. Ordnung

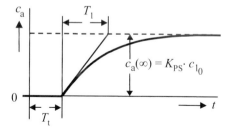

Bild 3.38
Sprungantwort einer Strecke
mit Totzeit und Verzögerung
1. Ordnung

Die Sprungantwort des Systems hat den in **Bild 3.38** gezeigten Verlauf mit

$$c_a(t) = \begin{cases} 0 & \text{für} \quad t < T_t \\ c_{10} \, K_{Ps} \, [1 - e^{-\frac{t-T_t}{T_1}}] & \text{für} \quad t \geq T_t . \end{cases}$$

- **Frequenzgang und Ortskurve**

Aus Gl. (3.124) folgt der Frequenzgang des Systems

$$G_S(j\omega) = \frac{K_{Ps}}{1 + j\omega T_1} \, e^{-j\omega T_t} . \tag{3.125}$$

Die Ortskurve des Verzögerungsgliedes 1. Ordnung ist ein Halbkreis im vierten Quadranten. Durch das Totzeitglied wird die Phase zusätzlich um den Winkel $\varphi_t = -\omega T_t$ gedreht. Es entsteht die in **Bild 3.39** gezeigte Spirale.

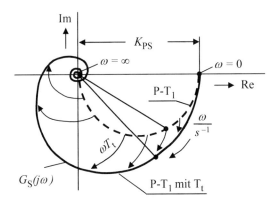

Bild 3.39
Ortskurve einer Strecke mit Totzeit und Verzögerung 1. Ordnung

4 Regeleinrichtungen

Die Regeleinrichtung ist der Teil des Regelkreises, der die zu regelnde Größe der Regelstrecke mit einem vorgegebenen, konstanten Sollwert x_{soll} bzw. mit einer zeitlich veränderlichen Führungsgröße w vergleicht und über ein Stellglied die Regelstrecke so beeinflusst, dass die Regeldifferenz e Null oder möglichst klein wird.

Die Regeleinrichtung enthält mindestens je eine Einrichtung:

1. zum *Erfassen der Regelgröße x*,
2. zum *Vergleich mit dem Sollwert x_{soll}* bzw. *der Führungsgröße w,*
3. zum *Bilden der Reglerausgangsgröße y_R* bzw. *Stellgröße y.*

Die Einteilung der Regeleinrichtungen erfolgt nach verschiedenen Gesichtspunkten:

a) Regeleinrichtung ohne und mit Hilfsenergie

Bei den Regeleinrichtungen ohne Hilfsenergie wird die zum Verstellen des Stellgliedes erforderliche Energie von der Regelgröße x über den Messfühler direkt geliefert.

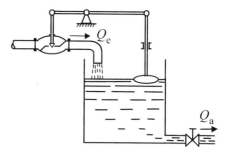

Bild 4.1 zeigt eine Flüssigkeitsstandregelung mit einer Schwimmer-Regeleinrichtung ohne Hilfsenergie. Die Regelgröße (Flüssigkeitsstand) wirkt auf den Schwimmer und dieser verstellt über einen Hebel die Ventilöffnung des Eingangsventils. Ist die abfließende Menge Q_a größer als die zufließende Menge Q_e, so fällt der Flüssigkeitsstand, der Schwimmer öffnet das Eingangsventil und vergrößert damit Q_e. Bei verringertem Verbrauch steigt der Flüssigkeitsstand und das Ventil wird entsprechend geschlossen.

Bild 4.1 Flüssigkeitsstandregelung mit einer Regeleinrichtung ohne Hilfsenergie

Bild 4.2 zeigt ebenfalls eine Flüssigkeitsstandregelung, allerdings mit einer Regeleinrichtung mit Hilfsenergie. Der Schwimmer formt die Höhendifferenz in eine analoge elektrische Spannung um, die dann verstärkt dem Motorventil zugeführt wird und dieses entsprechend verstellt. Für $Q_a > Q_e$ sinkt der Flüssigkeitsstand und die abgegriffene Spannung hat die gezeichnete

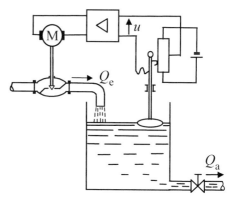

Bild 4.2 Flüssigkeitsstandregelung mit einer Regeleinrichtung mit Hilfsenergie

S. Zacher und M. Reuter, *Regelungstechnik für Ingenieure*,
https://doi.org/10.1007/978-3-658-36407-6_4

Polarität, das Motorventil öffnet. Dadurch wird Q_e größer, der Flüssigkeitsstand steigt bis $u = 0$. Ist $Q_a < Q_e$, so steigt der Flüssigkeitsstand, die abgegriffene Spannung hat nun die entgegengesetzte Polarität, d. h. das Motorventil wird geschlossen, was zur Abnahme des Flüssigkeitsstandes führt und damit zu einer Abnahme der Spannungs-differenz bis der Motor steht.

b) *Stetige und unstetige Regeleinrichtungen*

Man unterscheidet ferner zwei unterschiedliche Regeltechniken, die sich im Laufe der Entwicklung herausgebildet haben:

– mittels *stetiger* Regeleinrichtung,

– mittels *unstetiger* Regeleinrichtung.

Als *stetig* wird eine Regeleinrichtung bezeichnet, wenn die Stellgröße y_R im Behar-rungszustand jeden Wert innerhalb des Stellbereiches annehmen kann. Die in den Bil-dern 4.1 und 4.2 gezeigten Regeleinrichtungen sind stetig.

Eine Regeleinrichtung wird als *unstetig* bezeichnet, wenn die Ausgangsgröße y_R nur wenige diskrete Werte annehmen kann.

Bild 4.3 zeigt den Bimetallregler zur Konstanthaltung der Bügeleisentemperatur. Im kalten Zustand sind die Kontakte und damit der Stromkreis geschlossen. Mit zuneh-mender Erwärmung krümmt sich die Bimetallfeder nach oben und unterbricht den Kontakt nach Erreichen einer ganz bestimmten Temperatur. Dreht man die Sollwert-schraube weiter nach oben, so erhält die Bimetallfeder eine größere Vorspannung und trennt die Kontakte erst bei einer höheren Temperatur. Bei geöffneten Kontakten kühlt sich das Bügeleisen sowie die Bimetallfeder ab, bis die Kontakte geschlossen werden und die Aufheizung erneut beginnt. Damit kann die Stellgröße nur die zwei Werte EIN und AUS annehmen.

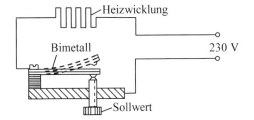

Bild 4.3
Bimetallregler (unstetiger Regler) zur Konstanthaltung der Bügelei-sentemperatur

Man bezeichnet solche Regeleinrichtungen als Zweipunktregler. Der Nachteil eines solchen Zweipunktreglers ist, dass die Regelgröße den Sollwert nicht genau innehält, sondern um diesen pendelt. Für viele Zwecke ist die Toleranz, mit der der Sollwert eingehalten wird, vollkommen ausreichend. Gegenüber einem stetigen Regler ist der Zweipunktregler einfacher im Aufbau und daher billiger. Die unstetigen Regeleinrich-tungen wurden ursprünglich für Regelaufgaben verwendet, bei denen keine hohen An-forderungen an die Regeleinrichtung gestellt wurden. Heute werden unstetige Re-geleinrichtungen in etwas aufwendigerer Form (elektrisch und elektronisch) auch zur Re-gelung von schwieriger zu regelnden Regelstrecken eingesetzt.

4.1 Elektronische Regler mittels Operationsverstärker

Im Folgenden werden die Grundformen klassischer elektronischer Regler und deren Aufbau mittels Operationsverstärker behandelt. Solche Operationsverstärker können aus diskreten Elementen aufgebaut oder als integrierte Linearverstärker in einem einzigen Siliziumkristall (auf einem Chip) untergebracht sein. Verstärker in diskreter Bauweise enthalten im Allgemeinen verhältnismäßig wenige Transistoren und ihr Verstärkungsfaktor ($V_0 > 5000$) ist deshalb um eine Größenordnung kleiner als der von integrierten Operationsverstärkern ($V_0 > 50\,000$), die etwa die dreifache Anzahl an Transistoren aufweisen.

Es soll hier nicht auf den z.T. sehr komplizierten inneren Aufbau von Operationsverstärkern eingegangen werden, sondern wir wollen den Operationsverstärker als einen Gleichspannungsverstärker betrachten, dessen Verstärkung (meist in mehreren Stufen) im Leerlauf V_0 beträgt.

Der Operationsverstärker kann näherungsweise durch das in **Bild 4.4** gezeigte Ersatzschaltbild beschrieben werden.

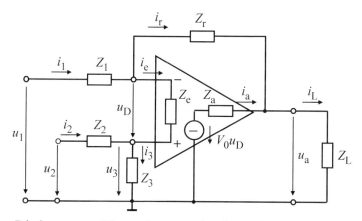

Bild 4.4
Ersatzschaltbild des Operationsverstärkers

Die heute zum Einsatz kommenden Operationsverstärker haben einen Ausgangswiderstand von $R_a = 100\ \Omega$. Dieser ist gegenüber von Lastwiderstand Z_L und Rückführungswiderstand Z_r in der Größenordnung $> 10\ \text{k}\Omega$ vernachlässigbar und wird im weiteren mit $R_a = Z_a = 0$ angenommen. Damit folgt aus dem Ersatzschaltbild:

$$i_1 = i_e + i_r \quad \Rightarrow \quad \frac{u_1 - u_D - u_3}{Z_1} = \frac{u_D}{Z_e} + \frac{u_D + u_3 - u_a}{Z_r} \tag{4.1}$$

$$i_2 = i_3 - i_e \quad \Rightarrow \quad \frac{u_2 - u_3}{Z_2} = \frac{u_3}{Z_3} - \frac{u_D}{Z_e} \tag{4.2}$$

$$V_0 \cdot u_D = u_a \quad \Rightarrow \quad u_D = \frac{u_a}{V_0} . \tag{4.3}$$

Die Ausgangsspannung u_a wird durch die Betriebsspannungen begrenzt und liegt in der Größenordnung von ca. ± 10 V. Gemäß Gl. (4.3) wird für $V_0 > 5000$ die Differenzspannung $u_D < 2$ mV und somit in den Gln. (4.1) und (4.2) vernachlässigbar. Aus Gl. (4.1) folgt

$$\frac{u_1}{Z_1} - u_3 \left[\frac{1}{Z_1} + \frac{1}{Z_r} \right] = -\frac{u_a}{Z_r} \tag{4.4}$$

und aus Gl. (4.2)

$$\frac{u_2}{Z_2} - u_3 \left[\frac{1}{Z_2} + \frac{1}{Z_3} \right] = 0$$

bzw.

$$u_3 = u_2 \frac{Z_3}{Z_2 + Z_3}. \tag{4.5}$$

Mit (4.5) in (4.4) erhalten wir schließlich

$$u_a = -u_1 \frac{Z_r}{Z_1} + u_2 \frac{Z_3}{Z_1} \cdot \frac{Z_1 + Z_r}{Z_2 + Z_3}. \tag{4.6}$$

Aus der Gl. (4.6) lassen sich nun einige Grundschaltungen ableiten.

a) Invertierende Schaltung

Für $Z_3 = 0$ und $u_2 = 0$ wird

$$u_a = -u_1 \frac{Z_r}{Z_1}, \tag{4.7}$$

d. h., die Ausgangsspannung u_a ist die invertierte Eingangsspannung, gewichtet mit dem Faktor Z_r / Z_1 (**Bild 4.5**). Zur Kompensation des Einflusses des Eingangsruhestroms wird Z_3 nicht gleich Null, sondern

$$Z_3 = R_3 = Z_r \| Z_{1/\omega=0}$$

gewählt.

Infolge der vernachlässigbaren Differenzspannung $u_D \approx 0$, liegt der invertierende Eingang des Operationsverstärkers (Punkt A in Bild 4.5) nahezu auf Massepotential und wird vielfach als „virtuelle Masse" bezeichnet.

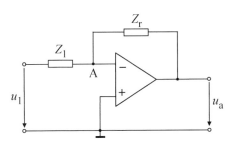

Bild 4.5 Invertierende Schaltung

b) Nichtinvertierende Schaltung

Für $u_1 = 0$ und $Z_3 = \infty$ in Bild 4.4 wird

$$u_a = u_2\left[\frac{Z_r}{Z_1} + 1\right] \tag{4.8}$$

mit der in **Bild 4.6** gezeigten Schaltung.

Für $Z_r = 0$ und $Z_1 = \infty$ folgt aus Gl. (4.8)

$$u_a = u_2 . \tag{4.8a}$$

Die sich so ergebende Schaltung hat einen hohen Eingangs- und einen niedrigen Ausgangswiderstand.

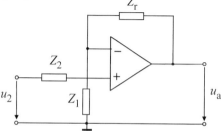

Bild 4.6 Nichtinvertierende Schaltung

Sie wird als Impedanzwandler zur Entkopplung von Netzwerken benutzt. Der Widerstand Z_2 ist nicht unbedingt erforderlich. Wählt man

$$Z_2 = R_2 = Z_1 \| Z_{r/\omega=0} ,$$

so kann auch hier der Einfluss des Eingangsruhestroms kompensiert werden.

c) Differenzschaltung

Aus (4.6) folgt für $Z_2 = Z_1$ und $Z_3 = Z_r$ die in **Bild 4.7** gezeigte Schaltung zur Differenzbildung der beiden Eingangsspannungen

$$u_a = (u_2 - u_1)\frac{Z_r}{Z_1} . \tag{4.9}$$

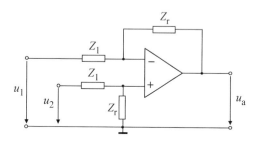

Bild 4.7 Differenzschaltung

d) Additionsschaltung

Schaltet man in der in Bild 4.5 gezeigten Inverterschaltung einen weiteren Eingangswiderstand Z_2 hinzu (**Bild 4.8**), so gilt für den Knotenpunkt A (virtuelle Masse)

$$i_1 + i_2 = i_r \;\Rightarrow\; \frac{u_1}{Z_1} + \frac{u_2}{Z_2} = -\frac{u_a}{Z_r}$$

bzw.

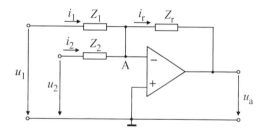

Bild 4.8 Additionsschaltung

$$u_a = -\left[u_1 \frac{Z_r}{Z_1} + u_2 \frac{Z_r}{Z_2} \right] \tag{4.10}$$

und mit $Z_2 = Z_1$

$$u_a = -(u_1 + u_2) \frac{Z_r}{Z_1}.$$

Das heißt, die Ausgangsspannung ist gleich der negativen Summe der beiden Eingangsspannungen multipliziert mit Z_r / Z_1.

4.2 Führungs- und Störverhalten des geschlossenen Regelkreises

Bevor wir spezielle Regelkreise betrachten, soll zuvor in allgemeiner Form das Führungs- und Störverhalten eines Regelkreises ermittelt werden.

Im **Bild 4.9** ist der Wirkungsplan eines Regelkreises dargestellt, worin $G_S(s)$ die Übertragungsfunktion der Regelstrecke und $G_R(s)$ die Übertragungsfunktion der Regeleinrichtung bedeuten.

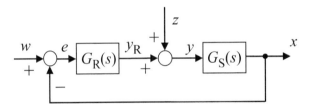

Bild 4.9 Wirkungsplan des Regelkreises

Bei der Beurteilung eines Regelkreises interessieren u.a.:

a) das dynamische Verhalten der Regelgröße x auf eine Sollwertänderung, das so genannte Führungsverhalten und

b) die dynamische Reaktion der Regelgröße x auf eine Störung, das so genannte Störverhalten.

Im Idealfall sollte die Regelgröße stets gleich der Führungsgröße sein und eine Störung sofort kompensiert werden, so dass keine Auswirkung auf die Regelgröße erfolgt. Beide Forderungen sind nicht realisierbar.

4.2.1 Führungsübertragungsfunktion

Aus dem Wirkungsplan (**Bild 4.9**) folgt

$$y_R(s) = [w(s) - x(s)]G_R(s) \tag{4.11}$$

und

$$x(s) = [y_R(s) + z(s)]G_S(s). \tag{4.12}$$

Mit (4.11) in (4.12) folgt

$$x(s) = \{[w(s) - x(s)]G_R(s) + z(s)]G_S(s)$$

bzw.

$$x(s)[1 + G_R(s)G_S(s)] = w(s)G_R(s)G_S(s) + z(s)G_S(s). \tag{4.13}$$

Wir betrachten zunächst den Fall, dass für $w = w_1$ $x = x_1$ ist, d. h.

$$x_1(s)[1 + G_R(s)G_S(s)] = w_1(s)G_R(s)G_S(s) + z(s)G_S(s). \tag{4.14}$$

Nehmen wir nun an, dass bei z = konst. w den Wert w_2 annimmt, dann wird sich Regelgröße x ebenfalls ändern und wir wollen den neuen Wert mit x_2 bezeichnen, so dass gilt:

$$x_2(s)[1 + G_R(s)G_S(s)] = w_2(s)G_R(s)G_S(s) + z(s)G_S(s). \tag{4.15}$$

Subtraktion der Gl. (4.14) von Gl. (4.15) liefert

$$[x_2(s) - x_1(s)] \cdot [1 + G_R(s)G_S(s)] = [w_2(s) - w_1(s)] \cdot G_R(s)G_S(s). \tag{4.16}$$

Betrachten wir nur die Änderungen und bezeichnen diese mit

$$x = x_2 - x_1$$

bzw.

$$w = w_2 - w_1,$$

so wird

$$x(s)[1 + G_R(s)G_S(s)] = w(s)G_R(s)G_S(s). \tag{4.17}$$

Das Verhältnis der Laplace-transformierten Regelgröße zur Führungsgröße wird als Führungsübertragungsfunktion

$$G_W(s) = \frac{x(s)}{w(s)} = \frac{G_R(s)G_S(s)}{1 + G_R(s)G_S(s)} \tag{4.18}$$

bezeichnet.

Vielfach ist die Aufgabe gestellt, in einem Regelkreis mit mehreren Ein- und Ausgangsgrößen die Abhängigkeit zwischen einer bestimmten Ausgangsgröße x_a und einer bestimmten Eingangsgröße x_e zu ermitteln. Bezeichnet man den Zweig zwischen Ein- und Ausgang als den Vorwärtszweig und den zwischen Aus- und Eingangsgröße als Rückführungszweig, so erhalten wir ganz allgemein

$$\frac{x_a(s)}{x_e(s)} = \frac{1}{\dfrac{1}{G_{\text{Vorw.}}(s)} - G_{\text{Rückf.}}(s)}. \tag{4.19}$$

Hierbei ist die im Kreis nach Bild 4.9 vorhandene Vorzeichenumkehr zu beachten.

4.2.2 Störübertragungsfunktion

Betrachten wir nun die Änderung der Regelgröße x (Ausgangsgröße) auf eine Änderung der Störgröße z (Eingangsgröße), so können wir nach dem im vorherigen Abschnitt Gesagten sofort die zugehörige Übertragungsfunktion angeben. Im Vorwärtszweig liegt $G_S(s)$ und im Rückführzweig – $G_R(s)$, bedingt durch die Vorzeichenumkehr.

Nach Gleichung (4.19) ist dann

$$G_z(s) = \frac{x(s)}{z(s)} = \frac{1}{\dfrac{1}{G_S(s)} + G_R(s)}$$

bzw.

$$G_z(s) = \frac{x(s)}{z(s)} = \frac{G_S(s)}{1 + G_R(s)G_S(s)} \tag{4.20}$$

die gesuchte Störübertragungsfunktion.

4.3 Zeitverhalten stetiger Regeleinrichtungen

Entsprechend den in Kapitel 3 behandelten Regelstrecken werden auch die Regeleinrichtungen nach ihrem Zeitverhalten unterschieden. Nicht alle Regeleinrichtungen sind zur Regelung von bestimmten Regelstrecken geeignet. So führt z. B. wie in diesem Kapitel gezeigt wird, die Regelung einer I-Strecke mit einer I-Regeleinrichtung zu Dauerschwingungen. Andere Kombinationen können zur Instabilität führen.

4.3.1 P-Regeleinrichtung

Bild 4.10 zeigt den Wirkungsplan eines Reglers mit der Regeldifferenz e als Eingangsgröße und der Stellgröße y_R des Reglers als Ausgangsgröße.

Bild 4.10 Wirkungsplan des P-Reglers

Die Bezeichnung *P-Regler* besagt, dass die Ausgangsgröße y_R proportional der Eingangsgröße e ist:

$$y_R(t) = K_{PR} \cdot e(t). \tag{4.21}$$

K_{PR} ist der Proportionalbeiwert, der in weiten Grenzen eingestellt werden kann. Aus (4.21) folgt die Übertragungsfunktion des P-Reglers

$$G_R(s) = \frac{y_R(s)}{e(s)} = K_{PR}. \tag{4.22}$$

Die Sprungantwort einer solchen Regeleinrichtung ist, bei Vernachlässigung der immer vorhandenen Verzögerungen, ebenfalls eine Sprungfunktion mit

$$y_R(t) = K_{PR} \cdot e_0 \cdot \sigma(t).$$

Bild 4.11 zeigt die technische Realisierung eines elektronisches P-Reglers mittels der in Abschnitt 4.1 behandelten Invertierschaltung. Mit $Z_r = R_r$ und $Z_1 = R_1$ folgt aus Gl. (4.7) die Übertragungsfunktion

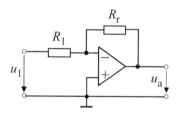

$$G_R(s) = \frac{y_R(s)}{e(s)} = \frac{u_a(s)}{u_1(s)} = -K_{PR}. \quad (4.23)$$

Bild 4.11 P-Regeleinrichtung mittels Operationsverstärker

$R_r = 100 \text{ k}\Omega$ und $R_1 = 10 \text{ k}\Omega$ würde z. B. ein $K_{PR} = 10$ ergeben. Das negative Vorzeichen kann vielfach anderweitig ausgeglichen werden, indem z. B. die Regeldifferenz nicht positiv, sondern negativ zugeführt wird oder ein nachfolgendes Stellglied eine weitere Vorzeichenumkehr bewirkt.

- **Beispiel 4.1**

In **Bild 4.12a** ist eine pneumatische Regeleinrichtung nach dem Düse-Prallplatte-System gezeigt. Die Regeldifferenz $e = w - x$ bestimmt über den Waagebalken den Abstand h zwischen Düse und Prallplatte. Durch den mit h veränderlichen Druckabfall an der Auslassdüse wird der Steuerdruck variiert.

Die statische Kennlinie $y_R = f(e)$ bzw. $y_R = f(h)$ ist nicht linear (**Bild 4.12b**). Der Verlauf der Kennlinie ist abhängig vom Verhältnis des Düsen- zum Vordrosseldurchmesser d / d_v. Durch eine Gegenkopplung kann die Kennlinie linearisiert werden.

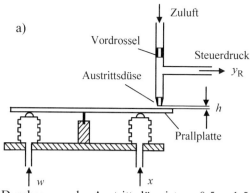

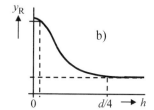

Bild 4.12 Pneumatische P-Regeleinrichtung nach dem Düse-Prallplatte-System (a) und die statische Kennlinie (b)

Der Durchmesser der Austrittsdüse ist ca. 0,5 ... 1,5 mm. Bei entfernter Prallplatte ist der Austrittsquerschnitt ein Maximum.

Hat die Prallplatte zur Düse den Abstand h, so ist der Ringquerschnitt

$$A_R = d \, \pi \, h$$

für den Luftaustritt maßgebend. Für $h = d / 4$ wird

$$A_R = A_{max}.$$

Somit verliert die Prallplatte ihre Steuerwirksamkeit für einen Abstand $h > d / 4$ zur Düse.

4.3.1.1 P-Regeleinrichtung zur Regelung einer P-T₁-Strecke

Dynamisch erscheint eine P-Regeleinrichtung ideal zur Regelung geeignet, allerdings erzeugt sie am Ausgang nur dann eine Stellgröße, wenn eine Regeldifferenz am Eingang vorhanden ist.

Der bezüglich seines Führungs- und Störverhaltens zu untersuchende Regelkreis ist in **Bild 4.13** dargestellt, mit der Übertragungsfunktion der Strecke

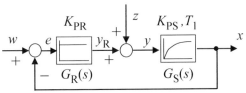

$$G_S(s) = \frac{x(s)}{y(s)} = \frac{K_{PS}}{1 + sT_1} \qquad (4.24)$$

und der Regeleinrichtung

Bild 4.13 Wirkungsplan des Regelkreises, bestehend aus einer P-T1-Strecke und einer P-Regeleinrichtung

$$G_R(s) = \frac{y_R(s)}{e(s)} = K_{PR}. \qquad (4.25)$$

a) Führungsverhalten

Zur Ermittlung des zeitlichen Verlaufs der Regelgröße $x(t)$ auf eine Sollwertänderung benutzen wir die in Anschnitt 4.2.1 abgeleitete Führungsübertragungsfunktion (4.18). Mit den Übertragungsfunktionen (4.21) und (4.25) des Regelkreises ist dann

$$G_w(s) = \frac{x(s)}{w(s)} = \frac{G_R(s)G_S(s)}{1 + G_R(s)G_S(s)} = \frac{K_{PR}K_{PS}}{1 + K_{PR}K_{PS} + sT_1}. \qquad (4.26)$$

Für einen Sollwertsprung

$$w(t) = w_0 \cdot \sigma(t) \quad \circ\!\!-\!\!\bullet \quad w(s) = \frac{w_0}{s}$$

folgt aus (4.26) nach x aufgelöst

$$x(s) = \frac{K_{PR}K_{PS}}{1 + K_{PR}K_{PS}} \cdot \frac{1}{s\left(1 + s\dfrac{T_1}{1 + K_{PR}K_{PS}}\right)} w_0. \qquad (4.27)$$

Nach Rücktransformation in den Zeitbereich erhalten wir

$$x(t) = \frac{K_{PR}K_{PS}}{1 + K_{PR}K_{PS}}(1 - e^{-\frac{t}{T}})w_0, \qquad (4.28)$$

mit

$$T = \frac{T_1}{1 + K_{PR}K_{PS}}.$$

Wie **Bild 4.14** zeigt, wird der vorgegebene Sollwert w_0 von der Regelgröße x auch im stationären Endzustand nicht erreicht. Aus Gl. (4.28) folgt für $t \to \infty$

$$x(\infty) = \frac{K_{PR} K_{PS}}{1 + K_{PR} K_{PS}} w_0 \, .$$

und die bleibende Regeldifferenz

$$e(\infty) = w_0 - x(\infty) = \frac{1}{1 + K_{PR} K_{PS}} w_0 \, . \tag{4.29}$$

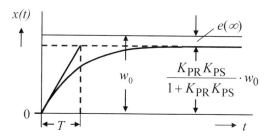

Bild 4.14
Führungssprungantwort des
Regelkreises nach Bild 4.13

Wie Gl. (4.29) zeigt, kann die bleibende Regeldifferenz durch Vergrößern von K_{PR} verringert werden. Dies führt jedoch bei Strecken 2. Ordnung zur Verringerung der Dämpfung und bei Strecken noch höherer Ordnung zur Instabilität des geschlossenen Regelkreises. Hierin besteht der Hauptnachteil des P-Reglers.

b) Störverhalten

Die Abhängigkeit der Regelgröße x beim Auftreten einer Störgröße ermitteln wir mit Hilfe der Störübertragungsfunktion (4.20) und den gegebenen Übertragungsfunktionen G_R und G_S.

$$G_z(s) = \frac{x(s)}{z(s)} = \frac{G_S(s)}{1 + G_R(s) G_S(s)} = \frac{K_{PS}}{1 + K_{PR} K_{PS} + s T_1} \, .$$

Für eine sprungförmige Störgröße mit

$$z(t) = z_0 \cdot \sigma(t) \quad \circ\!\!-\!\!\bullet \quad z(s) = \frac{z_0}{s}$$

wird

$$x(s) = \frac{K_{PS}}{1 + K_{PR} K_{PS}} \cdot \frac{1}{s\,(1 + sT)} \cdot z_0 \, , \quad x(t) = \frac{K_{PS}}{1 + K_{PR} K_{PS}} (1 - e^{-\frac{t}{T}}) \cdot z_0 \, , \tag{4.30}$$

mit

$$T = \frac{T_1}{1 + K_{PR} K_{PS}} \, .$$

Interessiert man sich nur für den stationären Endzustand, so ist es bei komplizierteren Regelkreisen einfacher $x(\infty)$ im Bildbereich mittels des Grenzwertsatzes der Laplace-Transformation zu ermitteln. Danach ist

$$\lim_{t \to \infty} x(t) = \lim_{s \to 0} s \cdot x(s) \tag{4.31}$$

und es folgt aus (4.30) sofort

$$x(\infty) = \lim_{t \to \infty} x(t) = \lim_{s \to 0} \frac{K_{PS}}{1 + K_{PR} K_{PS}} \cdot \frac{s}{s\left(1 + sT\right)} \cdot z_0$$

$$x(\infty) = \lim_{t \to \infty} x(t) = \frac{K_{PS}}{1 + K_{PR} K_{PS}} z_0. \tag{4.32}$$

Wie **Bild 4.15** zeigt, ist auch das Störverhalten nicht voll befriedigend. Die infolge der Störgröße auftretende bleibende Regeldifferenz kann zwar durch Vergrößern von K_{PR} verringert, aber nicht vollkommen beseitigt werden.

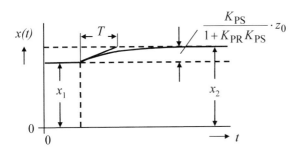

Bild 4.15 Störverhalten des Regelkreises nach Bild 4.13 für $z(t) = z_0 \cdot \sigma(t)$

Im folgenden Beispiel soll gezeigt werden, dass sich ein Regelkreis, bestehend aus einer P-T2-Strecke und einem P-Regler im stationären Endzustand genauso verhält, aber die Dämpfung mit zunehmendem K_{PR} verringert wird.

• **Beispiel 4.2**

Gegeben ist der in **Bild 4.16** gezeigte Regelkreis mit

$$G_S(s) = \frac{x(s)}{y(s)} = \frac{K_{PS}}{s^2 T_2^2 + s T_1 + 1}$$

$$G_R(s) = \frac{y_R(s)}{e(s)} = K_{PS}.$$

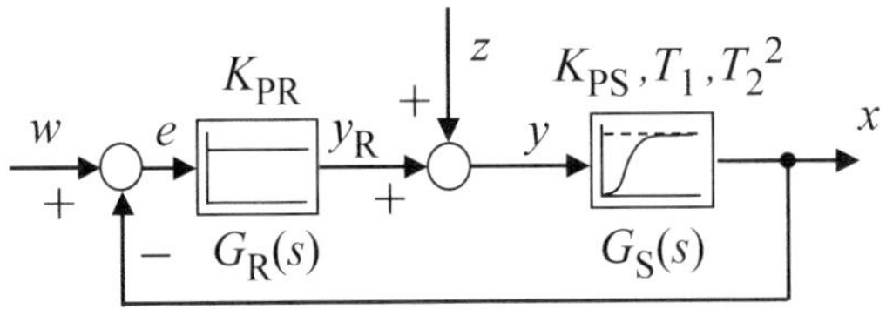

Bild 4.16 Regelkreis bestehend aus einer P-T2-Strecke und einer P-Regeleinrichtung
$K_{PS} = 0,5; \quad K_{PR} = 16; \quad T_1 = 3 \text{ s}; \quad T_2 = 1 \text{ s}$

Gesucht sind:

a) Die Dämpfung D_1 der ungeregelten Strecke.

b) Die bleibende Regeldifferenz bei einem Sollwertsprung $w(t) = w_0 \cdot \sigma(t)$.

c) Die Dämpfung D_2 des geschlossenen Kreises.

Zu a):

$$G_S(s) = \frac{x(s)}{y(s)} = \frac{K_{PS}}{T_2^2} \cdot \frac{1}{s^2 + s\dfrac{T_1}{T_2^2} + \dfrac{1}{T_2^2}} = K_{PS}\beta_1^2 \frac{1}{s^2 + s\, 2\alpha_1 + \beta_1^2} \;.$$

Mit $\beta_1 = \dfrac{1}{T_2}$ und $a_1 = \dfrac{T_1}{2T_2^2}$ erhalten wir die Dämpfung der ungeregelten Strecke

$$D = \frac{\alpha}{\beta} = \frac{T_1}{2T_2} = 1{,}5 > 1 \;.$$

Zu b):

Durch Einsetzen von G_R und G_S in Gl. (4.18) erhalten wir die Führungsübertragungsfunktion

$$G_W(s) = \frac{x(s)}{w(s)} = \frac{K_{PR}K_{PS}}{s^2\, T_2^2 + s\, T_1 + 1 + K_{PR}K_{PS}} \;. \tag{4.33}$$

Für $w(s) = w_0/s$ ergibt sich

$$x(s) = \frac{K_{PR}K_{PS}}{s(s^2\, T_2^2 + s\, T_1 + 1 + K_{PR}K_{PS})} \cdot w_0 \tag{4.34}$$

und daraus nach dem Grenzwertsatz

$$x(\infty) = \lim_{t \to \infty} x(t) = \lim_{s \to 0} s \cdot x(s) = w_0 \cdot \lim_{s \to 0} G_W(s)$$

$$x(\infty) = \frac{K_{PR}K_{PS}}{1 + K_{PR}K_{PS}} \cdot w_0 \;. \tag{4.35}$$

Die bleibende Regeldifferenz

$$e(\infty) = w_0 - x(\infty) = \frac{1}{1 + K_{PR}K_{PS}} \cdot w_0 \tag{4.36}$$

ist identisch mit Gl. (4.29).

Zu c):

Aus Gl. (4.33) folgt

$$G_\mathrm{W}(s) = \frac{K_\mathrm{PR}\,K_\mathrm{PS}}{T_2^2} \cdot \frac{1}{s^2 + s\,\dfrac{T_1}{T_2^2} + \dfrac{1 + K_\mathrm{PR}\,K_\mathrm{PS}}{T_2^2}}.$$

Hierin ist

$$\beta_2^2 = \frac{1 + K_\mathrm{PR}\,K_\mathrm{PS}}{T_2^2} \quad \text{und} \quad \alpha_2 = \frac{T_1}{2T_2^2}.$$

Für den geschlossenen Regelkreis errechnet sich die Dämpfung zu

$$D_2 = \frac{\alpha_2}{\beta_2} = \frac{T_1}{2T_2\sqrt{1 + K_\mathrm{PR}\,K_\mathrm{PS}}} = \frac{D_1}{\sqrt{1 + K_\mathrm{PR}\,K_\mathrm{PS}}} \tag{4.37}$$

$$D_2 = 0{,}5 < 1.$$

Die Gln. (4.36) und (4.37) zeigen, dass die beiden Forderungen bezüglich kleiner bleibender Regeldifferenz und ausreichender Dämpfung sich widersprechen, so dass vielfach nur ein Kompromiss möglich ist.

▶ **Aufgabe 4.1**

Gegeben ist der im **Bild 4.17** dargestellte Regelkreis.

Ermitteln Sie:

a) Die bleibende Regeldifferenz für
   $w(t) = w_0 \cdot \sigma(t)$; $(z = 0)$.

b) Die bleibende Regeldifferenz infolge
   $z(t) = z_0 \cdot \sigma(t)$.

c) Worin unterscheidet sich das
   Führungs- und Störverhalten?

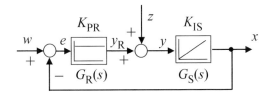

Bild 4.17 Wirkungsplan des Regelkreises, bestehend aus einer I-Strecke und einer P-Regeleinrichtung

4.3.2 I-Regeleinrichtung

Die Bezeichnung I-Regeleinrichtung (integral wirkend) besagt, dass die Stellgröße y_R proportional dem Zeitintegral der Regeldifferenz $e = w - x$ ist:

$$y_\mathrm{R}(t) = K_\mathrm{IR} \int e(t)\,dt \tag{4.38}$$

oder

$$\frac{dy_\mathrm{R}(t)}{dt} = K_\mathrm{IR}\,e(t). \tag{4.39}$$

Aus Gl. (4.39) folgt die Übertragungsfunktion der I-Regeleinrichtung mit

$$G_R(s) = \frac{y_R(s)}{e(s)} = \frac{K_{IR}}{s}.$$ (4.40)

Insbesondere, wenn Ein- und Ausgangsgröße des Reglers die gleiche Dimension haben, wird die Zeitkonstante eingeführt:

$$T_I = \frac{1}{K_{IR}}.$$

Die Sprungantwort der I-Regeleinrichtung erhalten wir aus Gln. (4.40) mit

$$z(t) = z_0 \cdot \sigma(t) \quad \circ\!-\!\bullet \quad z(s) = \frac{z_0}{s}$$

$$y_R(s) = \frac{K_{IR}}{s^2} e_0$$

bzw.

$$y_R(t) = K_{IR} e_0 \cdot t.$$ (4.41)

Wie **Bild 4.18** zeigt, steigt die Sprungantwort linear mit der Zeit an und erreicht für $t = 1/K_{IR}$ bzw. $t = T_I$ den Wert

$$y_R(T_I) = e_0.$$

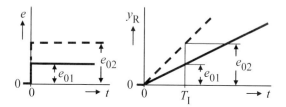

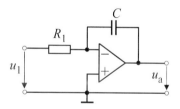

Bild 4.18 Eingangssprung und Sprungantwort einer I-Regeleinrichtung

Bild 4.19 zeigt einen elektronischen I-Regler mittels beschaltetem Operationsverstärker (Invertierschaltung).

Betrachten wir die Laplacetransformierten Spannungen, so ist

$$\frac{u_a(s)}{u_1(s)} = -\frac{Z_r(s)}{Z_1(s)} = -\frac{1}{sCR_1}.$$

Mit $T_I = CR_1$ wird

$$G_R(s) = \frac{y_R(s)}{e(s)} = \frac{u_a(s)}{u_1(s)} = -\frac{1}{sT_I}.$$ (4.42)

Bild 4.19 I-Regeleinrichtung mittels Operationsverstärker

- **Beispiel 4.3**

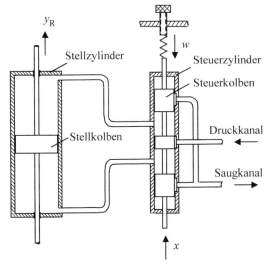

Bild 4.20 Hydraulische I-Regeleinrichtung

Zur Regelung von Systemen, bei denen hohe Stellkräfte erforderlich sind, wie z. B. bei Walzgerüsten, kommen insbesondere hydraulische Regeleinrichtungen zum Einsatz. Die in **Bild 4.20** gezeigte hydraulische I-Regeleinrichtung soll nur qualitativ in ihrer Funktionsweise erklärt werden.

Der Stellkolben befindet sich in Ruhestellung, wenn der Steuerkolben die Zu- und Abflüsse der Ölkanäle sperrt (gezeichnete Stellung), d. h. wenn die Kraft x und die Führungsgröße w gleich sind.

Tritt eine Regeldifferenz auf, z. B. $x > w$, so wird sich der Steuerkolben nach oben bewegen, bis infolge der größeren Federkraft wieder ein Gleichgewicht eintritt. Dies bewirkt, dass der mittlere Steuerkolben den Druckkanal freigibt, der auf die Unterseite des Stellkolbens wirkt.

Gleichzeitig wird durch den oberen Steuerkolben der Saugkanal freigegeben, so dass das im oberen Teil des Stellzylinders befindliche Öl abströmen kann. Die Änderungsgeschwindigkeit, mit der sich der Stellkolben nach oben bewegt, ist proportional der freigegebenen Kanalöffnung bzw. proportional der Regeldifferenz, konstanter Öldruck vorausgesetzt.

$$\frac{dy_R(t)}{dt} \sim e(t)$$

bzw.

$$y_R(t) = K_{IR} \int e(t)dt \ .$$

4.3.2.1 I-Regeleinrichtung zur Regelung einer P-T₁-Strecke

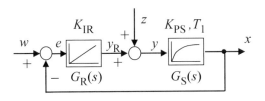

Bild 4.21 Regelkreis gebildet aus einer P-T₁-Strecke und einer I-Regeleinrichtung

Regelstrecke und Regeleinrichtung sind zu einem Regelkreis gemäß **Bild 4.21** zusammengeschaltet.

Im Folgenden soll wieder das Führungs- und Störverhalten untersucht werden.

a) Führungsverhalten

Ausgehend von der Führungsübertragungsfunktion Gl. (4.18) erhalten wir für das System nach Bild 4.21

$$G_{\mathrm{w}}(s) = \frac{x(s)}{w(s)} = \frac{G_{\mathrm{R}}(s)G_{\mathrm{S}}(s)}{1 + G_{\mathrm{R}}(s)G_{\mathrm{S}}(s)} = \frac{K_{\mathrm{IR}}K_{\mathrm{PS}}}{s^2 T_1 + s + K_{\mathrm{IR}}K_{\mathrm{PS}}}. \tag{4.43}$$

Wie Gl. (4.43) zeigt, ist die Ordnung des geschlossenen Kreises um Eins höher als die der ungeregelten Strecke. Indem wir in Gl. (4.43) den Koeffizienten der höchsten Potenz von s des Nennerpolynoms zu Eins machen, erhalten wir mit den Abkürzungen

$$\beta^2 = \frac{K_{\mathrm{IR}}K_{\mathrm{PS}}}{T_1} \quad \text{und} \quad \alpha = \frac{1}{2T_1}$$

$$G_{\mathrm{w}}(s) = \frac{x(s)}{w(s)} = \frac{\beta^2}{s^2 + s \cdot 2\alpha + \beta^2}. \tag{4.44}$$

Ein Maß für die Dynamik des Systems ist die Dämpfung

$$D = \frac{\alpha}{\beta} = \frac{1}{2\sqrt{K_{\mathrm{IR}}K_{\mathrm{PS}}T_1}}. \tag{4.45}$$

Wir sehen aus (4.45), dass durch Vergrößern von K_{IR} die Dämpfung verringert wird und für $D < 1$ zu gedämpften Schwingungen führt.

Der stationäre Endzustand der Regelgröße x bei Annahme einer sprungförmigen Führungsgröße

$$w(t) = w_0 \cdot \sigma(t) \quad \circ\!\!-\!\!\bullet \quad w(s) = \frac{w_0}{s}$$

bestimmt sich aus Gl. (4.43) zu

$$x(s) = G_{\mathrm{w}}(s) \cdot w(s) = G_{\mathrm{w}}(s) \cdot \frac{w_0}{s}$$

und mittels Grenzwertsatz erhalten wir

$$x(\infty) = \lim_{t \to \infty} x(t) = \lim_{s \to 0} s \cdot x(s) = w_0 \cdot \lim_{s \to 0} G_{\mathrm{w}}(s)$$

$$x(\infty) = w_0.$$

Das heißt, die bleibende Regeldifferenz

$$e(\infty) = w_0 - x(\infty) = 0. \tag{4.46}$$

b) Störverhalten

Ganz entsprechend erhalten wir mit der Störübertragungsfunktion Gl. (4.20) und den gegebenen Übertragungsfunktionen G_{R} und G_{S}

$$G_Z(s) = \frac{x(s)}{z(s)} = \frac{G_{\mathrm{S}}(s)}{1 + G_{\mathrm{R}}(s)G_{\mathrm{S}}(s)} = \frac{s \cdot K_{\mathrm{PS}}}{s^2 T_1 + s + K_{\mathrm{IR}}K_{\mathrm{PS}}}. \tag{4.47}$$

Die Nenner G_z und G_w (Gl. (4.47) und Gl. (4.43)), die das dynamische Verhalten eines Systems bestimmen, sind gleich und ebenso die Dämpfung. Mit den Abkürzungen $\beta^2 = K_{IR}K_{PS}/T_1$ und $\alpha = 1/2\ T_1$ erhalten wir

$$G_z(s) = \frac{x(s)}{z(s)} = \frac{K_{PS}}{T_1} \cdot \frac{s}{s^2 + s \cdot 2\alpha + \beta^2} \tag{4.48}$$

und

$$D = \frac{\alpha}{\beta} = \frac{1}{2\sqrt{K_{IR}K_{PS}T_1}}\ . \tag{4.49}$$

Für einen Störsprung

$$z(t) = z_0 \cdot \sigma(t) \quad \circ\!\!-\!\!\bullet \quad z(s) = \frac{z_0}{s}$$

wird

$$x(\infty) = \lim_{t \to \infty} x(t) = \lim_{s \to 0} s \cdot x(s) = 0\ . \tag{4.50}$$

Das heißt, der Einfluss der Störgröße wird vollkommen beseitigt.

Das untersuchte System zeigt bei Führung und Störung das gleiche dynamische Verhalten. Wie in diesem Kapitel noch gezeigt werden wird, ist das nicht generell so. Es kann vorkommen, dass im Zähler- und Nennerpolynom von G_w oder G_z gemeinsame Linearfaktoren enthalten sind, die sich herauskürzen und somit die Ordnung des Systems reduzieren.

Der Vorteil der I-Regeleinrichtung besteht darin, dass nur eine vorübergehende, keine bleibende Regeldifferenz auftritt. Trotz bestehender Störgröße wird nach abgeschlossenem Regelvorgang der Sollwert wieder erreicht. Nachteilig ist, dass mit zunehmendem I-Einfluss (größerem K_{IR}) die Dämpfung kleiner wird.

- **Beispiel 4.4**

Für den Regelkreis nach Bild 4.21, mit $K_{IR} = 0{,}1\ \text{s}^{-1}$

$$K_{PS} = 2$$
$$T_1 = 20\ \text{s}$$

soll das Führungsverhalten von $x(t)$ für $w(t) = w_0 \cdot \sigma(t)$ ermittelt werden. Nach Gl. (4.45) ergibt sich die Dämpfung zu

$$D = \frac{\alpha}{\beta} = \frac{1}{2\sqrt{K_{IR}K_{PS}T_1}} = 0{,}25 < 1$$

und

$$\alpha = \frac{1}{2T_1} = 0{,}025\ \text{s}^{-1}; \quad \beta = \sqrt{\frac{K_{IR}K_{PS}}{T_1}} = 0{,}1\ \text{s}^{-1}\ .$$

Dass heißt, dass die Regelgröße gedämpfte Schwingungen ausführen wird.

Zur Bestimmung der Sprungantwort lösen wir die Übertragungsfunktion (4.44) nach $x(s)$ auf

$$x(s) = G_\mathrm{W}(s) \cdot w(s) = \frac{\beta^2}{s^2 + s \cdot 2\alpha + \beta^2} \cdot \frac{w_0}{s}$$

und erhalten unter Verwendung der Beziehung 13 der Korrespondenztabelle

$$x(t) = \left[1 - e^{-\alpha t}\left(\cos \omega_\mathrm{e} t + \frac{\alpha}{\omega_\mathrm{e}} \sin \omega_\mathrm{e} t\right)\right] \cdot w_0 \qquad (4.51)$$

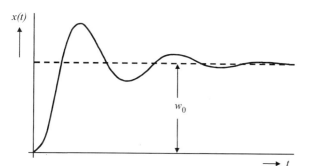

mit dem in **Bild 4.22** gezeigten Verlauf der Sprungantwort. In Gl. (4.51) ist

$$\omega_\mathrm{e} = \sqrt{\beta^2 - \alpha^2}$$

$$\omega_\mathrm{e} = 0{,}0968\,\mathrm{s}^{-1}$$

die Eigenkreisfrequenz des gedämpften Systems.

Bild 4.22 Führungssprungantwort des Regelkreises mit I-Regler

4.3.2.2 I-Regeleinrichtung zur Regelung einer I-Strecke

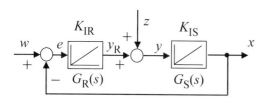

Bild 4.23 Regelkreis gebildet aus einer I-Strecke und einer I-Regeleinrichtung

Dass eine I-Regeleinrichtung zur Regelung einer I-Strecke (**Bild 4.23**) ungeeignet ist, lässt sich leicht zeigen.

Die Übertragungsfunktion der Regelstrecke lautet:

$$G_\mathrm{S}(s) = \frac{x(s)}{y(s)} = \frac{K_\mathrm{IS}}{s} \qquad (4.52)$$

und entsprechend für den Regler

$$G_\mathrm{R}(s) = \frac{y_\mathrm{R}(s)}{e(s)} = \frac{K_\mathrm{IR}}{s}. \qquad (4.53)$$

Setzen wir (4.52) und (4.53) in die Führungsübertragungsfunktion (4.18) ein, so folgt

$$G_\mathrm{W}(s) = \frac{x(s)}{w(s)} = \frac{K_\mathrm{IR}K_\mathrm{IS}}{s^2 + K_\mathrm{IR}K_\mathrm{IS}}$$

bzw. mit $\beta^2 = K_\mathrm{IR}K_\mathrm{PS}$

$$G_\mathrm{W}(s) = \frac{x(s)}{w(s)} = \frac{\beta^2}{s^2 + \beta^2}. \qquad (4.54)$$

Wie der Nenner (4.54) zeigt, fehlt der die Dämpfung mitbestimmende Faktor α, d. h.

$$D = \frac{\alpha}{\beta} = 0 \,.$$

Zur Ermittlung der Sprungantwort lösen wir (4.54) nach $x(s)$ auf und erhalten mit

$$w(t) = w_0 \cdot \sigma(t) \quad \circ\!\!-\!\!\bullet \quad w(s) = \frac{w_0}{s}$$

$$x(s) = \beta^2 \, \frac{1}{s\,(s^2 + \beta^2)} \, w_0 \,. \tag{4.55}$$

Unter Verwendung der Beziehung 13 der Korrespondenztabelle folgt mit $\alpha = 0$

$$x(t) = (1 - \cos\beta\, t) \cdot w_0 \,. \tag{4.56}$$

Die Sprungantwort zeigt, was aufgrund $D = 0$ zu erwarten war, eine Dauerschwingung um den Mittelwert w_0 mit der Kreisfrequenz des ungedämpften Systems

$$\beta = \sqrt{K_{IR} K_{IS}}$$

und bestätigt die eingangs gemachte Feststellung über die Unverträglichkeit einer I-Regeleinrichtung zur Regelung einer I-Strecke.

▶ **Aufgabe 4.2**
Ermitteln Sie für den in Bild 4.23 gezeigten Regelkreis die Sprungantwort $x(t)$ auf eine Störung $z(t) = z_0 \cdot \sigma(t)$. Wie groß ist die mittlere bleibende Regeldifferenz?

4.3.3 PI-Regeleinrichtung

Es liegt nahe, die in Abschnitt 4.3.1 und 4.3.2 behandelten P- und I-Regler zu einer Regeleinrichtung zu kombinieren, ihre spezifischen Vorteile zu nutzen und ihre Nachteile zu unterdrücken.

Die Bezeichnung PI (proportional-integral wirkend) besagt, dass die Ausgangsgröße einer PI-Regeleinrichtung gleich der Addition der Ausgangsgrößen einer P- und einer I-Regeleinrichtung ist und durch folgende Gleichung beschrieben wird.

$$y_R(t) = K_{PR} \cdot e(t) + K_I \cdot \int e(t)dt \,. \tag{4.57}$$

Es hat sich als zweckmäßig erwiesen, anstelle des Parameters K_I die Zeitkonstante $T_n = K_{PR}/K_I$ einzuführen und Gl. (4.57) in der folgenden Form anzugeben

$$y_R(t) = K_{PR} \left[e(t) + \frac{1}{T_n} \int e(t)dt \right] . \tag{4.58}$$

Hierin sind K_{PR} der Proportionalbeiwert und T_n die Nachstellzeit, die beiden einstellbaren Parameter des Reglers.

- **Sprungantwort**

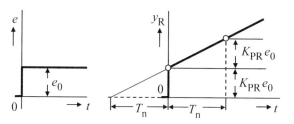

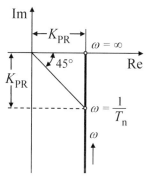

Bild 4.24 Eingangssprung und Sprungantwort
einer PI-Regeleinrichtung

Die Sprungantwort der PI-Regeleinrichtung für

$$e(t) = e_0 \cdot \sigma(t)$$

folgt unmittelbar aus Gl. (4.58)

$$y_R(t) = K_{PR} e_0 \left[1 + \frac{t}{T_n} \right] \quad (4.59)$$

mit dem in **Bild 4.24** gezeigten
Verlauf.

Die Steigung der Sprungantwort ist

$$\frac{dy_R(t)}{dt} = \frac{K_{PR}}{T_n} e_0 = \text{konstant.}$$

Aus Gl. (4.58) folgt durch Laplace-Transformation die Übertragungsfunktion der PI-Regeleinrichtung

$$G_R(s) = \frac{y_R(s)}{e(s)} = K_{PR} \left(1 + \frac{1}{sT_n} \right). \quad (4.60)$$

- **Frequenzgang und Ortskurve**

Gl. (4.60) liefert mit $s = j\omega$ den Frequenzgang der PI-Regeleinrichtung

$$G_R(j\omega) = \frac{y_R(j\omega)}{e(j\omega)} = K_{PR} \left(1 + \frac{1}{j\omega T_n} \right), \quad (4.61)$$

dessen Real- und Imaginärteil wie
folgt lauten

$$\text{Re}(G_R) = K_{PR}$$

$$\text{Im}(G_R) = -\frac{K_{PR}}{\omega T_n}.$$

Variiert man ω von 0 ... ∞, so erhält man den in **Bild 4.25** gezeigten Ortskurvenverlauf, eine Parallele zur negativ imaginären Achse.

Bild 4.25 Ortskurve eines PI-Reglers

Bild 4.26 zeigt die technische Realisierung eines elektronischen PI-Reglers mittels Inverterschaltung.

Mit der Rückführimpedanz $Z_r(s) = R_2 + 1/sC$ und der Eingangsimpedanz $Z_1(s) = R_1$ folgt aus Gl. (4.7) die Übertragungsfunktion

$$G_R(s) = \frac{u_a(s)}{u_e(s)} = -\frac{Z_r(s)}{Z_1(s)} = -\frac{R_2}{R_1}\left(1 + \frac{1}{sCR_2}\right). \tag{4.62}$$

Ein Vergleich von (4.62) mit (4.60) zeigt, dass

$$K_{PR} = \frac{R_2}{R_1} \quad \text{und} \quad T_n = CR_2$$

ist. Da R_2 sowohl K_{PR} als auch T_n beeinflusst, wird man K_{PR} durch R_1 und T_n durch C verändern.

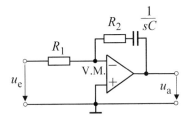

Bild 4.26
PI-Regeleinrichtung mittels Operationsverstärker

▶ **Aufgabe 4.3**

Entwerfen Sie eine PI-Regeleinrichtung, in der der P-Anteil und der I-Anteil durch die in den Bildern 4.11 und 4.19 gezeigten Schaltungen getrennt erzeugt werden und deren Ausgänge mittels eines Summierers (Bild 4.8) gemäß Gl. (4.60) addiert werden.

Welche Elemente bestimmen K_{PR} und T_n ?

4.3.3.1 PI-Regeleinrichtung zur Regelung einer P-T$_1$-Strecke

Anhand des Wirkungsplanes (**Bild 4.27**) soll das Führungs- und Störverhalten untersucht werden.

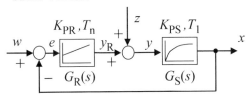

Bild 4.27 Regelkreis bestehend aus einer P-T$_1$-Strecke und einer PI-Regeleinrichtung

a) Führungsverhalten

Die Übertragungsfunktion der Strecke ist mit

$$G_S(s) = \frac{x(s)}{y(s)} = \frac{K_{PS}}{1 + sT_1} \tag{4.63}$$

gegeben. Für die Regeleinrichtung lautet die Übertragungsfunktion nach Gl. (4.60)

$$G_R(s) = \frac{y_R(s)}{e(s)} = K_{PR} \frac{1 + sT_n}{sT_n} . \tag{4.64}$$

Mit (4.63) und (4.64) in (4.18) eingesetzt, erhalten wir die Führungsübertragungsfunktion

$$G_w(s) = \frac{x(s)}{w(s)} = \frac{1}{\dfrac{(1 + sT_1)sT_n}{K_{PR}K_{PS}(1 + sT_n)} + 1} \tag{4.65}$$

bzw.

$$G_w(s) = \frac{x(s)}{w(s)} = \frac{K_{PR}K_{PS}(1 + sT_n)}{(1 + sT_1)sT_n + K_{PR}K_{PS}(1 + sT_n)} . \tag{4.66}$$

Wählen wir in (4.66) den Regelparameter $T_n = T_1$, so wird

$$G_w(s) = \frac{x(s)}{w(s)} = \frac{K_{PR}K_{PS}(1 + sT_1)}{(1 + sT_1)(K_{PR}K_{PS} + sT_1)} . \tag{4.67}$$

Dieser Ausdruck zeigt, dass Zähler und Nenner den gleichen Linearfaktor besitzen, der sich herauskürzt und die Ordnung des Systems um Eins auf ein System 1. Ordnung reduziert.

$$G_w(s) = \frac{x(s)}{w(s)} = \frac{K_{PR}K_{PS}}{K_{PR}K_{PS} + sT_1} . \tag{4.68}$$

Für $T_n \neq T_1$ wird die Dämpfung des Regelkreises

$$D = \frac{\alpha}{\beta} = \frac{1 + K_{PR}K_{PS}}{2} \sqrt{\frac{T_n}{K_{PR}K_{PS}T_1}} . \tag{4.69}$$

Zur Beurteilung des stationären Verhaltens ermitteln wir für $w(t) = w_0 \cdot \sigma(t)$ den Endwert von $x(t)$ mittels Grenzwertsatz.

$$\lim_{t \to \infty} x(t) = \lim_{s \to 0} s \cdot w(s) \cdot G_w(s) = w_0 \cdot \lim_{s \to 0} G_w(s) = w_0 .$$

Die bleibende Regeldifferenz wird unabhängig vom gewählten T_n stets gleich Null

$$e(\infty) = w_0 - x(\infty) = 0 .$$

b) Störverhalten

Setzen wir (4.63) und (4.64) in die Störübertragungsfunktion (4.20) ein, so erhalten wir

$$G_z(s) = \frac{x(s)}{z(s)} = \frac{sT_n K_{PS}}{s^2 T_n T_1 + sT_n(1 + K_{PR}K_{PS}) + K_{PR}K_{PS}} \tag{4.70}$$

bzw.

$$G_z(s) = \frac{x(s)}{z(s)} = \frac{s K_{PS}}{T_1 \left[s^2 + s \frac{1 + K_{PR} K_{PS}}{T_1} + \frac{K_{PR} K_{PS}}{T_n T_1} \right]} . \tag{4.71}$$

Im Gegensatz zum Führungsverhalten kommt in $G_z(s)$ kein gemeinsamer Linearfaktor im Zähler und Nenner von Gl. (4.71) vor, so dass das System stets von 2. Ordnung ist. Lediglich für $T_n \to \infty$ bzw. $D \to \infty$ wird der Regelkreis zu einem System 1. Ordnung. Die Regeleinrichtung hat dann aber kein PI-, sondern nur noch P-Verhalten.

Der das dynamische Verhalten des Systems bestimmende Nenner von G_z ist für $T_n \neq T_1$ identisch mit dem von G_w. Mit

$$\alpha = \frac{1 + K_{PR} K_{PS}}{2 T_1} \quad \text{und} \quad \beta = \sqrt{\frac{K_{PR} K_{PS}}{T_n T_1}}$$

erhalten wir wie in Gl. (4.69)

$$D = \frac{\alpha}{\beta} = \frac{1 + K_{PR} K_{PS}}{2} \sqrt{\frac{T_n}{K_{PR} K_{PS} T_1}} . \tag{4.72}$$

Die Nullstelle $s = 0$ von $G_z(s)$ sorgt dafür, dass die bleibende Regeldifferenz infolge einer Störung verschwindet. Für

$$z(t) = z_0 \cdot \sigma(t) \quad \circ\!\!-\!\!\bullet \quad z(s) = \frac{z_0}{s}$$

folgt aus Gl. (4.71)

$$x(s) = K_{PS} \frac{1}{T_1 (s^2 + s \cdot 2\alpha + \beta^2)} \cdot z_0$$

und

$$\lim_{t \to \infty} x(t) = \lim_{s \to 0} s \cdot x(s) = 0 .$$

Zusammenfassend lässt sich sagen, dass eine PI-Regeleinrichtung, im Gegensatz zum P-Regler, keine bleibende Regeldifferenz verursacht. Gegenüber dem reinen I-Regler wird die Dämpfung durch den zusätzlichen P-Anteil größer.

Bei Strecken höherer Ordnung führt allerdings die Vergrößerung von K_{PR} ebenfalls zur Verringerung der Dämpfung oder sogar zur Instabilität.

• **Beispiel 4.5**

Unter Verwendung der gleichen Kenngrößen wie in Beispiel 4.4 sollen im Folgenden die Vorzüge der PI- gegenüber der I-Regeleinrichtung aufgezeigt werden.

Für den in Bild 4.27 gezeigten Regelkreis mit

$$K_{PS} = 2; \qquad T_1 = 20 \text{ s}; \qquad K_I = 0,1 \text{ s}^{-1}$$

und der zusätzlichen Annahme von $K_{PR} = 2,5$ wird

$$T_n = \frac{K_{PR}}{K_I} = 25 \text{ s}.$$

Die Dämpfung ergibt für das Führungs- und Störverhalten den gleichen Wert

$$D = \frac{\alpha}{\beta} = 1,5 > 1.$$

mit $\alpha = \dfrac{1 + K_{PR} K_{PS}}{2 T_1} = 0,15 \text{ s}^{-1}$ und $\beta = \sqrt{\dfrac{K_{PR} K_{PS}}{T_n T_1}} = 0,1 \text{ s}^{-1}$.

Für

$$w(t) = w_0 \cdot \sigma(t) \qquad \circ\!\!-\!\!\bullet \qquad w(s) = \frac{w_0}{s}$$

folgt aus Gl. (4.66)

$$x(s) = \frac{\beta^2 (1 + s T_n)}{s(s^2 + s \cdot 2\alpha + \beta^2)} w_0 \tag{4.73}$$

$$x(s) = \left[\frac{\beta^2}{s(s^2 + s \cdot 2\alpha + \beta^2)} + \frac{\beta^2 T_n}{s^2 + s \cdot 2\alpha + \beta^2} \right] w_0. \tag{4.74}$$

Da $D > 1$ ist, ergeben sich zwei reelle Pole

$$s_{1,2} = -\alpha \pm \sqrt{\alpha^2 - \beta^2} = -\alpha \pm w$$

$$s_1 = -0,0382 \text{ s}^{-1}$$

$$s_2 = -0,2618 \text{ s}^{-1}.$$

Die Beziehungen 13 und 11 der Korrespondenztabelle liefern zu Gl. (4.74) im Zeitbereich

$$x(t) = \left[1 + \frac{s_2}{2w} e^{s_1 t} - \frac{s_1}{2w} e^{s_2 t} + \frac{\beta^2 T_n}{2w} (e^{s_1 t} - e^{s_2 t}) \right] w_0$$

$$x(t) = \left[1 + \frac{s_2 + \beta^2 T_n}{2w} e^{s_1 t} - \frac{s_1 + \beta^2 T_n}{2w} e^{s_2 t} \right] w_0$$

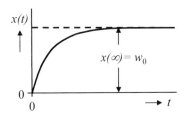

Bild 4.28
Führungssprungantwort des
Regelkreises mit PI-Regler

und mit den Zahlenwerten

$$x(t) = \left[1 - 0,0528e^{-0,0382\frac{t}{s}} - 0,9472e^{-0,2618\frac{t}{s}}\right]w_0.$$

In **Bild 4.28** ist der Verlauf der Sprungantwort gezeigt. Im Gegensatz zur Regelung mit einem I-Regler (Bild 4.22) tritt durch die Hinzunahme des P-Anteils kein Überschwingen auf.

▶ **Aufgabe 4.4**

Das Störverhalten des in Bild 4.27 dargestellten Regelkreises wird durch die Übertragungsfunktion (4.71) beschrieben. Für welches K_{PR} wird bei $T_n = T_1$ die Dämpfung D ein Minimum und wie groß ist dieses?

4.3.3.2 PI-Regeleinrichtung zur Regelung einer I-Strecke

An die Stelle der P-T$_1$-Strecke in Bild 4.27 tritt nun eine I-Regelstrecke mit der Übertragungsfunktion

$$G_S(s) = \frac{x(s)}{y(s)} = \frac{K_{IS}}{s}. \tag{4.75}$$

Die Übertragungsfunktion der PI-Regeleinrichtung ist durch Gl. (4.60) gegeben

$$G_R(s) = \frac{y_R(s)}{e(s)} = K_{PR}\frac{1+sT_n}{sT_n}. \tag{4.76}$$

In Abschnitt 4.3.2.2 wurde gezeigt, dass die Regelung einer I-Strecke durch eine I-Regeleinrichtung, infolge verschwindender Dämpfung $D = 0$, nicht möglich ist. Mit (4.75) und (4.76) in (4.18) erhalten wir die Führungsübertragungsfunktion

$$G_w(s) = \frac{x(s)}{w(s)} = \frac{K_{PR}K_{IS}(1+sT_n)}{T_n\left[s^2 + sK_{PR}K_{IS} + \dfrac{K_{PR}K_{IS}}{T_n}\right]} \tag{4.77}$$

und für das Störverhalten gemäß Gl. (4.20)

$$G_z(s) = \frac{x(s)}{z(s)} = \frac{s \cdot K_{IS}}{s^2 + sK_{PR}K_{IS} + \dfrac{K_{PR}K_{IS}}{T_n}}. \tag{4.78}$$

Sowohl für das Führungs- wie auch für das Störverhalten ergibt sich mit

$$\alpha = \frac{K_{PR} K_{IS}}{2} \quad \text{und} \quad \beta = \sqrt{\frac{K_{PR} K_{IS}}{T_n}}$$

die Dämpfung des Systems zu

$$D = \frac{\alpha}{\beta} = \frac{1}{2} \sqrt{K_{PR} K_{IS} T_n} \, . \tag{4.79}$$

Auch hier zeigt sich der Vorteil der PI- gegenüber der I-Regeleinrichtung. Während erstere im Zusammenwirken mit einer I-Strecke nur aperiodische Sprungantworten oder gedämpfte Schwingungen ausführen kann, führt die zweite mit einer I-Strecke zu unvertretbaren Dauerschwingungen. Ferner sieht man mittels des Grenzwertsatzes, dass für eine sprunghafte Erregung der Führungsgröße $w(t) = w_0 \cdot \sigma(t)$

$$\lim_{t \to \infty} x(t) = \lim_{s \to 0} s \cdot w(s) \cdot G_w(s) = \lim_{s \to 0} G_w(s) \cdot w_0 = w_0 \, ,$$

d. h. die bleibende Regeldifferenz $e(\infty)$ wird Null.

Ebenso erhalten wir für einen Störsprung $z(t) = z_0 \cdot \sigma(t)$

$$\lim_{t \to \infty} x(t) = \lim_{s \to 0} s \cdot z(s) \cdot G_z(s) = z_0 \cdot \lim_{s \to 0} G_z(s) = 0 \, .$$

Die bleibende Regeldifferenz wird hier ebenfalls Null trotz bestehender Störung.

4.3.4 D-Verhalten

Das im Folgenden beschriebene D-Glied (differenzierend wirkend) ist allein zur Regelung ungeeignet. Kombiniert man den D-Einfluss mit anderen Zeitverhalten, so gelangt man zu Regeleinrichtungen mit PD- bzw. PID-Verhalten.

Bei einem realen D-Glied ist die Ausgangsgröße x_a proportional dem zeitlichen Differential der Eingangsgröße x_e

$$x_a(t) \sim \frac{dx_e(t)}{dt}$$

bzw.

$$x_a(t) = K_D \cdot \frac{dx_e(t)}{dt} \, . \tag{4.80}$$

Der Proportionalitätsfaktor in (4.80) wird als Differenzierbeiwert K_D bezeichnet. Aus Gl. (4.80) folgt durch Laplace-Transformation die Übertragungsfunktion des D-Gliedes

$$y_R(s) = \frac{x_a(s)}{x_e(s)} = K_D \cdot s \, . \tag{4.81}$$

Systeme, die durch eine Übertragungsfunktion beschrieben werden, deren Zähler von höherer Ordnung ist als der Nenner, sind physikalisch nicht realisierbar. Theoretisch ermitteln wir für einen Sprung der Eingangsgröße

$$x_e(t) = x_{e0} \cdot \sigma(t) \quad \circ\!-\!\!\bullet \quad x_e(s) = \frac{x_{e0}}{s}$$

aus Gl. (4.81) die Sprungantwort

$$x_a(s) = K_D \cdot x_{e0}$$

$$x_a(t) = K_D \cdot x_{e0} \cdot \delta(t) = \begin{cases} 0 & \text{für } t \neq 0 \\ \infty & \text{für } t = 0. \end{cases} \qquad (4.82)$$

Bild 4.29 zeigt die Sprungantwort eines idealen D-Gliedes, die man sich auch durch formales Bilden der Ableitung des Eingangssprungs entstanden denken kann.

Die Steigung des idealen Sprungs ist für $t = 0$ gleich Unendlich und für $t > 0$ gleich Null.

Bild 4.30 zeigt einen beschalteten Operationsverstärker zur angenäherten Differentiation.

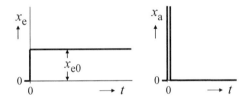

Bild 4.29 Eingangssprung und Sprungantwort eines idealen D-Gliedes

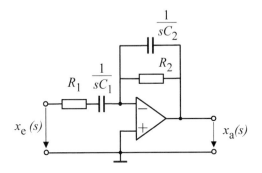

Bild 4.30 D-T$_1$-Glied bzw. D-T$_2$-Glied zur angenäherten Differentiation

Die Übertragungsfunktion der in Bild 4.30 dargestellten Invertierschaltung lautet:

a) ohne C_2

$$G_D(s) = \frac{x_a(s)}{x_e(s)} = -\frac{Z_r(s)}{Z_1(s)} = -\frac{R_2}{R_1 + \dfrac{1}{sC_1}} = -\frac{sC_1R_2}{1 + sC_1R_1} \qquad (4.83)$$

b) mit C_2

$$G_D(s) = \frac{x_a(s)}{x_e(s)} = -\frac{sC_1R_2}{(1 + sC_1R_1)(1 + sC_2R_2)}. \qquad (4.84)$$

Gl. (4.83) stellt eine Differentiation mit Verzögerung 1. Ordnung dar, weil $G_D(s)$ als Reihenschaltung eines idealen D-Gliedes und eines P-T$_1$-Gliedes aufgefasst werden kann. Entsprechend ergibt sich Gl. (4.84) durch Reihenschaltung eines D-Gliedes und eines P-T$_2$-Gliedes. Man könnte versucht sein, die Differenzierschaltung nach Bild 4.30 ohne den Widerstand R_1 zu betreiben und würde aus Gl. (4.83) für $R_1 = 0$

$$\frac{x_a(s)}{x_e(s)} = -sC_1R_2,$$

ein ideales D-Glied erhalten. Eine solche Schaltung führt jedoch zu einem verrauschten Ausgangssignal, da die immer vorhandenen hochfrequenten Störsignale (Rauschen) am Ausgang verstärkt erscheinen.

Das heißt, der Widerstand R_1 ist unbedingt zur Glättung erforderlich und vielfach noch nicht ausreichend, so das man gezwungen ist, zur weiteren Glättung einen zweiten Kondensator C_2 parallel zu R_2 zu schalten, wobei die beiden Zeitkonstanten R_1C_1 und R_2C_2 gleich groß gewählt werden.

Bild 4.31 zeigt die Ortskurven der D-, D-T$_1$- und D-T$_2$-Glieder.

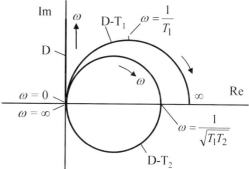

Bild 4.31 Ortskurven des D-, D-T$_1$- und D-T$_2$-Gliedes

4.3.5 PD-Regeleinrichtung

Durch die Hinzunahme des D-Anteils wird bereits während des Entstehens einer Regeldifferenz, bevor diese sich voll ausgewirkt hat, eine Stellgröße erzeugt und somit die Regelung schneller.

Bei einer PD-Regeleinrichtung entspricht die Stellgröße y_R einer Addition der Ausgangsgrößen eines P- und eines D-Gliedes. Die Differentialgleichung lautet demzufolge

$$y_R(t) = K_{PR}\,e(t) + K_D\,\frac{de(t)}{dt}$$

bzw.

$$y_R(t) = K_{PR}\left[e(t) + \frac{K_D}{K_{PR}}\frac{de(t)}{dt}\right] \tag{4.85}$$

mit K_{PR} Proportionalbeiwert

K_D Differenzierbeiwert.

Den Quotienten

$$\frac{K_D}{K_{PR}} = T_v$$

bezeichnet man als die Vorhaltzeit und erhält damit

$$y_R(t) = K_{PR}\left[e(t) + T_v\,\frac{de(t)}{dt}\right]. \tag{4.86}$$

Hierin sind K_{PR} und T_v die beiden an realen Regeleinrichtungen einstellbaren Parameter. Die Übertragungsfunktion der idealen PD-Regeleinrichtung folgt aus Gl. (4.86) durch Laplace-Transformation

$$G_R(s) = \frac{y_R(s)}{e(s)} = K_{PR}(1 + sT_v). \tag{4.87}$$

Auch hier gilt, dass ein solches System gemäß Gl. (4.87), bei dem die Ordnung des Zählers höher ist als die des Nenners, physikalisch nicht realisierbar und immer mit einer Verzögerung behaftet ist. Vielfach kann jedoch diese Verzögerung gegenüber den anderen im Regelkreis vorhandenen Zeitkonstanten vernachlässigt und mit der idealen Übertragungsfunktion (4.87) gerechnet werden. Die theoretisch sich ergebende Sprungantwort für

$$e(t) = e_0 \cdot \sigma(t) \quad \circ\!\!-\!\!\bullet \quad e(s) = \frac{e_0}{s}$$

folgt aus Gl. (4.87)

$$y_R(s) = K_{PR}\left(\frac{1}{s} + T_v\right)\cdot e_0$$

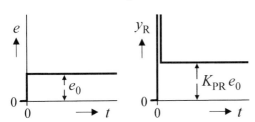

Bild 4.32 Eingangssprung und Sprungantwort der idealen PD-Regeleinrichtung

$$y_R(t) = K_{PR}\left[1 + T_v\delta(t)\right]\cdot e_0 == \begin{cases} \infty & \text{für } t = 0 \\ K_{PR}e_0 & \text{für } t > 0 \end{cases} \tag{4.88}$$

mit dem in **Bild 4.32** gezeigten Verlauf.

Zur technischen Realisierung einer PD-Regeleinrichtung können der P- und D-T$_1$-Anteil parallel mit den Schaltungen nach Bild 4.11 und 4.30 erzeugt und die Ausgänge mittels eines Summierers nach Bild 4.8 addiert werden.

Bild 4.33 zeigt eine Schaltung, die mit nur einem Operationsverstärker auskommt. Zur Ermittlung der Übertragungsfunktion des beschalteten Operationsverstärkers nach Bild 4.33 ist es zweckmäßig, infolge des in der Rückführung liegenden T-Gliedes, von den Strömen auszugehen. Für den Knotenpunkt V.M. gilt

$$i_1(s) = i_2(s) = i_3(s) + i_4(s). \tag{4.89}$$

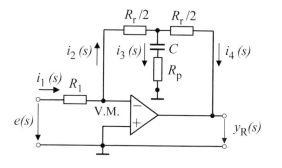

Bild 4.33 PD-T$_1$-Regeleinrichtung mittels Operationsverstärker

Da der invertierende Eingang des Operationsverstärkers wieder als "virtuelle Masse" angesehen werden kann, folgt:

$$i_1(s) = \frac{e(s)}{R_1} \tag{4.90}$$

$$i_2(s) = -y_R(s) \frac{1}{\dfrac{R_r}{2} + \dfrac{\dfrac{R_r}{2}\left(R_p + \dfrac{1}{sC}\right)}{\dfrac{R_r}{2} + R_p + \dfrac{1}{sC}}} \left[-\frac{\dfrac{R_r}{2}}{\dfrac{R_r}{2} + R_p + \dfrac{1}{sC}} + 1 \right]. \tag{4.91}$$

Nach einigen Umformungen folgt aus Gl. (4.91) die Übertragungsfunktion der PD-T$_1$-Regeleinrichtung

$$G_R(s) = \frac{y_R(s)}{e(s)} = -\frac{R_r}{R_1} \frac{1 + sC\left[\dfrac{R_r}{4} + R_p\right]}{1 + sCR_p}. \tag{4.92}$$

Mi den Abkürzungen

$$K_{PR} = \frac{R_r}{R_1}; \quad T_v = C\left(\frac{R_r}{4} + R_p\right); \quad T_1 = CR_p \tag{4.93}$$

erhalten wir

$$G_R(s) = \frac{y_R(s)}{e(s)} = -K_{PR} \frac{1 + sT_v}{1 + sT_1}. \tag{4.94}$$

Die reale PD-T$_1$-Regeleinrichtung nach Gl. (4.94) geht für $R_p = 0$ bzw. $T_1 = 0$ in den idealen PD-Regler nach Gl.(4.87) über. Dieser Fall ist aber wegen des sonst auftretenden verrauschten Ausgangssignals nicht möglich. Die so genannte parasitische Zeitkonstante T_1, die die Verzögerung bewirkt, wird von R_p bestimmt und sollte möglichst klein gegenüber T_v sein.

- **Sprungantwort**

Zur Ermittlung der Sprungantwort des PD-T_1-Reglers lösen wir die Gl. (4.94) nach $y_R(s)$ auf und erhalten bei Vernachlässigung des negativen Vorzeichens mit

$$e(t) = e_0 \cdot \sigma(t) \quad \circ\!\!-\!\!\bullet \quad e(s) = \frac{e_0}{s}$$

$$y_R(s) = \frac{K_{PR} e_0}{T_1} \cdot \frac{1 + s T_v}{s\left(\dfrac{1}{T_1} + s\right)} \cdot \tag{4.95}$$

Die Rücktransformation in den Zeitbereich mittels Residuensatz ergibt

$$y_R(t) = \frac{K_{PR}}{T_1} \cdot \left[T_1 - T_1\left(1 - \frac{T_v}{T_1}\right) e^{-\frac{t}{T_1}} \right] e_0 \tag{4.96}$$

bzw.

$$y_R(t) = K_{PR}\left[1 + \left(\frac{T_v}{T_1} - 1\right) e^{-\frac{t}{T_1}} \right] e_0 . \tag{4.97}$$

Bild 4.34 zeigt die entsprechende Sprungantwort.

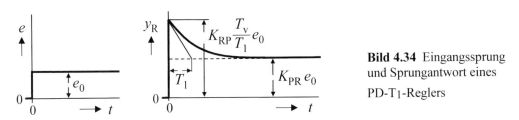

Bild 4.34 Eingangssprung und Sprungantwort eines PD-T_1-Reglers

- **Frequenzgang und Ortskurve**

Vernachlässigen wir in Gl. (4.94) das durch die invertierende Wirkung der Schaltung (Bild 4.33) bedingte negative Vorzeichen, so erhalten wir daraus den Frequenzgang

$$G_R(j\omega) = \frac{y_R(j\omega)}{e(j\omega)} = K_{PR} \frac{1 + j\omega T_v}{1 + j\omega T_1} . \tag{4.98}$$

Die Zerlegung in Real- und Imaginärteil ergibt:

$$\mathrm{Re}\,(G_R) = K_{PR}\frac{1+\omega^2 T_1 T_v}{1+(\omega\,T_1)^2} \qquad (4.99)$$

$$\mathrm{Im}\,(G_R) = K_{PR}\frac{\omega(T_v - T_1)}{1+(\omega\,T_1)^2} \qquad (4.100)$$

In **Bild 4.35** sind die Ortskurvenverläufe des PD-, PD-T$_1$- und PD-T$_2$-Gliedes dargestellt.

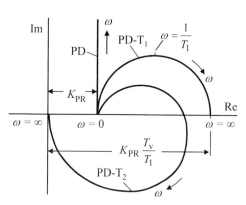

Bild 4.35 Ortskurvenverlauf des PD-, PD-T$_1$- und PD-T$_2$-Gliedes

PD-T$_1$-Glied:

ω	$\mathrm{Re}\,(G_R)$	$\mathrm{Im}\,(G_R)$
0	K_{PR}	0
$\dfrac{1}{T_1}$	$\dfrac{K_{PR}}{2}\left[1+\dfrac{T_v}{T_1}\right]$	$\dfrac{K_{PR}}{2}\left[\dfrac{T_v}{T_1}-1\right]$
∞	$K_{PR}\dfrac{T_v}{T_1}$	0

PD-T$_2$-Glied:

ω	$\mathrm{Re}\,(G_R)$	$\mathrm{Im}\,(G_R)$
0	K_{PR}	0
$\sqrt{\dfrac{T_v - T_1}{T_2^2 T_v}}$	$K_{PR}\dfrac{T_v}{T_1}$	0
$\dfrac{1}{T_2}$	$K_{PR}\dfrac{T_v}{T_1}$	$-K_{PR}\dfrac{T_2}{T_1}$
∞	0	0

▶ **Aufgabe 4.5**

Die Differentialgleichung eines PD-T$_2$-Gliedes lautet

$$T_2^2 \ddot{y}_R(t) + T_1 \dot{y}_R(t) + y_R(t) = K_{PR}\left[e(t) + T_v \dot{e}(t)\right].$$

Gesucht ist der Verlauf der Ortskurve, insbesondere für $\omega = 0$ und $\omega = \infty$ sowie die eventuellen Schnittpunkte mit den Achsen.

4.3.5.1 *PD-Regeleinrichtung zur Regelung einer P-T$_2$-Strecke*

Im Gegensatz zu den Abschnitten 4.3.2.1 und 4.3.3.1 soll im Folgenden der in **Bild 4.36** gezeigte Regelkreis, in dem eine P-T$_2$-Strecke von einer PD-Regeleinrichtung geregelt wird, auf sein Führungs- und Störverhalten untersucht werden.

a) Führungsverhalten

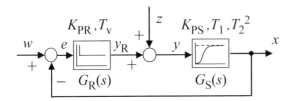

Bild 4.36 Regelkreis bestehend aus einer P-T2-Strecke und einer PD-Regeleinrichtung

Die Übertragungsfunktionen der Strecke und der Regeleinrichtung lauten (Bild 4.36):

$$G_S(s) = \frac{x(s)}{y(s)} = \frac{K_{PS}}{s^2 T_2^2 + s T_1 + 1} \tag{4.101}$$

$$G_R(s) = \frac{y_R(s)}{e(s)} = K_{PR}(1 + s T_v). \tag{4.102}$$

Mit (4.101) und (4.102) in (4.18) erhalten wir die Führungsübertragungsfunktion

$$G_W(s) = \frac{x(s)}{w(s)} = \frac{1}{\dfrac{s^2 T_2^2 + s T_1 + 1}{K_{PR} K_{PS}(1 + s T_v)} + 1} \tag{4.103}$$

bzw.

$$G_W(s) = \frac{x(s)}{w(s)} = \frac{K_{PR} K_{PS}}{T_2^2} \cdot \frac{(1 + s T_v)}{s^2 + s \dfrac{T_1 + T_v K_{PR} K_{PS}}{T_2^2} + \dfrac{1 + K_{PR} K_{PS}}{T_2^2}}. \tag{4.104}$$

Handelt es sich bei der Strecke um zwei in Reihe geschaltete P-T1-Strecken oder liegen zwei reelle Pole vor, so wird man T_v gleich der größten dieser Zeitkonstanten wählen und damit, wie Gl. (4.103) zeigt, die Ordnung des geschlossenen Systems um Eins reduzieren. Zum Beispiel kann für $T_1 = 3$ s und $T_2^2 = 2$ s^2 das Nennerpolynom von G_S wie folgt in zwei Linearfaktoren zerlegt werden

$$s^2 T_2^2 + s T_1 + 1 = (1 + s T_a)(1 + s T_b) \text{ mit } T_a = 1 \text{ s und } T_b = 2 \text{ s}.$$

Wählen wir $T_v = T_b$, so vereinfacht sich die Gl. (4.103) zu einem P-T1-Verhalten

$$G_W(s) = \frac{K_{PR} K_{PS}}{1 + K_{PR} K_{PS} + s T_a}. \tag{4.105}$$

Ist die Polverteilung der Strecke konjugiert komplex, d. h. keine Zerlegung in reelle Linearfaktoren möglich, dann folgt aus Gl. (4.104)

$$\alpha = \frac{T_1 + T_v K_{PR} K_{PS}}{2 T_2^2} \; ; \qquad \beta = \frac{\sqrt{1 + K_{PR} K_{PS}}}{T_2}$$

und daraus die Dämpfung des geschlossenen Kreises

$$D = \frac{\alpha}{\beta} = \frac{T_1 + T_v K_{PR} K_{PS}}{2 T_2 \sqrt{1 + K_{PR} K_{PS}}} . \qquad (4.106)$$

Durch den D-Anteil wird die Dämpfung mit zunehmendem T_v vergrößert. Den stationären Endwert der Regelgröße x auf einen Eingangssprung

$$w(t) = w_0 \cdot \sigma(t) \quad \circ\!\!-\!\!\bullet \quad w(s) = \frac{w_0}{s}$$

ermitteln wir wieder mittels Grenzwertsatz im Bildbereich. Danach ist

$$x(\infty) = \lim_{t \to \infty} x(t) = \lim_{s \to 0} s \cdot x(s) . \qquad (4.107)$$

Gl. (4.104) nach $x(s)$ aufgelöst ergibt

$$x(s) = G_W(s) \cdot w(s) . \qquad (4.108)$$

Mit (4.108) in (4.107) folgt

$$x(\infty) = \lim_{s \to 0} s \cdot G_W(s) \cdot \frac{w_0}{s} = \frac{K_{PR} K_{PS}}{1 + K_{PR} K_{PS}} w_0$$

bzw. bleibende Regeldifferenz

$$e(\infty) = w_0 - x(\infty) = \frac{1}{1 + K_{PR} K_{PS}} w_0 . \qquad (4.109)$$

Gl. (4.109) ist identisch mit der in Abschnitt 4.3.1.1 für einen Regelkreis mit reinem P-Regler abgeleiteten Beziehung (4.29).

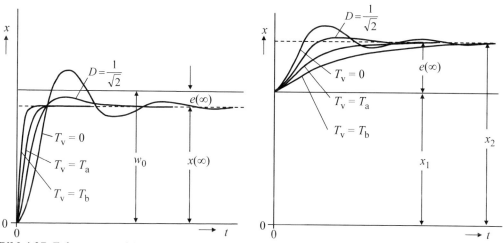

Bild 4.37 Führungs- und Störverhalten des Regelkreises nach Bild 4.36 für verschiedene Vorhaltezeiten T_v ($T_a = 1$ s; $T_b = 2$ s)

Das heißt, dass der PD- gegenüber dem P-Regler bezüglich des stationären Verhaltens keinen Vorteil besitzt. Ferner sieht man aus Gl. (4.109), dass die bleibende Regeldifferenz unabhängig von der Ordnung der P-Strecke ist. In **Bild 4.37** ist die Führungs- und Störsprungantwort für verschiedene Vorhaltzeiten aufgezeichnet und zeigt, dass die Dynamik weitgehend durch die Wahl von T_V beeinflusst werden kann. Hingegen hängt die bleibende Regeldifferenz nur von K_{PR} ab, da der D-Anteil nur am Anfang wirksam ist und im Beharrungszustand seine Wirkung verliert.

b) Störverhalten

Um den Einfluss der Störgröße z auf die Regelgröße x zu ermitteln, setzten wir die Gln. (4.101) und (4.102) in die Störübertragungsfunktion (4.20) ein und erhalten

$$G_z(s) = \frac{x(s)}{z(s)} = \frac{K_{PS}}{T_2^2 \left[s^2 + s \frac{T_1 + T_V K_{PR} K_{PS}}{T_2^2} + \frac{1 + K_{PR} K_{PS}}{T_2^2} \right]} . \qquad (4.110)$$

Mit den Abkürzungen

$$\alpha = \frac{T_1 + K_{PR} K_{PS} T_V}{2 T_2^2} \quad \text{und} \quad \beta^2 = \frac{1 + K_{PR} K_{PS}}{T_2^2}$$

wird

$$G_z(s) = \frac{x(s)}{z(s)} = \frac{K_{PS}}{T_2^2} \frac{1}{s^2 + s \cdot 2\alpha + \beta^2} . \qquad (4.111)$$

Die Dämpfung wird wie beim Führungsverhalten bestimmt durch

$$D = \frac{\alpha}{\beta} = \frac{T_1 + K_{PR} K_{PS} T_V}{2 T_2 \sqrt{1 + K_{PR} K_{PS}}} . \qquad (4.112)$$

Ändern wir die Störgröße sprunghaft mit

$$z(t) = z_0 \cdot \sigma(t) \quad \circ\!\!-\!\!\bullet \quad z(s) = \frac{z_0}{s} ,$$

so folgt aus (4.110)

$$x(s) = G_z(s) \cdot z(s) = G_z(s) \cdot \frac{z_0}{s}$$

und mittels Grenzwertsatz

$$x(\infty) = \lim_{t \to \infty} x(t) = \lim_{s \to 0} s \cdot x(s) = \frac{K_{PS}}{1 + K_{PR} K_{PS}} z_0 . \qquad (4.113)$$

Da wir nur die Änderung von x infolge z betrachten und nicht die Absolutwerte, stellt (4.113) die durch z verursachte bleibende Regeldifferenz dar. Durch Vergleich von (4.113) mit der in Abschnitt 4.3.1.1 für einen Regelkreis mit P-Regler abgeleiteten

Beziehung (4.32) wird evident, dass eine PD-Regeleinrichtung ebenso wie eine P-Regeleinrichtung nicht in der Lage ist, den Einfluss einer Störung vollkommen zu kompensieren, sondern nur auf

$$\frac{K_{PS}}{1 + K_{PR} K_{PS}} z_0$$

zu mindern.

Die Gegenüberstellung in Bild 4.37 zeigt, dass die beiden Forderungen nach möglichst gutem Führungs- und Störverhalten kontrovers sind und nicht gleichzeitig erfüllt werden können. So wird z. B. das Führungsverhalten am günstigsten, wenn T_V gleich der größten Streckenzeitkonstante gewählt wird. Das Störverhalten ist dann aber keineswegs optimal. Ein Kompromiss, der ein befriedigendes Führungs- und Störverhalten liefert, wird für $D = 1/\sqrt{2}$ erreicht. Der Nachteil der PD-Regeleinrichtung ist die bei der Regelung von P-Strecken auftretende bleibende Regeldifferenz. Wie durch die Gl. (4.79) zum Ausdruck kommt, bringt die Regelung von I-Strecken mittels PI-Regler Schwierigkeiten bezüglich der Dämpfung, während der Einsatz eines PD-Reglers zumindest für das Führungsverhalten keine bleibende Regeldifferenz ergibt.

▶ **Aufgabe 4.6**

Gegeben ist ein Regelkreis bestehend aus einer I-Strecke mit

$$G_S(s) = \frac{K_{IS}}{s}$$

und einer PD-Regeleinrichtung. Ermitteln Sie die Sprungantwort für

$$w(t) = w_0 \cdot \sigma(t).$$

4.3.6 PID-Regeleinrichtung

Durch Kombination der drei grundsätzlichen Zeitverhalten (P, I und D) gelangt man zur PID-Regeleinrichtung, deren Stellgröße y_R gleich der Addition der P-, I- und D-Regeleinrichtungen ist und durch die folgende Gleichung beschrieben wird:

$$y_R(t) = K_{PR} e(t) + K_I \int e(t) dt + K_D \frac{de(t)}{dt} \qquad (4.114)$$

bzw.

$$y_R(t) = K_{PR} \left[e(t) + \frac{K_I}{K_{PR}} \int e(t) dt + \frac{K_D}{K_{PR}} \frac{de(t)}{dt} \right]. \qquad (4.115)$$

Mit den bereits bekannten Zeitkonstanten

$$T_n = \frac{K_{PR}}{K_I} \quad \text{und} \quad T_v = \frac{K_D}{K_{PR}}$$

wird

$$y_R(t) = K_{PR} \left[e(t) + \frac{1}{T_n} \int e(t)dt + T_v \frac{de(t)}{dt} \right]. \tag{4.116}$$

Die Übertragungsfunktion der idealen PID-Regeleinrichtung folgt aus (4.116) durch Laplace-Transformation zu

$$G_R(s) = \frac{y_R(s)}{e(s)} = K_{PR} \left[1 + \frac{1}{sT_n} + sT_v \right]. \tag{4.117}$$

Bringen wir diesen Ausdruck auf einen gemeinsamen Nenner, so wird

$$G_R(s) = \frac{y_R(s)}{e(s)} = K_{PR} \frac{s^2 T_n T_v + sT_n + 1}{sT_n}. \tag{4.118}$$

Die Nullstellen dieses Ausdrucks liegen bei

$$s_{1,2} = \frac{1}{2T_v} \left[-1 \pm \sqrt{1 - \frac{4T_v}{T_n}} \right]. \tag{4.119}$$

Für $T_n \geq 4\,T_v$ liegen zwei reelle Nullstellen vor und der Zähler in (4.118) lässt sich in zwei reelle Linearfaktoren zerlegen

$$G_R(s) = \frac{y_R(s)}{e(s)} = K'_{PR} \frac{(1 + sT'_n)(1 + sT'_v)}{sT'_n}, \tag{4.120}$$

mit $K'_{PR} = K_{PR} \dfrac{T'_n}{T_n}$; $\qquad T'_n = -\dfrac{1}{s_1}$; $\qquad T'_v = -\dfrac{1}{s_2}$.

Die Form (4.120) ist besonders geeignet, wenn Polstellen der Strecke durch Nullstellen der Regeleinrichtung kompensiert werden sollen. Ferner ist diese Zerlegung vorteilhaft zur Darstellung im *Bode*-Diagramm. Zwischen den Parametern der Gln. (4.118) und (4.120) bestehen die folgenden Beziehungen:

$$K_{PR} = K'_{PR} \left(1 + \frac{T'_v}{T'_n} \right) \qquad T_n = T'_n + T'_v \qquad T_v = \frac{T'_n T'_v}{T'_n + T'_v}. \tag{4.121}$$

Sowohl in (4.118) als auch in (4.120) ist der Zähler von höherer Ordnung als der Nenner, d. h. eine solche PID-Regeleinrichtung ist physikalisch nicht realisierbar.

Zur Ermittlung der Sprungantwort erhalten wir mit

$$e(t) = e_0 \cdot \sigma(t) \quad \circ\!\!-\!\!\bullet \quad e(s) = \frac{e_0}{s}$$

aus Gl. (4.117)

$$y_R(s) = K_{PR}e_0\left[\frac{1}{s} + \frac{1}{s^2 T_n} + T_v\right].\tag{4.122}$$

Durch Rücktransformation in den Zeitbereich folgt aus (4.122) die Sprungantwort der idealen PID-Regeleinrichtung

$$y_R(t) = K_{PR}e_0\left[1 + \frac{t}{T_n} + T_v\delta(t)\right]\tag{4.123}$$

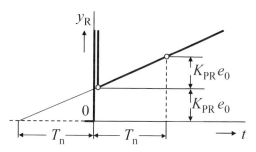

mit dem in **Bild 4.38** dargestellten Verlauf.

Zur Realisierung einer PID-Regeleinrichtung gibt es viele Möglichkeiten, z. B. durch parallele Erzeugung des P-, I- und D-T_1-Anteils mittels der Schaltung nach Bild 4.11, 4.19 sowie 4.30 und Addition der Ausgangsgrößen durch einen Summierer (Bild 4.8).

Bild 4.38 Sprungantwort eines idealen PID-Reglers

Bild 4.39 zeigt eine vielfach angewandte Schaltung, ähnlich der PD-T_1-Regeleinrichtung nach Bild 4.33. Das in der Rückführung liegende T-Glied ist allerdings durch den als Impedanzwandler geschalteten Operationsverstärker OP2 entkoppelt (s. a. Abschnitt 4.1, Bild 4.6, Gl. (4.8a)). Man spricht hier von aktiver Rückkopplung, während in Bild 4.33 eine passive Rückkopplung vorliegt.

Am nichtinvertierenden Eingang des OP2 liegt die durch den Spannungsteiler gebildete Spannung

$$x_2(s) = y_R(s)\frac{R_p + \dfrac{1}{sC_3}}{R_3 + R_p + \dfrac{1}{sC_3}} = y_R(s)\frac{1 + sC_3 R_p}{1 + sC_3(R_3 + R_p)}.\tag{4.124}$$

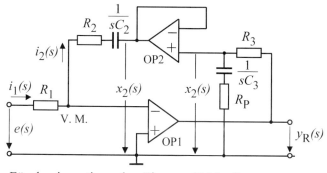

Bild 4.39

PID-T_1-Regeleinrichtung mit aktiver Rückführung

Für den invertierenden Eingang V.M. gilt

$$i_1(s) = i_2(s)\tag{4.125}$$

$$\text{mit } i_1(s) = \frac{e(s)}{R_1} \tag{4.126}$$

$$\text{und } i_2(s) = -\frac{x_2(s)}{R_2 + \dfrac{1}{sC_2}} = -x_2(s)\frac{sC_2}{1+sC_2R_2}. \tag{4.127}$$

Setzen wir (4.126) und (4.127) in (4.125) unter Berücksichtigung von (4.124) ein, so folgt:

$$G_R(s) = \frac{y_R(s)}{e(s)} = -\frac{R_2}{R_1}\frac{(1+sC_2R_2)[1+sC_3(R_3+R_p)]}{sC_2R_2(1+sC_3R_p)} \tag{4.128}$$

und mit den Abkürzungen

$$K'_{PR} = \frac{R_2}{R_1}; \quad T'_n = C_2R_2; \quad T'_v = C_3(R_3+R_p); \quad T_1 = C_3R_p;$$

$$G_R(s) = \frac{y_R(s)}{e(s)} = K'_{PR}\frac{(1+sT'_n)(1+sT'_v)}{sT'_n(1+sT_1)}. \tag{4.129}$$

Hierin ist T_1 die die Verzögerung bewirkende parasitische Zeitkonstante. Die Übertragungsfunktion des realen PID-T$_1$-Reglers kann man sich durch Reihenschaltung des idealen PID-Reglers nach (4.120) und eines P-T$_1$-Gliedes mit

$$G(s) = \frac{1}{1+sT_1}$$

entstanden denken. Für $R_p = 0$ bzw. $T_1 = 0$ geht Gl. (4.129) in Gl. (4.120) über.

- **Sprungantwort**

Zur Ermittlung der Sprungantwort der PID-T$_1$-Regeleinrichtung lösen wir (4.129) nach $y_R(s)$ auf und erhalten mit

$$e(t) = e_0 \cdot \sigma(t) \quad \circ\!\!-\!\!\bullet \quad e(s) = \frac{e_0}{s}$$

und Vernachlässigung des negativen Vorzeichens

$$y_R(s) = e_0\frac{K'_{PR}}{T'_nT_1}\frac{(1+sT'_n)(1+sT'_v)}{s^2\left(s+\dfrac{1}{T_1}\right)}. \tag{4.130}$$

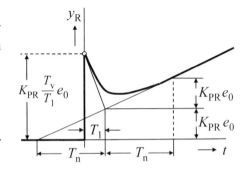

Bild 4.40 Sprungantwort einer PID-T$_1$-Regeleinrichtung

Durch Rücktransformation in den Zeitbereich mittels Residuensatz erhält man

$$y_R(t) = e_0 \frac{K'_{PR}}{T'_n T_1} \left\{ \lim_{s \to 0} \left[\frac{\left(s + \dfrac{1}{T_1}\right)(T'_n + T'_v + 2sT'_n T'_v) - (1 + sT'_n)(1 + sT'_v)}{\left(s + \dfrac{1}{T_1}\right)^2} e^{st} \right. \right.$$

$$\left. \left. + te^{st}\, \frac{(1 + sT'_n)(1 + sT'_v)}{s + \dfrac{1}{T_1}} \right] + T_1^2 \left(1 - \frac{T'_n}{T_1}\right)\left(1 - \frac{T'_v}{T_1}\right) e^{-\frac{t}{T_1}} \right\} \quad \text{bzw.}$$

$$y_R(t) = K'_{PR} \left[1 + \frac{T'_v - T_1}{T'_n} + \frac{t}{T'_n} - \left(1 + \frac{T'_v - T_1}{T'_n} - \frac{T'_v}{T_1}\right) e^{-\frac{t}{T_1}} \right] e_0. \qquad (4.131)$$

Mit den Beziehungen (4.121) kann die Übertragungsfunktion (4.129) in

$$G_R(s) = K_{PR} \frac{s^2 T_n T_v + sT_n + 1}{sT_n(1 + sT_1)} \qquad (4.132)$$

umgeformt werden. Für die Sprungantwort erhalten wir dann die Beziehung

$$y_R(t) = K_{PR} \left[1 - \frac{T_1}{T_n} + \frac{t}{T_n} - \left(1 - \frac{T_1}{T_n} - \frac{T_v}{T_1}\right) e^{-\frac{t}{T_1}} \right] e_0. \qquad (4.133)$$

Aus den Gln. (4.131) und (4.133) folgt für $t = 0$

$$y_R(0) = K'_{PR} \frac{T'_v}{T_1} e_0 = K_{PR} \frac{T_v}{T_1} e_0.$$

Für große t-Werte erhalten wir die Gleichung der Asymptote:

$$y_{RA}(t) = K'_{PR} \left[1 + \frac{T'_v - T_1}{T'_n} + \frac{t}{T'_n} \right] e_0 = K_{PR} \left[1 - \frac{T_1}{T_n} + \frac{t}{T_n} \right] e_0.$$

Diese nimmt für $t = T_1$ den folgenden Wert an:

$$y_{RA}(T_1) = K'_{PR} \left(1 + \frac{T'_v}{T'_n}\right) e_0 = K_{PR} e_0.$$

Bild 4.40 zeigt den Verlauf der Sprungantwort.

- **Frequenzgang und Ortskurve**

Der Frequenzgang des PID-T_1-Reglers folgt aus (4.132), indem wir s durch $j\omega$ ersetzen

$$G_R(j\omega) = \frac{y_R(j\omega)}{e(j\omega)} = K_{PR}\frac{1 - \omega^2 T_n T_v + j\omega\, T_n}{-\omega^2 T_n T_1 + j\omega\, T_n}\,. \tag{4.134}$$

Zur Diskussion des Ortskurvenverlaufs zerlegen wir (4.134) in Real- und Imaginärteil

$$\mathrm{Re}\,(G_R) = K_{PR}\frac{T_n - T_1 + \omega^2 T_n T_v T_1}{T_n[1 + (\omega\, T_1)^2]}$$

$$\mathrm{Im}\,(G_R) = K_{PR}\frac{\omega^2 T_n(T_v - T_1) - 1}{\omega\, T_n[1 + (\omega\, T_1)^2]}\,.$$

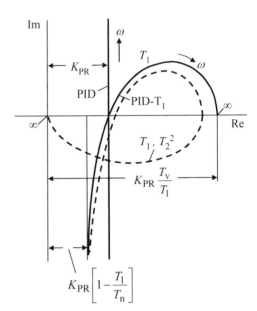

Bild 4.41 zeigt den Ortskurvenverlauf des PID-, PID-T$_1$- und PID-T$_2$-Reglers.

PID-T$_1$-Regler:

ω	$\mathrm{Re}\,(G_R)$	$\mathrm{Im}\,(G_R)$
0	$K_{PR}\left(1 - \dfrac{T_1}{T_n}\right)$	$-\infty$
$\dfrac{1}{\sqrt{T_n(T_v - T_1)}}$	K_{PR}	0
∞	$K_{PR}\dfrac{T_v}{T_1}$	0

Bild 4.41 Ortskurvenverlauf des PID-, PID-T$_1$-und PID-T$_2$-Reglers

4.3.6.1 *PID-Regeleinrichtung zur Regelung einer P-T$_2$-Strecke*

Im Folgenden soll der Regelkreis nach **Bild 4.42** untersucht werden.

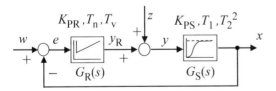

Bild 4.42 Regelkreis gebildet aus einer P-T$_2$-Strecke und einer PID-Regeleinrichtung

Die Regelstrecke habe eine Dämpfung $D > 1$, mit der Übertragungsfunktion

$$G_S(s) = \frac{x(s)}{y(s)} = \frac{K_{PS}}{s^2 T_2^2 + s T_1 + 1} = \frac{K_{PS}}{(1 + s T_a)(1 + s T_b)}\,,\ \text{mit } T_b > T_a\,. \tag{4.135}$$

Für die Übertragungsfunktion der Regeleinrichtung wählen wir Gl. (4.120), in der der Zähler in Linearfaktoren zerlegt ist.

$$G_R(s) = \frac{y_R(s)}{e(s)} = K'_{PR}\frac{(1 + s T'_n)(1 + s T'_v)}{s T'_n}\,. \tag{4.136}$$

a) Führungsverhalten

Die Führungsübertragungsfunktion lautet mit (4.135) und (4.136) in (4.18)

$$G_{\mathrm{W}}(s) = \frac{x(s)}{w(s)} = \frac{1}{\dfrac{sT_{\mathrm{n}}'(1 + sT_{\mathrm{a}})(1 + sT_{\mathrm{b}})}{K_{\mathrm{PR}}' K_{\mathrm{PS}}(1 + sT_{\mathrm{n}}')(1 + sT_{\mathrm{v}}')} + 1} \cdot \qquad (4.137)$$

Es ist naheliegend, in Gl. (4.137) T_{n}' gleich der größten Zeitkonstante der Strecke (z. B. $T_{\mathrm{n}}' = T_{\mathrm{b}}$) zu wählen und $T_{\mathrm{v}}' = T_{\mathrm{a}}$. Somit kürzen sich die beiden Linearfaktoren heraus und reduzieren die Ordnung des Systems auf

$$G_{\mathrm{W}}(s) = \frac{x(s)}{w(s)} = \frac{1}{1 + s\dfrac{T_{\mathrm{n}}'}{K_{\mathrm{PR}}' K_{\mathrm{PS}}}} \cdot \qquad (4.138)$$

Zur Ermittlung des stationären Endwertes von $x(t)$ für

$$w(t) = w_0 \cdot \sigma(t) \quad \circ\!\!-\!\!\bullet \quad w(s) = \frac{w_0}{s}$$

erhalten wir aus Gl. (4.137)

$$x(s) = G_{\mathrm{W}}(s) \cdot w(s) = G_{\mathrm{W}}(s) \cdot \frac{w_0}{s}$$

und mittels Grenzwertsatz

$$x(\infty) = \lim_{t \to \infty} x(t) = \lim_{s \to 0} s \cdot x(s) = w_0 \cdot \lim_{s \to 0} G_{\mathrm{W}}(s) = w_0. \qquad (4.139)$$

Unabhängig von der Wahl von T_{n}' und T_{v}' und unabhängig von der Ordnung der P-Strecke wird durch den I-Anteil die bleibende Regeldifferenz gleich Null.

$$e(\infty) = w_0 - x(\infty) = 0. \qquad (4.140)$$

b) Störverhalten

Mit (4.135) und (4.136) in (4.20) erhalten wir die Störübertragungsfunktion

$$G_{\mathrm{z}}(s) = \frac{x(s)}{z(s)} = \frac{sT_{\mathrm{n}}' K_{\mathrm{PS}}}{sT_{\mathrm{n}}'(1 + sT_{\mathrm{a}})(1 + sT_{\mathrm{b}}) + K_{\mathrm{PR}}' K_{\mathrm{PS}}(1 + sT_{\mathrm{n}}')(1 + sT_{\mathrm{v}}')} \cdot \qquad (4.141)$$

Bedingt durch den I-Anteil wird der Einfluss der Störgröße für $t \to \infty$ vollkommen beseitigt. Aus (4.141) folgt $x(s) = G_{\mathrm{z}}(s) \cdot z(s)$, und mit

$$z(t) = z_0 \cdot \sigma(t) \quad \circ\!\!-\!\!\bullet \quad z(s) = \frac{z_0}{s} \qquad (1.141a)$$

erhalten wir $x(s) = G_{\mathrm{z}}(s) \cdot \dfrac{z_0}{s}$. Der Grenzwertsatz liefert

$$x(\infty) = \lim_{t \to \infty} x(t) = \lim_{s \to 0} s \cdot x(s) = z_0 \cdot \lim_{s \to 0} G_Z(s) = 0 \ . \tag{4.142}$$

Im Gegensatz zum Führungsverhalten kann die Ordnung von (4.141) nicht reduziert werden. Wählen wir auch hier $T_n' = T_b$ und $T_v' = T_a$, so folgt aus (4.141)

$$G_Z(s) = \frac{x(s)}{z(s)} = \frac{sT_b K_{PS}}{(1 + sT_a)(1 + sT_b)(K_{PR}' K_{PS} + sT_b)}$$

bzw.

$$G_Z(s) = \frac{x(s)}{z(s)} = \frac{K_{PS}}{T_a T_b} \frac{s}{\left(s + \dfrac{1}{T_a}\right)\left(s + \dfrac{1}{T_b}\right)\left(s + \dfrac{K_{PR}' K_{PS}}{T_b}\right)} \ . \tag{4.143}$$

Für die gewählten Reglerparameter sind, wie Gl. (4.143) zeigt, sämtliche Pole des Kreises negativ reell und somit das System stabil. Dies ist nicht generell so. Wie in Kapitel 6 gezeigt werden wird, kann bei ungünstiger Wahl von T_n bzw. T_n' das System instabil werden. In diesem Fall, der explizit vorliegenden Pole erhalten wir für (1.141a) und aus (4.143) mittels Residuensatz die Sprungantwort

$$x(t) = K_{PS} z_0 \left[\frac{-T_a T_b e^{-\dfrac{t}{T_a}}}{(T_b - T_a)(K_{PR}' K_{PS} T_a - T_b)} + \frac{T_b e^{-\dfrac{t}{T_b}}}{(T_b - T_a)(K_{PR}' K_{PS} - 1)} \right.$$

$$\left. + \frac{T_b e^{-K_{PR}' K_{PS} \dfrac{t}{T_b}}}{(K_{PR}' K_{PS} T_a - T_b)(K_{PR}' K_{PS} - 1)} \right] , \tag{4.144}$$

mit dem in **Bild 4.43** gezeigten Verlauf. Der dritte Term in der eckigen Klammer von Gl. (4.144) wird für großes $K_{PR}' K_{PS}$ vernachlässigbar klein.

Zusammenfassend kann gesagt werden, dass von den in diesem Kapitel behandelten Regeleinrichtungen der PID-Regler, infolge der drei Parameter K_{PR}, T_n und T_v, am anpassungsfähigsten ist. Durch den I-Anteil tritt sowohl beim Führungs- als auch beim Störverhalten eine vorübergehende aber keine bleibende Regeldifferenz auf.

Ferner kann die Ordnung des Systems durch geeignete Wahl der Parameter reduziert werden.

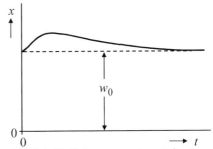

Bild 4.43 Störsprungantwort des Regelkreises nach Bild 4.42 für $T_n' = T_b$ und $T_v' = T_a$

5 Das Bode Diagramm. Frequenzkennlinienverfahren

Das *Bode*-Diagramm dient neben der Ortskurve zur graphischen Darstellung des Frequenzganges. Während man bei der Ortskurvendarstellung den Frequenzgang

$$G(j\omega) = \frac{x_a(j\omega)}{x_e(j\omega)}$$

nach Betrag und Phase in einem einzigen Diagramm in der Gaußschen Zahlenebene darstellt, werden im Bode-Diagramm der Betrag von G und der Phasenwinkel φ in zwei getrennten Diagrammen als Funktionen der Kreisfrequenz ω aufgetragen. Für die Darstellung von $|G| = f(\omega)$ ist sowohl ω auf der Abszisse als auch das Amplitudenverhältnis $|G|$ auf der Ordinate im logarithmischen Maßstab geteilt. In einem zweiten Diagramm ist dann der Phasenwinkel φ im linearen über der Kreisfrequenz ω im logarithmischen Maßstab aufgetragen. Durch die logarithmische Darstellung erhält man leicht zu konstruierende Asymptoten des wirklichen Kurvenverlaufs $|G| = f(\omega)$. Bei der Hintereinanderschaltung von mehreren Frequenzgängen ergibt sich der Gesamtfrequenzgang aus dem Produkt der einzelnen Frequenzgänge. Der besondere Vorteil der Darstellung eines solches Frequenzganges im Bode-Diagramm besteht darin, dass durch die Logarithmierung die Produktbildung auf eine einfache Addition zurückgeführt wird.

5.1 Bode-Diagramme einfacher Frequenzgänge

Im Folgenden sollen die Bode-Diagramme von Regelkreisgliedern mit elementarem Zeitverhalten behandelt werden, deren Frequenzgänge bereits in den vorherigen Kapiteln abgeleitet wurden. Häufig wird der Amplitudengang wie in der Nachrichtentechnik üblich, in Dezibel (dB) aufgetragen. Definitionsgemäß gilt

$$\left| G(j\omega) \right|_{dB} = 20 \cdot \lg \left| G(j\omega) \right|. \tag{5.1}$$

Bei der Darstellung des Amplitudenganges $|G(j\omega)|$ ist Folgendes zu beachten:

a)   Für die Ordinate und Abszisse ist der gleiche logarithmische Maßstab zu verwenden (z. B. 50 mm/Dekade oder wie bei logarithmisch geteiltem Papier 62,5 mm/Dekade).

b)   Die ω-Achse wird stets so gelegt, dass sie die Ordinate bei $|G(j\omega)| = 1$ bzw. $|G(j\omega)|_{dB} = 0$ schneidet.

c)   Durch die logarithmische Teilung der ω - Achse lässt sich die Frequenz $\omega = 0$ nicht darstellen. Im Schnittpunkt der ω - Achse mit der Ordinate wählt man ω gleich einer 10er Potenz, die dem darzustellenden Problem angepasst ist, d. h. $(10^{-1} ... 10^{-2}) \cdot 1/T_X$. Hierin ist T_X die größte Zeitkonstante des Systems.

© Springer Fachmedien Wiesbaden GmbH, ein Teil von Springer Nature 2022
S. Zacher und M. Reuter, *Regelungstechnik für Ingenieure*,
https://doi.org/10.1007/978-3-658-36407-6_5

5.1.1 Bode-Diagramm des P₀-Gliedes

Der Frequenzgang eines P₀-Gliedes ist:

$$G(j\omega) = \frac{x_a(j\omega)}{x_e(j\omega)} = K_P = \text{konstant}$$

$$G(j\omega) = \left| G(j\omega) \right| e^{j\varphi(\omega)}.$$

Daraus folgt:

$$\left| G(j\omega) \right| = K_P \quad \text{und} \quad \varphi(\omega) = 0.$$

Bild 5.1 zeigt für $K_P = 10$ das Bode-Diagramm des reinen P-Gliedes. Das Amplitudenverhältnis $\dfrac{x_a(j\omega)}{x_e(j\omega)}$ ist unabhängig von ω, und die Phasenverschiebung zwischen $x_a(j\omega)$ und $x_e(j\omega)$ ist für alle ω gleich Null.

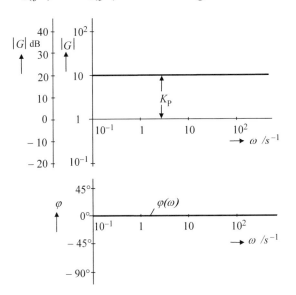

Bild 5.1   Bode-Diagramm eines P₀-Gliedes ($K_P = 10$)

5.1.2 Bode-Diagramm eines I-Gliedes

Der Frequenzgang eines I-Gliedes lautet:

$$G(j\omega) = \frac{x_a(j\omega)}{x_e(j\omega)} = \frac{K_I}{j\omega}.$$

Sind die Dimensionen von Aus- und Eingangsgröße gleich, so hat K_I die Dimension s^{-1}, und man kann den Kehrwert von K_I als die Integrierzeit T_I auffassen.

$$T_I = \frac{1}{K_I}.$$

Diese vereinfachende Annahme wird gewählt, um den charakteristischen Verlauf $|G|$ = $f(\omega)$ ableiten zu können. Haben x_a und x_e unterschiedliche Dimensionen, so hat K_I außer s^{-1} die Dimensionen der Ausgangsgröße dividiert durch die der Eingangsgröße. Um den Schnittpunkt mit der ω - Achse zu bestimmen, bleiben die Dimensionen von x_a und x_e unberücksichtigt. Dadurch wird in unserer Betrachtung vermieden, dass der Logarithmus einer dimensionsbehafteten Größe genommen wird.
Mit $T_I = 1/K_I$ wird:

$$G(j\omega) = \frac{x_a(j\omega)}{x_e(j\omega)} = \frac{1}{j\omega T_I}.$$

Daraus folgt:

$$|G(j\omega)| = \frac{1}{\omega T_I}, \quad \lg|G(j\omega)| = -\lg(\omega T_I).$$

Trägt man $|G(j\omega)|$ im logarithmischen Maßstab über ω im gleichen logarithmischen Maßstab auf, so erhält man eine Gerade mit der negativen Steigung 1:1, die die ω - Achse für $\omega = 1/T_I$ schneidet. Voraussetzung dafür ist, dass die ω-Achse die Ordinate bei $|G(j\omega)| = 1$ schneidet (**Bild 5.2**).

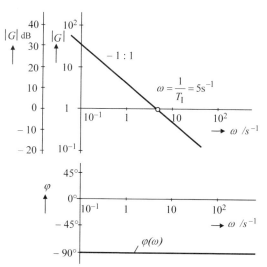

Bild 5.2 Bode-Diagramm eines
I-Gliedes ($T_I = 0,2$ s)

Infolge des fehlenden Realteils, der Imaginärteil von $G(j\omega)$ ist

$$\text{Im}(G) = -\frac{1}{\omega T_I},$$

ergibt sich für den Phasenwinkel

$$\tan\varphi(\omega) = \frac{\text{Im}(G)}{\text{Re}(G)} = -\infty \quad \text{bzw.} \quad \varphi = -90° = \text{konstant}.$$

5.1.3 Bode-Diagramm eines D-Gliedes

Ein D-Glied hat folgenden Frequenzgang:

$$G(j\omega) = \frac{x_a(j\omega)}{x_e(j\omega)} = j\omega \cdot K_D .$$

Die Dimensionen von x_a und x_e werden zur Ermittlung des charakteristischen Verlaufs $|G| = f(\omega)$ als gleich angenommen. K_D hat dann die Dimension einer Zeit und kann als Differenzierzeit T_D aufgefasst werden. Sind die Dimensionen von x_a und x_e ungleich, so gilt das in Abschnitt 5.1.2 für K_I Gesagte.

Mit $K_D = T_D$ wird:

$$G(j\omega) = \frac{x_a(j\omega)}{x_e(j\omega)} = j\omega\, T_D .$$

Ferner ist

$$G(j\omega) = |G(j\omega)| e^{j\varphi(\omega)} .$$

Folglich erhält man:

$$|G(j\omega)| = \omega \cdot T_D , \quad \lg|G(j\omega)| = \lg(\omega\, T_D) .$$

Das ist die Gleichung eine Geraden mit der positiven Steigung 1:1, wenn $|G(j\omega)|$ und ω im gleichen logarithmischen Maßstab aufgetragen werden. Die ω - Achse wird wieder so gelegt, dass sie die Ordinate für $|G(j\omega)| = 1$ schneidet. Wie **Bild 5.3** zeigt, schneidet dann der Amplitudengang $|G| = f(\omega)$ die ω - Achse für $\omega = 1/T_D$.

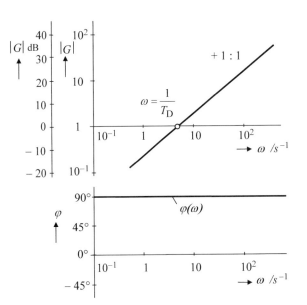

Bild 5.3   Bode-Diagramm eines D-Gliedes ($T_D = 0{,}2$ s)

Für den Phasenwinkel erhält man:

$$\tan \varphi(\omega) = \frac{\text{Im}(G)}{\text{Re}(G)} = +\infty, \qquad \varphi = +90° = \text{konstant},$$

weil $\text{Re}(G) = 0$ und $\text{Im}(G) = +\omega T_D$.

5.1.4 Bode-Diagramm eines P-Gliedes mit Verzögerung 1. Ordnung

Für ein P-Glied 1. Ordnung lautet der Frequenzgang:

$$G(j\omega) = \frac{K_P}{1 + j\omega T_1} = \frac{K_P}{|1 + j\omega T_1|} e^{-j \arctan(\omega T_1)}.$$

Daraus folgt:

$$|G(\omega)| = \frac{K_P}{\sqrt{1 + (\omega T_1)^2}}, \tag{5.2}$$

$$\lg |G(j\omega)| = \lg K_P - \frac{1}{2} \lg [1 + (\omega T_1)^2]. \tag{5.3}$$

$$\tan \varphi = -\omega T_1 \quad \text{und} \quad \varphi = -\arctan(\omega T_1).$$

Variiert man in Gl. (5.2) ω von 0 ... ∞, so erhält man den exakten Amplitudengang. Dieses Verfahren ist sehr zeitraubend und aufwendig. Einfacher ist die Konstruktion der Asymptoten des wahren Verlaufs, die für viele Zwecke ausreichend sind. Diese ergeben sich im vorliegenden Fall, indem man zwei ω - Bereiche unterscheidet:
a) Für kleine ω - Werte ist:

$$\omega T_1 \ll 1.$$

Damit erhält man aus Gl. (5.3) die Näherung

$$\lg |G(j\omega)| \approx \lg K_P. \tag{5.4}$$

Das ergibt für kleine ω - Werte eine Gerade parallel zur Abszisse mit der Ordinate $|G| = K_P$ im logarithmischen Maßstab.
b) Für große ω - Werte ist:

$$\omega T_1 \gg 1$$

und damit folgt aus Gl. (5.3) die Näherung

$$\lg |G(j\omega)| \approx \lg K_P - \lg(\omega T_1). \tag{5.5}$$

Das ist ebenfalls die Gleichung einer Geraden mit der negativen Steigung 1:1.
Die unter a) und b) gefundenen Geraden bilden die Asymptoten. Sie schneiden sich für $\omega_E = 1/T_1$, wie man durch Gleichsetzen der Gln. (5.4) und (5.5) leicht erkennt.

Für die Eckfrequenz $\omega_E = 1/T_1$ errechnet sich der genaue Wert des Amplitudenverhältnisses zu:

$$\left| G(j\omega) \right| = \frac{K_P}{\sqrt{2}} = 0{,}707 \cdot K_P \quad \text{bzw.}$$

$$\left| G(j\omega) \right|_{dB} = 20 \cdot \lg\left(0{,}707 \cdot K_P\right) = 20 \cdot \lg K_P - 3\,\text{dB} .$$

An dieser Stelle ist die Abweichung des wahren Verlaufs von dem der Asymptoten am größten.

Der Phasengang hat den in **Bild 5.4** gezeigten Verlauf, beginnend mit $\varphi = 0°$ für $\omega = 0$ und endend bei $\varphi = -90°$ für $\omega = \infty$. Für $\omega_E = 1/T_1$ ist $\varphi = -45°$.

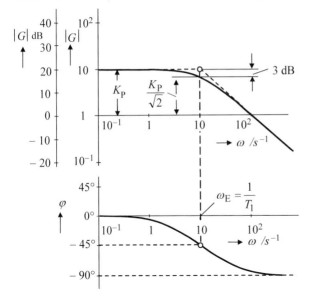

Bild 5.4   Bode-Diagramm
eines P-T1-Gliedes
($K_P = 10$; $T_1 = 0{,}1$ s)

5.1.5 Bode-Diagramm eines PI-Gliedes

Der Frequenzgang eines PI-Gliedes ist gemäß Gl. (4.61)

$$G(j\omega) = \frac{x_a(j\omega)}{x_e(j\omega)} = K_P\left[1 - j\frac{1}{\omega T_n}\right]. \tag{5.6}$$

Aus Gl. (5.6) folgt:

$$\left| G(\omega) \right| = K_P\sqrt{1 + \left(\frac{1}{\omega T_n}\right)^2}, \tag{5.7}$$

$$\lg\left| G(j\omega) \right| = \lg K_P + \frac{1}{2}\lg\left[1 + \left(\frac{1}{\omega T_n}\right)^2\right] \tag{5.8}$$

und

$$\tan \varphi(\omega) = \frac{\mathrm{Im}(G)}{\mathrm{Re}(G)} = -\frac{1}{\omega T_n},$$

$$\varphi = -\arctan\left(\frac{1}{\omega T_n}\right). \tag{5.9}$$

Der exakte Amplitudengang folgt aus (5.7) durch Variation von ω im Bereich 0 ... ∞. Zur Ermittlung der Asymptoten unterscheidet man wie in Abschnitt 5.1.4 zwei ω - Bereiche:

a) Für kleine ω - Werte ist:

$$\frac{1}{\omega T_n} \gg 1$$

und man erhält aus Gl. (5.8)

$$\lg |G(j\omega)| \approx \lg K_P - \lg(\omega T_n). \tag{5.10}$$

Entsprechend (5.5) ist das die Gleichung einer Geraden mit der negativen Steigung 1:1.

b) Für große ω - Werte ist:

$$\frac{1}{\omega T_n} \ll 1 \text{ und es wird}$$

$$\lg |G(j\omega)| = \lg K_P. \tag{5.11}$$

Also eine Gerade parallel zur Abszisse mit dem Ordinatenwert $|G| = K_P$ im logarithmischen Maßstab.

Durch Gleichsetzen der Gln. (5.10) und (5.11) folgt der Schnittpunkt der beiden Asymptoten für $\omega_E = 1/T_n$. Setzen wir in (5.7) $\omega_E = 1/T_n$, so ergibt sich der genaue Wert des Amplitudenganges an dieser Stelle zu

$$|G(j\omega)| = K_P \cdot \sqrt{2} \text{ bzw.}$$

$$|G(j\omega)|_{dB} = 20 \cdot \lg(K_P \cdot \sqrt{2}) = 20 \cdot \lg K_P + 3dB.$$

Wie **Bild 5.5** zeigt, beginnt der Phasengang mit $\varphi = -90°$ für $\omega = 0$ und endet mit $\varphi = 0°$ für $\omega = \infty$. Für die Eckfrequenz $\omega_E = 1/T_n$ wird $\varphi = -45°$.

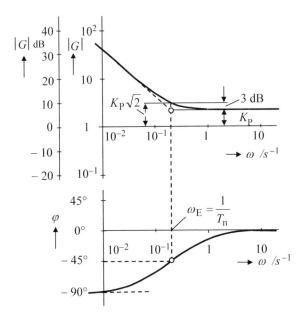

Bild 5.5   Bode-Diagramm
eines PI-Gliedes

($K_P = 2$; $T_n = 5$ s)

5.1.6 Bode-Diagramm eines PD-Gliedes

Der Frequenzgang eines PD-Gliedes lautet entsprechend Gl. (4.87)

$$G(j\omega) = \frac{x_a(j\omega)}{x_e(j\omega)} = K_P(1 + j\omega T_v). \tag{5.12}$$

Damit folgt aus Gl. (5.12):

$$\left| G(\omega) \right| = K_P\sqrt{1 + (\omega T_v)^2}\,, \tag{5.13}$$

$$\lg\left| G(j\omega) \right| = \lg K_P + \frac{1}{2}\lg\left[1 + (\omega T_v)^2 \right]. \tag{5.14}$$

Ferner ist

$$\tan\varphi(\omega) = \frac{\mathrm{Im}(G)}{\mathrm{Re}(G)} = \omega T_v\,,$$

$$\varphi = \arctan(\omega T_v). \tag{5.15}$$

Während man den exakten Verlauf des Amplitudenganges aus Gl. (5.13) erhält, ergeben sich die Asymptoten aus Gl. (5.14) durch Betrachten der Grenzfälle $\omega \to 0$ und $\omega \to \infty$.

a) Im Bereich kleiner ω - Werte ist:

$$\omega T_v \ll 1$$

und damit folgt aus Gl. (5.14)

$$\lg |G(j\omega)| \approx \lg K_P, \tag{5.16}$$

da $\lg(1) = 0$.

Das heißt für kleine ω - Werte ist die Asymptote eine Parallele zur Abszisse mit dem Ordinatenwert $|G| = K_P$ im logarithmischen Maßstab.

b) Im Bereich großer ω - Werte ist:

$$\omega T_V \gg 1 \,.$$

Aus Gl. (5.14) folgt dann die Näherung

$$\lg |G(j\omega)| \approx \lg K_P + \lg(\omega T_V). \tag{5.17}$$

Gl. (5.17) ist eine Gerade mit der positiven Steigung 1:1.

Die unter a) und b) gefundenen Asymptoten schneiden sich für $\omega_E = 1/T_V$, was durch Gleichsetzen der Gln. (5.16) und (5.17) folgt. Der genaue Amplitudenwert des Amplitudenganges für die Eckfrequenz $\omega_E = 1/T_V$ ergibt sich aus Gl. (5.13) zu

$$|G(j\omega)| = K_P \cdot \sqrt{2}$$

bzw.

$$|G(j\omega)|_{\text{dB}} = 20 \cdot \lg K_P + 3\text{dB} \,.$$

Setzen wir in (5.15) $\omega = 0$; $1/T_V$; ∞, so folgt $\varphi = 0°$; $+45°$; $+90°$, wie der Phasengang in **Bild 5.6** zeigt.

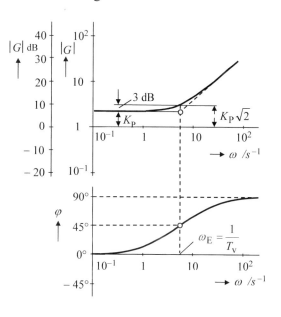

Bild 5.6 Bode-Diagramm eines PD-Gliedes

($K_P = 2$; $T_V = 0,2$ s)

5.1.7 Bode-Diagramm eines P-T₂-Gliedes

Entsprechend Gl. (3.78) ist der Frequenzgang eines P-T₂-Gliedes

$$G(j\omega) = \frac{x_a(j\omega)}{x_e(j\omega)} = \frac{K_P}{-(\omega T_2)^2 + j\omega T_1 + 1} . \tag{5.18}$$

Daraus folgt:

$$\left| G(j\omega) \right| = \frac{K_P}{\sqrt{[1-(\omega T_2)^2]^2 + (\omega T_1)^2}} , \tag{5.19}$$

$$\lg \left| G(j\omega) \right| = \lg K_P - \frac{1}{2} \lg \{ [1-(\omega T_2)^2]^2 + (\omega T_1)^2 \} . \tag{5.20}$$

Ferner ist:

$$\tan \varphi = \frac{\mathrm{Im}(G)}{\mathrm{Re}(G)} = \frac{-\omega T_1}{1-(\omega T_2)^2} ,$$

$$\varphi = -\arctan \frac{\omega T_1}{1-(\omega T_2)^2} .$$

Ist die Dämpfung $D = \dfrac{T_1}{2T_2}$

eines solches Gliedes < 1, so ergeben sich wiederum zwei Asymptoten.

a) Im Bereich kleiner ω - Werte ist:

$$\omega T_1 \ll 1 \text{ und } (\omega T_2)^2 \ll 1 .$$

Damit folgt aus Gl. (5.20)

$$\lg \left| G(j\omega) \right| \approx \lg K_P , \tag{5.21}$$

also eine Parallele zur Abszisse.

b) Im Bereich großer ω - Werte ist

$$(\omega T_2)^2 \gg 1 \text{ und } (\omega T_2)^2 \gg \omega T_1 .$$

Somit folgt aus Gl. (5.20)

$$\lg \left| G(j\omega) \right| \approx \lg K_P - 2 \cdot \lg(\omega T_2) . . \tag{5.22}$$

(5.22) ist die Gleichung einer Geraden mit der negativen Steigung 2:1.

Den Schnittpunkt der unter a) und b) gefundenen Asymptoten findet man durch Gleichsetzen der Gln. (5.21) und (5.22) mit $\omega = \omega_E = 1/T_2$.

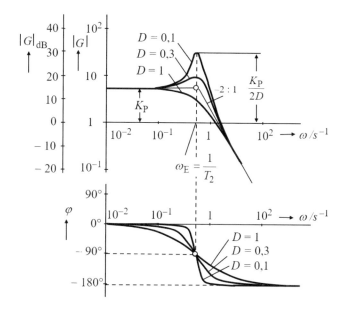

Bild 5.7 Bode-Diagramm eines P-T$_2$-Gliedes ($K_P = 7$; $T_2 = 2$ s)

Bild 5.7 zeigt den Verlauf der Asymptoten und mit D als Parameter verschiedene Amplituden- und Phasengänge. Aus Gl. (5.19) erhält man für $\omega_E = 1/T_2$

$$|G(j\omega)| = \frac{K_P}{\omega_E T_1} = \frac{K_P \cdot T_2}{T_1} = \frac{K_P}{2D}.$$

Ist die Dämpfung $D > 1$, so lässt sich das P-T$_2$-Glied in zwei P-T$_1$-Glieder zerlegen. Die Darstellung von in Reihe geschalteten Gliedern in Bode-Diagramm soll im folgenden Abschnitt behandelt werden.

5.2 Darstellung in Reihe geschalteter Glieder im Bode-Diagramm

5.2.1 Konstruktion des Bode-Diagramms mittels Einzelfrequenzgängen

Sehr häufig treten in einem Regelkreis Reihenschaltungen der im vorigen Abschnitt behandelten einfachen Übertragungsglieder auf. So kann z. B. ein PID-Glied als Reihenschaltung eines PI- und eines PD-Gliedes aufgefasst oder in ein I- und zwei PD-Glieder zerlegt werden. Sind n Glieder mit den Frequenzgängen $G_1(j\omega)$, $G_2(j\omega)$, ... $G_n(j\omega)$ in Reihe geschaltet, so ist der Gesamtfrequenzgang gleich dem Produkt der einzelnen Frequenzgänge

$$G(j\omega) = G_1(j\omega) \cdot G_2(j\omega) \cdot ... \cdot G_n(j\omega). \tag{5.23}$$

Zur Darstellung des Gesamtfrequenzganges im Bode-Diagramm wird $G(j\omega)$ in Betrag und Phase zerlegt.

$$G(j\omega) = |G(j\omega)| e^{j\varphi(\omega)}. \tag{5.24}$$

Auf Gl. (5.23) angewandt ergibt:

$$G(j\omega) = \left| G_1(j\omega) \right| e^{j\varphi_1(\omega)} \cdot \left| G_2(j\omega) \right| e^{j\varphi_2(\omega)} \dots \cdot \left| G_n(j\omega) \right| e^{j\varphi_n(\omega)}$$

$$G(j\omega) = \left| G_1(j\omega) \right| \cdot \left| G_2(j\omega) \right| \cdot \dots \cdot \left| G_n(j\omega) \right| \cdot e^{j(\varphi_1 + \varphi_2 + \dots + \varphi_n)}. \tag{5.25}$$

Durch Vergleich der Gln. (5.25) und (5.24) folgt

$$\left| G(j\omega) \right| = \left| G_1(j\omega) \right| \cdot \left| G_2(j\omega) \right| \cdot \dots \cdot \left| G_n(j\omega) \right| \tag{5.26}$$

und

$$\varphi(\omega) = \varphi_1(\omega) + \varphi_2(\omega) + \dots + \varphi_n(\omega). \tag{5.27}$$

Infolge der logarithmischen Darstellung des Amplitudenganges $\left| G(j\omega) \right|$ erhält man aus Gl. (5.26) durch Logarithmieren

$$\lg \left| G(j\omega) \right| = \lg \left| G_1(j\omega) \right| + \lg \left| G_2(j\omega) \right| + \dots + \lg \left| G_n(j\omega) \right| \tag{5.28}$$

oder

$$\left| G(j\omega) \right|_{dB} = 20\lg \left| G_1(j\omega) \right| + 20\lg \left| G_2(j\omega) \right| + \dots + 20\lg \left| G_n(j\omega) \right| \tag{5.29}$$

$$\left| G(j\omega) \right|_{dB} = \sum_{i=1}^{n} \left| G_i(j\omega) \right|_{dB}.$$

Das heißt, der Amplitudengang des Gesamtfrequenzganges $\left| G(j\omega) \right|_{dB}$ ergibt sich durch einfache Addition der einzelnen Ordinaten der Amplitudengänge $\left| G_1(j\omega) \right|_{dB}$, $\left| G_2(j\omega) \right|_{dB}$, ... , $\left| G_n(j\omega) \right|_{dB}$. Das Gleiche gilt auch für die Asymptoten. Den Phasengang $\varphi(\omega)$ erhält man, entsprechend Gl. (5.27), ebenfalls durch Addition der einzelnen Phasengänge $\varphi_1(\omega)$, $\varphi_2(\omega)$, ... , $\varphi_n(\omega)$.

- **Beispiel 5.1**

Zwei P-T$_1$-Glieder und ein PD-Glied sind in Reihe geschaltet, mit den Übertragungsfunktionen

$$G_1(s) = \frac{K_{P1}}{1 + sT_1} \qquad\qquad K_{P1} = 2 \qquad\qquad T_1 = 5 \text{ s}$$

$$G_2(s) = \frac{K_{P2}}{1 + sT_2} \qquad\qquad K_{P2} = 4 \qquad\qquad T_2 = 1 \text{ s}$$

$$G_3(s) = K_{P3}(1 + sT_v) \qquad\qquad K_{P3} = 8 \qquad\qquad T_v = 0{,}25 \text{ s}.$$

Der Amplituden- und Phasengang der Einzelfrequenzgänge sowie das Bode-Diagramm der Gesamtanordnung ist zu konstruieren.

Zunächst werden die Asymptoten der einzelnen Amplitudengänge gezeichnet, gemäß den Abschnitten 5.1.4 und 5.1.6, mit den Eckfrequenzen:

$$\omega_{E1} = \frac{1}{T_1} = 0{,}2\,\text{s}^{-1} \qquad \omega_{E2} = \frac{1}{T_2} = 1\,\text{s}^{-1} \qquad \omega_{E3} = \frac{1}{T_v} = 4\,\text{s}^{-1}.$$

Am zweckmäßigsten verwendet man einen logarithmischen Maßstab mit 50 mm/Dekade oder logarithmisch geteiltes Papier mit 62,5 mm/Dekade.

Der resultierende Asymptotenverlauf von $|G(j\omega)|_{\text{dB}}$ ergibt sich durch Addition der Asymptoten von $|G_1(j\omega)|_{\text{dB}}$, $|G_2(j\omega)|_{\text{dB}}$ und $|G_3(j\omega)|_{\text{dB}}$.

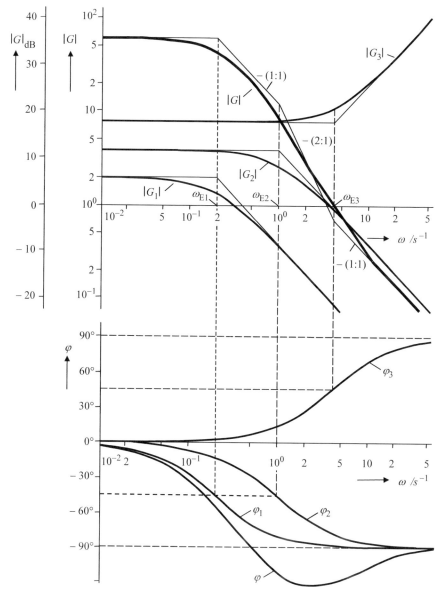

Bild 5.8   Bode-Diagramm dreier in Reihe geschalteter Glieder $G_1(s)$, $G_2(s)$ und $G_3(s)$

Von $\omega = 0$ bis $\omega = \omega_{E1}$ ist der Verlauf der resultierenden Asymptote eine Parallele zur Abszisse. Im Bereich $\omega_{E1} < \omega < \omega_{E2}$ laufen die Asymptoten von $|G_2(j\omega)|$ und $|G_3(j\omega)|$ parallel zur Abszisse, während die Asymptote von $|G_1(j\omega)|$ die Steigung $-(1:1)$ hat. Die resultierende Asymptote hat in diesem Bereich ebenfalls eine Steigung $-(1:1)$.

Von $\omega = \omega_{E2}$ bis $\omega = \omega_{E3}$ haben die Asymptoten von $|G_1(j\omega)|$ und $|G_2(j\omega)|$ je eine Steigung von $-(1:1)$, was zu einer resultierenden Asymptote von $-(2:1)$ führt. Für $\omega > \omega_{E3}$ kommt die Asymptote von $|G_3(j\omega)|$ mit der Steigung $+(1:1)$ hinzu und kompensiert die Steigung einer der beiden Asymptoten $|G_1(j\omega)|$ oder $|G_2(j\omega)|$, so dass die resultierende Asymptote für $\omega > \omega_{E3}$ die Steigung $-(1:1)$ hat.

Betrachtet man die Amplitudengänge $|G_1(j\omega)|$, $|G_2(j\omega)|$ und $|G_3(j\omega)|$ in **Bild 5.8**, so sieht man, dass sie untereinander kongruent sind. Das heißt, man kann mittels einer Schablone den wahren Verlauf von $|G_1(j\omega)|$, $|G_2(j\omega)|$ und $|G_3(j\omega)|$ zeichnen, indem man diese je nach der Eckfrequenz in der Zeichenebene entsprechend verschiebt, bzw. zum Zeichnen von $|G_3(j\omega)|$, gegenüber $|G_1(j\omega)|$ bzw. $|G_2(j\omega)|$, parallel zur ω-Achse umklappt. Das Gleiche gilt für den Phasengang. Zum Zeichnen von $\varphi_3(\omega)$ wird die Schablone an der ω-Achse gespiegelt.

Eine andere Möglichkeit zur Gewinnung des exakten Amplituden- und Phasenganges besteht darin, anstelle der Schablone ein Lineal zu benutzen. Das Amplituden- sowie das Phasenlineal sind für einen logarithmischen Maßstab von 50 mm/Dekade entwickelt. Der Vorteil besteht darin, dass außer dem gesuchten Amplitudengang lediglich die Asymptoten der einzelnen Frequenzgänge und die des Gesamtfrequenzganges gezeichnet werden müssen. Das Diagramm gewinnt dadurch an Übersichtlichkeit. Der Gedanke, der dem Amplitudenlineal zugrunde liegt, ist im Anhang erläutert und steht im OnlinePlus-Bereich des Verlags zum Download zur Verfügung.

5.2.2 Konstruktion mittels Asymptoten

Man kann das Bode-Diagramm einer Reihenschaltung der n Glieder mit den Frequenzgängen $G_1(j\omega)$, $G_2(j\omega)$, ... $G_n(j\omega)$ direkt nach dem Gesamtfrequenzgang (5.23)

$$G_0(j\omega) = G_1(j\omega) \cdot G_2(j\omega) \cdot ... \cdot G_n(j\omega)$$

skizzieren, ohne vorher die einzelnen Frequenzgänge zu bestimmen und danach zu addieren, wie es im vorherigen Abschnitt beschrieben wurde. Trägt man die Ordinaten $|G_0(j\omega)|_{dB}$ in *Dezibel* und die Abszissen in *Dekaden* auf, so entspricht die in vorherigen Abschnitten definierte Steigung $-(1:1)$ einer Steigung von -20 dB/Dek, die Steigung $-(2:1)$ ist dann in diesen Dimensionen -40 dB/Dek usw.

Bei der Bestimmung des gesamten Amplitudenganges geht man aus folgenden Eigenschaften von einzelnen Frequenzgängen aus:

1) Ist ein I-Glied im Gesamtfrequenzgang $G_0(j\omega)$ vorhanden, z. B. wie unten:

$$G_0(j\omega) = \frac{K_{P1}K_{P2}K_I}{j\omega T_n} \frac{(1 + j\omega T_n)}{(1 + j\omega T_1)(1 + j\omega T_2)},$$

dann hat die Asymptote des gesamten Amplitudenganges im Bereich der kleinen ω - Werte, d. h. bei $\omega T_1 \ll 1$, die negative Steigung (1:1) bzw. -20 dB/Dek. Dies folgt aus der Annahme, dass sich der Gesamtfrequenzgang bei $\omega T_1 \ll 1$ zu einem einzelnen I-Glied reduziert:

$$G_0(j\omega) = \frac{K_{P1}K_{P2}K_I}{j\omega T_n} = \frac{K_{I0}}{j\omega}$$

So ein I-Glied hat bekanntlich die Steigung der Asymptote von -20 dB/Dek und schneidet die ω - Achse bei

$$\omega_0 = K_{I0} = \frac{K_{P1}K_{P2}K_I}{T_n}.$$

2) Ist kein I-Glied im Gesamtfrequenzgang $G_0(j\omega)$ vorhanden, z. B.

$$G_0(j\omega) = \frac{K_{P1}K_{P2}(1+j\omega T_v)}{(1+j\omega T_1)(1+j\omega T_2)},$$

verläuft die Asymptote des Amplitudenganges im Bereich der kleinen ω - Werte horizontal bzw. mit der Steigung 0 dB/Dek und schneidet die Ordinatenachse bei

$$\left| G_0(j\omega) \right|_{dB} = 20 \cdot \lg K_P = 20 \cdot \lg(K_{P1}K_{P2}).$$

Bei weiterem Verlauf des Amplitudenganges bei der ersten Eckfrequenz $\omega_{E1} T_1 \gg 1$, gilt die Näherung

$$20\lg\left| G_0(j\omega) \right| \approx 20\lg K_P - 20 \cdot \lg(\omega T_1).$$

Dies bedeutet, dass sich die Steigung der Asymptote des Amplitudenganges bei der Eckfrequenz $\omega_{E1} T_1 \gg 1$ um -20 dB/Dek ändert und beträgt folglich

0 dB/Dek $- 20$ dB/Dek $= - 20$ dB/Dek

Trifft jedoch zuerst die Eckfrequenz $\omega_{Ev} T_v \gg 1$ auf, wobei die Zeitkonstante T_v die differenzierende Wirkung hat bzw. sich im Zähler des Gesamtfrequenzganges befindet, dann gilt die folgende Asymptotengleichung:

$$20\lg\left| G_0(j\omega) \right| \approx 20\lg K_P + 20 \cdot \lg(\omega T_1)$$

Für die Steigungsänderung bedeutet dies die Erhebung um $+20$ dB/Dek, so dass die die Steigung der Asymptote des Amplitudenganges nach der Eckfrequenz ω_{Ev}

0 dB/Dek $+ 20$ dB/Dek $= + 20$ dB/Dek

beträgt.

3) Die oben im Punkt 2 beschriebene Ermittlung der Steigungsänderung bei der ersten Eckfrequenz kann für alle nachfolgende Eckfrequenzen verallgemeinert werden, nämlich: die Steigungsänderung nach jeder Eckfrequenz ω_{Ek} betrifft ± 20 dB/Dek, wobei

+20 dB/Dek einer differenzierenden Zeitkonstante T_k im Zähler des Gesamtfrequenzganges und −20 dB/Dek einer Zeitkonstante T_k im Nenner des Gesamtfrequenzganges (Verzögerung) entspricht.

Die Konstruktion des Amplitudenganges des Bode-Diagramms mittels Asymptoten wird am vorherigen Beispiel 5.1 erläutert. Der gegebene Gesamtfrequenzgang

$$G_0(s) = G_1(s)G_2(s)G_3(s) = \frac{K_{P1}K_{P2}K_{P3}(1 + sT_v)}{(1 + sT_1)(1 + sT_2)}$$

hat keinen I-Anteil, d. h. die erste Asymptote im Bereich der kleinen ω - Werte verläuft horizontal bzw. mit der Steigung 0 dB/Dek und fängt bei der folgenden Ordinate an:

$$\left| G(j\omega) \right|_{dB} = 20 \cdot \lg K_P = 20 \cdot \lg(K_1 K_2 K_3) = 20 \cdot \lg(2 \cdot 4 \cdot 8) = 36,1236$$

Da sich die Zeitkonstante T_1, die der kleinsten Eckfrequenz entspricht, im Nenner des Gesamtfrequenzganges befindet, hat die nächste Asymptote bei

$$\omega_{E1} = \frac{1}{T_1} = 0,2 \text{ s}^{-1}$$

die Steigung (0 dB/Dek − 20 dB/Dek) = −20 dB/Dek. Bei der nächsten Eckfrequenz

$$\omega_{E2} = \frac{1}{T_2} = 1 \text{ s}^{-1}$$

wirkt Zeitkonstante T_2 wiederum verzögert, d. h. die Steigung der Asymptote wird noch um −20 dB/Dek geändert: (− 20 dB/Dek − 20 dB/Dek) = −40 dB/Dek.

Die Zeitkonstante T_v befindet sich im Zähler des Gesamtfrequenzganges und hat differenzierende Wirkung, so dass die Steigung der Asymptote bei der Eckfrequenz

$$\omega_{E3} = \frac{1}{T_v} = 4 \text{ s}^{-1}$$

um +20 dB/Dek geändert wird: (− 40 dB/Dek + 20 dB/Dek) = −20 dB/Dek.

Somit ergibt sich der im **Bild 5.9** gezeigte Verlauf der Asymptoten des Amplitudenganges. Um den wahren Verlauf des Amplitudenganges zu erreichen, sollen die Ordinaten bei jeder Eckfrequenz um $\pm \Delta G = 3$ dB korrigiert werden.

Das Phasengang ergibt sich in ähnlicher Weise wie der Amplitudengang, wobei der folgende Zusammenhang zwischen Steigung des Amplitudenganges und dem Phasenwinkel im Bereich der kleinen ω - Werte bzw. bei $\omega T_1 \ll 1$ besteht:

Gesamtfrequenzgang $G_0(j\omega)$	Steigung der Asymptote im Bereich der kleinen ω-Werte	Phasenwinkel im Bereich der kleinen ω-Werte
Ohne I-Anteil	0 dB/Dek	0°
Mit I-Anteil	−20 dB/Dek	−90°
Mit Doppel-I-Anteil	−40 dB/Dek	−180°

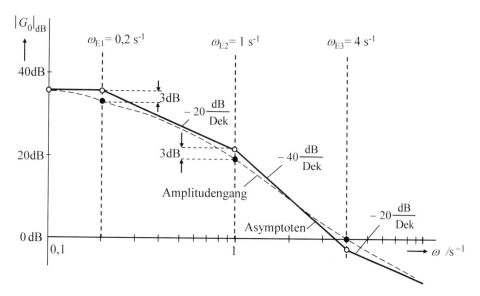

Bild 5.9 Amplitudengang für Reihenschaltung $G_0(s) = \dfrac{K_{P1}K_{P2}K_{P3}(1 + sT_v)}{(1 + sT_1)(1 + sT_2)}$ mit

$K_{P1} = 2$; $K_{P2} = 4$ und $K_{P3} = 8$, sowie $T_1 = 5$ s; $T_2 = 1$ s und $T_v = 0{,}25$ s

Jede Änderung der Steigung der Asymptoten des Amplitudenganges um $\Delta G = \pm 20$ dB/Dek entspricht der Änderung des Phasenwinkels um $\Delta\varphi = \pm 90°$.

Bild 5.10 zeigt den Phasengang für eine Reihenschaltung von drei Gliedern mit der gesamten Übertragungsfunktion (5.32) nach dem Beispiel 5.1.

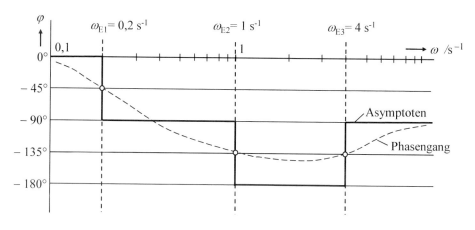

Bild 5.10 Phasengang für $G_0(s) = \dfrac{K_{P1}K_{P2}K_{P3}(1 + sT_v)}{(1 + sT_1)(1 + sT_2)}$

- **Beispiel 5.2**

Gegeben sind zwei in Reihe geschaltete Glieder mit den Übertragungsfunktionen

$$G_1(s) = \frac{x_{a1}(s)}{x_{e1}(s)} = \frac{K_{P1}}{1 + sT_1 + s^2 T_2^2} \quad \text{mit} \quad K_{P1} = 8 \qquad T_1 = 7\,\text{s} \qquad T_2^2 = 10\,\text{s}^2$$

$$G_2(s) = \frac{x_{a2}(s)}{x_{e2}(s)} = \frac{K_{12}}{1 + sT_3} \qquad\qquad \text{mit} \quad K_{P2} = 4 \qquad T_3 = 0,5\,\text{s}$$

Gesucht sind:

   a)   der Amplituden- und der Phasengang der Reihenschaltung $G_0(j\omega) = G_1(j\omega)\,G_2(j\omega)$.
   b)   Für welche Kreisfrequenz ist $\varphi(\omega) = -180°$?

Zu a)

Zunächst muss $G_1(j\omega)$ (P-T$_2$-Glied) untersucht werden, ob eine weitere Zerlegung in zwei P-T$_1$-Strecken möglich ist. Die Dämpfung ist gleich:

$$D = \frac{\alpha}{\beta} = \frac{T_1}{2T_2} = \frac{7\,\text{s}}{2\sqrt{10\,\text{s}^2}} = 1,105 > 1\,.$$

Folglich ist folgende Zerlegung möglich

$$G_1(s) = \frac{K_{P1}}{1 + sT_1 + s^2 T_2^2} = \frac{K_{P1}}{1 + sT_a} \cdot \frac{1}{1 + sT_b}$$

$$G_1(s) = \frac{K_{P1}}{1 + s(T_a + T_b) + s^2 T_a T_b}$$

Durch Koeffizientenvergleich findet man

$$T_1 = T_a + T_b \tag{5.30}$$

$$T_2^2 = T_a T_b\,. \tag{5.31}$$

Löst man die Gl. (5.30) und (5.31) nach T_a und T_b auf, so erhält man

$$T_a = 2\,\text{s} \quad \text{und} \quad T_b = 5\,\text{s}\,.$$

Es handelt sich hier um drei in Reihe geschaltete P-T$_1$-Glieder mit den Eckfrequenzen

$$\omega_{E1} = \frac{1}{T_b} = 0,2\,\text{s}^{-1} \qquad \omega_{E2} = \frac{1}{T_a} = 0,5\,\text{s}^{-1} \qquad \omega_{E3} = \frac{1}{T_3} = 2\,\text{s}^{-1}\,.$$

Wir zeichnen zunächst die Asymptoten, wie in **Bild 5.11** gezeigt. Um den wahren Verlauf des Amplitudenganges zu erreichen, wird der Asymptotenverlauf bei jeder Eckfrequenz mit einem Korrekturwert von $\pm\,\Delta G = 3$ dB ergänzt.

Beim Phasengang verläuft die Kurve tangentiell zu den Asymptoten und zwar durch die Mittelpunkte bei jeder Eckfrequenz. Dies folgt daraus, dass der Phasenwinkel bei jeder Eckfrequenz $\omega_{Ek} = 1/T_k$ beträgt

$$\varphi_k = \arctan(\omega_{Ek} T_k) = \arctan(1) = 45°\,.$$

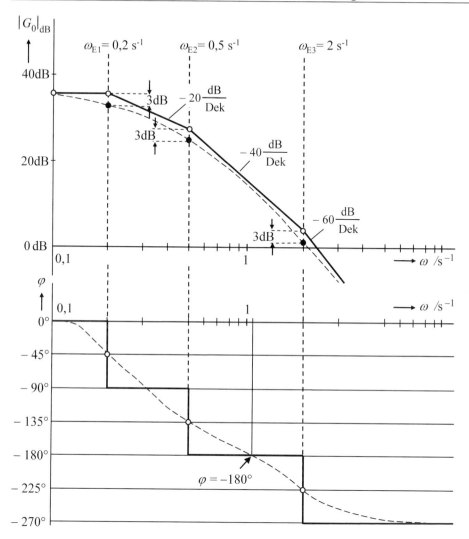

Bild 5.11 Bode-Diagramm für $G_1(s) = \dfrac{K_{P1}}{1 + sT_1 + s^2T_2^2} \cdot \dfrac{K_{P2}}{1 + sT_3}$

Zu b): Aus dem Bode-Diagramm folgt, dass der Phasenwinkel $\varphi(\omega) = -180°$ bei der Kreisfrequenz von ca. $\omega = 1{,}1 \text{ s}^{-1}$ erreicht wird.

- **Beispiel 5.3**

Gegeben ist eine PID-Regeleinrichtung mit der Übertragungsfunktion

$$G_R(s) = K_{PR}\left(1 + \frac{1}{sT_n} + sT_v\right) \tag{5.32}$$

$K_{PR} = 20; \quad T_n = 10 \text{ s}; \quad T_v = 2 \text{ s}.$

Es soll das Bode-Diagramm der Regeleinrichtung $G_R(j\omega)$ ermittelt werden. Hierzu bringen wir Gl. (5.32) zunächst auf einen gemeinsamen Nenner und zerlegen anschließend den Zähler in zwei Linearfaktoren (s.a. Abschnitt 4.3.6).

$$G_R(s) = K_{PR} \frac{1 + sT_n + s^2 T_n T_v}{sT_n}, \tag{5.33}$$

$$G_R(s) = K_{PR} \frac{(1 + sT_n')(1 + sT_v')}{sT_n}. \tag{5.34}$$

Durch Koeffizientenvergleich der beiden Zähler von (5.33) und (5.34) erhalten wir:

$$T_n = T_n' + T_v', \tag{5.35}$$

$$T_n T_v = T_n' \cdot T_v'. \tag{5.36}$$

Lösen wir (5.35) und (5.36) nach T_n' und T_v', so finden wir

$$T_n' = (5 + \sqrt{5})\,\text{s} = 7,24\,\text{s}$$

$$T_v' = (5 - \sqrt{5})\,\text{s} = 2,76\,\text{s}.$$

In der in Gl. (5.34) gefundenen Form lässt sich das Bode-Diagramm des Gesamtfrequenzganges in einfacher Weise konstruieren. Die Eckfrequenzen sind:

$$\omega_{En} = \frac{1}{T_n'} = \frac{1}{7,24} = 0,138 \text{ s}^{-1} \qquad \omega_{Ev} = \frac{1}{T_v'} = \frac{1}{2,76} = 0,362 \text{ s}^{-1}.$$

Wir zeichnen zunächst die Asymptoten des Amplitudenganges. Da der Gesamtfrequenzgang einen I-Anteil besitzt, hat die Asymptote des Amplitudenganges im Bereich der kleinen ω - Werte, d. h. bei $\omega \ll \omega_{En}$, die negative Steigung -20 dB/Dek und schneidet die ω - Achse bei

$$\omega_0 = K_{I0} = \frac{K_{PR}}{T_n} = \frac{20}{10} = 2 \text{ s}^{-1}$$

Bei der ersten Eckfrequenz ω_{En} ändert sich die Steigung der nächsten Asymptote gegenüber der vorherigen um $+20$ dB/Dek, da sich die Zeitkonstante T_n' im Zähler der Übertragungsfunktion (5.34) befindet. Somit beträgt die resultierende Steigung der Asymptote des Amplitudenganges zwischen Kreisfrequenzen ω_{En} und ω_{Ev} den folgenden Wert:

$(-20$ dB/Dek $+ 20$ dB/Dek$) = 0$ dB/Dek.

Bei der Eckfrequenz ω_{Ev} ändert sich die Steigung der Asymptote gegenüber der vorherigen wieder um $+20$ dB/Dek, da sich die Zeitkonstante T'_v auch im Zähler der Übertragungsfunktion (5.34) befindet. Die resultierende Steigung der Asymptote nach der Kreisfrequenz ω_{Ev} ist:

$(0$ dB/Dek $+ 20$ dB/Dek$) = 20$ dB/Dek.

Der Phasengang fängt bei $\varphi = -90°$ an, da die Übertragungsfunktion (5.34) einen I-Anteil hat. Im weiteren Verlauf werden die Asymptoten des Phasenganges genauso wie beim Amplitudengang geändert, indem jede Amplitudenänderung von 20 dD/Dek einer Phasenänderung von 90° entspricht.

Das resultierende Bode-Diagramm ist im **Bild 5.12** dargestellt. Wie Bild 5.12 zeigt, wird $\varphi(\omega_0) = 0°$ bei

$$\omega_0 = \frac{1}{\sqrt{T_n T_v}} = 0{,}223\,\text{s}^{-1} \quad \text{und} \quad |G_R(j\omega_0)| = K_{PR}.$$

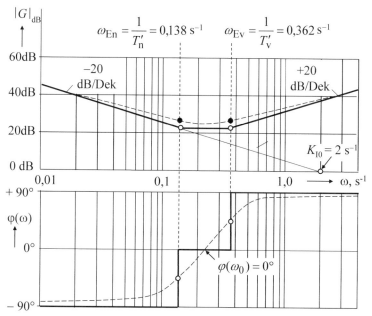

Bild 5.12 Bode-Diagramm eines PID-Gliedes mit $K_{PR} = 20$; $T_n = 10$ s; $T_v = 2$ s.

5.3 Numerische Berechnung des Bode-Diagramms

Die in den Abschnitten 5.2.1 bis 5.2.2 behandelten graphischen Verfahren zur Ermittlung des Amplituden- und Phasenganges verliert mit dem Fortschreiten der Computerentwicklung an Bedeutung. So können die in diesem Kapitel gebrachten Beispiele 5.1, 5.2, 5.3 ohne Schwierigkeiten mit einem programmierbaren Taschenrechner gelöst werden. Die Übertragungsfunktion bzw. der Frequenzgang muss hierzu nicht in Linearfaktoren zerlegt vorliegen, sondern es genügt die Polynomform von Zähler und Nenner. Dies ist besonders wichtig bei Regelkreisen, die innere Schleife aufweisen.

Zur numerischen Berechnung des Amplituden- und Phasenganges ist die Übertragungsfunktion in die folgende standardisierte Form zu bringen

$$G_0(s) = \frac{Z(s)}{N(s)} \cdot e^{-sT_t} \tag{5.37}$$

mit den Polynomen

$$Z(s) = b_m s^m + b_{m-1} s^{m-1} \ldots + b_1 s + b_0, \tag{5.38}$$

$$N(s) = a_n s^n + a_{n-1} s^{n-1} \ldots + a_1 s + a_0 .$$ (5.39)

Substituieren wir in Gl. (5.37) s durch $j\omega$, so folgt der Frequenzgang

$$G_0(j\omega) = \frac{Z(j\omega)}{N(j\omega)} \cdot e^{-j\omega T_t} .$$ (5.40)

Das Zähler- und das Nennerpolynom werden in Real- und Imaginärteil zerlegt

$$Z(j\omega) = \mathrm{Re}\,(Z) + j \cdot \mathrm{Im}\,(Z) , \qquad N(j\omega) = \mathrm{Re}\,(N) + j \cdot \mathrm{Im}\,(N) .$$

Infolge $\left| e^{-j\omega T_t} \right| = 1$ errechnen sich der Betrag und die Phase von $G_0(j\omega)$ zu

$$\left| G_0(j\omega) \right| = \sqrt{\frac{\mathrm{Re}^2\,(Z) + \mathrm{Im}^2\,(Z)}{\mathrm{Re}^2\,(N) + \mathrm{Im}^2\,(N)}}$$ (5.41)

$$\varphi_0(j\omega) = \arctan \frac{\mathrm{Im}\,(Z)}{\mathrm{Re}\,(Z)} - \arctan \frac{\mathrm{Im}\,(N)}{\mathrm{Re}\,(N)} - \omega\, T_t$$ (5.42)

Der wirksame Einsatz des in Kapitel 12 beschriebenen Software MATLAB soll im folgenden Beispiel eines drehzahlgeregelten Gleichstrommotors mit unterlagerter Stromregelung demonstriert werden.

• **Beispiel 5.4**

Zur Ermittlung der Übertragungsfunktion des aufgeschnittenen Drehzahlregelkreises wird der in **Bild 5.13** gegebene Wirkungsplan so umgezeichnet, dass sich getrennte Schleifen ergeben. Gegenüber Bild 5.13 ist in **Bild 5.14** die Verzweigung der Stromrückführung nach rechts an den Ausgang verlegt. Die zusätzliche Integration wird durch das Differenzierglied $G_D(s)$ wieder rückgängig gemacht. Aus Bild 5.14 folgt für den aufgeschnittenen Drehzahlregelkreis

$$G_0(s) = \frac{x(s)}{e(s)} = \frac{G_1(s)\,G_2(s)\,G_t(s)\,G_M(s)}{1 + G_2(s)\,G_t(s)\,G_M(s)\,G_D(s)}$$ (5.43)

$$\text{mit } G_M(s) = \frac{K_A}{sT_M(1 + sT_A) + K_1 K_A} .$$ (5.44)

Weiterhin gibt es zwei Wege, das Bode-Diagramm für $G_0(s)$ zu erstellen. Nach dem ersten Weg wird das Bode-Diagramm vom Anfang an direkt mit dem MATLAB-Skript ermittelt:

```
Kp1=50;    Kp2=1;    Kt=18;    KA=0.3;    Ki=10;         % Parameter-Eingabe
Tn1=0.7;   Tn2=0.01; Tt=0.005; TA=0.012; TM=0.44;        % Parameter-Eingabe

s= tf('s');                          % Eingabe: Laplace-Operator und Übertragungsfunktionen
G1=Kp1*(1+s*Tn1)/(s*Tn1);         G2=Kp2*(1+s*Tn2)/(s*Tn2);
Gt=Kt/(1+s*Tt);        GD=s*TM;        GM=KA/(Ki*KA+s*TM*(1+s*TA));

Gv1=G2*Gt*GM;       Gw1=Gv1/(1+Gv1*GD);
G0=G1*Gw1;

bode(G0,{0.1,1000})        %Bode-Diagramm mit gewünschten Frequenzen von 10^-1 bis 10^3
```

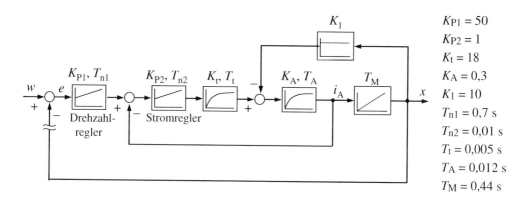

Bild 5.13 Wirkungsplan eines drehzahlgeregelten Gleichstrommotors mit unterlagerter Stromregelung

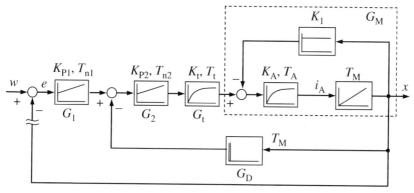

Bild 5.14 Wirkungsplan mit der an den Ausgang gelegten Verzweigungsstelle der Stromrückführung

Nach dem zweiten Weg werden zuerst die Parameter manuell berechnet. Durch Einsetzen der entsprechenden Übertragungsfunktionen in Gl. (5.43) erhalten wir:

$$G_0(s) = \frac{K_{P1}\dfrac{1+sT_{n1}}{sT_{n1}} \cdot K_{P2}\dfrac{1+sT_{n2}}{sT_{n2}} \cdot \dfrac{K_t}{1+sT_t} \cdot \dfrac{K_A}{K_1 K_A + sT_M(1+sT_A)}}{1 + K_{P2}\dfrac{1+sT_{n2}}{sT_{n2}} \cdot \dfrac{K_t}{1+sT_t} \cdot \dfrac{K_A}{K_1 K_A + sT_M(1+sT_A)} \cdot sT_M}$$

$$G_0(s) = \frac{K_{P1}K_{P2}K_t K_A (1+sT_{n1})(1+sT_{n2})}{sT_{n1}\{sT_{n2}(1+sT_t)[K_1 K_A + sT_M(1+sT_A)] + K_{P2}K_t K_A sT_M(1+sT_{n2})\}} \tag{5.45}$$

Mit den Abkürzungen:

$$b_0 = K_{P1}K_{P2}K_t K_A = 270$$
$$b_1 = b_0 \cdot (T_{n1} + T_{n2}) = 191{,}7 \text{ s}$$
$$b_2 = b_0 \cdot T_{n1}T_{n2} = 1{,}89 \text{ s}^2$$

$$a_0 = a_1 = 0$$

$$a_2 = T_{n1}K_A(T_{n2}K_1 + T_M K_{P2} K_t) = 1{,}6842\,\mathrm{s}^2$$

$$a_3 = T_{n1}T_{n2}[T_M(1 + K_{P2}K_t K_A) + T_t K_1 K_A] = 1{,}9817\cdot 10^{-2}\,\mathrm{s}^3$$

$$a_4 = T_{n1}T_{n2}T_M(T_t + T_A) = 5{,}236\cdot 10^{-5}\,s^4$$

$$a_5 = T_{n1}T_{n2}T_M T_A T_t = 1{,}8484\cdot 10^{-7}\,\mathrm{s}^5$$

wird Gl. (5.45) in die für MATLAB erforderliche Form gebracht:

$$G_0(s) = \frac{x(s)}{e(s)} = \frac{b_2 s^2 + b_1 s + b_0}{a_5 s^5 + a_4 s^4 + a_3 s^3 + a_2 s^2 + a_1 s + a_0}. \tag{5.46}$$

Das Zähler- und Nennenpolynome werden in MATLAB mit den Zähler- und Nennerkoeffizienten eingegeben, beginnend mit dem der höchsten Potenz, durch ein Leerzeichen getrennt:

num = [1.89 191.7 270];   % Zählerkoeffizienten

den = [1.848E-7 5.236E-5 1.9817E-2 1.6842 0 0]   % Nennerkoeffizienten

Somit folgt für das vorliegende Beispiel der Amplituden- und Phasenverlauf (siehe **Bild 5.15**):

G0 = tf (num, den);   % Übertragungsfunktion bzw. „tf" (*Transfer Function*)

grid on;   % Netzgitter

bode (G0,{0.1, 1000})   % Frequenzbereich { ωmin, ωmax }

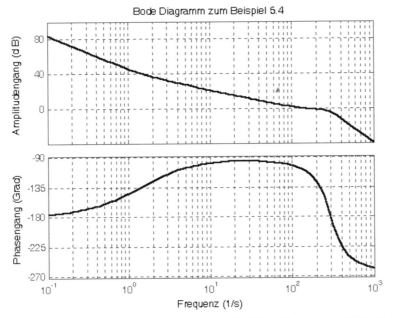

Bild 5.15 Bode-Diagramm des offenen Drehzahlregelkreises nach Bild 5.13

6 Stabilitätskriterien

In Kapitel 4 wurden verschiedene Regler mit einfachen Regelstrecken zu Regelkreisen zusammengeschaltet und deren Führungs- und Störverhalten untersucht. Die dort behandelten Systeme waren so ausgesucht, dass der geschlossene Kreis höchstens von 2. Ordnung war. Mit Hilfe der Führungs- bzw. Störübertragungsfunktion und der Dämpfung D wurde gezeigt, dass für $D > 0$ stets Stabilität vorliegt, d. h., dass die Regelgröße nur Schwingungen mit abklingender Amplitude ausführen kann und nach beendetem Einschwingvorgang einen Beharrungszustand erreicht. Bei Strecken höherer Ordnung kann es bei falsch eingestellten Kenngrößen des Reglers zur Instabilität kommen. Wird ein solch instabiler Regelkreis durch eine auftretende Störung angestoßen, so führt die Regelgröße Schwingungen aus, die sich zu immer größeren Amplituden aufschaukeln. Diese Erscheinung ist höchst unerwünscht und kann u. U. zur Zerstörung der Anlage führen. Neben dieser als *oszillatorische Instabilität* bezeichneten kennt man *noch die monotone Instabilität*. Unter Letzterer versteht man das gleichförmige Anwachsen bzw. Abnehmen der Regelgröße nach Auftreten einer Störung, bis es z. B. durch Anschläge zur Ruhe kommt.

Die Stabilität eines Regelkreises wird bestimmt durch die *Parameter der Regelstrecke* und durch die *Kenngrößen des Reglers*. Bei einem strukturstabilen Regelkreis ist es immer möglich, durch geeignete Einstellung der Kenngrößen des Reglers einen stabilen Regelverlauf zu erreichen, im Gegensatz zu strukturinstabilen Systemen. In Abschnitt 4.3.2.2 wurde bereits gezeigt, dass ein Regelkreis, bestehend aus einer integralen Regelstrecke mit einem integralen Regler, ist grundsätzlich instabil (strukturinstabil). Im Folgenden werden ausschließlich strukturstabile Regelkreise behandelt.

Zweck der Stabilitätsbetrachtung ist es, bei gegebener Regelstrecke den am besten geeigneten Regler festzulegen und bei auftretender Instabilität zu erkennen, welche Kenngrößen geändert werden müssen, um stabile Verhältnisse zu schaffen. So kann die Erhöhung der Verstärkung der Regeleinrichtung bei einer P-Strecke 1. Ordnung zur Erzielung einer möglichst geringen Regeldifferenz durchaus sinnvoll sein. Bei einer P-Strecke 3. Ordnung wird, wie die Stabilitätskriterien zeigen, mit zunehmender Verstärkung die Neigung zur Instabilität größer.

Es sind eine Reihe von Stabilitätskriterien bekannt, von denen einige wichtige behandelt werden sollen. Mathematisch gesehen, sind diese Kriterien alle äquivalent, denn alle betrachten rechnerisch oder graphisch die homogene Differentialgleichung bzw. den Kreisfrequenzgang des Regelkreises und lassen sich ineinander überführen. In der Praxis haben die einzelnen Stabilitätskriterien ihre speziellen Vor- und Nachteile, so dass die Wahl des anzuwendenden Kriteriums von der Problemstellung abhängt.

6.1 Stabilitätskriterium nach Hurwitz

In Abschnitt 4.2 (**Bild 4.9**) wurde anhand des Wirkungsplanes für den geschlossenen Regelkreis mit Gl. (4.13) die folgende Beziehung abgeleitet

$$x(s)[1 + G_R(s)G_S(s)] = G_R(s)G_S(s) \cdot w(s) + G_S(s) \cdot z(s)$$

© Springer Fachmedien Wiesbaden GmbH, ein Teil von Springer Nature 2022
S. Zacher und M. Reuter, *Regelungstechnik für Ingenieure*,
https://doi.org/10.1007/978-3-658-36407-6_6

oder

$$x(s)\left[\frac{1}{G_S(s)} + G_R(s)\right] = G_R(s) \cdot w(s) + z(s). \tag{6.1}$$

$G_R(s)$ und $G_S(s)$ sind die Übertragungsfunktionen von Regeleinrichtung und Regelstrecke. Für eine Strecke m-ter Ordnung lautet die Übertragungsfunktion

$$G_S(s) = \frac{x(s)}{y(s)} = \frac{K_{PS}}{s^m T_m^m + ... + s^2 T_2^2 + s T_1 + 1}. \tag{6.2}$$

Nehmen wir zur Regelung eine PID-Regeleinrichtung, so ist

$$G_R(s) = \frac{y_R(s)}{e(s)} = K_{PR}\left(1 + \frac{1}{s T_n} + s T_v\right) = K_{PR} \frac{s^2 T_n T_v + s T_n + 1}{s T_n}. \tag{6.3}$$

Mit (6.2) und (6.3) in (6.1) folgt

$$x(s)\left[\frac{s^m T_m^m + ... + s^2 T_2^2 + s T_1 + 1}{K_{PS}} + K_{PR} \frac{s^2 T_n T_v + s T_n + 1}{s T_n}\right]$$

$$= K_{PR} \frac{s^2 T_n T_v + s T_n + 1}{s T_n} w(s) + z(s). \tag{6.4}$$

Multiplizieren wir (6.4) mit $s \cdot T_n \cdot K_{PS}$ und ordnen nach Potenzen von s, so erhalten wir

$$[s^{m+1} \underbrace{T_n T_m^m}_{a_{m+1}} + ... + s^3 \underbrace{T_n T_2^2}_{a_3} + s^2 \underbrace{T_n(T_1 + T_v K_{PR} K_{PS})}_{a_2} + s \underbrace{T_n(1 + K_{PR} K_{PS})}_{a_1}$$

$$+ \underbrace{K_{PR} K_{PS}}_{a_0}] x(s) = [s^2 \underbrace{T_n T_v K_{PR} K_{PS}}_{b_2} + s \underbrace{T_n K_{PR} K_{PS}}_{b_1} + \underbrace{K_{PR} K_{PS}}_{b_0}] w(s) + s \underbrace{T_n K_{PS}}_{c_1} z(s). \tag{6.5}$$

Mittels Differentiationssatz und den obigen Abkürzungen finden wir im Zeitbereich die Differentialgleichung des geschlossenen Kreises (mit $n = m + 1$):

$$a_n x^{(n)}(t) + ... + a_3 \dddot{x}_a(t) + a_2 \ddot{x}_a(t) + a_1 \dot{x}_a(t) + a_0 x_a(t)$$

$$= b_2 \ddot{w}(t) + b_1 \dot{w}(t) + b_0 w(t) + c_1 \dot{z}(t). \tag{6.6}$$

In den Abschnitten 3.3 und 3.5 wurde gezeigt, dass bei einer Strecke 2. Ordnung das dynamische Verhalten (gedämpfte oder aperiodische Schwingungen) durch den Aufbau der homogenen Differentialgleichung bzw. durch die Polverteilung der Übertragungsfunktion bestimmt ist. Ebenso wird die Frage der Stabilität bzw. der Instabilität eines Regelkreises von der Struktur der homogenen Differentialgleichung beschrieben und ist unabhängig von der Art der Eingangsgrößen $w(t)$ und $z(t)$.

Es genügt die Untersuchung der homogenen Differentialgleichung oder der charakteristischen Gleichung. Erstere folgt aus Gl. (6.6) zu

$$a_\mathrm{n} x^{(n)}(t) + \ldots + a_2\,\ddot{x}_\mathrm{a}(t) + a_1\,\dot{x}_\mathrm{a}(t) + a_0\,x_\mathrm{a}(t) = 0\,. \tag{6.7}$$

Die charakteristische Gleichung ist identisch mit dem gleich Null gesetzten Nennerpolynom von $G_\mathrm{w}(s)$ bzw. $G_\mathrm{z}(s)$ und folgt mit $w(s) = 0$ und $z(s) = 0$ aus Gl. (6.5) oder aus Gl. (6.7) durch Laplace-Transformation

$$a_\mathrm{n} s^n + a_{\mathrm{n}\text{-}1} s^{n-1} \ldots + a_3 s^3 + a_2 s^2 + a_1\,s + a_0 = 0\,. \tag{6.8}$$

Nach dem Fundamentalsatz der Algebra hat die Gl. (6.8) n Lösungen, wobei die Wurzeln (reell, imaginär oder komplex) in der s-Ebene dargestellt werden können. Ferner wissen wir, dass komplexe Wurzeln immer konjugiert auftreten. Ist der Realteil einer Wurzel positiv, so liegt diese in der rechten s-Halbebene und das System ist instabil.

Ein Regelkreis mit einer charakteristischen Gleichung 2. Grades, für die $a_\mathrm{n},\ldots, a_3 = 0$ gilt, ist immer stabil. Dies gilt nur unter der Voraussetzung, dass die Koeffizienten a_2, a_1, a_0 alle vorhanden sind und gleiches Vorzeichen besitzen. So führt z. B. die Zusammensetzung zweier I-Glieder zu einem Regelkreis (Abschnitt 4.3.2.2) zu einer Differentialgleichung 2. Ordnung, in der der Koeffizient a_1 fehlt.

Es soll nun für einen Regelkreis, bestehend aus einer Strecke 2. Ordnung und eines PID-Reglers, die charakteristische Gleichung näher untersucht werden. Aus Gl. (6.5) folgt für $T_\mathrm{m},\ldots, T_3 = 0$

$$a_3 s^3 + a_2 s^2 + a_1\,s + a_0 = 0\,. \tag{6.9}$$

Zur Lösung verwenden wir den Ansatz

$$s = \alpha \pm j\omega\,. \tag{6.10}$$

Ein solches Polpaar ergibt eine Schwingung, die gedämpft, aufklingend oder von konstanter Amplitude sein kann.

- Für $\alpha < 0$ wird für $t \rightarrow \infty$ $\hat{x}(\infty) = 0$ (abklingende Schwingung),
- Für $\alpha > 0$ wird für $t \rightarrow \infty$ $\hat{x}(\infty) = \infty$ (aufklingende Schwingung),
- Für $\alpha = 0$ ergibt sich eine Dauerschwingung $\hat{x} = $ konstant.

Setzen wir Gl. (6.10) in (6.9) ein, so folgt:

$$a_3(\alpha^3 \pm j\omega 3\alpha^2 - 3\alpha\omega^2 \mp j\omega^3) + a_2(\alpha^2 \pm j\omega 2\alpha - \omega^2) + a_1(\alpha \pm j\omega) + a_0 = 0. \tag{6.11}$$

Zur Erfüllung dieser Gleichung müssen der Real- und der Imaginärteil Null sein.

$$\mathrm{Re}: \quad a_3(\alpha^3 - 3\alpha\omega^2) + a_2(\alpha^2 - \omega^2) + a_1\alpha + a_0 = 0$$

$$a_3\alpha^3 + a_2\alpha^2 + a_1\alpha + a_0 = \omega^2(3a_3\alpha + a_2)\,. \tag{6.12}$$

$$\mathrm{Im}: \quad \mp a_3\omega^3 \pm \omega(3a_3\alpha^2 + 2a_2\alpha + a_1) = 0$$

$$\omega^2 = \frac{3a_3\alpha^2 + 2a_2\alpha + a_1}{a_3}\,. \tag{6.13}$$

Mit (6.13) in (6.12) folgt:

$$a_3^2\alpha^3 + a_2 a_3\alpha^2 + a_1 a_3\alpha + a_0 a_3 = (3a_3\alpha^2 + 2a_2\alpha + a_1)(3a_3\alpha + a_2)$$

$$a_1 a_2 - a_0 a_3 = -8a_3^2\alpha^3 - 8a_2 a_3\alpha^2 - 2a_2^2\alpha - 2a_1 a_3\alpha$$

$$a_1 a_2 - a_0 a_3 = -2\alpha\,[4a_3^2\alpha^2 + 4a_2 a_3\alpha + a_2^2 + a_1 a_3] \tag{6.14}$$

$$a_1 a_2 - a_0 a_3 = -2\alpha\,[(2a_3\alpha + a_2)^2 + a_1 a_3]\,.$$

Unter der Voraussetzung, dass alle Koeffizienten positiv sind, kann man aus Gl. (6.14) folgende Bedingungen ableiten:

- Ist $a_1 a_2 - a_0 a_3 > 0$, so ist α negativ (abklingende Schwingung, der Kreis ist stabil).
- Für $a_1 a_2 - a_0 a_3 = 0$ ist $\alpha = 0$ (Fall der Dauerschwingung, Stabilitätsgrenze).
- Ist $a_1 a_2 - a_0 a_3 < 0$, so ist $\alpha > 0$ (aufklingende Schwingung, der Kreis ist instabil).

Dieser Zusammenhang lässt sich durch eine Determinante D ausdrücken.

$$D = \begin{vmatrix} a_1 & a_3 \\ a_0 & a_2 \end{vmatrix} \quad \begin{cases} > 0 & \text{stabil} \\ = 0 & \text{Stabilitätsgrenze} \\ < 0 & \text{instabil.} \end{cases} \tag{6.15}$$

Hurwitz hat nun die Abhängigkeit der Stabilität von den Koeffizienten a_i abgeleitet und in Form der *Hurwitz*-Determinante, dargestellt, die den folgenden Aufbau hat:

$$D = \begin{vmatrix} a_1 & a_3 & a_5 & a_7 & \cdots \\ a_0 & a_2 & a_4 & a_6 & \cdots \\ 0 & a_1 & a_3 & a_5 & \cdots \\ 0 & a_0 & a_2 & a_4 & \cdots \\ 0 & 0 & a_1 & a_3 & \cdots \\ 0 & 0 & a_0 & a_2 & \cdots \\ \cdot & \cdot & \cdot & \cdot & \cdots \end{vmatrix}$$

Die Determinante hat stets n Zeilen und n Spalten, wobei n der Grad der charakteristischen Gleichung ist. Die erste Zeile wird durch die Koeffizienten mit ungeraden Indizes a_1, a_3, a_5,... gebildet. Die zweite Zeile enthält die Koeffizienten mit geraden Indizes a_0, a_2, a_4, ... Die dritte bzw. vierte Zeile entspricht der ersten bzw. zweiten Zeile nur um eine Spalte nach rechts verschoben. $\tag{6.16}$

Nach dem *Hurwitz*-Kriterium müssen für die Stabilität eines Regelkreises folgende Bedingungen erfüllt sein:

a) Für ein System n-ter Ordnung müssen alle Koeffizienten a_n, ... a_0 vorhanden sein und alle das positive Vorzeichen besitzen.

b) Die aus den Koeffizienten a_n, ... a_0 gebildete Determinante sowie die in Gl. (6.16) gestrichelt umrandeten Unterdeterminanten müssen größer als Null sein.

Für eine charakteristische Gleichung 3. Grades ($n = 3$), erhält man

$$D = \begin{vmatrix} a_1 & a_3 & 0 \\ a_0 & a_2 & 0 \\ 0 & a_1 & a_3 \end{vmatrix} = a_1 a_2 a_3 - a_0 a_3^2$$

Daraus folgt für ein stabiles System mit $a_1 > 0$ und $a_3 > 0$

$$a_1 a_2 - a_0 a_3 > 0 \text{ (stabil).} \tag{6.17}$$

Dieses Ergebnis ist identisch mit der zuvor abgeleiteten Beziehung (6.15).

Für eine Differentialgleichung 4. Ordnung ($n = 4$) folgt:

$$D = \begin{vmatrix} a_1 & a_3 & 0 & 0 \\ a_0 & a_2 & a_4 & 0 \\ 0 & a_1 & a_3 & 0 \\ 0 & a_0 & a_2 & a_4 \end{vmatrix} = a_4 \begin{vmatrix} a_1 & a_3 & 0 \\ a_0 & a_2 & a_4 \\ 0 & a_1 & a_3 \end{vmatrix},$$

$$D = a_4 (a_1 a_2 a_3 - a_0 a_3^2 - a_1^2 a_4) \tag{6.18}$$

und bei Stabilität (für $a_4 > 0$)

$$a_1 a_2 a_3 - a_0 a_3^2 - a_1^2 a_4 > 0. \tag{6.19}$$

Für eine charakteristische Gleichung 5. Grades ($n = 5$) folgt aus Gl. (6.16)

$$D = \begin{vmatrix} a_1 & a_3 & a_5 & 0 & 0 \\ a_0 & a_2 & a_4 & 0 & 0 \\ 0 & a_1 & a_3 & a_5 & 0 \\ 0 & a_0 & a_2 & a_4 & 0 \\ 0 & 0 & a_1 & a_3 & a_5 \end{vmatrix}.$$

Der Faktor a_5 in der 5. Zeile und 5. Spalte kann unberücksichtigt bleiben wie in Gl. (6.18). Es verbleiben nur noch die ersten vier Zeilen und Spalten. Entwickeln wir diese nach der 4. Spalte, so folgt:

$$D = a_5 \left\{ -a_5 \begin{vmatrix} a_1 & a_3 & a_5 \\ a_0 & a_2 & a_4 \\ 0 & a_0 & a_2 \end{vmatrix} + a_4 \begin{vmatrix} a_1 & a_3 & a_5 \\ a_0 & a_2 & a_4 \\ 0 & a_1 & a_3 \end{vmatrix} \right\}$$

$$D = a_5 [-a_5 (a_1 a_2^2 + a_0^2 a_5 - a_0 a_2 a_3 - a_0 a_1 a_4)$$

$$+ a_4 (a_1 a_2 a_3 + a_0 a_1 a_5 - a_1^2 a_4 - a_0 a_3^2)].$$

Nach einer Zwischenrechnung erhält man bei Stabilität

$$(a_0 a_3 - a_1 a_2)(a_2 a_5 - a_3 a_4) - (a_0 a_5 - a_1 a_4)^2 > 0. \tag{6.20}$$

- **Beispiel 6.1**

Gegeben ist ein Regelkreis, bestehend aus einer P-T$_2$-Strecke mit $K_{PS} = 0,5$; $T_1 = 30$ s; $T_2^2 = 200$ s^2 und eines PI-Reglers mit $K_{PR} = 10$ und $T_n = 4$ s:

$$G_S(s) = \frac{K_{PS}}{s^2 T_2^2 + s T_1 + 1} \quad \text{und} \quad G_R(s) = K_{PR}\left(1 + \frac{1}{s T_n}\right)$$

Gesucht:

a) Ist der Regelkreis stabil?
b) Auf welchen Wert müsste T_n vergrößert werden, um die Stabilitätsgrenze zu erreichen?
c) Bei gleicher Nachstellzeit wie unter a) soll durch Hinzunahme eines D-Anteils die Stabilitätsgrenze erreicht werden. Wie groß muss T_v gemacht werden?

Zu a)

Die linke Seite der Gl. (6.1) entspricht der charakteristischen Gleichung des geschlossenen Regelkreises, die für die Stabilitätsuntersuchung maßgebend ist:

$$x(s)\left[\frac{1}{G_S(s)} + G_R(s)\right] = 0 \quad \text{bzw.} \quad \frac{1}{G_S(s)} + G_R(s) = 0. \tag{6.21}$$

Durch Einsetzen der gegebenen Übertragungsfunktionen $G_R(s)$ und $G_S(s)$ in Gl. (6.21) folgt:

$$s^3 \underbrace{T_n T_2^2}_{a_3} + s^2 \underbrace{T_n T_1}_{a_2} + s \underbrace{T_n(1 + K_{PR} K_{PS})}_{a_1} + \underbrace{K_{PR} K_{PS}}_{a_0} = 0 .$$

Für die Koeffizienten ergeben sich folgende positive Werte:

$$a_3 = T_n T_2^2 = 800 \text{ s}^3; \qquad\qquad a_1 = T_n(1 + K_{PR} K_{PS}) = 24 \text{ s};$$
$$a_2 = T_n T_1 = 120 \text{ s}^2; \qquad\qquad a_0 = K_{PR} K_{PS} = 5.$$

Die Hurwitz-Determinante für eine charakteristische Gleichung 3. Grades, die wir bereits abgeleitet haben, führt zu

$$D = a_3(a_1 a_2 - a_0 a_3) \text{ bzw. } a_1 a_2 - a_0 a_3 = 2880 \text{ s}^3 - 4000 \text{ s}^3 = -1120 \text{ s}^3 .$$

$D < 0$, d. h. der Regelkreis ist instabil.

Zu b)

An der Stabilitätsgrenze ist $D = 0$ bzw.

$$a_1 a_2 = a_0 a_3$$

und folglich $T_n^2 T_1(1 + K_{PR} K_{PS}) = T_n T_2^2 K_{PR} K_{PS}$:

$$T_n = \frac{T_2^2 K_{PR} K_{PS}}{T_1(1 + K_{PR} K_{PS})} = \frac{1000 \text{ s}^2}{30 \text{ s} \cdot 6} = 5,55 \text{ s} .$$

Für $T_n > 5,55$ s ist der Regelkreis stabil. Dies ist noch keine Aussage über die Regelgüte. So würde z. B. für $T_n = 6$ s die Dämpfung des Systems immer noch zu gering sein.

Zu c)

Durch den zusätzlichen D-Anteil erhält die charakteristische Gleichung folgende Form:

$$s^3 T_n T_2^2 + s^2 T_n (T_1 + T_v K_{PR} K_{PS}) + s T_n (1 + K_{PR} K_{PS}) + K_{PR} K_{PS} = 0.$$

Durch Nullsetzen der entsprechenden Kenngrößen folgt dies auch aus. Gl. (6.5). Gegenüber a) hat sich lediglich der Koeffizient a_2 geändert.

$$a_2 = T_n (T_1 + T_v K_{PR} K_{PS}).$$

An der Stabilitätsgrenze ist wieder $D = 0$ bzw.

$$a_1 a_2 = a_0 a_3$$

$$T_n (T_1 + T_v K_{PR} K_{PS}) = \frac{K_{PR} K_{PS} T_2^2}{1 + K_{PR} K_{PS}}$$

$$T_v = \frac{1}{K_{PR} K_{PS}} \left[\frac{K_{PR} K_{PS} T_2^2}{T_n (1 + K_{PR} K_{PS})} - T_1 \right] = 2{,}33 \, s.$$

Für $T_v > 2{,}33 \, s$ ist der Regelkreis stabil. Die Kreisfrequenz, mit der die Regelgröße an der Stabilitätsgrenze schwingt, erhält man aus Gl. (6.12) bzw. (6.13), denn im Fall der Dauerschwingung ist $\alpha = 0$. Aus Gl. (6.12) folgt für $\alpha = 0$

$$\omega^2 = \frac{a_0}{a_2}$$

und aus Gl. (6.13)

$$\omega^2 = \frac{a_1}{a_3} \quad \text{bzw.} \quad \omega = \sqrt{\frac{a_0}{a_2}} = \sqrt{\frac{a_1}{a_3}} = \sqrt{3} \cdot 10^{-1} \, s^{-1} = 0{,}173 \, s^{-1}.$$

Abschließend kann gesagt werden, dass bei einer P-T2-Strecke die Stabilität durch Vergrößern von T_n und T_v vergrößert wird, d. h. Verkleinerung des I- und Vergrößerung des D-Anteils.

▶ **Aufgabe 6.1**

Eine P-T3-Strecke mit

$$G_S(s) = \frac{K_{PS}}{(1 + s T_1)^3}$$

wird von einer P-Regeleinrichtung geregelt.

$$G_R(s) = K_{PR}$$

Gesucht:

a) Für welches $K_{PR} = K_{PRkr}$ wird der Kreis instabil?

b) Wie groß ist dann die mittlere bleibende Regeldifferenz $e(\infty)$ für $w(t) = w_0 \cdot \sigma(t)$?

c) Mit welcher Frequenz $\omega = \omega_{kr}$ schwingt die Regelgröße an der Stabilitätsgrenze?

6.2 Stabilitätskriterium nach Nyquist

Der vorangegangene Abschnitt hat gezeigt, dass das Hurwitz-Kriterium relativ einfach zu handhaben ist. Es versagt jedoch, wenn der Regelkreis ein Totzeitglied enthält, das nicht durch eine gewöhnliche Differentialgleichung beschrieben werden kann. In diesem Fall wird die charakteristische Gleichung transzendent und die Anwendung des *Hurwitz*-Kriteriums ist nur näherungsweise möglich, wenn der Term e^{-sT_t} in eine Potenzreihe entwickelt wird. Demgegenüber ist das *Nyquist*-Kriterium universeller und schließt die Untersuchung von Totzeitsystemen mit ein. Zur Herleitung des *Nyquist*-Kriteriums betrachten wir den in **Bild 6.1** gezeigten Regelkreis, dessen Führungs- und Störübertragungsfunktion bereits in Abschnitt 4.2 mit

$$G_W(s) = \frac{G_R(s)G_S(s)}{1 + G_R(s)G_S(s)} = \frac{G_0(s)}{1 + G_0(s)} \quad \text{und} \tag{6.22}$$

$$G_Z(s) = \frac{G_S(s)}{1 + G_R(s)G_S(s)} = \frac{G_S(s)}{1 + G_0(s)} \tag{6.23}$$

abgeleitet wurden. Hierin ist die Übertragungsfunktion des aufgeschnittenen Kreises:

$$G_0(s) = G_R(s)G_S(s). \tag{6.24}$$

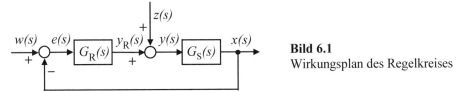

Bild 6.1
Wirkungsplan des Regelkreises

Die charakteristische Gleichung des geschlossenen Systems folgt durch Nullsetzen des Nenners von (6.22) bzw. (6.23) zu

$$1 + G_0(s) = 0. \tag{6.25}$$

Maßgebend für die Stabilität eines Systems ist, dass alle Nullstellen von $[1 + G_0(s)]$, die identisch sind mit den Polen von $G_W(s)$ bzw. $G_Z(s)$, in der linken s-Halbebene liegen. Das *Nyquist*-Kriterium betrachtet den Verlauf der Ortskurve von $[1 + G_0(j\omega)]$, die durch Parallelverschiebung von $G_0(j\omega)$ um $+ 1$ in positiv reeller Richtung entsteht.

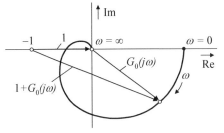

Wie **Bild 6.2** zeigt, kann man für die Ortskurve $[1 + G_0(j\omega)]$ den Punkt $(- 1, j0)$ als neuen Ursprung betrachten.

Bild 6.2 Zusammenhang zwischen
$G_0(j\omega)$ und $[1+G_0(j\omega)]$

Nach *Nyquist* ist die Winkeländerung des Zeigers $[1 + G_0(j\omega)]$ im Bereich $\omega = 0 \ldots \infty$ bei Stabilität abhängig von der Polverteilung von $G_0(j\omega)$, wie in Abschnitt 6.2.2 gezeigt werden wird.

6.2.1 Graphische Ermittlung der Ortskurve bei gegebener Pol-Nullstellenverteilung

Gegeben sei die Übertragungsfunktion $G_0(s)$ in Linearfaktoren

$$G_0(s) = K \cdot \frac{(s - s_{n1})(s - s_{n2})(s - s_{n3}) \cdots}{(s - s_{P1})(s - s_{P2})(s - s_{P3}) \cdots}. \tag{6.26}$$

Die in Gl. (6.26) expliziten Pole und Nullstellen lassen sich, wie in **Bild 6.3** gezeigt, in der s-Ebene darstellen. Betrachten wir den Frequenzgang von Gl. (6.26), so wird

$$G_0(j\omega) = K \frac{(j\omega - s_{n1})(j\omega - s_{n2})(j\omega - s_{n3}) \cdots}{(j\omega - s_{P1})(j\omega - s_{P2})(j\omega - s_{P3}) \cdots}. \tag{6.27}$$

Für einen bestimmten ω - Wert stellt jeder der Linearfaktoren in Gl. (6.27) einen Zeiger dar, der von dem betreffenden Pol bzw. der Nullstelle zum Punkt $j\omega$ auf der imaginären Achse zeigt.

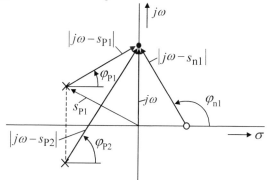

Bild 6.3
Pol-Nullstellenverteilung in der s-Ebene

Die Länge des Zeigers entspricht dem Betrag des Linearfaktors, und die Phasenverschiebung ist der Winkel, den der Zeiger mit der positiv reellen Achse einschließt. Gl. (6.27) erhält dann die Form

$$G_0(j\omega) = K \frac{|j\omega - s_{n1}||j\omega - s_{n2}||j\omega - s_{n3}| \cdots}{|j\omega - s_{p1}||j\omega - s_{p2}||j\omega - s_{p3}| \cdots} e^{j(\varphi_{n1} + \ldots - \varphi_{p1} - \ldots)}. \tag{6.28}$$

Der Betrag des resultierenden Zeigers an die Ortskurve $G_0(j\omega)$ ergibt sich durch Multiplikation bzw. Division der einzelnen Zeigerlängen $|j\omega - s_{ni}|$ bzw. $|j\omega - s_{pi}|$ und dem Faktor K. Entsprechend erhalten wir den resultierenden Phasenwinkel durch Addition bzw. Subtraktion der $\varphi_{ni}(\omega)$ bzw. $\varphi_{pi}(\omega)$. Zu jedem ω - Wert lässt sich so der Zeiger an die Ortskurve $G_0(j\omega)$ graphisch bestimmen, dessen Endpunkt beim Durchlaufen von $\omega = 0 \ldots \infty$ die Ortskurve beschreibt.

Bei der Anwendung des *Nyquist*-Kriteriums interessiert die gesamte Winkeländerung $\Delta\varphi$, die der Zeiger im Bereich $0 \leq \omega \leq \infty$ beim Durchlaufen der Ortskurve $[1 + G_0(j\omega)]$ zurücklegt. Diese gesamte Winkeländerung ergibt sich ebenfalls aus der Summe der Winkeländerungen, hervorgerufen durch die einzelnen Pole und Nullstellen.

In Bild **6.4** sind die Winkeländerungen für den Fall dargestellt, dass die Nullstelle links bzw. rechts der imaginären Achse liegt. Nullstellen auf der imaginären Achse werden im Anschluss behandelt.

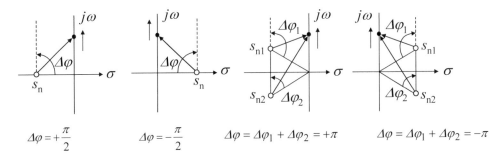

$$\Delta\varphi = +\frac{\pi}{2} \qquad \Delta\varphi = -\frac{\pi}{2} \qquad \Delta\varphi = \Delta\varphi_1 + \Delta\varphi_2 = +\pi \qquad \Delta\varphi = \Delta\varphi_1 + \Delta\varphi_2 = -\pi$$

Bild 6.4 Winkeländerung $\Delta\varphi$ in Abhängigkeit von der Lage der Nullstellen

Wie Bild 6.4a) und b) zeigt, bewirkt eine Nullstelle links der imaginären Achse eine Winkeländerung von $\Delta\varphi = +\pi/2$ und eine Nullstelle rechts der imaginären Achse ein $\Delta\varphi = -\pi/2$ (im mathematischen Drehsinn), wenn $\omega = 0 \dots \infty$ geändert wird.

Betrachten wir nun das konjugiert komplexe Nullstellenpaar in Bild 6.4c) und d), so wird bei negativem Realteil insgesamt eine Winkeländerung $\Delta\varphi = \Delta\varphi_1 + \Delta\varphi_2 = +\pi$ bewirkt und bei positivem Realteil $\Delta\varphi = \Delta\varphi_1 + \Delta\varphi_2 = -\pi$. Da komplexe Nullstellen nur konjugiert auftreten, können wir generell pro Nullstelle mit einer Winkeländerung

$\Delta\varphi = +\pi/2$, bei negativem Realteil und $\Delta\varphi = -\pi/2$, bei positivem Realteil rechnen. Für Polstellen gelten in Bild 6.4 die umgekehrten Vorzeichen,

Es ist nun noch der Fall einer Nullstelle bzw. eines Poles auf der imaginären Achse nachzutragen. Betrachten wir hierzu die beiden Übertragungsfunktionen:

$$G_1(s) = \frac{K}{1 + sT_1} \tag{6.29}$$

$$G_2(s) = \frac{K}{(sT_1)^n (1 + sT_1)}. \tag{6.30}$$

Der Phasenwinkel des Frequenzganges zu Gl. (6.29) lautet

$$\varphi_1(\omega) = -\arctan(\omega T_1). \tag{6.31}$$

Daraus folgt: $\quad \varphi_1(\omega = 0) = 0$

$$\varphi_1(\omega = \infty) = -\frac{\pi}{2} \quad \text{und} \quad \Delta\varphi_1 = \varphi_1(\omega = \infty) - \varphi_1(\omega = 0) = -\frac{\pi}{2}.$$

Für den Frequenzgang zu Gl. (6.30) erhalten wir den Phasenwinkel

$$\varphi_2(\omega) = \left(-\frac{\pi}{2}\right) \cdot n - \arctan(\omega T_1). \tag{6.32}$$

Aus Gl. (6.32) folgt

$$\varphi_2(\omega = 0) = \left(-\frac{\pi}{2}\right) \cdot n.$$

$$\varphi_2(\omega = \infty) = \left(-\frac{\pi}{2}\right) \cdot n - \frac{\pi}{2} \quad \text{und} \quad \Delta\varphi_2 = \varphi_2(\omega = \infty) - \varphi_2(\omega = 0) = -\frac{\pi}{2}.$$

Das Ergebnis zeigt, dass die gesamte Winkeländerung $\Delta\varphi$ unabhängig von der Anzahl der Pole auf der imaginären Achse ist. Pole auf der imaginären Achse verändern zwar den Verlauf der Ortskurve, in dem die Anfangslage des Zeigers pro Pol um $-\pi/2$ gedreht wird, sie haben jedoch keinen Einfluss auf die gesamte Winkeländerung $\Delta\varphi$. Bezeichnen wir die Nullstellen mit s_{ni}, so erhalten wir das folgende Ergebnis:

$$\Delta\varphi_{ni} = \begin{cases} +\dfrac{\pi}{2} & \text{für } \mathrm{Re}(s_{ni}) < 0 \\[2mm] 0 & \text{für } \mathrm{Re}(s_{ni}) = 0 \\[2mm] -\dfrac{\pi}{2} & \text{für } \mathrm{Re}(s_{ni}) > 0. \end{cases} \tag{6.33}$$

Für Pole gelten in Gl. (6.33) die umgekehrten Vorzeichen.

6.2.2 Ableitung des *Nyquist*-Kriteriums

Nach Gl. (6.25) lautet die charakteristische Gleichung

$$1 + G_0(s) = 1 + \frac{Z(s)}{N(s)} = 0. \tag{6.34}$$

Die Übertragungsfunktion des aufgeschnittenen Kreises $G_0(s)$ in Gl. (6.34) ist, unter Vernachlässigung eines eventuell vorhandenen Totzeitgliedes, eine rational gebrochene Funktion, mit dem Zählerpolynom $Z(s)$ und dem Nennerpolynom $N(s)$. Bei realen Systemen ist der Grad n des Nennerpolynoms immer größer, höchstens gleich dem Grad des Zählers. Bringen wir Gl. (6.34) auf den gemeinsamen Nenner $N(s)$, so wird

$$1 + G_0(s) = \frac{N(s) + Z(s)}{N(s)} = 0 \tag{6.35}$$

bzw. der Frequenzgang

$$1 + G_0(j\omega) = \frac{N(j\omega) + Z(j\omega)}{N(j\omega)}. \tag{6.36}$$

Das Zählerpolynom Gl. (6.35) $N(s) + Z(s)$ hat dann ebenfalls den Grad n. Die gesamte Winkeländerung $\Delta\varphi$ des Frequenzganges $1 + G_0(j\omega)$ ergibt sich aus

1. den n Nullstellen von $N(j\omega) + Z(j\omega)$ und
2. den n Polstellen von $N(j\omega)$.

Der geschlossene Kreis mit der charakteristischen Gleichung (6.35) soll stabil sein, d. h., dass sämtliche n Nullstellen von $N(j\omega) + Z(j\omega)$ negativen Realteil haben müssen. Nach den Beziehungen (6.33) und (6.36) beträgt die Winkeländerung

$$\Delta\varphi_1 = n \cdot \left(+\frac{\pi}{2} \right). \tag{6.37}$$

Der Nenner $N(s)$ von $1 + G_0(s)$ ist identisch mit dem Nenner von $G_0(s)$. Das offene System $G_0(s)$ muss nicht stabil sein, d. h. die n Pole können beliebig in der s-Ebene verteilt liegen. Unter Verwendung der folgenden Bezeichnungen

n Ordnung von $G_0(s)$

n_l Anzahl der Pole in der linken s-Ebene

n_r Anzahl der Pole in der rechten s-Ebene

n_i Anzahl der Pole auf der imaginären Achse

erhalten wir

$$n = n_l + n_i + n_r. \tag{6.38}$$

Die durch den Nenner von (6.36) bedingte Winkeländerung ist dann

$$\Delta\varphi_2 = -\left[n_l \left(+\frac{\pi}{2} \right) + n_r \left(-\frac{\pi}{2} \right) \right] = -\frac{\pi}{2}(n_l - n_r). \tag{6.39}$$

Für die gesamte Winkeländerung von $1 + G_0(j\omega)$ folgt somit

$$\Delta\varphi = \Delta\varphi_1 + \Delta\varphi_2 = \frac{\pi}{2}(n - n_l + n_r). \tag{6.40}$$

Obwohl die auf der imaginären Achse liegenden Pole keinen Beitrag liefern, folgt aus Gl. (6.38)

$$n_l = n - n_i - n_r. \tag{6.41}$$

Mit Gl. (6.41) in Gl. (6.40) erhalten wir schließlich

$$\Delta\varphi = (2n_r + n_i) \cdot \frac{\pi}{2}. \tag{6.42}$$

Die allgemeine Fassung des *Nyquist*-Kriteriums lautet:

Besitzt die Übertragungsfunktion des offenen Kreises $G_0(s)$ n_r Pole mit positivem Realteil und n_i Pole auf der imaginären Achse, dann ist der geschlossene Kreis genau dann stabil, wenn der vom kritischen Punkt $(-1, j0)$ an die Ortskurve $G_0(j\omega)$ gezogene Fahrstrahl beim Durchlaufen der Ortskurve im Bereich $0 \le \omega \le \infty$ eine Winkeländerung von

$$\Delta\varphi = (2n_r + n_i) \cdot \frac{\pi}{2} \tag{6.43}$$

beschreibt.

6.2.3 Anwendung des *Nyquist*-Kriteriums

Zur Interpretation des *Nyquist*-Kriteriums betrachten wir im Folgenden, rein qualitativ, einige Systeme mit typischen Polkonfigurationen

1. $G_0(s)$ hat nur Pole mit negativem Realteil.

Ein Regelkreis bestehe aus einer P-T_3-Strecke mit

$$G_S(s) = \frac{K_{PS}}{(1 + sT_a)(1 + sT_b)(1 + sT_c)}$$

und einer Regeleinrichtung mit

$$G_R(s) = K_{PR}.$$

Wie die Übertragungsfunktion des aufgeschnittenen Kreises

$$G_0(s) = G_R(s)G_S(s) = \frac{K_{PR} K_{PS}}{(1 + sT_a)(1 + sT_b)(1 + sT_c)}$$

zeigt, liegen sämtliche Pole in der linken s-Halbebene, d. h. es ist

$n_r = 0$

$n_i = 0$ (6.44)

$n_l = n.$

Die Bedingung für Stabilität des geschlossenen Kreises nach (6.43) mit (6.44) ergibt

$\Delta\varphi = 0.$ (6.45)

In **Bild 6.5** ist der Verlauf der Ortskurve von $G_0(j\omega)$ qualitativ dargestellt. Vergrößern wir K_{PR}, so wird der Zeiger $G_0(j\omega)$ proportional gestreckt. In Bild 6.5a) beschreibt der Fahrstrahl $[1 + G_0(j\omega)]$ eine Winkeländerung von $\Delta\varphi = 0$, wie bei Stabilität durch Gl. (6.45) gefordert.

Durch Vergrößern von K_{PR} geht in Bild 6.5b) die Ortskurve $G_0(j\omega)$ gerade durch den kritischen Punkt $(-1, j0)$. Das ist der Fall der Stabilitätsgrenze. Eine weitere Vergrößerung von K_{PR} führt zu dem in Bild 6.5c) gezeigten Ortskurvenverlauf, mit einer

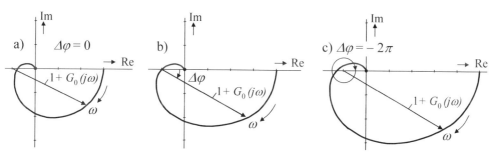

Bild 6.5 Ortskurvenverlauf $G_0(j\omega)$: $n_l = n$; $n_r = n_i = 0$, a) stabil, b) Stabilitätsgrenze, c) instabil

Winkeländerung des Fahrstrahls $[1 + G_0(j\omega)]$ von

$$\Delta\varphi = -2\pi,$$

d. h., der geschlossene Kreis ist instabil.

2. $G_0(s)$ hat, neben Polen mit negativem Realteil, einen Pol im Ursprung.

In **Bild 6.6** sind die beiden Fälle Stabilität und Instabilität für

$$G_S(s) = \frac{K_{PS}}{(1 + sT_a)(1 + sT_b)} \quad \text{und} \quad G_R(s) = \frac{K_{IR}}{s} \quad \text{bzw.}$$

$$G_0(s) = G_R(s)G_S(s) = \frac{K_{IR}K_{PS}}{s(1 + sT_a)(1 + sT_b)}$$

dargestellt. Es ist $n_r = 0$ und $n_i = 1$. Damit folgt aus Bedingung (6.43)

$$\Delta\varphi = +\frac{\pi}{2},$$

bei Stabilität (Bild 6.6a). Durch Vergrößern von K_{IR} nimmt die Ortskurve $[1+G_0(j\omega)]$ den in Bild 6.6b) gezeigten Verlauf mit einer Winkeländerung von

$$\Delta\varphi = -\frac{3}{2}\pi,$$

d. h., der geschlossene Kreis ist instabil. Für den Fall der Stabilitätsgrenze würde $G_0(j\omega)$ gerade durch den kritischen Punkt $(-1, j0)$ verlaufen.

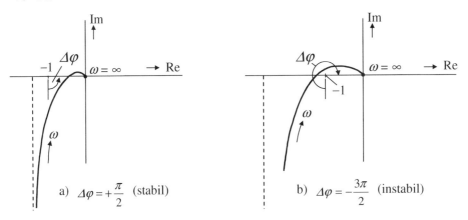

Bild 6.6 Ortskurvenverlauf $G_0(j\omega)$ mit $n_r = 0$; $n_i = 1$

3. $G_0(s)$ enthält ein Totzeitglied.

Betrachten wir hierzu einen Regelkreis bestehend aus

$$G_S(s) = \frac{K_{PS}}{1 + sT_1} e^{-sT_t} \quad \text{und} \quad G_R(s) = K_{PR}. \tag{6.46}$$

Der Frequenzgang des aufgeschnittenen Kreises lautet dann

$$G_0(j\omega) = G_R(j\omega)G_S(j\omega) = \frac{K_{PR}K_{PS}}{1+j\omega T_1}e^{-j\omega T_t},$$

dessen Betrag $|G_0(j\omega)| = \dfrac{K_{PR}K_{PS}}{\sqrt{1+(\omega T_1)^2}}$ ist unabhängig von der Totzeit. Dagegen erhält

der Phasenwinkel $\varphi_0(\omega) = -\omega T_t - \arctan(\omega T_1)$ durch das Totzeitglied eine zusätzliche

Phasendrehung $-\omega T_t$, proportional ω. Reale Glieder haben immer Tiefpasscharakter, so dass für $\omega \rightarrow \infty$ alle Ortskurven in den Ursprung laufen. Wie bereits in Abschnitt 3.9 gezeigt, verlaufen die Ortskurven von Totzeitsystemen spiralförmig in den Ursprung. Ohne Beweis sei hier angemerkt, dass auch bei Totzeitkreisen die Bedingung (6.43) gilt. Für das durch Gl. (6.46) beschriebene System ist $n_r = n_i = 0$. Die Winkeländerung muss gemäß der Bedingung (6.43)

$$\Delta\varphi = 0$$

sein, wenn der geschlossene Kreis stabil arbeiten soll. **Bild 6.7a)** zeigt den Verlauf von $G_0(j\omega)$ bei Stabilität. Bei Instabilität (**Bild 6.7b**) ist die Winkeländerung des Fahrstrahls $[1 + G_0(j\omega)]$

$$\Delta\varphi = -2\pi.$$

Wird der kritische Punkt n-mal umschlungen, so ist

$$\Delta\varphi = n \cdot (-2\pi).$$

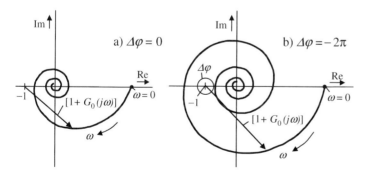

Bild 6.7   Ortskurvenverlauf $G_0(j\omega)$ beim Vorhandensein einer Totzeit T_t, a) stabil, b) instabil

• **Beispiel 6.2**

Gegeben ist der in **Bild 6.8** abgebildete Regelkreis mit

$$G_S(s) = \frac{K_{PS}}{sT_I(1+sT_1)} \quad \text{und}$$

$$G_R(s) = K_{PR}\left[1 + \frac{1}{sT_n} + sT_v\right] = K_{PR}\frac{s^2 T_n T_v + sT_n + 1}{sT_n}.$$

K_{PS}	$= 0{,}5$
T_I	$= 10$ s
T_1	$= 5$ s
K_{PR}	$= 20$
T_n	$= 4$ s
T_v	$= 0{,}2$ s

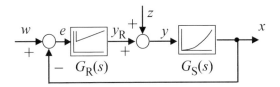

Bild 6.8 Regelkreis bestehend aus einer IT₁-Strecke und einer PID-Regeleinrichtung

Es sind zu ermitteln: a) Ist der Regelkreis stabil?

b) Wie beeinflussen die drei Regelparameter die Stabilität?

Zu a)

Die Übertragungsfunktion des aufgeschnittenen Kreises

$$G_0(s) = G_R(s)G_S(s) = K_{PR}K_{PS}\frac{s^2 T_n T_v + s T_n + 1}{s^2 T_n T_I(1 + s T_1)} \tag{6.47}$$

zeigt, dass ein Doppelpol im Ursprung vorliegt (doppeltes I-Verhalten). Die Winkeländerung wird mit $n_i = 2$, $n_r = 0$ nach Bedingung (6.43) bei Stabilität

$$\Delta\varphi = + \pi. \tag{6.48}$$

Wir diskutieren zunächst den Ortskurvenverlauf von

$$G_0(j\omega) = K_{PR}K_{PS}\frac{1 - \omega^2 T_n T_v + j\omega T_n}{-\omega^2 T_n T_I(1 + j\omega T_1)}. \tag{6.49}$$

Aus der Gln. (6.49) und dem unten gegebenen MATLAB-Skript (6.51) folgt der in Bild 6.9 gezeigten Ortskurvenverlauf. Der Kreis ist demnach instabil.

```
KpS=0.5;  T1=10;  Ti=5;                    % Eingabe: Streckenparameter
KpR=25;   Tn=4;    Tv=0.2;                  % Eingabe: Reglerparameter
s= tf('s');                                % Eingabe: Laplace-Operator
Gs=KpS/(s*(1+s*T1));                        % Strecken-Übertragungsfunktion
GR=KpR*(1+s*Tn)*(1+s*Tv)/(s*Tn);       -   % Regler-Übertragungsfunktion
G0=GR*Gs;                                  % Aufgeschnittener Regelkreis
h = nyquistplot(G0);                       % Ortskurve von G0
setoptions(h,'ShowFullContour','off')      % nur für positive Frequenzen
xmin=-2; xmax=0.1; ymin=-0.15; ymax=0.15;  % Ausgabe-Bereich für Ortskurve
axis([xmin xmax ymin ymax]);               % Grenzwerte von Koordinaten-Axen
```

Zu b)

Der Einfluss von K_{PR} auf die Stabilität ist leicht zu finden. Vergrößern wir K_{PR}, so wächst der Zeiger $G_0(j\omega)$ proportional. Dadurch kann erreicht werden, dass die Ortskurve den in **Bild 6.9** gestrichelt gezeichneten Verlauf nimmt. Für

$$K_{PR} > \frac{20}{0,8} = 25,$$

wird der geschlossene Kreis stabil. Der Fahrstrahl von $(-1, j0)$ an die gestrichelte Ortskurve beschreibt jetzt eine Winkeländerung von $\Delta\varphi = + \pi$, wie durch Gl. (6.48) gefordert.

Der Einfluss der beiden anderen Regelparameter ergibt sich aus der Betrachtung des Schnittpunktes der Ortskurve mit der negativ reellen Achse. Es ist dann: $\mathrm{Im}\,(G_0) = 0$.

Zerlegen wir Gl. (6.49) in Real- und Imaginärteil, so wird:

$$\mathrm{Re}(G_0) = -\frac{K_{\mathrm{PR}} K_{\mathrm{PS}}}{\omega^2 T_n T_I} \cdot \left[\frac{1 + \omega^2 T_n (T_1 - T_v)}{1 + (\omega T_1)^2} \right] \tag{6.50}$$

$$\mathrm{Im}\,(G_0) = \frac{K_{\mathrm{PR}} K_{\mathrm{PS}}}{\omega T_n T_I} \cdot \left[\frac{T_1 - T_n - \omega^2 T_n T_v T_1}{1 + (\omega T_1)^2} \right] \tag{6.51}$$

Aus $\dfrac{K_{\mathrm{PR}} K_{\mathrm{PS}}}{\omega T_n T_I} \cdot \left[\dfrac{T_1 - T_n - \omega^2 T_n T_v T_1}{1 + (\omega T_1)^2} \right] = 0$ folgt $\omega^2 = \dfrac{T_1 - T_n}{T_n T_v T_1}$. $\tag{6.52}$

Mit (6.52) in (6.50) erhalten wir im Schnittpunkt

$$\mathrm{Re}(G_0) = -K_{\mathrm{PR}} K_{\mathrm{PS}} \frac{T_n T_v}{T_1 (T_1 - T_n)}. \tag{6.53}$$

Wie Bild 6.9 zeigt, muss bei Stabilität die Winkeländerung $\Delta\varphi = +\,\pi$ sein. Dies wird erreicht, wenn die Ortskurve $G_0(j\omega)$ den kritischen Punkt links liegen lässt, d. h. für

$$\mathrm{Re}(G_0) < -1. \tag{6.54}$$

Setzen wir Gl. (6.54) in Gl. (6.53) ein, so folgt

$$K_{\mathrm{PR}} K_{\mathrm{PS}} \frac{T_n T_v}{T_1 (T_1 - T_n)} > 1. \tag{6.55}$$

Daraus ermitteln wir für die drei Parameter: $\quad K_{\mathrm{PR}} > \dfrac{T_1 (T_1 - T_n)}{K_{\mathrm{PS}} T_n T_v} = 25$ oder

$$T_v > \frac{T_1 (T_1 - T_n)}{K_{\mathrm{PR}} K_{\mathrm{PS}} T_n} = 0{,}25\,\mathrm{s} \quad \text{oder} \quad T_n > \frac{T_1 T_1}{T_1 + K_{\mathrm{PR}} K_{\mathrm{PS}} T_v} = 4{,}17\,\mathrm{s}.$$

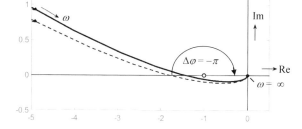

Bild 6.9 Ortskurvenverlauf $G_0(j\omega)$ des durch Gl. (6.47) gegebenen Systems

Die Stabilität des Regelkreises nach Bild 6.8 wird durch Vergrößern von K_{PR}, T_v und T_n erhöht, also größerem P- und D-Anteil aber kleinerem I-Anteil.

▶ **Aufgabe 6.2**

Überprüfen Sie die Ergebnisse von Beispiel 6.1 mittels *Nyquist*-Kriteriums.

6.3 Stabilitätsuntersuchung nach *Nyquist* im *Bode*-Diagramm

Das im Abschnitt 6.2 beschriebene *Nyquist*-Kriterium in Ortskurvendarstellung ist sehr anschaulich, jedoch in seiner Anwendung recht unhandlich, besonders wenn es darum geht, den Einfluss von Parameteränderungen oder zusätzlicher Glieder, die z. B. im kritischen Bereich eine Phasenanhebung bzw. Amplitudenabsenkung bewirken, zu erkennen. Demgegenüber bietet das *Bode*-Diagramm einige Vorzüge bei der Darstellung des Frequenzganges $G_0(j\omega)$ des aufgeschnittenen Kreises, auf die wir bereits in Abschnitt 5.2 bei der Behandlung in Reihe geschalteter Glieder hingewiesen haben.

Im Folgenden soll nun das *Nyquist*-Kriterium in das *Bode*-Diagramm übertragen werden. Danach ist gemäß Bedingung (6.43) ein System stabil, wenn der Fahrstrahl $[1 + G_0(j\omega)]$ beim Durchlaufen der Ortskurve von $\omega = 0 \dots \infty$ eine Winkeländerung

$$\Delta\varphi = (2n_\mathrm{r} + n_\mathrm{i}) \cdot \frac{\pi}{2}$$

ausführt. In dieser Form ist das *Nyquist*-Kriterium nicht ohne Weiteres im *Bode*-Diagramm anwendbar, da bei bekanntem Verlauf von $G_0(j\omega)$ nach Betrag und Phase im *Bode*-Diagramm der Verlauf von $[1 + G_0(j\omega)]$ im Gegensatz zur Ortskurvendarstellung, nur mittels Hilfen (*Hall*- oder *Nichols*-Diagramm) ermittelt werden kann.

Es soll nun gezeigt werden, dass aus der Anzahl und Art der Schnittpunkte zwischen der Ortskurve $[1 + G_0(j\omega)]$ und der links des kritischen Punktes $(-1, j0)$ gelegenen negativ reellen Achse, auf die gesamte Winkeländerung des Fahrstrahls $[1 + G_0(j\omega)]$ geschlossen werden kann.

Schneidet die Ortskurve $[1 + G_0(j\omega)]$ die negativ reelle Achse links von $(-1, j0)$, so bezeichnen wir den Schnittpunkt als positiv $(S = +1)$, wenn die Ortskurve bei zunehmender Frequenz aus dem 2. in den 3. Quadranten wechselt und als negativen Schnittpunkt $(S = -1)$ beim Wechsel vom 3. in den 2. Quadranten. Die Gesamtzahl der Schnittpunkte υ besteht aus υ_p positiven und υ_n negativen, so dass gilt

$$\upsilon = \upsilon_\mathrm{p} + \upsilon_\mathrm{n}. \tag{6.56}$$

Nehmen wir zunächst an, dass $G_0(j\omega)$ keine Pole im Ursprung hat, dann beginnt die Ortskurve $G_0(j\omega)$ für $\omega = 0$ auf der positiven reellen Achse. Ferner wissen wir, dass für alle realen Systeme $G_0(j\omega)$ für $\omega \to \infty$ im Ursprung endet. Im Folgenden werden die Schnittpunkte fortlaufend mit zunehmender Frequenz nummeriert.

Für den Fall, dass nur positive Schnittpunkte vorliegen, zeigt **Bild 6.10** den Ortskurvenverlauf $[1 + G_0(j\omega)]$ und die Winkeländerung $\Delta\varphi$ bezüglich des Fahrstrahls $[1 + G_0(j\omega)]$. Die gesamte Winkeländerung ergibt sich zu $\Delta\varphi = \upsilon_\mathrm{p} \cdot (+2\pi)$.

Entsprechend ergibt sich, wie **Bild 6.11** zeigt, beim Vorliegen von ausschließlich negativen Schnittpunkten eine Winkeländerung von $\Delta\varphi = \upsilon_\mathrm{n} \cdot (-2\pi)$.

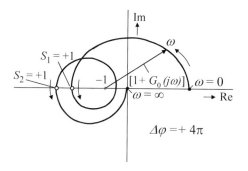

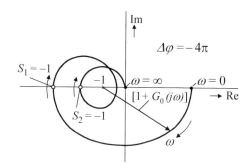

Bild 6.10 Winkeländerung $\Delta\varphi$ bei ausschließlich positiven Schnittpunkten $\upsilon_p = 2$

Bild 6.11 Winkeländerung $\Delta\varphi$ bei ausschließlich negativen Schnittpunkten $\upsilon_n = 2$

Ist, wie in **Bild 6.12** gezeigt, von den υ Schnittpunkten einer negativ, so ist unabhängig von der Aufeinanderfolge die gesamte Winkeländerung

$$\Delta\varphi = (\upsilon_p - 1) \cdot 2\pi .$$

Entsprechend erhält man für υ_p positive und υ_n negative Schnittpunkte

$$\Delta\varphi = (\upsilon_p - \upsilon_n) \cdot 2\pi .$$ (6.57)

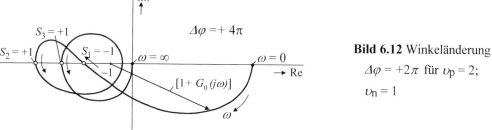

Bild 6.12 Winkeländerung $\Delta\varphi = +2\pi$ für $\upsilon_p = 2$; $\upsilon_n = 1$

Hat die Übertragungsfunktion $G_0(j\omega)$ Pole im Ursprung, so beginnt die Ortskurve im Unendlichen, wie wir bereits in Abschnitt 6.2 gesehen haben. Die Anfangslage des Fahrstrahls $[1 + G_0(j\omega)]$ ist dann um $n_i \cdot (-\pi/2)$ gedreht.

Betrachten wir als erstes den Fall eines Pols im Ursprung $n_i = 1$. Der Fahrstrahl beginnt für $\omega = 0$ bei $-j\infty$ und legt, wie die **Bilder 6.13** und **6.14** zeigen, bis zum Erreichen des 1. positiven oder negativen Schnittpunktes gegenüber Gl. (6.57) einen zusätzlichen Winkel von $+\pi/2$ zurück, so dass gilt

$$\Delta\varphi = (\upsilon_p - \upsilon_n) \cdot 2\pi + \frac{\pi}{2} \quad (\text{für } n_i = 1).$$ (6.58)

Für $n_i = 2$ (Doppelpol im Ursprung) beginnt die Ortskurve $G_0(j\omega)$ bei $-\infty$. Hier ist der Zusammenhang nicht so eindeutig wie bei $n_i = 1$ und bedarf einer weiteren Fallunterscheidung.

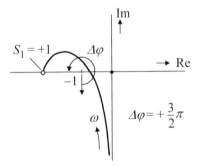

Bild 6.13 Winkeländerung $\Delta\varphi$ bis zum
1. positiven Schnittpunkt ($n_i = 1$)

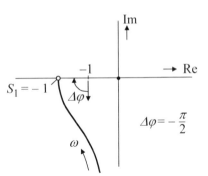

Bild 6.14 Winkeländerung $\Delta\varphi$ bis zum
1. negativen Schnittpunkt ($n_i = 1$)

Bild 6.15 zeigt die verschiedenen Winkeländerungen, die der Fahrstrahl von $\omega = 0$ bis zum Erreichen des 1. positiven Schnittpunktes zurücklegen kann.

Vergleicht man Bild 6.15a) mit Bild 6.10, so ist der Winkel bis zum Erreichen des positiven Schnittpunktes in Bild 6.15a) um π gegenüber Bild 6.10 reduziert. In Bild 6,15b) ist der Winkel $\Delta\varphi_{0,1}$ um $+\pi$ gegenüber Bild 6.10 vergrößert.

Der Unterschied im Verlauf des Anfangsstücks der beiden Ortskurven in Bild 6.15a) und 6.15b) besteht darin, dass in a) die Ortskurve für kleine ω - Werte im 2. Quadranten und in b) im 3. Quadranten verläuft. Die negative reelle Achse ist die Grenzlinie zwischen dem 2. und 3. Quadranten. Der Übertritt von der negativ reellen Achse in den 2. Quadranten (Bild 6.15a) lässt sich als halber negativer Schnittpunkt ($S_0 = -1/2$) interpretieren und entsprechend in Bild 6.15b) als halber positiver Schnittpunkt ($S_0 = +1/2$), so dass bei Berücksichtigung dieser Festlegung wieder Gl. (6.57) gilt

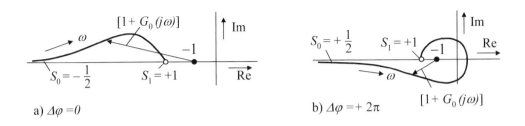

a) $\Delta\varphi = 0$ b) $\Delta\varphi = +2\pi$

Bild 6.15 Winkeländerung des Fahrstrahls $[1 + G_0(j\omega)]$ von $\omega = 0$ bis zum Erreichen des
1. positiven Schnittpunktes $S_0 = +1$,   a) Anfang verläuft im 2. Quadranten
                                                              b) Anfang verläuft im 3. Quadranten

In **Bild 6.16** ist es für $n_i = 2$ bis zum Erreichen des 1. negativen Schnittpunktes gezeigt. Man kann sich leicht überzeugen, dass die Beziehung (6.57) auch gilt, wenn kein Voll-Schnittpunkt links des kritischen Punktes liegt.

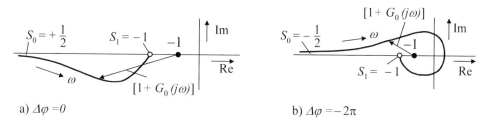

a) $\Delta\varphi = 0$ b) $\Delta\varphi = -2\pi$

Bild 6.16 Winkeländerung des Fahrstrahls $[1 + G_0(j\omega)]$ von $\omega = 0$ bis zum Erreichen des 1. negativen Schnittpunktes $S_1 = -1$

Zusammenfassend erhalten wir

$$\Delta\varphi = (\upsilon_p - \upsilon_n) \cdot 2\pi + \begin{cases} 0 & \text{für } n_i = 0 \quad \text{oder} \quad 2 \\ \dfrac{\pi}{2} & \text{für } n_i = 1. \end{cases} \tag{6.59}$$

Das *Nyquist*-Kriterium kann nun abhängig von den Schnittpunkten formuliert werden. Bei Stabilität muss Gl. (6.59) der Bedingung (6.43) genügen, d. h.

$$(2n_r + n_i)\frac{\pi}{2} = (\upsilon_p - \upsilon_n) \cdot 2\pi + \begin{cases} 0 & \text{für } n_i = 0 \quad \text{oder} \quad 2 \\ \dfrac{\pi}{2} & \text{für } n_i = 1. \end{cases} \tag{6.60}$$

Kürzen wir in Gl. (6.60) durch π und setzen n_i ein, so folgt

$$(\upsilon_p - \upsilon_n) = \begin{cases} \dfrac{n_r}{2} & \text{für } n_i = 0 \quad \text{oder} \quad 1 \\ \dfrac{n_r + 1}{2} & \text{für } n_i = 2. \end{cases} \tag{6.61}$$

Es sei nochmals darauf hingewiesen, dass für $n_i = 2$ der halbe positive bzw. halbe negative Schnittpunkt in Gl. (6.61) berücksichtigt werden muss.

Anhand von **Bild 6.17** soll die prinzipielle Anwendung erläutert werden. Das betrachtete System habe eine doppelte Polstelle im Ursprung aber keine Pole in der rechten s-Halbebene ($n_r = 0$; $n_i = 2$). Wir bezeichnen die Frequenz für die $|G_0(j\omega_d)| = 1$ bzw. $|G_0(j\omega_d)|_{dB} = 0$ dB wird als die so genannte Durchtrittsfrequenz

$$\omega = \omega_d.$$

Es zählen nur die Schnittpunkte links des kritischen Punktes, d. h. im *Bode*-Diagramm der Bereich, in dem $|G_0(j\omega_d)| => 1$ ist. In Bild 6.17 ist dieser identisch mit $\omega < \omega_d$. Schneidet $G_0(j\omega)$ die negativ reelle Achse, so ist

$$\varphi_0(\omega) = i \cdot 180°, \text{ mit } i = \pm1, \pm3, \pm5, \ldots$$

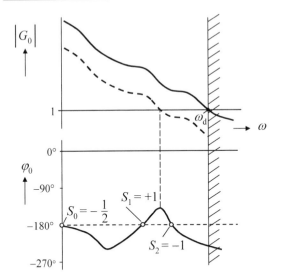

Bild 6.17 Stabilitätsbetrachtung nach *Nyquist* anhand der Schnittpunkte im *Bode*-Diagramm ($n_\mathrm{r} = 0$; $n_\mathrm{i} = 2$)

Im interessierenden Bereich ist $S_1 = +1$ ein positiver Schnittpunkt, da mit wachsender Frequenz die Phase zunimmt. Entsprechend ist $S_2 = -1$ ein negativer Schnittpunkt (Phase nimmt ab). Der asymptotische Verlauf von $\varphi_0(\omega) \to -180°$ für $\omega \to 0$ wird vereinbarungsgemäß als ein halber negativer Schnittpunkt $S_0 = -1/2$ (Phase nimmt ab) gewertet. Somit erhalten wir für das betrachtete System

$$\upsilon_\mathrm{p} - \upsilon_\mathrm{n} = S_0 + S_1 + S_2 = -\frac{1}{2} + 1 - 1 = -\frac{1}{2}. \tag{6.62}$$

Die Bedingung (6.61) fordert aber für $n_\mathrm{i} = 2$

$$\upsilon_\mathrm{p} - \upsilon_\mathrm{n} = \frac{n_\mathrm{r} + 1}{2} = +\frac{1}{2}, \tag{6.63}$$

und wird durch Gl. (6.62) nicht erfüllt, d. h. der geschlossene Kreis ist instabil.

Wir erkennen leicht aus Bild 6.17, dass durch Verkleinern der Kreisverstärkung (z. B. K_PR) der gesamte Amplitudengang $|G_0(j\omega)|$ parallel nach unten verschoben wird (gestrichelte Kurve). Der Phasengang bleibt unverändert. Die Durchtrittsfrequenz ω_d rückt damit nach links. Fällt ω_d zwischen die Schnittpunkte S_1 und S_2, so wird

$$\upsilon_\mathrm{p} - \upsilon_\mathrm{n} = S_0 + S_1 = -\frac{1}{2} + 1 = +\frac{1}{2},$$

wie durch Gl. (6.63) gefordert. Der geschlossene Kreis ist stabil.

Eine weitere Verringerung der Kreisverstärkung rückt ω_d noch weiter nach links, bis schließlich, wenn der Durchtritt ω_d zwischen S_0 und S_1 erfolgt, nur noch S_0 im Bereich $|G_0(j\omega)| > 1$ liegt. Es ist dann

$$\upsilon_\mathrm{p} - \upsilon_\mathrm{n} = S_0 = -\frac{1}{2}. \text{ Das heißt, das geschlossene System ist ebenfalls instabil.}$$

6.3.1 Vereinfachtes *Nyquist*-Kriterium

Das durch Bild 6.17 erläuterte *Nyquist*-Kriterium in der Schnittpunktform gilt allgemein. In praxi sind Systeme, deren Übertragungsfunktionen $G_0(s)$ Pole in der rechten s-Halbebene besitzen, äußerst selten. Beschränken wir uns auf den weitaus häufigsten Fall, dass der aufgeschnittene Kreis keine Pole mit positivem Realteil und höchstens einen Doppelpol im Ursprung hat ($n_r = 0$; $n_i = 0, 1, 2$), so ist eine weitere Vereinfachung bei der Stabilitätsuntersuchung nach *Nyquist* im *Bode*-Diagramm möglich. Unter der Voraussetzung $n_r = 0$ sollen die Fälle $n_i = 0$ oder 1 und $n_i = 2$ im Folgenden nacheinander diskutiert werden.

1. Für $n_i = 0$ bzw. $n_i = 1$ beginnt der Phasengang $\varphi_0(\omega)$ bei 0° bzw. $- 90°$. Die Bedingung (6.61) fordert bei Stabilität

$$\upsilon_p - \upsilon_n = 0,$$

d. h., es müssen gleich viele positive und negative Schnittpunkte vorhanden sein. Ist $\upsilon_p = \upsilon_n = 0$, so ist für alle ω-Werte stets $\varphi_0(\omega) > - 180°$. **Bild 6.18** zeigt $\varphi_0(\omega)$ für $\upsilon_p = \upsilon_n = 1$. Stabilität ist nur möglich, wenn ω_d links des negativen Schnittpunktes S_1 oder rechts des positiven Schnittpunktes S_2 liegt, d. h. für $\varphi_0(\omega_d) > - 180°$. Es ist leicht einzusehen, dass dies für beliebige $\upsilon_p = \upsilon_n$ gilt.

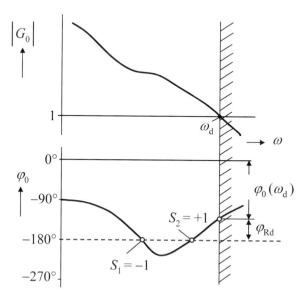

Bild 6.18 Stabilitätsbetrachtung nach *Nyquist* anhand der Schnittpunkte im *Bode*-Diagramm

($n_r = 0$; $n_i = 1$)

2. Für $n_i = 2$ ($n_r = 0$) beginnt der Phasengang $\varphi_0(\omega)$ bei $-180°$. Bei Stabilität muss nach Bedingung (6.61)

$$\upsilon_p - \upsilon_n = \frac{n_r + 1}{2} = +\frac{1}{2} \text{ sein.}$$

Zur Diskussion können wir Bild 6.17 heranziehen. Das System ist infolge $n_i = 2$ mit S_0 = $-1/2$ bzw. $S_0 = +1/2$ vorbelastet, je nach dem, ob $\varphi_0(\omega)$ für kleine ω-Werte unter oder über der $(-180°)$-Linie verläuft. In Bild 6.17 beginnt $\varphi_0(\omega)$ mit $S_0 = -1/2$. Stabilität kann durch einen weiteren positiven Schnittpunkt S_1 erreicht werden. Die Durchtrittsfrequenz ω_d liegt dann rechts von S_1 und es ist $\varphi_0(\omega_d) > -180°$. Jeder zusätzliche negative Schnittpunkt S_2 erfordert zur Kompensation einen zusätzlichen positiven Schnittpunkt S_3. Das heißt, Stabilität liegt immer dann vor, wenn für $|G_0(j\omega_d)| = 1$ $\varphi_0(\omega_d) > -180°$ ist. Verläuft $\varphi_0(\omega)$ für kleine ω-Werte über der $(-180°)$-Linie, so ist $S_0 = +1/2$. Das System ist stabil, wenn keine weiteren negativen und Positiven Schnittpunkt hinzukommen oder paarweise in der Reihenfolge $(S_1 = -1, S_2 = +1)$, $(S_3 = -1, S_4 = +1)$, und usw. Stets führt dies zu $\varphi_0(\omega_d) > -180°$.

Das vereinfachte *Nyquist*-Kriterium lässt sich dann wie folgt formulieren:

$$\left.\begin{array}{l}\text{Besitzt die Übertragungsfunktion des aufgeschnittenen Krei-}\\ \text{ses } G_0(s) \text{ keine Pole mit positivem Realteil } (n_r = 0) \text{ und}\\ \text{höchstens einen Doppelpol im Ursprung } (n_i = 0, 1, 2), \text{ so ist}\\ \text{das geschlossene System stabil, wenn bei der Durchtrittsfre-}\\ \text{quenz } \omega_d, \text{ d. h. für } |G_0(j\omega_d)| = 1, \text{ die Phasenverschiebung}\\ \varphi_0(\omega_d) > -180° \text{ ist.}\end{array}\right\} \quad (6.64)$$

6.3.2 Stabilitätsgüte und Phasenrand

Das vereinfachte *Nyquist*-Kriterium (6.64) fordert bei Stabilität, dass für $|G_0(j\omega_d)| = 1$ der zugehörige Phasenwinkel $\varphi_0(j\omega_d) > -180°$ ist. Die Dämpfung des geschlossenen Kreises wird um so geringer, je mehr sich $\varphi_0(j\omega_d)$ dem Wert $-180°$ nähert.

Als qualitatives Maß für die Stabilitätsgüte dient der Abstand von $\varphi_0(j\omega_d)$ zur $(-180°)$-Linie und wird als Phasenrand oder Phasenreserve φ_{Rd} bezeichnet.

Wie Bild 6.18 zeigt, ist

$$\varphi_{Rd} = \varphi_0(\omega_d) - (-180°) = \varphi_0(\omega_d) + 180°. \quad (6.65)$$

Als Erfahrungswerte gelten:

- bei Führungsverhalten $\varphi_{Rd} > 40° \dots 70°$ und

- bei Störverhalten $\varphi_{Rd} > 30°$.

Bild 6.19 zeigt den Phasenrand anhand des Ortskurvenverlaufs $G_0(j\omega)$.

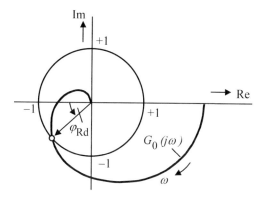

Bild 6.19 Phasenrand φ_{Rd}, Schnittpunkt der Ortskurve $G_0(j\omega)$ mit dem Einheitskreis

- **Beispiel 6.3**

Gegeben ist eine Regelstrecke mit Verzögerung 1. Ordnung und Totzeit gemäß Beispiel 3.10 (Mischbehälter mit nachfolgender langer Leitung), deren Übertragungsfunktion lautet

$$G_S(s) = \frac{K_{PS}}{1 + sT_1} e^{-sT_t} \ .$$

Diese wird von einem PI-Regler geregelt: $G_R(s) = K_{PR}\left(1 + \frac{1}{sT_n}\right) = \frac{K_{PR}(1 + sT_n)}{sT_n}$

Die Kenngrößen des Reglers haben folgende Werte:

K_{PS} = 0,8	K_{PR} = 10
T_1 = 100 s	T_n = 20 s
T_t = 10 s (hier größer als in Beispiel 3.10)	

Gesucht sind im *Bode*-Diagramm:

a) Ist der geschlossene Regelkreis stabil bzw. wie groß ist φ_{Rd1}?

b) Welchen Wert muss K_{PR} annehmen, wenn $\varphi_{Rd2} = 39°$ sein soll?

Zunächst wird die Übertragungsfunktion des aufgeschnittenen Regelkreises bestimmt:

$$G_0(s) = G_R(s)G_S(s) = \frac{K_{PR}(1 + sT_n)}{sT_n} \cdot \frac{K_{PS}}{1 + sT_1} e^{-sT_t}$$

Das Bode-Diagramm (**Bild 6.20**) wird mit dem folgenden MATLAB-Skript erstellt:

```
KpR=14.13;  Kps=0.8;  Tn=20;  T1=100;  Tt=10;     % Parameter-Eingabe
s=tf('s');                                        % Laplace-Operator
GR=KpR*(1+s*Tn)/(s*Tn);                            % Übertragungsfunktion des Reglers
Gs=Kps/(1+s*T1);  Gt=exp(-s*Tt);                   % Übertragungsfunktion der Strecke
G0=GR*Gs*Gt;                                       % Übertragungsfunktion von G0
bode(G0,{0.001,0.2})                               % Bode-Diagramm von 10⁻³ bis 0.2
grid                                               % Netzgitter
```

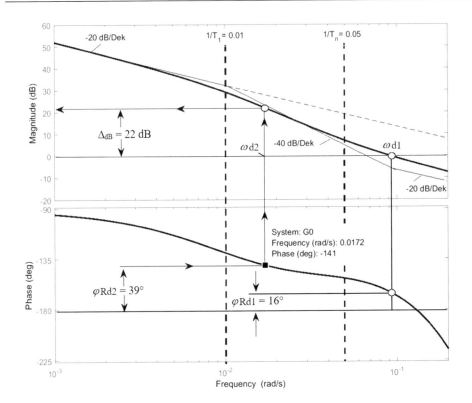

Bild 6.20 *Bode*-Diagramm des offenen Kreises mit $G_0(s) = K_{PR} K_{PS} \dfrac{1 + sT_n}{sT_n(1 + sT_1)} e^{-sT_t}$

Laut dem Abschnitt 5.2.2 beträgt die Steigung der ersten Asymptote des Amplitudenganges -20 dB/Dek und läuft durch die Frequenz K_{I0} durch, wie es auch in Bild 6.20 der Fall ist:

$$\omega_0 = K_{I0} = \frac{K_{PR} K_{PS}}{T_n} = \frac{10 \cdot 0{,}8}{20} \mathrm{s}^{-1} = 4 \cdot 10^{-1} \mathrm{s}^{-1}$$

Die Eckfrequenzen liegen bei $\omega_{E1} = \dfrac{1}{T_1} = 10^{-2} \mathrm{s}^{-1}$ und $\omega_{E2} = \dfrac{1}{T_n} = 5 \cdot 10^{-2} \mathrm{s}^{-1}$. Die Winkel-

werte φ_{T_t} für das Totzeitglied ergeben sich in einfacher Weise aus $\hat{\varphi}_{T_t}(\omega) = \omega \cdot T_t$,

d. h., φ_{T_t} proportional ω ist:

Für $\omega = \dfrac{1}{T_t}$ ist $\hat{\varphi}_{T_t} = 1$ $\qquad \rightarrow \hat{\varphi}_{T_t}(\omega) = 57{,}3°$

Für $\omega = \dfrac{\pi}{T_t}$ ist $\hat{\varphi}_{T_t} = \pi$ $\qquad \rightarrow \hat{\varphi}_{T_t}(\omega) = 180°$

Wie das Bode-Diagramm in **Bild 6.20** zeigt, ist für $\omega = \omega_{d1}$ bzw. $|G_0(j\omega_{d1})|_{dB} = 0$ dB

$\varphi_{Rd1} = 180° + \varphi_0(\omega_{d1}) = 16°$ und somit der Regelkreis stabil.

Zu b)

Um den Phasenrand auf $\varphi_{Rd2} = 39°$ zu vergrößern, muss die Durchtrittsfrequenz bei $\omega_{d2} = 0{,}0172\ \mathrm{s}^{-1}$ liegen. Dies wird durch Absenken des Amplitudenganges um $\Delta_{dB} = 22$ dB erreicht und entspricht einem Faktor von

$$\Delta_{dB} = 20\log\Delta K \quad \text{bzw.} \quad \Delta K = 10^{\frac{\Delta_{dB}}{20}} = 10^{\frac{22}{20}} = 12{,}59$$

Der neue Proportionalbeiwert ergibt sich zu $K_{PR} = \dfrac{10}{12{,}59} = 0{,}79$.

Die Wirkung einer Totzeitänderung auf die Stabilität kann ebenfalls leicht ermittelt werden. Eine Vergrößerung der Totzeit ändert den Amplitudengang $|G_0(j\omega)|$ nicht; lediglich der Phasengang $\varphi_0(\omega)$ wird nach links verschoben. Das Ergebnis dieser Betrachtungen zeigt, dass für diesen Regelkreis eine Vergrößerung des Proportionalbeiwertes K_{PR}, sowie eine Vergrößerung der Totzeit T_t, die Stabilität verschlechtern. Ändert man die Nachstellzeit T_n, so ist der Einfluss nicht ohne weiteres erkennbar, da die Eckfrequenz des PI-Gliedes sich ändert und damit der Abstand zur Eckfrequenz des P-Gliedes 1. Ordnung. Außerdem tritt eine Änderung des Phasenganges auf.

6.4 Stabilitätsuntersuchung nach *A. Leonhard*

6.4.1 Zweiortskurvenverfahren

Laut [25] wurde vom *A. Leonhard* (1940) das so genannte Zweiortskurvenverfahren (Z.O.V.) zur Stabilitätsuntersuchung vorgeschlagen, bei dem – wie der Name sagt, – zwei Ortskurven in einem gemeinsamen Diagramm aufgetragen werden, und zwar:

1. Die Ortskurve der Regeleinrichtung $G_R(j\omega)$,

2. Die negative inverse Ortskurve der Regelstrecke $-1/\,G_S(j\omega)$.

Zur Erläuterung des Zweiortskurvenverfahrens betrachten wir **Bild 6.21**.

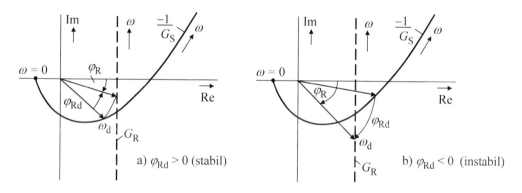

Bild 6.21 Stabilitätsprüfung mittels Zweiortskurvenverfahren

Für die folgenden Betrachtungen wollen wir das vereinfachte *Nyquist*-Kriterium gemäß der Beziehung (6.64) zu Grunde legen. Das heißt, wir betrachten nur Systeme, deren Übertragungsfunktion $G_0(s)$ keine Pole mit positivem Realteil ($n_r = 0$) und höchstens einen Doppelpol im Ursprung ($n_i = 0, 1, 2$) besitzt. Nach (6.64) ist ein System stabil, wenn im *Bode*-Diagramm bei der Durchtrittsfrequenz ω_d, d. h.

$$|G_0(j\omega_d)| = 1, \tag{6.66}$$

der zugehörige Phasenwinkel $\varphi_0(\omega_d) > -180°$ ist.

Aus Gl. (6.66) folgt $|G_0(j\omega_d)| = |G_R(j\omega_d)|\,|G_S(j\omega_d)| = 1$

$$\left|G_R(j\omega_d)\right| = \frac{1}{\left|G_S(j\omega_d)\right|}. \tag{6.67}$$

Da $\left|G_S(j\omega_d)\right| = \left|-G_S(j\omega_d)\right|$ ist, gilt auch

$$\left|G_R(j\omega_d)\right| = \left|\frac{-1}{G_S(j\omega_d)}\right|. \tag{6.68}$$

Gl. (6.67) oder (6.68) kann zur Berechnung von ω_d benutzt werden. Wie Bild 6.21 zeigt, wird durch die beiden Zeiger

$$G_R(j\omega_d) \quad \text{und} \quad \frac{-1}{G_S(j\omega_d)}$$

der Winkel φ_{Rd} eingeschlossen, der identisch ist mit der Phasenreserve bzw. dem Phasenrand. Zum Beweis betrachten wir den Winkel, den der Zeiger

$$\frac{-1}{G_S(j\omega_d)}$$

mit der positiv reellen Achse einschließt.

Es ist $\dfrac{-1}{G_S(j\omega_d)} = \left|-1\right| \cdot e^{-j180°} \cdot \left|\dfrac{1}{G_S(j\omega_d)}\right| \cdot e^{-j\varphi_S(\omega)}$

$$\frac{-1}{G_S(j\omega_d)} = \left|\frac{1}{G_S(j\omega_d)}\right| \cdot e^{-j(180°+\varphi_S)}.$$

Mit $\varphi\left(\dfrac{-1}{G_S}\right) = -(180° + \varphi_S)$ folgt der in Bild 6.21 angegebene Phasenrand zu

$$\varphi_{Rd}(\omega_d) = \varphi_R(\omega_d) - \varphi\left(\frac{-1}{G_S(j\omega_d)}\right) \text{ bzw.}$$

$$\varphi_{Rd}(\omega_d) = \varphi_R(\omega_d) + \varphi_S(\omega_d) + 180°. \tag{6.69}$$

Da $\varphi_0 = \varphi_R + \varphi_S$ ist, ist Gl. (6.69) identisch mit Gl. (6.65).

Nach dem Zweiortskurvenverfahren ist ein System stabil, wenn für $\omega = \omega_d$, d.h., für

$$\left| G_R(j\omega_d) \right| = \left| \frac{-1}{G_S(j\omega_d)} \right|,$$

der Phasenrand $\varphi_{Rd}(\omega_d) > 0$ ist, bzw. der Zeiger $G_R(j\omega_d)$ gegenüber dem Zeiger

$$\frac{-1}{G_S(j\omega_d)}$$

voreilt. Für $\varphi_{Rd}(\omega_d) = 0$ arbeitet der Regelkreis an der Stabilitätsgrenze.

Die Konstruktion der negativ inversen Ortskurve der Strecke zeigen wir am Beispiel einer P-Strecke mit Verzögerung mit der folgenden Übertragungsfunktion:

$$G_S(s) = \frac{K_{PS}}{1 + sT_1 + s^2 T_2^2 + s^3 T_3^3 + \dots} \tag{6.70}$$

Dafür erhalten wir zuerst den negativ inversen Frequenzgang:

$$\frac{-1}{G_S(j\omega)} = -\frac{1}{K_{PS}} - j\frac{T_1}{K_{PS}}\omega + \frac{T_2^2}{K_{PS}}\omega^2 + \frac{T_3^3}{K_{PS}}\omega^3 + \dots \tag{6.71}$$

Diese Gleichung lässt sich als Zeigerpolygon in der Gaußschen Zahlenebene darstellen (**Bild 6.22**). Das Zeigerpolygon beginnt mit dem Zeiger $-1/K_{PS}$ auf der negativ reellen Achse. Der zweite Term $-jT_1\omega/K_{PS}$ in Gl. (6.71) repräsentiert einen Zeiger in negativ imaginärer Richtung. Daran schließt der reelle Zeiger $T_2^2\omega^2/K_{PS}$ an usw. Die Ortskurve $G_R(j\omega)$ eines P-Reglers ist ein Punkt auf der positiv reellen Achse im Abstand K_{PR} zum Ursprung.

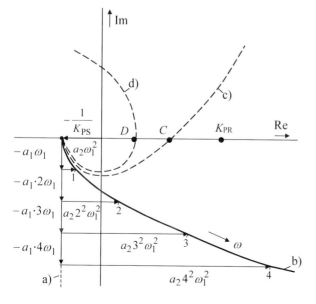

Bild 6.22 Konstruktion der negativ inversen Ortskurve einer P-Strecke mit Zeitverzögerung:
a) 1. Ordnung P-T1
b) 2. Ordnung P-T2
c) 3. Ordnung P-T3
d) 4. Ordnung P-T4

$$a_1 = \frac{T_1}{K_{PS}} \; ; \; a_2 = \frac{T_2^2}{K_{PS}}$$

Ein solcher Regler kann erst im Zusammenspiel mit einer P-T$_3$-Strecke instabil werden, deren negativ inverse Ortskurve den 3., 4. und 1. Quadranten durchläuft (Bild 6.22). Von Bedeutung sind die Schnittpunkte C oder D der Ortskurven $-1/G_S(j\omega)$ mit der positiv reellen Achse, der stets rechts von K_{PR} liegen müssen, um die Stabilität des Regelkreises zu gewährleisten. Die Regelkreise (c) und (d) im Bild 6.22 sind instabil.

Das folgende Beispiel soll das Zweiortskurvenverfahren näher erläutern.

- **Beispiel 6.4**

Eine P-T2-Strecke mit der Übertragungsfunktion

$$G_S(s) = \frac{K_{PS}}{s^2 T_2^2 + s T_1 + 1}$$

$K_{PS} = 0,5$

$T_1 = 3\ \text{s}$

$T_2^2 = 2\ \text{s}^2$

wird von einem nicht idealen P-Regler mit Verzögerung 1. Ordnung geregelt:

$$G_R(s) = \frac{K_{PR}}{1 + s T_a}$$

$K_{PR} = 20$

$T_a = 1\ \text{s}.$

Der Regelkreis ist mittels Zweiortskurvenverfahren auf seine Stabilität zu untersuchen.

Die negativ inverse Ortskurve der Strecke ist in **Bild 6.23** nach (6.71) gezeichnet. Die Ortskurve des P-T$_1$-Reglers ist ein Halbkreis im 4. Quadranten mit dem Durchmesser K_{PR}. Beide Kurven schneden sich. Gemäß (6.70) suchen wir die Kreisfrequenz $\omega = \omega_d$, für die

$$\left| G_R(j\omega_d) \right| = \left| \frac{1}{G_S(j\omega_d)} \right| \quad \text{bzw.} \quad \frac{K_{PR}}{\sqrt{1 + (\omega T_a)^2}} = \frac{1}{K_{PS}} \sqrt{[1 - (\omega T_2)^2]^2 + (\omega T_1)^2} \quad \text{ist.}$$

Daraus entsteht eine Gleichung 6. Ordnung, die nur eine reelle Lösung bzw. nur ein realer (positiver) Wert $\omega = \omega_d = 1,482\ \text{s}^{-1}$ hat.

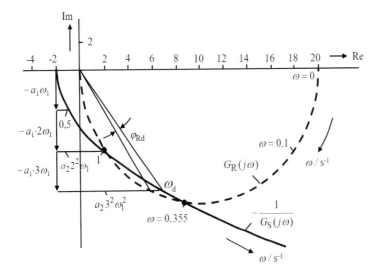

Bild 6.23 Stabilitätsuntersuchung mittels Z.O.V. des Beispiels 6.4

Damit folgt: $\tan \varphi_R = -\omega_d T_a = -1{,}482$ bzw. $\varphi_R = -56°$ und

$$\tan\left(\frac{-1}{G_S}\right) = \frac{\omega_d T_1}{1-(\omega_d T_2)^2} = -1{,}31 \quad \Rightarrow \quad \varphi\left(\frac{-1}{G_S}\right) = -52{,}65°.$$

Der Phasenrand $\omega_{Rd} = \varphi_R - \varphi\left(\frac{-1}{G_S}\right) = -3{,}35°$ ist negativ, bzw. für $\omega = \omega_d$ eilt $G_R(j\omega_d)$ dem

Zeiger $-1/G_S(j\omega_d)$ nach, d. h. der geschlossene Regelkreis ist instabil. Für $K_{PR} < 18$ schneiden sich die beiden Ortskurven nicht mehr, der Kreis ist dann stabil.

Zusammenfassend vergleichen wir das Zweiortskurvenverfahren (Z.O.V.) mit der Stabilitätsuntersuchung nach dem *Nyquist*-Kriterium. Beim Z.O.V. braucht man keine gesamte Übertagungsfunktion des offenen Regelkreises $G_0(j\omega)$ bilden. Die einzelnen Ortskurven

$$G_R(j\omega) \quad \text{und} \quad \frac{-1}{G_S(j\omega)} \tag{6.72}$$

rechnerisch zu bestimmen ist einfacher als die Ortskurve des offenen Kreises $G_0(j\omega)$. Das bringt aber kaum Vorteile bei der Nutzung von Software.

Nach dem Z.O.V. ist es nicht einfach, die Durchtrittsfrequenz ω_d des offenen Regelkreises $G_0(j\omega)$ ohne dessen Ortskurve zu ermitteln, d.h. die Durchtrittsfrequenz ω_d soll rechnerisch bestimmt werden. Erst dann kann man beide Phasenwinkel der Ortskurven (6.72) miteinander vergleichen, wie in Bild 6.21 bereits gezeigt wurde, und die Stabilität prüfen. Zwar lässt sich die Phasenreserve φ_{Rd} aus der Lage der beiden Zeiger der Ortskurven (6.72) bestimmen, jedoch ist der Einfluss der Reglerparameter erschwert.

Somit wird das Z:O.V. in der Literatur als unübersichtliches und für praktische Anwendungen ungeeignetes Verfahren eingestuft. Die Stabilitätsuntersuchung und die Reglereinstellung von linearen Regelkreisen nach dem *Leonhard*-Stabilitätskriterium ist eher eine Seltenheit. In vielen Regelungstechnik-Lehrbüchern wird heute das Z.O.V. in Bezug auf lineare Regelkreise gar nicht erwähnt. Dagegen hat sich das Z.O.V. für nichtlineare Regelkreise überzeugend durchgesetzt (siehe Kapitel 9 des vorliegenden Buches).

Jedoch der wichtigste Vorteil des Z.O.V. blieb bis Erscheinen des Buches [144] unbemerkt, nämlich: Die Winkeländerung des Zeigers $[1 + G_0(j\omega)]$ bei Stabilität ist nach dem *Nyquist*-Kriterium von der Polverteilung der Übertragungsfunktion $G_0(s)$ abhängig. Ohne Angaben über die Polverteilung (6.38) ist keine korrekte Aussage über Stabilität möglich (siehe Abschnitt 6.2.3). Dagegen spielt die Winkeländerung nach *Leonhard* keine Rolle, weil die Stabilität nach der grafischen Lösung der Gleichung (6.25) unter Beachtung (6.24) im Frequenzbereich erfolgt.

Somit kann die Stabilitätsuntersuchung nach *Leonhard* als ein universelles Verfahren, das gleichermaßen für stabile und instabile offenen Regelkreise gelten. In [144] wurde das *Leonhard*-Stabilitätskriterium detailliert untersucht und eine einfache für praktische Anwendungen Lösung gefunden, die in nächsten Abschnitten erläutert ist.

6.4.2 Zwei-Bode-Plots-Verfahren

Zunächst stellen wir die charakteristische Gleichung (6.25) eines geschlossenen Regelkreises unter Beachtung (6.24) durch zwei getrennten Frequenzgänge dar, wie beim *Leonhard*, jedoch mit dem negativen inversen Frequenzgang $G_R(j\omega)$ des Reglers, der wird kurz „reziprok" genannt:

$$G_{\mathrm{Rrez}}(j\omega) = -\frac{1}{G_R(j\omega)} \tag{6.73}$$

Die Strecke $G_S(j\omega)$ wird mit eigenem Frequenzgang behandelt.

$$G_S(j\omega) = |G_S(\omega)| e^{j\varphi_S(\omega)} \tag{6.74}$$

Der reziproke Regler (6.73) besteht aus zwei Vektoren, nämlich aus dem Vektor $G_{\mathrm{Rrez}}(j\omega)$ und dem Vektor $(-1, j0)$. Der Vektor $(-1, j0)$ liegt an der Grenze zwischen den 2. und 3. Quadranten der komplexen Ebene und kann zweierlei erreicht werden:

a) in negativer Richtung mit der Phase $(-180°)$, wie in der Regelungstechnik:

$$|G_{\mathrm{Rrez}}(\omega)| \cdot e^{j\varphi_{\mathrm{Rrez}}(\omega)} = |-1| \cdot e^{-j180°} \cdot \frac{1}{|G_R(\omega)|} \cdot e^{-j\varphi_R(\omega)} \tag{6.75}$$

b) in positiver Richtung mit der Phase $(+180°)$, wie es bei MATLAB® mit dem Befehl „bode" der Fall ist.

$$|G_{\mathrm{Rrez}}(\omega)| \cdot e^{j\varphi_{\mathrm{Rrez}}(\omega)} = |-1| \cdot e^{+j180°} \cdot \frac{1}{|G_R(\omega)|} \cdot e^{-j\varphi_R(\omega)} \tag{6.76}$$

Der Fall (a) wird im nächsten Abschnitt behandelt. Unten betrachten wir den Fall (b) und tragen wir beide Frequenzgänge nach (6.74) und (6.76) getrennt in ein Bode-Diagramm als zwei Bode-Plots nach dem MATLAB®-Skript ein (**Bild 6.24**).

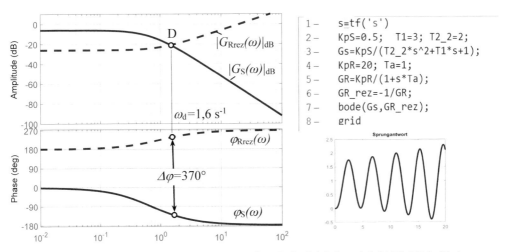

Bild 6.24 Stabilitätsuntersuchung mittels ZBV fürs Beispiel 6.4 nach MATLAB®-Skript

Die Durchtrittsfrequenz $\omega_d = 1{,}6\ \mathrm{s}^{-1}$ des offenen Regelkreises $G_0(j\omega)$ wird sofort, ohne Berechnungen, vom Schnittpunkt D beider Amplitudengänge $|G_{Rrez}(\omega)|$ und $|G_S(\omega)|$ ablesen. Die Stabilität wird nach dem Abstand zwischen Phasengängen $|\varphi_{Rrez}(\omega)|$ und $|\varphi_S(\omega)|$ bestimmt. Das daraus entstandene Stabilitätskriterium wurde in [144] „Zwei-Bode-Plots-Verfahren" (ZBV) genannt und wie folgt formuliert:

> Ein geschlossener Regelkreis wird stabil, wenn an der Schnittstelle D von Amplitudengängen $|G_{Rrez}(\omega)|_{dB}$ und $|G_S(\omega)|_{dB}$ im Bode-Diagramm der Abstand $\Delta\varphi$ zwischen Phasengängen φ_{Rrez} und φ_S kleiner als $360°$ ist:
>
> $$\Delta\varphi = \varphi_{Rrez}(\omega) - \varphi_S(\omega_D) < 360° \qquad (6.77)$$

Der Regelkreis im Bild 6.24 mit $\Delta\varphi = 370°$ ist dementsprechend instabil.

Auch die Reglereinstellung für eine gewünschte Phasenreserve φ_{Rd}, z.B. für $\varphi_{Rd} = 60°$, erfolgt nach dem ZBV sehr einfach. Dafür soll allein der Amplitudengang des Reglers in einen neuen Schnittpunkt D1 mit der Frequenz $\omega_{d1} = 0{,}654\ \mathrm{s}^{-1}$ um $\Delta dB = 12$ dB verschoben werden. Das Bode-Plot $G_S(j\omega)$ der Strecke ist davon nicht betroffen. Bei dem Punkt D1 gilt $\Delta\varphi = 300°$:

$$\varphi_{Rd} = 360° - \Delta\varphi = 360° - 300° = 60° \qquad (6.78)$$

Das MATLAB®-Skript, das resultierende Bode-Diagramm und die stabile Sprungantwort sind im **Bild 6.25** dargestellt.

Falls sich die Phasengänge in einem Punkt B bei einer kritische Frequenz ω_{krit} schneiden, wird das ZBV laut [144] wie folgt definiert.

> Ein geschlossener Regelkreis wird stabil, wenn an der Schnittstelle B von Phasengängen $\varphi_{Rrez}(\omega)$ und $\varphi_S(\omega)$ der Amplitudengang $|G_{Rrez}(\omega)|_{dB}$ des reziproken Reglers oberhalb des Amplitudengangs $|G_S(\omega)|_{dB}$ der Strecke liegt, d.h. es gilt:
>
> $$|G_{Rrez}(\omega_{krit})| > |G_S(\omega_{krit})| \qquad (6.79)$$

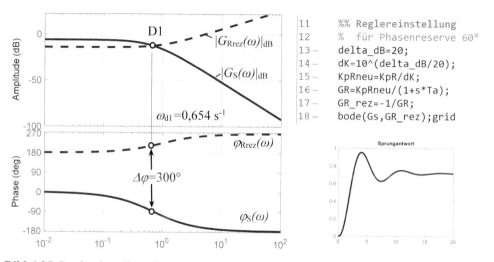

Bild 6.25 Reglereinstellung für Phasenreserve $\varphi_{Rd} = 60°$ mittels ZBV fürs Beispiel 6.4

6.4.3 Drei-Bode-Plots-Verfahren

Wird das Bode-Diagramm des reziproken Reglers $G_{\text{Rrez}}(\omega)$ nach (6.75) gebildet bzw. wird der Vektor $(-1, j0)$ in negativer Richtung erreicht, wie es in der Regelungstechnik üblich ist, vereinfacht sich das ZBV und wird wie folgt formuliert:

> Ein geschlossener Regelkreis wird stabil, wenn an der Schnittstelle D von Amplitudengängen des reziproken Reglers $|G_{\text{Rrez}}(\omega)|_{\text{dB}}$ und der Strecke $|G_S(\omega)|_{\text{dB}}$ im Bode-Diagramm der Phasengang der Strecke $\varphi_S(\omega)$ oberhalb des Phasengangs des reziproken Reglers $\varphi_{\text{Rrez}}(\omega)$ liegt:
>
> $$\Delta\varphi = \varphi_{\text{Rrez}}(\omega) - \varphi_S(\omega_D) < 0 \ \ \text{bzw.} \ \ \varphi_S(\omega_D) > \varphi_{\text{Rrez}}(\omega) \tag{6.80}$$

Die Reglereinstellung erfolgt damit noch einfacher und übersichtlicher als es im vorherigen Abschnitt beschrieben wurde. Aber das gängige MATLAB®-Befehl „bode" lässt sich dafür nicht benutzen. Um das MATLAB® doch anzuwenden, wurde in [144] der Frequenzgang des reziproken Reglers $G_{\text{Rrez}}(j\omega)$ in zwei getrennten Kurven zersplittert, nämlich in einen Amplitudengang des symmetrischen Reglers $|G_{\text{Rsymm}}(\omega)|_{\text{dB}}$ und einen Phasengang des phasen-symmetrischen Reglers φ_{Rphs}.

Ohne Herleitung ist im **Bild 6.26** gezeigt, wie dieses Verfahren, das als „Drei-Bode-Plots-Verfahren" (DBV) genannt wurde, für das Beispiel 6.4 angewendet wird. Links vom Schnittpunkt B der beiden Phasengängen ist das Stabilitätsgebiet mit Schattierung angedeutet, bei dem die Bedingung (6.80) erfüllt ist. Wie auch im Bild 6.25 wird ein Punkt D1 mit der Frequenz $\omega_{\text{d1}} = 0,654 \ \text{s}^{-1}$ mit der gewünschten Phasenreserve φ_{Rd} ausgewählt, hier: $\varphi_{\text{Rd}} = 60°$. Die Reglereinstellung erfolgt nach gleichem MATLAB®-Skript, wie in Bild 6.25, durch die gleiche Verschiebung des Amplitudenganges aus dem Punkt D um $\Delta\text{dB} = 12 \ \text{dB}$ nach oben in Punkt D1.

Im Kapitel 8 wird ein neues Verfahren, das „Bode-aided-Design", beschrieben, nach dem der Regler mit dem experimentell bestimmten Bode-Diagramm der Strecke, ohne deren Übertragungsfunktion, eingestellt werden kann.

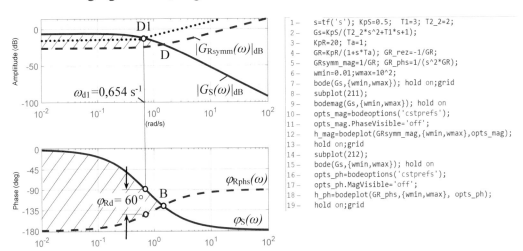

Bild 6.26 Stabilitätsuntersuchung nach DBV des Beispiels 6.4 nach MATLAB®-Skript

7 Das Wurzelortskurvenverfahren

Das dynamische Verhalten eines Regelkreises ist abhängig von der Polverteilung des geschlossenen Kreises und wird durch die Wahl der Regelparameter beeinflusst. Mit den in Kapitel 6 behandelten Stabilitätskriterien war eine Aussage über die relative Lage der Pole des geschlossenen Kreises zur Stabilitätsgrenze möglich, ohne die absolute Pollage explizit zu berechnen.

Demgegenüber gestattet das von dem amerikanischen Regelungstechniker W. R. *Evans* 1948 erstmals vorgestellte *Wurzelortskurvenverfahren* die Änderung der Lage der Pole des geschlossenen Kreises anhand der Pol-Nullstellen-Konfiguration des aufgeschnittenen Kreises in Abhängigkeit von der Variation jeweils eines Regelparameters zu bestimmen. Ein Nachteil des Wurzelortskurvenverfahrens besteht darin, dass es sich nicht auf Systeme mit Totzeit anwenden lässt. Die Pole des geschlossenen Kreises ergeben sich aus der charakteristischen Gleichung

$$1 + G_0(s) = 0 \quad \text{bzw.} \tag{7.1}$$

$$G_0(s) = -1 \,. \tag{7.2}$$

Darin ist

$$G_0(s) = G_R(s) \cdot G_S(s) = \frac{Z(s)}{N(s)} = -1 \tag{7.3}$$

durch eine gebrochen rationale Funktion mit dem Zählerpolynom $Z(s)$ und dem Nennerpolynom $N(s)$ darstellbar. Wir können uns ferner $G_0(s)$, wie in Gl. (6.26), in Linearfaktoren zerlegt vorstellen.

$$G_0(s) = K \cdot \frac{(s - s_{N1})(s - s_{N2})(s - s_{N3})...(s - s_{Nm})}{(s - s_{P1})(s - s_{P2})(s - s_{P3}) \, ... \, (s - s_{Pn})} = -1 \,. \tag{7.4}$$

Hierin sind s_{Ni} die Nullstellen ($i = 1, 2...m$) und s_{Pj} die Polstellen ($j = 1, 2...n$) des aufgeschnittenen Kreises und werden als bekannt vorausgesetzt.

Gesucht sind nun die s-Werte, für die Gl. (7.4) erfüllt wird. Der geometrische Ort aller s-Werte, die der Gl. (7.4) genügen, ist die *Wurzelortskurve (WOK)*. Ähnlich wie bei der Herleitung des Nyquist-Kriteriums (s. Abschnitt 6.2.1) können wir die Linearfaktoren in Gl. (7.4) als Zeiger in der s-Ebene darstellen.

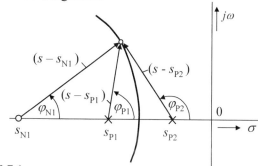

Bild 7.1
Linearfaktoren in Gl. (7.4) als Zeiger in der s-Ebene

© Springer Fachmedien Wiesbaden GmbH, ein Teil von Springer Nature 2022
S. Zacher und M. Reuter, *Regelungstechnik für Ingenieure*,
https://doi.org/10.1007/978-3-658-36407-6_7

Im Gegensatz zu Abschnitt 6.2.1 suchen wir den resultierenden Zeiger nicht in Abhängigkeit von $j\omega$, sondern von $s = \sigma + j\omega$. **Bild 7.1** zeigt für ein System $G_0(s)$ mit einer Nullstelle und zwei Polen einen Punkt s in der s-Ebene, für den die Gl. (7.4) erfüllt ist.

Ersetzen wir in Gl. (7.4) jeden der Linearfaktoren (Zeiger) durch seinen Betrag und seine Phase, so wird

$$G_0(s) = K\frac{\left|s - s_{N1}\right|e^{j\varphi_{N1}} \cdot \left|s - s_{N2}\right|e^{j\varphi_{N2}} \cdot \ldots \cdot \left|s - s_{Nm}\right|e^{j\varphi_{Nm}}}{\left|s - s_{P1}\right|e^{j\varphi_{P1}} \cdot \left|s - s_{P2}\right|e^{j\varphi_{P2}} \cdot \ldots \cdot \left|s - s_{Pn}\right|e^{j\varphi_{Nn}}} = -1. \qquad (7.5)$$

Hierin sind φ_{Ni} bzw. φ_{Pj} die Winkel, die die jeweiligen Zeiger mit der positiv reellen Achse einschließen, bzw.

$$\varphi_{Ni} = \arctan\left(\frac{\mathrm{Im}\,(s - s_{Ni})}{\mathrm{Re}\,(s - s_{Ni})}\right). \qquad (7.6)$$

Für $N = P$ ergeben sich die Winkel der Zeiger im Nenner von Gl. (7.5). Es liegt nahe, Gl. (7.5) nach Betrag und Phase aufzuspalten, und wir erhalten die Gleichungen:

$$\left|G_0(s)\right| = K\frac{\left|s - s_{N1}\right| \cdot \left|s - s_{N2}\right| \cdot \left|s - s_{N3}\right| \cdot \ldots \cdot \left|s - s_{Nm}\right|}{\left|s - s_{P1}\right| \cdot \left|s - s_{P2}\right| \cdot \left|s - s_{P3}\right| \cdot \ldots \cdot \left|s - s_{Pn}\right|} = 1 \qquad (7.7)$$

und

$$\varphi_0 = \varphi_{N1} + \varphi_{N2} + \varphi_{N3} + \ldots - \varphi_{P1} - \varphi_{P2} - \varphi_{P3} - \ldots = \pm(2i+1)\,\pi \qquad (7.8)$$

$$i = 0, 1, 2, 3\ldots$$

Anstelle von Gl. (7.8) können wir

$$\tan\varphi_0 = 0 \qquad (7.9)$$

oder, da auch $\tan\varphi_0 = \dfrac{\mathrm{Im}\,(G_0)}{\mathrm{Re}\,(G_0)} = 0$,

$$\mathrm{Im}\,(G_0) = 0. \qquad (7.10)$$

betrachten.

Ein wesentlicher Vorteil des WOK-Verfahrens besteht darin, dass der veränderliche Parameter K in der Winkelbedingung Gln. (7.8), (7.9) oder (7.10) nicht mehr vorkommt. Wir werden im Folgenden sehen, dass der WOK-Verlauf (der geometrische Ort aller Pole) allein aus diesen Bedingungen gewonnen werden kann.

Für einfache Systeme ist es möglich, mittels der Gl. (7.9) oder Gl. (7.10) den Verlauf der WOK in der s-Ebene analytisch zu berechnen. Die Lage der Pole als Funktion des Parameters K bestimmt sich dann mit Gl. (7.7) zu

$$K = \frac{\left|s - s_{P1}\right| \cdot \left|s - s_{P2}\right| \cdot \left|s - s_{P3}\right| \cdot \ldots \cdot \left|s - s_{Pn}\right|}{\left|s - s_{N1}\right| \cdot \left|s - s_{N2}\right| \cdot \left|s - s_{N3}\right| \cdot \ldots \cdot \left|s - s_{Nm}\right|}. \qquad (7.11)$$

Wie Gl. (7.11) zeigt, wird für $s = s_{\mathrm{Pj}}$ ($j = 1, 2...n$) $K = 0$, und für $s = s_{\mathrm{Ni}}$ ($i = 1, 2...m$) ergibt sich $K = \infty$. Dies gibt Aufschluss über den Verlauf der WOK in den Extremwerten von K. Bestimmen wir die Lage der Pole in Abhängigkeit von $0 \leq K \leq \infty$, so beginnt die WOK für $K = 0$ in den Polen des aufgeschnittenen Kreises und endet für $K = \infty$ in dessen Nullstellen bzw. im Unendlichen. Wie wir noch sehen werden, ist jeder Pol s_{Pj} von $G_0(s)$ der Ursprung eines Astes der WOK. Bei realen Systemen ist der Grad des Zählerpolynoms m stets kleiner höchstens gleich dem des Nennerpolynoms n. Von den n Ästen der Wurzelortskurve enden m in den Nullstellen und $(n - m)$ im Unendlichen.

Aus der uns bekannten Tatsache, dass komplexe Pole immer nur konjugiert komplex auftreten können, ergibt sich, dass die WOK stets symmetrisch zur σ-Achse verläuft. Es genügt also, die WOK in der oberen Halbebene zu ermitteln.

Die analytische Auswertung der Gln. (7.10) und (7.11) ist nur bei einfachen Systemen möglich. Zur Bestimmung der WOK komplizierter Systeme bedient man sich entweder eines graphischen Probierverfahrens unter Zuhilfenahme der so genannten *Spirule* oder der numerischen Berechnung mittels Digitalrechner. Für das graphische Verfahren ist es hilfreich, dass die einzelnen Äste der WOK in den Polen von $G_0(s)$ für $K = 0$ beginnen. Ein benachbarter Punkt, der die Gln. (7.7) und (7.8) erfüllt, kann relativ leicht gefunden werden. Die im Folgenden abgebildeten WOK wurden mit dem MATLAB berechnet und ausgedruckt. Für gängige Regelkreiskonfigurationen gibt es WOK-Kataloge, in denen die charakteristischen Verläufe der WOK in Abhängigkeit der Pol-Nullstellenverteilung von $G_0(s)$ zusammengestellt sind.

Ein weiterer Vorzug des WOK-Verfahrens besteht darin, dass es sich ganz entsprechend der Darstellung kontinuierlicher Systeme in der s-Ebene, ebenso auf diskrete Systeme in der z-Ebene anwenden lässt (s. Abschnitt 11.5.3).

7.1 Analytische Berechnung der Wurzelortskurve

In den folgenden Beispielen wird das Verfahren näher erläutert.

- **Beispiel 7.1**

Für den einfachen Regelkreis in **Bild 7.2** soll die Wurzelortskurve mit K_{PR} als veränderlichem Parameter bestimmt werden. Die Übertragungsfunktion des aufgeschnittenen Kreises lautet:

$$G_0(s) = G_R(s) \cdot G_S(s)\,;$$

$$G_0(s) = K_{\mathrm{PR}} K_{\mathrm{PS}} \frac{1 + sT_{\mathrm{n}}}{sT_{\mathrm{n}}(1 + sT_1)}\,;$$

$$G_0(s) = \frac{K_{\mathrm{PR}} K_{\mathrm{PS}}}{T_1} \cdot \frac{\left(s + \dfrac{1}{T_{\mathrm{n}}}\right)}{s\left(s + \dfrac{1}{T_1}\right)}. \quad (7.12)$$

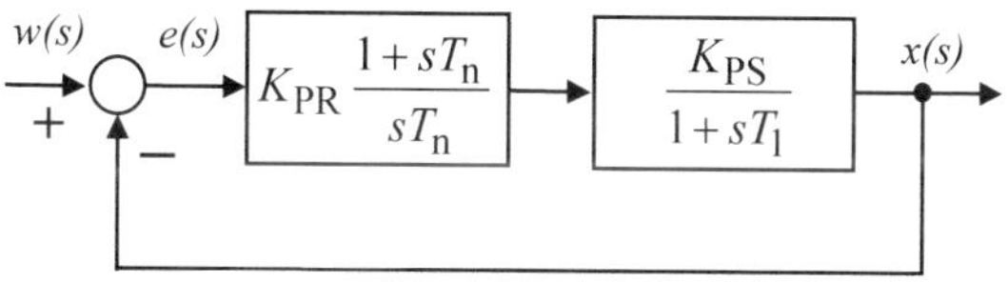

Bild 7.2 Regelkreis bestehend aus einer P-T1-Strecke und einem PI-Regler, $K_{\mathrm{PS}} = 0,5$; $T_1 = 2$ s; $T_{\mathrm{n}} = 1$ s

Die Pole von $G_0(s)$ liegen bei

$$s_{P1} = 0; \quad s_{P2} = -\frac{1}{T_1},$$

die Nullstelle bei $s_{N1} = -\frac{1}{T_n}$.

Setzen wir in Gl. (7.12) $s = \sigma + j\omega$, so folgt

$$G_0(\sigma, j\omega) = \frac{K_{PR} K_{PS}}{T_1} \cdot \frac{\left(\sigma + \dfrac{1}{T_n} + j\omega\right)}{(\sigma + j\omega)\left(\sigma + \dfrac{1}{T_1} + j\omega\right)}. \tag{7.13}$$

Gemäß Gl. (7.7) ergibt sich der Verlauf der Wurzelortskurve aus

$$\tan\varphi_0 = \frac{\mathrm{Im}\,(G_0)}{\mathrm{Re}\,(G_0)} = 0$$

bzw. es genügt

$$\mathrm{Im}\,(G_0) = \mathrm{Re}\,(N) \cdot \mathrm{Im}\,(Z) - \mathrm{Re}\,(Z) \cdot \mathrm{Im}\,(N) = 0$$

zu betrachten.

Damit erhalten wir aus Gl. (7.13)

$$\omega\left[\sigma\left(\sigma + \frac{1}{T_1}\right) - \omega^2\right] - \left(\sigma + \frac{1}{T_n}\right) \cdot \omega \cdot \left(2\sigma + \frac{1}{T_1}\right) = 0.$$

Diese Gleichung wird erfüllt für:

a) $\omega = 0$ \hfill (7.14)

b) $\omega^2 = -\sigma^2 - \sigma\dfrac{2}{T_n} - \dfrac{1}{T_n T_1} = -\left(\sigma + \dfrac{1}{T_n}\right)^2 + \dfrac{1}{T_n}\left(\dfrac{1}{T_n} - \dfrac{1}{T_1}\right) = 0.$ \hfill (7.15)

Der erste Teil der Wurzelortskurve verläuft nach Gl. (7.14) auf der σ-Achse. Für den zweiten Teil der Wurzelortskurve kann Gl. (7.15) (im vorliegenden Fall für $T_n < T_1$) auf die Form

$$\omega^2 = -\left(\sigma + \frac{1}{T_n}\right)^2 + \left(\sqrt{\frac{1}{T_n}\left(\frac{1}{T_n} - \frac{1}{T_1}\right)}\right)^2 \tag{7.16}$$

gebracht werden. Dies ist die Gleichung eines Kreises in der s-Ebene mit dem Radius

$$r = \sqrt{\frac{1}{T_n}\left(\frac{1}{T_n} - \frac{1}{T_1}\right)} \quad \text{und dem Mittelpunkt} \left(\omega = 0; \sigma = -\frac{1}{T_n}\right).$$

Bild 7.3 zeigt den WOK-Verlauf, der mit dem Befehl rlocus(num,den, 'k') von MATLAB berechnet wurde. Nach Gl. (7.14) wäre zu erwarten, dass die gesamte σ-Achse Teil der WOK ist.

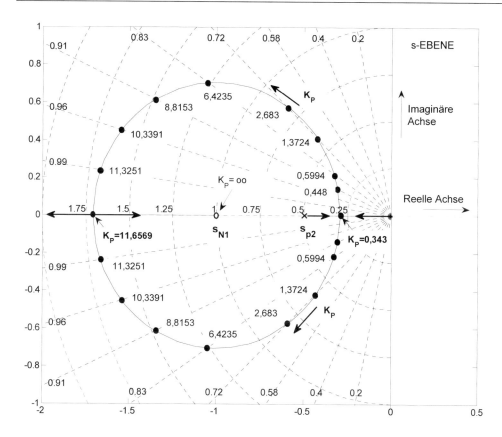

Bild 7.3 WOK des Regelkreises nach Bild 7.2 mit $G_0(s) = \dfrac{K_{PR}(1+sT_n)}{sT_n} \cdot \dfrac{K_{PS}}{1+sT_1}$

Wie Bild 7.3 zeigt, sind aber die Bereiche $s_{N1} < \sigma < s_{P2}$ und $\sigma > 0$ ausgenommen, und zwar weil hier Gl. (7.6) verletzt ist. Betrachten wir z. B. für $\omega = 0$ einen Punkt $s_{N1} < \sigma < s_{P2}$, so ist

$$\varphi_0 = \varphi_{N1} - \varphi_{P1} - \varphi_{P2} = 0 - \pi - \pi = -2\pi \neq (2i+1)\,\pi\;.$$

Für einen Punkt mit $\omega = 0$ und $\sigma > 0$ ist

$$\varphi_0 = \varphi_{N1} - \varphi_{P1} - \varphi_{P2} = 0 - 0 - 0 \neq (2i+1)\,\pi\;.$$

In diesen Bereichen ist zwar $\tan \varphi_0 = 0$ aber φ_0 kein ungeradzahliges Vielfaches von π.

Ermittlung der Lage der Pole auf der Wurzelortskurve als Funktion von Kp

Die Abhängigkeit der Lage der Pole des geschlossenen Kreises vom veränderlichen Parameter K_{PR} ergibt mit Gl. (7.5) auf Gl. (7.13) angewandt

$$|G_0(\sigma, j\omega)| = \frac{K_{PR}\,K_{PS}}{T_1} \cdot \frac{\left|\sigma + \dfrac{1}{T_n} + j\omega\right|}{\left|\sigma + j\omega\right| \cdot \left|\sigma + \dfrac{1}{T_1} + j\omega\right|} = 1 \qquad (7.17)$$

bzw.

$$K_{PR} = \frac{T_1}{K_{PS}} \cdot \sqrt{\frac{(\sigma^2 + \omega^2)\cdot\left[\left(\sigma + \dfrac{1}{T_1}\right)^2 + \omega^2\right]}{\left(\sigma + \dfrac{1}{T_n}\right)^2 + \omega^2}} . \qquad (7.18)$$

Betrachten wir zunächst den Teil der Wurzelortskurve, der auf der σ-Achse verläuft, so erhalten wir mit Gl. (7.14) in Gl. (7.17)

$$\frac{K_{PR}\,K_{PS}}{T_1} = \frac{|\sigma| \cdot \left|\sigma + \dfrac{1}{T_1}\right|}{\left|\sigma + \dfrac{1}{T_n}\right|} . \qquad (7.19)$$

Im Bereich $s_{P2} < \sigma < s_{P1}$ ist:

$$\sigma < 0$$

$$\sigma > s_{P2} = -\frac{1}{T_1} \quad \text{bzw.} \quad \left(\sigma + \frac{1}{T_1}\right) > 0$$

$$\sigma > s_{N1} = -\frac{1}{T_n} \quad \text{bzw.} \quad \left(\sigma + \frac{1}{T_n}\right) > 0 .$$

Damit können die Betragszeichen in Gl. (7.19) unter Berücksichtigung der Vorzeichen der einzelnen Terme weggelassen werden und es folgt:

$$\frac{K_{PR}\,K_{PS}}{T_1} = -\frac{\sigma \cdot \left(\sigma + \dfrac{1}{T_1}\right)}{\left(\sigma + \dfrac{1}{T_n}\right)} \qquad (7.20)$$

oder nach σ aufgelöst

$$\sigma_{1,2} = -\frac{1 + K_{PR}\,K_{PS}}{2T_1} \pm \sqrt{\left(\frac{1 + K_{PR}\,K_{PS}}{2T_1}\right)^2 - \frac{K_{PR}\,K_{PS}}{T_n T_1}} . \qquad (7.21)$$

Entsprechend ist für $\sigma < s_{N1} = -1/T_n$:

$$\sigma < 0$$

$$\left(\sigma + \frac{1}{T_n}\right) < 0$$

$$\left(\sigma + \frac{1}{T_1}\right) < 0,$$

d. h. es gilt ebenfalls Gl. (7.20) bzw. (7.21). In den beiden Verzweigungspunkten ist der Radikand in Gl. (7.21) Null. Somit folgt für das Auftreten von Doppelpolen:

$$K_{PR1,2} = \frac{1}{K_{PS}}\left[-\left(1 - 2\frac{T_1}{T_n}\right) \pm \sqrt{\left(1 - 2\frac{T_1}{T_n}\right)^2 - 1}\right]; \qquad (7.22)$$

$$K_{PR1} = 2(3 - 2\sqrt{2}) = 0{,}343; \qquad \sigma_1 = -\left(1 - \frac{1}{\sqrt{2}}\right);$$

$$K_{PR2} = 2(3 + 2\sqrt{2}) = 11{,}66; \qquad \sigma_2 = -\left(1 + \frac{1}{\sqrt{2}}\right).$$

K_{PR}	0	0,1	0,2	0,3	0,343	11,66	12	16	20
σ_1	0	$-0{,}053$	$-0{,}115$	$-0{,}2$	$-0{,}293$	$-1{,}707$	$-1{,}5$	$-1{,}22$	$-1{,}15$
σ_2	$-0{,}5$	$-0{,}472$	$-0{,}435$	$-0{,}375$	$-0{,}293$	$-1{,}707$	$-2{,}0$	$-3{,}28$	$-4{,}35$

Für den Bereich $K_{PR1} < K_{PR} < K_{PR2}$ erhalten wir die auf dem Kreis liegenden konjugiert komplexen Pole. Die Zuordnung zu K_{PR} ermittelt sich mit Gl. (7.15) in Gl. (7.18)

$$\frac{K_{PR} K_{PS}}{T_1} = \sqrt{\frac{\left(-\sigma\frac{2}{T_n} - \frac{1}{T_n T_1}\right)\left(\sigma\frac{2}{T_1} + \frac{1}{T_1^2} - \sigma\frac{2}{T_n} - \frac{1}{T_n T_1}\right)}{\sigma\frac{2}{T_n} + \frac{1}{T_n^2} - \sigma\frac{2}{T_n} - \frac{1}{T_n T_1}}}. \qquad (7.23)$$

Nach Umformung von Gl. (7.23) folgt

$$\frac{K_{PR} K_{PS}}{T_1} = \sqrt{\left(2\sigma + \frac{1}{T_1}\right)^2} = 2 \cdot \left|\sigma + \frac{1}{2T_1}\right|. \qquad (7.24)$$

Im betrachteten Bereich ist $\sigma < -\dfrac{1}{2T_1}$ und somit

$$\frac{K_{PR}K_{PS}}{T_1} = -\left(2\sigma + \frac{1}{T_1}\right)$$

bzw.

$$\sigma = -\frac{1 + K_{PR}K_{PS}}{2T_1}. \tag{7.25}$$

Erstaunlicherweise ist σ unabhängig von $1/T_n$.

K_{PR}	0,343	1	2	4	6	8	10	11	11,66
σ	$-0,292$	$-0,375$	$-0,5$	$-0,75$	-1	$-1,25$	$-1,5$	$-1,625$	$-1,707$

Betrachten wir die WOK in Bild 7.3 nochmals im Zusammenhang, so beginnt diese für $K_{PR} = 0$ mit den beiden Ästen in den Polen s_{P1} und s_{P2}. Für $0 \leq K_{PR} \leq K_{PR1}$ bewegen sich die Pole des geschlossenen Kreises auf der σ-Achse gegeneinander und ergeben für $K_{PR} = K_{PR1}$ einen Doppelpol. Die symmetrische Verzweigung in den Kreis und damit das Auftreten konjugiert komplexer Pole erfolgt für $K_{PR} > K_{PR1}$.

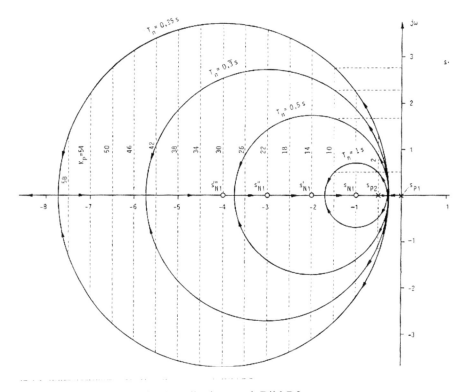

Bild 7.4 Wurzelortskurve des Regelkreises nach Bild 7.2

$$G_0(s) = \frac{K_{PR}K_{PS}}{T_1} \cdot \frac{(s + s_{N1})}{s(s + s_{P2})} \quad \text{für } T_n = 1\,\text{s}; \ 0,5\,\text{s}; \ 0,\overline{3}\,\text{s und } 0,25\,\text{s}$$

Im Bereich $K_{PR1} \leq K_{PR} \leq K_{PR2}$ hat das geschlossene System konjugiert komplexe Pole auf dem Kreis der WOK. Für $K_{PR} = K_{PR2}$ treffen sich die beiden Kreishälften im Doppelpol $(\sigma = -1 - 1\sqrt{2}; \ \omega = 0)$, um sich für $K_{PR} > K_{PR2}$ erneut zu verzweigen. Während der eine Ast für $K_{PR2} > K_{PR} \leq \infty$ auf der σ-Achse nach rechts in die Nullstelle s_{N1} von G_0 läuft, strebt der andere mit zunehmendem K_{PR} nach $\sigma = -\infty$.

Die bisherige Betrachtung konzentrierte sich auf die Ermittlung der WOK in Abhängigkeit vom Regelparameter K_{PR}. Um den Einfluss des zweiten Regelparameters T_n auf die WOK zu zeigen, gibt es zwei Möglichkeiten:

a) Durch schrittweise Veränderungen von T_n werden die zugehörigen WOKn anhand der zuvor gefundenen Gleichungen bestimmt. **Bild 7.4** zeigt die WOKn für $T_n = 1s; \ 0,5 s; \ 0,\overline{3} s$ und $0,25 s$.

b) Die charakteristische Gleichung $1 + G_0(s) = 0$ wird in die Form

$$1 + \frac{1}{T_n} \cdot G^*(s) = 0, \text{ mit } G^*(s) = \frac{K_{PR} K_{PS}}{s(1 + K_{PR} K_{PS} + sT_1)}$$

gebracht und die WOK in Abhängigkeit von $1/T_n$ ermittelt.

Als weiteres Beispiel soll im Folgenden ein Regelkreis betrachtet werden, dessen Übertragungsfunktion $G_0(s)$ drei negativ reelle Pole aufweist.

- **Beispiel 7.2**

Die Übertragungsfunktion des aufgeschnittenen Kreises lautet

$$G_0(s) = \frac{K_{PR} K_{PS}}{(1 + sT_1)(1 + sT_2)(1 + sT_3)} = \frac{K_{PR} K_{PS}}{s^3 a_3 + s^2 a_2 + s a_1 + 1} \qquad (7.26)$$

mit

$$a_1 = T_1 + T_2 + T_3 = 3,5 \text{ s}$$
$$a_2 = T_1 T_2 + T_1 T_3 + T_2 T_3 = 3,5 \text{ s}^2$$
$$a_3 = T_1 T_2 T_3 = 1 \text{ s}^3.$$

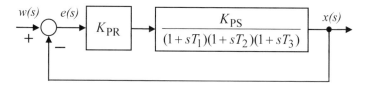

Bild 7.5 Regelkreis mit drei negativ reellen Polen des aufgeschnittenen Kreises $T_1 = 1$ s; $T_2 = 2$ s; $T_3 = 0,5$ s

Setzen wir in Gl. (7.26) $s = \sigma \pm j\omega$, so folgt

$$G_0(\sigma, j\omega) = \frac{K_{PR} K_{PS}}{[1 + \sigma a_1 + (\sigma^2 - \omega^2)a_2 + (\sigma^3 - 3\sigma\omega^2)a_3] \pm j\omega[a_1 + 2\sigma a_2 + (3\sigma^2 - \omega^2)a_3]}.$$

$$(7.27)$$

Die WOK ergibt sich gemäß Gl. (7.9) aus

$$\tan \varphi_0 = \frac{\mathrm{Im}\,(G_0)}{\mathrm{Re}\,(G_0)} = 0$$

bzw.

$$\mathrm{Im}\,G_0 = \pm K_{\mathrm{PR}} K_{\mathrm{PS}} \frac{\omega[a_1 + 2\sigma\,a_2 + (3\sigma^2 - \omega^2)a_3]}{\mathrm{NENNER}} = 0\,. \tag{7.28}$$

Gl. (7.28) ist erfüllt für

$$\omega = 0 \tag{7.29}$$

und

$$\omega^2 = \frac{a_1 + 2\sigma\,a_2 + 3\sigma^2 a_3}{a_3}\,. \tag{7.30}$$

Ausgangspunkte der WOK sind für $K = K_{\mathrm{PR}}\,K_{\mathrm{PS}} = 0$ die Pole des aufgeschnittenen Kreises

$$s_{\mathrm{P1}} = -\frac{1}{T_1} = -1\,\mathrm{s}^{-1};\quad s_{\mathrm{P2}} = -\frac{1}{T_2} = -0{,}5\,\mathrm{s}^{-1};\quad s_{\mathrm{P3}} = -\frac{1}{T_3} = -2\,\mathrm{s}^{-1}.$$

Betrachten wir als erstes den Teil der WOK, der auf der negativen σ-Achse ($\omega = 0$) verläuft. Die Winkelbedingung $\varphi_0 = (2i + 1)\pi$ wird erfüllt für die Bereiche

$$s_{\mathrm{P1}} \leq \sigma \leq s_{\mathrm{P2}}$$

und

$$\sigma \leq s_{\mathrm{P3}}\,.$$

Durch Gl. (7.30) wird der Verlauf der beiden WOKn-Äste beschrieben, für die $\omega \neq 0$ ist. Im Verzweigungspunkt ist $\omega = 0$ und es folgt aus Gl. (7.30)

$$a_1 + 2\sigma\,a_2 + 3\sigma^2 a_3 = 0$$

bzw.

$$\sigma_{1,2} = \frac{-a_2 \pm \sqrt{a_2^2 - 3a_1 a_3}}{3a_3}\,. \tag{7.31}$$

Mit den Zahlenwerten erhalten wir

$$\sigma_1 = -0{,}726\,s^{-1}$$

$$\sigma_2 = -1{,}608\,s^{-1}.$$

Wie aus **Bild 7.6** ersichtlich ist, ist nur σ_1 ein echter Verzweigungspunkt, während σ_2 in den Bereich fällt, der gegen die Winkelbedingung verstößt. Im Schnittpunkt der WOK mit der $j\omega$-Achse (Stabilitätsgrenze) ist $\sigma = 0$ und es folgt aus Gl. (7.30)

$$\omega_{\mathrm{kr}} = \pm\sqrt{\frac{a_1}{a_3}} = \pm 1{,}871\,\mathrm{s}^{-1}.$$

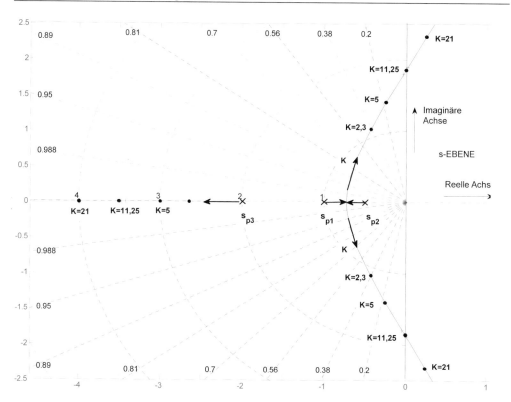

Bild 7.6 Wurzelortskurve des Regelkreises nach Bild 7.5 mit $s_{p1} = -1$; $s_{p2} = -0,5$; $s_{p3} = -2$ für

$$G_0(s) = \frac{K}{(s - s_{P1})(s - s_{P2})(s - s_{P3})},$$

berechnet mit folgenden MATLAB-Befehlen: num = [0 0 0 1];
den = [3 3.5 3.5 1]; rlocus(num,den, 'k'); hold on; grid; [k,p] = rlocfind(num,den);

Weitere Punkte im interessierenden Bereich der WOK $\omega = f(\sigma)$ ergeben sich durch Einsetzen diskreter σ-Werte in die Gl. (7.30).

$\dfrac{\sigma}{s^{-1}}$	$-0,726$	$-0,6$	$-0,5$	$-0,4$	$-0,3$	$-0,2$	0	$+0,5$
$\dfrac{\omega}{s^{-1}}$	0	$\pm 0,616$	$\pm 0,866$	$\pm 1,086$	$\pm 1,292$	$\pm 1,49$	$\pm 1,871$	$\pm 2,784$

Die Markierung der WOK in Abhängigkeit vom Parameter $K = K_{PR}K_{PS}$ folgt aus Gl. (7.27). Durch die Winkelbedingung bzw. Im $(G_0) = 0$ vereinfacht sich Gl. (7.27) und es wird

$$|G_0(\sigma,\omega)| = \frac{K_{PR}\,K_{PS}}{\left|1 + \sigma\,a_1 + (\sigma^2 - \omega^2)a_2 + (\sigma^3 - 3\sigma\omega^2)a_3\right|} = 1. \tag{7.32}$$

Ermitteln wir zunächst die $K_{PR}K_{PS}$-Werte auf der σ-Achse für $\omega = 0$, so ist

$$K_{PR}K_{PS} = \left| 1 + \sigma a_1 + \sigma^2 a_2 + \sigma^3 a_3 \right|$$

und mit den Zahlenwerten a_1, a_1, a_3 eingesetzt, folgt

$$K_{PR}K_{PS} = \left| 1 + \sigma^3 + 3{,}5\sigma(1+\sigma) \right|. \tag{7.33}$$

Mit Gl. (7.33) berechnen sich die nachfolgenden $K_{PR}K_{PS}$-Werte (s. Bild 7.6).

$\dfrac{\sigma}{s^{-1}}$	$-0{,}5$	$-0{,}726$	-1	-2	$-2{,}5$	-3	-4	-5
$K_{PR}K_{PS}$	0	0,079	0	0	1,5	5	21	54

Zur Bestimmung der $K_{PR}K_{PS}$-Werte auf den beiden Wurzelortskurvenästen für $\omega \neq 0$ eliminieren wir ω^2. Mit Gl. (7.30) in Gl. (7.27) folgt

$$K_{PR}K_{PS} = \left| 1 + \sigma a_1 + \sigma^2 a_2 + \sigma^3 a_3 - (a_2 + 3\sigma a_3)\frac{a_1 + 2\sigma a_2 + 3\sigma^2 a_3}{a_3} \right|.$$

Setzen wir für a_1, a_1, a_3 die Zahlenwerte ein, so wird

$$K_{PR}K_{PS} = \left| -11{,}25 - 31{,}5\sigma - 28\sigma^2 - 8\sigma^3 \right| \tag{7.34}$$

mit den nachfolgend errechneten $K_{PR}K_{PS}$-Werten.

$\dfrac{\sigma}{s^{-1}}$	$-0{,}726$	$-0{,}5$	$-0{,}25$	0	$+0{,}25$	$+0{,}5$
$K_{PR}K_{PS}$	0,079	1,5	5	11,25	21	35

Der Schnittpunkt der WOKn-Äste mit der $j\omega$-Achse für $\sigma = 0$ ergibt sich auch einfach mit Hilfe des *Hurwitz*-Stabilitätskriteriums. Aus der charakteristischen Gleichung

$$1 + G_0(s) = s^3 a_3 + s^2 a_2 + s a_1 + \overbrace{1 + K_{PR}K_{PS}}^{a_0} = 0$$

folgt an der Stabilitätsgrenze

$$a_1 a_2 - a_0 a_3 = 0$$

bzw.

$$K_{PR}K_{PS} = \frac{a_1 a_2}{a_3} - 1 = 11{,}25.$$

Die in Bild 7.6 gezeigte Wurzelortskurve wurde mit MATLAB berechnet. Für $K = 0$ beginnen die drei WOKn-Äste in den Polstellen s_{P1}, s_{P2}, s_{P3}.

Während der von s_{P3} ausgehende Ast mit zunehmendem K auf der negativ reellen Achse nach $\sigma \to -\infty$ läuft, laufen die beiden von s_{P1} und s_{P2} ausgehenden Äste zunächst auf der negativ reellen Achse aufeinander zu und treffen im Verzweigungspunkt $\sigma_1 = -0{,}726\,s^{-1}$ $K = 0{,}079$ zusammen.

Für $K > 0{,}079$ treten die beiden WOKn-Äste aus dem Verzweigungspunkt aus, laufen symmetrisch zur reellen Achse (konjugiert komplexes Polpaar) und schneiden für $K = 11{,}25$ ($\sigma = 0$) die imaginäre Achse.

Das System wird für $K > 11{,}25$ mit $\sigma > 0$ instabil.

7.2 Geometrische Eigenschaften von Wurzelortskurven

Die im Folgenden als Regeln angegebenen geometrischen Eigenschaften dienten ursprünglich als Hilfsmittel zur Konstruktion von Wurzelortskurven. Da graphische Verfahren heute gegenüber numerischen Verfahren mittels Digitalrechner immer mehr in den Hintergrund treten, dienen diese Regeln zum einen zur Überprüfung numerisch gewonnener Daten und zum anderen können damit die Tendenzen von Parameteränderungen abgeschätzt und die Auswirkungen, die das Hinzufügen zusätzlicher Pol- und Nullstellen (z. B. *Lead-Lag-Glied*) zur Folge hat, qualitativ beurteilt werden.

Regel 1 *Beginn und Ende der WOKn-Äste*

Sämtliche Äste der WOK beginnen für $K = 0$ in den Polen s_{Pj} des aufgeschnittenen Kreises $G_0(s)$ und enden für $K \to \infty$ in den Nullstellen s_{Ni} von $G_0(s)$ bzw. im Unendlichen. Den Beweis liefert Gl. (7.11). Für $s = s_{Pj}$ ($j = 1...n$) wird $K = 0$ und für $s = s_{Ni}$ ($i = 1...m$) wird $K = \infty$. Ferner wird für $n > m$ $K = \infty$, wenn $s \to \infty$.

Da bei realen Systemen der Grad m des Zählerpolynoms von $G_0(s)$ stets kleiner höchstens gleich dem Grad des Nennerpolynoms ist ($m \le n$), enden von den n Ästen m in den Nullstellen und ($n - m$) Äste laufen ins Unendliche.

Regel 2 *Symmetrie der WOK bezüglich der reellen Achse*

Da komplexe Pole und Nullstellen immer nur konjugiert komplex auftreten, ist die WOK symmetrisch zur reellen Achse.

Regel 3 *Verschiebung der Pol-Nullstellenkonfiguration parallel zur reellen Achse*

Eine Verschiebung der gesamten Pol-Nullstellenkonfiguration von $G_0(s)$ parallel zur reellen Achse ändert die Lage der WOK zur imaginären Achse, hat aber keine Änderung der Form der WOK zur Folge.

Regel 4   *Verlauf der WOK auf der reellen Achse*

Von der reellen Achse der s-Ebene sind die Bereiche Teil der WOK, von deren Punkte aus betrachtet die rechts davon gelegene Summe der auf der reellen Achse gelegenen Pole und Nullstellen ungerade ist. Konjugiert komplexe Pole und Nullstellen liefern keinen Beitrag für Punkte auf der reellen Achse und können unberücksichtigt bleiben.

Regel 5   *Schwerpunkt der Asymptoten*

Ist $n > m$, so laufen $(n - m)$ WOKn-Äste ins Unendliche. Die Asymptoten an die ins Unendliche strebenden Äste schneiden sich in einem Punkt auf der reellen Achse, dem

$$\text{Wurzelschwerpunkt } \delta_\text{S} = \frac{\displaystyle\sum_{j=1}^{n} s_{\text{P}j} - \sum_{i=1}^{m} s_{\text{N}i}}{n - m}. \tag{7.35}$$

Regel 6   *Anstiegswinkel der Asymptoten*

Die Anstiegswinkel der Asymptoten ergeben sich zu

$$\varphi_\text{i} = \frac{(1 + 2i)}{m - n}\pi \qquad (i = 0, 1, 2, \ldots, n - m - 1). \tag{7.36}$$

Regel 7   *Austrittswinkel aus einem konjugiert komplexen Polpaar*

Die beiden Austrittswinkel $\varphi_{\text{PA}i}$ aus einem konjugiert komplexen Polpaar ergeben sich zu

$$\varphi_{\text{PA}1,2} = \sum_{i=1}^{m} \varphi_{\text{N}i} - \sum_{\substack{j=1 \\ j \neq A_1, A_2}}^{n} \varphi_{\text{P}j} \pm \frac{\pi}{2}. \tag{7.37}$$

Entsprechend ergeben sich für die beiden Eintrittswinkel $\varphi_{\text{NE}i}$ in ein konjugiert komplexes Nullstellenpaar

$$\varphi_{\text{NE}1,2} = -\sum_{\substack{i=1 \\ i \neq E_1, E_2}}^{m} \varphi_{\text{N}i} + \sum_{j=1}^{n} \varphi_{\text{P}j} \pm \frac{\pi}{2}. \tag{7.38}$$

Regel 8   *Austrittswinkel aus einem r-fachen Pol auf der reellen Achse*

Aus einem r-fachen Pol auf der reellen Achse treten r WOKn-Äste aus. Die Austrittswinkel berechnen sich aus

$$\varphi_{\mathrm{Pi}} = \frac{(\nu - \mu - 1 - 2i)}{r} \cdot \pi \qquad (i = 1, 2, 3, \dots r). \tag{7.39}$$

Konjugiert komplexe Pol- bzw. Nullstellenpaare liefern keinen Winkelbeitrag und können in (7.39) unberücksichtigt bleiben. Ebenso haben die auf der reellen Achse links von der r-fachen Polstelle gelegenen Pole und Nullstellen den Winkelbeitrag Null. Nur die rechts der r-fachen Polstelle liegenden μ Pole ergeben $-\mu \cdot \pi$ und die ν Nullstellen $+\nu \cdot \pi$.

In eine r-fache Nullstelle auf der reellen Achse enden r WOKn-Äste unter den Eintrittswinkeln

$$\varphi_{\mathrm{Ni}} = -\frac{(\nu - \mu - 1 - 2i)}{r} \cdot \pi \qquad (i = 1, 2, 3, \dots r). \tag{7.40}$$

Regel 9   *Verzweigungspunkte der WOK*

Ein Verzweigungspunkt $K = K\lambda$ liegt vor, wenn zwei oder im Allgemeinen r WOKn-Äste mit zunehmendem K auf einen Punkt zulaufen und ebenso viele WOKn-Äste für $K > K\lambda$ aus dem Verzweigungspunkt austreten. Der Verzweigungspunkt ergibt sich durch Lösen der Gleichung

$$\sum_{i=1}^{m} \frac{1}{s - s_{\mathrm{Ni}}} - \sum_{j=1}^{n} \frac{1}{s - s_{\mathrm{Pj}}} = 0. \tag{7.41}$$

Das zu lösende Polynom ist infolge $n \geq m$ vom Grade n und für großes n nur numerisch lösbar. Speziell für die Verzweigungspunkte auf der reellen Achse, folgt für $\omega = 0$ bzw. $s = \sigma$

$$\sum_{i=1}^{m} \frac{1}{\sigma - s_{\mathrm{Ni}}} - \sum_{j=1}^{n} \frac{1}{\sigma - s_{\mathrm{Pj}}} = 0. \tag{7.42}$$

Regel 10   *Winkel zwischen den ein- bzw. austretenden WOKn-Ästen eines Verzweigungspunkts*

Der Winkel zwischen zwei benachbarten, aus dem Verzweigungspunkt austretenden WOKn-Ästen ist

$$\Delta\varphi_{\mathrm{P}\lambda} = \frac{2\pi}{r}. \tag{7.43}$$

Ebenso ergibt sich für den Winkel zwischen zwei benachbarten, in den Verzweigungspunkt eintretenden WOKn-Ästen

$$\Delta\varphi_{\mathrm{N}\lambda} = \frac{2\pi}{r}\,.$$ (7.44)

Der Winkel zwischen je einem in den Verzweigungspunkt ein- und austretenden WOKn-Ast ist

$$\Delta\varphi_{\lambda} = \frac{\pi}{r}\,.$$ (7.45)

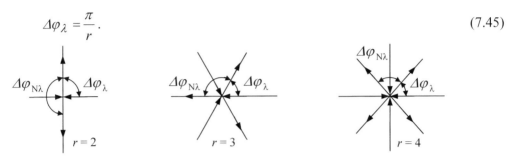

Bild 7.7 Verzweigungspunkte für $r = 2$, 3 und 4

Bild 7.7 zeigt Verzweigungspunkte für r = 2, 3, 4. Die Richtungen der Zeiger sind abhängig von der konkreten Pol-Nullstellenverteilung. So zeigen die beiden Verzweigungspunkte in Bild 7.3 für K = 0,343 und K = 11,66 unterschiedliche Richtungen bezüglich der eintretenden WOKn-Äste. Entsprechend unterschiedlich sind die Richtungen der austretenden WOKn-Äste.

Regel 11 *Schnittpunkte der WOK mit der imaginären Achse*

Die Schnittpunkte der WOK mit der imaginären Achse *(Stabilitätsgrenze)* ergeben sich aus Gl. (7.4) für $\sigma = 0$ bzw. $s = j\omega$ zu

$$K_0 \cdot \prod_{i=1}^{m}(j\omega - s_{\mathrm{N}i}) + \prod_{j=1}^{n}(j\omega - s_{\mathrm{P}j}) = 0\,.$$ (7.46)

Da in Gl. (7.46) sowohl die Realteile als auch die Imaginärteile gleichzeitig verschwinden müssen, ergeben sich zwei Gleichungen zur Bestimmung von ω und K.

Vielfach gelangt man durch Auswertung der charakteristischen Gleichung mittels eines Stabilitätskriteriums (z. B. *Hurwitz*) an der Stabilitätsgrenze schneller zum Ziel.

Regel 12 *Ermittlung eines unbekannten WOKn-Punktes für ein bestimmtes K*

Ist $m \le n - 2$, so gilt

$$\sum_{j=1}^{n} s_{\mathrm{P}j} = \sum_{\lambda=1}^{n} s_{\mathrm{P}\lambda}(K) = \text{konst.}$$ (7.47)

Da komplexe Pole immer nur konjugiert komplex auftreten, fallen bei der Summenbildung die imaginären Anteile heraus und es genügt die Bildung der Summe über die Realteile

$$\sum_{j=1}^{n} \mathrm{Re}(s_{\mathrm{P}j}) = \sum_{\lambda=1}^{n} \mathrm{Re}(s_{\mathrm{P}\lambda}(K)) = \text{konst.} \tag{7.48}$$

Diese Regel kann hilfreich sein, wenn es darum geht, ein noch unbekanntes $s_{\mathrm{P}\lambda}$ (reell oder konjugiert komplex) für ein bestimmtes K zu ermitteln. Es sei nochmals betont, dass die Beziehung (7.48) auf Systeme $m \le n - 2$ beschränkt ist.

Die Anwendung und Zweckmäßigkeit der im Vorangegangenen behandelten Regeln 1, ... 12 soll anhand der nachfolgenden Beispiele erläutert werden.

• **Beispiel 7.3**

Eine PT2-Strecke mit der Übertragungsfunktion

$$G_{\mathrm{S}}(s) = \frac{K_{\mathrm{PS}}}{1 + sT_1 + s^2 T_2^2} \qquad K_{\mathrm{PS}} = 0,4; \qquad T_1 = 0,8\,s; \qquad T_2^2 = 0,2\,s^2$$

wird von einem PDT1-Regler geregelt:

$$G_{\mathrm{R}}(s) = K_{\mathrm{PR}} \frac{1 + sT_{\mathrm{v}}}{1 + sT_3}, \quad \text{mit} \quad T_{\mathrm{v}} = 2\,s; \qquad T_3 = 0,2\,s\,.$$

Der Verlauf der WOK soll mit $K \sim K_{\mathrm{PR}}$ als veränderlichem Parameter anhand der Regeln diskutiert werden. Die Übertragungsfunktion des aufgeschnittenen Kreises lautet

$$G_0(s) = G_{\mathrm{R}}(s) \cdot G_{\mathrm{S}}(s) = \frac{K_{\mathrm{PR}} K_{\mathrm{PS}} T_{\mathrm{v}}}{T_2^2 T_3} \cdot \frac{(s - s_{\mathrm{N}1})}{(s - s_{\mathrm{P}1})(s - s_{\mathrm{P}2})(s - s_{\mathrm{P}3})},$$

mit

$$s_{\mathrm{N}1} = -\frac{1}{T_{\mathrm{v}}} = -0,5\,s^{-1}; \qquad s_{\mathrm{P}1,2} = -\frac{T_1}{2T_2^2} \pm \sqrt{\left(\frac{T_1}{2T_2^2}\right)^2 - \frac{1}{T_2^2}} = (-2 \pm j)\,s^{-1}$$

$$s_{\mathrm{P}3} = -\frac{1}{T_3} = -5\,s^{-1}; \qquad K = \frac{K_{\mathrm{PR}} K_{\mathrm{PS}} T_{\mathrm{v}}}{T_2^2 T_3}$$

Regel 1

Als erstes werden die Pole und Nullstellen des offenen Kreises in die s-Ebene gezeichnet (s. Bild 7.8). Jeder der drei Pole ist Ausgangspunkt eines WOKn-Astes. Da nur eine Nullstelle $s_{\mathrm{N}1}$ vorliegt, enden von den drei WOKn-Ästen zwei im Unendlichen.

Regel 4

Der Bereich $s_{\mathrm{P}3} \le \sigma \le s_{\mathrm{N}1}$ der reellen Achse ist Teil der WOK.

Regel 5

Nach Gl. (7.35) erhalten wir den Wurzelschwerpunkt

$$\delta_S = \frac{\sum_{j=1}^{n} s_{Pj} - \sum_{i=1}^{m} s_{Ni}}{n-m} = \frac{-2-2-5+0{,}5}{2} s^{-1} = -4{,}25\, s^{-1}.$$

Regel 6

Die Anstiegswinkel der beiden Asymptoten folgen aus Gl. (7.36)

$$\varphi_i = \frac{(1+2i)}{m-n} \cdot \pi \qquad i = 0,1,2,\dots,(n-m-1)$$

$$\varphi_0 = -\frac{\pi}{2}; \qquad \varphi_1 = -\frac{3}{2}\pi.$$

Regel 7

Die Austrittswinkel aus den konjugiert komplexen Polen s_{P1} und s_{P2} ergeben sich nach Gl. (7.37) zu

$$\varphi_{A1} = \varphi_{N1} - \varphi_{P3} + 90° = \left(180° - \arctan\frac{1}{1{,}5}\right) - \arctan\frac{1}{3} + 90° = 218°$$

$$\varphi_{A2} = \varphi_{N1} - \varphi_{P3} - 90° = -146{,}31° + 18{,}44° - 90° = -218°.$$

Regel 9

Mit Gl. (7.42) errechnet sich die Lage des Verzweigungspunktes

$$\sum_{i=1}^{m} \frac{1}{\sigma - s_{Ni}} - \sum_{j=1}^{n} \frac{1}{\sigma - s_{Pj}} = \frac{1}{\sigma + 0{,}5} - \frac{1}{\sigma + 2 - j} - \frac{1}{\sigma + 2 + j} - \frac{1}{\sigma + 5} = 0.$$

Daraus folgt

$$(\sigma^2 + 4\sigma + 5)\cdot 4{,}5 - (2\sigma + 4)(\sigma^2 + 5{,}5\sigma + 2{,}5) = 0$$

bzw. $2\sigma^3 + 10{,}5\sigma^2 + 9\sigma - 12{,}5 = 0$.
Die Lösungen dieses Polynoms 3. Grades sind:

$$\sigma_1 = -2{,}615\, s^{-1}; \qquad \sigma_2 = -3{,}349\, s^{-1}; \qquad \sigma_3 = +0{,}714\, s^{-1}.$$

Es liegen demnach zwei Verzweigungspunkte σ_1 und σ_2 vor. Der dritte Verzweigungspunkt σ_3 liegt außerhalb des gültigen Bereichs.

Regel 10

Im vorliegenden Fall sind die beiden Verzweigungspunkte jeweils doppelte Polstellen ($r = 2$). Der Winkel zwischen den symmetrisch ein- und austretenden WOKn-Ästen ist nach Gl. (7.45)

$$\Delta\varphi_\lambda = \frac{\pi}{r} = 90°.$$

Regel 11

Die Ermittlung der Schnittpunkte mit der imaginären Achse erübrigt sich, da es, wie der WOKn-Verlauf zeigt, keine Schnittpunkte gibt. Das heißt, das System ist unbegrenzt stabil.

Regel 12

Infolge $(n-m) = 2$ können der dritte Pol und die K-Werte in den Verzweigungspunkten nach Gl. (7.48) berechnet werden.

$$\sum_{j=1}^{n} \mathrm{Re}(s_{\mathrm{Pj}}) = \sum_{i=1}^{m} \mathrm{Re}(s_{\mathrm{P}\lambda}) = (-2 - 2 - 5)\,\mathrm{s}^{-1} = -9\,\mathrm{s}^{-1}.$$

Für den Verzweigungspunkt $\sigma_1 = -2,615\,\mathrm{s}^{-1}$ liegt der dritte Pol auf der reellen Achse bei

$$\sigma_{1,3} = (-9 + 2 \cdot 2,615)\,\mathrm{s}^{-1} = -3,77\,\mathrm{s}^{-1}.$$

Entsprechend berechnet sich für den zweiten Verzweigungspunkt $\sigma_2 = -3,349\,\mathrm{s}^{-1}$ der dritte Pol zu

$$\sigma_{2,3} = (-9 + 2 \cdot 3,349)\,\mathrm{s}^{-1} = -2,302\,\mathrm{s}^{-1}.$$

Exemplarisch sollen noch die K-Werte in den Verzweigungspunkten bestimmt werden. Allgemein gilt nach Gl. (7.4)

$$K = -\frac{\prod_{j=1}^{n}(s - s_{\mathrm{Pj}})}{\prod_{i=1}^{m}(s - s_{\mathrm{Ni}})}.$$

Im ersten Verzweigungspunkt ist

$$K_1 = -\frac{(-2,615 + 2 - j)(-2,615 + 2 + j)(-2,615 + 5)}{(-2,615 + 0,5)}\,\mathrm{s}^{-2}$$

$$K_1 = \frac{(0,615^2 + 1) \cdot 2,385}{2,115}\,\mathrm{s}^{-2} = 1,554\,\mathrm{s}^{-2}.$$

Im zweiten Verzweigungspunkt ist

$$K_2 = -\frac{(-3,349 + 2 - j)(-3,349 + 2 + j)(-3,349 + 5)}{(-3,349 + 0,5)}\,\mathrm{s}^{-2}$$

$$K_2 = \frac{(1,349^2 + 1) \cdot 1,651}{2,849}\,\mathrm{s}^{-2} = 1,634\,\mathrm{s}^{-2}.$$

In **Bild 7.8** ist der mit dem folgenden MATLAB-Skript berechnete Wurzelortskurververlauf dargestellt:

```
>> KpR = 1;  KpS = 0.4;
>> T1 = 0.8;
>> T2_2 = 0.2;
>> Tv = 2;T3 = 0.2;
>> b1 = KpR*KpS*Tv;
>> b0 = KpR*KpS;
>> a3 = T2_2*T3;
>> a2 = T1*T3+T2_2;
>> a1 = (T3+T1);
>> a0 = 1;
>> num = [ 0    0  b1  b0 ]
>> den = [ a3  a2  a1  a0 ]
>> rlocus (num, den, 'k')
>> hold on; grid
```

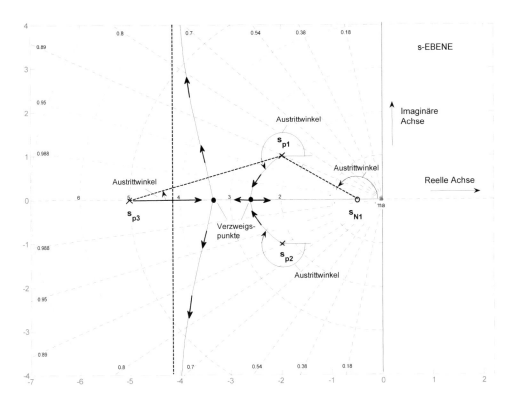

Bild 7.8 Wurzelortskurve zu Beispiel 7.3 mit

$$G_0(s) = K_{PR} K_{PS} \frac{1 + sT_v}{(1 + sT_1 + s^2 T_2^2)(1 + sT_3)}$$

8 Entwurf von linearen Regelkreisen

Ein optimal eingestellter Regelkreis soll mit möglichst geringer Regeldifferenz einerseits und möglichst großer Dämpfung andererseits arbeiten. Diese Forderungen widersprechen sich. Die optimale Reglereinstellung erfolgt durch eine Kompromisslösung, die wiederum von Eigenschaften der Regelstrecken abhängt. Somit ist der Erfolg beim Reglerentwurf im Wesentlichen von Kenntnissen der Regelstrecke abhängig. Nachfolgend wird gezeigt, wie der optimale Regelkreisentwurf direkt im Zeitbereich nach Sprungantworten oder indirekt im Frequenzbereich mit Hilfe von Stabilitätskriterien und Wurzelortskurven (Kapitel 6 und 7) erfolgt.

8.1 Gütekriterien des Zeitverhaltens

Bild 8.1 zeigt den zeitlichen Verlauf der Regelgröße bei einem Führungssprung. Daraus lassen sich die Regelgütekriterien ermitteln. Die bleibende Regeldifferenz $e(\infty)$, die Dämpfung D, die An- und Ausregelzeit T_{an} und T_{aus}, die Überschwingweite x_m.

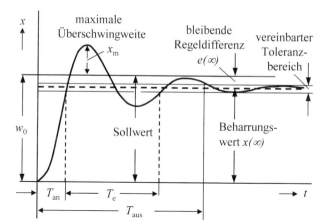

$$\omega_e = \omega_0 \sqrt{1 - D^2}$$

$$T_e = \frac{2\pi}{\omega_e}$$

$$T_{aus} = \frac{\ln 25}{\omega_0 D} \approx \frac{3,22}{\omega_0 D}$$

Bild 8.1 Sprungantwort des Führungsverhaltens. Die Güteparameter sind nach DIN 19226, Teil 5, eingetragen

- **Bleibende Regeldifferenz e(∞)**

Die Regelkreise, die nur aus P- oder D-Gliedern mit oder ohne Verzögerung bestehen, weisen immer eine bleibende Regeldifferenz auf. Sind in einem Regelkreis mit P-Regler ein oder mehrere Glieder mit I-Anteil vorhanden, so ist der zeitliche Verlauf der Regeldifferenz $e(t)$ vom Ort, an dem die Störgröße angreift und deren zeitlichen Verlauf abhängig. Greift die Störgröße am Ausgang des I-Gliedes an, so wird $e(\infty) = 0$. Tritt die Störgröße am Eingang des I-Gliedes ein, so kann die bleibende Regeldifferenz $e(\infty)$ nach Faustformel direkt aus dem Wirkungsplan des Regelkreises anhand der Eigenschaften eines I-Gliedes ermittelt werden, nämlich: die Ausgangsgröße eines I-Gliedes kann überhaupt nur dann einen stabilen Beharrungszustand erreichen, wenn die Eingangsgröße des I-Gliedes gleich Null wird, wie das Beispiel 8.1 zeigt.

- **Beispiel 8.1**

Am Eingang des I-Gliedes in **Bild 8.2** wird im Beharrungszustand stets $y_S(\infty) = 0$. Dies führt beim Führungsverhalten mit dem Sprung $w(t) = w_0$ zu $y(\infty) = 0$, dann $y_R(\infty) = 0$ und weiterhin zu $e(\infty) = 0$, d. h. zur keinen bleibenden Regeldifferenz.

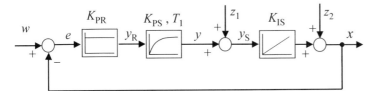

Bild 8.2 Wirkungsplan eines Regelkreises mit drei Eingangsgrößen w, z_1 und z_2

Wirkt nun sprungförmig die Störgröße $z_1(t) = z_{10}$, so soll diese im Beharrungszustand durch $y(\infty) = - z_{10}$ kompensiert werden, da es aus dem Wirkungsplan des Bildes 8.2 folgt:

$$y_S(\infty) = y(\infty) + z_{10} = 0$$

Weiterhin wird $y_R(\infty) = -\dfrac{1}{K_{PS}} z_{10}$, woraus $e(\infty) = -\dfrac{1}{K_{PR}} \cdot \dfrac{1}{K_{PS}} z_{10}$ resultiert.

Wirkt die Störgröße $z_2(t)$ am Ausgang des I-Gliedes an, so ist $e(\infty) = 0$, wie beim Führungs-verhalten nach dem Sprung $w(t)$.

- **Überschwingweite x_m**

Die Überschwingweite x_m ist die größte Abweichung der Regelgröße vom Sollwert. Die Überschwingweite wird durch den Beharrungswert $x(\infty)$ ausgedrückt, z. B. in Bild 8.1 beträgt die Überschwingweite ca. 30% des Beharrungswertes, d. h. $x_m = 0{,}3\, x(\infty)$.

- **Anregel- und Ausregelzeit**

Die Anregelzeit T_{an} ist die Zeitspanne zwischen der Eintrittzeit eines Stör- oder Füh-rungssprungs und dem Zeitpunkt, wenn die Regelgröße erstmalig in einen vorgegebe-nen Toleranzbereich $\pm 2\,\%$ des Endzustandes $x(\infty)$ eintritt.

Die Ausregelzeit T_{aus} ist die Dauer des Übergangsprozesses vom Anfangszustand $x(0)$ in einen Endzustand $x(\infty)$, d.h. bis die Regelgröße in den Toleranzbereich $\pm 2\,\%$ des Endzustandes $x(\infty)$ zum dauernden Verbleib eintritt.

- **Dämpfung D**

Die Sprungantwort in Bild 8.1 entspricht einem P-T_2-Verhalten (s. Abschnitt 3.5). Den exakten Wert der Dämpfung kann man nach Gl. (3.72) des Abschnitts 3.5 oder nach der Anzahl N der Halbwellen der Sprungantwort berechnen:

$$N = \sqrt{\frac{1}{D^2} - 1} \quad \text{bzw.} \quad D = \sqrt{\frac{1}{N^2 + 1}} \tag{8.1}$$

Angenähert kann die Dämpfung direkt aus der Sprungantwort abgelesen werden:

$$D \approx \frac{1}{n} \quad \text{(gilt nur für } N \geq 2 \text{ Halbwellen)} \tag{8.2}$$

Die Abhängigkeit der Dämpfung von Polstellenverteilung des geschlossenen Regelkreises ist unten in der Tabelle zusammengefasst.

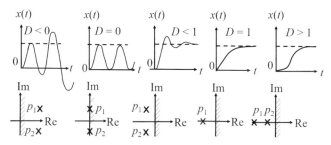

Die Sprungantwort in Bild 8.1 zeigt $N = 3$ Halbwellen, die Dämpfung ist $D=0{,}33$. Bei nur einer Halbwelle bzw. bei $N = 1$ gilt $D = 0{,}707$.

- **Integralkriterien**

Mit Integralkriterien kann man die Regelgüte nach der durch die Sprungantwort abgegrenzten Fläche abschätzen, wie im **Bild 8.3**.

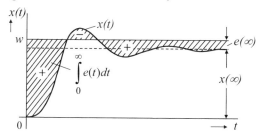

Bild 8.3 Sprungantwort beim Führungsverhalten und die von der Regeldifferenz $e(t) = w{-}x(t)$ abgegrenzte Fläche

Da die resultierende Fläche des Bildes 8.3 für Kreise mit bleibender Regeldifferenz $e(\infty)$ einen unendlich großen Wert erhalten würde, wird die Differenz $[e(t) - e(\infty)]$ statt $e(t)$ eingeführt, wie in **Bild 8.4a** gezeigt ist. Der somit entstehende Güteindex wird als *lineare Regelfläche* Q_{lin} bezeichnet.

Um bessere Regelgüte zu erreichen, soll das Integral Q_{lin} durch die Reglereinstellung zu einem Minimum gebracht werden. Bei Regelvorgängen mit Überschwingen setzt sich Q_{lin} aus den positiv und negativ bezeichneten Flächen zusammen und kann sehr klein werden, ohne den Regelvorgang zu optimieren. So wird die *quadratische Regelfläche* Q_{sqr} (**Bild 8.4b**) oder die *Betragsregelfläche* Q_{abs} (**Bild 8.4c**) eingeführt.

Der Nachteil der beiden Q_{sqr} - und Q_{abs} -Kriterien besteht darin, dass die mit fortlaufender Zeit kleiner werdenden Amplituden den Integralwert kaum beeinflussen und das Kriterium im Wesentlichen nur vom Anfangsteil der Regelfläche bestimmt wird.

Durch die Multiplikation mit der Zeitvariable t werden die kleinen Amplituden stärker berücksichtigt (**Bild 8.4d**). Solch ein Gütekriterium ist als ITAE-Kriterium (*Integral of time multiplied absolute value of error*) bekannt.

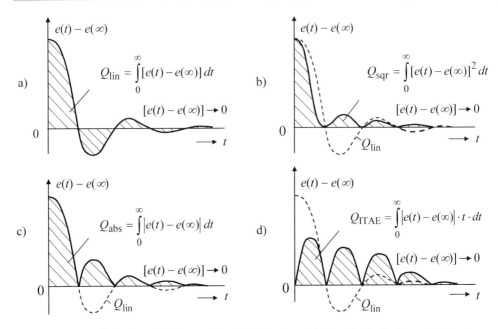

Bild 8.4 Integralkriterien: a) Lineare Regelfläche Q_{lin}; b) Quadratische Regelfläche Q_{sqr};
c) Betragsregelfläche Q_{abs}; d) Zeitgewichtete Betragsfläche Q_{ITAE}

Die klassische Berechnungsmethode ist unten nur für die lineare Regelfläche Q_{lin}
gezeigt. Aus der Laplace-Transformation und dem Grenzwertsatz folgt

$$Q_{\text{lin}}(\infty) = \lim_{t \to \infty} Q_{\text{lin}}(t) = \lim_{t \to \infty} \int_0^\infty [e(t) - e(\infty)] \; dt = \lim_{s \to 0} s \cdot Q_{\text{lin}}(s)$$

$$Q_{\text{lin}}(s) = L[Q_{\text{lin}}(t)] = \int_0^\infty [e(t) - e(\infty)] e^{-st} \; dt \; . \tag{8.3}$$

Daraus ergibt sich die lineare Regelfläche zu

$$Q_{\text{lin}}(\infty) = \lim_{t \to \infty} Q_{\text{lin}}(t) = \lim_{s \to 0} \left[\left(e(s) - \frac{1}{s} \cdot e(\infty) \right) \right] .$$

8.2 Praktische Einstellregeln

Eine anspruchsvolle Einstellung des Reglers kann dann erfolgen, wenn ein genügend
genaues Modell der Regelstrecke vorliegt. Die experimentelle Ermittlung der mathematischen Beschreibung der Regelstrecke wird als *Identifikation* bezeichnet. Am Eingang der Regelstrecke werden die speziellen Testfunktionen angewendet (Sprung-,
Rampen-, Impulsfunktionen und Sinusschwingung), die im Abschnitt 2.3.1 eingeführt
wurden. In den Fällen, wenn die mathematische Beschreibung der Regelstrecke nicht
bzw. nur angenähert bekannt ist, haben sich die empirischen Einstellregeln mit Erfolg
bewährt, In diesem Abschnitt sind solche Verfahren behandelt, deren Vorteil darin
besteht, dass kein mathematischer Aufwand notwendig ist.

8.2.1 Grob approximierte Strecke

Wendetangenten-Verfahren

Viele industrielle Regelstrecken lassen sich angenähert als P-T_n- oder I-T_n-Strecken darstellen. Aus den Sprungantworten können Verzugszeit T_u bzw. T_t und Ausgleichszeit T_g sowie Proportional- und Integrierbeiwerte K_{PS} oder K_{IS} durch eine grobe Approximation mittels der Wendetangente, wie in **Bild 8.5** gezeigt, bestimmt werden.

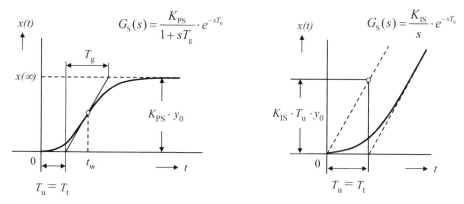

Bild 8.5 Approximierung der Sprungantwort nach einem Sprung der Stellgröße $y(t) = y_0 \cdot \sigma(t)$.

Ziegler-Nichols-Verfahren

Diese Einstellregel kommt zur Anwendung, wenn sich eine Regelstrecke wie ein P-T_n-Glied oder wie eine Reihenschaltung eines P-T_1-Gliedes und eines Totzeitgliedes T_t verhält. Der Regler wird als P-Regler eingestellt und die Verstärkung K_{PR} wird solange vergrößert, bis der Regelkreis an die Stabilitätsgrenze gelangt, d. h. Dauerschwingungen ausführt. Der kritische Wert K_{PRkrit} wird abgelesen und die kritische Periodendauer T_{krit} der Dauerschwingung gemessen. Die Kenngrößen für die Einstellung des Störverhaltens mit ca. $D = 0,2$ bis $D = 0,3$ sind unten gegeben:

Parameter	P-Regler	PI-Regler	PID-Regler
K_{PR}	$0,5 \cdot K_{PRkrit}$	$0,45 \cdot K_{PRkrit}$	$0,6 \cdot K_{PRkrit}$
T_n	-	$0,83 \cdot T_{krit}$	$0,5 \cdot T_{krit}$
T_v	-	-	$0,125 \cdot T_{krit}$

Die Reglereinstellung nach dem *Ziegler-Nichols*-Verfahren kann mit den grob geschätzten Parametern der Regelstrecke auch rechnerisch ermittelt werden. Für eine P-T1-Regelstrecke mit einem Totzeitglied, die mit einem P-Regler geregelt wird

$$G_0(s) = K_{PR} \cdot \frac{K_{PS}}{1 + sT_g} \cdot e^{-sT_u}, \tag{8.4}$$

soll die Nyquist-Stabilitätsbedingung (6.64) bei der Dauerschwingung erfüllt werden:

$$|G_0(j\omega_d)| = 1, \text{ wenn } \varphi_0(\omega_d) = -180°. \tag{8.5}$$

Aus Gl. (8.5) folgen die Bedingungen für die kritischen Werte K_{PRkrit} und ω_{krit}:

$$|G_0(j\omega_{krit})| = \frac{K_{PRkrit}K_{PS}}{\sqrt{1 + (\omega_{krit}T_g)^2}} = 1 \tag{8.6}$$

$$\varphi_0(\omega_{kr}it) = -\omega_{krit}T_u - \arctan(\omega_{krit}T_g) = -\pi . \tag{8.7}$$

Ermitteln wir ω_{krit} aus der Gl. (8.3) $\omega_{krit}T_g = \sqrt{(K_{PRkrit}K_{PS})^2 - 1}$ und setzen diese in Gl. (8.7) ein, so ergibt sich die Bedingung für die Regelbarkeit:

$$\frac{T_u}{T_g} = \frac{\pi - \arctan\sqrt{(K_{PRkrit}K_{PS})^2 - 1}}{\sqrt{(K_{PRkrit}K_{PS})^2 - 1}} . \tag{8.8}$$

Aus Gl. (8.8) folgt, dass K_{PRkrit} vom Proportionalbeiwert K_{PS} und von der Regelbarkeit der Strecke abhängig ist. Die Regelbarkeit (8.8) kann durch die Faustformel

$$\frac{T_u}{T_g} \approx \frac{\pi}{2} \frac{1}{K_{PRkrit}K_{PS} - 1} \tag{8.9}$$

approximiert werden. Daraus folgt

$$K_{PRkrit} \approx \frac{1}{K_{PS}}\left(\frac{\pi}{2} \cdot \frac{T_g}{T_u} + 1\right). \tag{8.10}$$

Die entsprechende *Ziegler-Nichols*-Empfehlung ist unten in der Tabelle dargestellt.

Parameter	P-Regler	PI-Regler	PID-Regler
$\dfrac{K_{PR}K_{PS}T_u}{T_g}$	1	0,9	1,2
$\dfrac{T_n}{T_u}$	-	3,3	2,0
$\dfrac{T_v}{T_u}$	-	-	0,5

Einstellregel nach Samal

Eine andere Empfehlung zur günstigen Einstellung des P-Reglers stammt von *Samal*:

$$K_{PR} \approx \frac{1}{2K_{PS}} \cdot \left(\frac{\pi}{2} \cdot \frac{T_g}{T_u}\right). \tag{8.11}$$

Für PI-Regler gilt noch $T_n = 3,3 \cdot T_u$ sowie für PID-Regler $T_n = 2,0 \cdot T_u$ und $T_v = 0,5 \cdot T_u$.

Regelbarkeit der Strecke

Je größer die Regelbarkeit ist, desto größer darf die Verstärkung des Reglers gewählt werden, wie Gln. (8.10) und (8.11) zeigen. Die Erfahrungswerte zur Beurteilung der Regelbarkeit sind unten zusammengefasst.

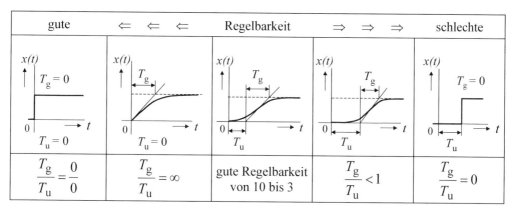

gute	⇐ ⇐ ⇐	Regelbarkeit	⇒ ⇒ ⇒	schlechte
$\dfrac{T_g}{T_u} = \dfrac{0}{0}$	$\dfrac{T_g}{T_u} = \infty$	gute Regelbarkeit von 10 bis 3	$\dfrac{T_g}{T_u} < 1$	$\dfrac{T_g}{T_u} = 0$

Ist die Verzugszeit T_u der Strecke sehr klein, so erkennt der Regler verzögerungsfrei einen Störgrößensprung und baut dementsprechend die Störung schnell ab. Man spricht von guter Regelbarkeit. Und umgekehrt, je größer die Verzugszeit ist, desto länger dauert die Übertragung des Störsignals zum Reglereingang. Der Regler wird in diesem Fall mit der größeren Verspätung reagieren und dabei eine viel größere Regeldifferenz abbauen müssen, was für eine schlechte Regelbarkeit spricht.

Einstellregel nach Chien, Hrones und Reswick

Diese Einstellregel führen zu einem Regelverlauf für Führungs- und Störverhalten ohne Überschwingen oder mit der 20%-Überschwingen für Strecken höherer Ordnung, die nach Gl. (8.4) durch den Proportionalbeiwert K_{PS} und die Regelbarkeit gekennzeichnet sind. Die Regler sind unten in additiver Form gegeben.

Reglereinstellung		Aperiodischer Regelverlauf		20% Überschwingung	
Regler	Parameter	Führung	Störung	Führung	Störung
P	$K_{PR}\,K_{PS}\,\dfrac{T_u}{T_g}$	0,3	0,3	0,7	0,7
PI	$K_{PR}\,K_{PS}\,\dfrac{T_u}{T_g}$	0,35	0,6	0,6	0,7
	T_n	$1,2 \cdot T_g$	$4 \cdot T_u$	$1,0 \cdot T_g$	$2,3 \cdot T_u$
PID	$K_{PR}\,K_{PS}\,\dfrac{T_u}{T_g}$	0,6	0,95	0,95	1,2
	T_n	$1,0 \cdot T_g$	$2,4 \cdot T_u$	$1,35 \cdot T_g$	$2,0 \cdot T_u$
	$\dfrac{T_v}{T_u}$	0,5	0,42	0,47	0,42

T-Summen-Regel nach Kuhn

Die Identifikation einer P-T_n-Regelstrecke nach diesem Verfahren, das von _U. Kuhn_ 1995 eingeführt wurde, unterscheidet sich grundsätzlich von der Identifikation nach dem Wendetangenten-Verfahren.

Die Summe der Zeitkonstanten T_Σ wird aus der Sprungantwort mit Hilfe einer senkrechten Linie bestimmt, die die zwei gleichen Flächen F_1 und F_2 bildet, wie in **Bild 8.6** gezeigt ist.

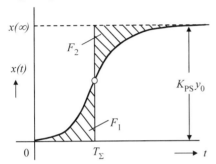

Bild 8.6 Auswertung einer Sprungantwort der Regelstrecke nach der T-Summen-Regel

Mit der Zeitkonstante T_Σ und dem Proportionalbeiwert K_{PS} der Strecke lassen sich die Reglerparameter nach der folgenden Tabelle berechnen. Die daraus folgende etwas langsamere Einstellung kann durch andere Einstellvarianten, z. B. für PID-Regler mit $K_{PR}K_{PS} = 2$; $T_n = 0,8\ T_\Sigma$ und $T_v = 0,194\ T_\Sigma$ wieder schneller gemacht werden.

Parameter	P-Regler	PD-Regler	PI-Regler	PID-Regler
$K_{PR}\ K_{PS}$	1	1	0,5	1
T_n	-	-	$0,5\ T_\Sigma$	$0,66\ T_\Sigma$
T_v	-	$0,33\ T_\Sigma$	-	$0,167\ T_\Sigma$

8.2.2 Fein approximierte Strecke

Durch eine verfeinerte Approximation kann eine P-T_n-Strecke mit unbekannten Zeitkonstanten T_1, T_2 ... T_n entweder als ein P-T_2-Glied mit zwei verschiedenen Zeitkonstanten T_1 und T_2

$$G(s) = \frac{K_{PS}}{(1 + sT_1)(1 + sT_2)} \tag{8.12}$$

oder als ein P-T_n-Glied mit n gleichen Zeitkonstanten T angenähert werden

$$G(s) = \frac{K_{PS}}{(1 + sT)^n}. \tag{8.13}$$

P-T₂-Verhalten

Die Sprungantwort einer P-Strecke höherer Ordnung (**Bild 8.7**) kann als ein P-T₂-Glied (8.9) mit zwei verschiedenen Zeitkonstanten $T_1 > T_2$ für den Wendepunkt

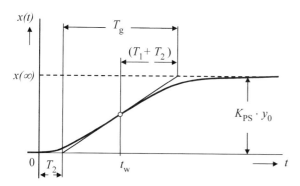

Bild 8.7 Verfeinertes Approximieren nach dem Wendetangenten-Verfahren

$$t_w = \frac{T_1 T_2}{T_1 - T_2} \ln \frac{T_1}{T_2}$$

wie folgt angenähert werden:

$$\begin{cases} T_u = T_2 \\ T_g = T_1 + t_w . \end{cases}$$

Ist beispielsweise

$$T_1 = 2T_2,$$

so folgt

$$t_w = 2T_2 \cdot \ln 2 = 1{,}386 T_2 .$$

Einstellregeln nach Strejc

Die aus dem Bildes 8.7 resultierende Einstellregel des Proportionalbeiwertes für P- und PI-Regler wurde von *Strejc* nach dem Verhältnis von Zeitkonstanten $k = \dfrac{T_1}{T_2}$ empfohlen:

$$K_{PR} = \frac{1}{K_{PS}} \cdot \frac{k^2 + 1}{2k} . \tag{8.14}$$

Für die Nachstellzeit eines PI-Reglers gilt dazu:

$$T_n = \frac{(k^2 + 1)(k + 1)}{k^2 + k + 1} \cdot T_2 . \tag{8.15}$$

Zeit-Prozentkennwert-Verfahren nach Schwarze

Nach diesem Verfahren werden die aus der Sprungantwort der Regelstrecke gemessenen Zeitpunkte t_{10}, t_{50} und t_{90} bestimmt, bei denen die Regelgröße 10%, 50% und 90% ihres stationären Wertes $x(\infty)$ erreicht (**Bild 8.8**). Die Regelstrecke wird als P-T$_n$-Glied mit n gleichen Zeitkonstanten nach Gl. (8.13) approximiert. Die Ordnungszahl n der Regelstrecke wird aufgrund der Kennzahl

$$\mu = \frac{t_{10}}{t_{90}} \tag{8.16}$$

berechnet.

Mit Hilfe der drei weiteren Kennzahlen α_{10}, α_{50} und α_{90} (siehe die nachstehende Tabelle) wird die Zcitkonstante T der Regelstrecke (8.10) ermittelt

$$T = \frac{\alpha_{10}t_{10} + \alpha_{50}t_{50} + \alpha_{90}t_{90}}{3}. \qquad (8.17)$$

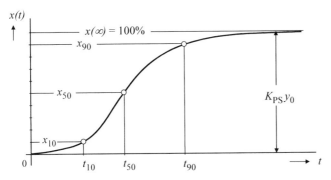

Bild 8.8
Verfeinertes Approximieren der Sprungantwort der Regelstrecke nach Zeit-Prozent-kennwert-Verfahren

Das von *Schwarze* entwickelte Zeit-Prozentkennlinien-Verfahren lässt die Regelstrecke identifizieren und den Regler nach der Methode der *Betragsanpassung* einstellen. Die Ergebnisse der Identifikation und die Regeln zum Entwurf des Regelkreises mit 10% Überschwingen sind in Tabelle unten für $n = 3$, 5 und 10 zusammengefasst.

Parameter	Identifikation der Regelstrecke: Streckenkenngrößen		
μ	0,207	0,304	0,438
n	3	5	10
α_{10}	0,907	0,411	0,161
α_{50}	0,374	0,214	0,103
α_{90}	0,188	0,125	0,070

Einstellregel nach *Latzel*

Kennwerte	PI-	PID-	PI-	PID-	PI-	PID-
$K_{PR}\,K_{PS}$	0,877	2,543	0,543	1,109	0,328	0,559
$\dfrac{T_n}{T}$	1,96	2,47	2,59	3,31	3,73	4,80
$\dfrac{T_v}{T}$	-	0,66	-	0,99	-	1,57

- **Beispiel 8.2**

Gegeben ist die Sprungantwort der Strecke mit $K_{PS} = 0,5$, $t_{10} = 5$ s, $t_{50} = 12$ s, $t_{90} = 25$ s. Gesucht sind:
a) Die Zeitkonstante der nach Gl. (8.10) approximierten Regelstrecke,
b) Die Kennwerte des PI-Reglers, bei denen die Regelung mit 10% Überschwingen erfolgt.

Zu a): Aus Gl. (8.11) ist $\mu = 0{,}2$. Wir bestimmen aus der oberen Tabelle, dass $n = 3$ ist, und berechnen aus Gl. (8.12) die Zeitkonstante $T = (0{,}907 \cdot 5\ \text{s} + 0{,}374 \cdot 12\ \text{s} + 0{,}188 \cdot 25\ \text{s}) / 3 = 4{,}574$ s. Die Regelstrecke wird damit wie ein P-T$_3$-Glied identifiziert:

$$G_S(s) = \frac{K_{PS}}{(1 + sT)^3}, \quad \text{mit } K_{PS} = 0{,}5 \text{ und } T = 4{,}574 \text{ s}.$$

Zu b): Für $\mu = 0{,}2$ bzw. $n = 3$ folgt aus der unteren Tabelle die Einstellung des PI-Reglers $K_{PR}K_{PS} = 0{,}877$. Bei $K_{PS} = 0{,}5$ und $T = 4{,}574$ ergeben sich $K_{PR} = 0{,}877 / K_{PS} = 1{,}754$ und $T_n = 1{,}96 \cdot T = 8{,}965$ s. Alternativ dazu gilt die Regel nach *Strejc* für proportionale Strecken n-ter Ordnung mit gleicher Zeitkonstante:

$$K_{PR} = \frac{1}{K_{PS}} \cdot \frac{n+2}{4 \cdot (n-1)} = 1{,}25 \qquad T_n = \frac{n+2}{3} \cdot T = 7{,}62 \text{ s}.$$

Reglereinstellung mittels PC-Simulation

Ist die Regelstrecke fein approximiert, und sind die Parameter der Übertragungsfunktion exakt identifiziert, kann die Reglereinstellung auf einfacher Weise anhand einer Simulation des Regelkreises, z. B. mit MATLAB® / Simulink erfolgen.

- **Beispiel 8.3**

Die P-T2-Regelstrecke mit der Totzeit ($K_{PS} = 0{,}8$, $T_1 = 5$ s, $T_2 = 6$ s, $T_t = 2$ s) soll mit dem PI-Regler geregelt werden:

$$G_S(s) = \frac{K_{PS}}{(1 + sT_1)(1 + sT_2)} \cdot e^{-sT_t}$$

$$G_R(s) = K_{PR} + K_{PR} \frac{1}{sT_n}. \tag{8.18}$$

Der Regler soll nach dem *Ziegler-Nichols*-Verfahren eingestellt werden. Dafür sollen zunächst die Kennwerte der Dauerschwingung K_{PRkr} und T_{kr} ermittelt werden. Dies erfolgt mit Hilfe des unten gezeigten MATLAB®/Simulink-Programms.

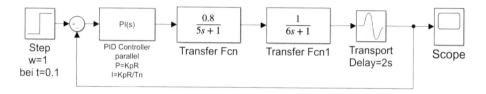

Der PI-Regler wird zuerst als P-Regler konfiguriert ($K_{PR}/T_n = 0$). Nach einigen Versuchen mit dem Regelkreis kann die in **Bild 8.9** gezeigte Dauerschwingung (im vorliegenden Fall bei $K_{PRkrit} = 7{,}9$) erreicht werden. Daraus wird $T_{krit} \approx 15$ s abgelesen. Nach der *Ziegler-Nichols*-Tabelle sind die Kennwerte des PI-Reglers wir folgt einzustellen:

$K_{PR} = 0{,}45 \cdot K_{PRkrit} = 3{,}55$

$T_n = 0{,}83 \cdot T_{krit} = 12{,}45$ s.

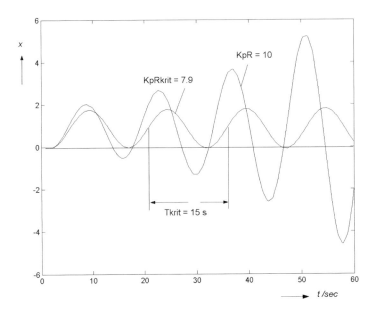

Bild 8.9 Ermittlung von Kennwerten der Dauerschwingung K_{PRkr} und T_{kr} per Simulation

Die Sprungantwort des so eingestellten Regelkreises mit dem PI-Regler nach einem Führungssprung $w_0 = 1$ ist in **Bild 8.10** gezeigt. Die Überschwingweite beträgt $x_m = 50\%$ des Beharrungswertes bzw. des Sollwertes $x(\infty) = w_0 = 1$; die Ausregelzeit bei der Toleranzgrenze von 4% ist $T_{aus} \approx 60$ s. Die Dämpfung lässt sich aus der Anzahl $n = 4$ der Halbwellen berechnen und beträgt $D \approx 1/n = 0,25$.

Der Regelkreisverhalten kann per Simulation nachgebessert werden, so dass bei den Kennwerten des Reglers $K_{PR} = 1$ und $T_n = 8$ s eine günstigere Sprungantwort mit

$$x_m = 10\%; \ T_{aus} = 35 \text{ s und } D \approx 1/n = 0,5$$

erreicht wird.

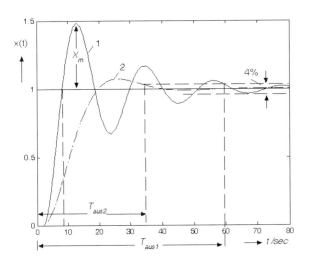

Bild 8.10 Regelkreisverhalten nach dem Ziegler-Nichols-Verfahren (Kurve 1 mit $K_{PR} = 3{,}55$ sowie $T_n = 10{,}4$ s) und nach den experimentell eingestellten optimalen Kennwerten (Kurve 2 mit $K_{PR} = 1$ sowie $T_n = 8$s)

8.3 Einstellregeln im Frequenzbereich

In der praktischen Regelungstechnik hat man nicht immer eine Übertragungsfunktion der Regelstrecke zur Hand. Dagegen kann man häufig das Bode-Diagramm einer stabilen Strecke messen und aufzeichnen, was für den Entwurf des Reglers genügt. Solche Verfahren sind als Frequenzkennlinienverfahren bekannt. Unten werden zwei Verfahren nach [80] und [144] zur Bestimmung der Reglerparameter anhand des Bode-Diagramms der Regelstrecke vorgestellt.

8.3.1 Frequenzkennlinienverfahren

Als Beispiel ist im **Bild 8.11** das experimentell ermittelte Bode-Diagramm $G_S(j\omega)$ einer stabilen Regelstrecke nach [80] gezeigt (für instabile Strecken ist die Aufzeichnung eines Bode-Diagramms ist üblicherweise nicht möglich). Die Regelstrecke soll mit einem P-Regler so geregelt werden, dass die Phasenreserve $\varphi_R = 60°$ beträgt.

Grundlage zur Bestimmung der Reglerverstärkung K_{PR} bildet das Bode-Diagramm des aufgeschnittenen Kreises $G_0(j\omega)=G_R(j\omega)G_S(j\omega)$ mit dem eingesetzten Regler $G_R(j\omega)$. Zunächst wird $K_{PR} = 1$ angenommen. In diesem Fall repräsentiert das Bode-Diagramm der Strecke auch das Bode-Diagramm des aufgeschnittenen Kreises, nämlich:

$$G_0(j\omega) = G_R(j\omega)G_S(j\omega) = K_{PR}G_S(j\omega) = G_S(j\omega) \tag{8.19}$$

Um die gegebene Phasenreserve $\varphi_R = 60°$ zu erreichen, muss laut *Nyquist*-Stabilitätskriterium (siehe Abschnitt 6.3) die 0-dB-Linie den Amplitudengang bei der Durchtrittfrequenz $\omega_d = 68\,\text{s}^{-1}$ schneiden. Dafür muss der Amplitudengang nach oben bzw. die 0-dB-Linie nach unten um $\Delta_{dB} = 24$ dB verschoben werden.

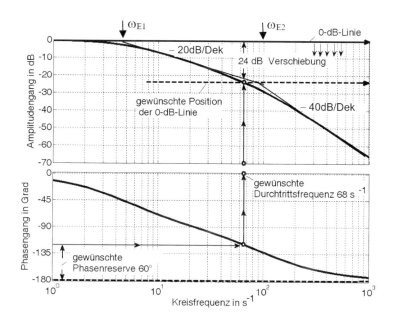

Bild 8.11 Bode-Diagramm des aufgeschnittenen Kreises mit P-Regler mit $K_{PR} = 1$

Aus der Definition $K_{\text{PRneu}} = K_{\text{PRalt}} \cdot \Delta K$ mit Verschiebung $\Delta_{\text{dB}} = 20\lg(\Delta K)$ folgt die Umrechnung:

$$\Delta K = 10^{\frac{\Delta_{\text{dB}}}{20}} \quad \text{und} \quad K_{\text{PRneu}} = K_{\text{PRalt}} \cdot 10^{\frac{\Delta_{\text{dB}}}{20}} = 15{,}85 \qquad (8.20)$$

Das resultierende Bode-Diagramm nach [80] ist im **Bild 8.12** gezeigt. Die Phasenreserve φ_R als Distanz zwischen dem Phasengang bei der Durchtrittsfrequenz ω_d und der $(-180°)$-Linie beträgt $\varphi_R = 60°$ und entspricht somit dem Richtwert.

Anmerkung: Wird der Amplitudengang nach unten bzw. die 0-dB-Linie nach oben verschoben, wird die Reglerverstärkung K_{PR} verkleinert, gemäß

$$K_{\text{PRneu}} = K_{\text{PRalt}} \cdot \frac{1}{\Delta K}. \qquad (8.21)$$

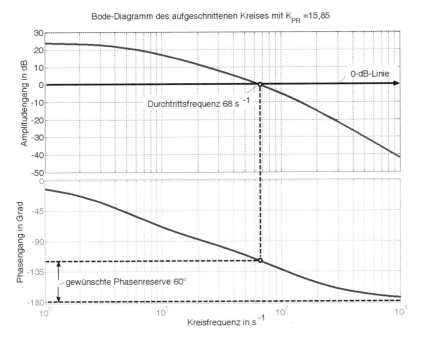

Bild 8.12 Bode-Diagramm des aufgeschnittenen Kreises mit der gegebenen Phasenreserve

Reglereinstellung nach Vorgabe einer Amplitudenreserve

Das oben beschriebene Verfahren nach Vorgabe einer Phasenreserve versagt, wenn eine markante Resonanzüberhöhung entsteht, wie z.B. in **Bild 8.13** gezeigt ist. Nachfolgend wird der P-Regler nach [80] für eine solche Strecke entworfen.

Es wird die Reglerverstärkung K_{PR} des Reglers wieder auf $K_{\text{PR}} = 1$ gesetzt, um laut (8.13) das Bode-Diagramm des Bildes 8.13 wie das Bode-Diagramm des aufgeschnittenen Regelkreises zu betrachten. Es ist ersichtlich, dass die Amplitudenreserve $A_R = 6$ dB beträgt. Damit wird der Regelkreis nahe der Stabilitätsgrenze betrieben und starke Oszillationen ausführen. Die Amplitudenreserve A_R von 12 dB ist gewünscht.

Die 0-dB-Linie soll nach oben um 6 dB verschoben werden (siehe Bild 8.13):

$$K_{\text{PRneu}} = K_{\text{PRalt}} \cdot \frac{1}{\Delta K} \quad \text{bzw.} \quad K_{\text{PRneu}} = K_{\text{PRalt}} \cdot 10^{-\frac{A_{\text{dB}}}{20}} = 0{,}5$$

Mit der Verstärkung $K_{\text{PRneu}} = 0{,}5$ des Reglers erhalten wir einen stabilen Regelkreis, jedoch mit kleinen Oszillationen und bleibender Regeldifferenz (Bild 8.13, unten).

Mit dieser neuen Verstärkung des P-Reglers erhalten wir einen stabilen und schnellen Regelkreis mit Ausregelzeit T_{aus}=ca. 0,3 sec ohne Überschwingungen, jedoch mit kleinen Oszillationen. Die bleibende Regeldifferenz von $e(\infty) = 0{,}5$ kann der P-Regler nicht ausregeln, d.h., es soll ein PI- oder PID-Regler eingesetzt werden.

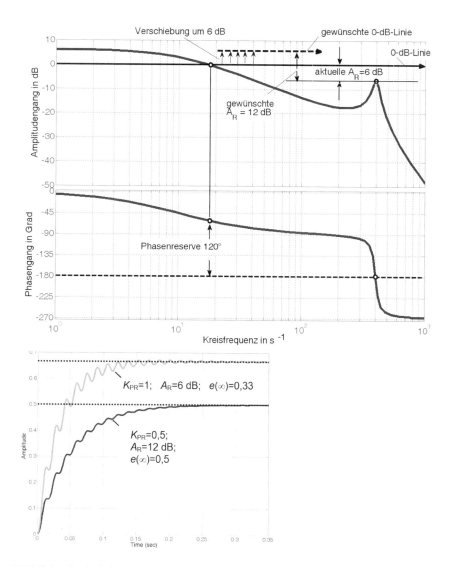

Bild 8.13 Bode-Diagramm der Regelstrecke mit der Resonanzüberhöhung (oben) und Einschwingvorgänge des Kreises mit P-Regler nach dem Sollwert-Sprung $w = 1$ (unten)

8.3.2 Bode-aided-Design (BAD) nach *Zacher*

Die oben beschriebene Reglereinstellung nach einem experimentell ermittelten Bode-Diagramm $G_S(j\omega)$ der Regelstrecke kann nach dem *Nyquist*-Verfahren nur für Regel-kreise mit P-Regler angewendet werden, weil nur in diesem Fall die Bedingung (8.19) gilt: $G_0(j\omega) = K_{PR} G_S(j\omega)$. Für andere Reglertypen, wie PI, PD und PID, muss zuerst aus dem Bode-Diagramm der Regelstrecke deren Übertragungsfunktion gewonnen werden, was nicht immer möglich ist.

Beispielsweise wird das Bode-Diagramm des Bildes 8.11 laut Abschnitt 5.2 durch zwei Asymptoten mit Steigungen -20 dB/Dek und -40 dB/Dek approximiert, woraus der Proportionalbeiwert K_{PS} und zwei Eckfrequenzen abgelesen werden:

$$K_{PS} = 1 \qquad \omega_{E1} = \frac{1}{T_1} = 5 \ s^{-1} \text{ und } \omega_{E2} = \frac{1}{T_2} = 100 \ s^{-1}$$

Die Regelstrecke des Bildes 8.11 ist ein P-T2-Glied mit der Übertragungsfunktion

$$G_S(s) = \frac{1}{(1+100s)(1+5s)} \ .$$

Die Übertragungsfunktion des aufgeschnittenen Kreises kann mit dem gewünschten Regler gebildet werden, z.B. mit einem PI-Regler, wie unten:

$$G_0(s) = G_R(s)G_S(s) = \frac{K_{PR}(1+sT_n)}{sT_n} \cdot \frac{1}{(1+100s)(1+5s)}$$

Danach kann der PI-Regler nach *Nyquist*-Stabilitätskriterium im Bode-Diagramm oder nach einem beliebigen Verfahren dieses Kapitels eingestellt werden.

Ganz anders ist es aber für die Regelstrecke des Bildes 8.13, die eine Schwingung aufweist. Die Übertragungsfunktion einer solchen Strecke ist viel aufwändiger und komplizierter zu bestimmen, wenn überhaupt. Oft verzichtet man auf die Frequenz-kennlinienverfahren und wendet sich an andere Identifikationsverfahren, die allerdings für Strecken mit Schwingungen auch nicht einfach sind.

Mit dem Zwei-Bode-Plots-Verfahren, das in [144] entwickelt und bereits in Abschnit-ten 6.4.2 und 6.4.3 behandelt wurde, kann man nicht nur einen P-Regler, sondern be-liebige Reglertypen problemlos in ein paar Schritten nach der Frequenzkennlinie der Regelstrecke einstellen, ohne deren Übertragungsfunktion zu bestimmen.

In Anschnitt 6.4.2 wurde erwähnt, dass es zwei getrennte Frequenzgänge in einem Bode-Diagramm nach dem Zwei-Bode-Plots-Verfahren (ZBV) betrachtet werden, nämlich: der Frequenzgang $G_S(j\omega)$ der Regelstrecke nach (6.74) und der Frequenz-gang $G_{Rrez}(j\omega)$ des reziproken Reglers nach (6.73).

Für die Realisierung des ZBV wurden in Abschnitt 6.4.2 zwei Optionen vorgestellt:

a) nach (6.75), wenn der Vektor $(-1, j0)$ mit der Phase $(-180°)$ durch die Drehung des Zeigers in negativer Richtung erreicht wird.

b) nach (6.76) mit der Drehung des Zeigers um gleicher Phasenwinkel von 180°, je-doch in positiver Richtung.

Im letzten Fall kann das Verfahren mit einem einzigen MATLAB®-Befehl „bode" realisiert werden. Für den Fall (a), der auch in der Mathematik und Regelungstechnik üblich ist, wurde in [144] der Frequenzgang des reziproken Reglers $G_{Rrez}(j\omega)$ in zwei getrennten Kurven unter Beachtung von Symmetrie-Eigenschaften zersplittert, nämlich in einen Amplitudengang des symmetrischen Reglers $|G_{Rsymm}(\omega)|_{dB}$ und einen Phasengang des phasen-symmetrischen Reglers φ_{Rphs}. Das daraus angeleitete Verfahren wurde „Drei-Bode-Plots (DBV)" genannt. Um die Nutzung des Verfahrens zu vereinfachen, werden nachfolgend beide Regler, d.h. $G_{Rsymm}(\omega)$ und $G_{Rphs}(\omega)$ einheitlich „gespiegelter Regler" $G_{Rgesp}(j\omega)$ bezeichnet.

Das DBV-Stabilitätskriterium ist in [144] wie folgt formuliert:

Ein geschlossener Regelkreis wird stabil, wenn an der Schnittstelle D von Amplitudengängen des gespiegelten Reglers $|G_{Rgesp}(\omega)|_{dB}$ und der Strecke $|G_S(\omega)|_{dB}$ im Bode-Diagramm, d.h. bei

$$\left|G_{Rgesp}(\omega_D)\right| = \left|G_S(\omega_D)\right|, \tag{8.22}$$

der Phasengang der Strecke φ_S oberhalb des Phasengangs des gespiegelten Reglers φ_{Rgesp} liegt:

$$\varphi_S(\omega_D) > \varphi_{Rgesp}(\omega_D) \tag{8.23}$$

Der gespiegelte PID-Regler wird nach folgendem MATLAB®-Skript erstellt:

```
s=tf('s');                              Zitat-Quelle [144], Seiten 273, 274
KpR=20;Tn=10;Tv=0.5;
GR=KpR+KpR/(s*Tn)+s*KpR*Tv;
wmin=10^3;wmax=10^2;
GRsymm_mag=1/GR;
GR_phs=1/(s^2*GR);
subplot(211);
opts_mag=bodeoptions('cstprefs');
opts_mag.PhaseVisible='off';
h_mag=bodeplot(GRsymm_mag,{wmin,wmax},opts_mag);
hold on;
grid
subplot(212);
opts_ph=bodeoptions('cstprefs');
opts_ph.MagVisible='off';
h_ph=bodeplot(GR_phs,{wmin,wmax}, opts_ph);
```

Kehren wir zum Bild 8.13 zurück und zeigen, wie ein PI-Regler (8.18) in wenigen Schritten nach dem Bode-aided-Design (BAD) eingestellt wird. Gewünscht ist die Amplitudenreserve A_R =12 dB, wie in Bild 8.14, aber auch die Phasenreserve φ_{Rd}=90°. Die detaillierte Beschreibung des Verfahrens findet man in [144].

1. Schritt: der Amplitudengang des P-Anteils des gespiegelten PI-Reglers wird wie eine horizonale Gerade $|K_{PRgesp}| = |-1 / K_{PR}|$ in **Bild 8.14** durch den Punkt D so eingetragen, damit die gewünschte Amplitudenreserve von 12 dB erreicht wird. Mit $K_{PRgesp} = 10^{6/20} = 1,9953$ ergibt sich $K_{PR} = 0,5$.

2. Schritt: der Amplitudengang des I-Anteils des gespiegelten PI-Reglers ist eine Gerade mit der Steigung +20dB/Dek. Sie soll über den Punkt A durchlaufen, um die Phasenreserve φ_{Rd}=90° zu gewährleisten. Der Phasengang des I-Anteils des gespiegelten PI-Reglers liegt zwischen –90° und –180° und läuft bei der Frequenz $\omega_D = 12$ s^{-1} des Punktes D genau über den Punkt E, d.h. der Phasenwinkel φ_{Rgesp} des gespiegelten PI-Reglers beträgt im Punkt E genau $\varphi_{Rgesp}(\omega_D) = -135°$. Aus der Bedingung $\omega_D = \dfrac{1}{T_n}$

wird die Nachstellzeit zu $T_n = 0{,}083$ s berechnet.

Die Sprungantwort des Regelkreises mit dem PI-Regler ist in unten Bild 8.14 gezeigt.

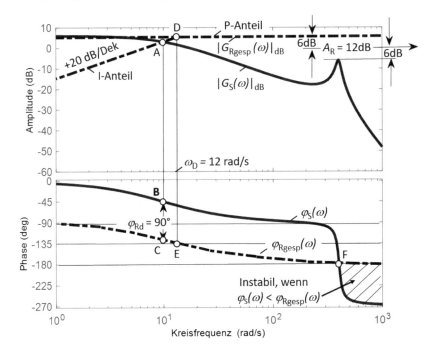

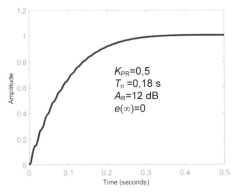

K_{PR}=0,5
T_n =0,18 s
A_R=12 dB
$e(\infty)$=0

Im Vergleich zum Regelkreis mit dem P-Regler (**Bild 8.15**) regelt der PI-Regler die bleibende Regeldifferenz vollständig aus. Bei gleicher Amplitudenreserve von 12 dB hat der Regelkreis mit dem PI-Regler kleinere Phasenreserve, die gleiche Ausregelzeit von T_{aus}= 0,3 sec wird erreicht. Die Sprungantwort wird besser geglättet und die kleinen Oszillationen fast verschwinden.

Bild 8.14 Bode-aided-Design des PI-Reglers für die Regelstrecke des Bildes 8.13 (oben) und Sprungantwort des Regelkreises mit dem PI-Regler (unten)

8.3.3 BAD nach einem einzigen Punkt des Bode-Diagramms

Nach dem BAD kann man einen beliebigen Standardregler entwerfen, wenn auch nur ein einziger Punkt des Bode-Diagramms der Strecke vorliegt, wie z.B. in **Bild 8.15** links gegeben ist. Natürlich kann ein einziger Punkt keine sichere Information über den gesamten Ablauf des Bode-Diagramms liefern. Trotzdem ist das in [144] angebotene Verfahren besonders gut für Bode-Diagramme mit monotonen dynamischen Verläufen, wie in Bild 8.11, geeignet bzw. ohne steile Änderungen, wie in Bild 8.13.

Das Bode-aided-Design eines PID-Reglers erfolgt nach folgenden Schritten. Der gegebene Punkt des Amplitudengangs der Strecke wird zum Schnittpunkt D mit dem gewünschten Amplitudengang des Reglers gewählt. Die Amplitude im Punkt D ist Δ_P = −19,8 dB, daraus wird die Reglerverstärkung K_{PR} berechnet:

$$K_{PR} = 10^{-\frac{\Delta_P}{20}} = 9,77 .$$

Der Phasengang des gespiegelten P-Reglers liegt laut [144] bei (−180°), so dass der entsprechende Punkt P bei diesem Wert, wie rechts in Bild 8.15 gezeigt, eingetragen wird. Da bei der Frequenz ω_D = 7,84 s^{-1} des Punktes D der Phasengang der Strecke bzw. dessen einzig gegebener Punkt oberhalb des Punktes P des gespiegelten Reglers liegt, soll der Kreis stabil sein.

Des Weiteren werden zwei Knickfrequenzen ω_n und ω_v im Phasengang gewählt, möglichst gleich vom Punkt P entfernt:

$$\omega_n = 0,08 \text{ rad/s} \quad \text{und} \quad \omega_v = 100 \text{ rad/s}$$

Daraus werden die Nachstellzeit und die Vorhaltezeit des Reglers berechnet:

$$T_n = \frac{1}{\omega_n} = 12,5 \text{ s} \quad \text{und} \quad T_v = \frac{1}{\omega_v} = 0,01 \text{ s}$$

Die Phasenwinkel des gespiegelten Reglers werden in Punkten P_n und P_v bei Knickfrequenzen eingetragen: $\varphi_n(\omega_n) = -135°$ und $\varphi_v(\omega_v) = -225°$. Das war es! Die Test-Regelung erfolgte laut [144] ohne Überschwingung mit $D = 1$ und T_{aus}=0,5 sec.

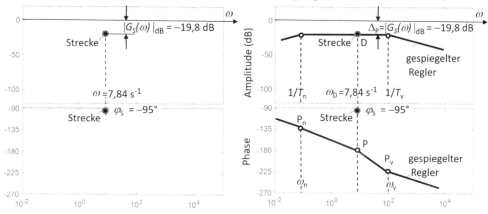

Bild 8.15 Der experimentell ermittelte Punkt des Bode-Diagramms der Regelstrecke (links); BAD des PID-Reglers nach einem Punkt (rechts). *Quelle*: [144], Seiten 291, 294,

8.4 Optimale Reglereinstellung

8.4.1 Betragsoptimum

Die möglichen Verläufe des Amplitudenganges eines geschlossenen Regelkreises sind
in **Bild 8.16** gezeigt. Die Kenngrößen sind: ω_R - Resonanzfrequenz, ω_d - Durchtrittsfrequenz, ω_B - Bandbreite, M_{max} - Betrag des Frequenzgangs an der Resonanzstelle.
Eine Optimierung im Frequenzbereich liegt dann vor, wenn der Betrag von $G_W(j\omega)$
möglichst nahe bei Eins liegt, d. h. $|G_W(\omega)| = 1$. Da bei technischen Systemen dies
nicht realisierbar ist, soll diese Bedingung nur näherungsweise für eine möglichst große Bandbreite des Frequenzgangs erfüllt sein.
Nach dem sogenannten Betragsoptimum-Verfahren wird gefordert, dass die Tangente
des Amplitudenganges im Anfangspunkt $\omega = 0$ horizontal abläuft:

$$\frac{d\,|G_W\,(j\omega)|}{d\omega} = 0\,. \tag{8.24}$$

Die Lösung der Gl. (8.24) führt bei bestimmten Regelkreisstrukturen, z. B. bei der
Regelung einer reinen Verzögerungsstrecke, zu einer optimalen Dämpfung von

$$D_{opt} = \frac{1}{\sqrt{2}} = 0{,}707 \tag{8.25}$$

und zu daraus folgender Überschwingweite $x_m = 4{,}3\%$.

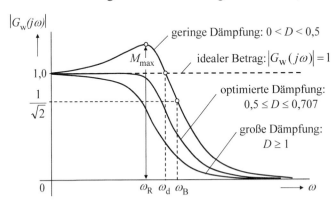

Bild 8.16 Amplitudengänge
des geschlossenen Regel-
kreises beim
Führungsverhalten

Die Reglereinstellung nach Gln. (8.24) bzw. (8.25) für die oft auftretenden Regelkreisstrukturen, die als Grundtypen A und B bezeichnet sind, ist nachfolgend ohne
Herleitung aufgeführt. Die Gleichungen der Zeile b) folgen aus Führungsübertra-
gungsfunktionen für alle Werte von Dämpfung, während die der Zeile c) nur für die
optimale Dämpfung gelten.
Es wird angenommen, dass $T_2 > T_1$ ist. Für den Fall $T_2 \gg T_1$ ist eine Annäherungs-
formel in Zeile e) aufgeführt.

Grundtyp A (mit I-Anteil):	Grundtyp B (ohne I-Anteil):
a) Übertragungsfunktion und Wirkungsplan des offenen Kreises	
$$G_0(s) = \dfrac{K_{PR} K_{PS} K_{IS}}{s\,(1 + sT_1)}$$	$$G_0(s) = \dfrac{K_{PR} K_{PS}}{(1 + sT_1)(1 + sT_2)}$$
b) Zusammenhang zwischen Reglerverstärkung und Dämpfung	
$$K_{PR} K_{PS} K_{IS} = \dfrac{1}{4D^2 T_1}$$	$$K_{PR} K_{PS} = \dfrac{(T_1 + T_2)^2}{4D^2 T_1 T_2} - 1$$
c) Optimale Reglereinstellung nach dem Betragsoptimum für $D = \dfrac{1}{\sqrt{2}}$	
$$K_{PRopt} = \dfrac{1}{2 K_{PS} K_{IS} T_1}$$	$$K_{PRopt} = \dfrac{(T_1 + T_2)^2}{2 K_{PS} T_1 T_2} - \dfrac{1}{K_{PS}}$$
d) Güteparameter und Sprungantwort beim Führungsverhalten	
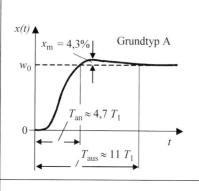	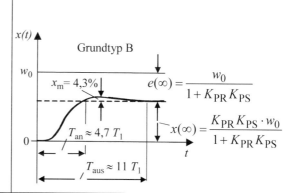
e) Optimale Reglereinstellung im Sonderfall	
bei $G_0(s) = \dfrac{K_{PR} K_{PS}}{sT_n(1 + sT_1)}$:	bei $T_2 \gg T_1$:
$$K_{PRopt} = \dfrac{T_n}{2 \cdot K_{PS} \cdot T_1}$$	$$K_{PRopt} \approx \dfrac{T_2}{2 \cdot K_{PS} \cdot T_1}$$

▶ **Aufgabe 8.1**

Gegeben: eine P-T3-Strecke mit

$K_{PS} = 0{,}08, \quad T_1 = 8{,}5 \text{ s}, \quad T_2 = 6{,}5 \text{ s}, \quad T_3 = 1{,}2 \text{ s},$

die mit einem PI-Regler geregelt werden soll.

Gesucht: Die Reglereinstellung nach dem Betragsoptimum.

8.4.2 Symmetrisches Optimum

Wird eine Regelstrecke mit I- oder I-T-Anteil mit den I-, PI- oder PID Reglern geregelt, so kann die Übertragungsfunktion des aufgeschnittenen Kreises durch Annäherung und geeignete Wahl der Reglerparameter wie folgt dargestellt werden:

$$G_0(s) = \frac{K_{PR} K_{PS} K_{IS}}{s^2 T_n} \cdot \frac{(1 + s T_n)}{(1 + s T_1)}. \tag{8.26}$$

Die Kennwerte T_n und K_{PR} des Reglers lassen sich so einstellen, dass der Phasenwinkel $\varphi_0(\omega_d)$ bei der Durchtrittsfrequenz ω_d ein Maximum erreicht.

Charakteristisch für (8.26) ist das Vorhandensein von zwei in Reihe geschalteten
I-Gliedern und die symmetrische Form des Zähler- und des Nennerpolynoms mit
Zeitkonstanten T_n und T_1. Dies tritt z. B. für folgende Regelkreise auf, die in untenste-
hender Tabelle zusammengefasst sind.

a) *I-T₁-Strecke und PI-Regler.* Hier würde sich Gl (8.26) direkt ergeben.

b) *I-T₂-Strecke und PI-Regler.* Im Fall $T_1 \geq 5 \cdot T_2$ können die Zeitkonstanten T_1 und
T_2 durch ein P-T₁-Glied mit der Ersatzzeitkonstante $T_E = T_1 + T_2$ ersetzt werden.

c) *I-T₂-Strecke und PID-Regler.* Für $T_1 > T_2$ wird die zweitgrößte Zeitkonstante
durch die Wahl von $T_v = T_2$ kompensiert.

d) *I-T₃-Strecke und PID-Regler.* Liegt das Verhältnis $T_1 > T_2 > T_3$ vor, kann die
zweitgrößte Zeitkonstante der Strecke wie im Punkt c) durch $T_v = T_2$ kompensiert
werden. Bei $T_1 \gg T_3$ werden die restlichen P-T₁-Glieder in der Nähe der Durchtrittsfrequenz wie folgt angenähert: $(1 + s T_1)(1 + s T_3) \approx s T_3 (1 + s T_1)$.

	Übertragungsfunktionen: Strecke $G_S(s)$, Regler $G_R(s)$	Bedingung	Resultierende Übertragungsfunktion des aufgeschnittenen Regelkreises
a)	$G_S(s) = \dfrac{K_{PS}K_{IS}}{s(1+sT_1)}$ $G_R(s) = \dfrac{K_{PR}(1+sT_n)}{sT_n}$	$\Rightarrow$	$G_0(s) = \dfrac{K_{PR}K_{PS}K_{IS}}{s^2 T_n} \dfrac{(1+sT_n)}{(1+sT_1)}$
b)	$G_S = \dfrac{K_{PS}K_{IS}}{s(1+sT_1)(1+sT_2)}$ $G_R(s) = \dfrac{K_{PR}(1+sT_n)}{sT_n}$	$T_1 \geq 5 \cdot T_2$ $\Rightarrow$ $T_E = T_1 + T_2$	$G_0(s) = \dfrac{K_{PR}K_{PS}K_{IS}}{s^2 T_n} \dfrac{(1+sT_n)}{(1+sT_E)}$
c)	$G_S = \dfrac{K_{PS}K_{IS}}{s(1+sT_1)(1+sT_2)}$ $G_R = \dfrac{K_{PR}(1+sT_n)(1+sT_v)}{sT_n}$	$T_1 > T_2 > T_3$ $\Rightarrow$ $T_v = T_2$	$G_0(s) = \dfrac{K_{PR}K_{PS}K_{IS}}{s^2 T_n} \dfrac{(1+sT_n)}{(1+sT_1)}$

Im Folgenden wird das Verfahren am Beispiel (8.26) hergeleitet. Aus den Frequenzgang des aufgeschnittenen Regelkreises (8.26)

$$G_0(j\omega) = \frac{K_{PR}K_{PS}K_{IS}}{(j\omega)^2 T_n} \cdot \frac{1+j\omega T_n}{1+j\omega T_1} = \left(\frac{K_{I0}}{j\omega}\right)^2 \cdot \frac{1+j\omega T_n}{1+j\omega T_1}, \tag{8.27}$$

wobei $K_{I0}^2 = K_{PR}K_{PS}K_{IS}/T_n$ ist, wird der Ampliduten- und der Phasengang

$$|G_0(j\omega)| = \left(\frac{K_{I0}}{\omega}\right)^2 \cdot \sqrt{\frac{1+(\omega T_n)^2}{1+(\omega T_1)^2}} \tag{8.28}$$

$$\varphi_0(\omega) = -\pi + \arctan(\omega T_n) - \arctan(\omega T_1). \tag{8.29}$$

ermittelt. Für $|G_0(j\omega_d)| = 1$ und $\varphi_0(\omega_d) > -180°$ bei der Durchtrittsfrequenz ω_d wird der geschlossene Regelkreis nach dem Nyquist-Kriterium stabil. Die Optimierung besteht nun darin, dass das Maximum der Phase des offenen Regelkreises $\varphi_0(\omega)$ bei der Durchtrittsfrequenz ω_d gesucht wird. Um die Kreisfrequenz ω_m zu bestimmen, für die $\varphi_0(\omega_m)$ ein Maximum ist, differenzieren wir (8.29) und setzen die Ableitung gleich Null ein:

$$\frac{\partial \varphi_0(\omega)}{\partial \omega} = \frac{T_n}{1+(\omega T_n)^2} - \frac{T_1}{1+(\omega T_1)^2} = 0.$$

Daraus folgt:

$$\omega_m = \frac{1}{\sqrt{T_n T_1}}, \tag{8.30}$$

d. h. der Phasenrand $\varphi_0(\omega_d)$ wird ein Maximum bei der Durchtrittsfrequenz $\omega_d = \omega_m$. Setzen wir (8.30) in Gl. (8.28) ein, so folgt unter Beachtung der Stabilitätsbedingung

$$|G_0(j\omega_d)| = |G_0(j\omega_m)| = \left(\frac{K_{I0}}{\omega_m}\right)^2 \sqrt{\frac{1+(\omega_m T_n)^2}{1+(\omega_m T_1)^2}} = 1 \tag{8.31}$$

bzw.

$$K_{PR}K_{PS}K_{IS} = \omega_m. \tag{8.32}$$

Beim Symmetrischen Optimum wird der Regler so eingestellt, dass die Durchtrittsfrequenz $\omega_d = \omega_m$ das geometrische Mittel der beiden Eckfrequenzen $\omega_{E1} = 1/T_n$ und $\omega_{E2} = 1/T_1$ annimmt. Dafür wird der folgende Faktor eingeführt.

$$k = \frac{T_n}{T_1} \quad \text{bzw.} \quad T_n = kT_1 \tag{8.33}$$

Daraus folgt $\omega_{E1} = 1/T_n = \omega_m / \sqrt{k}$ und $\omega_{E2} = 1/T_1 = \omega_m \sqrt{k}$. Aus Stabilitätsgründen muss $T_n > T_1$ gewählt werden, d. h. es gilt die Bedingung $k > 1$.

Nach *Kessler* wird als Standardeinstellung $k = 4$ empfohlen.

Setzen wir Gl. (8.32) in (8.26), so wird die Übertragungsfunktion des aufgeschnittenen Kreises (8.26) in folgende Form gebracht

$$G_0(s) = \omega_m \frac{1}{s^2 T_n} \cdot \frac{1 + sT_n}{1 + sT_1} . \tag{8.34}$$

Das Bode-Diagramm des aufgeschnittenen Kreises lässt sich symmetrisch bezüglich der Durchtrittsfrequenz $\omega_d = \omega_m$ darstellen, wie **Bild 8.17** zeigt. Aus dem symmetrischen Verlauf des Amplituden- und Phasenganges resultiert die Bezeichnung des Verfahrens Symmetrisches Optimum. Durch den Faktor k wird die Bandbreite definiert. Aus Gln. (8.30) und (8.33) folgt

$$\omega_m = \frac{1}{\sqrt{k} \cdot T_1} . \tag{8.35}$$

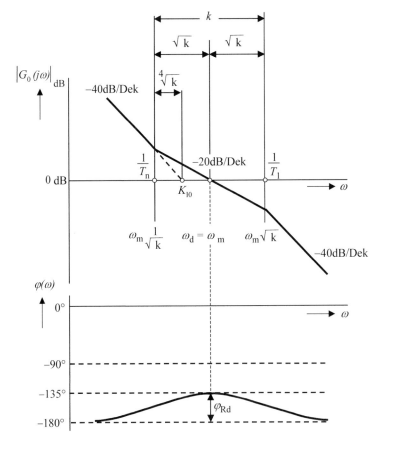

Bild 8.17 Bode-Diagramm nach dem Symmetrischen Optimum mit $D = 0{,}707$ und $x_m = 30\%$

Setzen wir diesen Wert in Gl. (8.29), so ergibt sich unter Beachtung

$$\varphi_{Rd}(\omega_m) = -\pi - \varphi_0(\omega_m)$$

der Zusammenhang zwischen k und der Phasenreserve φ_{Rd}

$$k = \cot^2\left(\frac{90° - \varphi_{Rd}}{2}\right). \tag{8.36}$$

Beispielsweise errechnet sich die maximale Phasenreserve für $k = 4$ zu $\varphi_{Rd} = 37°$. Die optimale Reglereinstellung ergibt sich aus Gln. (8.32) und (8.35):

$$K_{PRopt} = \frac{1}{\sqrt{k} \cdot K_{PS} \cdot K_{IS} \cdot T_1}.$$

Für $k = 4$ folgt daraus speziell für Standardeinstellung

$$K_{PRopt} = \frac{1}{2 \cdot K_{PS} \cdot K_{IS} \cdot T_1}$$

und

$$\omega_m = \omega_d = \frac{1}{2T_1}. \tag{8.37}$$

Aus Gln. (8.34) und (8.35) bestimmen wir die Übertragungsfunktion des geschlossenen Kreises für das Führungsverhalten

$$G_w(s) = \frac{G_0(s)}{1 + G_0(s)} = \frac{1 + sT_n}{s^3 \sqrt{k} \cdot T_1^2 T_n + s^2 \sqrt{k} \cdot T_1 T_n + sT_n + 1}. \tag{8.38}$$

Für $k = 4$ wird $T_n = 4T_1$, und aus (8.38) folgt

$$G_w(s) = \frac{1 + sT_n}{s^3 \cdot 2^3 T_1^3 + s^2 \cdot 2^3 T_1^2 + s \cdot 2^2 T_1 + 1}$$

bzw.

$$G_w(s) = \frac{1 + sT_n}{(1 + s \cdot 2T_1)(s^2 \cdot 2^2 T_1^2 + s \cdot 2T_1 + 1)}. \tag{8.39}$$

Die Polstellen haben die Werte

$$s_1 = -\frac{1}{2T_1} \text{ bzw. nach (8.37) } s_1 = -\omega_m$$

und $$s_{2,3} = \frac{-1 \pm j\sqrt{3}}{4T_1}.$$

Die Übertragungsfunktion (8.39) mit der Polstelle s_1 wird wie folgt dargestellt:

$$G_W(s) = \frac{1 + sT_n}{s - s_1} \cdot \beta^2 \cdot \frac{1}{s^2 + s2\alpha + \beta^2} \,,$$

mit $\alpha = \dfrac{1}{4T_1}$ und $\beta^2 = \dfrac{1}{2^2 T_1^2}$.

Die beiden anderen Pole $s_{2,3} = -\beta(D \pm \sqrt{D^2 - 1})$ sind für $0 < D < 1$ konjugiert komplex, d. h. $s_{2,3} = -\alpha \pm j\beta\sqrt{1 - D^2}$, und liegen, wie **Bild 8.18** zeigt, auf einem Kreis mit dem Radius ω_m.

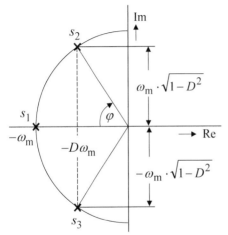

Für $k = 1$ ist $T_n = T_1$, $\alpha = 0$ bzw. $D = 0$ und der Kreis ist instabil.

Liegt k im Bereich $1 < k < 9$ bzw. $0 < D < 1$, treten zwei konjugiert komplexe Pole mit negativem Realteil auf.

Für $k = 9$ bzw. $D = 1$ sind die Pole gleich und reell mit

$$s_1 = s_2 = s_3 = -\omega_m,$$

was einem aperiodischen Grenzfall entspricht.

Bild 8.18 Polverteilung in der s-Ebene

Die Sprungantwort hat bei $k = 4$ die Dämpfung $D = 0,5$ und die maximale Überschwingweite von $x_m = 43,4\%$ (**Bild 8.19**). Bei der Dämpfung von

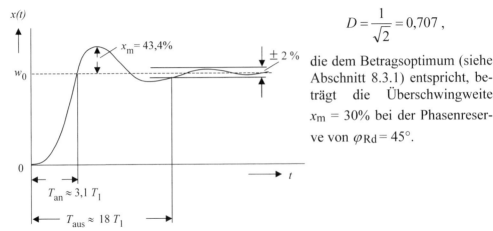

$$D = \frac{1}{\sqrt{2}} = 0,707 \,,$$

die dem Betragsoptimum (siehe Abschnitt 8.3.1) entspricht, beträgt die Überschwingweite $x_m = 30\%$ bei der Phasenreserve von $\varphi_{Rd} = 45°$.

Bild 8.19 Führungssprungantwort für $k = 4$ und $D = 0,5$ des Symmetrischen Optimums

8.5 Entwurf von Regelkreisen mit instabilen Strecken

8.5.1 Instabile P-T$_1$-Glieder

Ein instabiles P-Glied mit Verzögerung 1. Ordnung wird analog einem stabilen P-T$_1$-Glied mittels DGL 1. Ordnung beschrieben,

$$a_1 \dot{x}_a(t) + a_0 x_a(t) = b_0 x_e(t),$$

jedoch mit einem negativen Koeffizienten a_1 oder a_0, z. B.

$$T_1 \dot{x}_a(t) - x_a(t) = K x_e(t) \quad \text{oder} \quad -T_1 \dot{x}_a(t) + x_a(t) = K x_e(t).$$

Nach dem *Hurwitz*-Kriterium erkennt man sofort, dass es sich dabei um ein nichtstabiles Verhalten handelt. Dies folgt auch aus der Übertragungsfunktion

$$G(s) = \frac{x_a(s)}{x_e(s)} = \frac{K}{-1 + sT_1} \quad \text{oder} \quad G(s) = \frac{x_a(s)}{x_e(s)} = \frac{K}{1 - sT_1},$$

die eine Polstelle $s_1 = +\dfrac{1}{T_1}$ in der rechten s-Ebene hat. Hier ist also $n_r = 1$ bei $n = 1$.

Die Lösung der DGL bei sprunghafter Verstellung der Eingangsgröße $x_e(t)$ ist in **Bild 8.20** gezeigt. Sie entspricht der Gl. (2.11), jedoch die Ausgangsgröße $x_a(t)$ steigt:

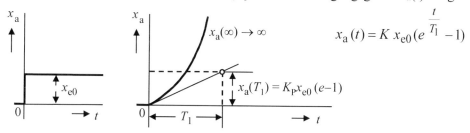

$$x_a(t) = K x_{e0}(e^{\frac{t}{T_1}} - 1)$$

$$x_a(T_1) = K_p x_{e0}(e-1)$$

Bild 8.20 Sprungantwort eines instabilen P-T$_1$-Gliedes

Aus dem Frequenzgang

$$G(j\omega) = \frac{K}{-1 + j\omega T_1}$$

folgen der Amplitudengang

$$|G(j\omega)| = \frac{K}{\sqrt{1 + (\omega T_1)^2}}$$

und der Phasengang als Differenz zwischen Phasen des Zählers und des Nenners

$$\varphi(\omega) = \arctan 0 - \arctan\frac{\omega T_1}{-1} = -\arctan\frac{\omega T_1}{-1} = -\pi + \arctan \omega T_1.$$

Ein stabiles und ein instabiles P-T$_1$-Glied sind in Tabelle unten gegenübergestellt. Man sieht sofort, dass die Amplitudengänge gleich und nur die Phasengänge unterschiedlich sind. Eine Polstelle in der rechten s-Halbebene dreht den Phasenwinkel von $-\pi$ auf $-\pi/2$, d. h. in positiver Richtung, während die Phase der gleichen Polstelle in der linken Halbebene sich in negative Richtung ändert.

Stabiles P-T$_1$-Glied	Instabiles P-T$_1$-Glied
Differentialgleichung	
$T_1\,\dot{x}_a(t) + x_a(t) = K\,x_e(t)$	$T_1\,\dot{x}_a(t) - x_a(t) = K\,x_e(t)$
Sprungantwort	
$x_a(t) = K\,x_{e0}\left(1 - e^{-\frac{t}{T_1}}\right)$	$x_a(t) = K\,x_{e0}\left(e^{\frac{t}{T_1}} - 1\right)$
Übertragungsfunktion	
$G(s) = \dfrac{K}{1 + sT_1}$	$G(s) = \dfrac{K}{-1 + sT_1}$
Amplitudengang	
$\|G(j\omega)\| = \dfrac{K}{\sqrt{1 + (\omega\,T_1)^2}}$	
Phasengang	
$\varphi(\omega) = -\arctan\omega\,T_1$	$\varphi(\omega) = -\pi + \arctan\omega\,T_1$
Ortskurve	
Bode-Diagramm	

8.5.2 Instabile P-T$_2$-Glieder

Hat der Nenner eines schwingungsfähigen P-T$_2$-Gliedes negative Koeffizienten, z. B.

$$G(s) = K \frac{\beta^2}{s^2 + s \cdot 2\alpha - \beta^2} \quad \text{oder} \quad G(s) = K \frac{\beta^2}{s^2 - s \cdot 2\alpha - \beta^2} \tag{8.40}$$

oder bei der Dämpfung $D = \dfrac{\alpha}{\beta} = 0$ bzw. $\alpha = 0$

$$G(s) = K \frac{\beta^2}{s^2 - \beta^2}, \tag{8.41}$$

so handelt es sich um ein instabiles Verhalten. Falls die Nenner von (8.40) keine komplex konjugierte Polstellen besitzen, lassen sich die Übertragungsfunktionen auf zwei P-T$_1$-Glieder zerlegen, wie unten in Tabelle gezeigt ist. Das Bode-Diagramm solcher Glieder kann leicht durch einfache Addition der Ordinaten der einzelnen Kennlinien ermittelt werden.

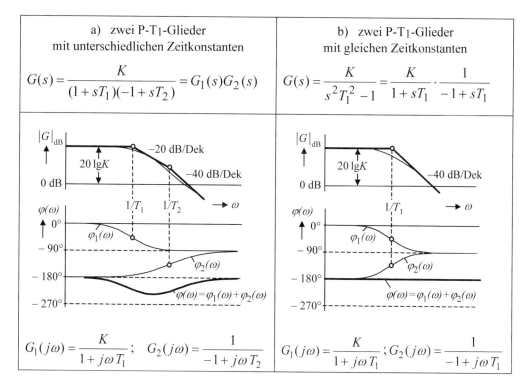

a) zwei P-T$_1$-Glieder mit unterschiedlichen Zeitkonstanten	b) zwei P-T$_1$-Glieder mit gleichen Zeitkonstanten
$G(s) = \dfrac{K}{(1+sT_1)(-1+sT_2)} = G_1(s)G_2(s)$	$G(s) = \dfrac{K}{s^2 T_1^2 - 1} = \dfrac{K}{1+sT_1} \cdot \dfrac{1}{-1+sT_1}$
$G_1(j\omega) = \dfrac{K}{1+j\omega T_1}; \quad G_2(j\omega) = \dfrac{1}{-1+j\omega T_2}$	$G_1(j\omega) = \dfrac{K}{1+j\omega T_1}; \quad G_2(j\omega) = \dfrac{1}{-1+j\omega T_1}$

Man erkennt daraus, dass sich die Asymptote des Amplitudengangs bei der Eckfrequenz, die der rechten Polstelle entspricht, um −40 dB/Dek ändert, während sich die Asymptote bei der Eckfrequenz der linken Polstellen nur um −20 dB/Dek ändert. Auch bei den Phasengängen merkt man die Unterschiede, z. B. im Fall b) der obigen

Tabelle ändert sich die Phase des instabilen Gliedes bei der Eckfrequenz nicht. Eine Phase von $-\pi$ soll jedoch gleich am Anfang zugewiesen werden.

Für Bode-Diagramm instabiler P-T2-Glieder gelten also die folgenden Regeln:

- Der Anfangsteil des Phasengangs liegt bei $-180°$, da eine Polstelle mit positivem Realteil in der rechten s-Ebene eine Phasenverschiebung von $-\pi$ mitbringt.
- Bei der Eckfrequenzen der rechten Polstellen beträgt die Phasenänderung $+90°$, wie beim D-Verhalten.
- Bei den Eckfrequenzen der rechten Polstellen ändern sich die Asymptoten des Amplitudenganges um -40 dB/Dek, wie bei einer doppelten linken Polstelle.

- **Beispiel 8.5**

Eine instabile P-T3-Regelstrecke wird mit dem PID-Regler geregelt:

$$G_S(s) = \frac{K_{PS}}{(1+sT_1)(s^2T_2^2 - 1)} \qquad G_R(s) = \frac{K_{PR}(1+sT_n)(1+sT_v)}{sT_n},$$

mit $K_{PS} = 2$ $T_1 = 0{,}025$ s $T_2 = 0{,}015$ s

und $K_{PR} = 0{,}1$ $T_n = 0{,}1$ s $T_v = 0{,}08$ s.

Es soll die Stabilität des Regelkreises bei gegebenen Kennwerten des Reglers geprüft werden. Auch soll der kritische Proportionalbeiwert K_{PRkr} des Reglers bestimmt werden, bei dem der Regelkreis grenzstabil ist.

Die Stabilität wird nach dem Drei-Bode-Plots-Verfahren (s. Abschnitt 8.3.2) geprüft. Die Frequenzgänge der Regelstrecke $G_S(j\omega)$ und des gespiegelten Reglers $G_{Rgesp}(j\omega)$ sind in Bode-Diagramm des **Bildes 8.21** gezeigt. Die Eckfrequenzen sind:

$$\omega_n = \frac{1}{T_n} = 10 \text{ s}^{-1}, \quad \omega_v = \frac{1}{T_v} = 12{,}5 \text{ s}^{-1}; \quad \omega_1 = \frac{1}{T_1} = 40 \text{ s}^{-1}, \quad \omega_2 = \frac{1}{T_2} = 66{,}7 \text{ s}^{-1}$$

Die Anfangsasymptote des Amplitudenganges der Regelstrecke $|G_S(\omega)|_{dB}$ verläuft durch die Ordinate $20 \lg(K_{PS}) = 20 \cdot \lg(2) = 6$ dB mit der Steigung 0 dB/Dek. Nach der Eckfrequenz ω_1 wird die Steigung der Asymptote (-20 dB/dek) laut Abschnitt 5.2.2. Bei der nächsten Eckfrequenz ω_2 ändert sich die Steigung, diesmal aber um (-40 dB/dek), wie im Abschnitt 8.5.2 gezeigt wurde, so dass die Asymptote mit der Steigung (-60 dB/dek) verläuft.

Der Phasengang der Regelstrecke $\varphi_S(\omega)$ fängt bei $-180°$ an, wie in Abschnitt 8.5.2 erklärt wurde, und liegt zwischen $-180°$ und $-270°$. Bei Eckfrequenz ω_1 soll der Phasenwinkel den Wert $\varphi_S(\omega_1) = -225°$ erreichen. Die Eckfrequenz ω_2 hat auf den Phasengang des instabilen Gliedes mit zwei gleichen Zeitkonstanten T_2 keine Wirkung.

Das Bode-Diagramm des PID-Reglers ist im Anhang des Buches dargestellt. Daraus wird das Bode-Diagramm $G_{Rgesp}(j\omega)$ des gespiegelten Reglers ganz einfach nach den in [144] eingeführten Symmetriachsen abgeleitet, nämlich: Der Amplitudengang $|G_S(\omega)|_{dB}$ hat die Symmetrieachse 0-dB-Linie und die Symmetrieachse des Phasengangs $\varphi_{Rgesp}(\omega)$ ist die ($-180°$)-Linie. Die somit gespiegelten Kurven sind in Bild 8.21 eingetragen.

Um die Stabilität nach DBV zu prüfen, sind keine Angaben über Polstellenverteilung der Übertragungsfunktion $G_0(s) = G_R(s)G_S(s)$ des aufgeschnittenen Regelkreises nötig, wie es nach Nyquist-Stabilitätskriterium der Fall ist.

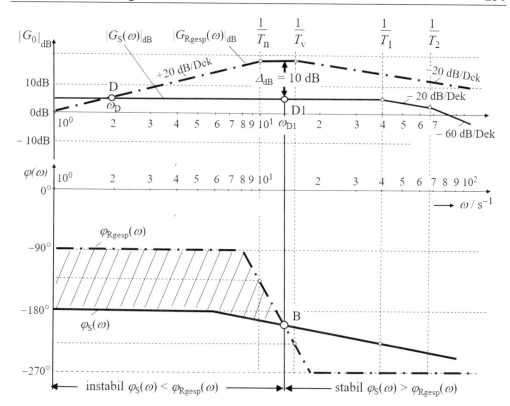

Bild 8.21 Stabilitätsuntersuchung nach DBV für Regelkreis mit instabiler Regelstrecke

Auch werden keine Schnittstellen des Phasenganges mit der (−180°)-Linie gezählt, wie es nach *Nyquist*-Verfahren nötig ist (s. Abschnitt 6.3).

Aus dem Bild 8.21 kann man nach dem DBV sofort erkennen, dass der Regelkreis instabil ist: Beim Schnittpunkt D von Amplitudengängen $|G_S(\omega)|_{dB}$ und $|G_{Rgesp}(\omega)|_{dB}$ liegt der Phasengang der Regelstrecke $\varphi_S(\omega)$ unterhalb des Phasenganges des gespiegelten Reglers $\varphi_S(\omega)$.

Um den Regelkreis zu stabilisieren, soll der Amplitudengang $|G_{Rgesp}(\omega)|_{dB}$ des gespiegelten Reglers nach unten um $\Delta dB = 10$ dB in Punkt D1 verschoben werden.

Der kritische Proportionalbeiwert des Reglers wird nach (8.29) umgerechnet:

$$K_{PRkrit} = K_{PR} \cdot \Delta K = K_{PR} \cdot 10^{\frac{\Delta dB}{20}} = 0{,}316 \,.$$

Bei $K_{PR} > K_{PRkrit}$ wird der Regelkreis stabil. Jedoch darf man den Proportionalbeiwert des Reglers K_{PR} nicht zu groß auswählen.

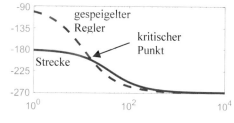

Die Phasengänge tangieren bei großen Kreisfrequenzen ω, wie im Bild links gezeigt ist. Der Regelkreis bleibt stabil, aber die Phasenreserve wird minimal, so dass die Regelgüte verschlechtert wird.

▶ **Aufgabe 8.2**

Eine instabile P-T$_1$-Strecke soll mit dem PD-T$_1$-Regler geregelt werden.

$$G_S(s) = \frac{K_{PS}}{1 - sT_1} \qquad\qquad G_R(s) = K_{PR}\,\frac{1 + sT_v}{1 + sT_R}.$$

Gegeben sind: $K_{PS} = 0{,}25$ und $T_v = T_1 = 0{,}1$ s. Die Zeitkonstante T_R ist vernachlässigbar klein. Gesucht: der Proportionalbeiwert des Reglers K_{PR}, bei dem der Regelkreis stabil wird.

8.5.3 Beispiele von instabilen Regelstrecken

Die Instabilität einer Regelstrecke entsteht in der Regel aus zwei Gründen:
*   wegen zwei oder mehr in Reihe geschalteten I-Gliedern
*   wegen Mitkopplung im Wirkungsplan der Strecke.

Die klassischen Beispiele von instabilen Strecken sind *Invertiertes Pendel, Magnetschwebekörper* und *Ladebrücke* (**Bild 8.22**).
*   *Invertiertes Pendel:*
    Ein senkrecht stehender Stab, der durch die horizontalen Wagenbewegungen X_w stabilisiert wird. Stellgröße ist die Kraft F_x auf den Wagen. Regelgröße ist der Winkel φ.
*   *Magnetschwebekörper:*
    Eine Kugel mit der Masse m, die von einer Magnetspule angezogen und in einer gewünschten Position X gehalten wird. Im stationären Zustand befindet sich die Magnetkraft der Magnetspulen im Gleichgewicht mit der Erdanziehungskraft. Stellgröße ist die Magnetkraft F_m der Magnetspule. Regelgröße ist die Lage $X(t)$ der Kugel.

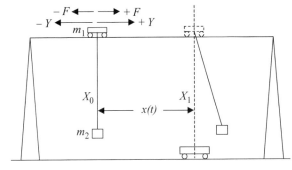

Bild 8.22
Kran als instabile Regelstrecke: Stellgröße ist die Kraft F auf die Laufkatze des Kranes bzw. die Beschleunigung Y. Regelgröße ist die Lage $X(t)$ der Last. Als Hilfsregelgröße kann die Auslenkung dienen.

Die Stabilisierung der oben genannten instabilen Regelstrecken gewinnt an praktischer Bedeutung z. B. beim Transport einer aufrechtstehenden Last, beim Anfahren einer Magnetschwebebahn, beim Laden eines Schiffes oder eines Gütezuges ohne Überschwingungen.

Die Ermittlung von genauen Zeitkonstanten der instabilen Regelstrecken ist anhand zwei Beispielen in nachfolgender Tabelle gezeigt. In beiden Fällen ist die Instabilität durch die Erdanziehung verursacht. Im Wirkungsplan führt dies zur Reihenschaltung von zwei I-Gliedern und zur Mitkopplung.

Die Bezeichnungen sind: Kraft (f), Länge (l), Masse (m), Strom (i), Weg (x) in horizontaler oder vertikaler Richtung (s. Seite 49 für Groß- und Kleinschreibung). Indizes sind: Gravitation bzw. Gewicht (G), Magnet (m), Reaktion des Scharniers (R), Stab (s), Wagen (w).

Die Länge des Stabes beträgt $2l$, das Trägheitsmoment ist $J = m_\mathrm{s} l^2$.

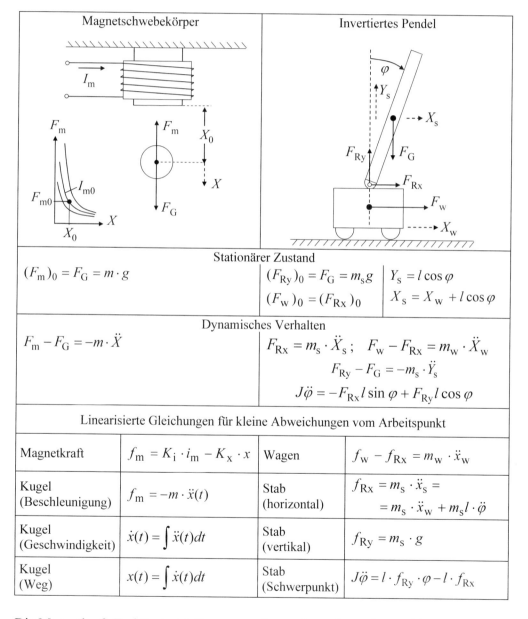

Magnetschwebekörper	Invertiertes Pendel	
Stationärer Zustand		
$(F_\mathrm{m})_0 = F_\mathrm{G} = m \cdot g$	$(F_\mathrm{Ry})_0 = F_\mathrm{G} = m_\mathrm{s} g$	$Y_\mathrm{s} = l \cos \varphi$
	$(F_\mathrm{w})_0 = (F_\mathrm{Rx})_0$	$X_\mathrm{s} = X_\mathrm{w} + l \cos \varphi$
Dynamisches Verhalten		
$F_\mathrm{m} - F_\mathrm{G} = -m \cdot \ddot{X}$	$F_\mathrm{Rx} = m_\mathrm{s} \cdot \ddot{X}_\mathrm{s}; \quad F_\mathrm{w} - F_\mathrm{Rx} = m_\mathrm{w} \cdot \ddot{X}_\mathrm{w}$	
	$F_\mathrm{Ry} - F_\mathrm{G} = -m_\mathrm{s} \cdot \ddot{Y}_\mathrm{s}$	
	$J\ddot{\varphi} = -F_\mathrm{Rx} l \sin \varphi + F_\mathrm{Ry} l \cos \varphi$	

Linearisierte Gleichungen für kleine Abweichungen vom Arbeitspunkt			
Magnetkraft	$f_\mathrm{m} = K_\mathrm{i} \cdot i_\mathrm{m} - K_\mathrm{x} \cdot x$	Wagen	$f_\mathrm{w} - f_\mathrm{Rx} = m_\mathrm{w} \cdot \ddot{x}_\mathrm{w}$
Kugel (Beschleunigung)	$f_\mathrm{m} = -m \cdot \ddot{x}(t)$	Stab (horizontal)	$f_\mathrm{Rx} = m_\mathrm{s} \cdot \ddot{x}_\mathrm{s} = \\ = m_\mathrm{s} \cdot \ddot{x}_\mathrm{w} + m_\mathrm{s} l \cdot \ddot{\varphi}$
Kugel (Geschwindigkeit)	$\dot{x}(t) = \int \ddot{x}(t)\, dt$	Stab (vertikal)	$f_\mathrm{Ry} = m_\mathrm{s} \cdot g$
Kugel (Weg)	$x(t) = \int \dot{x}(t)\, dt$	Stab (Schwerpunkt)	$J\ddot{\varphi} = l \cdot f_\mathrm{Ry} \cdot \varphi - l \cdot f_\mathrm{Rx}$

Die Magnetkraft F_m hängt nichtlinear vom Strom I_m und von der Position X der Kugel ab. Der Zusammenhang $F_\mathrm{m} = f(X, I_\mathrm{m})$ kann experimentell ermittelt und graphisch in einem Diagramm als Kennlinienfeld dargestellt werden. Mit Hilfe von

$$K_{\mathrm{Pi}} = \left(\frac{\partial F_{\mathrm{m}}}{\partial I_{\mathrm{m}}}\right)_0 \quad \text{und} \quad K_{\mathrm{Px}} = \left(\frac{\partial F_{\mathrm{m}}}{\partial X}\right)_0 \quad \text{wird die Magnetkraft } F_{\mathrm{m}} \text{ im Arbeitspunkt}$$

$F_{\mathrm{m}0} = m\cdot g$ in Abhängigkeit von dem Strom I_{m} des Elektromagneten und der Lage X der Kugel linearisiert.

Die linearisierten Wirkungspläne und die Übertragungsfunktionen der beiden Strecken sind unten in der Tabelle zusammengefasst. Es handelt sich dabei um das instabile P-T_2-Verhalten mit $n_l = 1$ Pol in der linken und $n_r = 1$ Pol in der rechten s-Ebene.

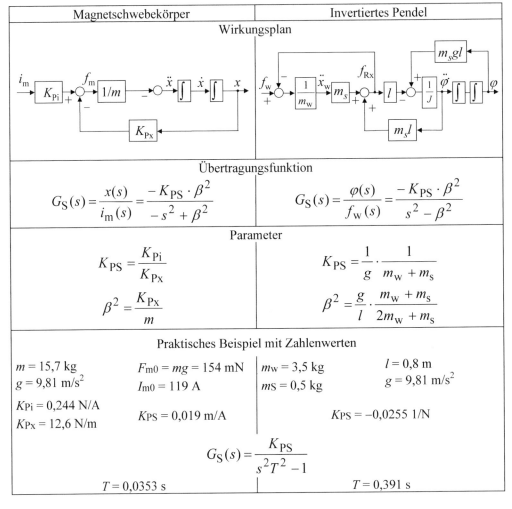

Magnetschwebekörper	Invertiertes Pendel
Wirkungsplan	

Übertragungsfunktion

$$G_{\mathrm{S}}(s) = \frac{x(s)}{i_{\mathrm{m}}(s)} = \frac{-K_{\mathrm{PS}} \cdot \beta^2}{-s^2 + \beta^2} \qquad G_{\mathrm{S}}(s) = \frac{\varphi(s)}{f_{\mathrm{w}}(s)} = \frac{-K_{\mathrm{PS}} \cdot \beta^2}{s^2 - \beta^2}$$

Parameter

$$K_{\mathrm{PS}} = \frac{K_{\mathrm{Pi}}}{K_{\mathrm{Px}}} \qquad\qquad K_{\mathrm{PS}} = \frac{1}{g} \cdot \frac{1}{m_{\mathrm{w}} + m_{\mathrm{s}}}$$

$$\beta^2 = \frac{K_{\mathrm{Px}}}{m} \qquad\qquad \beta^2 = \frac{g}{l} \cdot \frac{m_{\mathrm{w}} + m_{\mathrm{s}}}{2m_{\mathrm{w}} + m_{\mathrm{s}}}$$

Praktisches Beispiel mit Zahlenwerten

$m = 15{,}7\ \mathrm{kg}$	$F_{\mathrm{m}0} = mg = 154\ \mathrm{mN}$	$m_{\mathrm{W}} = 3{,}5\ \mathrm{kg}$	$l = 0{,}8\ \mathrm{m}$
$g = 9{,}81\ \mathrm{m/s^2}$	$I_{\mathrm{m}0} = 119\ \mathrm{A}$	$m_{\mathrm{S}} = 0{,}5\ \mathrm{kg}$	$g = 9{,}81\ \mathrm{m/s^2}$
$K_{\mathrm{Pi}} = 0{,}244\ \mathrm{N/A}$			
$K_{\mathrm{Px}} = 12{,}6\ \mathrm{N/m}$	$K_{\mathrm{PS}} = 0{,}019\ \mathrm{m/A}$		$K_{\mathrm{PS}} = -0{,}0255\ \mathrm{1/N}$

$$G_{\mathrm{S}}(s) = \frac{K_{\mathrm{PS}}}{s^2 T^2 - 1}$$

$T = 0{,}0353\ \mathrm{s}$	$T = 0{,}391\ \mathrm{s}$

Die Zeitkonstanten der Stellglieder (Magnetspule, Motor, Leistungsverstärker) sind viel größer als die eigenen Zeitkonstanten der Regelstrecke. Die oben behandelten Entwurfsmethoden werden dadurch uneffektiv. Um die gesamte Zeitkonstanten des Regelkreises zu reduzieren, werden in der Regel die Hilfsregelgrößen herangezogen, z. B. der Strom I_{m} im Fall des Magnetschwebekörpers. Dies führt zur so genannten vermaschten Regelung, die im nachstehenden Abschnitt behandelt wird.

8.6 Vermaschte Regelung

8.6.1 Regelung mit Hilfsregelgrößen

In den bisher behandelten Regelkreisen erfolgt die Bildung der Regeldifferenz durch die Messung der Regelgröße und den Vergleich mit dem Sollwert. Nach einem geeigneten Regelalgorithmus wird daraus die Stellgröße gebildet, um die Regeldifferenz auszuregeln. In einem einschleifigen Kreis greift der Regler bei Beseitigung von Störgrößen erst dann ein, wenn eine Regeldifferenz bereits vorliegt. Bei großen Zeitkonstanten der Regelstrecke führt dies zu den Schwingungen oder zur Instabilität.

Zur Vermeidung dieser Nachteile kann die Struktur eines Regelkreises so verändert werden, dass die Störungen stark reduziert und ohne große Zeitverzögerung auf den Reglereingang übertragen werden. Solche Strukturveränderung führt zu einer *vermaschten* Regelung, die sich dann realisieren lässt, wenn die Störungen oder Hilfsregelgrößen messbar und über ein Stellglied beeinflussbar sind. Die Reglereinstellung nach den bisher behandelten Optimierungsverfahren soll durch Strukturoptimierung nicht beeinflusst werden.

Die Verfahren der Strukturoptimierung werden, wie in **Bild 8.23** gezeigt, nach den Abgriffsorten des Signals auf Stör-, Stell- und Hilfsregelgrößenaufschaltung unterteilt. Nachfolgend werden nur einige davon behandelt.

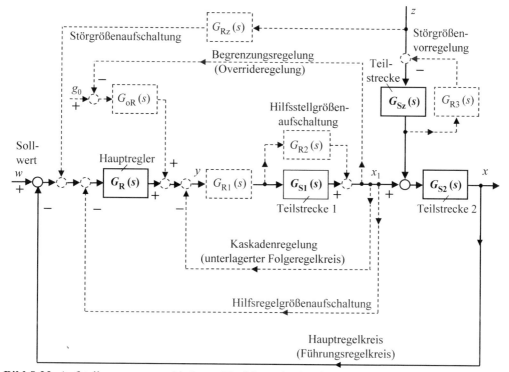

Bild 8.23 Aufstellung von verschiedenen Verfahren der Strukturoptimierung an einem Kreis

8.6.2 Kaskadenregelung

Bei Regelstrecken mit großen Zeitkonstanten ist es oft schwierig, mit einer einschleifigen Regelung ein befriedigendes Ergebnis zu erzielen. Wenn es möglich ist, die Strecke zu unterteilen und eine Hilfsregelgröße zu messen, wie z. B. x_1 in **Bild 8.24**, greift man zu einer Kaskadenregelung. Der Hilfsregelgröße x_1 wird ein Regler G_{R1} zugeordnet, der als Folgeregler bezeichnet wird. Der übergeordnete Hauptregler Regler G_{R2} (Führungsregler) gibt dann dem Folgeregler G_{R1} die Führungsgröße w_1 vor.

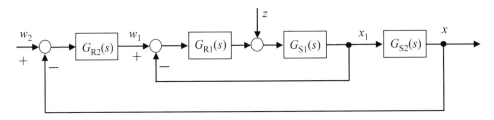

Bild 8.24 Wirkungsplan der Kaskadenregelung

Ohne Kaskadenregelung gilt für das Führungsverhalten

$$G_W(s) = \frac{G_{R2}(s) \cdot G_{S1}(s) \cdot G_{S2}(s)}{1 + G_{R2}(s) \cdot G_{S1}(s) \cdot G_{S2}(s)} \tag{8.42}$$

und für Störverhalten:

$$G_z(s) = \frac{G_{S1}(s) \cdot G_{S2}(s)}{1 + G_{R2}(s) \cdot G_{S1}(s) \cdot G_{S2}(s)} \tag{8.43}$$

Mit Kaskadenregelung sind die Übertragungsfunktionen:

$$G_W(s) = \frac{G_{R2} \dfrac{G_{R1}G_{S1}}{1 + G_{R1}G_{S1}} G_{S2}}{1 + G_{R2} \dfrac{G_{R1}G_{S1}}{1 + G_{R1}G_{S1}} G_{S2}} = \frac{G_{R2}G_{R1}G_{S1}G_{S2}}{1 + G_{R1}G_{S1} + G_{R2}G_{R1}G_{S1}G_{S2}} \tag{8.44}$$

$$G_z(s) = \frac{\dfrac{G_{S1}}{1 + G_{R1}G_{S1}} G_{S2}}{1 + G_{R2} \dfrac{G_{R1}G_{S1}}{1 + G_{R1}G_{S1}} G_{S2}} = \frac{G_{S1}G_{S2}}{1 + G_{R1}G_{S1} + G_{R2}G_{R1}G_{S1}G_{S2}}. \tag{8.45}$$

Aus dem Vergleich (8.42) mit (8.44) und (8.43) mit (8.45) ist es zu sehen, dass der Regelkreis durch eine geeignete Wahl des Reglers G_{R1} so eingestellt werden kann, das ein gewünschtes Verhalten, z. B. mit kleineren Zeitkonstanten, erreicht wird.

Ein Beispiel der zweischleifigen Kaskadenregelung wird im Folgenden betrachtet. Man passt zunächst den Folgeregler $G_{R1}(s)$ an die Teilstrecke $G_{S1}(s)$ an und gibt so dem inneren Regelkreis ein gewünschtes Zeitverhalten. Dieser ist dann Bestandteil der Regelstrecke $G_2(s)$, für die der äußere Regler $G_{R2}(s)$ dimensioniert werden muss.

- **Beispiel 8.6**

Nehmen wir an, dass folgende Blöcke im Wirkungsplan des Bildes 8.24 gegeben sind:

$$G_{R1}(s) = \frac{K_{PR1}(1 + sT_{n1})}{sT_{n1}} \qquad G_{S1}(s) = \frac{K_{PS1}}{1 + sT_1} \text{ mit } K_{PS1} = 2 \text{ und } T_1 = 1 \text{ s}$$

$$G_{R2}(s) = \frac{K_{PR2}(1 + sT_{n2})}{sT_{n2}} \qquad G_{S2}(s) = \frac{K_{PS2}}{1 + sT_2} \text{ mit } K_{PS2} = 3 \text{ und } T_2 = 0,2 \text{ s}$$

Wie soll der Folgeregler eingestellt werden, damit die Verzögerungszeitkonstante T_{w1} des Folgeregelkreises 50-mal kleiner als die Streckenzeitkonstante T_1 wird?

Um die gewünschte Zeitkonstante zu ermitteln, werden die Übertragungsfunktionen des Folgekreises $G_{01}(s)$ und $G_{w1}(s)$ berechnet:

$$G_{01}(s) = G_{R1}(s) \cdot G_{S1}(s) = \frac{K_{PR1}(1 + sT_{n1})}{sT_{n1}} \cdot \frac{K_{PS1}}{1 + sT_1}$$

Nach der Kompensation mit $T_{n1} = T_1 = 1$ s folgt

$$G_{w1}(s) = \frac{G_{01}(s)}{1 + G_{01}(s)} = \frac{K_{Pw1}}{1 + sT_{w1}} \text{ mit } T_{w1} = \frac{T_{n1}}{K_{PS1} \cdot K_{PR1}} \text{ und } K_{Pw1} = 1$$

Der Folgeregelkreis hat ein P-T$_1$-Verhalten mit der Zeitkonstante T_{w1}, die nach der Aufgabenstellung 1/50 von T_1 betragen soll:

$$T_{w1} = \frac{T_{n1}}{K_{PS1} \cdot K_{PR1}} = \frac{T_1}{50}.$$

Daraus ergibt sich

$$K_{PR1} = \frac{50 \cdot T_{n1}}{K_{PS1} \cdot T_1} = 25.$$

Das MATLAB®-Simulink-Model und die Sprungantworten sind im **Bild 8.25** gegeben.

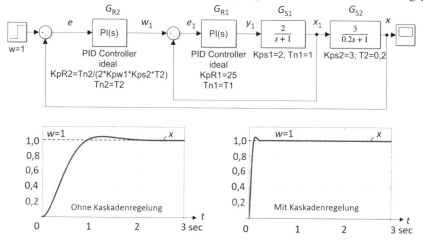

Bild 8.25 Kaskadenregelung einer P-T$_2$-Strecke mit PI-Führungsregler und PI-Folgeregler

8.6.3 Begrenzungsregelung

Die Begrenzungsregelung, auch *Overrideregelung* genannt, ist für Strecken geeignet, bei denen sowohl die Regelgröße x auf den vorgegebenen Sollwert w gebracht, als auch eine weitere Größe x_1 (Begrenzungsgröße) vorgegebene Grenzwerte g_{max} und/oder g_{min} nicht überschreiten soll, wie in **Bild 8.26** gezeigt ist.

Somit besteht die Begrenzungsregelung aus zwei oder drei Regelkreisen. Zum einen ist es der Hauptregelkreis (*Main-Regler G_R*), zum anderen ein oder zwei Begrenzungsregelkreise (*Overrideregler G_{oR1} und G_{oR2}*), die mit unterschiedlichen Sollwerten und Prozessvariablen parallel arbeiten und über eine Auswahlbox das Stellsignal für die Regelstrecke liefern.

Die Auswahlbox ist ein Vergleichsglied, welches die Stellgrößen des Haupt- und der beiden Begrenzungsregler auf den größeren bzw. den kleineren Wert vergleicht. Über einen Select-Befehl hat man die Möglichkeit, diese Auswahl entweder automatisch nach dem Maximum oder Minimum durchführen lassen, oder den jeweiligen Ausgang nach bestimmten Kriterien freizuschalten. Die Umschaltung soll allerdings stoß frei erfolgen. Beispielsweise soll in einem Ofen die Temperatur konstant gehalten werden und gleichzeitig der Druck den maximal zugelassenen Wert nicht überschreiten.

Ein weiteres Beispiel ist ein Vakuum-Ofen, in dem die Kammertemperatur immer um 5°C bis 10°C wärmer als die Temperatur des Werkstückes ist. Wird das Thermoelement nahe dem Werkstück platziert, kann die Regelung zu unerwünschten Effekten wie überhöhter Temperatur der Heizelemente bzw. zur Überschreitung des gewünschten Sollwerts führen. Um diese Probleme zu umgehen, platzieren oft die Ofenhersteller ein Thermoelement in der Brennkammer nahe den Heizelementen, was zu thermischen Gradienten führt. Die ideale Lösung ist die Overrideregelung mit zwei separaten Regelkreisen und zwei Thermoelementen, wobei ein Thermoelement dicht an den Heizelementen, das zweite am Werkstück sitzt. Für die Regelung der Brennkammertemperatur wird dann der Regelkreis mit dem niedrigsten Ausgangssignal benutzt.

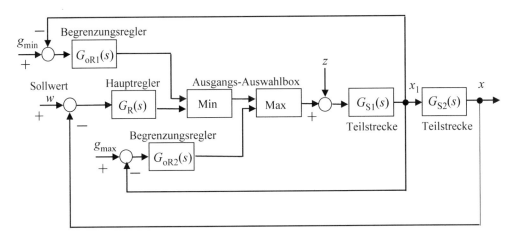

Bild 8.26 Wirkungsplan einer Begrenzungsregelung (Overrideregelung)

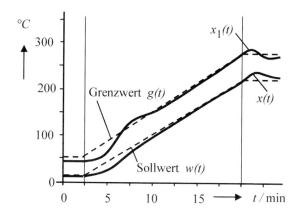

Bild 8.27
Theoretische Verläufe der Temperaturkurven bei der Begrenzungsregelung mit den Eingangs-Rampenfunktionen (der Begrenzungsregler hat einen höheren Sollwert als der Hauptregler)

Bild 8.27 zeigt die theoretischen Verläufe der Hauptregelgröße $x(t)$ und der Hilfsregelgröße $x_1(t)$ bei einer Rampenfunktion $w(t) = K_I \cdot t$ als Sollwert des Hauptreglers und den entsprechenden Rampenfunktionen eines Begrenzungsreglers.

Das MATLAB®-Simulink-Modell einer Begrenzungsregelung ist in **Bild 8.28** gegeben. Mit dem Baustein „MinMax" aus der Simulink Library „MathOperations" wird die Hauptregelgröße X mit der Begrenzungsgröße X_{over} verglichen. Am Ausgang von „MinMax" wird „1" ausgegeben, wenn die Bedingung $X_{over} < X$ erfüllt ist. Davon abhängig schaltet der Baustein „Switch" die Stellgröße zwischen PI-Hauptregler und PI-Overrideregler. Mit dem Baustein „ManualSwich" kann man zwischen zwei Betriebsmodi (mit oder ohne Overrideregelung) wechseln.

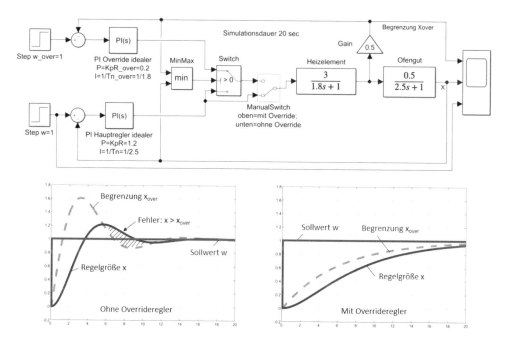

Bild 8.28 MATLAB®-Simulink-Modell einer Overrideregelung (oben) und Sprungantworten

8.6.4 Störgrößenaufschaltung

Eine Beseitigung der Auswirkung von Störgrößen durch eine Regelung hat den Nachteil, dass der Regler immer erst korrigierend eingreifen kann, wenn eine Regeldifferenz vorliegt. Wegen der Verzögerungen in der Strecke erscheint die Störung erst verspätet am Eingang des Reglers. Um eine Auswirkung der Störgröße auf die Regelgröße völlig zu verhindern und dabei die vorhandene optimale Reglereinstellung auszunutzen, schaltet man die messbare Störgröße über ein korrigierendes Glied G_{Rz} auf den Streckeneingang oder, wie **Bild 8.29** zeigt, vor dem Regler auf.

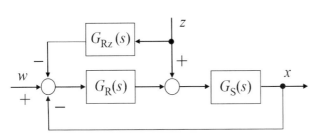

Bild 8.29 Störgrößenaufschaltung auf den Reglereingang

Die Aufschaltung erfolgt oft über ein differenzierendes Glied, damit im Beharrungszustand keine Verfälschung der Regeldifferenz entsteht. Die Stabilität des Kreises wird durch diese Maßnahme auch nicht beeinflusst. Die Regelparameter können so eingestellt werden, als sei G_{Rz} nicht vorhanden.

Nach der Art der Aufschaltung wird der Einfluss der Störgröße in unterschiedlichem Maße kompensiert. Bei der vollständigen Kompensation gilt nach dem Störsprung z_0: $x(t) = 0$ bzw. $x(s) = 0$

$$x(s) = G_z(s) \cdot z_0 = \frac{G_{vz}(s)}{1 + G_0} \cdot z_0 = 0 \ .$$

Daraus folgt die Kompensationsbedingung für die Vorwärts-Übertragungsfunktion

$$G_{vz}(s) = 0 \ . \tag{8.46}$$

Für die in Bild 8.20 gezeigte Störgrößenaufschaltung mit

$$G_{vz}(s) = -G_{Rz}(s)G_R(s)G_S(s) + G_S(s) = 0$$

wird die Bedingung (8.46) mit dem korrigierenden Glied $G_{Rz}(s) = \dfrac{1}{G_R(s)}$ erfüllt. In der Praxis erfolgt eine vollständige Kompensation der Störgröße nur selten, weil die genaue Nachbildung von $G_{Rz}(s)$ zu aufwendig und nur ausnahmsweise möglich ist.

- **Beispiel 8.7**

Für den in **Bild 8.30** gezeigten Regelkreis sollen die Übertragungsfunktion und die Parameter des Korrekturgliedes $G_{Rz}(s)$ so ermittelt werden, dass eine vollständige Kompensation der Störgröße erreicht wird. Der P-Regler ist mit $K_{PR} = 1,2$ eingestellt. Die Streckenparameter sind: $K_{PSz} = 2$ $K_{PSy} = 5$ $K_{IS} = 0,16 \ \text{s}^{-1}$

$T_1 = 0,32 \ \text{s}$ $T_2 = 0,5 \ \text{s}$

Zuerst wird die Vorwärts-Übertragungsfunktion G_{vz} nach dem Überlagerungsprinzip wie folgt

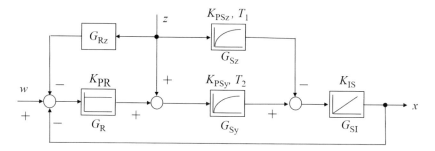

Bild 8.30 Wirkungsplan der Störgrößenaufschaltung zu Beispiel 8.7

bestimmt und gleich Null gesetzt:

$$G_{vz}(s) = -G_{Sz}(s)G_{SI}(s) + G_{Sy}(s)G_{SI}(s) - G_{Rz}(s)G_R(s)G_{Sy}(s)G_{SI}(s) = 0$$

Daraus ergibt sich die Übertragungsfunktion des Korrekturgliedes:

$$G_{Rz}(s) = \frac{(G_{Sy} - G_{Sz})G_{SI}}{G_R G_{Sy} G_{SI}} = \frac{\dfrac{K_{PSy}}{1+sT_2} - \dfrac{K_{PSz}}{1+sT_1}}{\dfrac{K_{PR}K_{PSy}}{1+sT_2}} = \frac{K_{PSy} - K_{PSz} + s \cdot (K_{PSy}T_1 - K_{PSz}T_2)}{K_{PR}K_{PSy}(1+sT_1)}$$

Damit ist G_{Rz} ein D-T$_1$-Glied $\;G_{Rz}(s) = K_{Pz} \cdot \dfrac{1+sT_z}{1+sT_1}$

mit $K_{Pz} = \dfrac{K_{PSy} - K_{PSz}}{K_{PR}K_{PSy}} = 0,5\;$ und $\;T_z = \dfrac{K_{PSy}T_1 - K_{PSz}T_2}{K_{PSy} - K_{PSz}} = 0,2\;\text{s}\;.$

Das MATLAB®-Simulink Modell der Störgrößenaufschaltung ist unten gezeigt.

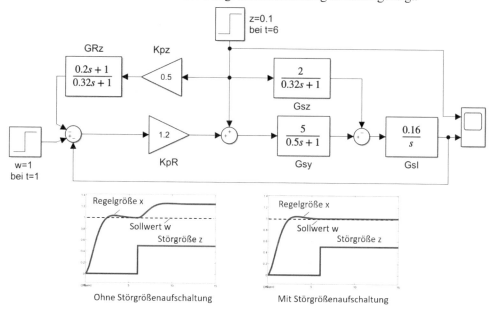

8.7 Mehrgrößenregelung

Die Industrieanlagen werden oft als Regelstrecken mit mehreren Regelgrößen, die intern miteinander verkoppelt und von mehreren Stellgrößen beeinflusst sind, betrachtet. Zur Regelung solcher Strecken ist ein *Mehrgrößenregler* geeignet. Der Entwurf von Mehrgrößenreglern erfolgt normalerweise im Zeitbereich mit Hilfe der Matrizen- bzw. Vektorrechnung. Im Folgenden werden wir auf diese Beschreibung verzichten und die Mehrgrößenregelung mit Hilfe von Übertragungsfunktionen behandeln.

8.7.1 Regelstrecken mit mehreren Ein-/ und Ausgangsgrößen

Von den meist bekannten Mehrgrößenstrecken mit zwei Eingangsgrößen Y_1, Y_2 sind die Mischwasserbereitung mit dem Ausgang H (der Füllstand) und dem Ausgang T (die Temperatur der Mischung), oder das Behältersystem mit Ausgangsgrößen H_1, H_2 (die Füllstände) zu nennen (**Bild 8.31**).

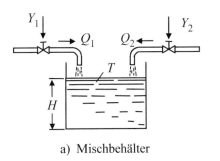
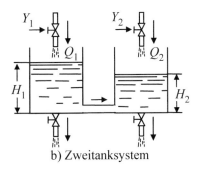

a) Mischbehälter   b) Zweitanksystem

Bild 8.31 Beispiele industrieller Mehrgrößenstrecken

Ein anderes Beispiel ist in **Bild 8.32** gezeigt. Zwei RCL-Vierpole sind miteinander über einen Widerstand R_2 verbunden. Damit entsteht eine Zweigrößenstrecke mit Spannungen $u_{e1}(s)$, $u_{e2}(s)$ als Eingangs- und $u_{a1}(s)$, $u_{a2}(s)$ als Ausgangsgrößen.

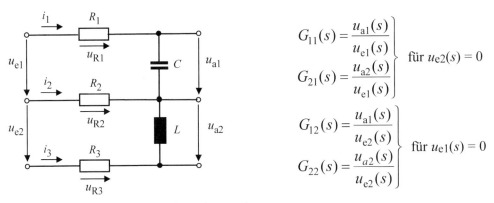

$$G_{11}(s) = \frac{u_{a1}(s)}{u_{e1}(s)}$$
$$G_{21}(s) = \frac{u_{a2}(s)}{u_{e1}(s)}$$ für $u_{e2}(s) = 0$

$$G_{12}(s) = \frac{u_{a1}(s)}{u_{e2}(s)}$$
$$G_{22}(s) = \frac{u_{a2}(s)}{u_{e2}(s)}$$ für $u_{e1}(s) = 0$

Bild 8.32 RCL-Netzwerk als Mehrgrößenstrecke

Unter Annahme, dass alle Widerstände gleich sind, d. h. $R_1 = R_2 = R_3$, kann man die Übertragungsfunktionen nach den *Kirchhoffschen* Sätzen mittels Laplace-Transformation analog dem Beispiel 2.3 des Abschnitts 2.3.5 wie folgt darstellen:

$$G_{11}(s) = \frac{1 + sT_1}{s^2 T_3^2 + s\,(T_1 + T_2) + 1} \qquad G_{12}(s) = \frac{1}{2} \cdot \frac{1}{s^2 T_3^2 + s\,(T_1 + T_2) + 1}$$

$$G_{21}(s) = \frac{1}{2} \cdot \frac{s^2 T_3^2}{s^2 T_3^2 + s\,(T_1 + T_2) + 1} \qquad G_{22}(s) = \frac{s^2 T_3^2 + sT_1}{s^2 T_3^2 + s\,(T_1 + T_2) + 1}$$

mit Zeitkonstanten

$$T_1 = \frac{1}{2} \cdot \frac{L}{R} \qquad T_2 = \frac{3}{2} RC \qquad T_3^2 = LC.$$

Nach dem Überlagerungsprinzip gilt für lineare Strecken:

$$\begin{aligned} u_{a1}(s) &= G_{11}(s)\,u_{e1}(s) + G_{12}(s)\,u_{e2}(s) \\ u_{a2}(s) &= G_{21}(s)\,u_{e1}(s) + G_{22}(s)\,u_{e2}(s). \end{aligned} \tag{8.47}$$

8.7.2 P-kanonsiche Form

Die Struktur der Strecke nach Gl. (8.47) zeigt **Bild 8.33.** Solche Struktur wird als P-kanonische Form bezeichnet. Wenn zwischen den Stellgrößen y_1, y_2 und den Regelgrößen x_1, x_2 eine feste Zuordnung besteht, die durch $G_{11}(s)$ und $G_{22}(s)$ bestimmt wird, kann die Zweigrößenregelung als nichtgekoppelte Regelung mit zwei Einzelreglern mit Übertragungsfunktionen $G_{R1}(s)$ und $G_{R2}(s)$ realisiert werden. Die Übertragungsfunktionen $G_{11}(s)$, $G_{22}(s)$ werden dadurch als *Hauptstrecken* und $G_{12}(s)$, $G_{21}(s)$ als *Koppelstrecken* bezeichnet.

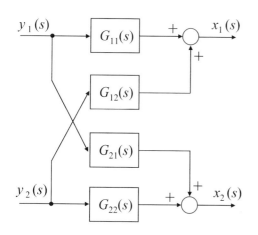

Bild 8.33 P-kanonische Form einer Regelstrecke

Die gegenseitige Wirkung von Hauptregelkreisen wird mit Hilfe des *Koppelfaktors*

$$C(s) = \frac{G_{21}(s) \cdot G_{12}(s)}{G_{11}(s) \cdot G_{22}(s)} \tag{8.48}$$

bemessen. Sind die Kopplungsstrecken $G_{12}(s)$ bzw. $G_{21}(s)$ Glieder mit D-Verhalten, so wirkt nur die dynamische Verkopplung, die im Beharrungszustand verschwindet. Der Koppelfaktor im stationären Betrieb, d. h. bei $t \to \infty$ oder $s \to 0$, wird als *statischer Koppelfaktor* bezeichnet und durch Proportionalbeiwerte K_P bestimmt:

$$C_0 = \frac{G_{21}(0) \cdot G_{12}(0)}{G_{11}(0) \cdot G_{22}(0)} \qquad \text{bzw.} \qquad C_0 = \frac{K_{P21} K_{P12}}{K_{P11} K_{P22}} \tag{8.49}$$

Bei $C_0 = 0$ sind die Hauptregelkreise nicht verkoppelt. Durch das Vorzeichen des statischen Koppelfaktors wird entschieden, ob eine Mit- oder Gegenkopplung im Hauptregelkreis vorliegt.

Die positive Kopplung ($C_0 > 0$) ist durch die schlechte Regelbarkeit gekennzeichnet. Günstiger für die Stabilität ist die negative Kopplung.

8.7.3 V-kanonische Form

Betrachten wir nun das Beispiel 2.4 des Abschnitts 2.3.5. Erweitern wir dieses Beispiel mit einer Masse m_2 und Federn, wie in **Bild 8.34** dargestellt, so entsteht ein mechanisches System mit den Wegen $x_{e1}(s)$, $x_{e2}(s)$ als Eingangsgrößen und $x_{a1}(s)$, $x_{a2}(s)$ als Ausgangsgrößen. Aus dem Kräftegleichgewicht (2.27) für die Feder-Kräfte F_{C1}, F_{C2}, F_{C3} und die Dämpfer-Widerstandskraft F_D nach Gl. (2.26) ergibt sich die Beschreibung des Systems zu

$$m_1 \ddot{x}_1(t) = -K_{C1}(x_1 - y_1) - K_D(\dot{x}_1 - \dot{x}_2) - K_{C2}(x_1 - x_2)$$

$$m_2 \ddot{x}_2(t) = -K_{C3}(x_2 - y_2) - K_D(\dot{x}_2 - \dot{x}_1) - K_{C2}(x_2 - x_1).$$

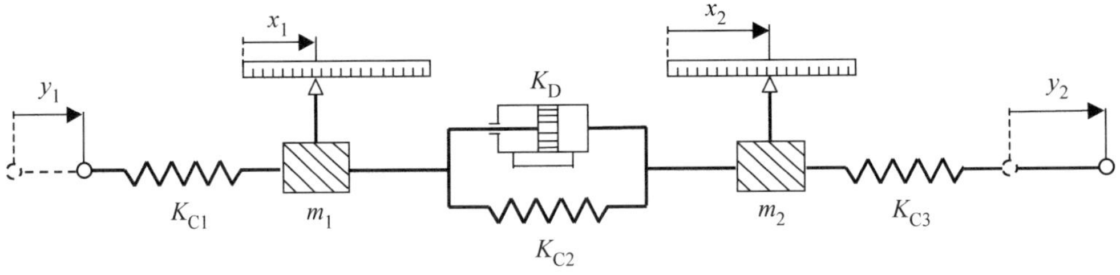

Bild 8.34 Mechanisches Feder-Masse-Dämpfer System als Mehrgrößenstrecke mit V-Struktur

Nach der Laplace-Transformation erhalten wir die einzelnen Übertragungsfunktionen

$$\frac{x_1(s)}{y_1(s)} = \frac{K_{C1}}{s^2 T_2^2 + sT_1 + 1} \qquad \frac{x_1(s)}{x_2(s)} = \frac{K_{C2}}{K_{C2} + K_{C1}} \cdot \frac{1 + sT_{12}}{s^2 T_2^2 + sT_1 + 1}$$

$$\frac{x_2(s)}{y_2(s)} = \frac{K_{C3}}{s^2 T_4^2 + sT_3 + 1} \qquad \frac{x_2(s)}{x_1(s)} = \frac{K_{C2}}{K_{C2} + K_{C3}} \cdot \frac{1 + sT_{21}}{s^2 T_4^2 + sT_3 + 1}$$

mit Zeitkonstanten

$$T_1 = \frac{K_D}{K_{C2} + K_{C1}} \qquad T_2^2 = \frac{m_1}{K_{C2} + K_{C1}} \qquad T_{12} = \frac{K_D}{K_{C2}}$$

$$T_3 = \frac{K_D}{K_{C2} + K_{C3}} \qquad T_2^2 = \frac{m_2}{K_{C2} + K_{C3}} \qquad T_{21} = \frac{K_D}{K_{C2}}.$$

Die Übertragungsfunktionen, die einen Ausgang abhängig von dem anderen beschreiben, werden durch $V(s)$ bezeichnet, d. h.

$$G_{11}(s) = \frac{x_1(s)}{y_1(s)} \qquad G_{11}(s)V_{12}(s) = \frac{x_1(s)}{x_2(s)}$$

$$G_{22}(s) = \frac{x_2(s)}{y_2(s)} \qquad G_{22}(s)V_{21}(s) = \frac{x_2(s)}{x_1(s)}.$$

Das betrachtete mechanische System wird analog Gl. (8.47) durch das folgende Gleichungssystem, jedoch eines anderen Typs, beschrieben:

$$x_1(s) = G_{11}(s)[y_1(s) + V_{12}(s)\,x_2(s)]$$
$$x_2(s) = G_{22}(s)[y_2(s) + V_{21}(s)\,x_1(s)]. \tag{8.50}$$

Die Strecke mit rückgekoppelten $V(s)$-Gliedern, die in **Bild 8.35** abgebildet ist, wird als V-kanonische Form bezeichnet. Sie unterscheidet sich von der P-kanonische Form durch vertauschte Additions- und Verzweigungsstellen. Die Umrechnung der Gln. (8.47) in (8.50) und umgekehrt bzw. die Umwandlung des Wirkungsplanes einer P-kanonischen in eine V-kanonische Form ist möglich, jedoch werden dabei die Übertragungsfunktionen bzw. die Wirkungspläne verkompliziert werden. Dies bedeutet, dass jede technisch realisierbare Regelstrecke nach einer bestimmten Struktur aufgebaut ist und so es zweckmäßig ist, diese Struktur auch bei der mathematischen Beschreibung beizubehalten.

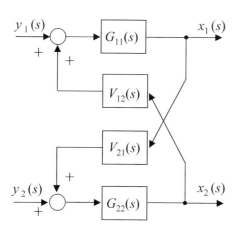

Bild 8.35 V-kanonische Form

8.7.4 Dezentrale Regelung einer Mehrgrößenstrecke

Die einfachste Struktur der Mehrgrößenregelung wird dezentrale bzw. separate Regelung genannt (**Bild 8.36**). Zwei Regler $G_{R1}(s)$ und $G_{R2}(s)$ sind voneinander unabhängig und regeln jeweils eine Regeldifferenz $e_1 = w_1 - x_1$ und $e_2 = w_2 - x_2$ aus.

- **Beispiel 8.8**

Eine Regelstrecke in P-kanonischer Form soll mit zwei separaten I-Reglern mit Kennwerten K_{IR1} und K_{IR2} nach dem **Bild 8.36** geregelt werden. Die Strecke ist unten gegeben:

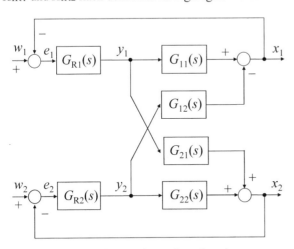

$$G_{11}(s) = \frac{K_{P11}}{1 + sT_{11}}$$

$$G_{22}(s) = \frac{K_{P22}}{1 + sT_{22}}$$

$$G_{12}(s) = K_{P12}$$

$$G_{21}(s) = K_{P21}$$

Die Streckenparameter sind:

$$K_{P11} = 0,2 \quad T_{11} = 2 \text{ s}$$

$$K_{P22} = 0,4 \quad T_{22} = 3 \text{ s}$$

$$K_{P12} = 0,2 \quad K_{P21} = 0,1$$

Bild 8.36 Dezentrale Regelung einer Strecke in P-kanonischer Form

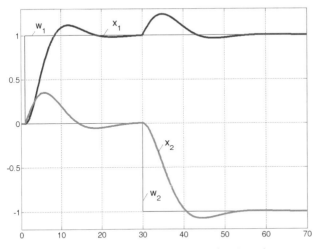

Bild 8.37 Sprungantworten der dezentralen Regelung

Die Reglereinstellung erfolgt nach dem Betragsoptimum. Die gegenseitige Wirkung von Reglern nach Eingangssprüngen bei $t = 1$ s und $t = 30$ s ist im **Bild 8.37** deutlich zu sehen.

$$G_{01}(s) = \frac{K_{IR1}K_{P11}}{s(1 + sT_{11})}$$

$$K_{IR1} = \frac{1}{2K_{P11}T_{11}} = 1,25 \text{ s}^{-1}$$

$$G_{02}(s) = \frac{K_{IR2}K_{P22}}{s(1 + sT_{22})}$$

$$K_{IR2} = 0,42 \text{ s}^{-1}$$

8.7.5 Stabilität der dezentralen Zweigrößenregelung

Der Regelkreis des Bildes 8.36 wird genau dann stabil, wenn alle Wurzeln der folgenden charakteristischen Gln. in der linken s-Halbebene liegen, wobei $C(s)$ der Kopplungsfaktor nach (8.48) ist:

$$N_1(s) = 1 + G_{R1}(s)G_{11}(s) = 0$$
$$N_2(s) = 1 + G_{R2}(s)G_{22}(s) = 0$$

$$1 - C(s)N_1(s)N_2(s) = 0 \qquad (8.51)$$

- **Beispiel 8.9**

Die Regelstrecke des Beispiels 8.8 wird mit zwei vollkompensierten PI-Reglern geregelt:

$$G_{R1}(s) = \frac{K_{PR1}(1+sT_{n1})}{sT_{n1}} \qquad G_{R2}(s) = \frac{K_{PR2}(1+sT_{n2})}{sT_{n2}}$$

Die Bedingungen (8.50) werden nach dem Hurwitz-Stabilitätskriterium geprüft. Sie resultieren zu folgenden Zusammenhängen, wobei C_0 der statische Koppelfaktor nach (8.49) ist:

$$C_0 < 1 \quad \text{und} \quad K_{PR1}K_{PR2} < 2$$

Es wurde angenommen: $T_{n1} = T_{11}$ und $T_{n2} = T_{22}$, sowie $K_{PR1} > 0$ und $K_{PR12} > 0$.

8.7.6 Entwurf einer Entkopplungsregelung

Die Regelungsstruktur des Bildes (8.36) kann als Diagonalmatrix mit den beiden Einzelreglern dargestellt werden:

$$\mathbf{G}_R(s) = \begin{pmatrix} G_{R1}(s) & 0 \\ 0 & G_{R2}(s) \end{pmatrix}. \tag{8.52}$$

Nachteilig bei dieser Struktur ist die starke gegenseitige Wirkung der beiden Koppelstrecken (Bild 8.37). Viel effektiver ist dagegen die *Entkopplungsregelung*, bei der die Übertragungsmatrix auch die Entkopplungsregler $G_{R12}(s)$ und $G_{R21}(s)$ beinhaltet:

$$\mathbf{G}_R(s) = \begin{pmatrix} G_{R11}(s) & G_{R12}(s) \\ G_{R21}(s) & G_{R22}(s) \end{pmatrix}. \tag{8.53}$$

Das Entkopplungsglied $G_{R21}(s)$ wird so eingestellt, dass die Wirkung des Kopplungsgliedes der Regelstrecke $G_{21}(s)$ aufgehoben wird (**Bild 8.38**):

$$G_{R21}(s)G_{22}(s) = G_{21}(s) \tag{8.54}$$

Daraus resultiert die gesuchte Übertragungsfunktion des Entkopplungsgliedes $G_{R21}(s)$.

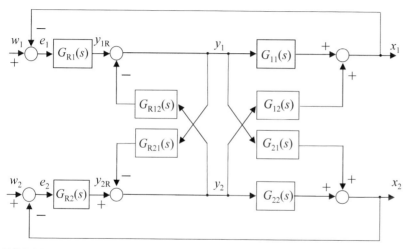

Bild 8.38 Regler in V-kanonischer Form, Strecke in P-kanonischer Form

$$G_{R21}(s) = \frac{G_{21}(s)}{G_{22}(s)} \tag{8.55}$$

Dasselbe gilt für das Entkopplungsglied G_{R12}.

Durch die Entkopplung wird die Regelung verbessert, wie in **Bild 8.39** auch anhand des MATLAB®-Simulink Modells und Sprungantworten erläutert.

Werden jedoch in der Praxis die realen Streckenparameter nicht genau bestimmt, wird die Entkopplung wegen Verletzung der Bedingung (8.54) nicht vollständig. Nachteilig ist auch, dass große D-Anteile, bedingt durch die großen Verzögerungszeitkonstanten der Strecke, zu Störungen bei der Regelung führen.

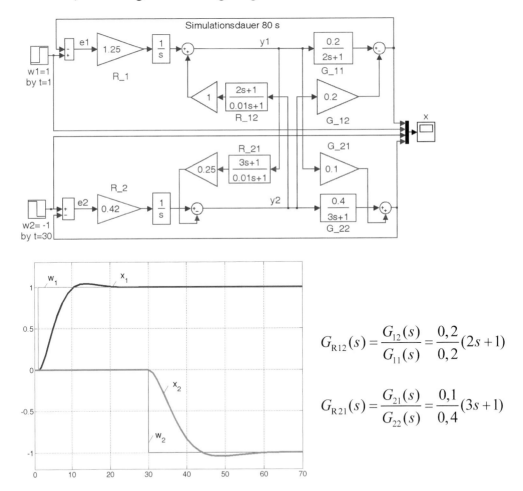

$$G_{R12}(s) = \frac{G_{12}(s)}{G_{11}(s)} = \frac{0{,}2}{0{,}2}(2s+1)$$

$$G_{R21}(s) = \frac{G_{21}(s)}{G_{22}(s)} = \frac{0{,}1}{0{,}4}(3s+1)$$

Bild 8.39 Vollständige Entkopplung: der Regler in V- und die Strecke in P-kanonischer Form

Auch eine Strecke in V-kanonische Form wird mit einem Regler in P-kanonischer Form vollständig entkoppelt (**Bild 8.40**). Die Entkopplungsbedingungen sind:

$$\begin{aligned} V_{21}(s) \cdot x_1 &= G_{R21}(s) \cdot x_1 \\ V_{12}(s) \cdot x_2 &= G_{R12}(s) \cdot x_2 \end{aligned} \quad \text{Daraus folgt:} \quad \begin{aligned} G_{R21}(s) &= V_{21}(s) \\ G_{R12}(s) &= V_{12}(s). \end{aligned} \tag{8.56}$$

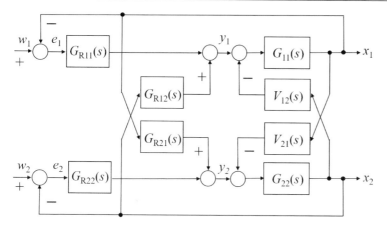

Bild 8.40 Perfekte Entkopplung: der Regler in P- und die Strecke in V-kanonischer Form

8.7.7 Bus-Konzept zur Darstellung der Mehrgrößensystemen

Die klassische Darstellung in P- oder V-kanonischer Form lässt die Entkopplung nur für Zweigrößenstrecken bzw. für $n = 2$ entwerfen und realisieren. Bei $n > 2$ ist der klassische Wirkungsplan nicht mehr anschaulich und praktisch nicht anwendbar, so dass dafür nur die Methoden der Zustandsregelung möglich sind.

Das in [141, 142, 145] entwickelte Bus-Konzept lässt dagegen die Anzahl n der Variablen ohne Verlust der Anschaulichkeit durch Wirkungsplane abbilden und behandeln. Nach diesem Konzept werden zwei Busse, $x(s)$-Bus und $y(s)$-Bus, in Betracht genommen (**Bild 8.41**). Die Übertragungsfunktionen des Regelkreises bleiben erhalten.

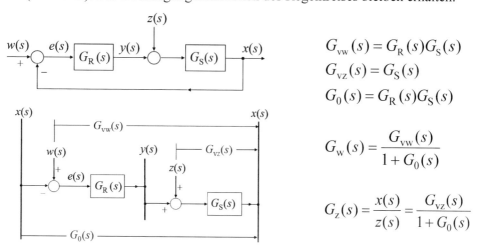

$$G_{vw}(s) = G_R(s)G_S(s)$$
$$G_{vz}(s) = G_S(s)$$
$$G_0(s) = G_R(s)G_S(s)$$

$$G_w(s) = \frac{G_{vw}(s)}{1 + G_0(s)}$$

$$G_z(s) = \frac{x(s)}{z(s)} = \frac{G_{vz}(s)}{1 + G_0(s)}$$

Bild 8.41 Bussystem (unten) nach *Zacher* [141] anstelle Wirkungsplanes des Regelkreises

Die Signalwege von Bussen für $n = 2$ Variablen sind auch ohne Erklärung nachvollziehbar sind (**Bild 8.42**). Ohne Verlust der Anschaulichkeit kann man die Anzahl der Variablen n erhöhen und die Regelkreise höherer Dimensionen leicht entkoppeln.

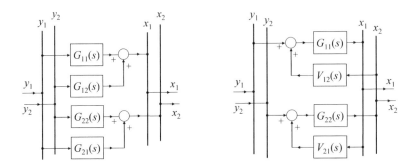

Bild 8.42 Bussysteme für P- und V-kanonische Formen (Quelle [141], Seite 49)

Als Beispiel betrachten wir den Regelkreis des **Bildes 8.43.** Der Signalweg 1-2 über die Koppelstrecke $a_{12}(s)$ soll durch den Entkopplungsregler $R_{12}(s)$ über den Signalweg 1-3-4 und dann weiter über den Signalweg 4-5 (Hauptstrecke G_{11}) kompensiert werden. Daraus wird der Entkopplungsregler $R_{12}(s)$ wie folgt bestimmt:

$$R_{12}(s)G_{11}(s) = a_{12}(s) \quad \Rightarrow \quad R_{12}(s) = \frac{a_{12}(s)}{G_{11}(s)} \tag{8.57}$$

Auf gleicher Weise wird der Signalweg 6-7 über die Koppelstrecke $a_{21}(s)$ durch den Entkopplungsregler $R_{13}(s)$ über den Signalweg 6-8 und dann weiter über den Signalweg 8-3-4-5 (Hauptstrecke G_{11}) kompensiert werden:

$$R_{13}(s)G_{11}(s) = a_{13}(s) \quad \Rightarrow \quad R_{13}(s) = \frac{a_{13}(s)}{G_{11}(s)} \tag{8.58}$$

Die Bedingungen (8.57), (8.58) kann man für beliebig große Anzahl der Variablen n wiederholen und die entkoppelten Kreise mit MATLAB®-Bausteinen „Bus-Creator", „Bus-Selector" simulieren (ein Beispiel für $n = 7$ Variablen ist in Kapitel 14 gegeben).

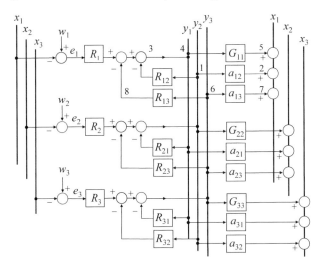

Bezeichnungen im Bild:
Zwecks Vereinfachung sind die Koppelstrecken $G_{12}(s)$ und $G_{21}(s)$ als jeweils a_{12} und a_{21} bezeichnet. Dasselbe betrifft a_{12}, a_{21} usw.
Die Hauptregler $G_{R1}(s)$, $G_{R2}(s)$ und $G_{R3}(s)$ sind in kurzer Form als R_1, R_2 und R_3 bezeichnet.
Der Entkopplungsregler $G_{R12}(s)$ ist als R_{12} bezeichnet. Dasselbe betrifft alle Entkopplungsregler.
Die Hauptstrecken sind weiter als G_{11}, G_{22} und G_{33} geführt.

Bild 8.43 Bussystem eines entkoppelten Regelkreises mit $n = 3$ (Quelle: [141], Seite 84)

9 Nichtlineare Glieder im Regelkreis

Die in den bisher behandelten Kapiteln ermittelten Gesetzmäßigkeiten gelten nur im linearen Bereich. Die statischen Kennlinien der meisten Regelkreisglieder zeigen jedoch einen nichtlinearen Verlauf, so dass streng genommen alle Systeme als nichtlinear behandelt werden müssten. Ist ein Regelkreis auf einen Sollwert x_{S1} eingestellt, so sind die Abweichungen vom Sollwert i. A. gering, und der Regelkreis kann in diesem Bereich als linear angesehen werden. Wird der Regelkreis auf einen anderen Sollwert x_{S2} eingestellt, so wird, wenn nichtlineare Glieder im Kreis sind, das Verhalten bezüglich Dämpfung, Optimaleinstellung usw. anders sein als beim Sollwert x_{S1}.

Bild 9.1 zeigt die idealisierten Kennlinien einiger nichtlinearer Regelkreisglieder gegenüber der linearen Kennlinie. Die Ein- und Ausgangsgrößen sind x_e und x_a.

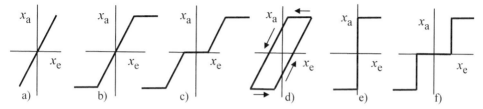

Bild 9.1 Idealisierte Kennlinien typischer nichtlinearer Regelkreisglieder

    a) linear   d) Hysterese

    b) Begrenzung (Sättigung)   e) Zweipunktcharakter

    c) Ansprechempfindlichkeit   f) Dreipunktcharakter

Die *Sättigung* ist eine Erscheinung, die bei allen Regelkreisgliedern auftritt. So kann z. B. bei einem Verstärker mit dem Verstärkungsgrad K_P die Ausgangsgröße nur einen bestimmten Wert $x_{a\,max}$ annehmen; dem entspricht eine maximale Eingangsgröße

$$x_{e\,max} = \frac{x_{a\,max}}{K_P}.$$
(9.1)

Überschreitet die Eingangsgröße diesen Maximalwert, so kann die Ausgangsgröße nicht weiter folgen, der Verstärker ist übersteuert.

Die *Ansprechempfindlichkeit* oder *tote Zone* tritt z. B. bei Messfühlern auf. Das heißt, die Messgröße muss erst einen bestimmten Wert erreichen, bevor der Messfühler anspricht und ein Signal abgibt. Vielfach ist diese Ansprechempfindlichkeit (oder der Schwellenwert) so gering, dass die Kennlinie als linear angesehen werden kann.

Die *Hysterese,* wie sie z. B. bei der Stopfbuchsenreibung an Ventilen auftritt, kommt dadurch zustande, dass sich die Fasern an der Oberfläche der Stopfbuchsenpackung bei Richtungswechsel erst umkehren müssen. Ferner tritt Hysterese bei Relais auf, die bei einem bestimmten Erregerstrom anziehen. Wird dann der Strom langsam reduziert, so fällt das Relais bei einem Strom ab, der geringer ist als der Einschaltstrom.

© Springer Fachmedien Wiesbaden GmbH, ein Teil von Springer Nature 2022
S. Zacher und M. Reuter, *Regelungstechnik für Ingenieure*,
https://doi.org/10.1007/978-3-658-36407-6_9

Das *Zweipunktverhalten* ist charakteristisch für die unstetigen Regler (Bimetallregler, Relais usw.). Obwohl die Bimetallfeder eine kontinuierliche Bewegung ausführt, kann die Ausgangsgröße nur die beiden Zustände *Ein* und *Aus* annehmen.

Eine *Dreipunktcharakteristik* wird meist durch Messwerkregler (Dreh- oder Kreuz-spulmesswerk) mit oberem und unterem Grenzwert erzeugt. Auch hier ist die Bewegung des Messwerks kontinuierlich, während die Ausgangsgröße nur drei konkrete Werte annehmen kann: RECHTS - EIN, AUS, LINKS - EIN.

Die **Bilder 9.le)** und **f)** zeigen idealisierte Kennlinien. Reale Zwei- und Dreipunkt-regler sind stets mit Hysterese behaftet.

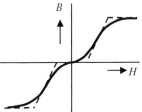

Vielfach ist es vorteilhaft, die ge-krümmte Kennlinie eines nichtlinearen Gliedes durch einen idealisierten Poly-gonzug anzunähern oder umgekehrt. **Bild 9.2** zeigt die Magnetisierungs-kennlinie einer Erregerwicklung und gestrichelt ihre Annäherung. Man un-terscheidet zwischen stetigen und un-stetigen Nichtlinearitäten.

Bild 9.2 Wahre und angenäherte Kennlinie eines nichtlinearen Gliedes

Die Wirkung von Nichtlinearitäten wird nachfolgend an einem Beispiel gezeigt.

- **Beispiel 9.1**

Gegeben sind die Übertragungsfunktionen von Strecke $G_S(s)$ und Regler $G_R(s)$:

$$G_S(s) = \frac{K_S}{s^2 T_2^2 + s T_1 + 1} \quad \text{mit} \ K_S = 0{,}5; \quad T_1 = 5 \ \text{s}; \quad T_2^2 = 4 \ \text{s}^2 \tag{9.2}$$

$$G_R(s) = K_{PR} + \frac{K_{IR}}{s} \quad \text{mit} \ K_{PR} = 6{,}4; \quad T_n = 2 \ \text{s} \ \text{bzw.} \ K_{IR} = K_{PR} / T_n = 3{,}2 \text{s}^{-1} \tag{9.3}$$

Der Regelkreis enthält folgende Nichtlinearitäten:

- die Begrenzung (Sättigung) des Reglers nach dem Bild 9.1b mit dem maximalen Wert x_B

- die Ansprechempfindlichkeit (tote Zone) nach dem Bild 9.1c mit $x_t = \pm 0{,}5$.

Es soll die Regelgüte des Regelkreises mittels einer Simulation mit MATLAB/Simulink unter-sucht werden. Zuerst stellt man durch die Lösung der charakteristischen Gleichung

$$s^2 T_2^2 + s T_1 + 1 = 0 \tag{9.4}$$

fest, dass die gegebene Strecke zwei Polstellen $s_1 = -1$ und $s_2 = -0{,}25$ hat und somit mit zwei P-T1-Gliedern simuliert werden kann:

$$G_S(s) = \frac{K_S}{T_2^2(s - s_1)(s - s_2)} = \frac{K_S}{4(s + 1)(s + 0{,}25)} = \frac{K_S}{1 + s} \cdot \frac{1}{1 + 4s} \tag{9.5}$$

Der Wirkungsplan des simulierten Regelkreises und die Sprungantworten nach dem Sollwert-sprung $w = 1$ bei verschiedenen Positionen von Schaltern *Manual Switch 1* und *Manual Switch 2* sind in **Bild 9.3** dargestellt. Die Regelgüte des linearen Kreises wird durch Nichtlinearitäten verschlechtert: Im Regelkreis mit toter Zone entsteht eine bleibende Regeldifferenz $e(\infty)$ (Bild

9.2, links); mit der Begrenzung steigt der Dämpfungsgrad, auch eine bleibende Regeldifferenz ist möglich (Bild 9.2, rechts).

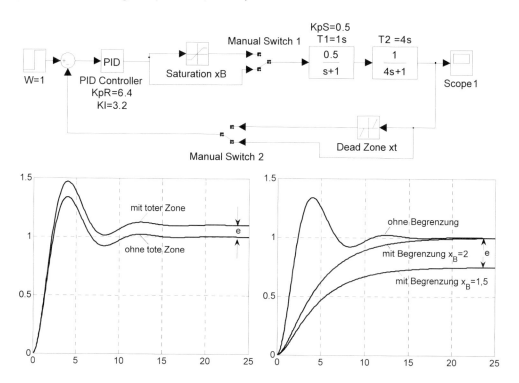

Bild 9.3 Untersuchung eines nichtlinearen Regelkreises mit MATLAB/Simulink

Mit Simulationen kann leicht geprüft werden, ob ein optimal eingestellter Regler auch mit Nichtlinearitäten befriedigend arbeitet, wie unten an einem Beispiel gezeigt wird.

- **Beispiel 9.2**

Es soll die Stabilität des Regelkreises, bestehend aus dem PI-Regler nach Gl. (9.2) und der Regelstrecke nach Gl. (9.3) geprüft werden. Die Stellgröße des Reglers ist mit $x_B = 10$ begrenzt. Der Messfühler ist P-T1-Glied mit $K_M = 1$ und $T_3 = 2$s; der Messfühler weist eine Nichtlinearität vom Typ Ansprechempfindlichkeit (tote Zone) mit $x_t = 0,5$ auf (**Bild 9.4**).

Zuerst wird die Stabilität des Regelkreises ohne Nichtlinearitäten nach dem Hurwitz-Stabilitätskriterium geprüft. Die Übertragungsfunktion des aufgeschnittenen Regelkreises ist:

$$G_0(s) = G_R(s)G_S(s)G_M(s) = \frac{K_{PR}K_SK_M(1+sT_n)}{sT_n(1+s)(1+4s)(1+2s)} \tag{9.6}$$

Aus der Übertragungsfunktion des geschlossenen Regelkreises mit $K_{PR} = 6,4$ und $T_n = 2$ s

$$G_W(s) = \frac{G_R(s)G_S(s)}{1+G_0(s)} = \frac{3,2(1+2s)}{2s(1+s)(1+4s)+3,2} \tag{9.7}$$

ergibt sich die charakteristische Gleichung

$$8s^3 + 5s^2 + 2s + 3{,}2 = 0, \tag{9.8}$$

die laut dem Hurwitz-Stabilitätsbedingung auf einen instabilen Kreis hinweist. Dies bestätigt auch die Simulation des linearen Regelkreises. Es ist anders beim nichtlinearen Regelkreis. Die Stabilität des nichtlinearen Regelkreises hängt von der Größe des Sollwertsprunges ab, wie die in Bild 9.4 gegebenen Sprungantworten nachweisen.

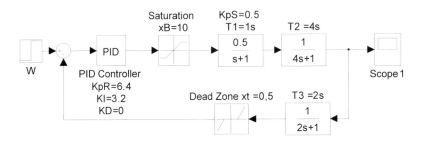

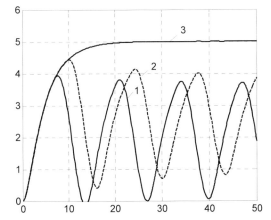

Die simulierten Sprungantworten des obigen nichtlinearen Regelkreises bei verschiedenen Größen des Sollwertsprunges w:

1. bei $w = 1{,}5$: ungedämpfte Schwingungen, der Kreis ist grenzstabil.

2. bei $w = 2$: gedämpfte Schwingungen, der Kreis ist stabil.

3. bei $w > 2$: keine Schwingungen, der Kreis ist stabil.

Bild 9.4 Stabilitätsuntersuchung des nichtlinearen Kreises des Beispiels 9.2

Für eine begründete Wahl von Reglerparameter ist die Simulation nicht geeignet. Entsprechend im Linearen sucht man auch bei nichtlinearen Systemen allgemeine Stabilitätskriterien, die jedoch wegen Nichtlinearitäten von Differentialgleichungen im Wesentlichen erschwert sind. Die im folgenden Abschnitt behandelte Methode der Harmonischen Balance (oder *Harmonische Linearisierung*) ist ein Näherungsverfahren, das gestattet, mit verhältnismäßig geringem Arbeitsaufwand nichtlineare Regelkreise auf ihre Stabilität zu untersuchen.

Schwieriger zu handhaben sind exakte Methoden, wie

- die Anwendung der Zustandsebene,

- die Theorie von *Ljapunow*,

- das *Popow*-Kriterium.

Die letzten zwei Methoden werden im vorliegenden Buch nicht behandelt. Die Stabilitätsuntersuchung von linearen und nichtlinearen Systemen mit der Zustandsebene ist im Kapitel 13 anhand eines Beispiels erläutert.

9.1 Harmonische Balance

Angeregt von der Frequenzganguntersuchung linearer Glieder, wurde für nichtlineare Systeme die Beschreibungsfunktion entwickelt. Zur Erläuterung wird eine Nichtlinearität, ein Glied mit toter Zone (**Bild 9.5**), betrachtet.

Gibt man auf den Eingang des in Bild 9.5 dargestellten Gliedes eine Sinusschwingung

$x_e(t) = \hat{x}_e \cdot \sin \omega t$, so hat die Ausgangsgröße den in **Bild 9.6** gezeigten Kurvenverlauf.

Die Ausgangsgröße hat zwar gegenüber der Eingangsgröße die gleiche Frequenz und Phasenlage aber keine Sinusform. Nach Fourier kann jede periodische Funktion in eine Summe harmonischer Schwingungen zerlegt werden. Die Beschreibungsfunktion berücksichtigt nun lediglich die Grundschwingung; die höher Harmonischen werden vernachlässigt. Das Verhältnis der Grundschwingung am Ausgang zur Eingangsschwingung wird als die Beschreibungsfunktion definiert.

$$N(\hat{x}_e) = \frac{x_{a1}(\omega)}{x_e(\omega)} . \qquad (9.9)$$

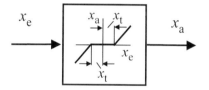

Bild 9.5 Regelkreisglied mit toter Zone (Ansprechempfindlichkeit)

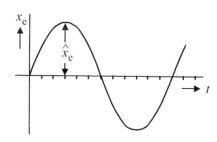

Bild 9.6 Ein- und Ausgangsgröße eines Regelkreisgliedes mit toter Zone

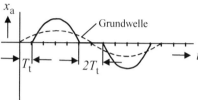

Die Beschreibungsfunktion N ist im Gegensatz zum Frequenzgang $G(j\omega)$ keine Funktion von ω, sondern nur von der Amplitude der Eingangsgröße $\hat{x}_e$ abhängig, wie noch gezeigt werden wird. Es soll nun noch untersucht werden, unter welchen Voraussetzungen die Vernachlässigung der höher Harmonischen bei der Beschreibungsfunktion zulässig ist. **Bild 9.7** zeigt den Wirkungsplan eines Regelkreises, der ein nichtlineares Glied enthält. Die übrigen linearen Glieder sind in dem mit G bezeichneten Block zusammengefasst.

Erregt man nun den Eingang des nichtlinearen Gliedes mit einer Sinusschwingung, so erscheint am Ausgang ein Signal, welches man nach *Fourier* als Grundschwingung und die höher Harmonischen auffassen kann.

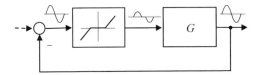

Bild 9.7 Regelkreis bestehend aus linearen Gliedern *G* und einem nichtlinearen Glied

Dieses Signal wird dem Eingang der linearen Glieder zugeführt. Da lineare Glieder stets mit Verzögerungen behaftet sind, werden die höher Harmonischen stärker bedämpft als die Grundwelle. Infolgedessen wird am Ausgang der linearen Glieder eine Funktion erscheinen, die nur wenig von der Grundwelle abweicht. Das Verfahren ist um so exakter, je höher die Ordnung und damit die Filterwirkung der linearen Glieder ist. Grundlage für die Gültigkeit der gemachten Voraussetzungen ist das Auftreten einer Schwingung. Die Anwendung der Beschreibungsfunktion ist ein Näherungsverfahren, welches sich auf die Ermittlung der Stabilitätsbedingungen nichtlinearer Regelkreise beschränkt. Es lassen sich so mögliche Schwingungen, deren Frequenz und Amplitude bestimmen. Hierzu wird das in Abschnitt 6.4 behandelte Zweiortskurvenverfahren angewandt. Indem einmal die negativ inverse Ortskurve der linearen Glieder und zum anderen die Ortskurve, bzw. die Schar von Ortskurven der Beschreibungsfunktion aufgetragen wird.

9.2 Ermittlung spezieller Beschreibungsfunktionen

Laut Definition der Beschreibungsfunktion wird die Ausgangsgröße durch die Grundschwingung der Fourier-Zerlegung dargestellt. Diese lautet:

$$x_{a1}(t) = a_1 \cdot \cos \omega t + b_1 \cdot \sin \omega t \tag{9.10}$$

mit den Koeffizienten

$$\left. \begin{aligned} a_1 &= \frac{2}{T} \int_0^T x_a(t) \cdot \cos \omega t \cdot dt \\ b_1 &= \frac{2}{T} \int_0^T x_a(t) \cdot \sin \omega t \cdot dt. \end{aligned} \right\} \tag{9.11}$$

Benutzt man als unabhängig Veränderliche nicht die Zeit *t*, sondern den Phasenwinkel $\alpha = \omega t$, so wird

$$\left. \begin{aligned} a_1 &= \frac{1}{\pi} \int_0^{2\pi} x_a(\alpha) \cdot \cos \alpha \cdot d\alpha \\ b_1 &= \frac{1}{\pi} \int_0^{2\pi} x_a(\alpha) \cdot \sin \alpha \cdot d\alpha. \end{aligned} \right\} \tag{9.12}$$

Interpretieren wir die Eingangsschwingung $x_e(t) = \hat{x}_e \cdot \sin \omega t$ als rotierender Zeiger in der Gaußschen Zahlenebene, so können wir schreiben

$$x_e(\omega t) = \hat{x}_e \cdot e^{j\omega t} . \tag{9.13}$$

Entsprechend erhalten wir aus (9.10) für die Grundschwingung der Ausgangsgröße

$$x_{a1}(\omega t) = a_1 \cdot e^{j\left(\omega t + \frac{\pi}{2}\right)} + b_1 \cdot e^{j\omega t}$$

$$x_{a1}(\omega t) = (b_1 + ja_1) \cdot e^{j\omega t} . \tag{9.14}$$

Für die in Gl. (9.9) definierte Beschreibungsfunktion folgt dann

$$N(\hat{x}_e) = \frac{x_{a1}(\omega t)}{x_e(\omega t)} = \frac{b_1 + ja_1}{\hat{x}_e} . \tag{9.15}$$

Wie bereits erwähnt, ist $N(\hat{x}_e)$ keine Funktion von ω, sondern nur von $\hat{x}_e$ abhängig.

9.2.1 Beschreibungsfunktion eines Gliedes mit Sättigung

Die statische Kennlinie hat den in **Bild 9.8** gezeichneten Verlauf. Für $x_a < x_B$ ist die Ausgangsgröße gleich der Eingangsgröße. Übersteigt x_e den Wert x_B, so bleibt $x_a = x_B$ = konstant. Aus Bild 9.8 ist zu entnehmen:

$$x_B = \hat{x}_e \cdot \sin \alpha_1, \quad \alpha_1 = \arcsin \frac{x_B}{\hat{x}_e} . \tag{9.16}$$

Für eine ungerade Funktion, d. h. wenn $x_a(\alpha) = -x_a(-\alpha)$, vereinfacht sich die Beziehung (9.12). Zur Ermittlung der Grundschwingung der Ausgangsgröße x_a ist dann

$$a_1 = 0, \quad b_1 = \frac{2}{\pi} \int_0^{2\pi} x_a(\alpha) \cdot \sin \alpha \cdot d\alpha \tag{9.17}$$

Im Bereich von $0 \leq \alpha \leq \pi$

$$x_a = \begin{cases} \hat{x}_e \cdot \sin \alpha & \text{für } 0 \leq \alpha \leq \alpha_1 \\ x_B & \text{für } \alpha_1 \leq \alpha \leq \alpha_2 \\ \hat{x}_e \cdot \sin \alpha & \text{für } \alpha_1 \leq \alpha \leq \pi \end{cases} \tag{9.18}$$

Setzt man Gl. (9.18) in Gl. (9.17) ein, so folgt:

$$b_1 = \frac{2}{\pi} \cdot \left[\int_0^{\alpha_1} \hat{x}_e \cdot \sin^2 \alpha \cdot d\alpha + \int_{\alpha_1}^{\alpha_2} x_B \cdot \sin \alpha \cdot d\alpha + \int_{\alpha_2}^{\pi} \hat{x}_e \cdot \sin^2 \alpha \cdot d\alpha \right]$$

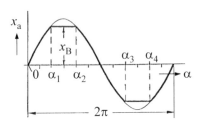

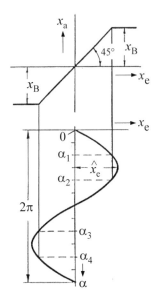

Bild 9.8 Kennlinie eines Regelkreisgliedes mit Sättigung und Konstruktion der Ausgangsgröße

$$b_1 = \frac{2}{\pi} \cdot \left[2 \cdot \int_0^{\alpha_1} \hat{x}_e \cdot \sin^2 \alpha \cdot d\alpha + \int_{\alpha_1}^{\alpha_2} x_B \cdot \sin \alpha \cdot d\alpha \right]$$

$$b_1 = \frac{2}{\pi} \cdot \left[\hat{x}_e \cdot \int_0^{\alpha_1} (1 - \cos 2\alpha)\, d\alpha - x_B \cdot \cos \alpha \Big|_{\alpha_1}^{\alpha_2} \right]$$

$$b_1 = \frac{2}{\pi} \cdot \left[\hat{x}_e (\alpha_1 - \frac{1}{2} \sin 2\alpha_1) - x_B (\cos \alpha_2 - \cos \alpha_1) \right].$$

Mit $\cos \alpha_1 = -\cos \alpha_2$ folgt

$$b_1 = \frac{2}{\pi} \hat{x}_e \cdot \left[\alpha_1 - \sin \alpha_1 \cdot \cos \alpha_1 + 2 \frac{x_B}{\hat{x}_e} \cdot \cos \alpha_1 \right].$$

Ferner ist mit Gl. (9.16) $\dfrac{x_B}{\hat{x}_e} = \sin \alpha_1$. Damit folgt

$$b_1 = \frac{2}{\pi} \hat{x}_e \cdot [\alpha_1 + \sin \alpha_1 \cdot \cos \alpha_1].$$

Die Beschreibungsfunktion folgt aus Gl. (9.15)

$$N(\hat{x}_e) = \frac{x_{a1}(\alpha)}{x_e(\alpha)} = \frac{b_1 \cdot \sin a}{\hat{x}_e \cdot \sin a},$$

$$N(\hat{x}_e) = \frac{2}{\pi} \cdot [\alpha_1 + \sin\alpha_1 \cdot \cos\alpha_1],$$

mit $\alpha_1 = \arcsin\dfrac{x_B}{\hat{x}_e}$. Für $\hat{x}_e < x_B$ verhält sich das Glied linear. Für $\hat{x}_e \geq x_B$ bzw.

$\hat{x}_e / x_B \geq 1$ ergeben sich die nachfolgende Tabellenwerte und die in **Bild 9.9** gezeichnete Ortskurve der Beschreibungsfunktion. Diese besitzt im vorliegenden Fall nur
einen positiven Realteil, der sich von 0 ...1 erstreckt. **Bild 9.10** zeigt die Abhängigkeit
der Beschreibungsfunktion von $x_B / \hat{x}_e$.

$\dfrac{\hat{x}_e}{x_B}$	$\sin\alpha_1$	$\cos\alpha_1$	$\hat{\alpha}_1$	$\dfrac{N}{2/\pi}$	N
1	1	0	1,57	1,57	1
2	0,5	0,866	0,523	0,956	0,608
3	0,333	0,942	0,34	0,654	0,416
5	0,2	0,980	0,2	0,396	0,252
10	0,1	0,995	0,1	0,199	0,127
∞	0	1	0	0	0

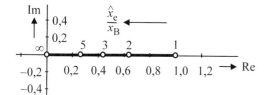

Bild 9.9 Ortskurve der Beschreibungsfunktion N eines Gliedes mit Sättigung

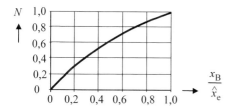

Bild 9.10 Zusammenhang $N = f\left(\dfrac{x_B}{\hat{x}_e}\right)$

9.2.2 Beschreibungsfunktion eines Gliedes mit toter Zone

Bild 9.11 zeigt die statische Kennlinie eines Gliedes mit toter Zone x_t. Nach Überschreiten der toten Zone wird am Ausgang das Eingangssignal getreu wiedergegeben.
Die Ausgangsgröße des Gliedes mit toter Zone ist ebenfalls eine ungerade Funktion,
da $x_a(\alpha) = -x_a(-\alpha)$. Damit vereinfacht sich die Beziehung (9.12) zur Berechnung der
Grundschwingung der Ausgangsgröße entsprechend Gl. (9.17):

$$a_1 = 0, \quad b_1 = \frac{2}{\pi}\int_0^{2\pi} x_a(\alpha) \cdot \sin\alpha \cdot d\alpha. \tag{9.19}$$

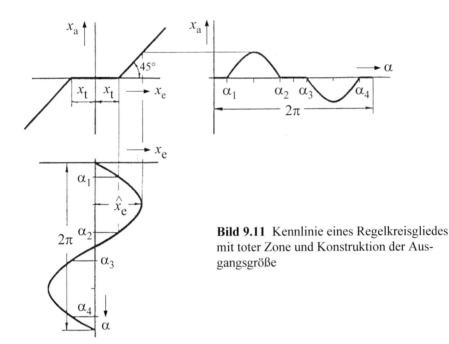

Bild 9.11 Kennlinie eines Regelkreisgliedes mit toter Zone und Konstruktion der Ausgangsgröße

Für $0 \leq \alpha \leq \pi$ ist

$$x_a = \begin{cases} 0 & \text{für } 0 \leq \alpha \leq \alpha_1 \\ \hat{x}_e \cdot \sin \alpha - x_t & \text{für } \alpha_1 \leq \alpha \leq \alpha_2 \\ 0 & \text{für } \alpha_2 \leq \alpha \leq \pi \end{cases} . \tag{9.20}$$

Gl. (9.20) in Gl. (9.19) eingesetzt ergibt:

$$b_1 = \frac{2}{\pi} \cdot \int_{\alpha_1}^{\alpha_2} (\hat{x}_e \cdot \sin \alpha - x_t) \cdot \sin \alpha \cdot d\alpha,$$

$$b_1 = \frac{4}{\pi} \cdot \left[\int_{\alpha_1}^{\pi/2} \hat{x}_e \cdot \sin^2 \alpha \cdot d\alpha - \int_{\alpha_1}^{\pi/2} x_t \cdot \sin \alpha \cdot d\alpha \right],$$

$$b_1 = \frac{4}{\pi} \cdot \left[\frac{\hat{x}_e}{2} \cdot \int_{\alpha_1}^{\pi/2} (1 - \cos 2\alpha) \cdot d\alpha + x_t \cdot \cos \alpha \Big|_{\alpha_1}^{\pi/2} \right],$$

$$b_1 = \frac{4}{\pi} \cdot \hat{x}_e \left[\frac{1}{2} \left(\frac{\pi}{2} - \alpha_1 - \frac{1}{2} \cdot \sin 2\alpha \Big|_{\alpha_1}^{\pi/2} \right) - \frac{x_t}{\hat{x}_e} \cos \alpha_1 \right],$$

$$b_1 = \frac{4}{\pi} \cdot \hat{x}_e \left[\frac{\pi}{4} - \frac{\alpha_1}{2} + \frac{1}{4} \cdot \sin 2\alpha_1 - \frac{x_t}{\hat{x}_e} \cos \alpha_1 \right].$$

Aus Bild 9.11 ist zu entnehmen:

$$x_e(t) = \hat{x}_e \cdot \sin \omega t,$$

$$\frac{x_t}{\hat{x}_e} = \sin \alpha_1; \text{ bzw. } \alpha_1 = \arcsin \frac{x_t}{\hat{x}_e}. \tag{9.21}$$

Ferner ist $\sin 2\alpha_1 = 2 \sin \alpha_1 \cdot \cos \alpha_1$. Damit wird

$$b_1 = \frac{4}{\pi} \cdot \hat{x}_e \left[\frac{\pi}{4} - \frac{\alpha_1}{2} + \frac{1}{2} \cdot \sin \alpha_1 \cdot \cos \alpha_1 - \sin \alpha_1 \cdot \cos \alpha_1 \right],$$

$$b_1 = \hat{x}_e \left[1 - \frac{2\alpha_1}{\pi} - \frac{2}{\pi} \cdot \sin \alpha_1 \cdot \cos \alpha_1 \right].$$

Die Beschreibungsfunktion folgt aus Gl. (9.15)

$$N(\hat{x}_e) = \frac{x_{a1}(\alpha)}{x_e(\alpha)} = \frac{b_1 \cdot \sin a}{\hat{x}_e \cdot \sin a}$$

$$N(\hat{x}_e) = 1 - \frac{2}{\pi} \cdot [\alpha_1 + \sin \alpha_1 \cdot \cos \alpha_1].$$

Für verschiedene Werte von $\hat{x}_e / x_t$ und der Beziehung (9.21) erhält man nachfolgende Tabelle. Die N-Werte der Tabelle ergeben sich in noch einfacherer Weise, indem die in Abschnitt 9.2.1 gefundenen N-Werte (Sättigung) von 1 subtrahiert werden. Die Ortskurve der Beschreibungsfunktion ist in **Bild 9.12** dargestellt und erstreckt sich auf den positiven Realteil zwischen 0 ... 1. **Bild 9.13** zeigt die Funktion $N = f(\hat{x}_e / x_t)$.

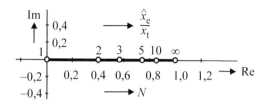

Bild 9.12 Ortskurve der Beschreibungsfunktion eines Gliedes mit toter Zone x_t

$\dfrac{\hat{x}_e}{x_t}$	$\sin \alpha_1$	$\cos \alpha_1$	$\hat{\alpha}_1$	[...]	N
1	1	0	1,57	1,57	0
2	0,5	0,866	0,523	0,956	0,392
3	0,333	0,942	0,34	0,654	0,584
5	0,2	0,980	0,2	0,396	0,748
10	0,1	0,995	0,1	0,199	0,873
∞	0	1	0	0	1

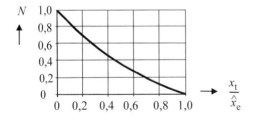

Bild 9.13 Zusammenhang $N = f\left(\dfrac{x_t}{\hat{x}_e}\right)$

9.2.3 Beschreibungsfunktion eines Gliedes mit Hysterese

Bei einem System mit Reibung oder Hysterese muss die Eingangsgröße erst die Ansprechempfindlichkeit x_t überschreiten bis am Ausgang ein Signal erscheint. Die Ausgangsgröße bleibt dann bis zum Umkehrpunkt stets um x_t kleiner als x_e. Im Umkehrpunkt ändert sich die Polarität von x_e und die Ausgangsgröße bleibt solange konstant bis x_e in der entgegengesetzten Richtung die Ansprechempfindlichkeit überschreitet. **Bild 9.14** zeigt die Konstruktion der Ausgangsgröße an der Hysteresekennlinie im eingeschwungenen Zustand.

Die Berechnung der Grundschwingung der Ausgangsgröße erfolgt nach der Beziehung (9.12). Allerdings ist die Hysteresekennlinie mehrdeutig, so dass a_1 und b_1 ermittelt werden müssen. Die Berechnung wird einfacher, wenn man als Integrationsbereich nicht $0 \leq \alpha \leq 2\pi$, sondern $-\alpha_1 \leq \alpha \leq (2\pi - \alpha_1)$ wählt. In diesem Bereich ist:

$$
x_a = \begin{cases}
\hat{x}_e \cdot \sin\alpha - x_t & \text{für} & -\alpha_1 \leq \alpha \leq \dfrac{\pi}{2} \\[2mm]
\hat{x}_e - x_t & \text{für} & \dfrac{\pi}{2} \leq \alpha \leq \pi - \alpha_1 \\[2mm]
\hat{x}_e \cdot \sin\alpha + x_t & \text{für} & \pi - \alpha_1 \leq \alpha \leq \dfrac{3\pi}{2} \\[2mm]
-\hat{x}_e + x_t & \text{für} & \dfrac{3\pi}{2} \leq \alpha \leq 2\pi - \alpha_1
\end{cases} \qquad (9.22)
$$

Ferner sind die Funktionen $x_a(\alpha) \cdot \cos\alpha$ sowie $x_a(\alpha) \cdot \sin\alpha$ in den Bereichen $-\alpha_1 \leq \alpha \leq (\pi - \alpha_1)$ und $(\pi - \alpha_1) \leq \alpha \leq (2\pi - \alpha_1)$ gleich, so dass die Integration auf einen der beiden Bereiche beschränkt werden kann. Daraus folgt

$$
a_1 = \frac{2}{\pi} \cdot \int_{-\alpha_1}^{\pi-\alpha_1} x_a(\alpha) \cdot \cos\alpha \cdot d\alpha \quad \text{und} \quad b_1 = \frac{2}{\pi} \cdot \int_{-\alpha_1}^{\pi-\alpha_1} x_a(\alpha) \cdot \sin\alpha \cdot d\alpha \qquad (9.23)
$$

Zunächst wird a_1 berechnet. Mit der Beziehung (9.22) folgt:

$$
a_1 = \frac{2}{\pi} \cdot \left[\int_{-\alpha_1}^{\pi/2} (\hat{x}_e \cdot \sin\alpha - x_t) \cdot \cos\alpha \cdot d\alpha + \int_{\pi/2}^{\pi-\alpha_1} (\hat{x}_e - x_t) \cdot \cos\alpha \cdot d\alpha \right],
$$

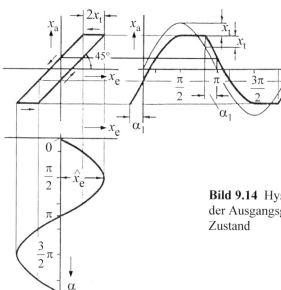

Bild 9.14 Hysteresekennlinie und Konstruktion der Ausgangsgröße im eingeschwungenen Zustand

$$a_1 = \frac{2}{\pi} \cdot \left[\frac{\hat{x}_e}{2} \sin^2 \alpha \Big|_{-\alpha_1}^{\frac{\pi}{2}} - x_t \cdot \sin \alpha \Big|_{-\alpha_1}^{\frac{\pi}{2}} + (\hat{x}_e \cdot - x_t) \cdot \sin \alpha \Big|_{\frac{\pi}{2}}^{\pi - \alpha_1} \right],$$

$$a_1 = \frac{2}{\pi} \cdot \left[\frac{\hat{x}_e}{2} \cdot (1 - \sin^2 \alpha_1) - x_t \cdot (1 + \sin \alpha_1) + (\hat{x}_e - x_t)(\sin \alpha_1 - 1) \right],$$

$$a_1 = \frac{2}{\pi} \cdot \hat{x}_e \left[\frac{1}{2} \cdot \cos^2 \alpha_1 - 2 \cdot \frac{x_t}{\hat{x}_e} \cdot \sin \alpha_1 + (\sin \alpha_1 - 1) \right]. \tag{9.24}$$

Aus Bild 9.14 entnimmt man für den Winkel α_1 folgende Beziehung:

$$\hat{x}_e - 2x_t = \hat{x}_e \cdot \sin \alpha_1,$$

$$\sin \alpha_1 = 1 - 2 \frac{x_t}{\hat{x}_e}. \tag{9.25}$$

Gl. (9.25) in Gl. (9.24) eingesetzt, ergibt:

$$a_1 = \frac{2}{\pi} \cdot \hat{x}_e \left[\frac{1}{2} \cdot \cos^2 \alpha_1 + (\sin \alpha_1 - 1) \cdot \sin \alpha_1 + \sin \alpha_1 - 1 \right],$$

$$a_1 = -\frac{\hat{x}_e}{\pi} \cdot \cos^2 \alpha_1. \tag{9.26}$$

Entsprechend folgt für b_1:

$$b_1 = \frac{2}{\pi} \cdot \left[\int\limits_{-\alpha_1}^{\pi/2} (\hat{x}_e \cdot \sin\alpha - x_t) \cdot \sin\alpha \cdot d\alpha + \int\limits_{\pi/2}^{\pi-\alpha_1} (\hat{x}_e - x_t) \cdot \sin\alpha \cdot d\alpha \right],$$

$$b_1 = \frac{2}{\pi} \cdot \left[\left(-\frac{\hat{x}_e}{4}\sin 2\alpha + \frac{\hat{x}_e}{2}\alpha + x_t \cdot \cos\alpha \right)\Bigg|_{-\alpha_1}^{\pi/2} - (\hat{x}_e - x_t) \cdot \cos\alpha \Bigg|_{\pi/2}^{\pi-\alpha_1} \right],$$

$$b_1 = \frac{2}{\pi} \cdot \hat{x}_e \cdot \left[-\frac{1}{4}\cdot\sin 2\alpha_1 + \frac{\pi}{4} + \frac{\alpha_1}{2} - \frac{x_t}{\hat{x}_e}\cos\alpha_1 + \left(1 - \frac{x_t}{\hat{x}_e}\right)\cdot\cos\alpha_1 \right],$$

$$b_1 = \frac{2}{\pi} \cdot \hat{x}_e \cdot \left[-\frac{1}{2}\sin\alpha_1 \cdot \cos\alpha_1 + \frac{\pi}{4} + \frac{\alpha_1}{2} - 2\frac{x_t}{\hat{x}_e}\cdot\cos\alpha_1 + \cos\alpha_1 \right].$$

Unter Verwendung der Beziehung (9.25) folgt:

$$b_1 = \frac{2}{\pi} \cdot \hat{x}_e \cdot \left[-\frac{1}{2}\sin\alpha_1 \cdot \cos\alpha_1 + \frac{\pi}{4} + \frac{\alpha_1}{2} + (\sin\alpha_1 - 1)\cos\alpha_1 + \cos\alpha_1 \right],$$

$$b_1 = \frac{\hat{x}_e}{\pi} \cdot \left(\frac{\pi}{2} + \alpha_1 + \sin\alpha_1 \cdot \cos\alpha_1 \right). \qquad (9.27)$$

Mit Gl. (9.26) und Gl. (9.27) in Gl. (9.15) erhält man die Beschreibungsfunktion

$$N(\hat{x}_e) = \frac{1}{\pi}\left[\left(\frac{\pi}{2} + \alpha_1 + \sin\alpha_1 \cdot \cos\alpha_1 \right) - j \cdot \cos^2\alpha_1 \right], \text{ mit}$$

$$\alpha_1 = \arcsin\left(1 - 2\frac{x_t}{\hat{x}_e} \right), \text{ siehe Gl. (9.25).}$$

In nachstehender Tabelle sind die Real- und Imaginärteile von N für verschiedene $x_t / \hat{x}_e$-Werte ermittelt.

$x_t / \hat{x}_e$	$\sin\alpha_1$	$\cos\alpha_1$	$\hat{\alpha}_1$	$\mathrm{Re}(N)$	$\mathrm{Im}(N)$
0	1	0	1,57	1	0
0,1	0,8	0,6	0,93	0,95	−0,115
0,2	0,6	0,8	0,64	0,857	−0,204
0,3	0,4	0,916	0,41	0,748	−0,267
0,4	0,2	0,98	0,2	0,625	−0,305
0,5	0	1	0	0,5	−0,318
0,6	−0,2	0,98	−0,2	0,37	−0,305
0,7	−0,4	0,916	−0,41	0,25	−0,267
0,8	−0,6	0,8	−0,64	0,143	−0,204
1,0	−1	0	−1,57	0	0

Wie die Ortskurve der Beschreibungsfunktion zeigt, wächst die Phasenverschiebung mit zunehmendem Verhältnis $x_t / \hat{x}_e$; für $x_t = \hat{x}_e$ wird schließlich die Ausgangsgröße Null, unabhängig von der Eingangsgröße (**Bild 9.15**).

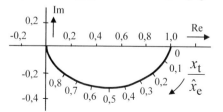

Bild 9.15 Ortskurve der Beschreibungsfunktion eines Gliedes mit Hysterese

9.2.4 Beschreibungsfunktion eines Dreipunktreglers ohne Hysterese

Für die Behandlung von Regelkreisen mit unstetigen Reglern ist die Beschreibungsfunktion des Dreipunktreglers sehr wichtig, da hieraus durch Nullsetzen von x_t die Beschreibungsfunktion des Zweipunktreglers folgt. **Bild 9.16** zeigt die Charakteristik und den Verlauf der Ausgangsgröße bei sinusförmigem Eingang.

Die Grundschwingung der Ausgangsgröße erhält man auf einfache Weise aus Gl. (9.12). Die Funktion der Ausgangsgröße ist ungerade, da $x_a(\alpha) = -x_a(-\alpha)$. Damit ergibt sich für Gl. (9.12) folgende Vereinfachung:

$$a_1 = 0, \qquad b_1 = \frac{2}{\pi} \cdot \int_0^{\pi} x_a \cdot \sin\alpha \cdot d\alpha \tag{9.28}$$

mit

$$x_a = \begin{cases} 0 & \text{für} \quad 0 \le \alpha \le \alpha_1 \\ x_B & \text{für} \quad \alpha_1 \le \alpha \le (\pi - \alpha_1) \\ 0 & \text{für} \quad (\pi - \alpha_1) \le \alpha \le \pi \end{cases} \tag{9.29}$$

Gl. (9.29) in Gl. (9.28) eingesetzt, ergibt:

$$b_1 = \frac{4}{\pi} \cdot \int_{-\alpha_1}^{\pi/2} x_B \cdot \sin\alpha \cdot d\alpha = \frac{4}{\pi} \cdot x_B (-\cos\alpha) \Big|_{-\alpha_1}^{\frac{\pi}{2}} .$$

$$b_1 = \frac{4}{\pi} \cdot x_B \cdot \cos\alpha_1 . \tag{9.30}$$

Aus Bild 9.16 folgt für α_1 die Beziehung:

$$\hat{x}_e \cdot \sin\alpha_1 = x_t ; \quad \alpha_1 = \arcsin\frac{x_t}{\hat{x}_e} .$$

In Gl. (9.30) eingesetzt, führt zu:

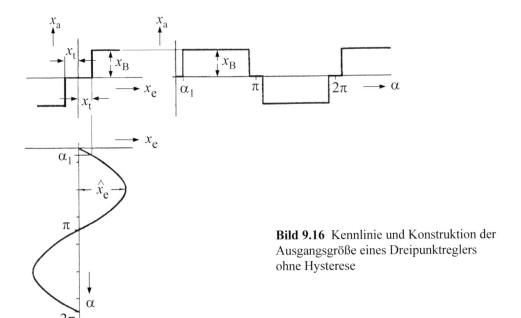

Bild 9.16 Kennlinie und Konstruktion der Ausgangsgröße eines Dreipunktreglers ohne Hysterese

$$b_1 = \frac{4}{\pi} \cdot x_B \cdot \sqrt{1 - \sin^2 \alpha_1} \, ,$$

$$b_1 = \frac{4}{\pi} \cdot x_B \cdot \sqrt{1 - \left(\frac{x_t}{\hat{x}_e}\right)^2} \, .$$

b_1 in die Beziehung (9.15) eingesetzt, liefert die Beschreibungsfunktion.

$$N(\hat{x}_e) = \frac{4}{\pi} \cdot \frac{x_B}{\hat{x}_e} \sqrt{1 - \left(\frac{x_t}{\hat{x}_e}\right)^2} \, . \tag{9.31}$$

Zur Auswertung der Gl. (9.31) wird das Verhältnis $k = x_B / x_t$ bzw. $x_B = k \cdot x_t$ eingeführt. Somit wird:

$$N(\hat{x}_e) = \frac{4}{\pi} \cdot k \cdot \frac{x_t}{\hat{x}_e} \sqrt{1 - \left(\frac{x_t}{\hat{x}_e}\right)^2} \, . \tag{9.32}$$

Nachstehende Tabelle enthält die N-Werte für $k = 1$. Für andere k-Werte sind die N-Werte mit dem jeweiligen k zu multiplizieren. Mit $k = x_B / x_t$ als Parameter ist in **Bild 9.17** die Funktion $N(\hat{x}_e) = f\left(\dfrac{\hat{x}_e}{x_t}\right)$ wiedergegeben.

$\dfrac{\hat{x}_e}{x_t}$	$\dfrac{x_t}{\hat{x}_e}$	$\sqrt{\ldots}$	N
1	1	0	0
$\sqrt{2}$	0,707	0,707	0,637
2	0,500	0,866	0,552
3	0,333	0,943	0,400
4	0,250	0,968	0,308
6	0,167	0,986	0,208
8	0,125	0,992	0,158
10	0,100	0,995	0,127
20	0,050	0,999	0,064
∞	0	1	0

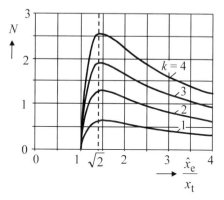

Bild 9.17 $N(\hat{x}_e) = \mathrm{f}\left(\dfrac{\hat{x}_e}{x_t}\right)$ mit $k = \dfrac{x_B}{x_t}$

als Parameter für einen Dreipunktregler

Wie man durch eine Maximalwertberechnung leicht nachprüfen kann, wird N für $\hat{x}_e / x_t = \sqrt{2}$ ein Maximum mit

$$N_{\max} = \frac{2}{\pi}k = \frac{2}{\pi} \cdot \frac{x_B}{x_t} .$$

Bild 9.18 zeigt die Ortskurve von N, sie ist eine Doppellinie, die für $\hat{x}_e / x_t = 1$ bei Null beginnt und erstreckt sich mit zunehmendem $\hat{x}_e / x_t$ auf die positiv reelle Achse bis zum Maximalwert bei $\hat{x}_e / x_t = \sqrt{2}$. Für Werte $\hat{x}_e / x_t > \sqrt{2}$ wandert die Ortskurve wieder zum Nullpunkt zurück, den sie für $\hat{x}_e / x_t = \infty$ erreicht.

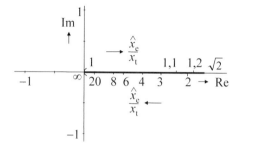

Bild 9.18 Ortskurve der Beschreibungsfunktion eines Dreipunktreglers mit

$$k = \frac{x_B}{x_t} = 4$$

9.3 Stabilitätsuntersuchungen an nichtlinearen Regelkreisen

Die Beschreibungsfunktion in Verbindung mit dem Zweiortskurvenverfahren ist zur Stabilitätsuntersuchung von Regelkreisen, die Nichtlinearitäten enthalten, besonders geeignet.

Wie in **Bild 9.19** gezeigt, werden die linearen Glieder in der Übertragungsfunktion $G(s)$ bzw. dem Frequenzgang $G(j\omega)$ zusammengefasst. Zur Beschreibung des nichtlinearen Gliedes dient die Beschreibungsfunktion $N(\hat{x}_e)$. Das Verfahren der Harmonischen Balance betrachtet den geschlossenen Regelkreis an der Stabilitätsgrenze, d. h. es existiert eine stabile Dauerschwingung. Für die Ausgangsgröße des linearen Teils in Bild 9.19 gilt

$$x_e(j\omega) = G(j\omega) \cdot e(j\omega). \tag{9.33}$$

Diese wirkt auf den Eingang der Nichtlinearität mit der Beschreibungsfunktion $N(\hat{x}_e)$ und erzeugt am Ausgang die Grundschwingung

$$x_{a1}(j\omega) = N(\hat{x}_e) \cdot x_e(j\omega). \tag{9.34}$$

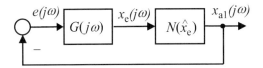

Bild 9.19 Nichtlinearer Regelkreis im Zustand der Harmonischen Balance

Setzen wir Gl. (9.34) in Gl. (9.33) ein, so folgt unter Berücksichtigung, dass

$$e(j\omega) = -x_{a1}(j\omega)$$

$$G(j\omega) \cdot N(\hat{x}_e) + 1 = 0. \tag{9.35}$$

Dies ist die charakteristische Gleichung des nichtlinearen Regelkreises und wird auch als Gleichung der Harmonischen Balance bezeichnet.

Zur Anwendung des in Abschnitt 6.4 behandelten Zweiortskurvenverfahrens bringen wir Gl. (9.35) in die Form

$$N(\hat{x}_e) = -\frac{1}{G(j\omega)}. \tag{9.36}$$

(9.36) ist eine komplexe Gleichung, deren Real- und Imaginärteile gleich sein müssen. Daraus ergeben sich zwei Gleichungen zur Ermittlung der Amplitude $\hat{x}_e$ und der Kreisfrequenz ω der Dauerschwingung.

Zur graphischen Auswertung wird, in Analogie zu linearen Regelkreisen, einmal die Ortskurve der Nichtlinearität und zum anderen die negativ inverse Ortskurve der linearen Glieder in einem gemeinsamen Diagramm dargestellt.

9.3.1 Dreipunktregler mit nachgeschaltetem Stellmotor zur Druckregelung

Das Schema einer Druckregelung mittels Dreipunktregler ist in **Bild 9.20** dargestellt. Der vom Messfühler gemessene Druck p wird in einem Messumformer in eine proportionale Spannung u_x umgeformt:

$$G_{MU}(s) = \frac{u_x(s)}{p(s)} = K_1 = \frac{1\,\text{V}}{1\,\text{bar}}.$$

Die Regeldifferenz

$$e = u_S - u_X$$

wird dem Dreipunktregler mit nachgeschalteten Leistungsrelais zugeführt. Bezeichnet man e als Eingangsgröße und die geschaltete Motorspannung als Ausgangsgröße, so hat der Dreipunktregler die in **Bild 9.21** gezeigte Kennlinie.

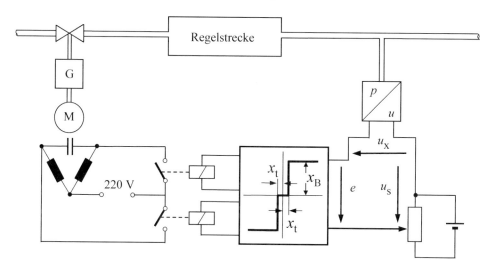

Bild 9.20 Druckregelstrecke mit Dreipunktregler

Die Ansprechempfindlichkeit beträgt $x_t = 0{,}1$ V; die am Ausgang geschaltete Spannung $x_B = 220$ V. Der nachgeschaltete Zweiphasen-Kondensatormotor hat folgende Übertragungsfunktion

$$G_M(s) = K_2 \frac{1}{s(1 + sT_2)},$$

mit $K_2 = \dfrac{50\ \text{U/s}}{220\ \text{V}}$ und $T_2 = 0{,}5$ s.

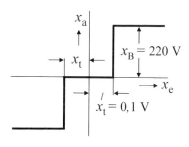

Bild 9.21 Kennlinie des Dreipunktreglers

Die Motorwelle treibt über ein Getriebe die Ventilspindel mit einem Vorschub von 0,04 mm pro Umdrehung der Motorwelle.

$$G_G(s) = K_3 = 0{,}04 \frac{\text{mm}}{\text{U}}.$$

Die Übertragungsfunktion der Strecke lautet

$$G_S(s) = \frac{p(s)}{y(s)} = K_S \frac{1}{1 + sT_S}, \text{ mit } K_S = 0{,}1 \frac{\text{bar}}{\text{mm}} \text{ und } T_S = 2\,\text{s}.$$

In **Bild 9.22** ist der Regelkreis nochmals im Wirkungsplan dargestellt. Die Zusammenfassung der linearen Glieder ergibt die resultierende Übertragungsfunktion

$$G(s) = G_M(s) \cdot G_G(s) \cdot G_S(s) \cdot G_{MU}(s) \tag{9.37}$$

bzw. den Frequenzgang

$$G(j\omega) = \frac{K_1 K_2 K_3 K_S}{j\omega\,(1 + j\omega\,T_2)(1 + j\omega\,T_S)} \tag{9.38}$$

und den negativ inversen Frequenzgang

$$-\frac{1}{G(j\omega)} = -\frac{1}{K_1 K_2 K_3 K_S}[-\omega^2(T_2 + T_S) + j\omega\,(1 - \omega^2 T_2 T_S)]. \tag{9.39}$$

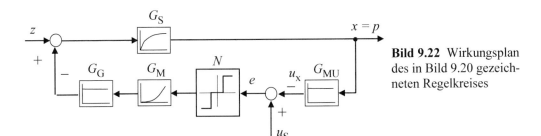

Bild 9.22 Wirkungsplan des in Bild 9.20 gezeichneten Regelkreises

Die Beschreibungsfunktion des Dreipunktreglers ist nach Gl. (9.32)

$$N(\hat{x}_e) = \frac{4}{\pi} \cdot k \cdot \frac{x_t}{\hat{x}_e}\sqrt{1 - \left(\frac{x_t}{\hat{x}_e}\right)^2} \tag{9.40}$$

mit

$$k = \frac{x_B}{x_t} = \frac{220\,\text{V}}{0,1\,\text{V}} = 2200.$$

Zur Konstruktion der Ortskurve von $N(\hat{x}_e)$ werden die in Abschnitt 9.2.4 für $k = 1$ aufgestellten Tabellenwerte mit $k = 2200$ multipliziert.

$$N(\hat{x}_e)_{\max} = \frac{2}{\pi}k = 1400.$$

Da sich die Ortskurve von $N(\hat{x}_e)$ nur auf die positiv reelle Achse erstreckt, genügt es, den Schnittpunkt der Ortskurve von $-1/G(j\omega)$ mit der positiv reellen Achse zu ermitteln. Im Schnittpunkt der beiden Ortskurven müssen die folgenden Bedingungen erfüllt sein:

$$\text{Im}\left[-\frac{1}{G(j\omega)}\right] = \text{Im}[N(\hat{x}_e)] \quad \text{und} \tag{9.41}$$

$$\text{Re}\left[-\frac{1}{G(j\omega)}\right] = \text{Re}[N(\hat{x}_e)]. \tag{9.42}$$

Mit Gl. (9.39) folgt aus Gl. (9.41)

$$\omega_d = \frac{1}{\sqrt{T_2 T_S}} = 1\,\text{s}^{-1}.$$

Für $\omega = \omega_d$ wird

$$\text{Re}\left[-\frac{1}{G(j\omega)}\right] = \frac{1}{K_1 K_2 K_3 K_S} \cdot \frac{T_2 + T_S}{T_2 T_S} = 2750.$$

Das heißt, die beiden Ortskurven von $N(\hat{x}_e)$ und $-1/G(j\omega)$ schneiden sich nicht, da der Schnittpunkt von $-1/G(j\omega)$ mit der positiv reellen Achse außerhalb von N_{max} liegt. Somit ist der Regelkreis unbegrenzt stabil.

Es soll nun noch der Fall untersucht werden, wenn die Ansprechempfindlichkeit von $x_t = 0,1$ V auf $x_t = 0,04$ V reduziert wird.

Dadurch folgt:

$$k = \frac{x_B}{x_t} = \frac{220\,\text{V}}{0,04\,\text{V}} = 5500 \quad \text{und} \quad N(\hat{x}_e)_{max} = \frac{2}{\pi} k = 3501.$$

Nun wird die Ortskurve der Beschreibungsfunktion von $-1/G(j\omega)$ geschnitten, und zwar treten zwei Schnittpunkte auf bei

$$\frac{\hat{x}_e}{x_t} = 1,11 \quad \text{(Schnittpunkt 1)}$$

und

$$\frac{\hat{x}_e}{x_t} = 2,29 \quad \text{(Schnittpunkt 2)}$$

Hiervon ist der Schnittpunkt 1 labil.

Durch eine geringe Störung wird der Regelvorgang in den stabilen Schnittpunkt 2 umspringen und eine Dauerschwingung mit $\omega = 1\,\text{s}^{-1}$ ausführen. Die Labilität des Schnittpunktes 1 kann man sich an Bild 9.17 klar machen.

Für $\hat{x}_e / x_t < \sqrt{2}$ hat $N = f(\hat{x}_e / x_t)$ eine positive Steigung, d. h. bei Vergrößerung der Eingangsamplitude $\hat{x}_e$ wird $N(\hat{x}_e)$ also gewissermaßen der Verstärkungsgrad des Reglers größer. Befindet sich der Regelkreis im Schnittpunkt 1 und tritt eine Störung auf, die zu einer geringfügigen Vergrößerung von $\hat{x}_e$ führt, so wird infolge der zunehmenden Verstärkung des Reglers aus der Dauerschwingung eine aufklingende

Schwingung. Diese wächst an bis für $\hat{x}_e / x_t > \sqrt{2}$ der stabile Schnittpunkt 2 erreicht wird. **Bild 9.23** zeigt die graphische Darstellung nach dem Zweiortskurvenverfahren.

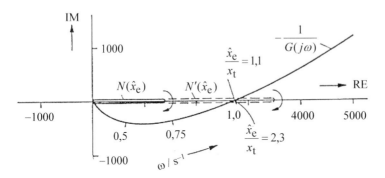

Bild 9.23
Graphische
Stabilitätsuntersuchung

Die Amplitude der Regelgröße $x = p$ ergibt sich aus:

$$G_{MU}(s) = \frac{u_x(s)}{p(s)} = \frac{x_e(s)}{p(s)} = K_1 \quad \text{bzw.}$$

$$\frac{\hat{x}_e}{\hat{p}} = K_1 .$$

Im Schnittpunkt 2 ist $\hat{x}_e = 2,29 \cdot x_t$. Damit folgt

$$\hat{p} = \frac{1}{K_1} \cdot 2,29 \cdot x_t = 0,092 \, \text{bar} .$$

9.3.2 Untersuchung eines Regelkreises mit Ansprechempfindlichkeit

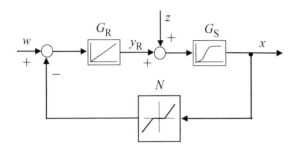

Bild 9.24 Wirkungsplan eines Regelkreises mit
Ansprechempfindlichkeit des Messfühlers

In **Bild 9.24** ist ein Regelkreis gezeichnet, dessen Messfühler eine Ansprechempfindlichkeit aufweist. Die Übertragungsfunktionen von Regler und Strecke lauten:

$$G_R(s) = \frac{1}{sT_I}$$

$$G_S(s) = \frac{K_S}{s^2 T_2^2 + s T_1 + 1}$$

$T_I = 0,2 \, \text{s}; \qquad K_S = 0,5;$

$T_1 = 5 \, \text{s}; \qquad T_2^2 = 4 \, \text{s}^2 .$

Die Beschreibungsfunktion der Nichtlinearität ist gemäß Abschnitt 9.2.2

$$N(\hat{x}_e) = 1 - \frac{2}{\pi}(\alpha_1 + \sin\alpha_1 \cdot \cos\alpha_1), \tag{9.43}$$

mit

$$\alpha_1 = \arcsin\frac{x_t}{\hat{x}_e}.$$

Die Zusammenfassung der linearen Glieder ergibt

$$G(s) = G_R(s)G_S(s) = \frac{K_S}{sT_I(s^2T_2^2 + sT_1 + 1)}$$

bzw. den negativ inversen Frequenzgang

$$-\frac{1}{G(j\omega)} = -\frac{1}{K_S}[-\omega^2 T_I T_1 + j\omega T_I(1 - \omega^2 T_2^2)]. \tag{9.44}$$

Da die Beschreibungsfunktion (Gl. (9.43)) reell ist, verläuft die Ortskurve von $N(\hat{x}_e)$ auf der positiv reellen Achse. Es genügt demnach die Berechnung des Schnittpunktes der Ortskurve von $-1/G(j\omega)$ mit der positiv reellen Achse. Im Schnittpunkt ist.

$$\text{Im}\left[-\frac{1}{G(j\omega)}\right] = 0 \text{ und es folgt aus Gl. (9.44)}$$

$$\omega_d = \frac{1}{T_2} = 0.5\,\text{s}^{-1}.$$

Der zugehörige Realteil errechnet sich aus Gl. (9.44) für ω_d zu

$$\text{Re}\left[-\frac{1}{G(j\omega_d)}\right] = \frac{T_I T_1}{K_S T_2^2} = 0.5.$$

Wie **Bild 9.25** zeigt, schneidet die Ortskurve 1 von $-1/G(j\omega)$ die Beschreibungsfunktion $N(\hat{x}_e)$. Die sich in diesem Schnittpunkt einstellende Dauerschwingung ist labil, da gemäß Bild 9.13 $N(\hat{x}_e)$ mit zunehmendem $\hat{x}_e$ anwächst, mit abnehmendem $\hat{x}_e$ abnimmt. $N(\hat{x}_e)$ kann als Verstärkungsgrad der Nichtlinearität interpretiert werden. Eine geringe Erniedrigung der Schwingamplitude führt zu abklingenden, eine Erhöhung zu aufklingenden Schwingungen.

Man spricht deshalb von einer "Stabilität im Kleinen". Bei zunächst stabilem Regelverhalten kann der Kreis durch auftretende Störungen instabil werden, ein höchst unerwünschtes Verhalten.

Aus Bild 9.25 ist ersichtlich, wie groß der Regelparameter T_I gemacht werden muss, damit unbegrenzte Stabilität herrscht. Die Ortskurve 1 von $-1/G(j\omega)$ schneidet die

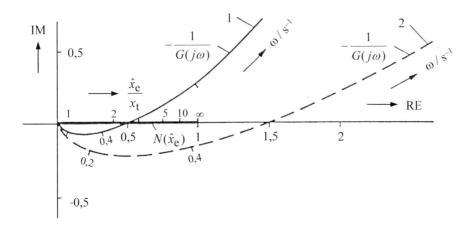

Bild 9.25 Stabilitätsuntersuchung eines Regelkreises mit Ansprechempfindlichkeit
Kurve 1 für $T_1 = 0,2$ s , Kurve 2 für $T_1 = 0,6$ s.

positiv reelle Achse für

$\omega = \omega_d = 1 / T_2$.

Diese Frequenz ist unabhängig von T_1. Für

$\text{Re}[-1/G(j\omega_d)] > 1$

gibt es keinen Schnittpunkt der Ortskurven von $-1/G(j\omega)$ und $N(\hat{x}_e)$.

Daraus folgt:

$$\text{Re}\left[-\frac{1}{G(j\omega_d)}\right] = \frac{T_1 T_1}{K_S T_2^2} > 1.$$

$$T_1 > K_S \frac{T_2^2}{T_1} = 0,4 \text{ s.}$$

In Bild 9.25 ist für $T_1 = 0,6$ s $> 0,4$ s die Ortskurve 2 von $-1/G(j\omega)$ gestrichelt einge-
zeichnet. Dieser Regelkreis ist unbegrenzt stabil, es treten keine Dauerschwingungen
auf.

▶ **Aufgabe 9.1**

Wie ist das Stabilitätsverhalten des zuvor behandelten Regelkreises, wenn $x_t = 0$ und

a) $T_1 < 0,4$ s,

b) $T_1 > 0,4$ s?

10 Unstetige Regelung

Bei einem stetigen Regler hat die statische Kennlinie $y_R = f(e)$ den in **Bild 10.1** gezeigten Verlauf.

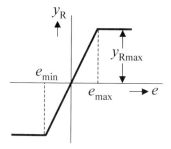

Verändert man die Eingangsgröße e kontinuierlich von e_{min} bis e_{max}, so ändert sich die Stellgröße ebenso kontinuierlich über den gesamten Stellbereich Y_h. Betrachtet man demgegenüber die Kennlinie des einfachsten unstetigen Reglers (Zweipunktregler, **Bild 10.2**), so kann die Stellgröße nur zwei diskrete Zustände annehmen $y_R = 0$ und $y_R = y_{Rmax}$.

Bild 10.1 Statische Kennlinie $y_R = f(e)$ eines stetigen Reglers

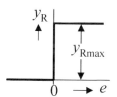

Die gerätetechnische Verwirklichung von unstetigen Reglern in Form von Relais, Bimetallschaltern, Kontaktthermometern usw. ist denkbar einfach und preiswert. Wie beim stetigen Regler wird dem Zweipunktregler die Regeldifferenz zugeführt.

Bild 10.2 Statische Kennlinie eines Zweipunktreglers ohne Hysterese

Ist die Regeldifferenz $e = w - x$ positiv, so schaltet der Zweipunktregler ein, ist sie Null oder negativ, so schaltet der Zweipunktregler ab.

Der Hauptnachteil der einfachen unstetigen Regler besteht in der pendelnden Arbeitsbewegung der Stellgröße und somit der Regelgröße um den Sollwert. Ursprünglich wurden diese einfachen unstetigen Regler (vorwiegend Zweipunktregler) zur Regelung einfacher Regelkreise (Raumtemperatur, Bügeleisentemperatur, Kühlschranktemperatur usw.) benutzt. Durch geeignete Maßnahmen können die Schwankungen der Regelgröße um den Sollwert auf ein innerhalb der Genauigkeitsgrenze von Messgeräten liegendes Maß gesenkt werden, so dass sie heute auch zur Regelung komplizierter Regelstrecken verwendet werden.

Allerdings sind die elektrischen und elektronischen Regler recht aufwendig, so dass der Preisunterschied im Vergleich zu den stetigen Reglern nicht allzu groß ist. Für Regelstrecken, bei denen eine hohe Stellleistung erforderlich ist, wird eine unstetige Regeleinrichtung mittels Thyristoren, Triacs oder Ähnlichem stets billiger sein als eine entsprechende stetige Regeleinrichtung.

© Springer Fachmedien Wiesbaden GmbH, ein Teil von Springer Nature 2022
S. Zacher und M. Reuter, *Regelungstechnik für Ingenieure*,
https://doi.org/10.1007/978-3-658-36407-6_10

10.1 Idealer Zweipunktregler an einer P-Strecke höherer Ordnung

Bild 10.3 zeigt einen Wasserdurchlauferhitzer, dessen Temperatur von einem Kontaktthermometer geregelt wird. Bei Inbetriebnahme der Anlage wird die Heizwicklung eingeschaltet und erwärmt das Wasser. Infolge des Temperaturanstiegs steigt die Quecksilbersäule des Kontaktthermometers. Im unteren Ende des Glaskolbens ist ein Platinkontakt eingeschmolzen, während ein zweiter Platindraht von oben in den Glaskolben ragt, der in der Höhe verstellbar ist. Wird das untere Ende des oberen Platindrahtes auf die Solltemperatur eingestellt, so wird, wenn die Quecksilbersäule diese erreicht, die Relaiswicklung kurzgeschlossen und die Heizung ausgeschaltet. Bei Temperaturabnahme wird die Quecksilbersäule den Kontakt unterbrechen und die Heizung erneut einschalten usw.

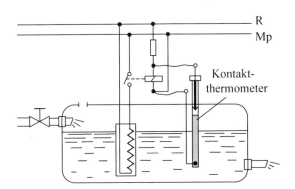

Bild 10.3   Wasserdurchlauferhitzer mit Kontaktthermometer zur Temperaturregelung

Es soll nun das zeitliche Verhalten eines Zweipunktreglers an vorliegender Strecke behandelt werden. Diese ist mindestens von 2. Ordnung. Schaltet man die Heizspirale ein, so wird die Temperatur im Behälter nach einer e-Funktion ansteigen. Eine weitere Verzögerung 1. Ordnung bildet der Glasmantel des Thermometers. Taucht man dieses plötzlich in eine Flüssigkeit mit einer anderen Temperatur, so steigt die Quecksilbersäule ebenfalls nach einer e-Funktion. Vereinfachend soll diese Strecke 2. Ordnung mit Verzugs- und Ausgleichszeit durch eine reine Totzeit T_t und ein Verzögerungsglied 1. Ordnung mit der Zeitkonstanten T_1 angenähert werden. Ferner soll der Schaltpunkt des Zweipunktreglers in beiden Richtungen exakt gleich sein. Diese Forderung wird von dem Kontaktthermometer ziemlich genau erfüllt. Den entsprechenden Wirkungsplan des Regelkreises zeigt **Bild 10.4**.

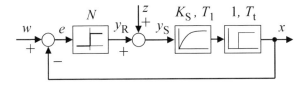

Bild 10.4   Wirkungsplan eines Regelkreises mit Zweipunktregler zur Regelung einer P-T_1-T_t-Strecke

Betrachtet man die Strecke zunächst ohne Regler, so wird nach Einschalten der Heizwicklung die Wassertemperatur nach Verlauf der Totzeit T_t nach einer e-Funktion mit der Zeitkonstanten T_1 ansteigen, bis zum Endwert x_E. Schaltet man danach die Heizwicklung ab, so fällt die Wassertemperatur nach Verlauf der Totzeit ebenfalls nach einer e-Funktion ab. Vereinfachend wird angenommen, dass die Zeitkonstanten der Erwärmungs- und Abkühlungskurven gleich sind, was in praxi nicht immer der Fall ist.

Die Regelstrecke wird nun mit dem Zweipunktregler in Betrieb genommen, wobei der Sollwert so eingestellt ist, dass er zwischen der Anfangstemperatur x_A und der End-temperatur x_E liegt. Zunächst ist die Temperatur $x = x_A$ und die Regeldifferenz e $= w - x_A$ positiv, so dass der Zweipunktregler einschaltet und die Wassertemperatur in der zuvor beschriebenen Weise ansteigt. Beim Erreichen des Sollwertes schaltet der Regler ab, die Temperatur steigt infolge der Totzeit bis zum Wert x_1 weiter an, um dann entsprechend der Temperaturabkühlungskurve abzufallen. Wird der Sollwert unterschritten, so schaltet wie in **Bild 10.5** gezeigt die Heizung erneut ein. Nach Ver-lauf der Totzeit, in der die Temperatur bis auf den Wert x_2 abfällt, beginnt die Tempe-ratur wieder anzusteigen. Dieser Vorgang wiederholt sich periodisch mit einer Tempe-raturschwankung zwischen x_1 und x_2 mit der Amplitude x_0 um den Wert x_3.

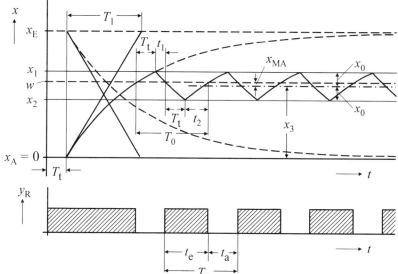

Bild 10.5 Verlauf der Regel- und Stellgröße eines Regelkreises, bestehend aus einer P-T_1-Strecke mit Totzeit und einem Zweipunktregler

Ermittlung der Schwankungsbreite $2x_0$ und der Mittelwertabweichung x_{MA}

Für den oberen Grenzwert der Dauerschwingung erhält man

$$x_1 = w + (x_E - w) \cdot (1 - e^{-\frac{T_t}{T_1}}),$$ (10.1)

mit $x_E = K_S y_{Rmax}$.

Entsprechend folgt für den unteren Grenzwert x_2:

$$x_2 = w \cdot e^{-\frac{T_t}{T_1}}.$$ (10.2)

Subtrahiert man Gl. (10.2) von Gl. (10.1), so erhält man die Schwankungsbreite

$$2 \cdot x_0 = x_1 - x_2 = x_E \cdot (1 - e^{-\frac{T_t}{T_1}}).$$ (10.3)

Die Schwankungsbreite $2x_0$ wird um so größer, je größer die Totzeit T_t und je kleiner die Zeitkonstante T_1 ist. Für $T_t / T_1 \to \infty$ wird $2 \cdot x_0 = x_E$ bzw. die Schwingamplitude $x_0 = x_E / 2$. Bemerkenswert ist, dass x_0 unabhängig vom Sollwert ist. Wie **Bild 10.6** zeigt, weicht der Mittelwert der Regelschwingung x_3 vom Sollwert ab. Die Differenz x_{MA} wird als Mittelwertabweichung bezeichnet. Es gilt:

$$x_3 = \frac{x_1 + x_2}{2} = \frac{1}{2}\left[x_E \cdot (1 - e^{-\frac{T_t}{T_1}}) + 2w \cdot e^{-\frac{T_t}{T_1}} \right]$$

$$x_{MA} = w - x_3$$

$$x_{MA} = \left(w - \frac{x_E}{2} \right) \cdot (1 - e^{-\frac{T_t}{T_1}}).$$ (10.4)

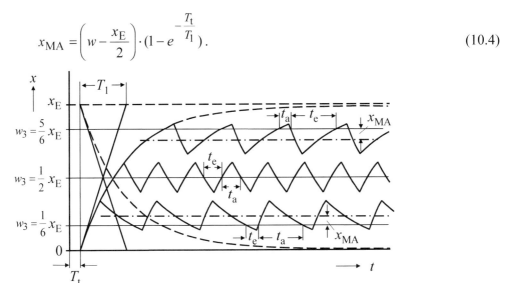

Bild 10.6   Zeitlicher Verlauf der Arbeitsbewegung in Abhängigkeit vom Sollwert bei Zweipunktregelung einer P-T$_1$-Strecke mit Totzeit

Die Kurvenform der Regelschwingung ist vom Sollwert abhängig (**Bild 10.6**). Für kleine w-Werte hat die Erwärmungskurve einen steilen Verlauf und die Abkühlungskurve verläuft flach. Im oberen Bereich für große w-Werte ist es umgekehrt.

Symmetrischer Betrieb

Legt man den Sollwert in die Mitte des Regelbereiches $w = x_E/2$, so wird $x_{MA} = 0$, d. h. x_3 fällt mit dem Sollwert zusammen. Im solchen, so genannten symmetrischen Betrieb, kann man einige Näherungen vornehmen, was eine vereinfachte Berechnung von Schwingungsparameter ermöglicht.

Zunächst wird angenommen, dass

$$t_e = t_a = T_t$$

gilt, woraus laut Bild 10.6 die Schwingdauer wie folgt bestimmt wird:

$$T_0 = 2t_e + 2t_a = 4T_t$$

Die Simulation mit MATLAB/Simulink für ein Beispiel beim symmetrischen Betrieb $w = x_E/2 = 0,5$ bestätigt diese Annahme (**Bild 10.7**).

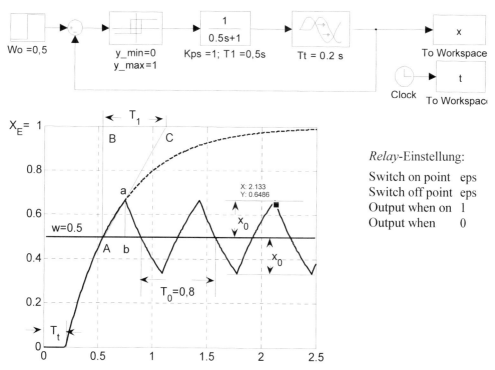

Bild 10.7   MATLAB/Simulink-Modell und Sprungantworten eines Regelkreises mit dem Zweipunktregler (*Relay*) ohne Hysterese und einer P-Tt-Strecke ($K_{PS} = 1$; $T_1 = 0,5$ s; $T_t = 0,2$ s)

Weiterhin kann man den Verlauf der Regelgröße bei einer kleinen Schwankungsbreite $2x_0$ linear betrachten. Aus der Ähnlichkeit der Dreiecks ABC und Aab folgt dann laut dem Bild 10.7 die Beziehung $AB/BC = ab/Ab$.

Setzt man die Werte ein: $AB = x_E/2$, $BC = T_1$, $ab = x_0$, $Ab = T_t$, so erhält man eine Faustformel, die nur für einen symmetrischen Betrieb und nur für eine kleine Schwankungsbreite gilt:

$$x_0 = \frac{x_E}{2} \cdot \frac{T_t}{T_1}$$

Nach dieser Formel soll die Amplitude x_0 der Arbeitschwingung im obigen Beispiel

$$x_0 = \frac{1}{2} \cdot \frac{0,2}{0,5} = 0,2$$

betragen. In Wirklichkeit bzw. bei der Simulation nach dem Bild 10.7 ist die Amplitude x_0 der Arbeitsschwingung

$$x_0 = 0,6486 - 0,5 = 0,1486 \approx 0,15 \,.$$

Der Fehler von 0,05 deutet darauf hin, dass die Faustformel nur bei groben Berechnungen anzuwenden ist. Im Weiteren wird im Buch auf diese Faustformel verzichtet.

Schaltfrequenz und Schwingdauer

Gemäß Bild 10.5 ist die Schwingdauer

$$T_0 = 2T_t + t_1 + t_2 \,. \tag{10.5}$$

Ferner ist:

$$w = x_1 \cdot e^{-\frac{t_1}{T_1}} \,. \tag{10.6}$$

Durch Einsetzen von Gl. (10.1) in Gl. (10.6) ergibt sich:

$$t_1 = T_1 \cdot \ln\left[\frac{x_E}{w} + \left(1 - \frac{x_E}{w}\right) \cdot e^{-\frac{T_t}{T_1}} \right] \,. \tag{10.7}$$

Für t_2 folgt

$$w - x_2 = (x_E - x_2)(1 - e^{-\frac{t_2}{T_1}})$$

$$e^{-\frac{t_2}{T_1}} = 1 - \frac{w - x_2}{x_E - x_2} = \frac{x_E - w}{x_E - x_2}$$

$$t_2 = T_1 \cdot \ln\frac{x_E - x_2}{x_E - w} \,. \tag{10.8}$$

Mit Gl. (10.2) in Gl. (10.8) erhält man

$$t_2 = T_1 \cdot \ln \frac{x_E - w e^{-\frac{T_t}{T_1}}}{x_E - w}.$$ (10.9)

Setzt man die Gln. (10.7) und (10.9) in Gl. (10.5) ein, so erhält man für die Schwingdauer folgenden Ausdruck

$$T_0 = 2T_t + T_1 \cdot \ln \left[\left(\frac{1}{1 - \frac{w}{x_E}} - e^{-\frac{T_t}{T_1}} \right) \left(\frac{x_E}{w} - e^{-\frac{T_t}{T_1}} \right) \right].$$ (10.10)

Gl. (10.10) ist in **Bild 10.8** durch die Funktion $T_0/T_1 = f(w/x_E)$ für $T_t/T_1 = 0{,}25$ dargestellt. Sie zeigt für $w = 0{,}5\ x_E$ ein Minimum der Schwingdauer bzw. ein Maximum der Schwingfrequenz. Für ein anderes Verhältnis T_t/T_1 ergeben sich zwar andere Werte, jedoch liegt das Minimum stets bei $w = 0{,}5\ x_E$. **Bild 10.9** zeigt ebenfalls für $T_t/T_1 = 0{,}25$ das Verhältnis von Ein- zu Ausschaltzeit t_e/t_a, das für $w = 0{,}5\ x_E$ gleich eins wird.

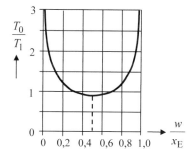

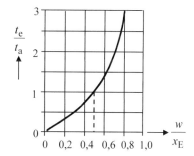

Bild 10.8 Abhängigkeit der Schwingdauer T_0 vom Sollwert w für $T_t/T_1 = 0{,}25$

Bild 10.9 Verhältnis von Ein- und Ausschaltzeit als Funktion w/x_E für $T_t/T_1 = 0{,}25$

Der Regelbereich liegt ungefähr zwischen $w = 0{,}2\ x_E$ und $w = 0{,}8\ x_E$. Für größere bzw. kleinere Werte von w nimmt die Schwingdauer stark zu. Ferner verharrt der Regler dann für längere Zeit in der ein- bzw. ausgeschalteten Lage. Im Hinblick auf die Schwankungsbreite wird eine möglichst kleine Totzeit angestrebt, da für $T_t = 0$ die Schwankungsbreite $2x_0$ gleich Null wird. Allerdings wird für $T_t = 0$ die Schwingdauer Null und die Schaltfrequenz unendlich. Mit zunehmender Schaltfrequenz steigt jedoch die Kontaktbeanspruchung, so dass bei mechanischen Relais ein Kompromiss zwischen minimaler Schwankungsbreite und maximal zulässiger Schaltfrequenz getroffen werden muss.

10.2 Zweipunktregler mit Hysterese an einer P-Strecke 1. Ordnung

Reale Zweipunktregler sind stets mit Hysterese behaftet. Das heißt, dass infolge von Reibung, magnetischen Einflüssen usw. das Einschalten bei einem höheren Wert der Eingangsgröße liegt als das Ausschalten. **Bild 10.10** zeigt den Wirkungsplan einer P-Strecke 1. Ordnung, die von einem Zweipunktregler mit Hysterese geregelt wird.

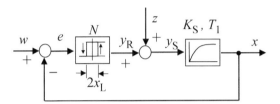

Bild 10.10 Regelkreis gebildet aus einer P-Strecke 1. Ordnung und einem Zweipunktregler mit Hysterese

Ohne Regler würde die Regelgröße nach dem Einschalten verzögert nach einer e-Funktion mit der Zeitkonstanten T auf den Endwert x_E ansteigen. Vereinfachend wird angenommen, dass die Zeitkonstanten des Ein- und Ausschaltvorganges gleich sind (**Bild 10.11**). Befindet sich der Regler an der Strecke, wobei der Sollwert auf $0 \leq w \leq x_E$ eingestellt sei, so ist nach Inbetriebnahme zunächst $x = 0$ und $x_E = w - x = w$. Folglich schaltet der Zweipunktregler ein und die Regelgröße steigt gemäß der Einschaltkurve an. Infolge der Hysterese schaltet der Zweipunktregler beim Erreichen des Sollwertes noch nicht ab, sondern erst bei $x = w + x_L$. Bei abgeschaltetem Regler fällt die Regelgröße entsprechend der Abschaltkurve bis auf den Wert $x = w - x_L$ ab, um dann erneut einzuschalten. Dieser Vorgang wiederholt sich periodisch mit der konstanten Schwankungsbreite $2 \cdot x_L$.

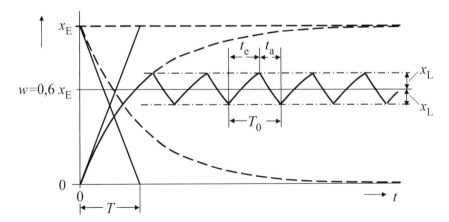

Bild 10.11 Verlauf der Regelgröße einer Strecke 1. Ordnung, die von einem Zweipunktregler mit Hysterese geregelt wird

Es soll nun die Abhängigkeit der Einschalt- und Ausschaltdauer t_e und t_a sowie die Schwingdauer T_0 bzw. die Schaltfrequenz

$$f_0 = \frac{1}{T_0}$$

ermittelt werden. Aus Bild 10.11 erhält man für die Einschaltzeit folgende Beziehung:

$$2 \cdot x_L = (x_E - w + x_L) \cdot (1 - e^{-\frac{t_e}{T}}),$$

$$e^{-\frac{t_e}{T}} = 1 - \frac{2 \cdot x_L}{x_E - w + x_L} = \frac{x_E - w - x_L}{x_E - w + x_L},$$

$$t_e = T \cdot \ln \frac{x_E - w + x_L}{x_E - w - x_L}. \tag{10.11}$$

Entsprechend folgt die Ausschaltzeit

$$w - x_L = (w + x_L) \cdot e^{-\frac{t_a}{T}}$$

$$e^{\frac{t_a}{T}} = \frac{w + x_L}{w - x_L}$$

$$t_a = T \cdot \ln \frac{w + x_L}{w - x_L}. \tag{10.12}$$

Sowohl t_e als auch t_a sind direkt proportional der Zeitkonstanten T der Strecke. Mit zunehmender Hysteresebreite x_L wird die Ein- und Ausschaltzeit größer. Ferner wird für $w = 0{,}5\ x_E$ die Ein- gleich der Ausschaltzeit $t_e = t_a$. Durch Addition der Gln. (10.11) und (10.12) erhält man die Schwingdauer T_0.

$$T_0 = T \cdot \left[\ln \frac{x_E - w + x_L}{x_E - w - x_L} + \ln \frac{w + x_L}{w - x_L} \right]. \tag{10.13}$$

In **Bild 10.12** ist die Gl. (10.13) durch die Funktion $T_0 / T = f(w / x_E)$ mit x_L / x_E als Parameter graphisch dargestellt. Für $w = 0{,}5\ x_E$ hat die Funktion jeweils ein Minimum, um dann für $w < 0{,}2\ x_E$ und $w > 0{,}8\ x_E$ stark anzusteigen. Zur Erzielung einer möglichst kleinen Schwankungsbreite ist man bestrebt, die Hysterese x_L so klein wie möglich zu machen. Dem steht entgegen, dass mit abnehmendem x_L T_0 abnimmt und die Schaltfrequenz unzulässig ansteigt. Die maximale Schaltfrequenz liegt vor für $w = 0{,}5\ x_E$. Für diesen Wert erhält man aus Gl. (10.13):

$$T_{0\text{min}} = T \cdot 2 \cdot \ln \frac{0{,}5 \cdot x_E + x_L}{0{,}5 \cdot x_E - x_L}$$

$$T_{0\text{min}} = 2T \cdot \ln \frac{1 + 2 \dfrac{x_L}{x_E}}{1 - 2 \dfrac{x_L}{x_E}}.$$

Einen guten Näherungswert erhält man für $2\, x_L / x_E \ll 1$ durch Reihenentwicklung

$$T_{0\text{min}} \approx 2 \cdot T \cdot 2 \cdot 2 \frac{x_L}{x_E} = 8 \cdot T \cdot \frac{x_L}{x_E}.$$

Daraus folgt die maximale Schaltfrequenz:

$$f_{0\text{max}} \approx \frac{x_E}{8 \cdot T \cdot x_L}. \tag{10.14}$$

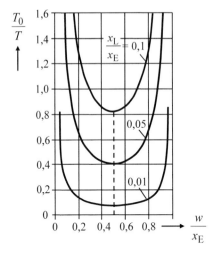

Bild 10.12

Abhängigkeit der Schwingdauer T_0 vom

Sollwert w, mit x_L / x_E als Parameter

Die exakten Parameter der Arbeitsschwingung kann man mittels einer Simulation bestimmen. Die Voraussetzung dafür sind, natürlich, die genauen Kenntnisse über Streckenparameter. Sind beispielsweise die Parameter einer P-Tt-Regelstrecke wie im Bild 10.7 gegeben ($K_{PS} = 1$; $T_1 = 0{,}5$ s; $T_t = 0{,}2$ s) und hat der Zweipunktregler mit gleichen Stellgrößen $y_{R\text{min}} = 0$, $y_{R\text{max}} = 1$ eine Hysterese von $x_L = \pm\, 0{,}1$, so wird der im Bild 10.7 gezeigte *Relay*-Block wie folgt konfiguriert:

```
Switch on point    0.1
Switch off point  −0.1
Output when on     1
Output when        0
```

Die simulierte Sprungantwort bei $w = x_E/2 = 0{,}5$ ist im **Bild 10.13** gezeigt.

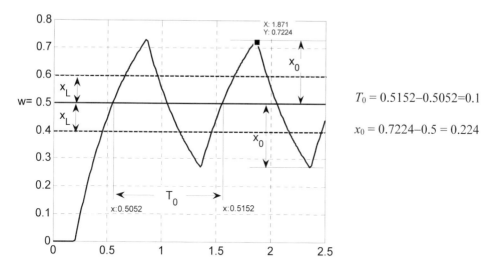

Bild 10.13   Simulierte Sprungantwort und Schwingungsparameter eines Regelkreises mit einem Zweipunktregler mit Hysterese $x_L = \pm 0{,}1$ und einer P-Tt-Strecke

10.3 Zweipunktregler mit Rückführung

Die Abschnitte 10.1 und 10.2 haben gezeigt, dass bei einer Regelung mittels Zweipunktregler der Regelverlauf maßgebend von den Eigenschaften der Strecke beeinflusst wird. So ist z. B. bei einer Strecke mit Totzeit und Verzögerung sowohl die Schwingdauer als auch die Schwingamplitude vom Verhältnis T_t / T_1 abhängig. Durch Anwendung einer Rückführung können diese ständigen Pendelungen der Regelgröße um den Sollwert nahezu beseitigt werden.

Ferner ist es möglich, durch geeignete Rückführglieder dem Zweipunktregler ein Zeitverhalten aufzuzwingen, ähnlich dem der stetigen Regler. Man spricht dann von einer *stetigähnlichen Regelung.*

Den Wirkungsplan eines solchen Regelkreises zeigt **Bild 10.14.**

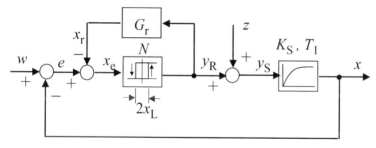

Bild 10.14 Wirkungsplan eines Regelkreises, dessen Strecke von einem Zweipunktregler mit Rückführung G_r geregelt wird

10.3.1 Zweipunktregler mit verzögerter Rückführung

Der in Bild 10.14 dargestellte Zweipunktregler mit Rückführglied stellt bereits einen Regelkreis in sich dar. Bevor jedoch näher auf dessen Wirkungsweise eingegangen wird, soll eine Beziehung bei rückgekoppelten stetigen Reglern in Erinnerung gerufen werden. Schaltet man in den Rückführzweig eines idealen stetigen Verstärkers mit dem Verstärkungsgrad $V = \infty$ ein Glied mit der Übertragungsfunktion $G_r(s)$ (Bild **10.15**), so ist die Übertragungsfunktion des rückgekoppelten Verstärkers

$$G_R(s) = \frac{y_R(s)}{e(s)} = \frac{V}{1 + V \cdot G_r(s)} = \frac{1}{G_r(s)}. \tag{10.15}$$

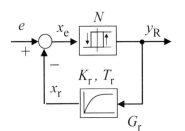

Bild 10.15
Wirkungsplan eines Zweipunktreglers mit verzögerter Rückführung

Besteht das Rückführglied aus einer Verzögerung 1. Ordnung, mit

$$G_R(s) = \frac{K_r}{1 + sT_r}, \tag{10.16}$$

so folgt für den rückgekoppelten Verstärker die Übertragungsfunktion

$$G_R(s) = \frac{y_R(s)}{e(s)} = \frac{1}{K_r}(1 + sT_r),$$

d. h. ein PD-Verhalten.

Ein ähnliches Ergebnis erhält man, wenn der Zweipunktregler mit Hysterese ein P-T$_1$-Glied als Rückführung erhält (Bild 10.15). Das zeitliche Verhalten des rückgekoppelten Zweipunktreglers ist in **Bild 10.16** dargestellt.

Ändert man die Eingangsgröße des rückgekoppelten Zweipunktreglers sprunghaft $e(t) = e_0 \cdot \sigma(t)$, so ist zum Zeitpunkt $t = 0$ $x_e = e_0$, da x_r zunächst Null ist. Am Ausgang des Reglers und somit am Eingang des Rückführgliedes G_r liegt die Sprungfunktion $y_R(t) = y_{R0} \cdot \sigma(t)$. Die Ausgangsgröße $x_r(t)$ des Rückführgliedes antwortet mit einem verzögerten Anstieg

$$x_r(t) = y_{R0} \cdot K_r \cdot (1 - e^{-\frac{t}{T_r}}), \tag{10.17}$$

wie in Bild 10.14 gezeigt. Infolge des Anstiegs der Rückführgröße verringert sich

$$x_e(t) = e_0 - x_r(t).$$

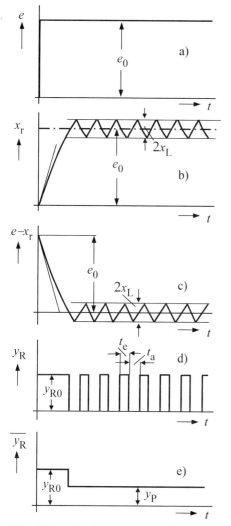

Für $x_e <\!\!-x_{L0}$ schaltet der Zweipunktregler ab, die Rückführgröße x_r nimmt dann entsprechend der Entladekurve ab, bzw. x_e steigt nach der gleichen Funktion an, bis bei $x_e > x_L$ der Zweipunktregler erneut einschaltet. Betrachtet man anstelle der Impulsfunktion $y_R(t)$ den Mittelwert $\bar{y}_R(t)$, so ist ersichtlich, das $\bar{y}_R(t)$ gegenüber dem eingeschwungenen Zustand zunächst einen größeren Mittelwert $\bar{y}_{Rmax}(t)$ annimmt (PD-Verhalten). Bei genügend hoher Schaltfrequenz kann man dieses Verhalten einem stetigen gleichsetzen. Das zeitliche Verhalten des Zweipunktreglers mit verzögerter Rückführung ist ganz analog dem des in Abschnitt 10.2 behandelten Regelkreises. Nach Gl. (10.14) ergibt sich für $e = 1/2\ y_{R0}K_r$ die maximale Schaltfrequenz

$$f_{0max} = \frac{y_{R0} \cdot K_r}{8 \cdot T_r \cdot x_L} \qquad (10.18)$$

und kann durch Verändern von T_r, variiert werden. Ändert man K_r, so ändert sich auch das Verhältnis von Ein- zu Ausschaltdauer.

Bild 10.16 Zweipunktregler mit verzögerter Rückführung: a) Sprung der Regeldifferenz; b) Rückführgröße; c) $x_e = e - x_r$; d) Stellgröße des Reglers; e) Mittelwert der Stellgröße

Setzt man in Gl. (10.11) anstelle von x_e den Wert $y_{R0}K_r$ und für w die Regeldifferenz x_d, so erhält man

$$t_e = T_r \cdot \ln\left[\frac{y_{R0}K_r - e + x_L}{y_{R0}K_r - e - x_L}\right] = T_r \cdot \ln\left[\frac{1 + x_L/(y_{R0}K_r - e)}{1 - x_L/(y_{R0}K_r - e)}\right]. \qquad (10.19)$$

Aus Gl. (10.19) ist zu ersehen, dass t_e mit zunehmendem K_r abnimmt. Im Gegensatz hierzu ist die Ausschaltzeit gemäß Gl. (10.12) unabhängig von K_r

$$t_\mathrm{a} = T_\mathrm{r} \cdot \ln\left[\frac{e + x_\mathrm{L}}{e - x_\mathrm{L}}\right].$$ (10.20)

Bildet man aus den Gln. (10.19) und (10.20) das Verhältnis $t_\mathrm{e} / t_\mathrm{a}$, so ist dieses unabhängig von T_r und wird mit zunehmendem K_r kleiner.

$$\frac{t_\mathrm{e}}{t_\mathrm{a}} = \frac{\ln\left[\dfrac{y_\mathrm{R0} K_\mathrm{r} - e + x_\mathrm{L}}{y_\mathrm{R0} K_\mathrm{r} - e - x_\mathrm{L}}\right]}{\ln\left[\dfrac{e + x_\mathrm{L}}{e - x_\mathrm{L}}\right]}.$$ (10.21)

Aus Bild 10.16d) und e) folgt im Beharrungszustand

$$\bar{y}_\mathrm{R} = y_\mathrm{P} = y_\mathrm{R0} \cdot \frac{t_\mathrm{e}}{t_\mathrm{e} + t_\mathrm{a}} = y_\mathrm{R0} \cdot \frac{1}{1 + \dfrac{t_\mathrm{a}}{t_\mathrm{e}}}.$$ (10.22)

Wie bereits anhand der Gl. (10.21) diskutiert, wird $t_\mathrm{a} / t_\mathrm{e}$ mit zunehmendem K_r größer und nach Gl. (10.22) y_p, bzw. der Proportionalbeiwert $K_\mathrm{P} = y_\mathrm{R} / e$, kleiner. Durch T_r kann also die Schaltfrequenz und durch $K\mathrm{r}$ sowohl die Schaltfrequenz als auch der P-Anteil verändert werden.

Es soll der Zweipunktregler mit verzögerter Rückführung an einer Strecke 1. Ordnung nach **Bild 10.17** betrachtet werden. Die Übertragungsfunktion der Strecke lautet

$$G_\mathrm{S}(s) = \frac{K_\mathrm{S}}{1 + sT},$$

wobei $T = 2T_\mathrm{r}$ und $K_\mathrm{r} = K_\mathrm{S}$ gewählt wurde.

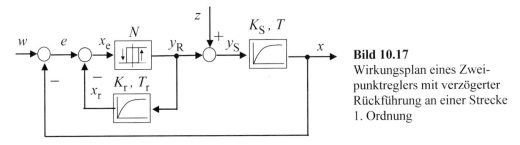

Bild 10.17
Wirkungsplan eines Zweipunktreglers mit verzögerter Rückführung an einer Strecke 1. Ordnung

Nimmt man den Regelkreis in Betrieb, so sind zunächst x und x_r gleich Null und $x_\mathrm{e} = e = w$, d. h. der Zweipunktregler schaltet ein. Damit liegt am Ausgang des Reglers und an den Eingängen von Strecke und Rückführung der Sprung $y_\mathrm{R}(t) = y_\mathrm{R0} \cdot \sigma(t)$. Die Ausgangsgrößen der Strecke und des Rückführgliedes steigen verzögert an mit den Zeitkonstanten T bzw. T_r. Infolge $T_\mathrm{r} < T$ steigt x_r schneller an als x.

Wie der zeitliche Verlauf in **Bild 10.18** zeigt, schaltet der Zweipunktregler für

$$x + x_\mathrm{r} > w + x_\mathrm{L} \quad \text{bzw.} \quad x_\mathrm{e} = w - x - x_\mathrm{r} < -x_\mathrm{L}$$

ab, und x_r sowie x fallen gemäß ihrer jeweiligen Abfallkurve, bis der Zweipunktregler bei der nachfolgenden x_e erneut einschaltet:

$$x_\mathrm{e} = w - x - x_\mathrm{r} > +x_\mathrm{L}$$

Der Vorgang wiederholt sich in der in Bild 10.18 dargestellten Weise. Wählt man die Zeitkonstante T_r des Rückführgliedes klein gegenüber T der Strecke, so wird die Schaltfrequenz fast ausschließlich durch T_r bestimmt.

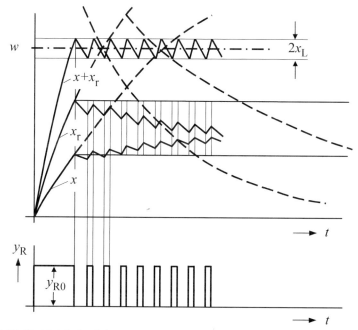

Bild 10.18 Verlauf der Regelgröße x und der Stellgröße y_R des in Bild 10.17 gezeichneten Regelkreises bei einem Sollwertsprung

Wie aus Bild 10.18 ersichtlich, ist die Schwingamplitude von x nun nicht mehr gleich x_L, sondern kleiner. Ferner tritt, wie bei einem linearen PD-Regler eine bleibende Regeldifferenz $e(\infty)$ auf. Diese wird um so kleiner, je kleiner man K_r wählt. Für die Konstruktion des in Bild 10.18 gezeigten Regelverlaufs wurden T_r und K_r so gewählt, dass die charakteristischen Schwingungen noch sichtbar sind.

Bei günstiger Wahl von T_r und K_r können die Schwingamplitude und die bleibende Regeldifferenz noch wesentlich verkleinert werden. Der zeitliche Verlauf der Regelgröße x sowie der Rückführgröße x_r entsprechen dem bei einem Sollwertsprung w_0.

Das Beispiel eines Zweipunktreglers mit verzögerter Rückführung zur Temperaturregelung eines Durchlauferhitzers ist im OnlinePlus-Bereich des Verlags zum Download ausgestellt.

10.3.2 Zweipunktregler mit verzögert-nachgebender Rückführung

Schaltet man in den Rückführzweig eines Zweipunktreglers mit Hysterese eine verzögert-nachgebende Rückführung (**Bild 10.19**), so zeigt der Regler ein PID-ähnliches Verhalten. Für einen linearen Verstärker wurde der Fall der verzögert-nachgebenden Rückführung in Abschnitt 4.3.6 bereits behandelt. Die Sprungantwort des Rückführgliedes in Bild 10.19 setzt sich aus zwei e-Funktionen zusammen, so dass eine verzögert-nachgebende Rückführung auch durch zwei Verzögerungen 1. Ordnung mit unterschiedlichen Zeitkonstanten, wie in **Bild 10.20** dargestellt, gebildet werden kann.

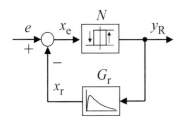

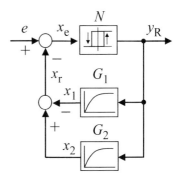

Bild 10.19 Wirkungsplan eines Zweipunktreglers mit verzögert-nachgebender Rückführung

Bild 10.20 Zweipunktregler mit verzögert-nachgebender Rückführung, erzeugt durch Parallelschaltung von zwei P-T$_1$-Gliedern

Für die Ermittlung der Sprungantwort des Zweipunktreglers mit verzögert-nachgebender Rückführung legen wir die Anordnung nach Bild 10.20 zugrunde.

Gibt man auf den Eingang des rückgekoppelten Zweipunktreglers nach Bild 10.20 eine Sprungfunktion $e(t) = e_0 \cdot \sigma(t)$, so ist zunächst x_r gleich Null und der Zweipunktregler schaltet ein. Am Ausgang des Reglers sowie an den Eingängen von G_1 und G_2 liegt der Sprung $y_{R0} \cdot \sigma(t)$. Die Ausgangsgrößen $x_1(t)$ und $x_2(t)$ steigen nach e-Funktionen mit den Zeitkonstanten T_1 und T_2 an. Für

$$x_2 - x_1 > e - x_L \quad \text{bzw.} \quad x_e = e - x_2 + x_1 < -x_L$$

fällt der Zweipunktregler ab. Bei abgeschaltetem Regler entladen sich x_1 und x_2, bis bei

$$x_2 - x_1 < e - x_L \quad \text{bzw.} \quad x_e = e - x_2 + x_1 > +x_L$$

der Zweipunktregler wieder einschaltet.

Es ergibt sich der in **Bild 10.21** gezeigte zeitliche Verlauf von $y_R(t)$. Nach der 1. Einschaltung (D-Anteil) ist die Pulsbreite zunächst klein und nimmt dann zu, bis zum ständigen Einschalten. Bildet man den Mittelwert $\bar{y}_R(t)$, so sieht man den PID-ähnlichen Verlauf.

Die technische Realisierung erfolgt, indem in die Rückführung des Zweipunktreglers ein verzögert-nachgebendes Netzwerk, wie in **Bild 10.22** gezeigt, geschaltet wird. Der Vorteil einer solchen Anordnung ist, dass wie bei einem linearen PID-Regler die bleibende Regeldifferenz $e(\infty)$ Null wird.

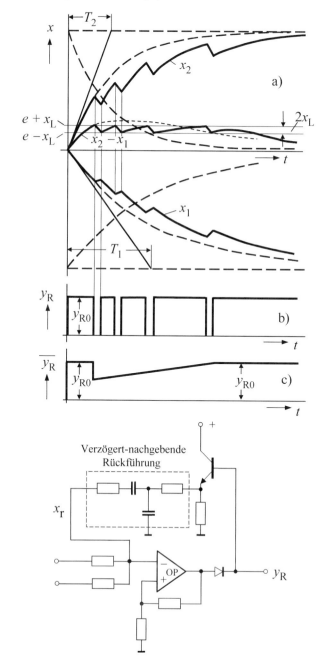

Bild 10.21 Zweipunktregler mit verzögert-nachgebender Rückführung

a) Rückführgrößen x_1, x_2
b) Stellgröße des Reglers
c) Mittelwert der Stellgröße des Reglers

Bild 10.22 Zweipunktregler mit verzögert-nachgebendem Rückführglied

10.4 Dreipunktregler

Für Stellglieder mit Motorantrieb sind Zweipunktregler ungeeignet, weil sie es nicht gestatten, die Drehrichtung zu ändern. Diesen Mangel beseitigt der *Dreipunktregler.* Ein weiterer Vorteil des Dreipunktreglers mit nachgeschaltetem Stellmotor besteht darin, dass ein Beharrungszustand, ohne die beim Zweipunktregler stets vorhandenen Dauerschwingungen, erreicht werden kann. **Bild 10.23** zeigt die Kennlinie eines Dreipunktreglers mit Hysterese.

Im Gegensatz zum Zweipunktregler besitzt der Dreipunktregler einen oberen und unteren Grenzwert. Wird die Regelgröße z. B. über ein Motorventil beeinflusst, wie bei der Temperaturregelung des Durchlauferhitzers in **Bild 10.24**, so liegt der Sollwert in der Mitte zwischen dem oberen und unteren Grenzwert.

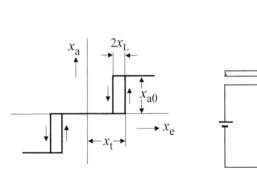

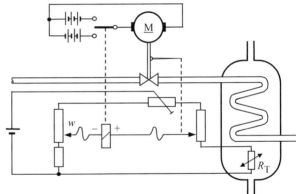

Bild 10.23 Kennlinie eines Dreipunktreglers

Bild 10.24 Temperaturregelung eines Durchlauferhitzers mittels Dreipunktregler mit Hysterese

Die Temperatur im Durchlauferhitzer wird mit einem Widerstandsthermometer R_T gemessen. Ist die Regelgröße gleich dem Sollwert, so ist die Brücke abgeglichen, das gepolte Relais stromlos und der Motor steht. Steigt die Temperatur über den Sollwert, so nimmt der Wert von R_T zu und die Brücke hat die eingezeichnete Polarität. Das im Brückenzweig liegende Relais wird so erregt, dass der Motor das Ventil schließt. Sinkt die Temperatur unter den Sollwert, so wird R_T kleiner und die Brückenspannung hat die entgegengesetzte Polarität. Infolgedessen wird das Relais entgegengesetzt magnetisiert, und der Motor öffnet das Ventil.

Vielfach wird anstelle eines Zweipunktreglers, zur Verminderung der Schwankungsbreite, ein Dreipunktregler verwendet. So zeigt **Bild 10.25** einen elektrisch beheizten Glühofen, dessen Heizleistung über zwei Heizwicklungen zugeführt wird. Beim Anfahren sind beide Heizwicklungen W_1 und W_2 eingeschaltet, wobei W_1 z. B. 90 % und W_2 20 % der erforderlichen Heizleistung liefern. Wird der untere Grenzwert, der mit

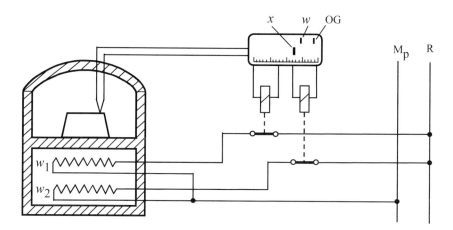

Bild 10.25 Temperaturregelung in einem Glühofen mittels Dreipunktregler

dem Sollwert identisch ist, überschritten, so schaltet W_2 ab, während W_1 eingeschaltet bleibt. Beim Erreichen des oberen Grenzwertes wird auch noch W_1 abgeschaltet.

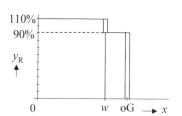

Normalerweise arbeitet dann der Dreipunktregler wie ein Zweipunktregler und schaltet nur W_2 zu und ab. Dadurch wird die Schwankungsbreite innerhalb von maximal 20 % des Sollwertes liegen. **Bild 10.26** zeigt die zugehörige Kennlinie.

Bild 10.26 Kennlinie des Dreipunktreglers bei Temperaturregelung gemäß Bild 10.25, oG = obere Grenzwert

10.4.1 Dreipunktregler mit Rückführung

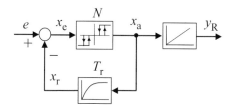

Durch eine Rückführung kann auch dem Dreipunktregler ein bestimmtes Zeitverhalten gegeben werden. **Bild 10.27** zeigt den Wirkungsplan eines Dreipunktreglers mit verzögerter Rückführung und nachgeschaltetem I-Glied. Durch diese Anordnung erhält die Regeleinrichtung ein PI-Verhalten.

Bild 10.27 Wirkungsplan eines Dreipunktreglers mit verzögerter Rückführung und nachgeschaltem I-Glied

Gibt man auf den Eingang der Regeleinrichtung einen Sprung $e(t) = e_0 \cdot \sigma(t)$, so wird der Dreipunktregler eingeschaltet, weil die Rückführgröße x_r zunächst Null ist. Dies hat zur Folge, dass am Eingang des I-Gliedes und am Eingang des Rückführgliedes der Sprung x_{a0} liegt. Infolgedessen steigt y_R linear mit der Zeit an und x_r nach einer e-Funktion mit der Zeitkonstanten T_r. Für

$$x_e = e - x_r < x_t - 2x_L, \text{ bzw. } x_r > e - x_t + 2x_L$$

schaltet der Dreipunktregler ab. Betrachtet man als Ausgangsgröße y_R den Winkel, um den eine Motorwelle sich gedreht hat, so behält y_R nach Nullwerden von x_a (Motorspannung), den Wert bei. Die Rückführgröße x_r entlädt sich, bis bei

$$x_e = e - x_r > x_t, \text{ bzw. } x_r < e - x_t$$

der Dreipunktregler erneut einschaltet, und der Motor weiter läuft. **Bild 10.28** zeigt den Verlauf von x_r, x_a und y_R.

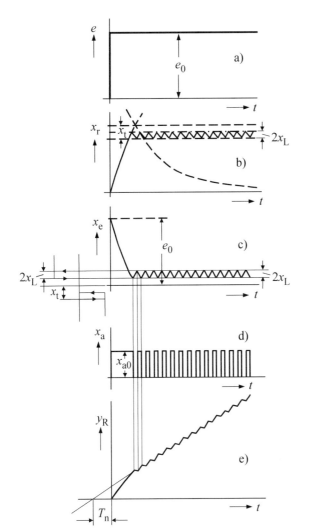

Bild 10.28 Dreipunktregler mit verzögerter Rückführung und nachgeschaltetem I-Glied;
a) Sprung der Regeldifferenz
b) zeitlicher Verlauf der Rückführgröße x_r
c) Zeitlicher Verlauf von
$$x_e = e_0 - x_r$$
d) Stellgröße des Reglers
e) Stellgröße der Regeleinrichtung

11 Digitale Regelung

Unter einer digitalen Regelung versteht man die Behandlung eines Regelkreises, in dem eine analoge Regelstrecke von einem programmierbaren Prozessrechner, bestehend aus CPU, Speicher, Ein- und Ausgangsmodulen, Analog-Digital- und Digital-Analog-Wandlern, geregelt wird.

Die Rechenprozesse und die Signalumwandlungen verlangsamen die Regelvorgänge, was ein erheblicher Nachteil an früheren Entwicklungsstadien der digitalen Regelung war. Trotzdem ist die Regelungstechnik heute gänzlich digital, was den folgenden Vorteilen des digitalen Instrumentariums zu verschreiben ist:

- Digitale Regler sind leistungsfähiger und preisgünstiger als analoge Regler.
- Ein digitaler Regler kann verschiedene Regelgrößen nacheinander abfragen und eine größere Anzahl Regelungen gleichzeitig ausführen.
- Die Regelungs- und die Steuerungsalgorithmen einer Strecke lassen sich einheitlich programmieren und realisieren.
- Es wird ermöglicht, sowohl die klassischen analogen PID-Algorithmen zu digitalisieren, als auch neue „intelligente" Regelverfahren, wie Strukturumschaltung, adaptive Regelung, Fuzzy- und Neuroregelung, einzusetzen.
- Ein fein approximiertes Modell der Regelstrecke kann in einem digitalen Regler einfach nachgebildet werden, was zu neuen modellbasierten Regelverfahren führt.

Doch der größte Vorteil besteht darin, dass die Methoden und Werkzeuge der Informationstechnologie im vollen Umfang für die Regelungszwecke anwendbar sind. Der PC-Einsatz für Regelzwecke ist sowohl über Feldbusse für den Zugriff auf Sensoren und Aktoren, als auch über Systembusse der Prozessleitebene wie allgemein verbreitete Netze Ethernet und Internet möglich.

Und schließlich kann das Engineering eines Regelkreises, angefangen von Simulation, über den Regelkreisentwurf und Inbetriebnahme bis hin zur Erstellung der Dokumentation, einheitlich von einer Software verwaltet werden.

11.1 Digitale Regeleinrichtungen

Die digitalen Reglertypen sind: Mikrocontroller oder Mikrorechner (ein Chip mit eingebauten A/D und D/A-Wandlern oder integrierte Schaltkreise mit CPU, RAM/ROM), DDC-Regler (Direct-Digital-Control) bzw. Standardregler mit eingebauten Microcontrollern, SPS (Hardware für speicherprogrammierbare Steuerungen) und Soft-SPS (Software als Regler, PC (Personal Computer) mit Einsteckkarten als Schnittstellen für Ein-/Ausgänge und IPC (Industrie-PC).

Ein dezentrales Rechnersystem, das aus vorprogrammierten Soft- und Hardware-Komponenten für die Überwachung der industriellen Produktionsprozesse auf mehreren Ebenen konfiguriert wird, heißt *Prozessleitsystem (PLS)*. Ein PLS-Beispiel ist im **Bild 11.1** gezeigt.

© Springer Fachmedien Wiesbaden GmbH, ein Teil von Springer Nature 2022
S. Zacher und M. Reuter, *Regelungstechnik für Ingenieure*,
https://doi.org/10.1007/978-3-658-36407-6_11

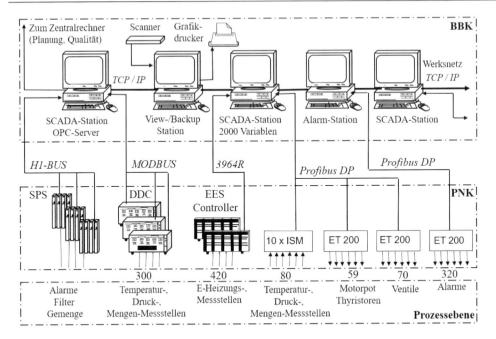

Bild 11.1 Beispiel eines dezentralen Prozessleitsystems (PLS) mit PNK, BBK und Bussystemen ((mit freundlicher Genehmigung von SCHOTT GLAS, Mainz, 2002)

Die PLS-Aufgaben sind Messwerterfassung *(Sensorik)*, SCADA *(Supervisory Control and Data Acquisition)*, Antrieb von Stellgeräten *(Aktorik)*, Regelung, Steuerung, Überwachung, Daten-Archivierung, Alarm usw. Die PLS-Komponenten sind:

- BBK *(Bedien- oder Beobachterkomponente)*, auch ABK *(Anzeige-/ Bedienkomponente)* genannt, die als eine Standard-Hardware (z. B. eine Workstation) aufgebaut ist. Hier werden Daten zur Darstellung auf dem Bildschirm von einer groben Übersicht bis zum einzelnen Regelkreis geeignet aufbereitet. Von BBK erhalten PNK die Sollwerte für die Regelungen.

- PNK *(Prozessnahekomponente)*, die aus einer Zentraleinheit und Einschüben für die Buskopplung, den E-/A-Baugruppen, sowie für die Ankopplung von untergeordneten Systemen (SPS, DDC, FieldController) besteht.

- Bussysteme für die Kommunikation, wie PROFIBUS, MODBUS, TCP/IP usw.

PLS mit herstellerunabhängigen Komponenten und mit einer offener Bus-Kommunikation, die auf der Basis des *Client-Server-Prinzip* aufgebaut sind, nennt man *Offene PLS*. Die Schnittstellen der offenen Kommunikation stellt OLE *(Object Linking and Embedding)* zur Verfügung. Die PLS-Komponenten von verschiedenen Herstellern werden miteinander über den so genannten *OPC-Server* (OLE für Process Control) verbunden.

Man kann die Kennwerte des Reglers in einem Fenster der Bedienoberfläche des Prozessleitsystems (PLS) einstellen und das Regelkreisverhalten im Trendfenster beobachten, um optimale Regelgüte zu erreichen. Besonders in der Inbetriebnahmephase oder im Notfall ist dies vom Vorteil.

Ein wesentlicher Nachteil von PLS für die Regelung ist die große Reaktionszeit. Ein D-Anteil kann den Regelvorgang beschleunigen, führt jedoch zu drastischen Änderungen des Stellsignals, sogar zur Instabilität, falls das Messsignal mit Störungen übertragen wird. Die modernen modellbasierten oder wissensbasierten Algorithmen des Kapitels 12, wie z. B. Fuzzy- oder Neuro-Regelung, sind für schnelle oder komplizierte Regelstrecken oft uneffektiv. So wird die Regelung mit PLS für Industriezwecke, d. h. für Strecken mit großen Zeitkonstanten, empfohlen.

Für Industrieanwendungen von digitalen Reglern kommt meist die Konfigurierung und keine Programmierung vor, weil die Regelalgorithmen von Herstellern vorgefertigt sind. Es werden zuerst die Hardware-Adressen für die Messwerten und Stellgrößen mit den dazugehörigen Kennlinien festgelegt. Danach fängt die Parametrierung des Reglers bzw. die Einstellung von Regler-Kennwerten an. Es werden die Betriebsarten des Reglers und die mögliche Strukturumschaltung definiert.

Eine herstellerunabhängige Konfigurierung von digitalen Reglern ist durch die Norm IEC 61131-3 erleichtert. Diese Norm wurde von der *International Electrotechnical Commission* festgelegt und hat seit 1994 den Status einer europäischen und deutschen Norm. Es ist damit möglich, die DDC, SPS und PLS verschiedener Hersteller mit fünf Programmiersprachen einheitlich zu programmieren. Da digitale Regler in einem System für Regelung, Steuerung und Prozessüberwachung integriert sind, wird die Simulation und die Visualisierung von Regelvorgängen ermöglicht.

Normalerweise sind die Konfigurierungswerkzeuge mit selbsteinstellenden Regelalgorithmen ausgestattet (Autotuning), die allerdings meist nur für langsame Regelstrecken zu empfehlen sind. Die Hardware-Komponenten werden vom Benutzer auf dem Bildschirm als Text direkt gewählt und beschaltet, wie in **Bild 11.2** am Beispiel eines Thermoelement-Eingangs gezeigt ist.

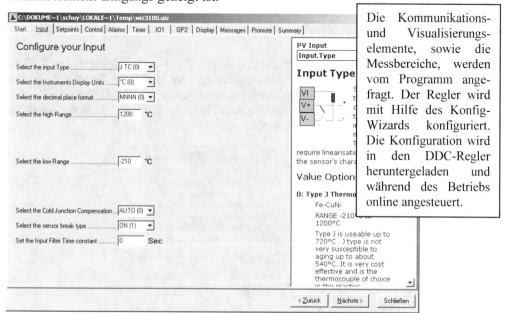

Bild 11.2 Beispiel einer Regler-Konfigurierung (mit freundlicher Genehmigung von Eurotherm Deutschland GmbH, 2003)

Die Digitalisierung ist heute überall nach dem konzeptuellen Programm „Industrie 4.0" einem schnellen Wandel unterworfen. Hierzu gehöre u.a. die Vernetzung von Maschinen und Menschen, sowie die virtuelle Repräsentation von Daten, woraus der Begriff „virtuelle Welt" resultiert. Aus dem Zusammenspiel von realen und virtuellen Welten ([142]) sind folgende zwei Modifikationen für Entwurf und Analyse von digitalen Regelkreisen entstanden:

- *Hardware-in-the-Loop* (HWL). Diese Option gilt, wenn ein bereits vorhandener Hardware-Controller an einem Software-Modell der Regelstrecke getestet wird.
- *Rapid-Control-Prototyping* (RCP). Der Algorithmus eines Controllers wird an einer realen Regelstrecke getestet und ggf. nachgebessert.

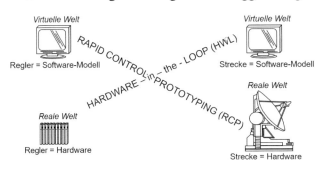

Bildquelle:
S. Zacher „Digital Twins by Study and Engineering". – In: South Florida Journal of Development, Miami, v.2, n.1, p. 284-301, 2021.
ISSN 2675-5459

- **Beispiel 11.1:**

Mit einem Mikroprozessor-Board, wie Arduino oder STM, kann das RCP in drei Stufen mit MATLAB® realisiert werden, wie im **Bild 11.3** am Beispiel eines PI-Reglers erklärt ist.

MIL: *Model-in-the-Loop*: Das Modell der Strecke und das Modell des Reglers sind mit Simulink auf dem Host-PC simuliert. Der C-Code wird für den gesamten Kreis generiert.

SIL: *Software-in-the-Loop*: Der C-Code wird nur für den Regler (*SIL-Block*) generiert. Das Modell der Strecke wird unter Simulink auf dem Host-PC mit dem C-Code des Reglers (*SIL-Block*) geregelt.

PIL: *Prozessor-in-the Loop*: Der SIL-Block wird in PIL-Block umkonfiguriert. Der C-Code des Reglers (*PIL-Block*) läuft auf einem Microprozessor. Das Modell der Strecke läuft unter Simulink auf dem Host-PC und wird vom Mikroprozessor geregelt. Ist der C-Code des Reglers (*PIL-Block*) fehlerfrei, kann das Microprozessor-Board bzw. der Regler-Algorithmus sofort für die reale Regelung in die Serie eingesetzt werden.

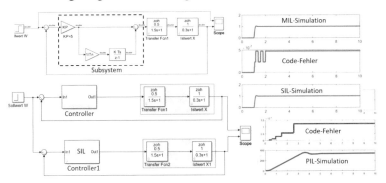

Bild 11.3   MIL / SIL / PIL eines PI-Reglers mit MATLAB®/Simulink und STM32F4-Board

11.2 Abtastregelung

In einem digitalen Regelkreis wird eine kontinuierliche Regelstrecke von einer digitalen Regeleinrichtung geregelt. Dafür muss die dem Rechner zugeführte kontinuierlich gemessene Regelgröße in digitaler Form vorliegen. Die Digitalisierung erfolgt mit einem Analog/Digital-Wandler, der die Regelgröße nur in konstanten Zeitabständen, *Abtastzeit* oder *Abtastperiode* T_A genannt, abfragt. Einen digitalen Regelkreis kann man sich gedanklich aus zwei Teilen bestehend vorstellen, wie in **Bild 11.4** gezeigt,

nämlich aus linearen zeitinvarianten Gliedern, kurz LZI, und einem diskret arbeitenden Takt- bzw. Impulsgeber.

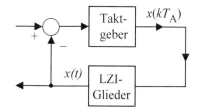

Die Regelung von Regelkreisen, in denen wenigstens ein Signal nicht kontinuierlich, sondern zeitdiskret ist, nennt man *Abtastregelung*. Solche Regelkreise lassen sich nicht, wie die kontinuierlichen, mittels Differentialgleichungen im Zeitbereich bzw.

Bild 11.4 Konzeptueller Aufbau digitaler Regelung

mittels Laplace-Transformation im Bildbereich beschreiben. Neben kontinuierlichen Funktionen, z. B. $x(t)$ treten auch Folgen von abgetasteten Signalen wie $x(kT_A)$ auf

und sollen mit anderen, als denen der kontinuierlichen Methoden behandelt werden.

Die Signale zwischen den Abtastpunkten werden nicht berücksichtigt, was Fehler verursachen kann. **Bild 11.5** zeigt, dass gleiche abgetastete Impulsfolgen aus zwei verschiedenen Sprungantworten gebildet werden können.

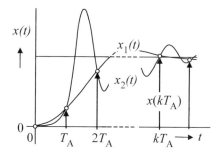

Die Untersuchungen von Abtastsystemen wurden seit 1924 durchgeführt. *Rerich* und *Grdina* befassten sich mit der Abtastregelung von hochtourigen Dampfmaschinen

Bild 11.5 Beispiel einer fehlerhaft gewählten Abtastperiode

mit Differentialgleichungen. Die ersten einheitlichen Beschreibungen von linearen Abtastsystemen findet man bei *Oldenbourg, Sartorius, Zypkin* (1948 - 1958).

11.2.1 Wirkungsweise von digitalen Regelkreisen

Wie an analoge werden auch an digitale Regler drei Grundaufgaben gestellt:

* die Regelgröße messen und die Regeldifferenz bilden;

* einen geeigneten Regelalgorithmus erzeugen;

* eine beträchtliche Leistung an Stellglieder übertragen.

Im Gegensatz zu analogen sind bei digitalen Regeleinrichtungen die Regelalgorithmen und die Verstärkungsfunktionen gerätetechnisch voneinander getrennt. Die mittels Mikroprozessoren (CPU) berechneten Stellgrößen werden binär ausgegeben oder durch Digital-Analog-Umsetzer (D/A) in Ströme (0 bis 20 mA) oder Spannungen (0 bis 10 V) umgesetzt. Die Verstärkungsfunktion und die Anpassung an die Strecke übernehmen die nachgeschalteten Leistungsverstärker, Relais, Motoren usw.

In **Bild 11.6** ist eine kontinuierliche Regelstrecke gezeigt, die mit digitalen Elementen, wie Mikrorechner, Analog-Digital-Wandler (A/D) und Digital-Analog-Wandler (D/A) geregelt wird. Die Istwerte $x(t)$, bei denen es sich um ganz verschiedenartige physikalische Größen handeln kann, etwa Durchflüsse, Drücke, Temperaturen, Spannungen usw., werden durch die Messumformer auf ein Einheitssignal transformiert. Die Wandlung oder die Abtastung der stetigen Regelgröße $x(t)$ erfolgt meist in äquidistanten Zeitabständen (Abtastzeit T_A) durch den vorgeschalteten A/D-Wandler. Aus dem kontinuierlichen Signal $x(t)$ entsteht die diskrete Folge $x(kT_A)$, die für die Abtastzeit T_A konstant gehalten wird. Im Rechner wird aus dieser Istwertfolge $x(kT_A)$ und der eingegebenen Führungsfolge $w(kT_A)$ die Regeldifferenzfolge $e(kT_A)$ gebildet. Anhand eines im Rechner gespeicherten Programms, z. B. dem digitalisierten PID-Regelalgorithmus, wird dann die Stellgrößenfolge $y_R(kT_A)$ berechnet und über den D/A-Wandler als geglättetes Stellsignal $y^*_R(kT_A)$ ausgegeben.

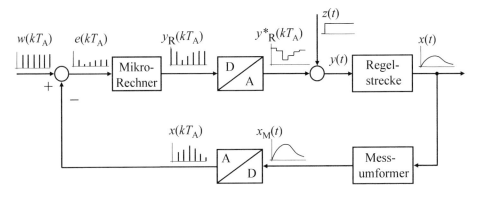

Bild 11.6 Wirkungsplan eines Regelkreises mit digitalem Regler

Die analogen Signale $x(t)$ von A/D-Wandler werden abgetastet und in eine zeitdiskrete Folge umgeformt. Die Zahlenfolge wird in eine stufenförmige Funktion $x(kT_A)$, die so genannte *Treppenkurve*, umgewandelt. Funktionsmäßig besteht ein A/D-Wandler aus einer Abtastung (*Sample*) und einer Speicherung (*Hold*). Ein Abtast-/Halteglied (*S&H*) mit der Abtastzeit T_A ist in **Bild 11.7** dargestellt.

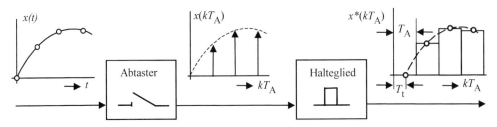

Bild 11.7 Umwandlung von analogen Signalen mit Abtast-/Halteglied-Schaltung

Ein analoges Eingangssignal steht digitalisiert erst nach einer *Wandelzeit* bzw. Totzeit T_t am Ausgang des Wandlers dem Regler zur Verfügung. Diese Totzeit beträgt

$$T_t = \frac{T_A}{2}, \qquad (11.1)$$

wie in Bild 11.4 durch einen Vergleich zwischen analogem Eingangssignal $x(t)$ und den aus der Treppenkurve $x^*(kT_A)$ interpoliertem Ausgangssignal schematisch gezeigt ist. Die mathematische Herleitung findet man im nachfolgenden Beispiel.

- **Beispiel 11.2**

Die Treppenkurve am Ausgang eines Haltegliedes entsteht aus einer Folge von Rechteckimpulsen, wobei jeder einzelne Impuls als Überlagerung von zwei Einheits-Sprungfunktionen

$$\sigma(t) - \sigma(t - T_A),$$

dargestellt werden kann (**Bild 11.8**). Die Laplace-Transformierten von Sprungfunktionen sind:

$$L[\sigma(t)] = \frac{1}{s},$$

$$L[\sigma(t - T_A)] = \frac{1}{s} \cdot e^{-sT_A}.$$

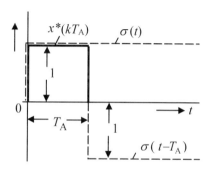

Am Eingang des Haltegliedes wirkt eine δ - Funktion, die im Bildbereich als

$$\delta(t) = \frac{d\sigma(t)}{dt} \quad \Rightarrow \quad L[\delta(t)] = s \cdot \frac{1}{s} = 1$$

dargestellt wird. Daraus ergibt sich die Übertragungsfunktion des Haltegliedes zu

Bild 11.8 Zur Ermittlung der Übertragungsfunktion eines Haltegliedes

$$G_H(s) = \frac{L[\sigma(t) - \sigma(t - T_A)]}{L[\delta(t)]} = \frac{1}{s} - \frac{1}{s} e^{-sT_A} = \frac{1 - e^{-sT_A}}{s}, \qquad (11.2)$$

mit dem entsprechenden Frequenzgang

$$G_H(j\omega) = \frac{1 - e^{-j\omega T_A}}{j\omega}.$$

Durch Ansätze

$$e^{-j\omega T_A} = \cos\omega T_A - j\sin\omega T_A \quad \text{und} \quad \omega T_A = 2 \cdot \frac{\omega T_A}{2}$$

kann $G_H(j\omega)$ in folgende Form gebracht werden:

$$G_H(j\omega) = \frac{e^{-j\frac{\omega T_A}{2}}(e^{j\frac{\omega T_A}{2}} - e^{-j\frac{\omega T_A}{2}})}{j \cdot 2 \cdot \frac{\omega T_A}{2}} = \frac{\sin\frac{\omega T_A}{2}}{\frac{\omega T_A}{2}} \cdot T_A \cdot e^{-j\frac{\omega T_A}{2}}.$$

Bei tiefen Frequenzen $\omega T_A \ll 1$ kann das Halteglied wie folgt angenähert werden:

$$G_H(j\omega) \approx T_A \cdot e^{-j\frac{\omega T_A}{2}},$$

was einem Totzeitglied mit der Totzeit (11.1) entspricht.

11.2.2 Rechenzeit

Die Rechenzeit T_R, auch *Rechentotzeit* genannt, ist die Zeit, die der Regler benötigt, um die Stellgröße y_k aus einer Impulsfolge von Regeldifferenzen e_k, e_{k-1}, e_{k-2} ... zu berechnen.

In **Bild 11.9** ist schematisch dargestellt, wie der Regelalgorithmus von der Beziehung zwischen Rechenzeit T_R und Abtastzeit T_A abhängig ist, nämlich:

- Im Fall $T_R < T$ bzw. $T_R \to 0$ (Rechenzeit T_R ist klein) ist die aktuelle Stellgröße vom aktuellen Impuls der Regeldifferenz abhängig, bzw. es gilt $y_k = f(e_k)$.

- Im Fall $T_R = T$ (Rechenzeit = Abtastzeit), ist die aktuelle Stellgröße vom vorherigen Impuls der Regeldifferenz abhängig, bzw. es gilt $y_k = f(e_{k-1})$

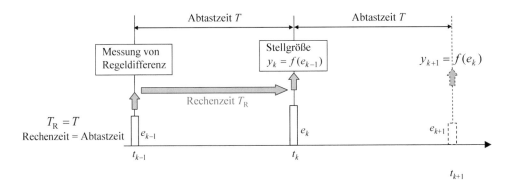

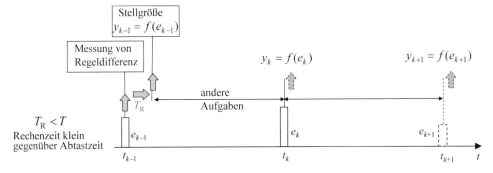

Bild 11.9 Zusammenhang zwischen Stellgröße y_k und Regeldifferenz e_k

11.2.3 Beschreibungsmethoden

Unten ist eine Übersicht der verschiedenen Beschreibungsmethoden von digitalen Systemen gegeben, sie werden in nachfolgenden Abschnitten ausführlich behandelt.

a) Quasikontinuierliche Beschreibung

Ist die Abtastzeit T_A viel kleiner als die Zeitkonstanten der Regelstrecke, kann die Abtastung vernachlässigt und der Regelkreis als kontinuierlich behandelt werden. Die von digitalen Elementen verursachte Verlangsamung des Regelvorgangs wird als ein zusätzliches Glied mit der Totzeit nach (11.1) berücksichtigt. Die Annäherung gilt jedoch nur, wenn die Abtastzeit T_A kleiner als die Verzögerungszeitkonstante der Regelstrecke T_g oder T_u ist, wie im **Bild 11.10** für $T_A \approx 0{,}5 \cdot T_u$ gezeigt ist. In der Praxis gilt dafür normalerweise $T_A \leq 0{,}1 \cdot T_u$.

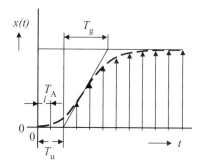

Bild 11.10 Zeitverhalten einer analogen P-T$_n$-Regelstrecke mit eingetragenen Abtastsignalen. Die Zeitkonstanten sind:

T_u Verzugszeit,

T_g Ausgleichszeit,

T_A Abtastzeit.

Wie im vorherigen Abschnitten gezeigt wurde, allein der Einsatz eines A/D-Wandlers bringt die Totzeit T_t in ein analoger Regelkreis. Dazu soll auch die Rechenzeit T_R beachtet werden. Dabei unterscheidet man folgende Fälle:

- Ist die Rechenzeit klein gegenüber Abtastzeit, d. h. $T_R < T_A$, kann die Rechenzeit vernachlässigt werden. In diesem Fall nur der A/D-Wandler verlangsamt die Regelung. Ein analoger Regelkreis mit der Übertragungsfunktion

$$G_0(s) = G_R(s)G_S(s)$$

wird beim Übergang zu digitaler Regelung im Fall $T_R < T_A$ mit einer zusätzlichen Totzeit T_t nach Gl. (11.1) ergänzt:

$$G_0(s) = G_R(s)G_S(s)e^{-sT_t} \quad \text{mit } T_t = 0{,}5\ T_A$$

- Ist die Rechenzeit vergleichbar mit der Abtastzeit, d. h. $T_R = T_A$, wird die Rechenzeit im voller Größe bei der Bestimmung der Totzeit berücksichtigt, d. h.

$$G_0(s) = G_R(s)G_S(s)e^{-sT_t} \quad \text{mit } T_t = T_A + 0{,}5\ T_A = 1{,}5\ T_A$$

- Ist die Rechenzeit T_R größer Abtastzeit, d. h. $T_R > T_A$, wird sie beim Reglernwurf als ein ganzzahliges Vielfaches der Abtastzeit T_A angenommen, d. h.

$$T_R = l \cdot T \quad \text{mit} \quad l = 0, 1, 2...$$

wobei der Wert $l = 0$ entspricht dem Fall $T_R < T_A$, bei $l = 1$ gilt der Fall $T_R = T_A$.

b) Diskretisierte Beschreibung im Zeitbereich

Ausschlaggebend für Abtastsysteme ist die Behandlung von abgetasteten Zahlenfolgen $x(0)$, $x(T_A)$, $x(2T_A)$, ... , $x(kT_A)$ anstelle der kontinuierlichen Regelgröße $x(t)$. Mit einer ganzzahligen Variable k anstelle der analogen Zeitvariable t kann der Regelkreis mit Abtastgliedern mit diskreten Signalen x_0, x_1, ... x_{k-1}, x_k, x_{k+1} beschrieben werden. Die analogen Regelalgorithmen werden diskretisiert, indem die Integration durch Summation und die Differentiation durch Bildung der Differenzquotienten für eine

Diskretisierungszeit T_A ersetzt wird, z. B. $\int x(t)\, dt \approx T_A \cdot \sum_{k=0}^{N} x_k$ und

$\dfrac{dx(t)}{dt} \approx \dfrac{x_{k+1} - x_k}{T_A}$. Die Lösung der Differenzengleichungen erfolgt mittels Rekursionen oder mit homogenem und partikulärem Ansatz.

c) Beschreibung mittels z-Transformation im Bild- bzw. Frequenzbereich

Zunächst wird die Variable $e(t)$ nach der Abtastung als Folge von Impulsfunktionen

$$\delta(t) = \begin{cases} 0 & \text{für } t \neq 0 \\ \infty & \text{für } t = 0 \end{cases} \qquad \int \delta(t) dt = 1 \qquad L[\delta(t)] = 1$$

dargestellt und mit den diskreten Werten $e(kT_A)$ für $k = 0, 1, 2... \infty$ gewichtet (s. Bild 11.6). Danach wird das mit dem Summenzeichen zusammengefasste Signal

$$e^*(t) = \sum_{k=0}^{\infty} e(kT_A)\, \delta(t - kT_A).$$

nach *Laplace* transformiert:

$$e^*(s) = L\,[e^*(t)].$$

Da die Abbildung eines einzelnen Impulses $\delta(t-kT_A)$ nach der Fourier-Transformation gleich $e^{-j\omega kT_A}$ ist, gilt für das ganze Spektrum $e*(j\omega)$ im Frequenzbereich

$$e^*(j\omega) = \sum_{k=0}^{\infty} e(kT_A)\, e^{-j\omega kT_A}$$

bzw. im Bildbereich unter Beachtung $s = j\omega$

$$e^*(s) = \sum_{k=0}^{\infty} e(kT_A)\, e^{-skT_A} . \tag{11.3}$$

Die Transformation nach Gl. (11.3) kann als *diskrete Laplace-Transformation* bezeichnet werden. Ersetzt man nun e^{sT_A} durch eine neue Variable z, d. h.

$$e^{-sT_A} = z^{-1},$$

so folgt aus (11.3) die so genannte *z-Transformation* der digitalen Größe $e(kT_A)$

$$e(z) = \sum_{k=0}^{\infty} e(kT_A) z^{-k} = Z[kT_A] \tag{11.4}$$

Durch *z*-Transformation von Impulsfolgen am Eingang $x_e(kT_A)$ und am Ausgang $x_a(kT_A)$ eines digitalen Elements des Kreises

$$x_e(z) = Z[x_e(kT_A)] \qquad\qquad x_a(z) = Z[x_a(kT_A)]$$

entstehen die *z*-Übertragungsfunktionen

$$G(z) = \frac{x_a(z)}{x_e(z)} = Z[g(kT_A)]. \tag{11.5}$$

wobei $g(kT_A)$ die Gewichtsfunktion ist. Sie wird aus der Übertragungsfunktion $G(s)$ durch Rücktransformation ermittelt $L^{-1}[G(s)] = g(t)$ und als Impulsfolge $g(kT_A)$ mit der Abtastzeit T_A dargestellt. Im Abschnitt 11.5 wird gezeigt, wie die kontinuierlichen Untersuchungsmethoden für die digitalen Systeme mit Hilfe der *z*-Transformation umformuliert werden.

Die Beschreibungsformen digitaler Regelkreise sind in **Bild 11.11** zusammengefasst.

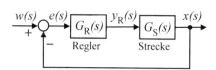

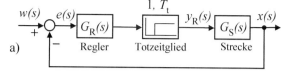

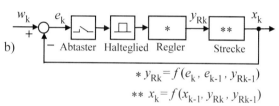

Bild 11.11 Darstellung von digitalen Regelkreisen:
a) quasikontinuierliche
b) diskretisierte
c) z - transformierte

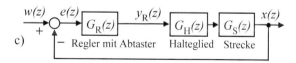

11.3 Quasikontinuierliche Regelung

11.3.1 Wahl der Abtastperiode

Wenn die Abtastzeit T_A kleiner als die eigene Verzögerung der Regelstrecke ist, kann sie nach der Gl. (11.1) wie eine Totzeit $T_t = 0{,}5 \cdot T_A$ berücksichtigt werden. Die Abtastzeit darf nicht zu groß gewählt werden, da der Regelkreis wegen großen Totzeiten instabil werden kann. Andererseits kann sie nicht zu klein gewählt werden, da der Regler überlastet wird und die Realisierung nur mit speziellen Typen von Mikroprozessoren möglich ist. Die Abtastrate ist außerdem durch die Nutzbandbreite begrenzt.

In der Praxis orientiert man sich bei der Wahl der Abtastrate auf die Kenngrößen der Regelstrecke. In der nachstehenden Tabelle sind die Abtastzeiten T_A in Abhängigkeit von der Verzugszeit T_u, Ausgleichszeit T_g sowie den Zeitprozentwert T_{95} empfohlen. T_{95} ist die aus der Sprungantwort abgelesene Zeit, bei der die Regelgröße 95% des Beharrungszustandes $x(\infty)$ erreicht.

Experimentell ermittelter Kennwert der Regelstrecke	Anzahl der Abtastungen innerhalb der Zeitperiode	Abtastzeit T_A
T_u und $T_g < 10\,T_u$	von 2 bis 5	von $0{,}2 \cdot T_u$ bis $0{,}5 \cdot T_u$
T_{95}	von 10 bis 20	von $0{,}05 \cdot T_{95}$ bis $0{,}1 \cdot T_{95}$
T_g	10 und mehr	kleiner als $0{,}1 \cdot T_g$

Die Abtastzeit T_A kann auch aus den berechneten bzw. simulierten Kenngrößen des geschlossenen analogen Regelkreises abgeleitet werden. Normalerweise soll die Anzahl der Abtastungen innerhalb der Anregelzeit 10 bis 20 betragen. In der Praxis liegen die Abtastzeiten in Größenordnung von 1 bis 10 ms für Antriebstechnik und von 1 bis 20 s für Prozessautomatisierung.

11.3.2 Praktische Einstellregeln

Durch die von T_A verursachte Vergrößerung der Gesamttotzeit wird die Phasenreserve des digitalen Regelkreises im Vergleich zu den analogen verringert, was zu Verringerung der Dämpfung und gar zu Instabilität führen kann.

- **Beispiel 11.3**

Ein Regelkreis mit dem analogen PID-Regler hat die Phasenreserve $\varphi_{Rd} = 45°$ bei der Durchtrittsfrequenz $\omega_d = 10\ \text{s}^{-1}$. Es soll berechnet werden, wie sich die Phasenreserve ändert, wenn der analoge Regler durch einen digitalen PID-Regler mit der gleichen Einstellung und mit der Abtastzeit $T_A = 0{,}05$ s ersetzt wird. Die Rechenzeit des Reglers ist kleiner als 0,05 s.

Die Rechenzeit wird vernachlässigt; die Abtastung führt zu einer Totzeit $T_t = 0{,}5 \cdot T_A = 0{,}025$ s und einer Phasensenkung von

$$\varphi_t(\omega) = -\omega \cdot T_t,$$

die für $\omega_d = 10\text{s}^{-1}$

$$\varphi_t(\omega_d) = -\omega_d \cdot T_t = 0{,}25 \text{ Rad} \quad \text{bzw.} \quad \varphi_t(\omega_d) = -14{,}3°$$

beträgt. Die Phasenreserve des digitalen Regelkreises ist damit

$$\varphi_{\text{Rd digital}} = \varphi_{\text{Rd}} + \varphi_t(\omega) = 45° - 14{,}3° = 30{,}7°.$$

Zum Entwurf eines quasikontinuierlichen Regelkreises werden die Gütekriterien und Methoden der analogen Regelungstechnik herangezogen. In den im Abschnitt 8.2 vorgestellten praktischen Empfehlungen soll die Totzeit $T_t = 0{,}5 \cdot T_A$ berücksichtigt werden, d. h. anstelle von T_u wird $T_u + 0{,}5 \cdot T_A$ eingesetzt. Auf diese Weise sind z. B. die Einstellregeln für digitale Regelkreise nach *Takahashi* aus dem Ziegler-Nichols-Verfahren für analoge Regelkreise ausgeführt, die allerdings nur für $T_R < T_A$ gelten:

Kennwerte	P-Regler	PI-Regler	PID-Regler (additive Form)
K_{PR}	$\dfrac{T_g}{K_{\text{PS}}(T_u + T_A)}$	$0{,}9 \cdot \dfrac{T_g}{K_{\text{PS}}(T_u + 0{,}5T_A)}$	$1{,}2 \cdot \dfrac{T_g}{K_{\text{PS}}(T_u + T_A)}$
T_n	-	$3{,}33 \cdot (T_u + 0{,}5T_A)$	$2 \cdot \dfrac{(T_u + 0{,}5T_A)^2}{T_u + T_A}$
T_v	-	-	$0{,}5 \cdot (T_u + T_A)$

In der nachstehenden Tabelle ist das Verhalten eines Regelkreises mit einer P-T_n-Strecke und dem digitalen PI-Regler, der nach verschiedenen Regeln eingestellt ist, für verschiedene Abtastzeiten T_A gezeigt.

Abtastzeit T_A	Praktische Einstellregel	Gütekriterien beim Führungsverhalten
$T_A = 0{,}1 \, T_u$	Nach *Chien, Hrones* und *Reswick*	Die zufriedenstellende Dämpfung von 0,3 bis 0,4
$T_A = 0{,}3 \, T_u$	Nach *Chien, Hrones* und *Reswick*	Die Dämpfung verringert sich nur gering
$T_A = T_u$	Nach *Chien, Hrones* und *Reswick*	Eine Dauerschwingung entsteht (Stabilitätsgrenze)
	Nach *Takahashi*	Keine Verbesserung, eine Dauerschwingung entsteht (Stabilitätsgrenze)
	Nach *Ziegler-Nichols*	Verbesserung der Dämpfung auf 0,3

- **Beispiel 11.4**

Der asymptotische Verlauf des *Bode*-Diagramms eines aufgeschnittenen Regelkreises mit einem analogen P-Regler ist in **Bild 11.12** gegeben. Der Proportionalbeiwert des Reglers beträgt $K_{\text{PR}} = 1{,}5$. Die Phasenreserve ist $\varphi_{\text{Rd}} = 45°$ bei Durchtrittsfrequenz von $\omega_d = 0{,}25 \text{ s}^{-1}$.

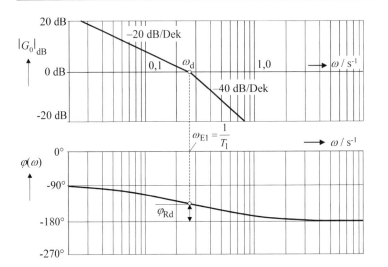

Bild 11.12 *Bode*-Diagramm des Regelkreises mit analogem P-Regler und I-T₁-Strecke

Der analoge P-Regler soll durch den digitalen PD-Regler mit der Abtastzeit $T_A = 2,0$ s ersetzt werden. Gesucht ist die Reglereinstellung, bei der der Regelkreis mit digitalem Regler die gleiche Phasenreserve $\varphi_{Rd} = 45°$ behält. Die Rechenzeit des Reglers wird vernachlässigt.

Die Zeitkonstante T_1 der Strecke wird sofort durch die Vorhaltzeit des PD-Reglers kompensiert, d. h. $T_v = T_1 = 1/\,0,25$ s$^{-1} = 4$ s. Als Hilfsmittel wird zunächst das *Bode*-Diagramm des aufgeschnittenen Regelkreises mit analogem PD-Regler mit $K_{PR} = 1,5$ ermittelt, das dann, wie im **Bild 11.13** gezeigt, mit dem Totzeitglied $T_t = 0,5 \cdot T_A = 1$ s ergänzt wird, was dem digitalen Regelkreis entspricht.

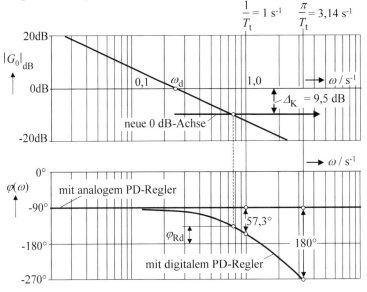

Bild 11.13 *Bode*-Diagramm des Kreises mit analogem und digitalem PD-Regler

Um die gewünschte Phasenreserve φ_{Rd} einzustellen, soll man die 0-dB-Achse nach unten um $\Delta_K \approx 9,5$ dB bzw. $\Delta K \approx 3$ verschieben. Damit erhält man für den Proportionalbeiwert des Reglers

$$K_{PR} = 1,5 \cdot \Delta K = 4,5.$$

11.4 Beschreibung von Abtastsystemen im Zeitbereich

11.4.1 Differenzengleichungen

Gleichungen, die den Zusammenhang zwischen abgetasteten Folgen $x_e(kT_A)$ der Eingangsgröße x_e und abgetasteten Folgen $x_a(kT_A)$ der Ausgangsgröße x_a eines zeitdiskreten Systems beschreiben, nennt man inhomogene *Differenzen*gleichungen. Im Folgenden werden die diskreten Eingangswerte $x_e(kT_A+nT_A)$ kurz mit $x_{e,k+n}$ bzw. u_{k+n} sowie die diskreten Werte $x_e(kT_A+nT_A)$ mit v_{k+n} bezeichnet. Eine lineare inhomogene Differenzengleichung n-ter Ordnung

$$a_n v_{k+n} + a_{n-1} v_{k+n-1} + \ldots + a_1 v_{k+1} + a_0 v_k = b_0 u_k \tag{11.6}$$

hat Ähnlichkeit mit einer Differentialgleichung gleicher Ordnung:

$$a_n v^{(n)}(t) + a_{n-1} v^{(n-1)}(t) + \ldots + a_1 \dot{v}(t) + a_0 v(t) = b_0 u(t).$$

11.4.2 Aufstellen der Differenzengleichungen

Eine Differenzengleichung kann aus einer Differentialgleichung erstellt werden, indem man die Integration durch eine Summe

$$v(t) = K_I \int u(t)dt \quad \Longrightarrow \quad v_k = K_I \sum_{i=1}^{k} v_k$$

und die Differentiation durch einen Differenzenquotienen ersetzt:

$$v(t) = K_D \frac{du(t)}{dt} \quad \Longrightarrow \quad v_k(t) = K_D \frac{u_k - u_{k-1}}{T_A}$$

- **Beispiel 11.5**

Gegeben ist die Differentialgleichung $T_1 \dot{v}(t) + v(t) = K_P u(t)$ mit $T_1 = 1$ s, $K_P = 2$ und $u_0 = 1$.

Gesucht ist die Differenzengleichung mit Abtastzeit $T_A = 0{,}25$ s und die Lösung.
Nach dem Approximieren

$$T_1 \frac{v_k - v_{k-1}}{T_A} + v_k = K_P u_k$$

ergibt sich die Differenzengleichung zu

$$v_k = \left(\frac{T_1}{T_1 + T_A} \right) v_{k-1} + K_P \left(\frac{T_A}{T_1 + T_A} \right) u_k \quad \text{bzw.} \quad v_k = 0{,}8 v_{k-1} + 0{,}4 u_k.$$

Die Lösung bei $t = kT_A$ ist $v_k = K_P (1 - e^{-\frac{kT_A}{T_1}}) u_0 = 2(1 - e^{-0{,}25k})$.

11.4.3 Lösung der Differenzengleichungen mittels Rekursion

Die Lösung der Differenzengleichung ist die Folge

$$x_{a,0}, \quad x_{a,1}, \quad x_{a,2}, \quad ..., \quad x_{a,k}, \quad ...$$

Die Werte der Ausgangsgröße $x_{a,k+n}$ für $k = 1, 2, ...$ können aus gegebenen Koeffizienten $a_n, a_{n-1}, ..., a_0, b_0$ und Anfangswerten $x_{a,n}$ bei $k = 0$ durch die Erhöhung von k jeweils um Eins schrittweise berechnet werden. Die Gl. (11.6) wird dafür umgestellt:

$$x_{a,k+n} = \frac{1}{a_n}[-a_{n-1}x_{a,k+n-1} - ... - a_1 x_{a,k+1} - a_0 x_{a,k} + b_0 x_{e,k}].$$

Werden die Anfangswerte der Differenzengleichung wie im analogen Fall zu Null angenommen, d. h. $x_{a,n} = 0$ für $n = 0, 1, 2, ...$ und gilt für den Eingangssprung

$$x_{e,-1} = 0 \qquad x_{e,0} = x_{e,1} = x_{e,2} = ... = x_{e,k} = x_{e0}$$

so wird der erste Wert der Ausgangsgröße für $k = 1$ wie folgt berechnet:

$$x_{a,1+n} = \frac{1}{a_n}[-a_{n-1}x_{a,n} - a_{n-2}x_{a,n-1} - ... - a_1 x_{a,1} - a_0 x_{a,1} + b_0 x_{e,1}].$$

Die Lösung mittels Rekursion ist nur numerisch möglich und lässt sich nicht für die Regelkreisanalyse bzw. Stabilitätsbedingungen verallgemeinern.

▶ **Aufgabe 11.1**

Die Regelstrecke stellt ein P-Glied mit $K_{PS} = 8$ dar und wird mit einem analogen I-Regler geregelt. Der Integrierbeiwert des Reglers ist $K_{IR} = 2$ s^{-1}. Der analoge Regler wird durch einen digitalen Regler mit gleichem Integrierbeiwert ersetzt. Die Abtastzeit des digitalen Reglers beträgt $T_A = 0,05$ s. Der Regelalgorithmus wird nach der Trapezregel digitalisiert. Vergleichen Sie die Sprungantworten des geschlossenen Regelkreises mit analogem und digitalem Regler nach einem Sprung der Führungsgröße von $w_0 = 2$.

11.4.4 Exakte Lösung der Differenzengleichungen

Ähnlich einer Differentialgleichung entsteht auch hier die Lösung der Gl. (11.6) aus der Lösung $x^h_{a,k}$ der homogenen Differenzengleichung

$$a_n x_{a,k+n} + a_{n-1}x_{a,k+n-1} + ... + a_1 x_{a,k+1} + a_0 x_{a,k} = 0 \qquad (11.7)$$

und einer partikulären Lösung $x^{part}_{a,k}$, d. h.

$$x_{a,k} = x^h_{a,k} + x^{part}_{a,k}.$$

Für die homogene Lösung wird Gl. (11.7) mit dem Ansatz

$$x_{a,k}^h = C \cdot z^k \tag{11.8}$$

zu der so genannten charakteristischen Gleichung der Differenzengleichung gebracht:

$$a_n C \cdot z^{k+n} + a_{n-1} C \cdot z^{k+n-1} + \ldots + a_1 C \cdot z^{k+1} + a_0 C \cdot z^k = 0.$$

Daraus folgt

$$C \cdot z^k [a_n z^n + a_{n-1} z^{n-1} + \ldots + a_1 z^1 + a_0 z^0] = 0,$$

$$a_n z^n + a_{n-1} z^{n-1} + \ldots + a_1 z^1 + a_0 z^0 = 0. \tag{11.9}$$

Die charakteristische Gleichung (11.9) hat n Nullstellen $z_1, z_2, \ldots, z_n$, die reell oder konjugiert komplex sind. Die homogenen Lösung ergibt sich somit zu

$$x_{a,k}^h = \sum_{i=1}^n C_i \cdot z_i^k, \tag{11.10}$$

wobei die Koeffizienten C_i aus den Anfangsbedingungen folgen.

Bei der partikulären Lösung wird, entsprechend zu Differentialgleichungen, eine Eingangsfunktion, z. B. die Sprungfunktion $x_{e,k} = 1$, in Gl. (11.6) eingesetzt.

- **Beispiel 11.6**

Gegeben ist die Differentialgleichung eines geschlossenen Regelkreises

$$T_1 \dot{x}(s) + x(t) = K_p w(t)$$

mit $T_1 = 1$ s und $K_P = 2$. Gesucht ist die exakte Lösung der Differenzengleichung.

Die Gesamtlösung ergibt sich als Superposition der homogenen und partikulären Lösungen der charakteristischen Gleichung

$$x_k = e^{-\frac{T_A}{T_1}} x_{k-1} + K_P (1 - e^{-\frac{T_A}{T_1}}) w_{k-1} \text{ bzw. } x_k = 0{,}7788 x_{k-1} + 0{,}4424 w_{k-1}$$

- **Beispiel 11.7**

Der analoge Regler des in **Bild 11.14** gezeigten Regelkreises wird durch einen digitalen PI-Regler mit der Abtastzeit $T_A = 0{,}1$ s ersetzt. Es soll die Differenzengleichung erstellt und die Lösung bei einem Eingangssprung $w_0 = 2$ ermittelt werden.

Die Übertragungsfunktion des geschlossenen Regelkreises mit dem analogen PI-Regler:

$$G_W(s) = \frac{x(s)}{w(s)} = \frac{\beta^2}{s^2 + 2\alpha \cdot s + \beta^2}, \tag{11.11}$$

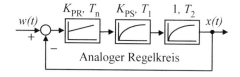

Bild 11.14 Wirkungsplan des Regelkreises mit dem analogen PI-Regler. Die Kennwerte des Kreises sind: $K_{PS} = 0{,}8$;

$T_1 = 0{,}5$; $T_2 = 1$ s;

$K_{PR} = 1{,}5$; $T_n = 1$ s.

$$\text{mit } \alpha = \frac{1}{2T_1} = 1\,\text{s}^{-1} \text{ und } \beta^2 = \frac{K_{PR}\,K_{PS}}{T_n\,T_1} = 2{,}4\,\text{s}^{-2}. \tag{11.12}$$

Die Differentialgleichung erhalten wir aus Gl. (11.11) nach der Laplace-Rücktransformation:

$$s^2 \cdot x(s) + 2\alpha \cdot s \cdot x(s) + \beta^2 \cdot x(s) = \beta^2 \cdot w(s)$$

$$\Downarrow \qquad\qquad \Downarrow \qquad\qquad \Downarrow \qquad\qquad \Downarrow$$

$$\frac{d^2 x(t)}{dt^2} + 2\alpha \frac{dx(t)}{dt} + \beta^2 x(t) = \beta^2 w(t). \tag{11.13}$$

Die Digitalisierung erfolgt mit rechter Intervallgrenze, d. h.

$$\frac{dx(t)}{dt} \approx \frac{x_{k+1} - x_k}{T_A} = \Delta x_k$$

$$\frac{d^2 x(t)}{dt^2} \approx \frac{\Delta x_{k+1} - \Delta x_k}{T_A} = \frac{1}{T_A}\left(\frac{x_{k+2} - x_{k+1}}{T_A} - \frac{x_{k+1} - x_k}{T_A} \right).$$

Setzen wir die obigen Differenzen in Gl. (11.13), so entsteht die Differenzengleichung

$$x_{k+2} + 2(\alpha T_A - 1)\cdot x_{k+1} + (1 - 2\alpha T_A + \beta^2 T_A^2)\cdot x_k = \beta^2 T_A^2 \cdot w_k$$

bzw.

$$a_2 x_{k+2} + a_1 x_{k+1} + a_0 x_k = b_0 w_k, \tag{11.14}$$

mit

$$a_2 = 1$$

$$a_1 = 2(\alpha T_A - 1) = -1{,}8$$

$$a_0 = 1 - 2\alpha T_A + \beta^2 T_A^2 = 0{,}824 \quad \text{und} \quad b_0 = \beta^2 T_A^2 = 0{,}024.$$

Aus der Differenzengleichung (11.14) bilden wir nach (11.9) die charakteristische Gleichung

$$a_2 z^2 + a_1 z^1 + a_0 z^0 = 0, \tag{11.15}$$

bzw. $z^2 - 1{,}8z + 0{,}824 = 0$ mit zwei Polstellen:

$$z_1 = 0{,}9 + 0{,}1183j$$

$$z_2 = 0{,}9 - 01183j.$$

Die homogene Lösung der Differenzengleichung für $k = 0, 1, 2, \dots$ ist nach (11.10)

$$x_k^h = C_1 \cdot z_1^k + C_2 \cdot z_2^k. \tag{11.16}$$

Die partikuläre Lösung x_k^{part} stellt für die Eingangssprungfunktion eine Konstante C_0 dar und wird durch Einsetzen in die Differenzengleichung (11.14) bestimmt:

$$a_2 C_0 + a_1 C_0 + a_0 C_0 = b_0 w_k$$

bzw.

$$C_0 = -\frac{b_0 w_k}{a_2 + a_1 + a_0} = \frac{0{,}024 \cdot 2}{1 - 1{,}8 + 0{,}824} = 2 .$$

Damit ist die Gesamtlösung für $k = 0, 1, 2, \ldots$ unter Beachtung von (11.16)

$$x_k = x_k^h + x_k^{part} = C_0 + C_1 \cdot z_1^k + C_2 \cdot z_2^k .$$

Die Anfangswerte sind bei $k = 0$ gegeben:

$$x_0 = 0$$

$$\frac{dx_k}{dt}\bigg|_{k=0} \approx \frac{x_1 - x_0}{T_A} = 0 \quad \text{bzw.} \quad x_1 = 0.$$

Setzen wir die Gesamtlösung x_k in der Differenzengleichung (11.15) für $k = 0$ und $k = 1$ ein, so ergeben sich zwei Gleichungen

$$\begin{cases} x_0 = 2 + C_1 z_1^0 + C_2 z_2^0 = 0 \\ x_1 = 2 + C_1 z_1^1 + C_2 z_2^1 = 0 \end{cases} \quad \text{bzw.} \quad \begin{cases} C_1 + C_2 = -2 \\ C_1 z_1 + C_2 z_2 = -2, \end{cases}$$

die zu folgenden Werten führen:

$$C_1 = \frac{-2z_2 + 2}{z_2 - z_1} = -1 + 0{,}8453 j \quad \text{und} \quad C_2 = \frac{-2 + 2z_1}{z_2 - z_1} = -1 - 0{,}8453 j .$$

Die Gesamtlösung

$$x_k = 2 + (-1 + 0{,}8453 j) \cdot (0{,}9 + 0{,}1183 j)^k + (-1 - 0{,}8453 j) \cdot (0{,}9 - 0{,}1183 j)^k$$

ist im **Bild 11.15** dargestellt.

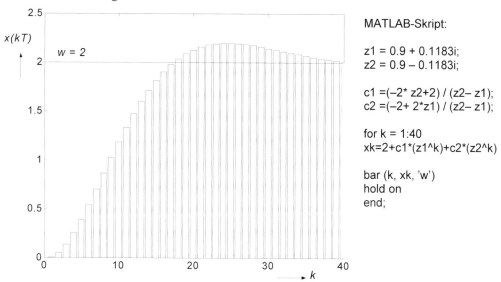

MATLAB-Skript:

```
z1 = 0.9 + 0.1183i;
z2 = 0.9 - 0.1183i;

c1 =(-2* z2+2) / (z2- z1);
c2 =(-2+ 2*z1) / (z2- z1);

for k = 1:40
xk=2+c1*(z1^k)+c2*(z2^k)

bar (k, xk, 'w')
hold on
end;
```

Bild 11.15 Sprungantwort des digitalen Kreises

11.4.5 Digitalisierung analoger Regelalgorithmen

Heutzutage wird der Anwender von der Aufstellen der Differenzengleichungen der Regelalgorithmen verschont, da mehrere Programme und Funktionsbausteine preiswert angeboten und leicht zu testen sind. So werden nachfolgend nur die Grundlagen der Umsetzung von zeitkontinuierlichen PID-Regelalgorithmen ins Zeitdiskrete kurz dargestellt.

Unter den vielen möglichen Regelalgorithmen werden gegenwärtig vorwiegend die analogen PI- und PID-Regler digitalisiert. Der kontinuierliche PID-Regelalgorithmus

$$y_R(t) = \underbrace{K_P e(t)}_{y_P(t)} + \underbrace{K_I \int e(t)dt}_{y_I(t)} + \underbrace{K_D \frac{de(t)}{dt}}_{y_D(t)}$$

entspricht einer Summe von drei Anteilen (P-, I- und D-Anteil):

$$y_R(t) = y_P(t) + y_I(t) + y_D(t).$$

Nach dem Abtastprinzip wird die Regelgröße $x(t)$ in Zeitabständen T_A entnommen und durch eine Reihe von Zahlenwerten $x_0, x_1, ..., x_{k-1}, x_k$ dargestellt (**Bild 11.16**). Die Stellgröße $y_R(kT_A)$ zum Zeitpunkt $t = kT_A$, kurz y_{Rk}, wird als Funktion von Eingängen $e_0, e_1, ..., e_{k-1}, e_k$ berechnet und ausgegeben. Sie setzt sich, wie bei analogen Reglern, aus drei digitalisierten Anteilen zusammen:

$$y_{Rk} = y_{Pk} + y_{Ik} + y_{Dk}. \tag{11.17}$$

Für die Zeitspanne dt wird die Abtastzeit T_A gesetzt. Für den Grenzübergang $T_A \rightarrow dt$ geht die Summe in das Integral über und die Ableitung wird zum Differenzenquotient:

$$y_{Rk} = K_P \cdot e_k + K_I \cdot T_A \sum_{i=1}^{k} e_i + K_D \cdot \frac{1}{T_A}(e_k - e_{k-1}). \tag{11.18}$$

Hierin sind: $e_k = w_k - x_k$ die Regeldifferenz im k-ten Abtastschritt und y_{Rk} die im k-ten Abtastschritt errechnete Stellgröße.

Der Regelalgorithmus nach Gl. (11.18) heißt *Stellungsalgorithmus*, da die Stellgröße y_{Rk} für jeden Wert der Abtastzeit T_A berechnet wird. Solche Algorithmen sind für die

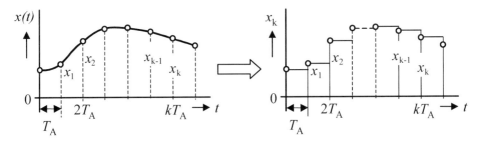

Bild 11.16 Durch Abtastung entstehende Folge x_k aus dem kontinuierlichen Signal $x(t)$

Regelstrecken mit großen Zeitkonstanten und entsprechend großen Abtastzeiten geeignet, z. B. für Temperaturregelstrecken, bei denen T_A 20 s und mehr betragen kann. Bei der Regelung von Prozessen mit Abtastzeiten, die in der Größenordnung von einigen ms liegen, z. B. bei Drehzahlregelungen, wird vielfach anstelle des Stellungsalgorithmus der *Geschwindigkeitsalgorithmus* angewandt, der die aktuelle Stellgröße aus dem Zuwachs $\Delta y_{Rk} = y_{Rk} - y_{Rk-1}$ berechnet. Die Werte y_{Rk} und y_{Rk-1} werden nach Gl. (11.17) für den k- und $(k-1)$-ten Abtastschritt errechnet. Zur Berechnung der aktuellen Stellgröße nach dem Geschwindigkeitsalgorithmus soll nun Δy_{Rk} berechnet und zu dem im vorhergehenden Abtastschritt ermittelten y_{Rk-1} addiert werden, d. h.

$$y_{Rk} = y_{Rk-1} + \Delta y_{Rk}.$$

Die Approximation der Integration und der Differentiation in der Gl. (11.18) kann durch verschiedene Verfahren vorgenommen werden. Zur Ermittlung des I-Anteils y_{Ik} der Stellgröße kann die Fläche unter der Treppenkurve, die das Integral von $e(t)$ nach darstellt, nach der *Rechteck-* und der *Trapezregel*, wie in **Bild 11.17** gezeigt, angenähert werden.

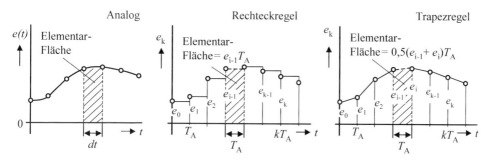

Analoger Algorithmus	Nach Rechteckregel	Nach Trapezregel
P-Anteil: $y_P(t) = K_{PR}\, e(t)$	$y_{Pk} = K_{PR} \cdot e_k$	$y_{Pk} = K_{PR} \cdot e_k$
I-Anteil: Die i-te Elementarfläche:	$e_i \cdot T_A$	$\dfrac{e_{i-1} + e_i}{2} \cdot T_A$
Das Integral $y_I(t) = \dfrac{K_{PR}}{T_n} \displaystyle\int e(t)\,dt$ wird durch eine Summe nachgebildet:	$y_{Ik} = \dfrac{K_{PR}}{T_n} \displaystyle\sum_{i=1}^{k} e_i T_A =$ $= K_{PR} \dfrac{T_A}{T_n} \displaystyle\sum_{i=1}^{k} e_i$	$y_{Ik} = \dfrac{K_{PR}}{T_n} \displaystyle\sum_{i=1}^{k} \dfrac{e_{i-1} + e_i}{2} T_A =$ $= \dfrac{1}{2} K_{PR} \dfrac{T_A}{T_n} \displaystyle\sum_{i=1}^{k} (e_{i-1} + e_i)$

Bild 11.17 Bildung der Summe aus der Folge $e(t)$

In nachfolgender Tabelle ist die Ermittlung der Differenz Δy_{Rk} für den PI-Regelalgorithmus nach Rechteck- und Trapeznäherung gezeigt.

Rechteckregel (Euler-Verfahren)	Trapezregel (Tustin-Verfahren)
$y_{Rk} = K_{PR}\, e_k + K_{PR}\, \dfrac{T_A}{T_n} \displaystyle\sum_{i=1}^{k} e_i$	$y_{Rk} = K_{PR}\, e_k + \dfrac{K_{PR}}{2}\, \dfrac{T_A}{T_n} \displaystyle\sum_{i=1}^{k} (e_{i-1} + e_i)$
$y_{Rk-1} = K_{PR}\, e_{k-1} + K_{PR}\, \dfrac{T_A}{T_n} \displaystyle\sum_{i=1}^{k-1} e_i$	$y_{Rk-1} = K_{PR}\, e_{k-1} + \dfrac{K_{PR}}{2}\, \dfrac{T_A}{T_n} \displaystyle\sum_{i=1}^{k-1} (e_{i-1} + e_i)$
$\Delta y_{Rk} = y_{Rk} - y_{Rk-1}$	
$\Delta y_{Rk} = K_{PR}\,(e_k - e_{k-1}) +$ $+ K_{PR}\, \dfrac{T_A}{T_n} \left(\displaystyle\sum_{i=1}^{k} e_i - \displaystyle\sum_{i=1}^{k-1} e_i \right)$	$\Delta y_{Rk} = K_{PR}\,(e_k - e_{k-1}) +$ $+ \dfrac{K_{PR}}{2}\, \dfrac{T_A}{T_n} \displaystyle\sum_{i=1}^{k} (e_{i-1} + e_i)$ $- \dfrac{K_{PR}}{2}\, \dfrac{T_A}{T_n} \displaystyle\sum_{i=1}^{k-1} (e_{i-1} + e_i)$
Unter Beachtung	
$\left(\displaystyle\sum_{i=1}^{k} e_i - \displaystyle\sum_{i=1}^{k-1} e_i \right) = e_k$	$\displaystyle\sum_{i=1}^{k} (e_{i-1} + e_i) - \displaystyle\sum_{i=1}^{k-1} (e_{i-1} + e_i) = e_{k-1} + e_k$
ergeben sich die Formel zur Berechnung der aktuellen Stellgröße nach dem Geschwindigkeitsalgorithmus $y_{Rk} = y_{Rk-1} + \Delta y_{Rk}$:	
$\Delta y_{Rk} =$ $= K_{PR}\,(e_k - e_{k-1}) + \dfrac{K_{PR}\, T_A}{T_n}\, e_k$	$\Delta y_{Rk} =$ $= K_{PR}\,(e_k - e_{k-1}) + \dfrac{K_{PR}\, T_A}{2 T_n}\,(e_{k-1} + e_k)$

Die Rechtecknäherung kann auf andere Art formuliert werden, nämlich mit dem Wert der so genannten linken Intervallgrenze. Wie **Bild 11.18** zeigt, richten sich damit die abgetasteten Werte nicht nach der rechten e_i, sondern nach der linken Seite e_{i-1} des Rechtecks aus. Die Elementarfläche wird statt $e_i T_A$ nun $e_{i-1} T_A$ betragen. Wie auch bei der rechten Intervallgrenze werden insgesamt k Elementarflächen addiert, allerdings muss $k-1$ statt k bzw. $k-2$ statt $k-1$ als obere Grenze bei den Summenzeichen in obiger Tabelle eingesetzt werden. Damit erhält man den folgenden PI-Algorithmus mit linker Intervallgrenze, der auch als Typ I genannt wird:

$$y_{Rk} = y_{Rk-1} + \Delta y_{Rk} = y_{Rk-1} + K_{PR}\,(e_k - e_{k-1}) + \dfrac{K_{PR}\, T_A}{T_n}\, e_{k-1}.$$

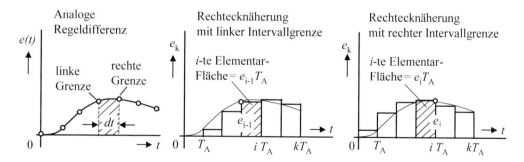

Bild 11.18 Rechtecknäherung mit linker und rechter Intervallgrenze

Der D-Anteil kann durch den Differenzenquotient mit der Zeitdifferenz T_A

$$y_D(t) = K_{PR} T_v \frac{de(t)}{dt} \quad \Rightarrow \quad y_{Dk} = K_{PR} T_v \frac{\Delta e_k}{T_A}$$

auch auf zwei Arten angenähert werden:

- Mit der linken Intervallgrenze (so genannte Differenzbildung rückwärts, Typ I)

$$y_{Dk} = K_{PR} T_v \frac{e_k - e_{k-1}}{T_A}$$

- Mit der rechten Intervallgrenze (Differenzbildung vorwärts bzw. Typ II)

$$y_{Dk} = K_{PR} T_v \frac{e_{k+1} - e_k}{T_A} .$$

Die Differenzbildung vorwärts wird selten benutzt, weil ein Wert e_{k+1} zum Zeitpunkt $t = kT_A$ noch nicht bekannt ist und der D-Anteil y_{Dk-1} nur verzögert um eine Abtastperiode zum Zeitpunkt $t = (k-1)T_A$ berechnet werden kann. Die Programmierung von Regelalgorithmen ist im Anhang erläutert und steht im OnlinePlus-Bereich des Verlags zum Download zur Verfügung.

▶ **Aufgabe 11.2**

Gegeben ist der analoge I-Algorithmus $y(t) = K_I \int e(t) dt$ mit $K_I = 2 s^{-1}$ und $e(t) = 2t^2$.

Der Eingangsignal $e(t)$ ist bei $t > 0{,}5$ auf maximalen Wert $e(t) = 0{,}5$ begrenzt. Gesucht ist der Ausgangssignal des mit der Abtastzeit $T_A = 0{,}1$ s digitalisierten Algorithmus für $0 \leq t < 1$.

▶ **Aufgabe 11.3**

Gegeben ist die Differentialgleichung einer analogen PI-Regeleinrichtung mit Verzögerung T_R:

$$T_R \dot{y}_R(t) + y_R(t) = K_{PR} e(t) + \frac{K_{PR}}{T_n} \int e(t) \, dt .$$

Als Regler wird eine SPS mit der Abtastzeit T_A verwendet. Gesucht ist der nach dem Typ I digitalisierte Geschwindigkeitsalgorithmus.

▶ **Aufgabe 11.4**

Der PI-Regelalgorithmus mit den Kennwerten $K_{PR} = 1,5$ und $T_n = 2,0$ s soll nach der Rechteckregel mit die Abtastzeit $T_A = 0,5$ s digitalisiert werden. Wie groß wird die Stellgröße y_R
zum Zeitpunkt $t = 2,0$ s nach einem Eingangssprung von $e_0 = 2$ bei:
a) analogem Regler, b) digitalem Regler ?

In den zwei nachfolgenden Tabellen sind die Standard-Regelalgorithmen zusammengefasst. Die **Tabelle 11.1** enthält die Übertragungsfunktionen und Differentialgleichungen der analogen Regelalgorithmen. Anhand dieser Tabelle wurden die Differenzengleichungen erstellt und mittels Rekursionen gelöst. Daraus entstanden die digitalisierten Regelalgorithmen, die in **Tabelle 11.2** gegeben sind.

Regler	$G_R(s)$	Differentialgleichung	Parameter
P	$G_R(s) = K_P$	$y(t) = K_p e(t)$	
I	$G_R(s) = \dfrac{K_I}{s}$	$y(t) = K_I \displaystyle\int_0^t e(t)dt$	$K_I = \dfrac{K_P}{T_n}$
D	$G_R(s) = sK_D$	$y(t) = K_D \dot{e}(t)$	$K_D = K_P T_v$
PI	$G_R(s) = \dfrac{K_P(1+sT_n)}{sT_n}$	$y(t) = K_p e(t) + K_I \displaystyle\int_0^t e(t)dt$	$K_I = \dfrac{K_P}{T_n}$
idealer PD	$G_R(s) = K_P + sK_D$	$T_1\dot{y}(t) + y(t) = K_p e(t) + K_D\dot{e}(t)$	$K_D = K_P T_v$
realer PD bzw. PD-T1	$G_R(s) = K_P + \dfrac{sK_D}{1+sT_1}$	$T_1\dot{y} + y(t) = K_p e(t) + K_D\dot{e} + K_p T_1\dot{e}$	$K_I = \dfrac{K_P}{T_n}$ $K_D = K_P T_v$
idealer PID	$G_R(s) = K_P +$ $+\dfrac{K_I}{s} + sK_D$	$y(t) = K_p e + K_I \displaystyle\int edt + K_D\dot{e}$	$K_I = \dfrac{K_P}{T_n}$ $K_D = K_P T_v$
realer PID bzw. PID-T1	$G_R(s) = K_P +$ $+\dfrac{K_I}{s}\dfrac{sK_D}{1+sT_1}$	$T_1\dot{y} + y = (K_P + K_I T_1)e$ $+ K_I \displaystyle\int edt +$ $+ (K_D + K_P T_1)\dot{e}$ bzw. $T_1\ddot{y} + \dot{y} = K_I e +$ $+ (K_P + K_I T_1)\dot{e} +$ $+ (K_D + K_P T_1)\ddot{e}$	$K_I = \dfrac{K_P}{T_n}$ $K_D = K_P T_v$

Tabelle 11.1 Zusammenfassung der analogen Standard-Regelalgorithmen

Regler	$G_R(s)$	Differenzengleichung	Parameter
P	$G_R(s) = K_P$	$y_k = K_P e_k$	
I	$G_R(s) = \dfrac{K_I}{s}$	$y_k = y_{k-1} + K_I T e_{k-1}$	$K_I = \dfrac{K_P}{T_n}$
D	$G_R(s) = s K_D$	$y_k = \dfrac{K_D}{T}(e_k - e_{k-1})$	$K_D = K_P T_v$
PI	$G_R(s) = K_P + \dfrac{K_I}{s}$	$y_k = y_{k-1} +$ $+ c_1 e_k - c_2 e_{k-1}$	$c_1 = K_P$ $c_2 = K_P - K_I T$ $\qquad c^* = \dfrac{c_2}{c_1}$
idealer PD	$G_R(s) = K_P +$ $+ s K_D$	$y_k = c_1 e_k - c_2 e_{k-1}$	$c_1 = K_P + \dfrac{K_D}{T}$ $c_2 = \dfrac{K_D}{T}$ $\qquad c^* = \dfrac{c_2}{c_1}$
realer PD bzw. PD-T1	$G_R(s) = K_P +$ $+ \dfrac{s K_D}{1 + s T_1}$	$y_k = d_1 y_{k-1} +$ $+ c_1 e_k - c_2 e_{k-1}$	$c_1 = K_P + \dfrac{K_D}{T + T_1}; \quad c^* = \dfrac{c_2}{c_1}$ $c_2 = K_P \dfrac{T_1}{T + T_1} + \dfrac{K_D}{T + T_1};$ $d_1 = \dfrac{T_1}{T + T_1}$
idealer PID	$G_R(s) = K_P +$ $+ \dfrac{K_I}{s} + s K_D$	$y_k = y_{k-1} + c_1 e_k -$ $- c_2 e_{k-1} + c_3 e_{k-2}$	$c_1 = K_P + \dfrac{K_D}{T}; \quad c_2^* = \dfrac{c_2}{c_1}$ $c_2 = K_P + \dfrac{2 K_D}{T} - K_I T;$ $c_3 = \dfrac{K_D}{T} = K_P \dfrac{T_v}{T}; \quad c_3^* = \dfrac{c_3}{c_1}$
realer PID bzw. PID-T1	$G_R(s) = K_P +$ $+ \dfrac{K_I}{s} + \dfrac{s K_D}{1 + s T_1}$	$y_k = d_1 y_{k-1} - d_2 y_{k-2} +$ $+ c_1 e_k + c_2 e_{k-1} + c_3 e_{k-2}$	$c_1 = \dfrac{K_P T}{T + T_1}\left(1 + \dfrac{T_1 + T}{2 T_n} + \dfrac{T_1 + T_v}{T}\right)$ $c_2 = \dfrac{K_P T}{T + T_1}\left(\dfrac{T}{2 T_n} - \dfrac{2(T_1 + T_n)}{T} - 1\right)$ $c_3 = \dfrac{K_P T}{T + T_1}\left(\dfrac{T_1 + T_v}{T} - \dfrac{T_1}{2 T_n}\right)$ $d_1 = 1 + \dfrac{T_1}{T + T_1}$ $d_2 = \dfrac{T_1}{T + T_1}$

Tabelle 11.2 Zusammenfassung der digitalisierten Standard-Regelalgorithmen

Beim Erstellen von Tabellen 11.1 und 11.2 hat *Dominik Herold*, Student der Hochschule Darmstadt, Fachbereich Elektrotechnik und Informationstechnik, mitgewirkt (2008/09).

11.4.6 Stabilitätsbedingung für Abtastsysteme

Ein Abtastsystem ist dann stabil, wenn die Ausgangsgröße $x_{a,\,k}$ nach einem Eingangs-sprung zu einem Beharrungszustand übergeht. Mathematisch bedeutet es, dass die Lösung (11.10) der homogenen Gl. (11.7) mit der Zeit $t \to \infty$ bzw. $k \to \infty$ verschwin-det, d. h.

$$x_{a,k}^{h} \bigg|_{\text{bei } k \to \infty} = 0 \,.$$

Dies ist für wachsende k und wachsende z_i^k nur dann möglich, wenn alle Beträge der komplexen Wurzeln der charakteristischen Gleichung (11.9) kleiner Eins sind.

Daraus folgt die Stabilitätsbedingung eines Abtastsystems:

Ein Abtastsystem ist dann stabil, wenn alle Wurzeln der charakte-ristischen Gleichung (11.9) zu der Differenzgleichung (11.6) des geschlossenen Regelkreises vom Betrag kleiner Eins sind, d. h.

$$|z_i| < 1$$

(11.19)

Für Differenzengleichungen 1. Ordnung

$$a_1 z + a_0 = 0 \quad \text{bzw.} \quad z + \frac{a_0}{a_1} = 0$$

gilt die Stabilitätsbedingung (11.19) bei Koeffizienten

$$\frac{|a_0|}{|a_1|} < 1 \quad \text{bzw.} \quad -a_1 < a_0 < a_1 \,.$$

Für Differenzengleichungen 2. Ordnung

$$a_2 z^2 + a_1 z + a_0 z^0 = 0$$

mit dem Wert von $a_2 = 1$, was bei geschlossenen Regelkreisen häufig der Fall ist, führt die Stabilitätsbe-dingung (11.19) zu

$$\begin{cases} a_0 < 1 \\ -1 - a_0 < a_1 < 1 + a_0 \,. \end{cases} \quad (11.20)$$

Bild 11.19 zeigt das entsprechende Stabilitätsgebiet in der Ebene (a_0, a_1) der Koeffizienten der Differenzen-gleichung.

Die Stabilitätskriterien werden in Abschnitt 11.5.5 behandelt.

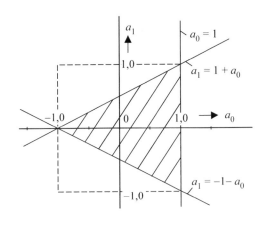

Bild 11.19 Stabilitätsgebiet für digitale Regelkreise 2. Ordnung mit $a_2 = 1$

- **Beispiel 11.8**

Die Stabilität des in Beispiel 11.7 gegebenen Kreises mit charakteristischer Gl. (11.15)

$$z^2 + a_1 z^1 + a_0 z^0 = 0$$

soll für gegebene Kennwerte $K_{PS} = 0{,}8$; $T_1 = 0{,}5$ s und $T_n = 1$ s untersucht werden. Die Koeffizienten sind nach Gln. (11.12) und (11.14) gegeben:

$$a_1 = \frac{T_A}{T_1} - 2$$

$$a_0 = 1 - \frac{T_A}{T_1} + \frac{K_{PR} K_{PS}}{T_n} \cdot \frac{T_A^2}{T_1}$$

Bezeichnen wir $\dfrac{T_A}{T_1} = b$ und $\dfrac{K_{PR} K_{PS}}{T_n} = K_0$. Mit der vorgegebenen Abtastzeit $T_A = 0{,}1$ s

ergibt sich der kritische Wert von K_{PR} (s. **Bild 11.20**) aus der Stabilitätsbedingung (11.20) zu

$$a_0 < 1 \quad \Rightarrow \quad 1 - b + K_0 \cdot b \cdot T_A < 1 \quad \Rightarrow \quad K_{PR} < \frac{T_n}{K_{PS} T_A} \quad \Rightarrow \quad K_{PRkr} = 12{,}5$$

Ist dagegen K_{PR} vorgegeben, z. B. $K_{PR} = 5$ bzw. $K_0 = 4$, wird die kritische Abtastzeit ermittelt:

$$a_0 < 1 \quad \Rightarrow \quad T_A < \frac{1}{K_0} \quad \Rightarrow \quad T_A < \frac{T_n}{K_{PR} K_{PS}} = \frac{1\,\text{s}}{5 \cdot 0{,}8} \quad \Rightarrow \quad T_{Akr} = 0{,}25\,\text{s}$$

$$a_1 < 1 + a_0 \quad \Rightarrow \quad b - 2 < 1 + 1 - b + b^2 K_0 T_1 \quad \Rightarrow \quad b^2 - b - 2 > 0 \quad \Rightarrow \quad T_{Akr} = 2 T_1 .$$

Aus der letzten Bedingung folgt $T_{Akr} = 1{,}0$ s. Die Bedingung $a_1 < -1 - a_0$ liefert die Lösung $T_A > 0$. Normalerweise wird für die Abtastzeit der kleinste Wert gewählt; d. h. $T_A < 0{,}25$ s.

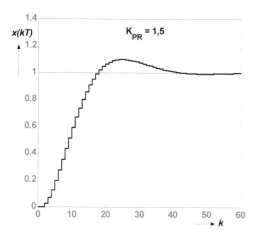
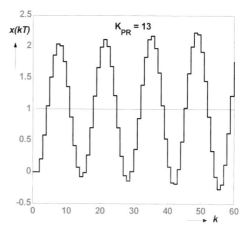

Bild 11.20 Sprungantworten des digitalen Regelkreises bestehend aus dem PI-Regler und einer P-T2-Strecke bei einem Einheits-Eingangssprung der Führungsgröße

11.5 Beschreibung von digitalen Systemen im z-Bereich

11.5.1 Die z-Transformation

In zeitkontinuierlichen Regelkreisen wirkt ein analoger Signal auf den Eingang eines kontinuierlichen Elements. Die kontinuierliche Funktionen $f(t)$ werden nach Laplace transformiert.

$$f(s) = \int_{-\infty}^{\infty} f(t) \cdot e^{-st} \cdot dt \tag{11.21}$$

In digitalen Regelkreisen wirkt eine Impulsfolge auf den Eingang eines kontinuierlichen Elements:

$$(f_k) = f_0 \cdot \delta(t) + f_1 \cdot \delta(t - T) + f_2 \cdot \delta(t - 2T) + \ldots = \sum_{k=0}^{\infty} f_k \cdot \delta(t - kT)$$

Es entsteht eine zeitdiskrete und wertediskrete Signalfolge. Die Zeit ist durch die Abtastung $t = kT_A$ bzw. $t = kT$ diskretisiert. Die Impulse $\delta(t{-}kT)$ sind zeitlich voneinander um die Abtastzeit verschoben. Die Funktion $f(t)$ wird durch die Folge f_k bzw. die folgende Summe dargestellt:

$$f(t) = f(kT) = \sum_{k=0}^{\infty} f_k \, \delta(t - kT)$$

Da die Laplace-Transformation eines einzelnen Impulses ist

$$\delta(t{-}kT) \quad \circ\!\!-\!\!\bullet \quad L[\delta(t - kT)] = e^{-skT} ,$$

wird die Funktion $f(t)$ bzw. die Summe von Impulsen wie folgt Laplace-transformiert:

$$\sum_{k=0}^{\infty} f_k \, \delta(t - kT) \quad \circ\!\!-\!\!\bullet \quad \sum_{k=0}^{\infty} f_k \, e^{-kT \cdot s} .$$

Für die zeitdiskrete Signalfolge kann die Laplace-Transformation mit dem Ansatz

$$z = e^{sT} \quad \text{bzw.} \quad z^{-1} = e^{-sT} \tag{11.22}$$

angewendet werden. Sie wird *diskrete Laplace-Transformation* oder *z-Transformation* genannt und wird durch $Z\,[z]$ oder symbolisch wie bei kontinuierlichen Systemen bezeichnet:

$$t \quad \circ\!\!-\!\!\bullet \quad kT$$

$$f(t) \quad \circ\!\!-\!\!\bullet \quad f(t) = \sum_{k=0}^{\infty} f_k \cdot e^{-skT}$$

Dasselbe gilt für die Rücktransformationen bzw. $Z^{-1}[z]$:

$$f(kT) \quad \bullet\!\!-\!\!\circ \quad f(z) = \sum_{k=0}^{\infty} f_k \, z^{-k}$$

Wie die Laplace-Transformation wird die z-Transformation durch Sätze und Rechen-regeln definiert. Unten in der Tabelle sind nur einige wichtige Funktionen dargestellt.

Zeitfunktion $u(t)$		Laplace-Transformierte $L[u(t)] = U(s)$	z-Transformierte $Z[u(k)] = U_z(z)$
Dirac-Impuls $\delta(t)$ bei $t = 0$		$L[\delta(t)] = 1$	1
Dirac-Impuls bei $t = kT$ $\delta(t - kT)$		$L[\delta(t - kT)] = e^{-kT}$	z^{-k}
Rechteckimpuls $a_0\delta(t)$ der Höhe $\dfrac{a_0}{T}$ bei $t = 0$		$L[\sigma(t) - \sigma(t - T)] =$ $= \dfrac{a_0(1 - e^{-sT})}{T}$	$\dfrac{a_0}{T}$
Rechteckimpuls $a_1\delta(t - kT)$ der Höhe $\dfrac{a_1}{T}$ bei $t = kT$		$L[a_1\delta(t - kT)] = \dfrac{a_1}{T} e^{-skT}$	$\dfrac{a_1}{T} z^{-k}$
Einheitssprung $\sigma(t) = 1$ bei $t = 0$		$L[\sigma(t)] = \dfrac{1}{s}$	$\dfrac{z}{z - 1}$
Einheitssprung $\sigma(t) = 1$ bei $t = T$		$L[\sigma(t - kT)] = \dfrac{1}{s} e^{-sT}$	$\dfrac{z}{z - 1} \cdot z^{-1} = \dfrac{1}{z - 1}$
Anstiegfunktion $u(t) = t$		$L[t] = \dfrac{1}{s^2}$	$\dfrac{Tz}{(z - 1)^2}$
Exponente $u(t) = 1 - e^{-\frac{t}{T_1}}$		$L[u(t)] = \dfrac{1}{s(1 + sT_1)}$	$\dfrac{(1 - e^{-\frac{T}{T_1}})z}{(z - 1)(z - e^{-\frac{T}{T_1}})}$

Im Anhang sind die Sätze der z-Transformation komplett aufgeführt sowie die Zeit-funktionen $f(t)$, die Laplace-Transformierten $f(s)$ und die z-Transformierten $f(z)$ gegen-übergestellt. Die z-Rücktransformation für die Funktionen, die in dieser Tabelle nicht vorhanden sind, erfolgt, wie bei Laplace-Rücktransformation, mit Hilfe der Partial-bruchzerlegung.

Einige häufig auftretende Regeln für Funktion $f(t)$ bzw.

$$Z[f(t)] = F_z(z)$$

sind unten aufgelistet:

- Verschiebung im Zeitbereich:

$$x_{k-1} \quad \circ\!\!-\!\!\bullet \quad \frac{1}{z} X_z(z) \quad \text{bzw.} \quad z^{-1} X_z(z)$$

$$x_k \quad \circ\!\!-\!\!\bullet \quad X_z(z)$$

$$x_{k+1} \quad \circ\!\!-\!\!\bullet \quad z X_z(z) \quad \text{bzw.} \quad z^{+1} X_z(z)$$

- Differenzbildung im Zeitbereich $f(t) - f(t-TA)$:

$$(f_k) - (f_{k-1}) \quad \circ\!\!-\!\!\bullet \quad \left(1 - \frac{1}{z}\right) F_z(z)$$

- Summation im Zeitbereich

$$(f_0), (f_0 + f_1), (f_0 + f_1 + f_2), \dots \quad \circ\!\!-\!\!\bullet \quad \frac{z}{z-1} F_z(z)$$

- **Beispiel 11.9**

Gegeben ist die z-Transformierte eines Ausgangssignals $y(t)$:

$$\text{a) } Y_z(z) = \frac{3z}{z-1}; \quad \text{b) } Y_z(z) = \frac{5z}{z-0{,}2}$$

Gesucht ist die zugehörige Wertefolge (y_k).

Zu a): Laut Korrespondenztabelle gilt für Eingangssprung $\sigma(t) = 1$

$$Z\left[\frac{1}{s}\right] = \frac{z}{z-1},$$

d. h. der gegebene Signal $y(t)$ stellt einen Eingangssprung von der Höhe $\sigma(t) = 3$. Daraus folgt für die zeitdiskrete Wertefolge $y_k = 3$.

Zu b): Laut Korrespondenztabelle gilt $Z[e^{-at}] = \dfrac{z}{z - e^{-aT}}$.

Nach Anpassung an die gegebene Funktion

$$e^{-aT} = p \quad \Rightarrow \quad \ln e^{-aT} = \ln p \quad \Rightarrow \quad -aT = \ln p \quad \Rightarrow \quad a = -\frac{\ln p}{T}$$

ergeben sich die z-Transformation

$$Z[e^{-at}] = Z[e^{-akT}] = Z[p^k]$$

und die gesuchte Folge:

$$y_k = 5 \cdot (0{,}2)^k .$$

11.5.2 Die z-Übertragungsfunktionen

Das Konzept der Digitalisierung und die Transformationen für ein LZI-Glied sind in **Bild 11.21** schematisch dargestellt. Auf den Eingang des kontinuierlichen Gliedes wirkt die Eingangsfolge

$$x_e(kT_A) = 1,$$

die aus einem mit der Abtastzeit T_A digitalisierten Eingangssprung entsteht. Analog der Laplace-Transformation $x(s) = L[x(t)]$ kann die z-Transformierte des Ausgangssignals $x_a(z) = Z[x_a(kT_A)]$ als Reaktion des Elements auf das Eingangssignal $x_e(z) = L[x_e(kT_A)]$ mittels z-Übertragungsfunktion beschrieben werden:

$$x_a(z) = G(z) \cdot x_e(z) \tag{11.23}$$

Um die z-Übertragungsfunktion $G_S(z)$ aus der „analogen" Übertragungsfunktion $G_S(s)$ zu ermitteln, wird der Eingang als Folge von idealen Eingangsimpulsfunktion $\delta(t)$ betrachtet. Die Reaktion des Gliedes auf ein Impuls $\delta(t)$ ist die Gewichtsfunktion $g(t)$. Durch die Folge der Gewichtsfunktionen $g(kT_A)$ wird das Ausgangssignal $x_a(kT_A)$ beschrieben und z-transformiert. Aus (11.23) folgt dann die z-Übertragungsfunktion.

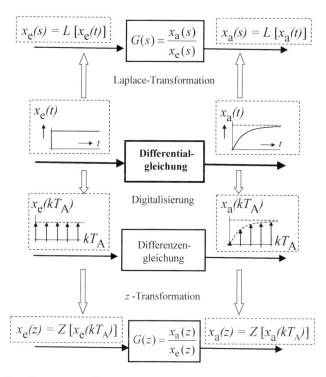

Bild 11.21 Schematische Darstellung von Transformationen eines kontinuierlichen LZI-Gliedes in analogen und digitalen Regelkreisen

Der Zusammenhang zwischen einer Differenzengleichung ($m \leq n$; $k = 0,1,2,...$)

$$a_n v_{k-n} + ... + a_2 v_{k-2} + a_1 v_{k-1} + a_0 v_k = b_m u_{k-m} + ... + b_1 u_{k-1} + b_0 u_k \tag{11.24}$$

und entsprechenden z-Übertragungsfunktionen kann hergeleitet, indem man die beiden Seiten der Gl. (11.24) unter Beachtung des Verschiebungssatzes z-transformiert:

$$v_k \quad \circ\!\!-\!\!\bullet \quad V_z(z) \qquad\qquad u_k \quad \circ\!\!-\!\!\bullet \quad U_z(z)$$

$$v_{k-1} \quad \circ\!\!-\!\!\bullet \quad z^{-1}V_z(z) \qquad\qquad u_{k-1} \quad \circ\!\!-\!\!\bullet \quad z^{-1}U_z(z)$$

$$v_{k-2} \quad \circ\!\!-\!\!\bullet \quad z^{-2}V_z(z) \qquad\qquad u_{k-2} \quad \circ\!\!-\!\!\bullet \quad z^{-2}U_z(z)$$

Es ergibt sich

$$a_n z^{-n}V_z(z) + ... + a_1 z^{-1}V_z(z) + a_0 V_z(z) = b_m z^{-m}U_z(z) + ... + b_1 z^{-1}U_z(z) + b_0 U_z(z)$$

$$(a_n z^{-n} + ... + a_1 z^{-1} + a_0)V_z(z) = (b_m z^{-m} + ... + b_1 z^{-1} + b_0)U_z(z) ,$$

was zur folgenden Übertragungsfunktion resultiert:

$$G_z(z) = \frac{V_z(z)}{U_z(z)} = \frac{b_m z^{-m} + ... + b_1 z^{-1} + b_0}{a_n z^{-n} + ... + a_1 z^{-1} + a_0} = \frac{Z(z)}{N(z)} .$$

Nach der Multiplikation des Zählers und des Nenner mit z^n wird daraus

$$G_z(z) = \frac{V_z(z)}{U_z(z)} = \frac{b_0 z^n + b_1 z^{n-1} + ... + b_m z^{n-m}}{z^n + a_1 z^{n-1} + ... + a_1 z + a_0} = \frac{Z(z)}{N(z)} .$$

Ermittelt man die Polstellen z_{p1}, z_{p2}, ... z_{pn} aus der charakteristischen Gleichung $Z(z) = 0$ und die Nullstellen z_{01}, z_{02}, ... z_{0l} aus der Gleichung $Z(z) = 0$, kann die Übertragungsfunktionen durch Linearfaktoren dargestellt werden:

$$G_z(z) = \frac{V_z(z)}{U_z(z)} = b_0 \frac{(z - z_{01})(z - z_{02})...(z - z_{0l})}{(z - z_{p1})(z - z_{p2})...(z - z_{pn})} = \frac{Z(z)}{N(z)} \quad \text{mit } l = n - m$$

- **Beispiel 11.10**

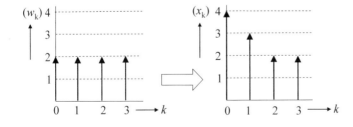

Gegeben: Die Wertefolgen der Regelgröße (x_k) und der Führungsgröße (w_k).

Gesucht: Die z-Übertragungsfunktion

$$G_z(z) = \frac{X_z(z)}{W_z(z)} .$$

Lösung: $W_z(z) = 2z^0 + 2z^{-1} + 2z^{-2} + 2z^{-3}$

$$X_z(z) = 4z^0 + 3z^{-1} + 2z^{-2} + 2z^{-3}$$

$$G_z(z) = \frac{X_z(z)}{W_z(z)} = \frac{4 + 3z^{-1} + 2z^{-2} + 2z^{-3}}{2 + 2z^{-1} + 2z^{-2} + 2z^{-3}} \quad \text{bzw.} \quad G_z(z) = \frac{4z^3 + 3z^2 + 2z + 2}{2z^3 + 2z^2 + 2z + 2}$$

11.5.3 Digitale Übertragungsfunktionen von einzelnen Elementen

In einem digitalen Regelkreis sind die kontinuierlichen Elemente mit den digitalen Elementen verknüpft. Wie bei analogen Systemen ist die Darstellung von allen Elementen des Regelkreises mit z-Übertragungsfunktionen möglich, jedoch nachfolgend werden die Übertragungsfunktionen von Reglern und Regelstrecken nach verschiedenen Ansätzen erstellt.

Zunächst wird angenommen, dass ein digitaler Regelkreis aus folgenden Elementen besteht, wie in **Bild 11.22** gezeigt ist: Regler, Strecke, A/D-Wandler (Abtaster) und D/A-Wandler (Halter). Der digitale Regler wird gemeinsam mit dem Abtaster als rein digitaler Element betrachtet. Die kontinuierliche Regelstrecke wird gemeinsam mit dem Halteglied auch als digitaler Element betrachtet. Die z-Übertragungsfunktion einer Reihenschaltung der analogen Regelstrecke mit dem digitalen Halteglied wird $G_{HS}(z)$ bezeichnet und als z-Transformierte von $G_{HS}(s)$ ermittelt wird:

$$G_{HS}(z) = Z[G_{HS}(s)] = Z[G_H(s)\,G_S(s)]. \tag{11.25}$$

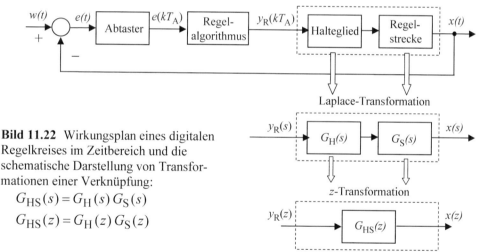

Bild 11.22 Wirkungsplan eines digitalen Regelkreises im Zeitbereich und die schematische Darstellung von Transformationen einer Verknüpfung:
$$G_{HS}(s) = G_H(s)\,G_S(s)$$
$$G_{HS}(z) = G_H(z)\,G_S(z)$$

a) Digitale Übertragungsfunktionen von digitalen Elementen (Reglern)

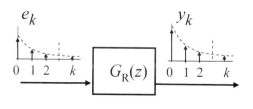

Bild 11.23 Darstellung eines digitalen Reglers mit Wertefolgen und z-Übertragungsfunktion

Ein digitaler Regler hat am Eingang und am Ausgang (**Bild 11.23**) die zeitdiskreten Folgen der Regeldifferenz (e_k) und der Stellgröße (y_k), die nach der z-Transformation zur $E_z(z)$ und $Y_z(z)$ umgewandelt werden, woraus die Übertragungsfunktion des Reglers folgt:

$$Y_z(z) = G_R(z)E_z(z)$$

Die z-Übertragungsfunktionen von Standard-Regelalgorithmen sind unten aufgeführt.

Regler	$G_R(s)$	$G_R(z)$	Parameter
P	$G_R(s) = K_P$	$G_R(z) = K_p$	
I	$G_R(s) = \dfrac{K_I}{s}$	$G_R(z) = \dfrac{K_I T_A}{z-1}$	$K_I = \dfrac{K_P}{T_n}$
D	$G_R(s) = sK_D$	$G_R(z) = \dfrac{K_D}{T} \cdot \dfrac{z-1}{z}$	$K_D = K_P T_v$
PI	$G_R(s) = K_P + \dfrac{K_I}{s}$	$G_R(z) = \dfrac{c_1(z-c^*)}{z-1}$	$c_1 = K_P$ $\qquad$ $c^* = \dfrac{c_2}{c_1}$ $\\ c_2 = K_P - K_I T_A$
idealer PD	$G_R(s) = K_P + {}+ sK_D$	$G_R(z) = \dfrac{c_1(z-c^*)}{z}$	$c_1 = K_P + \dfrac{K_D}{T_A}$ $\qquad c^* = \dfrac{c_2}{c_1}$ $\\ c_2 = \dfrac{K_D}{T_A}$
realer PD bzw. PD-T1	$G_R(s) = K_P + {}+ \dfrac{sK_D}{1+sT_1}$	$G_R(z) = \dfrac{c_1(z-c^*)}{z-d_1}$	$c_1 = K_P + \dfrac{K_D}{T_A + T_1} ; \quad c^* = \dfrac{c_2}{c_1}$ $\\ c_2 = K_P \dfrac{T_1}{T_A + T_1} + \dfrac{K_D}{T_A + T_1} ;$ $\\ d_1 = \dfrac{T_1}{T_A + T_1}$
idealer PID	$G_R(s) = K_P + {}+ \dfrac{K_I}{s} + sK_D$	$G_R(z) = \dfrac{c_1(z^2 - c_2^* z + c_3^*)}{z(z-1)}$	$c_1 = K_P + \dfrac{K_D}{T_A} ; \quad c_2^* = \dfrac{c_2}{c_1}$ $\\ c_2 = K_P + \dfrac{2K_D}{T_A} - K_I T_A ;$ $\\ c_3 = \dfrac{K_D}{T_A} = K_P \dfrac{T_v}{T_A} ; \quad c_3^* = \dfrac{c_3}{c_1}$
realer PID bzw. PID-T1	$G_R(s) = K_P + {}+ \dfrac{K_I}{s} + \dfrac{sK_D}{1+sT_1}$	$G_R(z) = \dfrac{c_1(z^2 + c_2^* z + c_3^*)}{z^2 - zd_1 - d_2}$	$c_1 = \dfrac{K_P T_A}{T_A + T_1}\left(1 + \dfrac{T_1 + T_A}{2T_n} + \dfrac{T_1 + T_v}{T_A}\right)$ $\\ c_2 = \dfrac{K_P T_A}{T_A + T_1}\left(\dfrac{T_A}{2T_n} - \dfrac{2(T_1 + T_n)}{T_A} - 1\right)$ $\\ c_3 = \dfrac{K_P T_A}{T_A + T_1}\left(\dfrac{T_1 + T_v}{T_A} - \dfrac{T_1}{2T_n}\right)$ $\\ d_1 = 1 + \dfrac{T_1}{T_A + T_1} \quad d_2 = \dfrac{T_1}{T_A + T_1}$

b) Digitale Übertragungsfunktionen von kontinuierlichen Elementen (Strecken)

Eine kontinuierliche Strecke $G_S(s)$ wird gemeinsam mit einem Halteglied $G_H(s)$ betrachtet. Setzt man die Übertragungsfunktion des Haltegliedes

$$G_H(s) = \frac{1 - e^{-sT_A}}{s}.$$ (11.26)

in die Gl. (11.25), so ergibt sich nach der z-Transformation

$$G_{HS}(z) = Z\left[\frac{1 - e^{-sT_A}}{s} \cdot G_S(s)\right] = Z\left[\frac{G_S(s)}{s}\right] - Z\left[\frac{e^{-sT_A}}{s} \cdot G_S(s)\right].$$

Aus dem Verschiebungssatz der z-Transformation (s. Anhang) folgt, dass eine Verschiebung um T_A im Zeitbereich einer Multiplikation im z-Bereich entspricht, d. h.

$$Z\left[\frac{G_S(s)}{s}\right] - Z\left[\frac{e^{-sT_A}}{s} \cdot G_S(s)\right] = (1 - z^{-1}) \cdot Z\left[\frac{G_S(s)}{s}\right].$$

Daraus ergibt sich die z-Übertragungsfunktion $G_{HS}(z)$ der Strecke mit dem Halteglied:

$$G_{HS}(z) = \frac{z-1}{z} \cdot Z\left[\frac{G_S(s)}{s}\right].$$ (11.27)

- **Beispiel 11.11**

Eine P-T$_1$-Strecke $G_S(s) = \dfrac{K_{PS}}{1 + sT_1}$ mit Halteglied $G_H(s)$ nach (11.26) wird im z-Bereich nach

(11.27) wie folgt abgebildet: $G_{HS}(z) = \dfrac{z-1}{z} \cdot Z\left[\dfrac{K_{PS}}{s(1 + sT_1)}\right]$.

Gemäß der Beziehung 10 der Korrespondenztabelle für z-Transformation (siehe Anhang) wird:

$$G_{HS}(z) = \frac{z-1}{z} K_{PS} \frac{(1 - e^{-k_1}) \cdot z}{(z-1)(z - e^{-k_1})} = K_{PS} \frac{1 - e^{-k_1}}{z - e^{-k_1}} \quad \text{mit } k_1 = \frac{T_A}{T_1} \text{ und } a_1 = e^{-k_1}$$

Die resultierende Übertragungsfunktion der Strecke $G_{HS}(z)$ ist in der ersten Zeile nachfolgender Tabelle gegeben. Analog werden die nächsten Zeilen hergeleitet.

Strecke	$G_{HS}(s)$	$G_S(z)$	Parameter
P-T1	$G_S(s) = \dfrac{K_{PS}}{1 + sT_1}$	$G_{HS}(z) = K_{PS} \dfrac{b_0}{z - a_1}$	$b_0 = 1 - a_1$
I	$G_S(s) = \dfrac{K_{IS}}{s}$	$G_{HS}(z) = K_{IS} \dfrac{b_0}{z - 1}$	$b_0 = T_A$
I-T1	$G_S(s) = \dfrac{K_{iS}}{s(1 + sT_1)}$	$G_{HS}(z) = K_{iS} \dfrac{(b_1 z + b_0)}{(z-1)(z - a_1)}$	$b_0 = 1 - a_1 - a_1 k_1$ $b_1 = k_1 - a_1 - 1$

11.5.4 Einstellung von digitalen Reglern

Für Grundschaltungen von Regelkreiselementen (Reihen-, Parallel-, Kreisschaltung) gelten für z-Übertragungsfunktionen die gleichen Regeln wie im analogen Fall.

Die Übertragungsfunktion des aufgeschnittenen digitalen Regelkreises ist:

$$G_0(z) = G_R(z)G_{HS}(z) = \frac{Z\ddot{a}hler(z)}{Nenner(z)}.$$

Daraus folgt die Führungsübertragungsfunktion im z-Bereich:

$$G_w(z) = \frac{x(z)}{w(z)} = \frac{G_0(z)}{1+G_0(z)} = \frac{Z\ddot{a}hler(z)}{Nenner(z) + Z\ddot{a}hler(z)}.$$

Es werden nachfolgend zwei Optionen des Reglerentwurfs nach der im s-Bereich gegebenen Übertragungsfunktion der Strecke an einem Beispiel gezeigt.

- **Beispiel 11.12**

Gegeben ist eine analoge P-T_1-Strecke $G_S(s)$ mit Parametern $K_{PS} = 0,8$ und $T_1 = 0,5$ sec, die mit einem digitalen PI-Regler $G_R(z)$ mit der Abtastzeit $T_A = 0,1$ sec ohne Überschwingung bzw. mit der Dämpfung $\vartheta = 1$ nach der Ausregelzeit $T_{aus} = 1$ sec geregelt werden soll.

a) zuerst wird der analoge Regler $G_R(s)$ nach Kapitel 8 in s-Bereich optimal eingestellt und danach für den digitalen Regler $G_R(s)$ in z-Bereich umgerechnet.

Die Übertragungsfunktion $G_0(s)$ des aufgeschnittenen Regelkreises im s-Bereich:

$$G_0(s) = G_R(s)G_S(s) = \frac{K_{PR}(1+sT_n)}{sT_n} \cdot \frac{K_{PS}}{1+sT_1}$$

Nach der Kompensation mit $T_n = T_1 = 0,5$ sec wird der analoge PI-Regler $G_R(s)$ nach dem Stadardtyp C (Abschnitt 14.3.3) für $\vartheta = 1$ und die Ausregelzeit $T_{aus} = 1$ sec eingestellt:

$$K_{PR} = \frac{3,9 \cdot T_n}{K_{PS} \cdot T_{aus}} = \frac{3,9 \cdot 0,5}{0,8 \cdot 1} = 2,4375$$

Die Übertragungsfunktion des geschlossenen Regelkreises im s-Bereich ist:

$$G_w(s) = \frac{G_0(s)}{1+G_0(s)} = \frac{K_{PR}K_{PS}}{sT_n + K_{PR}K_{PS}} = \frac{1}{1+sT_w} \quad \text{mit} \quad T_w = \frac{T_n}{K_{PR}K_{PS}} = 0,26$$

Der Sprungantwort entspricht einem P-T1-Verhalten und wird den Sollwert ohne bleibende Regeldifferenz mit der gewünschten Ausregelzeit $T_{aus} = 3,9T_w = 1,01$ sec erreichen.

Nun werden die Kennwerte $K_{PR} = 2,4375$ sec und $T_n = 0,5$ sec in z-Bereich umgerechnet:

$$G_R(z) = \frac{c_1(z-c^*)}{z-1} \quad \text{mit} \quad c_1 = K_{PR} = 2,44; \quad c_2 = K_{PR} - K_1T_A = 1,95; \quad c^* = \frac{c_2}{c_1} = 0,8$$

Der digitale PI-Regler wird also mit oben berechneten Kennwerten eingestellt:

$$G_R(z) = \frac{2,44(z-0,8)}{z-1}$$

Um die Lösung zu testen, wird die Sprungantwort simuliert. Die Übertragungsfunktion der P-T_1-Regelstrecke mit Halteglied wurde bereits im Beispiel 11.11 im z-Bereich transformiert:

$$G_{HS}(z) = \frac{K_{PS}(1-a_1)}{z-a_1} = \frac{0,8(1-0,8187)}{z-0,8187} = \frac{0,145}{z-0,8187}$$

Damit wird die z-Übertragungsfunktion des aufgeschnittenen Regelkreises ermittelt:

$$G_0(z) = G_R(z)G_{HS}(z) = \frac{2,44(z-0,8)}{z-1} \cdot \frac{0,145}{z-0,8} = \frac{0,3523}{z-1}$$

Daraus wird die z-Übertragungsfunktion $G_w(z)$ des geschlossenen Kreises bestimmt und mit dem MATLAB®-Skript im **Bild 11.24** simuliert:

$$G_w(z) = \frac{G_0(z)}{1+G_0(z)} = \frac{0,3523}{z-1+0,3523} = \frac{0,3523}{z-0,6477}$$

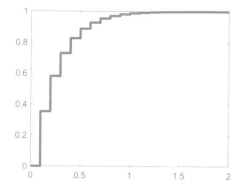

MATLAB®-Skript für Beispiel 11.12
```
T1 = 0.5; TA = 0.1; Kps = 0.8; Taus=1;
Tn=T1; KpR = 3.9*Tn/(Kps*Taus);
Ki=KpR/Tn;
c1=KpR; c2=c1-Ki*TA; c_stern=c2/c1;
a1 = exp (-TA/T1);
num=[0.3523]; den=[1  -0.6477];
Gwz=tf(num,den,TA);
step(Gwz,2); grid
```

Bild 11.24 Sprungantwort des digitalen Kreises bestehend aus PI-Regler und P-T1-Strecke

b) Nun wird die obige Lösung für die zweite Option der Reglereinstellung wiederholt, nämlich: der digitale Regler wird direkt im z-Bereich eingestellt.

Die z-Übertragungsfunktion des aufgeschnittenen Regelkreises wurde oben bereits ermittelt:

$$G_0(z) = G_R(z)G_{HS}(z) = \frac{c_1(z-c^*)}{z-1} \cdot \frac{K_{PS}(1-a_1)}{z-a_1} \quad \text{mit } K_{PS} = 0,8 \text{ und } a_1 = 0,8187$$

Nach der Kompensation mit $c^* = a_1 = 0,8187$ sec ergibt sich die z-Übertragungsfunktion $G_w(z)$ des geschlossenen Regelkreises und deren charakteristische Gleichung:

$$G_w(z) = \frac{G_0(z)}{1+G_0(z)} = \frac{c_1 K_{PS}(1-a_1)}{z-1+c_1 K_{PS}(1-a_1)} \qquad \rightarrow \qquad z-1+c_1 K_{PS}(1-a_1)=0$$

Die charakteristische Gleichung hat eine Polstelle z_1, die so gewählt wird, dass die gewünschten Regelgütekriterien ($\vartheta = 1$ und $T_{aus} = 1$ s) erfüllt werden:

$$z_1 = 1-c_1 K_{PS}(1-a_1) = 1-0,145 \cdot c_1$$

Der Dämpfung $\vartheta = 1$ enspricht eine reelle Polstelle $0 < z_1 < 1$. Für die Ausregelzeit $T_{aus} = 1$ s soll $T_w = 0,26$ sec betragen, wie oben im Punkt (a) bestimmt wurde. Daraus folgt:

$$z_1 = e^{-\frac{T_A}{T_w}} = e^{-\frac{0,1}{0,26}} = 0,68 \qquad \rightarrow \qquad 0,68 = 1-0,145 \cdot c_1$$

Die Reglereinstellung ist wie im Punkt (a): $c_1 = \dfrac{1-0,68}{0,145} = 2,2$ und $.c^* = 0,8$.

11.5.5 Stabilitätskriterien für digitale Regelkreise

a) Stabilitätsbedingung im z-Bereich

Ein kontinuierlicher Regelkreis wird stabil, wenn alle Pole der Übertragungsfunktion in der linken Hälfte der s-Ebene liegen bzw. jeweils einen negativen Realteil haben. Diese Stabilitätsbedingung ist allgemein und gilt auch für digitale Systeme, jedoch die Lage der Pole wird im z-Bereich untersucht.

Die komplexe s-Ebene (**Bild 11.25**) wird dafür in die komplexe z-Ebene abgebildet. Das wird aus Ansätzen für die Laplace-Transformation und z-Transformation für $-\infty < \omega < +\infty$ hergeleitet:

$$s = \sigma + j\omega \quad \Rightarrow \quad z = e^{sT_A}$$

Polstellen in s-Ebene	σ	z	Abbildung in z-Ebene
Imaginäre Achse	$\sigma = 0$	$z = e^{j\omega T_A}$	Einheitskreis $r = 1$
Linke s-Halbebene	$\sigma < 0$	$z = e^{\sigma T_A} e^{j\omega T_A}$	Kreise mit dem Radius $r = e^{\sigma T_A} < 1$ innerhalb des Einheitskreises
Rechte s-Halbebene	$\sigma > 0$	$z = e^{\sigma T_A} e^{j\omega T_A}$	Kreise mit dem Radius $r = e^{\sigma T_A} > 1$ außerhalb des Einheitskreises

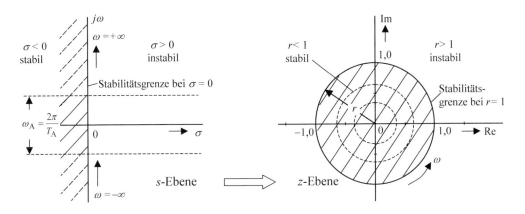

Bild 11.25 Zusammenhang zwischen s-Ebene und z-Ebene

Die Stabilitätsbedingung im z-Bereich lautet:

Ein digitaler Regelkreis wird dann stabil, wenn alle Pole der z-Übertragungsfunktion innerhalb des Einheitskreises der z-Ebene liegen, d. h. wenn alle Pole einen Betrag kleiner Eins haben.

Allerdings ist die Abbildung der imaginären Achse der s-Ebene in einen Einheitskreis der z-Ebene wegen des periodischen Charakters der Fourier-Transformation nur für einen begrenzten Frequenzbereich von $-\dfrac{\pi}{T_A} < \omega < \dfrac{\pi}{T_A}$ eindeutig.

- **Beispiel 11.13**

Es soll die Stabilität eines digitalen Regelkreises mit der folgenden Führungsübertragungsfunktion untersucht werden (s. Beispiel 11.12):

$$G_w(z) = \frac{K_{PR}K_{PS}(1-a_1)}{z-a_1+K_{PR}K_{PS}(1-a_1)} = \frac{Z(z)}{N(z)} \quad \text{mit } k_1 = \frac{T_A}{T_1} \text{ und } a_1 = e^{-k_1}$$

Die charakteristische Gleichung $N(z) = 0$ hat einen reellen Pol

$$z_1 = a_1(1+K_{PR}K_{PS}) - K_{PR}K_{PS}$$

Bei $|z_1| < 1$ wird der Kreis stabil. Die Stabilitätsgrenze liegt bei $|z_1| = 1$ bzw. bei

$$a_1(1+K_{PR}K_{PS}) - K_{PR}K_{PS} = 1 \tag{11.28}$$

$$a_1(1+K_{PR}K_{PS}) - K_{PR}K_{PS} = -1 . \tag{11.29}$$

Da die Bedingung (11.28) entfällt, ergibt sich aus der Gl. (11.29) die Stabilitätsgrenze zu

$$K_{PRkr} = \frac{1}{K_{PS}} \cdot \frac{1+a_1}{1-a_1}$$

b) w-Transformation

Um die imaginäre Achse der s-Ebene für digitale Signale eindeutig abzubilden, wird neben dem Ansatz (11.22) $z = e^{j\omega T_A}$ (z-Transformation) ein weiterer Ansatz

$$z = \frac{1+w}{1-w} \tag{11.30}$$

eingeführt. Diese bilineare Transformation ist als *w-Transformation* bekannt. Das Innere des Einheitskreises der z-Ebene wird damit in die linke Halbebene der w-Ebenen transformiert (**Bild 11.26**).

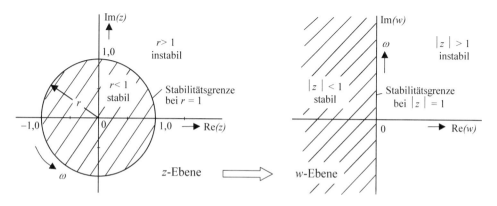

Bild 11.26 Zusammenhang zwischen z-Ebene und w-Ebene

Durch das Einsetzen von (11.30) in die Differenzengleichung (11.7) und Multiplikation mit $(1-w)^n$ kann die charakteristische Gleichung (11.9)

$$P(z) = a_n z^n + a_{n-1} z^{n-1} + \ldots + a_1 z^1 + a_0 z^0 = 0$$

in eine neue Polynomgleichung transformiert werden:

$$P(w) = A_n w^n + A_{n-1} w^{n-1} + \ldots + A_1 w^1 + A_0 w^0 = 0. \tag{11.31}$$

Unten sind die Koeffizienten A_i der Gl. (11.31) für Systeme mit $n = 1, 2, 3$ aufgelistet.

n	A_0	A_1	A_2	A_3
1	$a_0 + a_1$	$-a_0 + a_1$	-	-
2	$a_0 + a_1 + a_2$	$-2a_0 + 2a_2$	$a_0 - a_1 + a_2$	-
3	$a_0 + a_1 + a_2 + a_3$	$-3a_0 - a_1 + a_2 + 3a_3$	$3a_0 - a_1 - a_2 + 3a_3$	$-a_0 + a_1 - a_2 + a_3$

c) Hurwitz-Stabilitätskriterium

Durch die w-Transformation gelingt es, das Stabilitätskriterium nach Hurwitz, wie bei analogen Systemen, anzuwenden:

> Für Stabilität eines digitalen Regelkreises müssen alle Koeffizienten A_i der charakteristischen Gleichung $P(w) = 0$ (11.31) vorhanden und größer Null sein, d. h. $A_i \neq 0$ und $A_i > 0$ für $i = 1, 2, \ldots, n$.

Beispielsweise kann man aus der obigen Tabelle für das System 2. Ordnung

$$P(z) = a_2 z^2 + a_1 z + a_0 = 0 \quad \text{bzw.} \quad P(w) = A_2 w^2 + A_1 w + A_0 = 0$$

nach *Hurwitz*-Kriterium die Stabilitätsbedingungen (11.20) für $a_2 = 1$ herleiten:

$$\begin{cases} A_2 = a_0 - a_1 + 1 > 0 \\ A_1 = -2a_0 + 2 > 0 \\ A_0 = a_0 + a_1 + 1 > 0 \end{cases} \Rightarrow \begin{cases} a_1 < 1 + a_0 \\ a_0 < 1 \\ a_1 > -1 - a_0. \end{cases}$$

d) Nyquist-Stabilitätskriterium

Das Stabilitätskriterium nach *Nyquist* (Abschnitt 6.2) kann auch für digitale Systeme durch die Winkeländerung des Zeigers $[1+G_0(j\omega)]$ abhängig von der Polverteilung von $G_0(z)$ hergeleitet werden, jedoch wird der Frequenzbereich $0 \leq \omega \leq \infty$ durch einen Streifen $0 \leq \omega \leq \omega_A$ ersetzt, wobei $\omega_A = 2\pi / T_A$ ist.

Die vereinfachte Fassung des *Nyquist*-Kriterium für den Fall, dass die Übertragungsfunktion $G_0(z)$ keine Pole außerhalb des Einheitskreises der z-Ebene besitzt, lautet:

> Der geschlossene digitale Regelkreis ist genau dann stabil, wenn der vom kritischen Punkt $(-1, j0)$ an die Ortskurve $G_0(j\omega)$ gezogene Fahrstrahl beim Durchlaufen der Ortskurve im Bereich $0 \leq \omega \leq \omega_A$ eine Winkeländerung von $\Delta\varphi = 0$ beschreibt.

11.5.6 Simulation von digitalen Regelkreisen

Ein Regelkreis mit einem digitalen Regler und kontinuierlich funktionierenden Strecke kann mit *z*- und *s-Transfer Fcn* Bausteinen aus den MATLAB® /Simulink Bibliotheken *Continuous* und *Discrete* simuliert werden.

Im Wirkungsplan des **Bildes 11.27** ist ein digitaler P-Regler mit Verzögerung T_1

$$G_R(z) = \frac{K_{PR}(1 - a_1)}{z - a_1}$$

simuliert. Der Baustein *Discrete Transfer Fcn* berücksichtigt die dem Regler zugehörigen Abtaster und Halteglied. Ein externes Halteglied *Zero-Order Hold* ist doch für die Stellgröße $y(kT)$ vorgesehen, das andere *Zero-Order Hold* dient zum Erstellen der Impulsfolge kT, welche dieselbe Dimension wie $y(kT)$ haben soll.

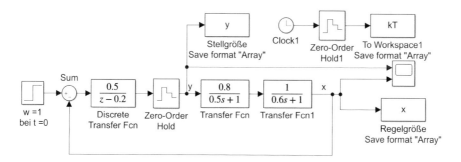

Bild 11.27 Simulationsmodell eines digitalen Regelkreises

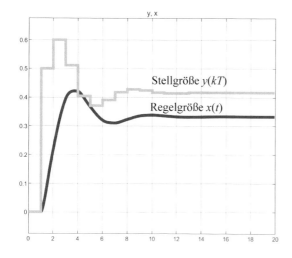

Man kann die Signale entweder mit *Scope* beobachten (**Bild 11.28**) oder die Kurven nach MATLAB®-Workspace mit Bausteinen *To Workspace* übertragen und dann mit folgenden Befehlen in MATLAB® Command-Fenster ausführen:

stairs(kT, y, 'k'); grid   für die Stellgröße $y(kT)$ als Treppenkurve

plot(tout, x, 'b'); grid   für die analoge Regelgröße $x(t)$

Bild 11.28 Sprungantworten des digitalen Regelkreises des Bildes 11.27

Mit MATLAB®/Smulink ist es möglich, einen analogen Regler oder den ganzen Regelkreis mit der Übertragungsfunktionen $G(s)$ aus der *s*-Ebene einfach per Klick automatisch in die z-Übertragungsfunktionen $G_z(z)$ zu transformieren und simulieren. Dies erfolgt mit dem App „Model Discretizer" wie es unten im **Bild 11.29** erklärt ist.

a) Regelkreis mit dem analogen PI-Regler $G_R(s)$ und analoger Regelstrecke

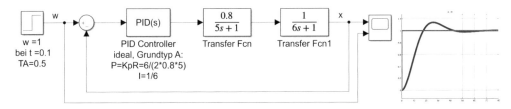

b) MATLAB®/Simulink APP „Model Discretizer"

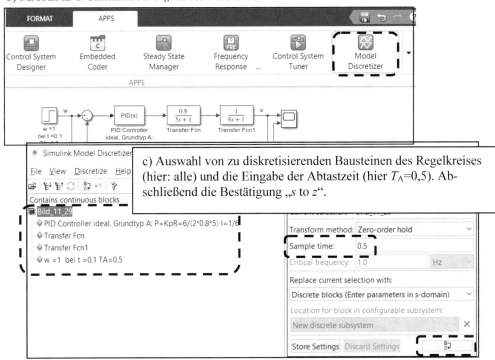

c) Auswahl von zu diskretisierenden Bausteinen des Regelkreises (hier: alle) und die Eingabe der Abtastzeit (hier T_A=0,5). Abschließend die Bestätigung „s to z".

d) Regelkreis mit digitalem PI-Regler $G_R(z)$ und mit digitaler Strecke „zoh"

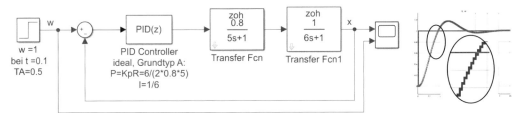

Bild 11.29 Diskretisieren eines analogen Kreises mit MATLAB® App „Model Discretizer"

12 Zustandsregelung

12.1 Zustandsebene

Für die Zustandsregelung ist bei Master-Studiengängen mit dem Schwerpunkt Automatisierungstechnik üblicherweise eine semesterlange Lehrveranstaltung vorgesehen. Dieses Thema in einem A zu beschreiben ist unrealistisch, so dass nachfolgend nur deren Grundlagen kurz erläutert werden, um die praktischen Anwendungen oder den Einstieg in die weiterführende Literatur, z. B. [23], [24], [31], [83], [114] und [148], zu erleichtern.

Die Methoden der Zustandsregelung sind besonders effektiv für nichtlineare Strecken und Mehrgrößenstrecken. Wir beginnen jedoch die Einführung in die Zustandsregelung von einem linearen Beispiel, um zu zeigen, dass die Zustandsregelung auch ohne spezielle Kenntnisse für einfache Regelstrecken erfolgen kann.

- **Beispiel 12.1**

Gegeben ist eine Strecke (**Bild 12.1**), die aus zwei I-Gliedern mit $K_{IS1} = K_{IS2} = 1$ s^{-1} besteht. Die Strecke hat messbare Zustandsvariablen x und x_1.

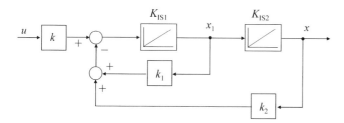

Bild 12.1 Regelung eines Doppel-I-Gliedes mit Zustandsrückführungen

Nach einem Einheitssprung der Stellgröße $u(t)$ soll die Regelgröße von $x(0) = 0$ zu einem gegebenen Endwert, z. B. $x(\infty) = 1$ gebracht werden, und zwar so, dass sich der Dämpfungsgrad zwischen $\vartheta = 0{,}3$ und $\vartheta = 0{,}4$ befindet. Die dafür benötigten Polstellen p_1 und p_2 des geschlossenen Kreises sind unten gegeben:

$$p_{1,2} = -1 \pm 2j$$

Die Aufgabe besteht in einer geeigneten Wahl der Proportionalbeiwerten k_1 und k_2. Solche Verfahren, bei denen die Pole an gewünschte Stellen platziert werden, nennt man *Polzuweisung* oder *Pole Placing*.
Bestimmen wir zuerst die Übertragungsfunktion des ersten, inneren Kreises

$$G_{w1}(s) = \frac{\dfrac{1}{s}}{1 + \dfrac{1}{s} \cdot k_1} = \frac{1}{s + k_1} = \frac{1}{k_1\left(1 + s\dfrac{1}{k_1}\right)} = \frac{1/k_1}{1 + sT_w}, \text{ wobei } T_w = \frac{1}{k_1} \text{ ist.}$$

© Springer Fachmedien Wiesbaden GmbH, ein Teil von Springer Nature 2022
S. Zacher und M. Reuter, *Regelungstechnik für Ingenieure*,
https://doi.org/10.1007/978-3-658-36407-6_12

Dann wird die Übertragungsfunktion des zweiten, äußeren Kreises bestimmt:

$$G_{\mathrm{w}}(s) = \frac{G_{\mathrm{w}1}(s) \cdot \dfrac{1}{s}}{1 + G_{\mathrm{w}1}(s) \cdot \dfrac{1}{s} \cdot k_1} = \frac{\dfrac{1}{k_1} \cdot \dfrac{1}{s(1+sT_{\mathrm{w}})}}{1 + \dfrac{1}{k_1} \cdot \dfrac{1}{s(1+sT_{\mathrm{w}})} \cdot k_1} = \frac{1}{s^2 + k_1 s + k_2}$$

Laut Aufgabenstellung ist die gewünschte Übertragungsfunktion $G_{\mathrm{M}}(s)$ mit den gegebenen Polstellen wie folgt gegeben:

$$G_{\mathrm{M}}(s) = \frac{1}{(s-p_1)(s-p_2)} = \frac{1}{s^2 - s(p_1 + p_2) + p_1 p_2} = \frac{1}{s^2 + 2s + 5}$$

Aus der Bedingung $G_{\mathrm{w}}(s) = G_{\mathrm{M}}(s)$ folgt die Lösung:

$$s^2 + k_1 s + k_2 = s^2 + 2s + 5_2 \qquad \Rightarrow \qquad \begin{cases} k_1 = 2 \\ k_2 = 5 \end{cases}$$

Um den Beharrungswert $x(\infty)$ nach dem Einheitssprung $u_0 = 1$

$$x(\infty) = \lim_{s \to 0} k \cdot G_{\mathrm{w}}(s) \cdot u_0 = \lim_{s \to 0} \frac{k}{s^2 + 2s + 5} \cdot u_0 = \frac{k}{5}$$

an den gegebenen Wert $x(\infty) = 1$ anzupassen, wird $k = 5$ eingestellt.

12.1.1 Zustandsebene eines linearen Systems

Die vorherige Aufgabe wurde nicht wie gewöhnlich formuliert und gelöst. Die Stellgröße wurde nicht wie üblich mit y, sondern mit u bezeichnet. Anstelle eines Reglers wurden zwei Rückführungen k_1 und k_2 eingesetzt. Es fehlt die Führungsgröße, sie ist in der Aufgabenstellung als die Bedingung $x(\infty) = 1$ enthalten.

Zwar wurde die Aufgabe mit gewöhnlichen Methoden gelöst, ist die Lösung nur für einfache Strecken mit zwei-drei Zustandsvariablen möglich. Um das Verfahren zu verallgemeinern, soll der Wirkungsplan der Strecke anders als bisher dargestellt werden. Man sagt, die Strecke soll im Zustandsraum beschrieben werden.

Betrachten wir als Beispiel eine lineare Differentialgleichung 2. Ordnung:

$$\frac{d^2 x(t)}{dt^2} + a_1 \frac{dx(t)}{dt} + a_0 x(t) = k \cdot u(t) \quad \text{bzw.} \quad \ddot{x} + a_1 \dot{x} + a_0 x = k \cdot u$$

Für die freie, ungezwungene Bewegung des Systems bei $u = 0$ gilt:

$$\ddot{x} + a_1 \dot{x} + a_0 x = 0$$

Fügen wir neue Variablen ein, nämlich:

$$\begin{aligned} x_1 &= x \\ x_2 &= \dot{x} \end{aligned} \tag{12.1}$$

Unter Beachtung $x = x_1$ und $\dot{x} = x_2$ sowie $\ddot{x} = \dot{x}_2$, wird die letzte Differentialglei-chung der freien Bewegung des Systems umgeschrieben:

$$\begin{cases} \dot{x}_2 + a_1 x_2 + a_0 x_1 = 0 \\ \dot{x}_1 = x_2 \end{cases} \qquad \text{bzw.} \qquad \begin{cases} \dot{x}_2 = -a_1 x_2 - a_0 x_1 \\ \dot{x}_1 = x_2 \end{cases}$$

Der Vorteil dieser Darstellung besteht einerseits darin, dass die DGL 2. Ord-nung durch die DGL 1. Ordnung ersetzt wurde; andererseits folgen daraus die Gleichungen $x_2 = f(x_1)$ von Trajektorien in der Zustandsebene. Um die Trajek-torien zu bilden, dividieren wir die obere Differentialgleichung durch die unte-re

$$\begin{cases} \dfrac{dx_2}{dt} = -a_1 x_2 - a_0 x_1 \\ \dfrac{dx_1}{dt} = x_2 \end{cases} \qquad \Rightarrow \qquad \dfrac{\dfrac{dx_2}{dt}}{\dfrac{dx_1}{dt}} = \dfrac{-a_1 x_2}{x_2} - \dfrac{a_0 x_1}{x_2}$$

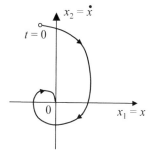

Bild 12.2 Zustandsebene

und eliminieren wir daraus die Zeit:

$$\frac{dx_2}{dx_1} = -a_1 - a_0 \frac{x_1}{x_2} \qquad (12.2)$$

Aus der letzten DGL kann man unter bestimmten Bedin-gungen die Trajektorien (*Isoklinen*) bestimmen, wobei je-dem Zeitpunkt t ein Punkt der Zustandsebene (x_1, x_2) ent-spricht (**Bild 12.2**). Die Zusammensetzung von allen Punkten, von $t = 0$ bis zum Endwert bei $t = \infty$, stellt gra-fisch die freie Bewegung des Systems dar.

Erreicht die Zustandskurve bei $t = \infty$ den Wert $x_2 = 0$ (**Bild 12.3**), wird das geschlosse-ne System stabil. In der Gl. (13.2) handelt es sich dabei um eine Singularität $\dfrac{x_1}{0}$.

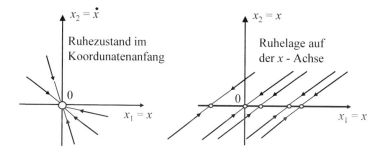

Bild 12.3 Beharrungszustände von stabilen Systemen: links ($x_1=0$); rechts ($-a_0=0$)

Es gilt dabei $\dot{x}_1 = 0$ bzw. x_1 = const, wie es aus der Gleichung $\dot{x}_1 = x_2$ folgt. Gleichzeitig ergibt sich aus der Gleichung $\dot{x}_2 = -a_1 x_2 - a_0 x_1$ die folgende Bedingung für Ruhelage:

$$\dot{x}_2 = -0 - a_0 x_1 = 0$$
$$-a_0 x_1 = 0$$

12.1.2 Stabilitätsuntersuchung in der Zustandsebene

Betrachten wir die Gleichung der Zustandskurve

$$\frac{dx_2}{dx_1} = -a_1 - a_0 \frac{x_1}{x_2}$$

und nehmen wir an, dass x_2 und x_1 miteinander linear verbunden sind:

$$x_2 = K \cdot x_1$$

Dies entspricht einer Geraden mit der Steigung

$$\frac{dx_2}{dx_1} = K .$$

Die Zustandsgleichung wird damit zu einer quadratischen Gleichung umgewandelt und gelöst:

$$\frac{dx_2}{dx_1} = K = -a_1 - a_0 \frac{x_1}{x_2} \qquad \Rightarrow \qquad K^2 = -a_1 K - a_0$$

$$K^2 + a_1 K + a_0 = 0 \qquad \Rightarrow \qquad K_{1,2} = -\frac{a_1}{2} \pm \sqrt{\frac{a_1^2 - 4a_0}{4}}$$

Abhängig vom Vorzeichen des Terms $a_1^2 - 4a_0$ entstehen unterschiedliche Zustandskurven. Die typischen Zustandskurven und die Sprungantworten sind in der **Tabelle 12.1** gezeigt. In der **Tabelle 12.2** sind gesondert die Trajektorien einer DGL 2. Ordnung bei $a_1 = 0$ oder $a_0 = 0$ zusammengefasst:

$$\ddot{x} + a_1 x = k \cdot u$$

Insgesamt sind folgende drei Fälle möglich:

- Fall 1: $a_1^2 < 4a_0$ imaginäre Polstellen

- Fall 2: $a_1^2 > 4a_0$ komplexe Polstellen (die weiteren Optionen sind
                                                    in der **Tabelle 12.3** zusammengefasst)

- Fall 3 $a_1^2 = 4a_0$ reelle Polstellen

Tabelle 12.1   Verlauf der Zustandskurven bei Bedingungen $a_1^2 > 4a_0$

I	II	III	IV
$a_1 > 0$ $\quad$ $a_0 > 0$	$a_1 < 0$ $\quad$ $a_0 > 0$	$a_1 > 0$ $\quad$ $a_0 = 0$	$a_1 > 0$ $\quad$ $a_0 < 0$
Knotenpunkt stabil	Knotenpunkt instabil	Wirbelpunkt	Sattelpunkt

Tabelle 12.2   Zustandskurven bei $a_0 = 0$ oder $a_1 = 0$

$a_0 = 0$		$a_1 = 0$	
$\dfrac{dx_2}{dx_1} = -a_1$ $x_2 = -a_1 x + C$		$x_2 dx_2 = -a_0 x_1 dx_1$ $\dfrac{x_2^2}{a_0 C} + \dfrac{x_1^2}{C} = 1$	
I	II	III	IV
$a_1 > 0$	$a_1 < 0$	$a_0 > 0$	$a_0 < 0$
stabil	instabil	Wirbelpunkt	Asymptotisch instabil

Tabelle 12.3   Knotenpunkte bei der Bedingung $a_1^2 > 4a_0$

I	II	III	IV	V
$a_1 > 0$ $a_0 > 0$	$a_1 < 0$ $a_0 > 0$	$a_1 > 0$ $a_0 < 0$	$a_1 = 0$ $a_0 < 0$	$a_1 < 0$ $a_0 < 0$
$K_1 < 0$ $K_2 < 0$	$K_1 > 0$ $K_2 > 0$	$K_1 > 0$ $K_2 < 0$	$K_1 = -K_2$	$K_1 < 0$ $K_2 > 0$
stabil	instabil	instabil	instabil	instabil

- **Beispiel 12.2**

Betrachten wir das in **Bild 12.4** dargestellte System zunächst unter der Annahme, dass sämtliche Glieder linear sind, so erhält man folgende Differentialgleichung

$$m\ddot{x}_a(t) + b\dot{x}_a(t) + cx_a(t) = Ax_e(t).$$ (12.3)

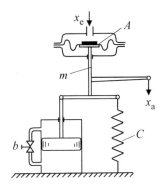

Bild 12.4 System 2. Ordnung:
A Membranfläche,
b Dämpfungskonstante,
c Federkonstante,
m Masse der bewegten Teile.

Hat die Feder keine lineare, sondern z. B. eine quadratische Charakteristik

$$F_f = c \cdot x_a^2,$$

so nimmt die Differentialgleichung folgende Form an

$$m\ddot{x}_a(t) + b\dot{x}_a(t) + cx_a^2(t) = Ax_e(t)$$ (12.4)

Es handelt sich hierbei um eine DGL 2. Ordnung, aber vom 2. Grade. Im Gegensatz zu den linearen DGL, in denen

$$x_a, \dot{x}_a, \ddot{x}_a, \dots$$

nur in der ersten Potenz vorkommen, tritt in Gl. (12.4) x_a in der zweiten Potenz auf. Generell kann man eine DGL n. Ordnung in ein System von n DGL 1. Ordnung umformen.

Auf Gl. (12.1) angewandt, erhalten wir durch Einführen der Zustandsvariablen

$$x_a(t) = x_1(t) \quad \text{und} \quad \dot{x}_a(t) = \dot{x}_1(t) = x_2(t)$$

die so genannten Zustandsdifferentialgleichungen

$$\dot{x}_1(t) = x_2(t) \tag{12.5}$$

$$\dot{x}_2(t) = -\frac{c}{m} \cdot x_1^2(t) - \frac{b}{m} x_2(t) + \frac{A}{m} \cdot x_e(t). \tag{12.6}$$

Die Lösungen der beiden DGL $x_1(t)$ und $x_2(t)$ stellen für jeden Zeitpunkt den Zustand des Systems dar. Tragen wir für $t = 0 \ldots \infty$ die Punkte $x_1(t)$ und $x_2(t)$ in einem kartesischen Koordinatensystem auf, so erhalten wir die Zustandskurve oder Trajektorie des Systems. **Bild 12.5** zeigt die Trajektorienschar, die für $x_e(t) = x_{e0}(t) = $ const. durch Veränderung der Anfangsbedingungen $x_1(0)$, $x_2(0)$ entstehen.

Für $x_e(t) = x_{e0}(t) = $ const. kann durch Division der Gl. (12.6) durch Gl. (12.5) die unabhängige Variable t eliminiert werden, und man erhält statt der beiden DGL (12.5) und (12.6) eine einzige Differentialgleichung 1. Ordnung

$$\frac{dx_2}{dx_1} = -\frac{c}{m} \cdot \frac{x_1^2}{x_2} - \frac{b}{m} + \frac{A}{m} \cdot \frac{x_{e0}}{x_2}. \tag{12.7}$$

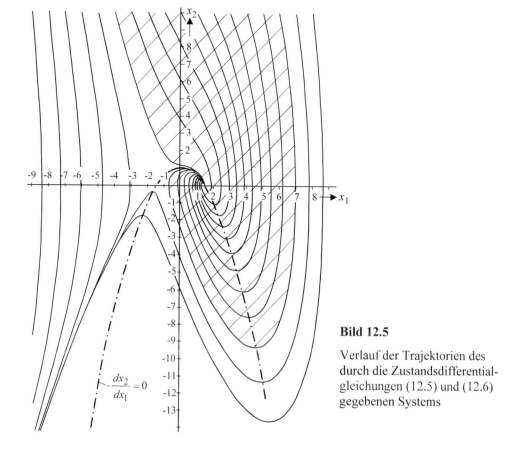

Bild 12.5

Verlauf der Trajektorien des durch die Zustandsdifferentialgleichungen (12.5) und (12.6) gegebenen Systems

Die Isoklinen $dx_2/dx_1 = K = $ const. lassen sich aus Gl. (12.7) in einfacher Weise ermitteln und ergeben die Parabeln

$$x_2 = \frac{1}{Km+b}[A \cdot x_{e0} - c \cdot x_1^2]. \tag{12.8}$$

Speziell für $dx_2/dx_1 = K = $ const.$= \infty$ folgt $x_2 = 0$, d. h. die Trajektorien schneiden die x_1-Achse senkrecht. Ferner liegen die relativen Maxima und Minima der Trajektorien (für $K = 0$) auf der Parabel

$$x_2 = \frac{1}{b}[A \cdot x_{e0} - c \cdot x_1^2]. \tag{12.9}$$

Nimmt das System für $t \rightarrow \infty$ eine Ruhelage ein, so müssen die zeitlichen Änderungen $\dot{x}_1 = 0$ und $\dot{x}_2 = 0$ sein. Damit erhalten wir aus den Gln. (12.5) und (12.6)

$$x_1(\infty) = \pm\sqrt{\frac{A}{c} \cdot x_{e0}} \ . \tag{12.10}$$

Es handelt sich um zwei Knotenpunkte, von denen der mit dem positiven Vorzeichen ein stabiler und der mit dem negativen ein instabiler Knotenpunkt ist. Für

$$\frac{x_{e0} \cdot A}{c} = 2; \quad \frac{b}{c} = 2 \, \text{s} \, ; \quad \frac{m}{c} = 1 \, \text{s}^2$$

zeigt **Bild 12.5** den Verlauf der Zustandskurven. Das schraffierte Gebiet ist der Einzugsbereich der asymptotischen Stabilität für den Knotenpunkt

$$x_1 = +\sqrt{\frac{A}{c} \cdot x_{e0}} \ .$$

12.1.3 Zustandsrückführung eines nichtlinearen Systems

Entsprechend im Linearen sucht man auch bei nichtlinearen Systemen allgemeine Stabilitätskriterien ohne die Zustandsdifferentialgleichungen (12.5) und (12.6) lösen zu müssen. Zeigen wir nun an einem Beispiel, wie man mit Hilfe der Zustandsebene einen Kreis mit einem Zweipunktregler entwerfen kann.

• **Beispiel 12.3**

Gegeben ist ein Doppel-I-Glied, das mit einem Zweipunktregler geregelt wird (**Bild 12.6**). Das Stellsignal u wird zwischen zwei Werten umgeschaltet: $u = +1$ and $u = -1$.

Die Differentialgleichung der Strecke mit dem Integrierbeiwert K_I ist gegeben: $\quad \ddot{x} = K_I \cdot u$

Es werden neue Variablen (13.1) eingefügt und ein Gleichungssystem gebildet: $\quad \begin{cases} \dot{x}_2 = K_I \cdot u \\ \dot{x}_1 = x_2 \end{cases}$

Weiterhin wird die obere Gleichung durch die untere dividiert: $\quad \dfrac{\dfrac{dx_2}{dt}}{\dfrac{dx_1}{dt}} = \dfrac{K_I \cdot u}{x_2}$

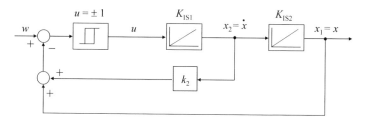

Bild 12.6 Stabilisierende Rückführung des Kreises mit dem Doppel-I-Glied

Es ergibt sich eine DGL 1. Ordnung mit folgender Lösung:

$$\frac{dx_2}{dx_1} = \frac{K_I \cdot u}{x_2} \quad \Rightarrow \quad x_2 \cdot dx_2 = K_I \cdot u \cdot dx_1 \quad \Rightarrow \quad \frac{x_2^2}{2} = K_I \cdot u \cdot x_1 + C$$

Die Lösung stellt sich in der Zustandsebene eine quadratische Parabel dar:

$$x_2^2 = 2K_I \cdot u \cdot x_1 + C$$

Nehmen wir an, dass $K_I = 1$ ist. Die entstehenden Parabelscharen bei zwei Stellwerten $u = \pm 1$ sind unten in der Tabelle gezeigt.

$u = +1$	$u = -1$
$x_2^2 = 2x_1 + C$	$x_2^2 = -2x_1 + C$
	

Der Zweipunktregler schaltet ein und ab, wenn die Regeldifferenz

$$e = w - x$$

den Wert $e = 0$ erreicht. Nehmen wir zur Vereinfachung an, dass $w = 0$ ist. In diesem Fall wird

$$e = -x = 0$$

bzw. die Zustandsvariable

$$-x_1 = 0.$$

Somit liegt die Schaltlinie direkt auf der Ordinatenachse $x_1 = 0$, wie in **Bild 12.7** links gezeigt ist. Daraus ist ersichtlich, dass ein Grenzzyklus bzw. eine Dauerschwingung mit konstanter Amplitude entsteht. Die Trajektorien nähern sich nicht dem Ursprung, sondern durchlaufen eine geschlossene Kurve.

Aus der Betrachtung der beiden Parabelscharen stellt man fest, dass eine nach links geneigte Schaltlinie, wie im **Bild 12.7** rechts gezeigt ist, den Grenzzyklus in eine Spirale umwandelt. Nach jeder Umschaltung wird die Amplitude kleiner, so dass die Trajektorie nach endlich vielen Umschaltungen den Koordinatenanfang bzw. die Ruhelage erreichen wird.

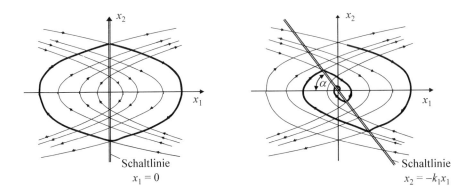

Bild 12.7 Zustandskurven des Regelkreises und Schaltlinien des Zweipunktreglers

Die Schaltlinie

$$x_2 = -k_1 x_1$$

mit der Steigung k_1 kann in Regelkreis eingebaut werden, indem man die negative Rückführrung des Kreises mit einer zusätzlichen Rückführung, wie im **Bild 12.6** gezeigt, erweitert.

Die Schaltlinie

$$x_2 = -k_1 x_1$$

wird mit dem Koeffizient $k_1 > 0$ erzeugt:

$$x_2 + kx_1 = 0$$

$$\underbrace{\frac{1}{k_1}}_{k_2} x_2 + x_1 = 0$$

$$k_2 x_2 + x_1 = 0$$

In Wirklichkeit erreicht jedoch die Spirale nicht den Ursprung, sondern endet auf der Schaltgeraden. Danach rutscht der Arbeitspunkt geradlinig zum Ursprung entlang der Schaltlinie. Es wird empfohlen, die Steigung der Schaltgeraden $k_1 = \tan \alpha$ möglichst groß oder möglichst klein zu wählen. Bei großen k_1 hat der Rückführkoeffizient k_2 einen kleinen Wert, und folglich wird die Zeitkonstante klein. Aber mit dem Winkel $\alpha \approx 90°$ steht die Schaltgerade fast senkrecht, und die Schwingungen werden erst nach mehreren Umschaltungen abklingen. Bei kleinen k_1 dagegen hat die Schaltgerade sehr starke Neigung, große Schwingungsperiode, aber wenige Schnitte mit der Schaltgeraden.

Im **Bild 12.8** ist der oben behandelte Regelkreis mit $k_2 = 0{,}045$ bzw. $k_1 = 22{,}2$ und $\alpha \approx 88°$ simuliert (große Steigung der Schaltgeraden). Nach 9 Umschaltungen landet die Spirale auf den Schaltgeraden und rutscht in Ursprung.

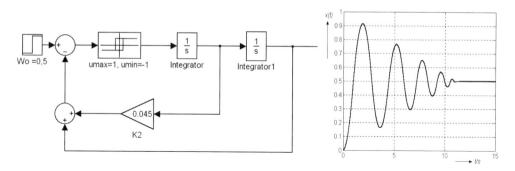

Bild 12.8 Simulation eines nichtlinearen Regelkreises mit Zustandsrückführung

12.2 Zustandsraum

Die grafische Darstellung der Zustandsebene lässt viele Aufgaben effektiv lösen, ist jedoch für Systeme mit mehr als zwei Variablen ungeeignet. Für solche Fälle sollen Matrizen und Vektoren als Beschreibungsfunktionen einbezogen werden.

Der Wirkungsplan einer solchen Mehrgrößenstrecke ist im **Bild 12.9** gezeigt. Die Zustandsgleichungen der Mehrgrößenstrecke lauten:

$\dot{x} = A\,x + B\,u$ Zustandsgleichung (*state equation*)

$y = C\,x$ Beobachtungsgleichung (*observation equation*)

Die in diesen Gleichungen vorkommenden Signale und Matrizen sind:

x Zustandsvektor bzw. Regelgröße $[1 \times n]$

u Stellgrößenvektor bzw. Eingang $[1 \times p]$

y Regelgrößenvektor bzw. Ausgang $[1 \times q]$

A Systemmatrix bzw. Dynamikmatrix $[n \times n]$

B Steuermatrix bzw. Eingangsmatrix $[p \times n]$

C Beobachtungsmatrix bzw. Ausgangsmatrix $[n \times q]$

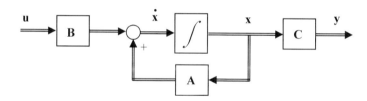

Bild 12.9 Wirkungsplan einer Strecke mit Zustandsvariablen

- **Beispiel 12.4**

Ein System hat n Zustände, p Eingänge, q Ausgänge. Die Struktur bzw. die Dimension der Systemgleichungen ist unten veranschaulicht.

$n = 3$

$p = 2$

$q = 2$

$\boldsymbol{A}=[n \times n] \quad \boldsymbol{x}=[1 \times n] \qquad \boldsymbol{B}=[p \times n] \quad \boldsymbol{u}=[1 \times p] \quad \dot{\boldsymbol{x}}=[1 \times n]$

$\boldsymbol{C}=[n \times q] \quad \boldsymbol{x}=[1 \times n] \qquad \boldsymbol{D}=[q \times p] \quad \boldsymbol{u}=[1 \times p] \quad \boldsymbol{y}=[1 \times q]$

Selbstverständlich entsteht sofort die Frage: Wie kann man die gewöhnlichen Übertragungsfunktionen in die Zustandsgleichungen umwandeln und umgekehrt? Die analytische Umwandlung für Systeme 2. Ordnung ist einfach.

Für Systeme mit mehreren Variablen stellt der *Control System Toolbox* vom MATLAB die Konvertierungsbefehle zur Verfügung, wie unten in Tabelle gegeben.

Umwandlung	*Bezeichnung des Befehls*	*MATLAB-Befehl*	*Anwendung*
Übertragungsfunktion in Zustandsgleichung	transfer function to state space	tf2ss	[A, B, C, D] = tf2ss (num, den)
Zustandsgleichung in Übertragungsfunktion	state space to transfer function	ss2tf	[num, den] = ss2tf (A, B, C, D)

Beachten wir, dass auch die Matrix $\boldsymbol{D}$ in der Tabelle vorkommt, die in diesem Abschnitt nicht betrachtet wird. Die Durchgangsmatrix $\boldsymbol{D}$ führt das Stellsignal $\boldsymbol{u}$ vorwärts auf das Ausgangssignal und wird mit **y** addiert. Man soll auch die Bezeichnungen beachten: die Stellgröße bei Zustandsgleichungen wird als $\boldsymbol{u}$, wie es in der Literatur über Zustandsregelung üblich ist, bezeichnet. Bei Übertragungsfunktionen wird aber für die Stellgröße die Bezeichnung y, wie überall in diesem Buch, behalten.

- **Beispiel 12.5**

Gegeben ist ein System 2. Ordnung mit der Übertragungsfunktion

$$G(s) = \frac{k}{a_2 s^2 + a_1 s + a_0}$$

bzw. mit der Differentialgleichungen

$$a_2 \ddot{x} + a_1 \dot{x} + a_0 x = k \cdot u$$

Es werden neue Variablen eingefügt

$$\begin{cases} \dot{x}_2 = -\dfrac{a_1}{a_2} x_2 - \dfrac{a_0}{a_2} x_1 + \dfrac{k}{a_2} u \\ \dot{x}_1 = x_2 \end{cases}$$

und mit folgenden Bezeichnungen

$$-\frac{a_1}{a_2} = A_1 \qquad -\frac{a_0}{a_2} = A_1 \qquad \frac{k}{a_2} = B$$

in Vektor-Matrizen-Form umgeschrieben:

$$\begin{pmatrix} \dot{x}_2 \\ \dot{x}_1 \end{pmatrix} = \begin{pmatrix} A_1 & A_2 & B \\ 1 & 0 & 0 \end{pmatrix} \cdot \begin{pmatrix} x_1 \\ x_2 \\ u \end{pmatrix} \quad \Rightarrow \quad x = \begin{pmatrix} \dot{x}_2 \\ \dot{x}_1 \end{pmatrix} \qquad A = \begin{pmatrix} A_1 & A_2 \\ 1 & 0 \end{pmatrix} \qquad B = \begin{pmatrix} B \\ 0 \end{pmatrix}$$

• **Beispiel 12.6**

Es sollen die Zustandsgleichungen bzw. die Matrizen A, B, C und D für gegebene Übertragungsfunktion $G(s) = \dfrac{10}{s^2 + 5s + 6}$ bestimmt werden.

Das MATLAB-Skript sieht wie folgt aus:

num = [10];	% Eingabe des Zählerpolynoms
den = [1 5 6];	% Eingabe des Nennerpolynoms
[A, B, C, D] = tf2ss (num, den)	% Konvertierung

Ausgabe:

$$A = \begin{pmatrix} -5 & -6 \\ 1 & 0 \end{pmatrix} \qquad B = \begin{pmatrix} 1 \\ 0 \end{pmatrix} \qquad C = \begin{pmatrix} 0 & 10 \end{pmatrix} \qquad D = 0$$

Das entsprechende System der Differentialgleichungen ist:

$$\begin{cases} \dot{x}_1 = -5x_1 - 6x_2 + u \\ \dot{x}_2 = x_1 + 0 \cdot x_2 + 0 \cdot u \\ y = 0 \cdot x_1 + 10x_2 + 0 \cdot u \end{cases}$$

• **Beispiel 12.7**

Gegeben ist das System der Zustandsgleichungen, dass in die Übertragungsfunktion bzw. Differentialgleichung konvertiert werden soll:

$$\begin{cases} \dot{x}_1 = 10x_1 + 5x_2 + 4u \\ \dot{x}_2 = 15x_1 + 3x_2 + 5u \\ y = x_1 + x_2 + 0 \cdot u \end{cases} \quad \text{bzw.} \quad A = \begin{pmatrix} 10 & 5 \\ 15 & 3 \end{pmatrix} \qquad B = \begin{pmatrix} 4 \\ 5 \end{pmatrix} \qquad C = \begin{pmatrix} 1 & 1 \end{pmatrix} \qquad D = 0$$

Das MATLAB®-Skript:

A = [10, 5; 15, 3];	% Eingabe der Systemmatrix A
B = [4; 5];	% Eingabe der Steuermatrix B
C = [1, 1];	% Eingabe der Ausgangsmatrix C
D = 0;	% Eingabe der Durchgangsmatrix D
[num, den] = ss2tf (A, B, C, D)	% Konvertierung

Ausgabe: num = [0   9   23];   % Zählerpolynom

den = [1   −13   −45];   % Nennerpolynom

Die gesuchte Übertragungsfunktion und DGL des Systems mit der Eingangsgröße $y(t)$ und der Ausgangsgröße $x(t)$ sind somit:

$$G(s) = \frac{9s + 23}{s^2 - 13s - 45} \qquad \Rightarrow \qquad \ddot{x}(t) - 13\dot{x}(t) - 45x(t) = 9\dot{y}(t) + 23y(t)$$

Man stellt sofort fest, dass die gegebene Strecke instabil ist, da die Koeffizienten des Polynoms 2. Ordnung negativ sind. Die Stabilitätsprüfung kann auch für Zustandsgleichungen einfach vorgenommen werden, indem man die Polstellen mit dem Befehl P = **eig**(A) bestimmt.

12.3 Steuerbarkeit und Beobachtbarkeit

Die Besonderheit von Mehrgrößensystemen besteht darin, dass sich die Strecke nicht unbedingt beobachten und steuern lässt, wie es bereits im Abschnitt 8.7.5 kurz angesprochen wurde. Dies betrifft Systeme, die sowohl mittels Übertragungsfunktionen, als auch mittels Zustandsgleichungen beschrieben sind.

Ein Regelkreis ist steuerbar, wenn die Regelgröße von einem beliebigen Anfangszustand in einen gewünschten Endzustand mittels geeigneten Stellgrößen überführt werden kann. In der Literatur wird zwischen Steuerbarkeit und *vollständiger* Steuerbarkeit unterschieden, sowie der Begriff der *Erreichbarkeit* eingeführt.

Die Beobachtbarkeit betrifft die Messbarkeit der Regelstrecke. Wenn nicht alle Zustandsvariablen messtechnisch zu erfassen sind, soll die für die Regelung erforderliche Information aus dem Ausgangsvektor **y** gewonnen werden. Dafür wird die Regelung über eine bestimmte Zeit beobachtet, um daraus abschließend die Zustandsvariablen zu rekonstruieren.

Laut *Kalman* wird ein System mit der Dynamikmatrix A dann vollständig steuerbar, wenn eine speziell dafür gebildete Matrix S_S, genannt *Steuerbarkeitsmatrix*

$$S_S = (\ B \quad AB \quad A^2 B \ ... \ A^{n-1}\ B),$$

den Rang n hat, wobei n die Dimension der Systemmatrix A $[n \times n]$ ist. Mathematisch heißt es: Ein System ist vollständig steuerbar, wenn es gilt

$$\text{rang } S_S = n\ .$$

Ähnlich wird die Beobachtbarkeit formuliert, nämlich: Ein System mit der Systemmatrix A ist dann beobachtbar, wenn eine speziell dafür gebildete *Beobachtbarkeitsmatrix* S_B

$$S_B = (\; C \quad CA \quad CA^2 \; ... \; CA^{n-1})^T$$

den gleichen Rang hat, wie die Dimension der Dynamikmatrix A bzw. wenn es gilt:

rang $S_B = n$

Die Herleitung von Matrizen S_S und S_B wird hier nicht diskutiert. Merken wir nur, dass die Matrix S_B oben transponiert dargestellt wurde, was durch das Zeichen T angedeutet ist.

- **Beispiel 12.8**

Gegeben ist das System 2. Ordnung:

$$\begin{cases} \dot{x}_1 = 2x_1 + 0 \cdot x_2 + 0 \cdot u \\ \dot{x}_2 = 3x_1 - 4x_2 + 3{,}5u \\ y = x_1 + 0 \cdot x_2 \end{cases} \quad \text{bzw.} \quad A = \begin{pmatrix} -2 & 0 \\ 3 & -4 \end{pmatrix} \quad B = \begin{pmatrix} 0 \\ 3{,}5 \end{pmatrix} \quad C = \begin{pmatrix} 1 & 0 \end{pmatrix}$$

Zuerst wird der Rang des Systems bestimmt:

    A = [–2, 0; 3, –4];   % Eingabe der Systemmatrix

    B = [0; 3.5];   % Eingabe der Steuermatrix

    C = [1, 0];   % Eingabe der Ausgangsmatrix

    length(A)   % die Dimension der Matrix A bestimmen

Es wird ausgegeben:

    length(A) = 2

Dann werden die Steuerbarkeit (*Controlability*) geprüft:

    Co = **ctrb** (A, B)   % Controllability matrix Co

Es ergibt sich:

$$\mathbf{Co} = \begin{pmatrix} 0 & 0 \\ 3{,}5 & -14 \end{pmatrix} \text{ und } \mathbf{rank}(\text{Co}) = 1$$

Dann wird die Beobachtbarkeit (*Observability*) geprüft:

    Ob = **obsv** (A, C)   % Observability matrix Ob

Es ergibt sich:

$$\mathbf{Ob} = \begin{pmatrix} 0 & 1 \\ 3 & -4 \end{pmatrix} \text{ und } \mathbf{rank}(\text{Ob}) = 1$$

Fazit: das System ist nicht beobachtbar

    rank(Ob) ≠ **length**(A),

und nicht steuerbar

    rank(Co) ≠ **length**(A).

Das kann man folgendermaßen erklären: Da die Variable x_1 sich weder vom Stellsignal u, noch von der Variable x_2 beeinflussen lässt, ist das System nicht steuerbar. Auch ist das System nicht beobachtbar, weil die Information über die Variable x_2 im Ausgangsvektor

$$y = x_1 + 0 \cdot x_2$$

fehlt. Nehmen wir an, dass der Ausgangsvektor anders gegeben wird, nämlich:

$$y = 0 \cdot x_1 + x_2$$

In diesem Fall wird $\mathbf{C} = [\ 0, 1\ ]$, und das System wird beobachtbar:

  rank(Ob) = 2.

Die fehlende Information über x_1 kann aus der erfassbaren Variable x_2 rekonstruiert werden.

12.4 Entwurf von Regelkreisen mittels Polzuweisung

12.4.1 Zustandsrückführung

Betrachten wir nun die Aufgabe der Polzuweisung für ein System, das mit Zustandsgleichungen gegeben ist:

$$\begin{cases} \dot{x} = A\,x + B\,u \\ y = C\,x \end{cases} \qquad (12.11)$$

Gesucht ist die Zustandsrückführung $\mathbf{K}$ bzw. die Matrix der Dimension $[n \times 1]$, bei der die gewünschte Polstellen erreicht werden. Im **Bild 13.10** ist der Wirkungsplan eines Systems mit

$$\mathbf{u} = -\mathbf{K}\,\mathbf{x} \qquad (12.12)$$

dargestellt.

Der   gewünschte Polstellenvektor ist:

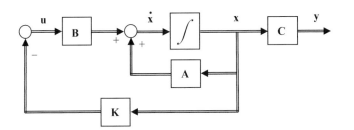

$$\mathbf{P} = \begin{pmatrix} p_1 \\ \dots \\ p_n \end{pmatrix}$$

Bild 12.10   Wirkungsplan eines Systems mit Zustandsrückführung **K**

Unter Beachtung der Rückführung transformiert sich die Zustandsgleichung zu

$$\dot{x} = (A - BK)\,x \qquad (12.13)$$

und die Lösung ergibt sich aus der charakteristischen Gleichung:

$$\det(s\,I - (A - BK)) = \left| s\,I - (A - BK) \right| = 0$$

- **Beispiel 12.9**

Für das gegebene System

$$\begin{cases} \dot{x}_1 = x_1 + x_2 + 2u \\ \dot{x}_2 = 5x_1 - 6x_2 + 5{,}5u \\ y = 0 \cdot x_1 + x_2 \end{cases} \quad \text{bzw.} \quad A = \begin{pmatrix} 1 & 1 \\ 5 & -6 \end{pmatrix} \quad B = \begin{pmatrix} 2 \\ 5{,}5 \end{pmatrix} \quad C = \begin{pmatrix} 0 & 1 \end{pmatrix}$$

mit gewünschten Polstellen

$$\begin{cases} p_1 = -2 + j \\ p_2 = -2 - j \end{cases} \quad \text{bzw.} \quad P = \begin{pmatrix} p_1 \\ p_2 \end{pmatrix}$$

soll die Matrix der Rückführkoeffizienten $K = \begin{pmatrix} k_1 & k_2 \end{pmatrix}$ bestimmt werden.

Mit MATLAB erfolgt die Lösung einfach durch die Eingabe des Befehls **place**:

A = [1, 1; 5, –6];	% Eingabe der Systemmatrix
B = [2; 5.5];	% Eingabe der Steuermatrix
C = [0, 1];	% Eingabe der Ausgangsmatrix
p1 = –2 + j; p2 = conj(p1);	% Eingabe von gewünschten Polstellen
P = [p1; p2]	% Eingabe des Pollstellenvektors
length(A);	% Dimension der Systemmatrix A: length(A) = 2
Co = **ctrb** (A, B)	% controlability matrix **Co** (Steuerbarkeitsmatrix),
	% Ausgabe: Co = [2, 7.5; 5.5, –23];
rank(Co)	% Steuerbarkeitsprüfung
	% Ausgabe: rank (Co) = 2 bzw. das System ist steuerbar
	% rank(Co) = length(A)
Ob = **obsv** (A, C)	% observability matrix **Ob** (Beobachtbarkeitsmatrix)
	% Ausgabe: Ob = [0, 1; 5, –6];
rank(Ob)	% Beobachtbarkeitsprüfung
	% Ausgabe: rank (Ob) = 2 bzw. das System ist
	% beobachtbar, rank(Ob) = length(A)
K = **place**(A, B, P)	% Berechnung von k_1, k_2 nach Pole Placing-Methode
	% Ausgabe: K = [1.0602 –0.5673];
P = **eig**(A – B*K)	% Lösungskontrolle. Ausgabe: p1 = –2 + j; p2 = –2 – j

Das MATLAB /Simulink-Modell mit der Zustandsrückführung ist im **Bild 12.11** gezeigt. Im **Bild 12.12** sind die Sprungantworten vor und nach der Polzuweisung gegeben.

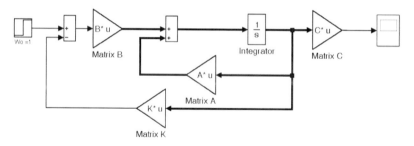

Bild 12.11 MATLAB/Simulink-Modell der Zustandsregelung einer instabilen Strecke

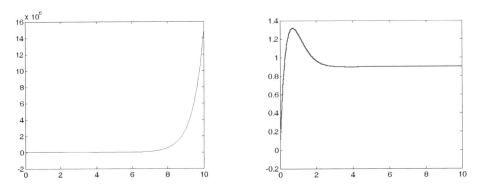

Bild 12.12   Die Sprungantworten der Strecke: links - ohne Zustandsrückführung, rechts - mit
                Zustandsrückführung $K = (1,0602 \quad -0,5673)$

12.4.2 Vorfilter

Haben die Regelstrecke und die Zustandsrückführung keinen I-Anteil, wie es im vorherigen Beispiel der Fall war, kann die bleibende Regeldifferenz nicht abgebaut werden, es soll dafür entweder einen Vorfilter (*scaling factor*) eingeführt oder einen Regelkreis mit dem PI-Regler gebildet werden.
Der Vorfilter (auch *Nbar* genannt) wird vor dem Eingangssignal u, wie im **Bild 12.13**
gezeigt, eingefügt.

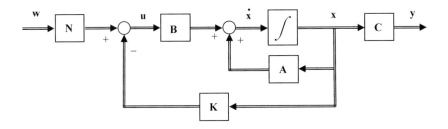

Bild 12.13 Ein System mit der Zustandsrückführung K und mit dem Vorfilter N

Aus der Gl. (12.12) und (12.13) werden nun

$$u = -K\,x + N\,w \tag{12.14}$$

$$\dot{x} = (A - BK)\,x + BN\,w \,. \tag{12.15}$$

Nach der Laplace-Transformation der Gl. (12.15) ergibt sich

$$s \cdot x(s) - (A - BK)x(s) = BNw(s)$$

bzw. unter Beachtung $y = C\,x$ aus Gl. (12.11):

$$y = C \cdot [sI - (A - BK)]^{-1} BNw$$

Für Beharrungszustand gilt bekanntlich

$$y(\infty) = \lim_{s \to 0} s \cdot y(s) \text{ bzw. } y(\infty) = C[-(A-BK)]^{-1} BN \tag{12.16}$$

Der Vorfilter soll die bleibende Regeldifferenz eliminieren:

$$e(\infty) = w - y(\infty) = 0 \tag{12.17}$$

Setzten wir die Gl. (12.16) in (12.17), so ergibt sich nach Vereinfachungen:

$$N = -(C(A-BK)^{-1}B)^{-1} \tag{12.18}$$

- **Beispiel 12.10**

Gesucht ist die Zustandsrückführung K und der Vorfilter N für das gegebene System A, B, C, D mit gewünschten Polstellen $p_{1,2} = -20 \pm 20i$, $p_3 = -100$.

Die Lösung erfolgt mit dem unten gezeigten MATLAB-Skript :

```
A = [ 0   1   0;  980  0  -2.8 ; 0  0  -100];    % Eingabe der Systemmatrix
B = [ 0;  0;  100];  C = [ 1   0   0]; D= [0];   % Steuer- und Beobachtungsmatrizen
x0 = [0.005  0  0];                              % Anfangsbedingungen
p1 = -20+20i;                                    % Eingabe gewünschten Polstellen
p2 = -20-20i;
p3 = -100;
K = place(A, B, [p1  p2  p3]);                   % Zustandsrückführung
N = ((-C*(A-B*K)^( -1))*B)^( -1);                % Vorfilter
t = 0:0.01:2;                                    % Zeitfenster
w = 0.001*ones(size(t));                         % Eingangssprung
u = N*w;                                         % Eingangsgröße nach dem Vorfilter
sys_cl = ss(A-B*K, B, C, 0);                     % Das geschlossene System mit K
[y, t, x] = lsim (sys_cl, u, t);                 % Simulation
plot (t, y)                                      % Grafische Ausgabe der Sprungantwort
```

12.4.3 Ausgangsrückführung

Ist keinen Zugriff auf den Zustandsvektor x möglich, kann zwecks Stabilisierung des Systems die Ausgangsgröße über Vektor K_y zurückgeführt werden, wie im **Bild 12.14** gezeigt ist. Die Gln. (12.12) und (12.13) werden dabei wie folgt umgewandelt:

$$u = -K_y C \cdot x \tag{12.19}$$

$$\dot{x} = (A - BK_y C) \cdot x \tag{12.20}$$

Aus dem Vergleicht Gln. (12.19) und (12.20) mit Gln. (12.12) und (12.13) stellt man den folgenden Zusammenhang zwischen Ausgangs- und Zustandsrückführung fest:

$$K_y C = K \tag{12.21}$$

Daraus kommt man zur Idee, die Ausgangsrückführung K_y so zu bestimmen, dass die gleiche Wirkung erzielt wird, wie bei der Zustandsrückführung K.

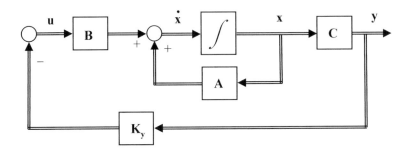

Bild 12.14 Ausgangsrückführung K_y

Da sich der gesuchte Vektor (oder Matrix) K_y direkt aus der Gl. (12.21) nicht bestimmen lässt, wird ein *Näherungs*-Verfahren [83] angewendet. Es wird angenommen, dass die Zustandsrückführung K zwar nicht angewendet, aber ermittelt werden kann, und zwar ausgegangen aus den gewünschten Eigenwerten des geschlossenen Systems eig($A - BK$). Aus diesen Eigenwerten bildet man eine Matrix V, mit der beide Seiten der Gl. (12.21) wie folgt multipliziert werden:

$$K_y C \cdot V = K \cdot V \tag{12.22}$$

Aus Gl. (12.22) wird ein Norm-Funktional J erstellt

$$J = \left\| (K_y C - K) \cdot V \right\|$$

und noch mal mit einer beliebig gewählten Gewichtsmatrix G multipliziert:

$$J = \left\| (K_y C - K) \cdot VG \right\| \tag{12.23}$$

Wird nun das Funktional J minimiert, so werden die Eigenwerte des Systems mit der Ausgangsrückführung K_y nahe zu Eigenwerten des Systems mit der Zustandsrückführung K gebracht. Die optimale Lösung resultiert zur folgenden Bedingung:

$$K_y = KVG(CVG)'((CVG)(CVG)')^{-1} \tag{12.24}$$

Die Gewichtsmatrix G wird wie Diagonalmatrix mit Elementen g_{ij} gebildet. Mittels Gewichte g_{ij} kann die Näherung an einzelne Eigenwerte p_{ij} gezielt präzisieren. Nimmt man

$$G = V^{-1},$$

wird die Gl. (13.24) wie folgt vereinfacht:

$$K_y = KC'(CC')^{-1} \tag{12.25}$$

Wenn nur wenige Ausgänge messbar sind, reduziert sich der Vektor K_y bzw. reduziert sich die Anzahl der Freiheitsgrade für die Polzuweisung. so dass die gewünschte Polverteilung kaum erreichbar ist. Das nachfolgende Beispiel zeigt, dass man drei Polstellen mit Hilfe nur einem Freiheitsgrad nie an gewünschte Stellen verteilen kann.

- **Beispiel 12.11**

Gesucht ist die Ausgangsrückführung K_y und der Vorfilter **N** für das gegebene System A, B, C, D mit gewünschten Polstellen $p_1 = p_2 = p_3 = -2$.

Die Lösung erfolgt mit dem unten gezeigten MATLAB-Skript :

```
A = [ 0  -1  0;  1  -2  -2 ;0  0  -1];        % Eingabe der Systemmatrix
B = [ 0; 0; 10]; C = [ 1  0  0];  D= [0];     % Steuer- und Beobachtungsmatrizen
P = [- 2  - 2  - 2];                          % Eingabe der gewünschten Polstellen
K = acker(A, B, P)                            % Zustandsrückführung nach Ackermann
rank(obsv(A,C))                               % Beobachtbarkeitsprüfung
[V, q] = eig(A-B*K);                          % Bildung der quadratischen Matrix V
                                              % aus Eigenwerten des Systems mit K

g = 1;                                        % Eingabe des Diagonalelements von G
G = diag([g  g  g]);                          % Bildung der Gewichtsmatrix
KVG = K*V*G;  CVG =C*V*G;                      % Berechnung von KVG und CVG
Ky = KVG*CVG'*inv(CVG*CVG')                    % Berechnung Ky aus K
A_cl = A–B*Ky*C;                              % Systemmatrix des Systems mit Ky
eig(A_cl)                                      % Eigenwerte des geschlossenen Systems
N = ((–C*A_cl^(–1))*B)^( –1)                  % Vorfilter des Systems mit Ky
t = 0:0.01:10;                                % Zeitfenster der Sprungantwort
x0 = [0.005  0  0];                           % Anfangsbedingungen
w = N*ones(size(t));                          % Eingangsprung
sys_cl = ss(A_cl, B, C, 0);                    % Das geschlossene System mit Ky und N
[y, t, x] = lsim(sys_cl, w, t);                % Simulation
plot(t, y)                                     % Grafische Ausgabe der Sprungantwort
```

Die Ergebnisse: Die berechnete Zustandsrückführung K = [0.2000 –0.1500 0.3000].

Die Ausgangsrückführung Ky = 0.05.

Der Proportionalbeiwert des Vorfilters N = 0.1.

Die Eigenwerte des ursprünglichen Systems A sind: $p_1 = p_2 = p_3 = -1$.

Die Eigenwerte des geschlossenen Systems mit der Ausgangsrückführung:

p1 = −0.5000 + 0.8660i
p2 = −0.5000 − 0.8660i
p3 = −2.0000

Man merkt, dass nur ein Pol p_3 an die gewünschte Stelle verschoben wurde. Weitere Versuche, z. B. mit Gewichten g = 10 oder g = 100, können die Lage der Polstellen nicht ändern. Das liegt daran, dass es mit nur einem Wert von K_y unmöglich ist, drei Polstellen richtig zuordnen, wie im Bild **12.15** erläutert ist. Somit verliert der Entwurf nach Polzuweisung im Fall einer Ausgangsrückführung ihren Sinn. Im **Bild 12.16** sind Sprungantworten bei den berechneten und nachgestellten Ausgangsrückführungen gezeigt: nach Polzuweisung mit Ky = 0.05 und nach einem Gütekriterium (keine Überschwingung) mit Ky = 0.01.

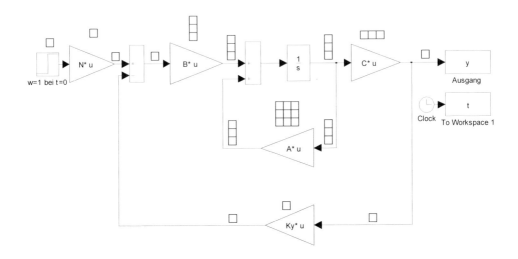

Bild 132.15   Regelkreis mit der Ausgangsrückführung und die Dimensionen von Parametern

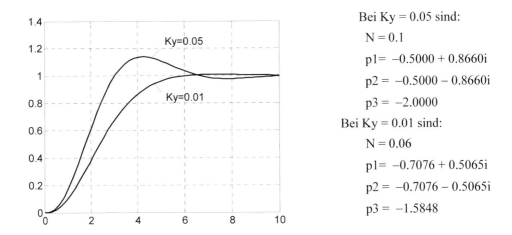

Bei Ky = 0.05 sind:

N = 0.1

p1 = −0.5000 + 0.8660i

p2 = −0.5000 − 0.8660i

p3 = −2.0000

Bei Ky = 0.01 sind:

N = 0.06

p1 = −0.7076 + 0.5065i

p2 = −0.7076 − 0.5065i

p3 = −1.5848

Bild 12.16   Sprungantworten des Systems mit Ausgangsrückführung

12.4.4 Störgrößenaufschaltung

Bislang wurden die Regelstrecken ohne Störgrößen betrachtet. Wirkt jedoch eine messbare Störgröße *d*, kann sie durch die Aufschaltung auf Eingang *u* mittels Vektors *K*$_d$ kompensiert werden (**Bild 12.17**).

Unter Beachtung des geänderten Eingangsvektors

$$u = -K \cdot x - K_d \cdot d$$

sieht die Systemgleichung

$$\dot{x} = A \cdot x + B \cdot u + E \cdot d$$

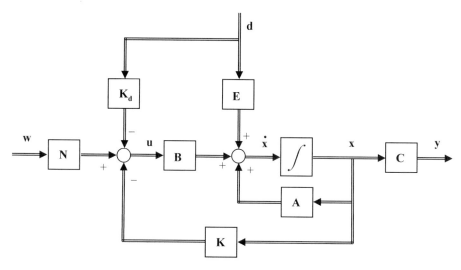

Bild 12.17 Regelkreis mit Störgrößenaufschaltung K_d, Zustandsrückführung K, Vorfilter N

wie folgt aus:

$$\dot{x} = A \cdot x + B \cdot (-Kx - K_d d) + E \cdot d \tag{12.26}$$

Aus Gl. (13.26) ergibt sich

$$\dot{x} = (A - BK)x + (E - BK_d)d$$

Um die Störgröße zu kompensieren, soll die Bedingung

$$E - BK_d = 0 \quad \text{bzw.} \quad BK_d = E \tag{12.27}$$

erfüllt werden. Die Lösung der Gl. (12.27) gibt den gesuchten Vektor K_d aus:

$$K_d = (B'B)^{-1} B' E$$

- **Beispiel 12.12**

Gesucht sind die Zustandsführung K und die Störgrößenaufschaltung K_d für das gegebene System A, B, C, D mit gewünschten Polstellen. Die Lösung mit dem MATLAB-Skript:

```
A = [ 0  1   0;  980  0  -2.8 ; 0   0  -100];      % Eingabe der Systemgleichungen
B = [ 0;  0; 100];   C = [ 1   0   0]; D= [0];
E=[0;  0;  10];                                    % Die gegebene Störmatrix
p1 = -20+20i;   p2 = -20-20i;   p3 = -100;         % Die gewünschten Polstellen
K = place(A, B, [p1  p2  p3])                      % Zustandsrückführung K
Kd=((B'*B)^(-1))*B'*E                              % Störgrößenaufschaltung: Kd
A_cl = A–B*K;                                       % Systemmatrix des Regelkreises
```

Die Ergebnisse: K= [–775.7143 –20.6429   0.4000] und Kd = 0.1

12.4.5 Beobachterentwurf

Wenn die Regelgröße x nicht messbar ist, kann die Regelung mit Hilfe der zurück-geführten Ausgangsgröße y erfolgen. Eine andere Lösung, die als *Beobachter* bzw. *Observer* bekannt ist, wurde 1964 vom *Lueneberger* vorgeschlagen.

Nach dem Beobachter-Prinzip wird nicht die messbare Ausgangsgröße zurückge-führt, sondern die Differenz $(y - y_M)$ zwischen der System-Ausgangsgröße y und der Modell-Ausgangsgröße y_M, wie im **Bild 12.18** erläutert ist.

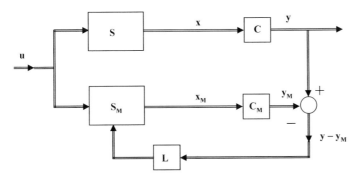

Bild 12.18   Vereinfachtes Beobachter-Prinzip

Das Model S_M wird genau so gebaut, wie das System S. Die Berechnung der Rück-führmatrix L erfolgt genau so, wie die Berechnung der Zustandsrückführung-Matrix K, jedoch anstelle Vektors x des Systems wird der Vektor x_M des Modells betrachtet. Auch die Rückführung L wird nicht zum Eingang des Blockes B geleitet, sondern zum dessen Ausgang, wie im **Bild 12.19** gezeigt ist.

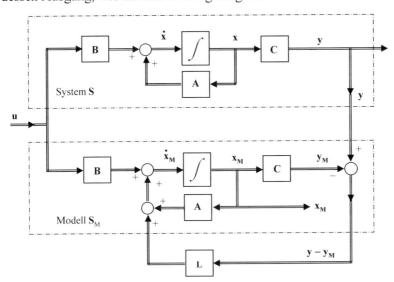

Bild 12.19   Wirkungsplan des Systems S mit dem Beobachter S_M

Das System S und das Modell S_M sind mit folgenden Zustandsgleichungen gegeben:

$$\begin{cases} \dot{x} = A\,x + B\,u \\ y = C\,x \end{cases} \text{(System } S\text{)} \qquad \begin{cases} \dot{x}_M = A\,x_M + B\,u + L\,(y - y_M) \\ y = C\,x_M \end{cases} \text{(Modell } S_M\text{)}$$

Daraus folgt die Differentialgleichung des Beobachters:

$$\dot{x} - \dot{x}_M = A\,(x - x_M) - L\,(Cx - Cx_M)$$

bzw.

$$\dot{x} - \dot{x}_M = (A - LC)\,(x - x_M)\,.$$

Bezeichnet man die Differenz zwischen Zustandsvariablen des Systems x und des Modells x_M als Fehler e des Beobachters

$$e = x - x_M\,,$$

so folgen daraus

$$\dot{e} = \dot{x} - \dot{x}_M$$

$$\dot{e} = (A - LC)\,e\,.$$

Die letzte Gleichung, betrachtet gemeinsam mit der Zustandsgleichung des Systems

$$\dot{x} = A\,x + B\,u$$

und der Rückführmatrix

$$r = L\,e\,,$$

führt letztendlich zur Gleichung

$$\dot{x} = (A - LC)\,x\,.$$

Diese Gleichung hat für Beobachter gleiche Bedeutung, wie die Gleichung

$$\dot{x} = (A - BK)\,x$$

im vorherigen Fall für die messbare Regelgröße x. Die gewünschten Polstellen lassen sich in beiden Fällen mit dem MATLAB-Befehl für Eigenwerte überprüfen:

$$P = \mathbf{eig}(A - BK) \quad \text{(im vorherigen Fall)}$$

$$P = \mathbf{eig}(A - LC) \quad \text{(im Fall des Beobachters)}$$

Die Rückführmatrix L wird mit MATLAB einfach durch die Eingabe des **place**-Befehls oder *Ackermann*'s-Befehls

$$L = \mathbf{acker}(A', C', P)$$

berechnet. Die somit erhaltene Matrix L soll für die weiteren Berechnungen, z. B. für die Bestimmung der Dynamikmatrix A_M des Modells nach der Formel

$$A_M = A - LC$$

transponiert werden. Der entsprechende MATLAB-Befehl lautet:

$$AM = A - L'*C$$

- **Beispiel 12.13**

Gegeben sind die Zustandsgleichungen eines Systems mit messbaren Ausgangsgrößen:

$$\begin{cases} \dot{x} = A\,x + B\,u \\ y = C\,x \end{cases} \quad \text{mit} \quad A = \begin{pmatrix} 2 & 1 \\ 5 & -5 \end{pmatrix} \quad B = \begin{pmatrix} 2 \\ 5,5 \end{pmatrix} \quad C = \begin{pmatrix} 0 & 1 \end{pmatrix}$$

Die Regelung soll mit gewünschten Polstellen erfolgen:

$$\begin{cases} p_1 = -2 + j \\ p_2 = -2 - j \end{cases} \quad \text{bzw.} \quad P = \begin{pmatrix} p_1 \\ p_2 \end{pmatrix}$$

Es sollen die Rückfuhrkoeffizienten L_1 und L_2 des Beobachters bestimmt werden.

Prüfen wir zuerst, ob die Strecke ohne Zustandsrückführung stabil ist. Mit dem Befehl **eig**(A) erhalten wir die Polstellen des Systems A aus der charakteristischen Gleichung **det**(A) = 0:

$$\begin{cases} s_1 = +2,6533 \\ s_2 = -5,6533 \end{cases}$$

Die Strecke ist instabil und soll mit Zustandsrückführungen stabilisiert werden. Zeigen wir zuerst die analytische Lösung.

$$A_\mathrm{M} = A - LC = \begin{pmatrix} 2 & 1 \\ 5 & -5 \end{pmatrix} - \begin{pmatrix} L_1 \\ L_2 \end{pmatrix} \begin{pmatrix} 0 & 1 \end{pmatrix} = \begin{pmatrix} 2 & 1 - L_1 \\ 5 & -5 - L_2 \end{pmatrix}$$

$$s\,I - A_\mathrm{M} = \begin{pmatrix} s & 0 \\ 0 & s \end{pmatrix} - \begin{pmatrix} 2 & 1 - L_1 \\ 5 & -5 - L_2 \end{pmatrix} = \begin{pmatrix} s - 2 & L_1 - 1 \\ -5 & s + 5 + L_2 \end{pmatrix}$$

$$\det(s\,I - A_M) = (s-2)(s+5+L_2) - (-5)(L_1 - 1) = s^2 + (3 - L_2)s + (5L_1 - 2L_2 - 15)$$

Die charakteristische Gleichung des Modells $\det(s\,I - A_M) = 0$

$$s^2 + (3 - L_2)s + (5L_1 - 2L_2 - 15) = 0$$

und des gewünschten Systems

$$(s - p_1)(s - p_2) = (s + 2 - j)(s + 2 + j) = s^2 + 4s + 5 = 0$$

werden gleich gesetzt, woraus die Lösung ergibt:

$$\begin{cases} 3 - L_2 = 4 \\ 5L_1 - 2L_2 - 15 = 5 \end{cases} \Rightarrow \begin{cases} L_2 = 1 \\ L_1 = 4,4 \end{cases}$$

Wiederholen wir die Lösung mit MATLAB-Skript und mit MATLAB / Simulink (**Bild 12.20**):

```
A = [ 2,  1;  5, −5];          % Eingabe der Systemmatrix
B = [ 2;  5,5]; C = [ 1, 0];   % Eingabe der Steuer- und Ausgangsmatrix
p1 = −2 +i;  p2 = conj(p1);    % Eingabe der gewünschten Polstellen
P = [p1; p2]                   % Der gewünschte Eigenvektor
Lob = acker(A', C', P);        % Rückführmatrix nach Ackermann's Formel
L = Lob'                       % Rückführmatrix des Beobachters: L = [4,4  1]
AM = A −L * C                  % Matrix des Modells AM: AM = [2 −3,4; 5, −6]
subplot(311); plot(t, x);      % Grafische Ausgabe: Regelgröße x(t)
```

subplot(312); plot(t, xM);   % Sprungantwort des Modells $x_M(t)$
subplot(313); plot(t, xe);   % Grafische Ausgabe: Fehler $x_e = x - x_M$

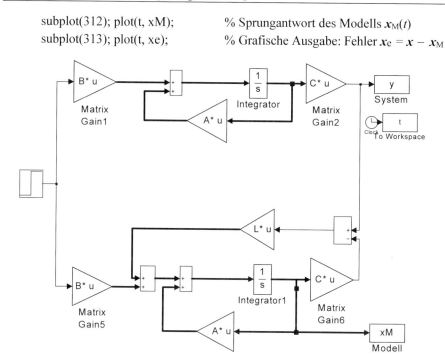

Bild 12.20 MATLAB/ Simulink-Modell des Beobachters

12.5 Optimale Zustandsregelung nach LQ-Kriterien

Die Intergralkriterien, die bereits im Abschnitt 8.1 vorgestellt wurden, finden ihren Einsatz auch bei den in diesem Abschnitt beschriebenen Regelkreisen. Es wird dabei das lineare quadratische Integralkriterium (LQ) benutz, in dem die Zustandsgröße y, aber auch der Eingangssignal u, berücksichtigt werden:

$$J = J_0 + \int_0^\infty y^2(t)dt + \int_0^\infty u^2(t)\,dt$$

Bei Systemen mit Zustandsgleichungen kommt anstelle y der Zustandsvektor x mit einer Gewichtsmatrix Q und der Eingangsvektor u mit einer Gewichtsmatrix R vor:

$$J = J_0 + \int_0^\infty x'Qx\cdot dt + \int_0^\infty u'Ru\cdot dt \tag{12.28}$$

Ohne Herleitung wird sofort vorgemerkt, dass die Matrizen Q und R die bestimmen Bedingungen erfüllen sollen, nämlich:
- Q ist positiv semidefinite symmetrische Matrix, deren Eigenwerte $\lambda_k \geq 0$.
- R ist positiv definite symmetrische Matrix, deren Eigenwerte $\lambda_k > 0$.

- **Beispiel 12.14**

Die Matrix [10 11 12; 1 2 3; 4 5 6] hat Eigenwerte $\lambda_1 = 16{,}9373$; $\lambda_2 = 1{,}0627$; $\lambda_3 = 0$ und ist somit positiv semidefinit.

Die Matrix [2 0 0; 0 0 2; 0 0 1] hat Eigenwerte $\lambda_1 = 1$; $\lambda_2 = 2$; $\lambda_3 = 2$ und ist somit positiv definit.

12.5.1 Optimale Zustandsrückführung

Die Aufgabe der optimalen Regelung besteht darin, eine Steuerung $u^*(t)$ so zu finden, dass das Kriterium J minimal wird. Zur Lösung dieser Aufgabe wird es zuerst angenommen, dass die Strecke bzw. das System A stabil ist; der Anfangswert des Integralkriteriums $J_0 = 0$ ist und dass $u(t) = 0$ ist. In diesem Fall gilt:

$$J = \int_0^\infty \underbrace{x_0' \cdot e^{A't}}_{x'} \cdot \underbrace{Q \cdot e^{At} x_0}_{x} \cdot dt = \int_0^\infty x_0' \cdot \underbrace{e^{A't} Q e^{At}}_{P} \cdot x_0 \cdot dt = x_0' \int_0^\infty \underbrace{e^{A't} Q e^{At}}_{P} dt \cdot x_0$$

bzw.

$$J = x_0' P x_0 \tag{12.29}$$

unter Beachtung

$$P = \int_0^\infty e^{A't} Q e^{At} dt . \tag{12.30}$$

Die nachfolgende schrittweise Bearbeitung der Gl. (13.30)

$$P = \int_0^\infty e^{A't} Q e^{At} dt = e^{A't} Q A^{-1} e^{At} \Big|_0^\infty - \int_0^\infty A' e^{A't} Q A^{-1} e^{At} d$$

$$P = -Q A^{-1} - A' \underbrace{\int_0^\infty e^{A't} Q e^{At} dt}_{P} \cdot A^{-1}$$

$$P = -Q A^{-1} - A' P A^{-1}$$

führt zur Gleichung

$$A' P + P A = -Q , \tag{12.31}$$

die als *Ljapunow's*-Gleichung genannt wird.

Ist ein geschlossenes System $H = A - BK$ mit Zustandsrückführung K, mit dem Eingang $u = -K\,x$ und mit folgenden Systemgleichungen gegeben

$$\dot{x} = A\,x + B\,u$$
$$y = C\,x\,,$$

so wird die *Ljapunow*'s Gleichung wie folgt aussehen:

$$H'\,P + PH = -\widetilde{Q}\,,$$

wobei $\widetilde{Q} = KRK$ ist. Daraus wurde folgende Gleichung hergeleitet

$$A'P + PA - PBR^{-1}B'P + Q = 0\,,$$

die als *Riccati*-Gleichung bekannt ist.

Die optimale Regelung wird erreicht, wenn die Lösung der *Riccati*-Gleichung, nämlich die Matrix P, in die Gleichung

$$K = R^{-1}B'P$$

eingesetzt wird. Das ist die gesuchte Zustandsrückführung, die zum minimalen Wert des LQ-Kriterums führt.

- **Beispiel 12.15**

Gegeben ist das System

$$A = \begin{pmatrix} 0 & 1 \\ 0 & 0 \end{pmatrix} \quad B = \begin{pmatrix} 0 \\ 1 \end{pmatrix} \quad C = \begin{pmatrix} 1 & 0 \end{pmatrix} \quad D = 0\,.$$

Gesucht ist die Zustandsführung K, bei der das LQ-Kriterium mit gegebenen Gewichtsmatrizen

$$Q = \begin{pmatrix} 2 & 1 \\ 1 & 2 \end{pmatrix} \quad \text{und} \quad R = 1$$

minimal wird.

Die Lösung mit MATLAB-Skript:

```
A = [0 1; 0 0];              % Eingabe der Systemgleichungen
B = [0; 1]; C = [1 0]; D = 0;
x0 = [1; 0];                 % Anfangsbedingung
System = ss(A,B,C,D);        % Systemgleichungen ohne Zustandsrückführung
rank(ctrb(System))           % Prüfung der Beobachtbarkeit
Q = [2 1; 1 2];              % Eingabe der Gewichtsmatrix Q (positv semidefinit)
R = 1;                       % Eingabe der Gewichtsmatrix R (positiv definit)
[K, P, E] = lqr(A, B, Q, R); % Minimierung des LQ-Kriteriums
H = A–B*K;
cl – ss(H, B, C, D);         % Das geschlossene System mit Zustandsrückführung
J = x0'*P*x0                 % LQ-Kriterium
initial(cl, x0)              % Grafische Ausgabe der Sprungantwort
```

Die Ergebnisse: $K = [1.4142 \quad 2.1974]$ $J = 7.1333$

$$P = [2.1075 \quad 1.4142;\ 1.4142 \quad 2.1974]$$

Die Eigenwerte des geschlossenen Systems: $E = -1.0987 \pm 0.4551i$

12.5.2 Entwurf eines optimalen Beobachters

Die Berechnung der Rückführmatrix L eines LQ-optimalen Beobachters erfolgt genau so, wie die Berechnung der optimalen Zustandsrückführung K:

[K, P, E] = lqr(A, B, Q, R);

Jedoch anstelle Matrix A kommt die Matrix A' und anstelle Matrix B die Matrix C' zum Einsatz, d. h.

[K, P, E] = lqr(A', C', Q, R);

L = K'

• **Beispiel 12.16**

Gegeben ist das System

$$A = \begin{pmatrix} 0 & 1 & 2 \\ -2 & -3 & 0 \\ -2 & 0 & -1 \end{pmatrix} \quad B = \begin{pmatrix} 2 & 1 \\ 0 & 2 \\ 1 & 3 \end{pmatrix} \quad C = \begin{pmatrix} 1 & 2 & -1 \\ 2 & -1 & 3 \end{pmatrix} \quad D = 0.$$

Gesucht ist die Zustandsführung K, bei der das LQ-Kriterium mit gegebenen Gewichtsmatrizen

$$Q = \begin{pmatrix} 2 & 0 & 0 \\ 0 & 2 & 0 \\ 0 & 0 & 2 \end{pmatrix} \quad R = \begin{pmatrix} 0.1 & 0 \\ 0 & 0.1 \end{pmatrix}$$

minimal wird.
Die Lösung mit MATLAB-Skript:

```
A = [0 -1 2; -2 -5 0; -6  0 -1]; % Eingabe der Systemgleichungen
B = [3  1; 0 2; 4 3]; C = [1 1 -1; 2 -1 2];  D = 0;
System = ss(A,B,C,D);           % Systemgleichungen
rank(ctrb(System))              % Prüfung der Beobachtbarkeit
Q = [2 0 0; 0 2 0;  0  0 1];    % Eingabe Gewichtsmatrix Q (positiv semidefinit)
R = [0.1 0; 0 0.1];             % Eingabe Gewichtsmatrix R (positiv definit)
[K, P, E] = lqr(A', C', Q, R);  % Minimierung des LQ-Kriteriums
L = K'                          % Umrechnung L aus K (Transponieren)
```

Das Ergebnis: $L = \begin{pmatrix} 3.2442 & 2.1145 \\ 0.1207 & -0.5387 \\ -3.7540 & 2.7161 \end{pmatrix}$

13 Modellbasierte Regelung

In vorherigen Kapiteln wurden die Regelkreise mit Standardreglern behandelt, die man auch ohne ausführliche Information über die Regelstrecken oder nach grob identifizierten Streckenmodellen einstellen kann (Abschnitt 8.2.1). Die optimale Regelung wird jedoch nur nach präzisen mathematischen Modellen von Strecken erreicht.

Die Regelalgorithmen von Standardreglern sind bis heute in deren ursprünglichen Form geblieben, wie sie 1922 von *Nicolas Minorsky* für PID-Regler patentiert wurden. Die technische Ausstattung von Standardreglern hat sich seitdem drastisch geändert. Die analogen Operationsverstärker mit integrierenden oder differenzierenden Rückführungen werden heute nicht mehr verwendet. Die Entwicklung von Verfahren der digitalen Regelungstechnik hat den Einsatz von Mikroprozessoren, PC oder SPSen als Regler ermöglicht. Somit ist man heute nicht mehr an die klassischen PID-Algorithmen gebunden und kann kompliziertere Regelalgorithmen entwickeln, die an fein identifizierte Regelstrecken angepasst sind (Abschnitt 8.2.2) und flexibel auf mögliche Fehler bzw. Parameteränderungen reagieren.

Solche Verfahren, die das Modell der Regelstrecke im Regelalgorithmus enthalten, nennt man *modellbasierte* Verfahren. Einige davon bestehen sowohl aus klassischen regelungstechnischen LZI- als auch LZV-Gliedern (lineare zeitinvariante und lineare zeitvariable). Sie sind in [147] *duale Regelkreise* bezeichnet, wenn es neben dem klassischen Regelkreis noch einen Regelkreis zur Einstellung der Reglerparameter gibt.

Nachfolgend werden vier Typen von modellbasierten Verfahren behandelt:

- *Kompensationsverfahren*, bei denen das mathematische Streckenmodell bzw. die Übertragungsfunktion $G_S(s)$ der Regelstrecke durch einen Teil der Übertragungsfunktion $G_R(s)$ des Reglers kompensiert wird. Dazu gehören:
  - Kompensationsregler mit der reziproken Übertragungsfunktion $1/G_S(s)$,
  - Smith-Predictor als Kompensationsregler für Strecken mit Totzeit,
  - ASA-Regler, der nach dem Antisymmetrie-Approach konzipiert ist.
- *Regelkreise mit Referenzmodell*, bei denen ein gewünschtes Verhalten $G_M(s)$ der Regelstrecke als Vorgabe für Sollwert des geschlossenen Regelkreises $G_w(s)$ gilt:
  - PFC (Predictive Functions Control) nach *Richalet* [103].
  - SPFC (simplified PFC),
  - SFC (Surf-Feedback Control) nach *Zacher* [146].
- *Regelung auf endliche Einstellzeit* bzw. *Dead-Beat-Control*.
- *Wissensbasierte Regelkreise*, deren Regelalgorithmen experimentell aus der Analogie mit biologischen Systemen oder menschlichem Verhalten gewonnen werden. Nachfolgend werden behandelt:
  - Fuzzy-Regler,
  - Fuzzy-Regler ohne Fuzzy-Logik,
  - Neuro-Regler,
  - Dualer Neuro-Regler mit Backpropagation,
  - Dualer Neuro-Regler mit Mitkopplung.

© Springer Fachmedien Wiesbaden GmbH, ein Teil von Springer Nature 2022
S. Zacher und M. Reuter, *Regelungstechnik für Ingenieure*,
https://doi.org/10.1007/978-3-658-36407-6_13

13.1 Kompensationsverfahren

Nach diesen Verfahren wird das Modell der Regelstrecke im Regelalgorithmus berücksichtigt, um die Strecke unwirksam zu machen. Die Übertragungsfunktion der Strecke $G_S(s)$ wird durch die Übertragungsfunktion des Reglers $G_R(s)$ so kompensiert, dass die Übertragungsfunktionen $G_0(s)$ und $G_w(s)$ des offenen und geschlossenen Regelkreises konstant und unabhängig von $G_S(s)$ gemacht werden:

$$G_0(s) = G_R(s)G_S(s) = 1 \quad \text{und} \quad G_w(s) = \frac{G_0(s)}{1 + G_0(s)} = 0{,}5 \qquad (13.1)$$

Aber die Regelung wird mit einem Fehler $e(\infty)$ erfolgen, weil dabei $e(s) = w - x(s) = w - G_w(s)w = 0{,}5w$ gilt. Nachfolgend wird gezeigt, wie der Regelalgorithmus modifiziert werden soll, um ein gewünschtes Verhalten $G_M(s)$ genau zu realisieren.

Voraussetzung für die Kompensation ist ein exaktes Modell der Strecke. Sonst wird Gl. (13.1) nicht erfüllt und das Verhalten des Regelkreises wird unvorhersehbar.

13.1.1 Klassische Kompensationsregler

Nach dem klassischen Konzept besteht der Regler $G_R(s)$ aus zwei Teilen: a) die reziproke Übertragungsfunktion $1/G_S(s)$, mit dem die Übertragungsfunktion der Strecke $G_S(s)$ kompensiert wird; b) eine gewünschte Übertragungsfunktion $G_M(s)$ des geschlossenen Regelkreises $G_w(s)$. Es soll folgende Bedingung gelten:

$$G_w(s) = \frac{G_R(s)G_S(s)}{1 + G_R(s)G_S(s)} = G_M(s)$$

Daraus folgt die Übertragungsfunktion des Reglers (**Bild 13.1**):

$$G_R(s) = \frac{G_M(s)}{1 - G_M(s)} \cdot \frac{1}{G_S(s)} . \qquad (13.2)$$

Das Verhalten des Regelkreises hängt nicht mehr von der Strecke ab:

$$G_0(s) = G_R(s)G_S(s) = \frac{G_M(s)}{1 - G_M(s)} \cdot \frac{1}{G_S(s)} \cdot G_S(s) = \frac{G_M(s)}{1 - G_M(s)} . \qquad (13.3)$$

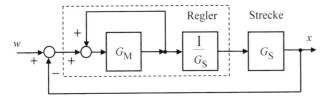

Bild 13.1 Wirkungsplan des Regelkreises mit dem Kompensationsregler

Der Regler nach (13.2) ist nur für stabile Strecken mit Ausgleich und ohne Totzeit anwendbar. Da die industriellen Regelstrecken üblicherweise P-Tn-Glieder mit Verzögerungszeitkonstanten sind, entstehen bei der inversen Übertragungsfunktionen $1/G_S(s)$ mehrere differenzierende Anteile, welche die Realisierung des klassischen modellbasierten Reglers erschweren und die Regelung verschlechtern.

- **Beispiel 13.1**

Gegeben: a) Die Parameter der P-T$_2$-Regelstrecke $K_{PS} = 5$, $T_1 = 1{,}25$ s, $T_2 = 0{,}2$ s;

b) Die gewünschte Übertragungsfunktion des Regelkreises mit $T_w = 0{,}02$ s

$$G_M(s) = \frac{1}{(1 + sT_w)^2} \, .$$

Gesucht: die Übertragungsfunktion des Kompensationsreglers.

Die Lösung erfolgt nach Gl. (13.2)

$$G_R(s) = \frac{1}{(1 + sT_w)^2 - 1} \cdot \frac{(1 + sT_1)(1 + sT_2)}{K_{PS}} = \frac{(1 + sT_1)(1 + sT_2)}{2K_{PS} \cdot sT_w(1 + 0{,}5 \cdot sT_w)}$$

bzw.

$$G_R(s) = \frac{T_1}{2K_{PS}T_w} \cdot \frac{(1 + sT_1)(1 + sT_2)}{sT_1(1 + s \cdot 0{,}5T_w)} \, .$$

Dies entspricht der Übertragungsfunktion eines PID-T1-Reglers

$$G_R(s) = K_{PR} \frac{(1 + sT_n)(1 + sT_v)}{sT_n(1 + sT_R)}$$

mit Kennwerten $T_n = T_1 = 1{,}25$ s $T_v = T_2 = 0{,}2$ s,

$$T_R = 0{,}5 \cdot T_w = 0{,}01 \text{ s} \qquad K_{PR} = \frac{T_1}{2K_{PS}T_w} = 6{,}25 \, .$$

13.1.2 Smith-Prädiktor

Für eine industrielle Regelstrecke mit Totzeit ist das Kompensationsprinzip nicht anwendbar, weil die reziproke Übertragungsfunktion der Regelstrecke nach Gl. (13.2) mit der positiven Potenz vorkommt und unendlich viele Nullstellen besitzt.

$$G_S(s) = e^{-sT_t} \qquad \Rightarrow \qquad \frac{1}{G_S(s)} = e^{sT_t}$$

Um das Prinzip des Kompensationsreglers doch auch auf Strecken mit Totzeit zu erweitern, wird die Regelstrecke als ein Totzeitglied und eine Teilstrecke ohne Totzeit $G_S(s)$ dargestellt (**Bild 13.2a**). Die Übertragungsfunktion des Regelkreises ist:

$$G_W(s) = \frac{G_R(s)\, G_S(s)\, e^{-sT_t}}{1 + G_R(s)\, G_S(s)\, e^{-sT_t}} \, . \tag{13.4}$$

Durch die Verschiebung der Verzweigungsstelle der Rückführung (**Bild 13.2b**) wird die Wirkung des Totzeitgliedes aufgehoben, so dass der Entwurf des Kompensationsreglers nach Gl. (13.2) möglich wird.

So ein Regler heißt nach dem Namen des Entwicklers (Berkeley-University, 1957) *Smith-Prädiktor*. Es wird angenommen, dass der als K_{Pr} bezeichnete Reglerteil das Verhalten des Regelkreises „voraussehen" kann.

Der Reglerteil K_{Pr} wird wie ein Kompensationsregler mit Hilfe des gewünschten Verhaltens $G_M(s)$ nach dem vorherigen Abschnitt konfiguriert. Allerdings sollen die Übertragungsfunktionen des ursprünglichen Regelkreises (13.4) und des umformten Regelkreises $G_w^*(s)$ gleichbleiben bzw. $G_w^*(s) = G_w(s)$, wobei:

$$G_w^*(s) = \frac{K_{Pr}(s)\, G_S(s)}{1 + K_{Pr}(s)\, G_S(s)}\, e^{-sT_t} \qquad (13.5)$$

Daraus folgt die Übertragungsfunktion des Reglers:

$$G_R(s) = \frac{K_{Pr}(s)}{1 + K_{Pr}(s)\, G_S(s)\,(1 - e^{-sT_t})} \qquad (13.6)$$

Die Ordnung des Nennerpolynoms in der Gl (13.6) ist größer als die des Zählers, was die Realisierung des *Smith*-Prädiktors für Strecken mit Totzeit ermöglicht. Der Wirkungsplan des *Smith*-Prädiktors nach Gl. (13.6) ist in **Bild 12.3** dargestellt.

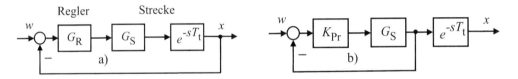

Bild 13.2   Regelkreis mit Totzeitglied (a) und die Umformung des Wirkungsplans (b)

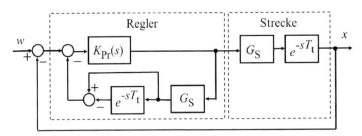

Bild 13.3   Wirkungsplan des Regelkreises mit *Smith*-Prädiktor für Strecken mit Totzeit

- **Beispiel 13.2**

Gegeben sind: die P-T2-Regelstrecke mit der Totzeit $T_t = 1$ s, die mit dem *Smith*-Prädiktor geregelt werden soll, und die gewünschte Übertragungsfunktion $G_M(s)$ des Regelkreises:

$$G_S(s) = \frac{0,5}{(1 + 1,5s)(1 + 0,3s)} \cdot e^{-sT_t} \qquad\qquad G_M(s) = \frac{1}{0,02s^2 + 0,2s} \cdot e^{-sT_t}$$

Das MATLAB®/Simulink-Modell und die Sprungantworten sind in **Bild 13.4** und **13.5** für zwei Optionen gezeigt: (a) korrekte Reihenschaltung und (b) falsche Reihenschaltung. Der Kompensationsregler $K_{Pr}(s)$ wird nach Gl. (13.2) für die Strecke $G_S(s)$ ohne Totzeit bestimmt:

$$G_R(s) = \frac{G_M(s)}{1 - G_M(s)} \cdot \frac{1}{G_S(s)} = \frac{1}{0,02s^2 + 0,2s} \cdot \frac{(1 + 1,5s)(1 + 0,3s)}{0,5} = \frac{0,9s^2 + 3,6s + 1}{0,02s^2 + 0,2s}$$

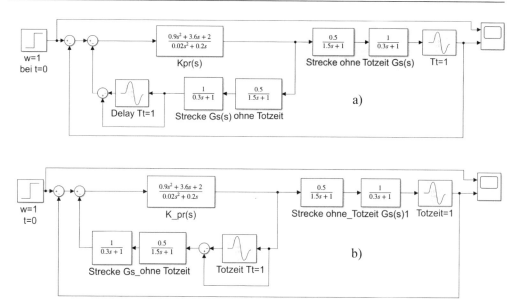

Bild 13.4 Regelkreis mit *Smith*-Prädiktor mit korrekte (a) und falsche (b) Reihenschaltung

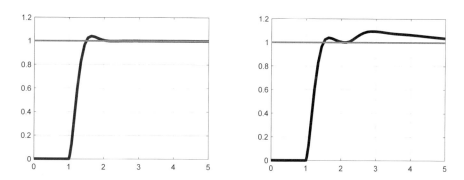

Bild 13.5 Sprungantworten zum Bild 13.4 nach korrekte (a) und falsche (b) Schaltung

Eigentlich sollte die Reihenfolge von Blöcken des Smith-Prädiktors als Produkt (13.5) oder (13.6) ohne Bedeutung sein, d.h. es sollte gelten:

$$G_{\mathrm{R}}(s) = \frac{K_{\mathrm{Pr}}(s)}{1 + K_{\mathrm{Pr}}(s)G_{\mathrm{S}}(s)(1 - e^{-sT_{\mathrm{t}}})} = \frac{K_{\mathrm{Pr}}(s)}{1 + (1 - e^{-sT_{\mathrm{t}}})K_{\mathrm{Pr}}(s)G_{\mathrm{S}}(s)}$$

Jedoch im Fall (b) erfolgt die Signalübertragung durch die innere Rückführung schneller, als durch die Regelstrecke, die dann die Nachwirkung hervorruft.

▶ **Aufgabe 13.1**

Gegeben ist eine Regelstrecke, bestehend aus zwei P-T1-Gliedern mit $K_{\mathrm{PS}1} = 1$; $T_1 = 1$ s und $K_{\mathrm{PS}2} = 2$; $T_2 = 2$ s. Das gewünschte Verhalten ist $G_{\mathrm{M}}(s) = \dfrac{1}{(1 + 0,1s)^2}$. Es soll der Kompensationsregler entworfen und die Sprungantwort des Regelkreises sollen simuliert werden.

13.1.3 ASA-Regelung nach dem Antisystem-Approach

Mit dem Begriff *Antisystem-Approach* ist in [141, 142, 144, 145, 147, 149] die Anwendung der Antisymmetrie für die Regelungstechnik genannt. „Laut ASA kann man zu jedem beliebigen dynamischen System ein Antisystem bilden, und zwar so, dass bei beliebigen Eingängen von Antisystem eine Bilanz zwischen beiden Systemen gilt. In Bezug auf Regelkreise wird mit dem Begriff ASA eine Schaltung aus zwei Blöcken (reale Regelstrecke und deren Modell, genannt Schattenstrecke) bezeichnet, die sich gegenseitig kompensieren, ohne dabei die reziproke Übertragungsfunktion der Regelstrecke zu bilden. Somit sind die ASA-Regler frei von Nachteilen der konventionellen Kompensationsregelung. Zu den Vorteilen der ASA-Regelung gehört auch die Möglichkeit, sowohl neue Optionen der modellbasierten Regler zu entwerfen (Vorfilter, Kompensator), als auch neue Regelstrukturen zu bilden, wie Turbo-Regelung, Regelung mit Bypass und ASA-Predictor." (Zitat: [142], Seite 201).

Nachfolgend werden drei Optionen von ASA-Reglern kurz behandelt, die ohne reziproken Strecken $1/G_S(s)$ gebildet werden und folglich ohne D-Anteilen wirken:

- mit Vorfilter $G_F(s)$ (**Bild 13.6**),

- mit Kompensator $G_K(s)$ (**Bild 13.7**),

- mit Bypass $G_R(s)$ (**Bild 13.8**).

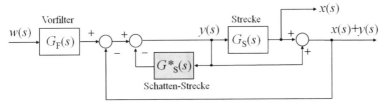

Bild 13.6   ASA-Regler mit Vorfilter (Quelle: [142], Seite 219, Abb. 7.10)

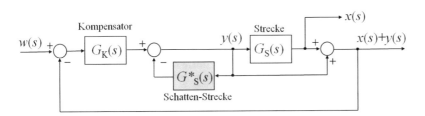

Bild 13.7   ASA-Regler mit Kompensator (Quelle: [142], Seite 219, Abb. 7.10)

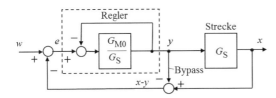

Bild 13.8   ASA-Regler mit Bypass (Quelle: [142], Seite 225, Abb. 7.13)

Für Vorfilter $G_F(s)$ des ASA-Reglers des Bildes 13.6 gilt die Formel:

$$G_F(s) = 2G_M(s)\frac{1+G_S(s)}{G_S(s)},$$

wobei das gewünschte Verhalten $G_M(s)$ des geschlossenen Kreises vorgegeben werden soll. Da sich der Vorfilter außerhalb des geschlossenen Regelkreises befindet, werden die Störgrößen nicht ausgeregelt, was ein Nachteil dieser Option des ASA-Reglers ist.

Der Kompensator $G_K(s)$ im Bild 13.7 wird nach der folgenden Formel bestimmt:

$$G_K(s) = \frac{G_M(s)G_{wSrez}(s)}{1-G_M(s)G_{wSrez}(s)} \quad \text{mit } G_{wSrez}(s) = \frac{1+G_S(s)}{G_S(s)}$$

Die Einstellung des ASA-Reglers mit Bypass (Bild 13.8) wurde aus obiger Formel abgeleitet. $G_{M0}(s)$ ist das gewünschte Verhalten des aufgeschnittenen Regelkreises:

$$G_R(s) = \frac{G_{R0}(s)}{1+G_{R0}(s)} \quad \text{mit } G_{R0}(s) = \frac{G_{M0}(s)}{G_S(s)} \quad \text{und } G_{M0}(s) = \frac{G_M(s)}{1-G_M(s)}$$

In allen drei Optionen wird die Schattenstrecke $G^*_S(s)$ als Software-Modell (**Bild 13.9a**) oder als zweite reale Regelstrecke (**Bild 13.9b**) realisiert, wie in [91, 142].

- **Beispiel 13.3**

Gegeben sind: eine I-Strecke $G_S(s)$ und ein gewünschtes P-T1-Verhalten $G_M(s)$ mit der Ausregelzeit $T_{aus} = 14$ sec bzw. mit der Zeitkonstante $T_M = T_{aus} / 3,9 = 3,6$ sec:

$$G_S(s) = \frac{0,8}{32,2s} \qquad G_M(s) = \frac{1}{1+sT_M} = \frac{1}{1+3,6s}$$

Daraus ergibt sich: $\quad G_{M0}(s) = \frac{1}{3,6s} \qquad G_{R0}(s) = 11,18 \qquad G_R(s) = \frac{G_{R0}(s)}{1+G_{R0}(s)} = 0,92$

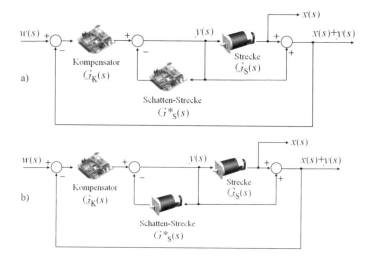

Bild 13.9 ASA-Kompensator mit dem Motor als Regelstrecke und mit der Schattenstrecke als: a) Software-Modell, b) Doppelstrecke. (Quelle: [142], Seite 220, Abb. 7.1)

13.2 Regelung mit Referenzmodell der Strecke

13.2.1 PFC (Predictive Function Control)

Die Idee der prädiktiven PFC-Regelung wurde in den 70er Jahren von *Jacques Richa-let* für P-Strecken 1. Ordnung mit Verzögerung vorgeschlagen und in [103] weiter-entwickelt. Die aktuelle Sprungantwort der Regelstrecke $x(t)$ wird an die Sprungant-wort eines vorher gegebenen dynamischen Referenzmodells $x_\mathrm{M}(t)$

$$T_\mathrm{M} \frac{dx_\mathrm{M}(t)}{dt} + x_\mathrm{M}(t) = K_\mathrm{PM}\hat{y} \tag{13.7}$$

angepasst. Dafür wird die Gl. (13.7) beim vorgegebenen Anfangspunkt $x_\mathrm{M}(0)$ gelöst:

$$x_\mathrm{M}(t) = x_\mathrm{M}(0)e^{-\frac{t}{T_\mathrm{M}}} + K_\mathrm{PM}(1 - e^{-\frac{t}{T_\mathrm{M}}})\hat{y}$$

Diese Lösung gilt für die gesamte Ausregelzeit T_aus als gewünschte Sprungantwort; die in n Zeitabschnitten (*Prädiktionshorizonte*) der Länge T_h aufgeteilt wird. Daraus wird die rekursive Formel des Modellausgangs hergeleitet, wie im **Bild 13.10** erläutert ist:

$$x_{\mathrm{M}k+h} = \alpha \cdot x_{\mathrm{M}k} + (1 - \alpha) \cdot K_\mathrm{PM} \cdot y_k \text{ mit } \alpha = e^{-\frac{T_\mathrm{h}}{T_\mathrm{M}}} \tag{13.8}$$

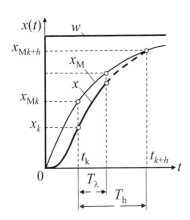

Bild 13.10 Reale Sprungantwort x und gewünschte Sprungantwort x_M

Der PFC-Regler berechnet die Stellgröße y_k zum Beginn jedes Prädiktionshorizonts k so, dass die reale Sprungantwort x_k an die ge-wünschte Sprungantwort x_ref (*Referenztrajekto-rie*) angepasst wird:

$$x_\mathrm{ref} = x_{k+h} = (1 - \lambda)e_k + x_k,$$

wobei $\lambda = e^{-\frac{T_\lambda}{T_\mathrm{aus}}}$ ist.

Somit wird die Abweichung $e_k - e_{\mathrm{M}k}$ zwischen Regeldifferenzen minimiert:

$$e_k = w - x_k$$

$$e_{\mathrm{M}k} = w - x_{\mathrm{M}k}$$

Zum Abschluss jedes vorherigen Prädiktionshorizonts soll die aus der Gl. (13.8) aus-gerechnete Regelgröße $x_{\mathrm{M}k}$ mit dem aktuellen Istwert x_k verglichen werden. Daraus wird die neue Stellgröße y_k für den nächsten Prädiktionshorizont berechnet.
Der Vorteil dieses Verfahrens besteht also darin, dass die möglichen Abweichungen der Modellparameter T_M und K_PM von den reellen Parametern am Ende jedes Prädikti-onshorizonts erkannt und durch eine geänderte Stellgröße ausgeglichen werden.

Jedoch ist der Zusammenhang zwischen Zeitkonstanten T_{Aus}, T_h, T_M und T_λ undurchsichtig, so dass die Wahl des Parameters T_λ dem Entwickler überlassen wird. Davon hängt die Wahl des Parameters λ

$$\lambda = e^{-\frac{T_\lambda}{T_h}}$$

ab und folglich die Stellgröße y_k, die unten ohne Herleitung gegeben ist:

$$y_k = \frac{1}{K_{PM}}\left[x_{Mk} + \frac{1-\lambda}{1-\alpha}(w - x_k)\right] \tag{13.9}$$

Für die optimalen Verhältnisse wird es in der Literatur empfohlen:

$$T_\lambda = \frac{1}{5}T_h \quad \text{oder} \quad T_\lambda = \frac{1}{3}T_h$$

- **Beispiel 13.4**

Gegeben sind: die P-T1-Strecke $G_S(s)$ mit $K_{PS} = 2$ und $T_1 = 40$ s, die nach dem Referenzmodell $G_M(s)$ mit $K_{PM} = 2$ und $T_M = 30$ s geregelt werden soll.

Das MATLAB®-Skript und die Sprungantworten sind unten gegeben.

```
 1 -  KpS=2; T1=40;        % Regelstrecke (P-T1)
 2 -  KpM=2; TM=30;        % Refrenzmodell (P-T1)
 3    % Zeitparameter ------------------- -----------------
 4 -  T_aus=100;           % Ausregelzeit 95% der ReferenzTrajectorie
 5 -  t0=10;               % Zeiteingabe Sollwertsprung
 6 -  T = 0.1;             % Abtastzeit
 7 -  T_sim=150;           % Simulation-Ende
 8 -  N=T_sim/T;           % Anzahl Simulationsschritte
 9 -  time=0:T:(T_sim-T);  % Simulationsdauer
10 -  n=t0/T;              % Anzahl Schritte vor dem Sollwertsp
11    % Prädiktionshorizont------------------ ----------------
12 -  h=50;                % Anzahl Schritte in Horizont
13 -  Th=T*h;              % Horizont-Länge
14 -  lambda=exp(-Th/(T_aus/3));
15 -  lh=1-lambda^h;
16    % Faktoren für die Differenzengleichung -------------
17 -  alpha_S=exp(-T/T1); bS=1-alpha_S;
18 -  alpha_M=exp(-T/TM); bM=1-alpha_M;
19 -  alpha_Mh=alpha_M^h; bMh=1-alpha_Mh;
20 -  k=lh/bMh;
21    % Anfangsbedingungen ------------------ ---------------
22 -  y=zeros(1,N);        % Stellgröße
23 -  x=y;                 % Regelgröße bzw. geregelte Strecke
24 -  xM=y;                % Refernzmodell-Ausgang
25 -  xS=y;                % ungeregelte Strecke im offenen Kreis
26    % Regelung ------------------ ----------------- --------
27 -  sprung =1;           % Sprunghöhe
28 -  w=[zeros(1,n) sprung*ones(1,N-n)]; % Ansteuerung nach dem Sollwertsprung
29 -  for i=t0:1:length(time) % erst bei t0=10 anfangen, um die Matrix zu füllen
30 -      xS(i)=xS(i-1)*alpha_S+bS*KpS*w(i-1);    % ungeregelte Strecke
31 -      x(i)=x(i-1)*alpha_S+bS*KpS*y(i-1);      % geregelte Strecke
32 -      xM(i)=xM(i-1)*alpha_M+bM*KpM*y(i-1);    % Referenzmodell-Ausgang
33 -      y(i)=((w(i)-x(i))*lh+xM(i)*bMh)/(KpM*bMh);% Stellgröße
34 -  end
35 -  plot(time,w,'k',time,x,'b',time,xM,'r',time,xS,'g'); grid
36 -  legend('w -Sollwert','x -Regelgröße','xM -Modell',...
37        'xS -ungeregelte Strecke','Location','SouthEast');
```

13.2.2 SPFC (Simplified Predictive Function Control)

Nimmt man abweichend vom in [103] beschriebenen PFC-Verfahren den Grenzfall

$$T_\lambda = T_h,$$

so wird

$$\lambda = \alpha$$

und die Gl. (13.9) vereinfacht sich zum folgenden Algorithmus, der nachfolgend SPFC-Algorithmus (*simplified PFC*) genannt wird:

$$y_k = \frac{1}{K_{PM}}\left[x_{Mk} + (w - x_k)\right] = \frac{1}{K_{PM}}\left[w - (x_k - x_{Mk})\right] \tag{13.10}$$

Zwar verliert der SPFC-Regler nach der Gl. (13.10) gegenüber dem PFC-Regler nach der Gl. (13.9) an Regelgüte, ist die Realisierung des SPFC-Regelalgorithmus einfacher, wie im **Bild 13.11** gezeigt ist. Die Übertragungsfunktion des Regelkreises ist

$$G_w(s) = \frac{x(s)}{w(s)} = G_v(s)\cdot\frac{G_0(s)}{1+G_0(s)} = [1+G_M(s)]\cdot\frac{G_R(s)G_S(s)}{1+G_R(s)G_S(s)}. \tag{13.11}$$

Laut letzter Formel stellt das im Bild 13.7 gezeigte SPFC-Verfahren die Regelung im geschlossenen Regelkreis mit einem Vorfilter $G_v(s)$ dar (**Bild 13.12**).

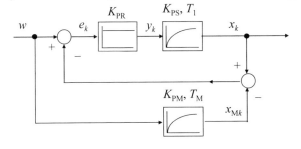

Bild 13.11 Wirkungsplan der vereinfachten PFC-Regelung bei $T_\lambda = T_h$

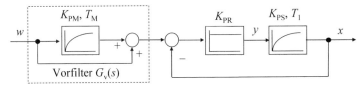

Bild 13.12 Vereinfachtes PFC-Verfahren (SPFC) als Regelung mit einem Vorfilter $G_v(s)$

- **Beispiel 13.5**

Eine P-T1-Strecke $G_S(s)$ mit $K_{PS}=0,8$ und $T_1=90$ s soll mit einem P-Regler $G_R(s)$ nach einem Referenzmodell $G_M(s)$ so geregelt werden, dass die Regelung nach dem P-T1-Verhalten mit der Zeitkonstante $T_w=2$ s ohne bleibender Regeldifferenz erfolgt:

$$G_S(s) = \frac{K_{PS}}{1+sT_1} \qquad G_R(s) = K_{PR} \qquad G_M(s) = \frac{K_{PM}(s)}{1+sT_M} \qquad G_w(s) = \frac{K_{Pw}}{1+sT_w}$$

Die Gl. (13.11) beinhaltet drei Unbekannte, davon zwei können beliebig gewählt werden, z.B.

$K_{PR} = \dfrac{1}{K_{PS}} = 1,25$ und $T_M = T_w = 2$. Daraus ergibt sich das Referenzmodell $G_M(s)$:

$$\frac{1}{1+sT_w} = \left(1 + \frac{K_{PM}(s)}{1+sT_M}\right) \cdot \frac{K_{PR}K_{PS}}{1+sT_1+K_{PR}K_{PS}} \quad \Longrightarrow \quad G_M(s) = \frac{1+s(T_1-T_M)}{1+sT_M} = \frac{1+88s}{1+2s}$$

Der somit eingestellte SPFC-Regelkreis ist in **Bild 13.13** dargestellt. Zum Vergleich: dieselbe Ausregelzeit $T_{aus}=10$ s erreicht diese Strecke mit dem PI-Regler mit $K_{PR}=24$ und $T_1=90$ s.

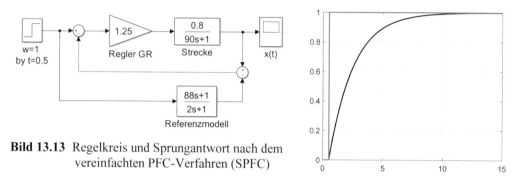

Bild 13.13 Regelkreis und Sprungantwort nach dem
vereinfachten PFC-Verfahren (SPFC)

Im **Bild 13.14** ist die Regelung nach SPFC mit variablem Proportionalbeiwert K_{PR} des PI-Reglers gezeigt. Der PI-Regler wird nach dem Grundtyp C (Abschnitt 14.3.3) mit $T_n = T_1 = 20$ s für die gewünschte Ausregelzeit $T_{aus} = 5$ s mit dem Anfangswert von

$$K_{PR0} = \frac{3,9 T_n}{K_{PS} T_{aus}} = \frac{3,9 \cdot 20}{0,4 \cdot 5} = 39 \tag{13.12}$$

eingestellt. Nach dem Sollwert-Sprung w wird K_{PR} an die Differenz zwischen Ausgängen des Referenzmodells und der Strecke $(x_M - x)$ dynamisch mittels K_{dyn} angepasst. Zum Vergleich ist im Bild 13.14 die Sprungantwort des klassischen Regelkreises mit dem auch für $T_{aus} = 5$ s eingestellten PI-Regler gezeigt.

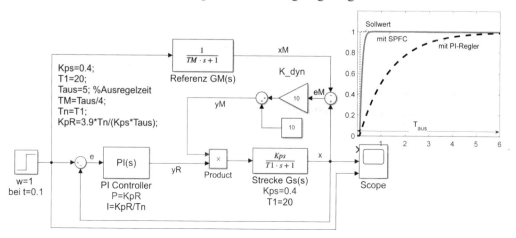

Bild 13.14 Regelkreis und Sprungantwort nach dem SPFC mit variablem K_{PR}.

13.2.3 Duale Regelung mit LZV-Regler und Soll-Stellgröße

Im Bild 13.14 ist ein für die klassischen Wirkungspläne neuer Baustein „Product" zu sehen, der zum ersten Mal in [147] eingeführt wurde. Mit diesem Baustein wird der klassische lineare Regler bzw. LZI-Regler (linear zeitinvariant)

$$G_R(s) = \frac{K_{PR}(1 + sT_n)}{sT_n}$$

zu einem LZV-Regler (linear zeitvariabel) umgewandelt:

$$G_R(s) = \frac{K_{LZV}(s)(1 + sT_n)}{sT_n} \tag{13.13}$$

Der Vorteil solcher Umstellung ist aus der Sprungantwort des Bildes 13.14 ersichtlich: die Regelung wird beschleunigt, ohne Überschwingungen hervorzurufen bzw. ohne die Dämpfung zu schwächen, wie es bei klassischen Regelkreisen immer der Fall ist.

Die gesamte Stellgröße $y(s)$ des LZV-Reglers (13.13) wird aus der Stellgröße des Standard PI-Reglers $y_R(s)$ und aus der Stellgröße der dynamischen Rückführung $y_M(s)$ mit dem empirisch gewählten Proportionalbeiwert $K_{dyn} = 10$ gebildet:

$$y(s) = y_R \cdot y_M = G_R(s)e(s) \cdot K_{dyn}[e_M(s) + 1] \tag{13.14}$$

Damit wird sowohl die klassische Regeldifferent $e(s)$, als auch eine andere, im vorherigen Abschnitt erwähnte „Modelldifferenz" $e_M(s)$ ausgeregelt:

$$e(s) = \hat{w} - x(s) \text{ und } e_M(s) = x_M(s) - x(s) \tag{13.15}$$

Der Proportionalbeiwert K_{LZV} des LZV-PI-Reglers (Bild 13.14) wird nicht mehr nach (13.12) mit $K_{PR} = 39$ konstant gehalten, sondern wird selbst von $e_M(s)$ geregelt:

$$K_{LZV} = K_{PR} \cdot K_{dyn} \cdot [e_M(s) + 1] = 390 \cdot [e_M(s) + 1] \tag{13.16}$$

Solche Regelkreise mit variablem K_{PR} sind in [147] *duale* Regelkreise genannt.

Ein anderer dualer Regelkreis mit dem Referenzmodell der Regelstrecke ist im **Bild 13.15** gegeben. Der Proportionalbeiwert K_{LZV} wird nicht von $e_M(s)$, wie in Gl. (13.14) -(13.16) gebildet, sondern vom Sollwert der Stellgröße y_{soll}: $y(s)=y_R(s)y_{soll}(s)$ vorgegeben. Die Wirkung des Regelkreises des Bildes 13.15 ist im nächsten Abschnitt erklärt.

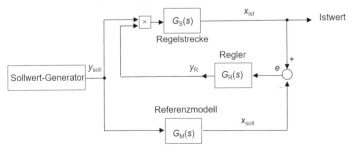

Bild 13.15 Dualer Regelkreis mit LZV-PI-Regler und Soll-Stellgröße y_{soll}

13.2.4 SFC (Surf-Feedback Control)

Nehmen wir an, dass die Regelgröße $x(t)$ einer P-T2-Regelstrecke $G_S(s)$ mit Parametern $K_{PS} = 2$, $T_1 = 15$ sec und $T_2 = 5$ sec aus einem Anfangspunkt $x(0)$ bei $t = 0$ in einen Endpunkt $x(T_{aus}) = 10$ bei $t = T_{aus} = 20$ sec nach einem Eingangssprung der Führungsgröße $w = 10$ ohne Überschwingung bzw. mit der Dämpfung $\vartheta \geq 1$ übertragt werden soll. Die Regelgröße $x(t)$ ändert sich nach der Führungsübertragungsfunktion $G_w(s)$, wie im **Bild 13.16, links** gezeigt ist. Nach klassischen Verfahren wird dafür zuerst die Regelstrecke $G_S(s)$ identifiziert, ein geschlossener Regelkreis mit einem Standardregler $G_R(s)$ gebildet und die Übertragungsfunktion $G_w(s)$ bestimmt.

Werden jedoch die Parameter der realen Strecke von den Parametern der identifizierten Strecke $G_S(s)$ abweichen, wird die Regelung nicht nach gewünschter $G_w(s)$ bzw. nicht mehr optimal sogar vielleicht instabil verlaufen. Um die Anpassung der Sprungantwort $x(t)$ bei der Regelung zu ermöglichen, wird nach dem PFC- und SPFC-Verfahren (Abschnitte 13.2.1 und 13.2.3) ein Referenzmodell $G_M(s)$ eingeführt:

$$G_S(s) = \frac{K_{PS}}{(1 + sT_1)(1 + sT_2)} \qquad G_M(s) = \frac{K_{PM}}{(1 + sT_M)^2} \qquad (13.17)$$

Für das oben betrachteten Beispiel wird die Zeitkonstante des Referenzmodells nach dem Verhältnis $T_M = T_{aus}/5 = 10$ sec $/5 = 2$ sec berechnet. Der Proportionalbeiwert K_{PM} des Referenzmodells (13.17) wird immer auf $K_{PM} = 1$ eingestellt, um die Regelung ohne statischen Fehler $e(\infty) = 0$ durchführen. Die Sprungantwort $x_M(t)$ des Referenzmodells $G_M(s)$ nach dem Eingangssprung y_{soll} wird im Beharrungszustand bei $t \to \infty$ bzw. bei $t = T_{aus}$ den gewünschten Wert y_{soll} genau erreichen:

$$x_{soll}(\infty) = \lim_{s \to 0} G_M(\infty) \cdot y_{soll} = \lim_{s \to 0} \frac{1}{1 + sT_M} \cdot y_{soll} = y_{soll} = w \qquad (13.18)$$

Wird an das Referenzmodell $G_M(s)$ und an die Regelstrecke der gleiche Eingangssprung $y_{soll} = w$, wie im Bild 13.15, eingegeben, soll im Beharrungszustand für beide Sprungantworten $x_{soll}(\infty) = x_{ist}(\infty) = w$ gelten.

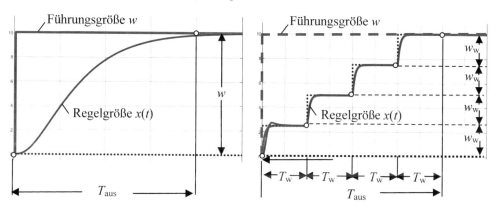

Bild 13.16 Klassisches Führungsverhalten (links), Sprungantwort nach SFC (rechts)

Nach dem Konzept der *Surf-Feedback-Control* [147] wird die Ausregelzeit T_{aus}, wie auch beim PFC-Verfahren, in N Zeithorizonten mit jeweiliger Dauer T_w zerlegt:

$$T_w = \frac{T_{aus}}{N} \tag{13.19}$$

Aber auch die Soll-Stellgröße $w = y_{soll}$ (13.18) wird in N Sprünge von der Höhe w_w aufgeteilt, so dass jeder Sprung w_w nach der Zeit (13.19) ausgeregelt wird, wie im **Bild 13.16, rechts,** gezeigt ist.

Ein Beispiel ist in **Bild 13.17** gegeben. Die Regelung mit dem LZV-PID-Regler

$$G_R(s) = \frac{11.7(1+15s)(1+5s)}{15s} \text{ mit } T_n = T_1 = 15 \text{ s und } T_v = T_2 = 5 \text{ s}$$

ist robust, d.h., sie bleibt optimal, auch wenn die Parameter der realen Strecke 5fach von identifizierter Regelstrecke abweichen (siehe Sprungantwort des Bildes 13.17 unten rechts). Der Proportionalbeiwert $K_{PR}=11,7$ wurde nach dem Grundtyp C berechnet (Abschnitt 14.3.3): $K_{PR} = 3,9 \cdot T_n / K_{PS} \cdot T_{w\_aus}$, wobei T_{w_aus} die Ausregelzeit für jeder Zeithorizont ist: $T_{w\_aus} = k_{w\_aus} \cdot T_{aus}$. Im Bild 13.17 wurde empirisch $k_w = 0,5$ gewählt.

Die Bezeichnung *Surf-Feedback-Control* (SFC) wurde in [147] nach der Analogie mit dem bekannten Wassersportart *Surfing* gegeben. Die N-Sollwert-Sprünge erstellen nacheinander die „Wellen" (Sprungantworten). Der Regler übernimmt die Rolle eines Surfers, der auf den „Wellen" reitet, welche ihn zum Ufer (Sollwert) tragen.

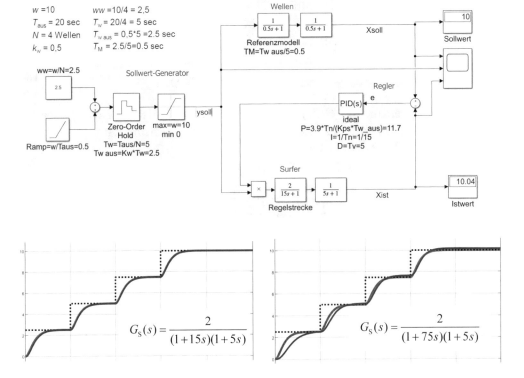

Bild 13.17 Sprungantworten eines Reglers nach SFC für unterschiedliche Streckenparameter

13.3 Dead-Beat Control

Nach dem Konzept der Kompensationsregelung (Abschnitt 13.1) sollte die Sprungantwort $x_M(t)$ nach einer gewünschten Übertragungsfunktion $G_M(s)$ des geschlossenen Regelkreises verlaufen. Man kann jedoch das gewünschte Zeitverhalten $x_M(t)$ anders als im Abschnitt 13.1 formulieren, dass die Regelgröße in möglichst kurzer Zeit ihren durch die Führungsgröße $w(t)$ vorgegebenen Wert annimmt. Dafür soll der Regler in der Lage sein, die Stellgröße auf einen möglichst großen Wert zu verstellen, d. h. von y_{Rmax} auf y_{Rmin} und umgekehrt, um die entsprechend schnelle Änderung der Regelgröße zu erreichen.

Wegen der Anschläge des Stellgliedes beim Umschalten benutzte man dafür früher die Bezeichnung *bang-bang*-Regelung. Da dabei der Übergang der Regelgröße von einem zu dem anderen Sollwert ohne Überschwingen erfolgt, ist dieses Verfahren heute in der Literatur als *Dead-Beat-Regelung* (engl. aperiodisch) bekannt. Die regelungstechnische Aufgabenstellung unterscheidet sich von bisher behandelten und wird auch *Regelung auf endliche Einstellzeit* genannt. Nachfolgend sind zwei Möglichkeiten gezeigt, die genaue Lösung zu bestimmen.

13.3.1 Analoge Regelkreise

Ein Lösungsweg geht über die Theorie der zeitoptimalen Steuerung. *Feldbaum* (1972) hat nach dem *Pontrjaginschen Maximumprinzip* ein Satz formuliert, der den Verlauf der Stellgröße bei der Regelung auf endliche Einstellzeit als eine stückweise konstante Funktion definiert, die aus höchstens n Intervallen besteht, d. h. die Umschaltung der Stellgröße wird in höchstens $n - 1$ Punkten festgelegt, wobei n die Ordnung des Systems ist. Für $n = 2$ genügt also eine Umschaltung.

- **Beispiel 13.6**

Der Ausgang eines Doppel-I-Gliedes (**Bild 13.18**) $K_{IS1}K_{IS2} = 4$ s^{-2} soll aus einem Anfangszustand $x(0) = 0$ in ein Endzustand $x(T_{Aus}) = w_0 = 2$ innerhalb der vorgeschriebenen Zeit $T_{Aus} = 0{,}8$ s umgestellt werden.

Nehmen wir an, dass die Stellreserve $y_{Rmin} = -y_{Rmax}$ beträgt., d. h. nach dem Umschalten wird die Regelgröße symmetrisch verlaufen. Für $n = 2$ ist eine Umschaltung möglich.

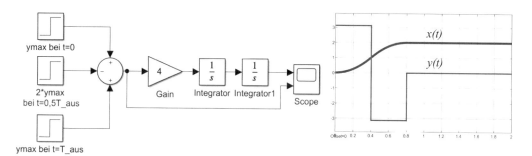

Bild 13.18 Bildung des Stellsignals eines Systems 2. Ordnung

Den Umschaltpunkt legen wir in der Mitte des vorgeschriebenen T_{Aus} fest (**Bild 13.19**).

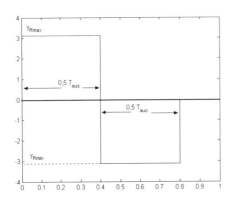

Nun kann die Stellgröße ermittelt werden. Dafür brauchen wir die Sprungantwort:

$$x(t) = K_{IS2} \int K_{IS1} \int y(t) \, dt$$

$$x(t) = K_{IS2} K_{IS2} \int K_{IS1} y(t) \, t \, dt$$

$$x(t) = K_{IS1} K_{IS2} \cdot \frac{t^2}{2} \cdot y(t)$$

Bild 13.19 Verlauf der Stellgröße mit Stellreserve: $y_{Rmax} = +3{,}125$; $y_{Rmin} = -3{,}125$

Für den Umschaltpunkt $t = 0{,}5 \, T_{Aus} = 0{,}4$ s folgt daraus

$$x\left(\frac{T_{Aus}}{2}\right) = \frac{1}{2} K_{IS1} K_{IS2} \left(\frac{T_{Aus}}{2}\right)^2 y_{max} = \frac{w_0}{2} \quad \Rightarrow \quad y_{max} = 3{,}125 \, .$$

Die nach dem Bild 13.19 simulierte Sprungantwort ist in **Bild 13.20** zu sehen. Die Konfigurierung des Stellsignals in MATLAB®/Simulink erfolgt, wie im Bild 13.19 gezeigt, als Überlagerung von drei *step*-Funktionen mit folgenden Parametern:

Parameter	$w01$	$w02$	$w03$
Step time	0	$0{,}5T_{aus} = 0.4$	$T_{aus} = 0.8$
Initial value	0	0	0
Final value	$y_{max}=3.125$	$2y_{max}= 6.25$	$y_{max}=3.125$
Sample time	0	0	0

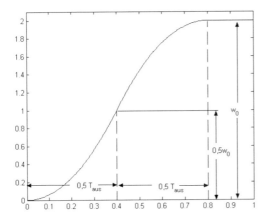

Die Anwendung der rechnerisch ermittelten Algorithmen ist wegen der Stellgrößenbegrenzung und den Ungenauigkeiten des Streckenmodells in der Praxis erschwert.
So wendet man sich an die *quasioptimalen* Verfahren, die auf angenäherten Streckenmodellen und vereinfachten Rechenalgorithmen basieren.

Bild 13.20 Verlauf der Regelgröße bei der Regelung auf endliche Einstellzeit eines Doppel-I-Gliedes mit $T_{Aus} = 0{,}8$ s und $w_0 = 2$

Wie das Beispiel in **Bild 13.21** zeigt, wird die Stellgröße auf den maximal möglichen Wert gesetzt und nach dem Erreichen des Sollwerts nach unten korrigiert.

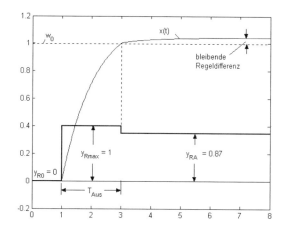

Bild 13.21 Quasioptimale Einstellung auf endliche Antwortzeit für eine P-T_1-Strecke. Die Faustformel

$$y_{RA} = y_{R0} + \frac{y_{Rmax} - y_{R0}}{1 + x_m}$$

gilt auch für die schwingungsfähigen Strecken. Hierin ist x_m die zugelassene Regeldifferenz bzw. Überschwingweite.

• **Beispiel 13.7**

Die Regelung mit dem PI-Regler, der für die gleiche Ausregelzeit T_{Aus} eingestellt ist, wie der Dead-Beat-Control, erfolgt mit der Überschwingung (**Bild 13.22**).

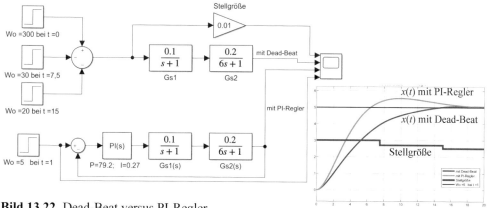

Bild 13.22 Dead-Beat versus PI-Regler

13.3.2 Digitale Regelkreise

Das Konzept der Kompensationsregelung ist auch für die digitale Regelung vorstellbar. Ist die gewünschte Übertragungsfunktion $G_M(z)$ des Führungsverhaltens des geschlossenen Regelkreises (Abschnitt 11.5.4.) vorgeschrieben und die Übertragungsfunktion $G_{HS}(z)$ der Strecke (Abschnitt 11.5.3) vorhanden, kann die Übertragungsfunktion $G_R(z)$ des Reglers ermittelt werden.

$$G_M(z) = \frac{G_{Rz}(z)G_{HS}(z)}{1 + G_{Rz}(z)G_{HS}(z)} \qquad G_{Rz}(z) = \frac{G_M(z)}{1 - G_M(z)} \cdot \frac{1}{G_{HS}(z)}$$

Um die Regelung ohne bleibender Regeldifferenz $e(\infty)$ bzw. mit $e(\infty) = 0$ zu realisieren, soll die folgende Bedingung für Beharrungszustand $t = \infty$ bzw. $z = 1$ bei der Wahl von $G_M(z)$ beachtet werden:

$$G_M(1) = 1$$

Auch die folgenden Randbedingungen der in einer allgemeinen Form dargestellten Übertragungsfunktion $G_{HS}(z)$ der Strecke

$$G_{HS}(z) = \frac{b_1 z^k + b_2 z^{k-1} + \dots + b_k}{z^m + a_1 z^{m-1} + \dots + a_m} \cdot z^{-l} = \frac{Z_z(z)}{N_z(z)} \cdot z^{-l} \tag{13.20}$$

sollen erfüllt werden, damit das Verfahren praktisch realisierbar wird:

- Der Zählergrad k muss kleiner sein als der Nennergrad m:
  $$k > m$$
- Alle Pol- und Nullstellen von $G_{HS}(z)$ müssen innerhalb des Einheitskreises liegen:
  $$|z| < 1$$
- Hat die Strecke mit der Abtastperiode T_A eine Totzeit
  $$T_l = l \cdot T_A \,,$$

  muss die gewählte gewünschte Übertragungsfunktion $G_M(z)$ des Führungsverhaltens gleiche Totzeit ebenso enthalten, weil eine Totzeit durch den Kompensationsregler nicht kompensiert werden kann.

Unten ist ohne Herleitung gezeigt, wie ein Kompensationsregler eingestellt werden soll, damit die Regelgröße $x(z)$ nach $m+l$ Abtastschritten den konstanten Sollwert w erreicht und beibehält.

$$G_{Rz}(z) = \frac{z^l N_z(z)}{Z_z(1) z^{l+m} - Z_z(z)} \tag{13.21}$$

So ein Kompensationsregler wird *Dead-Beat-Regler* bezeichnet.

- **Beispiel 13.8**

Gegeben ist die Regelstrecke mit der Abtastperiode $T_A = 0{,}1$ sec,

$$G_{HS}(z) = \frac{z + 0{,}1}{z^3 - 0{,}3 z^2 + 0{,}02 z} = \frac{Z_z(z)}{z^l N_z(z)} \quad \text{bzw.} \quad G_{HS}(z) = \frac{z + 0{,}1}{(z - 0{,}1)(z - 0{,}2)} z^{-1}$$

Daraus ist ersichtlich: $k = 1$; $m = 2$ und $l = 1$. Somit sind alle Randbedingungen (13.20) erfüllt:

$$k < m \qquad |z_{01}| = 0{,}1 < 1 \qquad |z_{p1}| = 0{,}1 < 1 \qquad |z_{p2}| = 0{,}2 < 1$$

Der Dead-Beat-Regler wird nach (13.21) bestimmt:

$$G_{Rz}(z) = \frac{z^l N_z(z)}{Z_z(1) z^{l+m} - Z_z(z)} = \frac{z(z - 0{,}1)(z + 0{,}2)}{(1 + 0{,}1) z^3 - (z + 0{,}1)} = \frac{z^3 - 0{,}3 z^2 + 0{,}02 z}{1{,}1 z^3 - z - 0{,}1}$$

Der Sollwert w wird nach $l + m = 3$ Abtastschritten bzw. nach $0{,}3$ sec erreicht.

13.4 Fuzzy-Regler

Die Fuzzy-Logik formuliert die eindeutigen Messgrößen, wie Temperatur und Druck, im Gegensatz zu numerischen Variablen nicht in Zahlen, sondern in umgangssprachlichen Begriffen, so genannten *linguistischen Variablen*, wie „groß" oder „klein", und verhilft komplexen Systemen zu einer übersichtlichen Darstellung ohne mathematische Beschreibung. Die unscharfe Logik (engl. *fuzzy* bedeutet unbestimmt oder verwischt) wurde 1965 von *Zadeh* vorgeschlagen, von *Kosko* weiterentwickelt, von *Mamdani* und *Sugeno* an Fuzzy-Controller angepasst. Die regelungstechnischen Anwendungen findet man bei *Frank, Kahlert, Kindl, Tilli.*

Die Fuzzy-Regler sind robust, d. h. sie behalten das stabile Verhalten, auch wenn die Parameter der Regelstrecke nicht konstant sind. Der Zeitaufwand und die Kosten für die Entwicklung von Fuzzy-Reglern sind niedriger als die von den „klassischen" Reglern. So werden Fuzzy-Regler meist bei Strecken, von denen man ein robustes Verhalten erwartet, z. B. bei Kraftfahrzeugen, Haushalts- und Medizingeräten eingesetzt.

13.4.1 Funktionsweise und Aufbau eines Fuzzy-Reglers

Die linguistischen Variablen werden mit Zugehörigkeitsfunktionen in Untermengen eingeteilt, die für eine Variable, z. B. *Temperatur*, „hoch", „mittel" oder „niedrig" heißen könnten. Solche Einteilung wird als *Fuzzifizierung* bezeichnet. Danach werden die linguistischen Terme mit logischen Operatoren verknüpft und mit Regeln beschrieben. Daraus entsteht die so genannte *Regelbasis*, die die Variablen und die Regel verknüpft (*Inferenz*). Abschließend werden aus unscharfen Variablen die exakten Stellgrößen gebildet. Diese Operation nennt man *Defuzzifizierung*.

Die Bausteine eines Fuzzy-Reglers nach *Mamdani* sind in **Bild 13.23** gezeigt. Der aktuelle Wert e_{akt} der Regeldifferenz wird am Eingang des Fuzzy-Reglers zunächst „verunschärft". Der Regler wertet alle Regeln der Regelbasis für jeden linguistischen Wert der Regeldifferenz aus, d. h. bestimmt den Erfüllungsgrad jeder Regel. Mit Hilfe der logischen Operationen ermittelt danach der Regler die Fuzzy-Menge der Stellgrößen für jede Regel und bestimmt daraus einen resultierenden unscharfen Wert der Stellgröße. Abschließend ist aus der unscharfen Stellgröße ein scharfer Wert der Stellgröße y_{akt} zu bilden, mit dem eine Stelleinrichtung angesteuert werden kann.

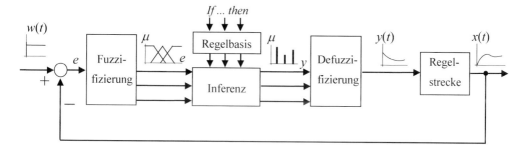

Bild 13.23 Wirkungsplan eines Regelkreises mit Fuzzy-Regler

13.4.2 Fuzzy-Mengen und Zugehörigkeitsfunktionen

Eine „scharfe" Menge A von Elementen X_i kann man durch eine Zugehörigkeitsfunktion $\mu_A(X_i)$, die nur zwei Werte 0 und 1 annimmt, charakterisieren. Diese Funktion wird auch als Wahrheitsgehalt einer Aussage bezeichnet, z. B.

* Ist $\mu_A(X_i)$ =1, so ist die Aussage „Größe X_i gehört zu Menge A" wahr.

* Ist $\mu_A(X_i)$ = 0, so ist die Aussage „Größe X_i gehört zu Menge A" falsch, d. h. die Größe X_i gehört nicht zu Menge A.

Bei der Fuzzy-Logik sind im Gegensatz zur binären Logik fließende Übergänge zwischen Mengen möglich. Beispielsweise gibt der Zugehörigkeitsgrad $\mu_A(X_i) = 0{,}7$ an, in welchen Maß die Größe X_i zu Menge A gehört. Ändert sich die Zugehörigkeitsfunktion zwischen 0 und 1, d. h. $0 < \mu_A(X_i) < 1$, so entsteht eine unscharfe Menge.

Fuzzifizierung

Unter *Fuzzifizierung* versteht man die Übersetzung der in Zahlenwerte angegebener Information in Wertigkeiten sprachlicher Aussagen. Dies erfolgt mit Zugehörigkeitsfunktionen, die für jede sprachliche Aussage definiert werden. Da die linguistischen Werte nicht so exakt wie Zahlenwerte sind, werden sie mit Fuzzy-Sets spezifiziert. Als Standardformen für die Fuzzy-Sets verwendet man Trapez, Dreieck, Gaußsche Funktion, Singletons usw.

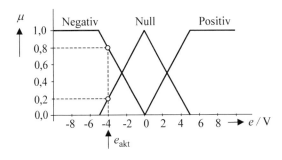

Ein Beispiel von Fuzzy-Sets der linguistischen Variable e (Regeldifferenz) ist in **Bild 13.24** gezeigt. Für $e_{akt} = -4$ sind:

$$\mu \text{ Negativ} (-4) = 0{,}8$$
$$\mu \text{ Null} (-4)\ \ = 0{,}2$$
$$\mu \text{ Positiv}(-4)\ \ = 0.$$

Bild 13.24 Fuzzy-Sets der Eingangsgröße e

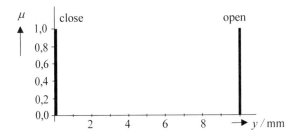

Man unterscheidet zwischen Fuzzy-Sets für Eingangs- und Ausgangsgrößen. Beispielsweise ist in **Bild 13.25** die Fuzzifizierung der Ausgangsgröße y (Ventilhub) mit Singletons bei der Füllstandsregelung mit einem Ventil mit zwei Zuständen dargestellt.

Bild 13.25 Fuzzy-Sets der Ausgangsgröße y

Verknüpfung von Fuzzy-Mengen

Die Fuzzy-Mengen werden anhand von Zugehörigkeitsfunktionen dargestellt. Es ist jedoch üblich, die Fuzzy-Mengen durch die Zugehörigkeitsfunktionen zu ersetzen, um die Herleitung von Fuzzy-Logik zu vereinfachen. So werden im Folgenden diese beiden Begriffe gleichgesetzt.

Die Fuzzy-Mengen lassen sich wie die klassischen „scharfen" Mengen miteinander mit logischen Operationen verknüpfen:

- Eine Schnittmenge μ_S zweier Fuzzy-Mengen μ_1 und μ_2 wird mit der logischen Verknüpfung UND gebildet und als *t-Norm* oder (μ_1 UND μ_2) bezeichnet. Da man eine Schnittmenge durch den Minimum-Operator bildet, wird der kleinste von den beiden Werten μ_1 und μ_2 gewählt, und als $\mu_S = MIN(\mu_1, \mu_2)$ bezeichnet, wie in **Bild 13.26** gezeigt ist.

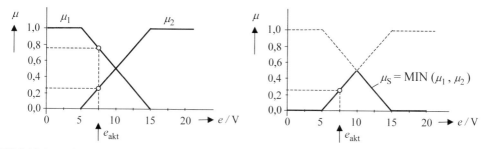

Bild 13.26 Die Zugehörigkeitsfunktionen μ_1 und μ_2 (links) und die t-Norm (rechts)

- Eine Vereinigungsmenge μ_V wird mit der logischen Verknüpfung ODER gebildet und als *t-CoNorm* bzw. als (μ_1 ODER μ_2) genannt. Da die Vereinigungsmenge durch den Maximum-Operator gebildet wird, gilt es $\mu_S = MAX(\mu_1, \mu_2)$, d. h. es wird die größte von den beiden Funktionswerten μ_1 und μ_2 gewählt (**Bild 13.27**).

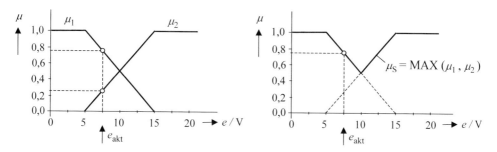

Bild 13.27 Die Zugehörigkeitsfunktionen μ_1 und μ_2 (links) und die *t*-CoNorm (rechts)

- Das Komplement μ_K der Fuzzy-Menge μ wird mit dem logischen Operator NOT gebildet, d. h. $\mu_K = NOT(\mu) = 1 - \mu$.

13.4.3 Regelbasis und Inferenz

Regelbasis

Die Fuzzy-Sets der Ein-/Ausgangsgrößen eines Fuzzy-Reglers werden miteinander durch gewisse *Regeln* verbunden, deren Gesamtheit *Regelbasis* heißt. Jede Regel besteht aus einem WENN-Teil (Prämisse bzw. Bedingung) und einem DANN-Teil (Konklusion bzw. Schlussfolgerung). Im Allgemeinen besteht die Prämisse aus zwei linguistischen Eingangswerten, dessen gemeinsamer Erfüllungsgrad mathematisch bestimmt wird. Die Operatoren sind meistens die UND- und ODER-Verknüpfungen.

- **Beispiel 13.9**

Die Regelbasis einer Füllstandsregelung mit einer Eingangsgröße $e = w - x$ (*Regeldifferenz*) und zwei Ausgangsgrößen (*Ventil_füllen* und *Ventil_leeren*) sieht wie folgt aus:

REGEL:		*Regeldifferenz*		*Ventil_füllen*		*Ventil_leeren*
1		positiv		open		close
2	WENN	negativ	DANN	close	UND	open
3		Null		close		close

Inferenz: Erfüllungsgrad jeder Regel

Ziel der Inferenz ist die Auswertung der Regelbasis. Durch eine Zusammenfassung der Teilentscheidungen der einzelnen Regeln mit Operatoren wird eine Schlussfolgerung gezogen, die einer bestimmten Ausgangsvariablen zugewiesen wird.

Regeln, deren DANN-Teil nicht Null ist, heißen aktive Regeln. Falls mehrere Regeln aktiv sind, muss man die Erfüllungsgrad G jeder Regel überprüfen. Der Erfüllungsgrad ist der kleinste der Zugehörigkeitsgrade der linguistischen Terme (Minimum-Operator bzw. UND-Verknüpfung). Der Erfüllungsgrad der Konklusion kann maximal nur so groß werden, wie der einer Prämisse.

Den Erfüllungsgrad einer Prämisse kann man z. B. mit den UND Operatoren berechnen. In der Regelbasis werden alle Regeln aufgestellt, die einen sinnvollen Zusammenhang von Eingangs- und Ausgangsvariablen darstellen. Die Gliederung der Regelbasis kann tabellarisch oder bei zwei linguistischen Eingangsvariablen auch in Matrixform erfolgen. Am Ausgang der Regelbasis erhält man eine Anzahl von Regeln, die bei einem gegebenen Eingangswert unterschiedlich erfüllt sein können. Die Zusammenfassung der verschiedenen Regeln und ihrer Ausgangsmenge zu einer unscharfen Vereinigungsmenge (ODER- Verknüpfung) nennt man Akkumulation.

- **Beispiel 13.10**

Ein Fuzzy-Regler hat zwei Eingangsgrößen e_1, e_2 und eine Ausgangsgröße y. Die Fuzzy-Sets für Ein- und Ausgangsgrößen sind gegeben (**Bild 13.28**). Der Erfüllungsgrad jeder der nachfolgenden Regeln soll für $e_{1akt} = -4$ und $e_{2akt} = -2$ bestimmt werden.

- Regel 1:   WENN e_1 *Negativ* UND e_2 *Null*,   DANN y ist *Klein*.
- Regel 2:   WENN e_1 *Null* UND e_2 *Null*,   DANN y ist *Mittel*.

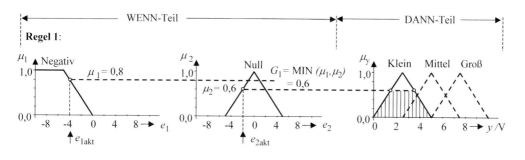

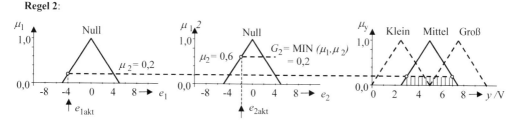

Bild 13.28 Ermittlung von Erfüllungsgraden der Fuzzy-Regeln des Beispiels 12.7

Für die gegebenen aktuellen Werte der Eingangsgröße sind die Zugehörigkeitsfunktionen aus der ersten Regel: $\mu_1 = 0,8 \quad \mu_2 = 0,6$.

Daraus ergibt sich der Erfüllungsgrad der Regel 1: $G_1 = \text{MIN}\,(\mu_1,\ \mu_2) = \text{MIN}\,(0,8\ \ 0,6) = 0,6$. Analog wird der Erfüllungsgrad der Regel 2 bestimmt:

$$G_2 = \text{MIN}\,(\mu_1,\ \mu_2) = \text{MIN}\,(0,2\ \ 0,6) = 0,2.$$

13.4.4 Defuzzifizierung

Das Ergebnis der Fuzzy-Inferenz ist eine unscharfe Menge, wie der DANN-Teil in Bild 13.27 zeigt. Daraus soll nun wieder eine exakte (scharfe) Stellgröße gebildet werden. Für die Umwandlung wird unten die Schwerpunktmethode angewendet.

Nach der Schwerpunktmethode CoG (*Center of Gravity*) werden die Ausgangsterme gemeinsam als eine Fläche interpretiert und die Abszissen der Flächenschwerpunkte $y_1, y_2, \dots$ bestimmt. Da alle Regeln zugleich mit dem Erfüllungsgrad $G_1, G_2, \dots$ gelten sollen, wird die resultierende Fuzzy-Menge μ_{res} als ODER-Verknüpfung (Maximum-Operator) der Ausgangstermen für jede Regel ermittelt. Der Flächenschwerpunkt y_{akt} bildet einen festen Wert für die Stellgröße y:

$$y_{\text{akt}} = \frac{\displaystyle\sum_{i=1}^{n} G_i \cdot y_i}{\displaystyle\sum_{i=1}^{n} G_i}. \tag{13.22}$$

Gl. (13.22) gibt den angenäherten Wert des Schwerpunktes an, was für die praktischen Anwendungen genügt.

• **Beispiel 13.11**

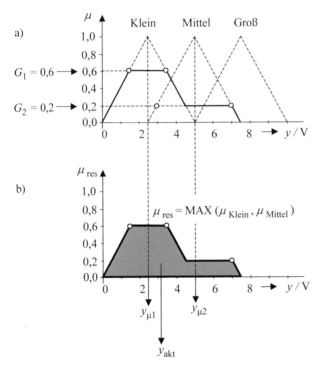

Die Fuzzy-Inferenz nach dem DANN-Teil des Beispiels 13.8 ist in **Bild 12.29a** gezeigt. Die resultierende Menge μ_{res} wird nach dem Maximum-Operator gebildet und stellt sich somit die Einhüllende der Funktionen μ Klein und μ Mittel dar (**Bild 12.29b**). Die Erfüllungsgrade G_1 und G_2 werden vom Beispiel 13.8 übernommen: Die Schwerpunktabszissen von Termen *Klein, Mittel, Groß* werden aus dem Bild 13.27 bestimmt:

$$y_1 = y_{Klein} = 2,5\ V$$
$$y_2 = y_{Mittel} = 5,0\ V$$
$$y_3 = y_{Groß} = 7,5\ V.$$

Bild 13.29 Defuzzifizierung der Stellgröße y

Der Flächenschwerpunkt wird nach Gl. (13.22) berechnet:

$$y_{akt} = \frac{G_1 \cdot y_{\mu 1} + G_2 \cdot y_{\mu 2}}{G_1 + G_2} = \frac{0,6 \cdot 2,5V + 0,2 \cdot 5V}{0,6 + 0,2} = 3,125V\ . \tag{13.23}$$

Wiederholt man die Berechnung der Stellgröße y_{akt} nach Gl. (13.23) für verschiedene Werte von Eingangsgröße y_{akt}, so kann die statische Ausgang-/ Eingang-Kennlinie bestimmt werden.

• **Beispiel 13.12**

Die Füllstandregelung eines Tanks ist im **Bild 13.30** dargestellt. Der Baustein „Fuzzy Logic Controller with Ruleviewer" befindet sich in der „Simulink Library" *Fuzzy-Logic Toolbox*.

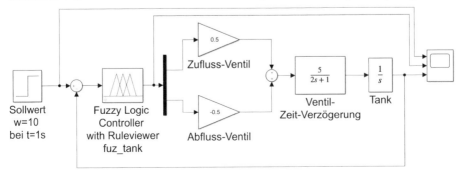

Bild 13.30 MATLAB®/Simulink Modell eines Regelkreises mit dem Fuzzy-Regler

Nach dem Doppelklick auf diesen Baustein öffnet sich das Konfigurationsfernster „Block parameters" und wartet auf die Eingabe des Parameters (hier: [fuz tank]), der allerdings vorher in FIS-Editor erstellt und in Workspace geladen werden soll. Nehmen wir an, dass der Fuzzy-Regler vorher mit dem FIS-Editor der MATLAB® *Fuzzy-Logic Toolbox* erstellt und als „fuz_tank.fis" gespeichert wurde. Zuerst wird der FIS-Editor über das MATLAB®-Command Fenster mit dem Befehl *fuzzy* aufgerufen, wie eslinks im **Bild 13.31** angedeutet ist. Die danach folgende Kette von Befehlen, die nötig sind, um den Parameter „fuz_tank" aus *Fuzzy-Logic Toolbox* in MATLAB®-Workspace zu laden, ist im Bild 13.31 ohne Erklärungen gezeigt.

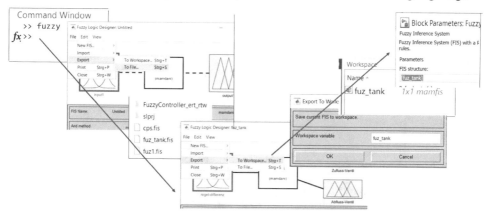

Bild 13.31 Export/Import des Fuzzy-Reglers aus MATLAB®-*Fuzzy-Logic Toolbox* über Workspace to Simulink

Nachdem die Simulation mit der Simulink-„RUN"-Taste ausgeführt wird, kann man wie üblich die Sprungantwort im *Scope*, aber auch die Fuzzy-Rules, beobachten (**Bild 13.32**).

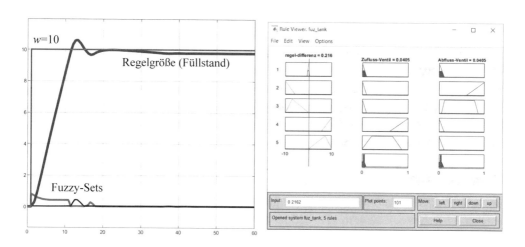

Bild 13.32 Bildschirm-Ausgabe nach der Simulation des Regelkreises des Bildes 13.30

Der Fuzzy-Regler des Bildes 13.30 hat zwei Stellgrößen, die je nach Vorzeichen der Regeldifferenz $e(t) > 0$ oder $e(t) < 0$ zum Zufluss- oder Abflussventil nach der Regelbasis, bestehend aus 5 Regeln geleitet werden, wie der Rule-Viewer rechst im Bild 13.32 zeigt. Der Fuzzy-Regler wirkt schnell mit der Dämpfung $\vartheta = 0,5$, aber mit einer Regeldifferenz $e(\infty) = 0,8$.

13.4.5 Fuzzy-Regler ohne Fuzzy Logik

Der wichtigste Vorteil der Fuzzy-Logik für die Regelungstechnik besteht darin, dass man die Regelalgorithmen anhand Analogien mit menschlichem Verhalten ohne mathematische Modelle auch für Strecken mit zwei Stellgrößen, wie im vorherigen Beispiel 13.12, oder für Mehrgrößenregelung, wie in [147], entwerfen kann. Ein Fuzzy-Regler hat nichtlineare statische Kennlinie (**Bild 13.33a**), so dass die schnelle Regelung ohne Überschwingungen im Vergleich zu Standardreglern (**Bild 13.33b**) möglich ist.

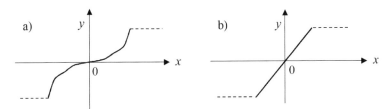

Bild 13.33 Statische Kennlinien: (a) Fuzzy-Regler, (b) Standardregler (Quelle [147], Seite 75)

Jedoch ist die optimale Einstellung des Fuzzy-Reglers allein mittels intuitiver Bildung von Fuzzy-Sets und Defuzzifizierung sehr erschwert. Der Fuzzy-Regler soll erst in einem Editor, wie *Fuzzy Logic Toolbox* von MATLAB® erstellt, dann in Regelkreis mit der konventionellen Regelstrecke überführt werden, was ziemlich umständlich ist, besonders dann, wenn die Fuzzy-Sets mehrfach nachgebessert werden sollen.

Nach einer detaillierten Untersuchung der Fuzzy-Regelung wurde in [147] angeboten, die klassischen Standardregler nach dem Fuzzy-Konzept ohne spezielle Software nur mit der Fuzzyfizierung (Abschnitt 13.4.2) und ohne Regelbasis, Inferenz und Defuzzifizierung des Bildes 13.13 zu entwerfen. Der Grund dafür ist: „Die Regelbasis einer konventionellen Regelung ist durch das allgemeine Rückführungsprinzip in jedem Regelkreis bereits vorhanden." (Zitat [147], Seite 129).

Die Fuzzy-Sets von Bildern 13.24-13.28, die man als regelungstechnische Glieder mit klassischen Übertragungsfunktionen erstellen kann, wurden in [147] *Trial-Elemente* genannt. Die damit entworfenen Regler sind nachfolgend als *Fuzzy-Regler ohne Fuzzy-Logik*, kurz FROFL, bezeichnet.

- **Beispiel 13.13**

Eine P-T3-Regelstrecke soll mit der optimalen Dämpfung $\vartheta = 0{,}707$ geregelt werden. Ein Standard-PI-Regler soll dafür mit $T_\mathrm{n} = 15$ sec und $T_\mathrm{E} = 2 + 10 = 12$ sec

$$K_\mathrm{PR} = \frac{T_\mathrm{n}}{2 \cdot K_\mathrm{PS} \cdot T_\mathrm{E}} = \frac{15}{2 \cdot 1{,}6 \cdot 12} = 0{,}39 \tag{13.24}$$

nach dem Grundtyp A eingestellt werden, wie im Abschnitt 8.4.1 gezeigt wurde (Aufgabe 8.1). Im **Bild 13.34** erfolgt die Regelung dieser Strecke mit einem FROFL, der aus drei „Fuzzy-Sets" besteht – *Positiv Pp*, *Null P0* und *Negativ Pn*, die allerdings nicht nach unscharfe, sondern nach

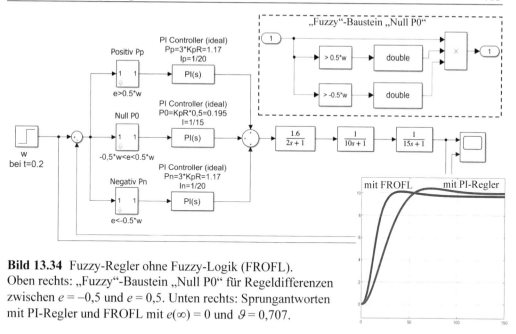

Bild 13.34 Fuzzy-Regler ohne Fuzzy-Logik (FROFL). Oben rechts: „Fuzzy"-Baustein „Null P0" für Regeldifferenzen zwischen $e = -0,5$ und $e = 0,5$. Unten rechts: Sprungantworten mit PI-Regler und FROFL mit $e(\infty) = 0$ und $\vartheta = 0,707$.

scharfer Logik programmiert sind, wie es am Beispiel von „Null P0" im Kästchen des Bildes 13.34 oben rechts dargestellt. Die Einstellung der drei Standard-PI-Regler des Bildes 13.34 erfolgt nach folgendem Konzept:

- der PI-Controller P0 wird mit gleicher Nachstellzeit $T_n = 15$ sec, jedoch mit etwas reduziertem gegenüber (13.24) Proportionalbeiwert $P_0 = 0,5 K_{PR} = 0,16$ eingestellt;

- die Proportionalbewerte von PI-Reglern Pp und Pn werden beide gleichmäßig vergrößert, nämlich: $P_p = P_p = 3 K_{PR} = 0,93$. Die Nachstellzeiten werden gegenüber $T_n = 15$ sec auch etwas vergrößert: $T_n = 20$ sec.

Alle drei PI-Regler wirken abwechselnd nach dem laufenden Wert der Regeldifferenz $e(t)$ bzw. nach dem aktiven „Fuzzy"-Baustein *Positiv Pp*, *Negativ Pn* oder *Null P0* , so dass eine nichtlineare statische Kennlinie, wie im Bild 13.33a entsteht. Aus der Summe von drei Sprungantworten mit jeweiligem PI-Regler entsteht die gesamte Sprungantwort des Bildes 13.34. Die resultierende Regelung hat die gewünschte Dämpfung, ist jedoch viel schneller bzw. mit der zweifach kleinere Ausregelzeit, als es mit dem klassischen optimalen PI-Regler möglich ist.

13.5 Neuro-Regelung

Der Begriff des künstlichen Neurons wurde erstmals von den Neurophysiologen *W.S. McCulloch* und dem 18-jährigen Mathematiker *W. Pitts* (1943) eingeführt. Das erste künstliche Neuron war nicht lernfähig und wurde als ein logisches Schwellenwertelement mit mehreren Eingängen und einem Ausgang, das nur zwei Zustände annehmen kann, aufgebaut. Grundlage des Lernverfahrens kam erst 1949 nach einer Hypothese des Psychologen *Donald Hebb*, die besagt, dass das Lernen im Gehirn durch Änderung der Synapsenstärken erfolgt.

Die Lernfähigkeit eines künstlichen neuronalen Netzes (KNN) besteht darin, die eigenen Gewichtungen so einzustellen, dass der Fehler zwischen Ist- und Sollwert des Netzausgangs für eine bestimmte Klasse der Eingänge möglichst minimal wird.

13.5.1 Grundmodell eines künstlichen Neurons

Das einfachste künstliche Neuron hat zwei Eingänge und einen Ausgang, der nur zwei Zustände, z. B. (−1, +1) oder (0, 1) annehmen kann (**Bild 13.35**). Der aktuelle Ausgang y des Neurons wird in zwei Schritten bestimmt. Im ersten Schritt wird der *Aktivierungswert* α mit den gegebenen Eingängen x_1, x_2 und *Schwellenwert* θ berechnet:

$$\alpha = W_1 x_1 + W_2 x_2 - \theta \tag{13.25}$$

Im zweiten Schritt wird der Ausgangswert y mit Hilfe einer *Aktivierungs-* bzw. *Transferfunktion* $y = f(\alpha)$ berechnet. Als $f(\alpha)$ kommen eine Reihe mathematischer Funktionen in Frage. Im vorliegenden Beispiel wird eine binäre Aktivierungsfunktion mit $y = +1$ für $\alpha \geq 0$ und $y = -1$ für $\alpha < 0$ betrachtet. Jeder Kombination von Eingangswerten entspricht ein bestimmtes Kriterium, z. B. ob sich der Eingangspunkt oberhalb (Klasse A) oder unterhalb (Klasse B) einer Grenzgerade befindet. Der Sollwert des Neuronenausgangs für Eingangswerte aus der Klasse A ist $d = +1$ und für Klasse B $d = -1$. Nehmen wir an, dass die Klassen A und B durch eine Gerade getrennt sind:

$x_2 = a \cdot x_1 + b$, z. B. mit $a = 0{,}5$ und $b = 1$.

Für das Neuron wird die Grenze zwischen Musterklassen durch die Gleichung $\alpha = 0$ abgebildet, d. h. $\alpha = W_1 x_1 + W_2 x_2 - \theta = 0$ bzw.

$$x_2 = -\frac{W_1}{W_2} x_1 + \frac{\theta}{W_2}. \tag{13.26}$$

Aus dem Koeffizientenvergleich mit der Gerade $x_2 = a \cdot x_1 + b$ folgt:

$$\frac{\theta}{W_2} = b \qquad -\frac{W_1}{W_2} = a$$

Bei $\theta = 2$ wird die Grenze korrekt mit den folgenden Gewichten abgebildet:

$$W_2 = \frac{\theta}{b} = \frac{2}{1} = 2$$

$$W_1 = -a \cdot W_2 = -0{,}5 \cdot 2 = -1$$

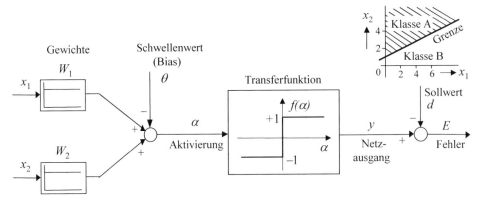

Bild 13.35 Struktur eines KNN mit binärem Ausgang

Die Musterklasse A ist damit durch die Aktivierung $\alpha > 0$ und den Ausgang $y = +1$ gekennzeichnet. Für die Klasse B ergibt sich $\alpha < 0$ und damit $y = -1$.

Da dem KNN keine Gewichte vorgegeben werden, ist es die Aufgabe des Lernvorgangs, sie so lange zu verändern, bis die Grenzgerade korrekt abgebildet wird. Als Fehlermaß gilt dabei die Differenz E zwischen dem Ist-Ausgang y und dem Soll-Ausgang d. Der *Lernalgorithmus* besteht in Änderung von Gewichten, z. B.:

$$W_1\text{ (neu)} = W_1 + \eta\cdot(d-y)\cdot x_1 \tag{13.27}$$
$$W_2\text{ (neu)} = W_2 + \eta\cdot(d-y)\cdot x_2. \tag{13.28}$$

Die Iterationsschrittweite (*Lernschrittweite*) η bestimmt die Konvergenzgeschwindigkeit. Normalerweise gilt: $0 < \eta < 1$.
Meist wird das Fehlermaß jedoch nicht nach jedem Eingangspaar berechnet, sondern über alle Ein/-Ausgangs-Paare aufsummiert, um den Gesamtfehler E zu minimieren.

- **Beispiel 13.13**

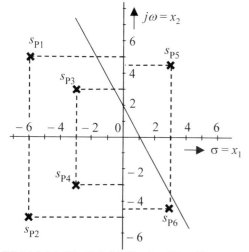

Bild 13.36 Die Pol-/Nullstelen-Verteilung

Gegeben ist ein trainiertes KNN mit der in Bild 13.30 gezeigten Struktur. Die Kennwerte sind:

$$W_1 = 1 \qquad W_2 = 0,5 \qquad \theta = 1.$$

Das KNN wurde trainiert, die Stabilität eines Kreises in der s-Ebene zu erkennen (**Bild 13.36**). Dafür sind die folgenden Eingänge dem KNN gesetzt:

$$x_1 = \sigma$$
$$x_2 = j\omega.$$

Die stabilen Zustände sind durch einen Parameter $d = -1$ und die instabilen durch $d = +1$ gekennzeichnet.

Es soll das KNN getestet werden. Zunächst überprüfen wir nacheinander die Eingänge nach dem Bild 13.35.

Für die Polstelle s_{P1} ist die Aktivierung nach Gl. (13.25)

$$\alpha = x_1 + 0,5 \cdot x_2 - \theta = (-6) + 0,5 \cdot 5 - 1 = -4,5 .$$

Für $\alpha < 0$ folgt aus der Transferfunktion $y = -1$. Da auch $d = -1$ gilt, ist die Erkennung korrekt. Auch für Polstelle s_{P3} gibt das KNN die korrekte Antwort:

$$\alpha = x_1 + 0,5 \cdot x_2 - \theta = (-3) + 0,5 \cdot 3 - 1 = -2,5 < 0 \quad \Rightarrow \quad y = -1 \quad \Leftarrow \quad d = -1 .$$

Bei der Erkennung der Polstelle s_{P6} tritt jedoch der Fehler auf:

$$\alpha = x_1 + 0,5 \cdot x_2 - \theta = 3 + 0,5 \cdot (-4,5) - 1 = -0,25 < 0 \quad \Rightarrow \quad y = -1 \quad \Leftarrow \quad d = +1 .$$

Statt alle Eingangswerte nacheinander zu prüfen, kann man die KNN-Gewichte in die Grenzgerade nach Gl. (13.26) umwandeln und in das Diagramm des Bildes 13.30 eintragen:

$$x_2 = ax_1 + b = -\frac{W_1}{W_2}x_1 + \frac{\theta}{W_2} = -\frac{1}{0,5}x_1 + \frac{1}{0,5} \text{ bzw. } x_2 = -2x_1 + 2.$$

Daraus folgt, dass das KNN die Grenze falsch gelegt hat und soll weiter trainiert werden.

13.5.2 Mehrschicht-KNN und Backpropagation

Die Einteilung der Eingangsvektoren kann von einzelnen Neuronen dann durchgeführt werden, wenn die Grenze zwischen den beiden Klassen eine Gerade ist, wie es bei den logischen Verknüpfungen UND und ODER der Fall ist. Sind für die Klassenbeschreibung mehrere Geraden logische Funktionen nötig wie bei der logischen XOR-Verknüpfung, wird für jede Grenzgerade ein Neuron eingesetzt.
Damit entstehen die Mehrschicht-Netze, die aus Ein-, Ausgangs- und *verdeckten* Neuronen bestehen (**Bild 13.37**).

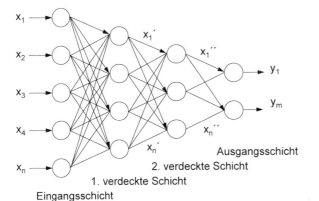

Der Lernvorgang läuft nach Gln. (13.27), (13.28) ab.

Zuerst werden die Ausgänge einzelner Schichten nacheinander, von Ein- bis zur Ausgangsschicht, berechnet. Dann werden die Ausgangswerte

$$y_1, y_2, \dots, y_m$$

und die Sollwerte

$$d_1, d_2, \dots, d_m$$

miteinander verglichen.

Bild 13.37 Mehrschicht-KNN mit 2 verdeckten Schichten

Entsteht dabei ein Fehler $E_j = d_j - y_j$ bzw. der Gesamtfehler $E = E_1^2 + E_2^2 + \dots$, werden die Gewichte schrittweise korrigiert. Das Verfahren heißt *Backpropagation*, da der Fehler rückwärts übertragen wird.

▶ **Aufgabe 13.2**

Ein Mehrschicht-KNN mit binären Eingängen x_1 und x_2 ist im **Bild 13.38** gezeigt. Das Ausgangsneuron y hat binäre Transferfunktion. Der Ausgang des verdeckten Neurons V wird mit einer Sigmoid-Transferfunktion $v = \dfrac{1}{1 + e^{-\alpha}}$ ermittelt und gibt die Werte $0 < v < 1$ aus. Welche logische Funktion simuliert das KNN?

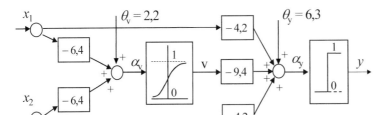

Bild 13.38 Trainiertes KNN mit einem verdeckten Neuron

• **Beispiel 13.14**

Gegeben ist das in **Bild 13.39** gezeigte Zweischicht-Netz mit Gewichten $W_1 = -5$; $W_2 = 1,5$; Schwellenwerten $\theta_1 = -0,25$; $\theta_2 = 1,12$ und mit exponentiellen Sigmoid-Transferfunktionen

$$v = f(\alpha) = \frac{1}{1+e^{-\alpha}} \quad \text{und} \quad y = f(\beta) = \frac{1}{1+e^{-\beta}}.$$ Jede Schicht besteht aus einem Neuron.

Die Ein-/Ausgänge des ersten Neurons sind x und v, die Ein- / Ausgänge des zweiten Neurons

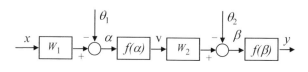

sind v und y. Das KNN wird mit einer einfachen Datei, die nur zwei Sätze enthält, trainiert:
1) für $x = 0$ ist $d = 0,5$
2) für $x = 1$ ist $d = 0,3$.

Bild 13.39 KNN mit zwei Schichten zu Beispiel 13.12

Zuerst wird die Aktivierung und der Ausgang des verdeckten Neurons für $x = 0$ berechnet:

$$\alpha = W_1 \cdot x + \theta_1 = -5 \cdot 0 - (-0,25) = 0,25$$

$$v = \frac{1}{1+e^{-\alpha}} = \frac{1}{1+e^{-0,25}} = 0,5622,$$

dann die Aktivierung des zweiten Neurons und der Netzausgang:

$$\beta = W_2 \cdot v + \theta_2 = 1,5 \cdot 0,5622 - 1,12 = -0,2767$$

$$y = \frac{1}{1+e^{-\beta}} = \frac{1}{1+e^{0,2767}} = 0,4313.$$

Da für den 1. Satz $d = 0,5$ gilt, entsteht ein Fehler am Netzausgang:

$$E_1 = d - y = 0,5 - 0,4313 = 0,0687.$$

Für den 2. Satz $x = 1$ wird die Berechnung wiederholt. In diesem Fall ergibt sich:

$$v = 0,0086 \qquad y = 0,2484 \qquad E_2 = d - y = 0,3 - 0,2484 = 0,0516.$$

Mit der Berechnung der quadratische Gesamtfehler

$$E = E_1^2 + E_2^2 = 0,0074$$

beginnt die Fehlerkorrektur bzw. Backpropagation. Der Fehler E wird für das verdeckte Neuron umgerechnet, z. B.

$$E_v = E / W_2 = 0,0074 / 1,5 = 0,0049$$

und zwischen den beiden Schichten verteilt. Die Gewichte werden z. B. wie folgt korrigiert:

$$\Delta W_2 = \eta \cdot E \cdot (E_1 \cdot v_1 + E_2 \cdot v_2) = \eta \cdot 0,0074 \cdot (0,0687 \cdot 0,5622 + 0,0516 \cdot 0,0086)$$

$$\Delta W_1 = \eta \cdot E_v \cdot (E_1 \cdot x_1 + E_2 \cdot x_2) = \eta \cdot 0,0049 \cdot (0,0687 \cdot 0 + 0,0516 \cdot 1)$$

Beträgt z. B. die Lernschrittweite $\eta = 500$, so ergeben sich die folgenden Gewichte nach dem ersten Lernschritt:

$$W_{2(neu)} = W_2 + \Delta W_2 = 1,5 + 0.1444 = 1,6444$$

$$W_{1(neu)} = W_1 + \Delta W_1 = -5 + 0,1271 = -4,8729$$

Die Lernschritte werden solange wiederholt, bis der Fehler E seinen minimalen Wert erreicht:

2. Schritt: $E = 0{,}0050$

3. Schritt: $E = 0{,}0041$

4. Schritt $E = 0{,}0036$

5. Schritt: $E = 0{,}0033$ usw.,

Im vorliegenden Beispiel konvergieren die Gewichte zu $W_1 = -2$ und $W_2 = 2$.

13.5.3 Regelkreisstrukturen mit KNN

Der Einsatz von KNN für die Automatisierungstechnik hat bereits seit Mitte der sechziger Jahre begonnen. Da fast alle der mehr als 20 bekannten Netzmodelle wie *Perceptronen* und *CMAC*-Netze, *Hopfield*-Netze, *Kosko's BAM* und *Cooper's RCE* (siehe Übersicht [150]), in erster Linie für Klassifikation, Bild- und Sprachverarbeitung geeignet sind, haben sich davon nur einige für die Automatisierungstechnik herauskristallisiert. Daraus entstand ein Konzept von *Emulator*- und *Actor*-Netzen.

„Die KNN-Eingänge sind Zustandsgrößen des Regelkreises. Die Ausgänge des KNN sind Stellgrößen oder Kennwerte des Reglers. Als Lernverfahren werden hauptsächlich die Verfahren des überwachten Lerners (Fehlerkorrektur) verwendet. Es entsteht damit eine neue Rückführung, nämlich die „Lernrückführung“, die jedoch zeitlich getrennt von der Regelkreisrückführung wirkt." (Zitat [150], Seite 127).

Mit KNN als Regler sind neue Regelkreisstrukturen vorstellbar:

• mit einem Netz als Regler

• mit zwei Netzen: als Regler und als Beobachter

• mit einem Regler und einem Netz als Beobachter

Ein-Netz-Verfahren

Bei der Neuro-Zustandsregelung (**Bild 13.40**) erhält das KNN an seinem Eingang die Regeldifferenz $e(t)$, sowie die Vektoren der Stell- und Regelgrößen $y(t)$ und $x(t)$.

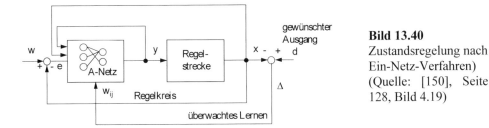

Bild 13.40
Zustandsregelung nach
Ein-Netz-Verfahren)
(Quelle: [150], Seite
128, Bild 4.19)

Da der Ausgang des KNN unmittelbar die Stellgröße $y(t)$ ist, wird das Netz in diesem Fall als *Aktionsnetz*, kurz *A-Netz*, bezeichnet. Das A-Netz wird trainiert, um eine inverse Übertragungsfunktion der Regelstrecke $1/G_S(s)$ wie beim Kompensationsregler (Abschnitt 13.1.1) nachzubilden, d. h. die eigenen Gewichte W_{ji} so einzustellen, dass die Differenz zwischen dem Ausgang d (Sollwert) der reziproken Übertragungsfunktion und dem aktuellen Netzausgang y minimal wird.

Zwei-Netze-Verfahren

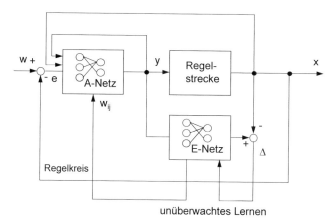

Bild 13.41 Prädiktive Regelung nach Zwei-Netze-Struktur (Quelle: [150], Seite 129, Bild 4.20)

Das in **Bild 13.41** gezeigte Verfahren ist mit zwei Netzen realisiert. Zunächst wird das *Emulatornetz,* kurz *E-Netz*, mit den Ein- und Ausgängen der Regelstrecke trainiert. Danach wird das *Aktionsnetz,* kurz *A-Netz,* trainiert, wie im Bild 13.37, jedoch über das E-Netz.

Im Vergleich zur klassischen Regelung übernimmt das E-Netz die Rolle eines Beobachters (Abschnitt 12.4.5, Bild 12.18), das A-Netz ist der Regler.

* **Beispiel 13.15**

Neuro-Regelung mit *Fuzzy-Assoziative Memory* (FAM) nach Ein-Netz-Verfahren (**Bild 13.42**).

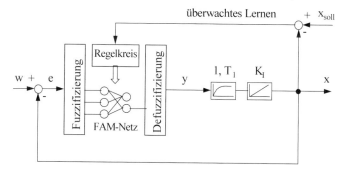

Bild 13.42 Winkelregelung der Rotorachse eines Motors (Quelle: [150], Seite 132, Bild 4.24)

Regler-Netz-Verfahren

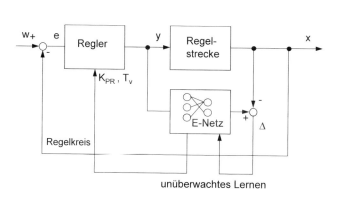

Bild 13.43 Regler-Netz-Struktur

Eine Regler-Netz-Struktur ist im **Bild 13.43** gezeigt. Die Gewichte W_{ji} sind die Kennwerte des Reglers K_{PR}, T_n oder T_v, die für verschiedene Arbeitspunkte des Regelkreises durch das KNN optimal eingestellt werden. Eine weitere Modifikation dieses Verfahrens besteht darin, dass der Regler durch ein A-Netz ersetzt wird.

13.5.4 Duale Regelkreise

Es gibt zwei Arten der Behandlung von Regelkreisen mit KNN:

Kooperative Behandlung mit iterativen Lernmechanismen. Ein KNN wird zuerst nach einer rekursiven Reihenfolge von Probeschritten mit einer Software trainiert, wie z.B. die MATLAB®-Tools *NeuralNetworkDesign* und *Deep Learning,* erst dann fängt die eigentliche Regelung an, wie bei allen Netz-Strukturen des Abschnitts 13.5.3. „Der iterative Charakter des Lernverfahrens stellt jedoch ein Hindernis für die KNN-Anwendungen in Regelkreisen dar, weil daraus lange Lernzeiten und hohe Anforderungen an die Hardware folgen." (Zitat: [147], Seite 111)

Hybride Behandlung mit nichtiterativen Lernmechanismen. Ein KNN wird ohne spezielle Software direkt in MATLAB®/Simulink gebildet und sofort in einen Regelkreis eingesetzt, so dass das Lernen des KNN und die Regelung parallel erfolgen.

Regelkreise aus Standardreglern und wissensbasierten Elementen, die auch selbst aus regelungstechnischen Gliedern bestehen, wie im Bild **13.44**, sind in [147] als *duale Regelkreise* bezeichnet. Ein Beispiel wurde bereits im Abschnitt 13.4.5 als *Fuzzy-Regler ohne Fuzzy Logik* (FROFL) vorgestellt.

Im Bild 13.33 werden die Kennwerte K_{PR} und T_n dem PI-Regler und dem KNN als Eingänge vorgegeben. „Verschiedene Paare (x_1, x_2) bzw. (T_n, K_{PR}) bilden zwei Klassen von Eingangswerten, die zu einem stabilen oder instabilen Regelkreisverhalten führen. Damit entstehen zwei Bereiche, die voneinander durch eine Gerade (Stabilitätsgrenze) getrennt sind." (Zitat: [147], Seite 56). Die experimentell ermittelten Sprungantworten des Kreises dienen für die Aufteilung der Ebene (x_1, x_2) in zwei Klassen, für stabile und instabile Kreise entsprechenden Sollwerten $d = +1$ und $d = -1$, wie in Bildern 13.35 und 13.36. Die Gewichte W_1 und W_2 des KNN werden im obigen Kreis „Backpropagation" des Bildes 13.44 zu W_{1neu} und W_{2neu} umgerechnet.

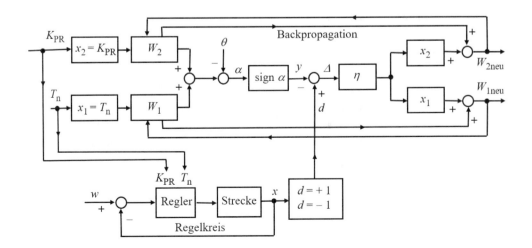

Bild 13.44 Dualer Regelkreis: oben KNN-Lernmechanismus, unten PI-Regler mit Strecke

13.5.5 Regelungstechnisches Modell des biologischen Neurons

Die Eigenschaft eines biologischen Neurons als Regelkreis mit Mittkopplung wurde bei KNN-Modellen von *McCulloch* und *Pitts* (1943), sowie allen nachfolgenden KNN, außer Acht gelassen: „Diese Eigenschaft besteht nämlich darin, dass das Neuron eine Serie von kurzen elektrischen Nadelimpulsen mit einer Geschwindigkeit von 50 bis 60 Impulse/s sendet, wenn die Summe der elektrischen Eingangssignale einen bestimmten Wert (Schwellenwert, ca. 70 mV) um 10 mV überschreitet. Man sagt, dass das Neuron aktiv wird und Impulse über das Axon an die anderen nachgeschalteten Neuronen „feuert" (Zitat: 147, Seite 111)

Erst 1998 wurde in [150] ein KNN mit regelungstechnischen Gliedern mit Mitkopplung angeboten und danach 2003 in [147] für die Regelung weiterentwickelt. Unten wird es an einem Beispiel gezeigt, wie man die periodischen Entladungen (Spikes) der biologischen Neuronen simulieren, mit dem Regelkreis verknüpfen und als dualer Regelkreis ohne Iterationen darstellen.

* **Beispiel 13.16**

Die im **Bild 13.45** gezeigte P-T2-Regelstrecke besteht aus dem P-T1-Glied mit konstanten Parametern und dem linearen zeitvarianten (LTV) P-T1-Glied mit konstanter Zeitkonstante $T_1 = 0{,}1$ s und variierbarem Proportionalbeiwert K_{PS}. In einem Takt von 5 sec ändert sich der Proportionalbeiwert K von 1 bis 14, wie es im Bild 13.45 gezeigt ist.

Es wird angenommen, dass weder die K-Werte noch die mathematische Beschreibung der Strecke vorliegt, aber man darf mit dem Regelkreis experimentieren, nämlich: Man kann die K- und K_{PR}-Werte eingeben, Sprungantworten aufnehmen, die Stabilität des Regelkreises prüfen und mit Werten $d = +1$ für stabile und $d = -1$ für instabile Kreise bewerten.

Die Kennwerte (K, K_{PR}) als Paare (X_1, X_2) und die ermittelten d-Werte werden dem KNN eingegeben, woraus die Stabilität „erkannt" wird.

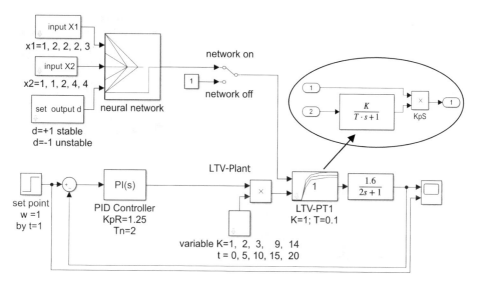

Bild 13.45 Dualer Regelkreis mit LTV-Strecke und KNN in MATLAB®/Simulink

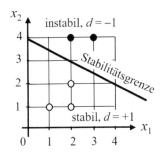

Bild 13.46 Fiktiver Stabilitätsbereich zum Bild 13.45

Um die Erklärung des Verfahrens zu vereinfachen, werden nicht die reellen, sondern die fiktiven Werte (X_1, X_2) betrachtet, wie im **Bild 13.46** gegeben ist.

Der Aufbau des KNN „neural network" des Bildes 13.45 ist im **Bild 13.47** erläutert. Die „Spikes" werden jeweils von zwei mitgekoppelten Kreisen generiert. Der Ausgang des KNN unterliegt der Gln. (13.25-13.28). Die Lernschrittweite η beträgt 0,2. Der Schwellenwert θ ist $\theta = 0$. Der Ausgang (Switch) hat binäre Transferfunktion: $K = 1$ bei $d = +1$ und $K = 0.2$ bei $d = -1$.

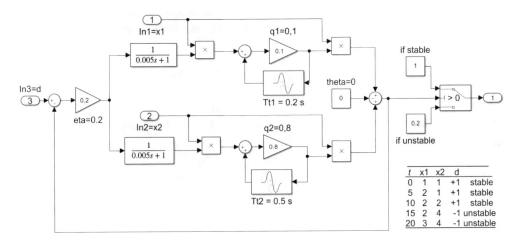

Bild 13.47 KNN aus zwei regelungstechnischen Neuronen in MATLAB®/Simulink

Die Sprungantwort des Regelkreises ohne KNN auf einen Führungssprung von $w = 1$ ist instabil (**Bild 13.48**, links). Das KNN erkennt aus dem Stabilitätsbereich des Bildes 13.46, dass der Regelkreis bei $t = 15$ sec und $t = 20$ sec instabil ist. Der Ausgang der KNN wird mit dem Switch von $K = 1$ auf $K = 0.2$ reduziert und der Kreis wird stabilisiert (**Bild 13.48**, rechts).

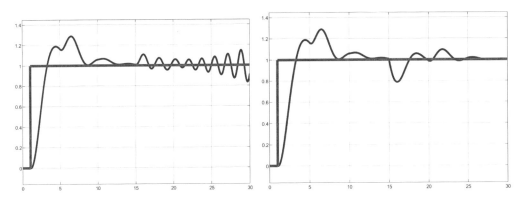

Bild 13.48 Sprungantworten zum Bild 13.45: links – ohne KNN, rechts – mit KNN

14 Regelung mit Data Stream Manager

14.1 Einführung

Das Konzept „Data Stream Management", das in [142] entwickelt wurde, könnte analog dem Begriff *Mehrgrößenregelung* auch „Mehrreglerregelung" bezeichnet werden. Jedoch während Mehrgrößenregelung mehrere Variablen von jeweiligen Reglern geregelt werden, wird bei „Mehrreglerregelung" nur eine „klassische" Regelgröße x von mehreren, so genannten Data Stream Managern (DSM) in einem einzigen Regelkreis behandelt. Ähnlich wie die Funktionen zwischen Mitarbeitern eines Teams aufgeteilt sind, werden auch die Funktionen eines Regelkreises zwischen DSM aufgeteilt. Dadurch entstehen viele Vorteile: die Störungen werden blitzschnell und vollständig ausgeregelt, die internen Strecken-Parameteränderungen werden kompensiert usw.

Ein DSM ist somit ein Steuerungs-, Regelungs- oder sogar ein Entwurfs-Algorithmus, wie die Identifizierung der Strecke oder das Tuning des Reglers. In der Informationstechnik sind solche Algorithmen als „Softwareagenten" bekannt. Das sind Programme, die im Auftrag anderer Programmen oder Menschen selbständig Aufgaben erfüllen. Ein Agentensystem ist ein dezentrales System, das aus mehreren autonomen, einfachen intelligenten Steuerungseinheiten besteht und besonders robust ist. Das Engineering eines Automatisierungssystems mit Softwareagenten kann an allen Stufen, angefangen von Planung bis zu Installation und Inbetriebnahme, vereinfacht werden.

Ähnlich wie Softwareagenten stellen auch die DSM intelligente Regelungs- und Steuerungseinheiten dar, die ein dezentrales System anhand des Bus-Konzeptes (Abschnitt 8.7.7) bilden, jedoch nur für einen einzelnen Regelkreis. So ein System ist eine Mikrowelt (**Bild 14.1**), während das gesamte Automatisierungssystem eine Makrowelt ist, wie in Bild 1.2 des Kapitels 1 bereits dargestellt wurde.

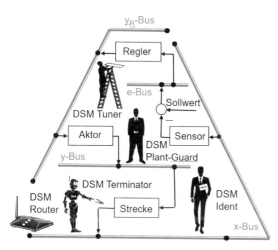

Als Vorbilder der DSM in der Regelungstechnik dienen die Overrideregler (Abschnitt 8.6.3), die Entkopplungsregler (Abschnitt 8.7.6), die Korrekturglieder der Störgrößenaufschaltung (Abschnitt 8.6.4), die ganze Reihe von modellbasierten Reglern (Kapitel 12) und der im [149, Seiten 184-189] entwickelte Adress-Master.

Bevor wir zur Behandlung von DSM übergehen, zeigen wir die Voraussetzungen, die den Einsatz von DSM ermöglicht hatten.

Bild 14.1 Regelkreis mit DSM

© Springer Fachmedien Wiesbaden GmbH, ein Teil von Springer Nature 2022
S. Zacher und M. Reuter, *Regelungstechnik für Ingenieure*,
https://doi.org/10.1007/978-3-658-36407-6_14

14.2 Industrie 4.0 und DSM

14.2.1 Reale und virtuelle Welt

Das Ziel, die Komponenten und die Modelle des konzeptuellen Programms „Industrie 4.0" sind seit 2015 gut bekannt. Die wichtigsten Aspekte sind:

- Digitalisierung,
- Flexible kundenspezifische Produktion,
- Vernetzung von Maschinen, Menschen und Produkten,
- Virtuelle Repräsentation von Daten.

Aus dem letzten Aspekt resultiert der Begriff „virtuelle Welt". Damit bezeichnet man die simulierten und visualisierten mathematischen Modelle von realen Regelkreisen.

In einem Regelkreis verlaufen verschiedene Prozesse an mehreren Ebenen:

- Verfahrenstechnische Prozesse der Regelstrecke (reale Welt):
  - kontinuierliche (stetige) oder unstetige Prozesse;
  - analoge oder digitale Prozesse;
  - mit einer Stellgröße (*Single Input SI*) oder mit mehreren (*Multi Input MI*);
  - mit einer Regelgröße (*Single Output SO*) oder mit mehreren (*MO*).
- Informationsverarbeitung durch den Regler (reale Welt).
- Simulation der realen Regelstrecke (virtuelle Welt).
  - Nichtlineare Regelstrecken,
  - Lineare Regelstrecken, die weiter unterteilt werden:
    - Lineare nichtstationäre LZV (mit zeitvariablen Parametern),
    - Lineare stationäre LZV (mit zeitinvarianten Parametern)
      Die letzteren Modelle bestehen aus zwei Gruppen:
      - mit vorgegebenen Funktionen von Parameteränderung;
      - mit unbekannten Funktionen von Parameteränderung.

In [142] sind zwei Phasen des Lebenszyklus eines Regelkreises aufgehoben, Entwurf und Regelung, die in zwei „Welten" von Menschen und Reglern realisiert werden:

- Entwurf des Regelkreises (virtuellen Welt):
  - Identifikation der Strecke (die Abbildung der realen Welt in die virtuelle Welt);
  - Entwurf des Reglers (virtuelle Welt);
  - Simulation des Regelkreises (virtuelle Welt);
  - Implementierung der Reglereinstellung von virtuellen in die reale Welt.
- Regelung (reale Welt):
  - Führungsverhalten (es ändert sich nur der Sollwert);
  - Störverhalten (keine Änderung des Sollwertes, eine Störung kommt vor);
  - Nichtstationäres Verhalten (Parameteränderung der Regelstecke).

Die in diesem Kapitel beschriebenen DSM sind dagegen in drei Gruppen aufgeteilt:

- Für die Identifikation der Strecke und die Einstellung des Reglers;
- Für die Regelung beim Führungsverhalten und stationären Streckenverhalten
- Für die Regelung beim Störverhalten und nichtstationären Streckenverhalten

14.2.2 DSM Plattform

Das Data Stream Management eines Regelkreises besteht aus vier Teilen:
- RW (reale Welt) – physikalische Elemente eines Regelkreises, wie Strecke, Sensor, Aktor, Regler (Kapitel 1);
- VW (virtuelle Welt) – das simulierte und visualisierte Modell des Regelkreises nach dem Datenflussplan bzw. nach dem Bus-Approach (Abschnitt 8.7.7);
- ZW (zentrale Leitwarte) bzw. Mensch-Operator;
- DW (Datenverwaltung) – Zusammenspiel zwischen obigen drei Teilen.

In diesem Kapitel werden folgende DSM behandelt:

DSM Ident sendet Testsignale (Eingangssprünge) von ZW zu RW, erhält über DW die Sprungantworten und bestimmt die Übertragungsfunktion $G_S(s)$ der Regelstrecke.

DSM Tuner erhält über DW einerseits von *DSM Ident* die Übertragungsfunktion $G_S(s)$ und andererseits von ZW die Information über den gewünschten Regelkreis, nämlich: der Typ des Standardreglers und die gewünschten Regelgüteparameter (Ausregelzeit, Dämpfungsgrad, maximale Überschwingweite, zugelassener statischer Fehler). Daraus werden vom *DSM Tuner* die Kennwerte des Standardreglers bestimmt.

DSM Terminator sorgt dafür, dass die Störungen schnell beseitigt werden.

DSM Plant-Guard soll die vom *DSM Tuner* ermittelten Kennwerte des Standardreglers bei LZV-Strecken ständig optimal behalten.

DSM Router ist eine Alternative zu Entkopplungsreglern bei Mehrgrößenregelung.

14.2.3 Simulationstool für DSM

Als Simulationswerkzeug für DSM, wie auch fürs gesamte Buch, wurde MATLAB® (*Mat*rix *Lab*oratory) gewählt. Die heute von der Industrie und Forschung anerkannte Software wurde 1970 an den Universitäten von New Mexico und Stanford entwickelt.

Nach dem Aufruf des Programms öffnen sich das Fenster *Command Window* und wartet mit einem Prompt » auf Eingabe von Befehlen oder Programmtexten. Die eingegebenen Daten werden im Zwischenspeicher *Workspace* gespeichert.

Die Übertragungsfunktion des zu untersuchenden Regelkreises wird eingegeben und simuliert, wie es unten an nachfolgenden Beispielen gezeigt ist:

$$G(s) = \frac{Z(s)}{N(s)} = \frac{1+2,5s}{1+9,7s} \cdot e^{-sT_t} \quad \text{mit } T_t = 0,5 \tag{14.1}$$

```
s = tf ('s' );                          % Laplace-Operator
Tt = 0.5; y =2 ;                        % Eingabe Tt und Sprunghöhe y
Gs = (1+2.5*s)*exp( - 0.5*s) / (1+9.7*s);   % Eingabe Gs
p = [9.7  1];  roots (p)                % Wurzeln der ch. Gleichung
step (y*Gs, ,5)                         % Sprungantwort von 0 bis 5 sec
bode (Gs, { 0.1 , 10 })                 % Bode-Diagramm von 0,1 s⁻¹ bis 10 s⁻¹
h=nyquistplot (Gs)                      % Ortskurve
```

Alternativ wird es dem Benutzer überlassen, die Übertragungsfunktion (14.1) in eine andere Form zu bringen. Grundsätzlich gibt es dafür drei Möglichkeiten:

Polynomform
$$G(s) = \frac{s^m + b_{m-1}s^{m-1} + ... + b_2 s^2 + b_1 s + b_0}{s^n + a_{n-1}s^{n-1} + ... + a_2 s^2 + a_1 s + a_0} \quad (14.2)$$

Pol/Nullstellen-Darstellung $\quad G(s) = K_0 \dfrac{(s - s_{N1})(s - s_{N2})...(s - s_{Nm})}{(s - s_{P1})(s - s_{P2}) ... (s - s_{Pn})}$ (14.3)

Linearfaktoren-Form $\quad G(s) = K \dfrac{(1 + sT_{N1})(1 + sT_{N2})...(1 + sT_{Nm})}{(1 + sT_{P1})(1 + sT_{P2})...(1 + sT_{Pn})}$ (14.4)

Polynomform

$$G(s) = \frac{Z(s)}{N(s)} = \frac{2s^2 + s + 1}{s^3 + 7s^2 + 9s + 1} \cdot e^{-sT_t}, \quad (14.5)$$

```
num = [ 2  1  1 ];          % Eingabe Zählerpolynom
den = [ 1  7  9  1 ];       % Eingabe Nennerpolynom
bode (num, den);           % Bode-Diagramm
step (num, den)            % Sprungantwort
```

Ein Totzeitglied T_t wird mit einer *Pade*-Funktion *n*-ter Ordnung approximiert:

$$e^{-sT_t} = 1 - sT_t + \frac{1}{2!}(sT_t)^2 - \frac{1}{3!}(sT_t)^3 + ... \quad (14.6)$$

Die MATLAB-Funktion *pade (Tt, n)* ist z. B. für die Totzeit $T_t = 0{,}5$ s und $n = 1$:

```
[num, n] = pade (0.5, 1);                                        (14.7)
```

Pol-Nullstellen-Darstellung

Eine nach (14.3) durch Pol- und Nullstellen vorgegebene Übertragungsfunktion wird mit der Funktion *zp2tf* in eine Polynomform transferiert:

```
z = [ sN1   sN2  ... sNm ];                                      (14.8)
p = [ sP1   sP2  ... sPn ];
k = Ko;
[ num, den ] = zp2tf ( z, p, k );
```

Normalform mittels Linearfaktoren

Liegt die Übertragungsfunktion zerlegt in Linearfaktoren nach (14.4) vor, so sollte sie entweder in Polynomform oder Pol-/Nullstellen-Darstellung umgewandelt werden. Im letzten Fall werden die Pol- und Nullstellen ermittelt:

$$z_1 = -\frac{1}{T_{N1}} \quad z_2 = -\frac{1}{T_{N2}} \quad ... \qquad p_1 = -\frac{1}{T_{P1}} \quad p_2 = -\frac{1}{T_{P2}} \quad ... \quad (14.9)$$

die dann mittels der Funktion *zp2tf* in die Polynomform transferiert werden:

$$z = [\ z1 \quad z2 \quad \dots\ ];$$
$$p = [\ p1 \quad p2 \quad \dots\ ];$$
$$k = K * (TN1 * TN2 *\dots\ ) / (TP1 * TP2 *\dots\ );$$
$$[\ num, den\ ] = zp2tf\ (\ z, p, k\ );$$

(14.10)

▶ **Aufgabe 14.1**

Es soll die Sprungantwort des geschlossenen Kreises simuliert werden, dessen Übertragungsfunktion des mit Parametern $K_0 = 0{,}041$, $s_{p1} = -0{,}29$, $s_{p2} = -0{,}11$ gegeben ist.

$$G(s) = \frac{K_0}{(s - s_{P1})(s - s_{P2})}, \qquad (14.11)$$

▶ **Aufgabe 14.2**

Die Übertragungsfunktion des geschlossenen Regelkreises ist mit $K_0 = 0{,}4$, $T_2^2 = 0{,}1\,\text{s}^2$ und $T_1 = 0{,}6\,\text{s}$ gegeben: $G(s) = \dfrac{K_0}{s^2 T_2^2 + s T_1 + 1}$, gesucht ist die Sprungantwort.

▶ **Aufgabe 14.3**

Für eine PID-Regeleinrichtung soll das *Bode*-Diagramm mit MATLAB® erstellt werden:

$$G_R(s) = K_{PR}\left(1 + \frac{1}{sT_n} + sT_v\right) \text{ mit } K_{PR} = 20;\quad T_n = 10\,\text{s};\quad T_v = 2\,\text{s}.$$

Simulink

Eine Ergänzung zum MATLAB® Basis-Modul heißt *Simulink*. Ein einfaches MATLAB®-Simulink Modell ist im **Bild 14.2** aufgestellt.

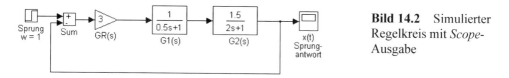

Bild 14.2 Simulierter Regelkreis mit *Scope*-Ausgabe

Die Sprungantwort eines Simulink-Modells kann man vom *Scope* aufrufen oder auch aus dem MATLAB-Command-Fenster mit dem Befehl *plot (tout, x)* ausgeben. Dafür sollten die Simulationsergebnisse in Form eines Zeitvektors *t* und einer Ausgangsmatrix *x* (Datentyp *Array*) gebildet werden, wie beispielsweise in **Bild 14.3** gezeigt ist.

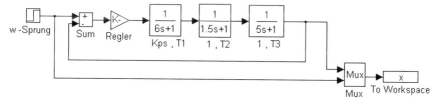

Bild 14.3 MATLAB®-Simulink-Modell mit Parameterübergabe über Workspace

14.3 Reglerentwurf mit DSM

Der vollautomatische DSM *Ident*, wie alle in diesem Kapitel zu behandelnde DSM, sind in [142] ausführlich beschrieben. Nachfolgend sind nur die Algorithmen gegeben, die manuell nach MATLAB®-Skripten oder Simulink-Modellen ausgeführt werden.

14.3.1 DSM Ident nach Zeit-Prozentkennwert-Verfahren

Das MATLAB®-Skript für die Identifikation einer Regelstrecke nach dem Zeit-Prozentkennwert-Verfahren (Abschnitt 8.2.2) besteht aus 4 Sektionen. Die ersten zwei Sektionen sind im **Bild 14.4** gezeigt.

```
 3     %% 1. Die Datei "33247.txt" als Numeric Matrix "data" einlesen
 4 –   clear all;
 5 –   data =readmatrix('33247.txt');
 6     % Rechtsklick im Workspace, dann mit dem Befehl "Save" als 32587.mat speichern
 7     %% 2. Messwerte in Matlab plotten
 8 –   load('32587.mat')
 9 –   t = data(:,1);      % Spalte 1 (Zeit) aus Matrix "data" extrahieren
10 –   y = data(:,2);      % Spalte 2 (Stellwert) aus "data" extrahieren (blau)
11 –   x = data(:,3);      % Spalte 3 (Regelgröße) aus "data" extrahieren (rot)
12 –   s = tf('s');        % Laplace-Operator ("Control System Toolbox" nötig)
13 –   figure
14 –   plot(t,y,t,x, 'Linewidth',3)      % Sprung (blau) und Sprungantwort(rot)
15 –   grid on;                                    % Netzgitter
16 –   title('Original Messwerte einer Regelstrecke');  % Titel des Bildes
17 –   xlabel('Zeit t [sec]');                     % Achsenbeschriftung
18 –   legend('Sprung y1','Sprungantwort x1','Location','northeast');
```

Bild 14.4   Sektionen 1 und 2 MATLAB®-Skriptes

Sektion 1: Die vorher aufgezeichneten Messwerte (Datei „33247.txt", Bild 14.4) werden in MATLAB® importiert und als „Numeric Matrix" unter den Namen „data" in Workspace gespeichert.

Sektion 2: Die importierten Messwerte bzw. die Sprünge und die Sprungantworten werden grafisch dargestellt (**Bild 14.5**).

```
Length of experiment(sec) = 20

Baseline Input(%) = 60
Height of the Step(%) = -20
Time of Step(sec) = 5
RESULTS FOR STEP INPUT
Time(sec)     Input Value(%)   Output(RPM)
    0.000         60.000           0.000
    0.015         60.000           0.000
    0.030         60.000           1.770
    0.044         60.000           0.000
    0.058         60.000           0.000
    0.073         60.000           4.017
    0.086         60.000          21.691
    0.101         60.000          19.502
    0.116         60.000          25.624
```

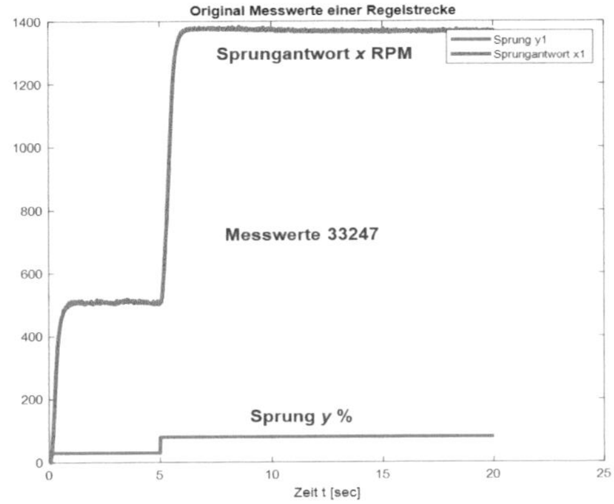

Bild 14.5   Beispiel: Ausschnitt aus der Messwerten-Datei und die Sprungantworten

Sektion 3: Die Sprungantworten des Bildes 14.5 (links) werden ausgewertet. Die ausgelesenen Werte soll man nach Anfragen von Zeilen 21 bis 28 in *Command Window* eintippen (**Bild 14.6**). Nach diesen Angaben wird die Sprungantwort *x(t)* in Koordinatenanfang verschoben (**Bild 14.7**, links). Man soll per Zoom den passenden Bereich von der Sprungantwort auswählen, wie in **Bild 14.7** (rechts) gezeigt ist.

```
19      %% 3. Koordinatenanfang verschieben, die Sprunganwort zoomen
20      % Werte aus "figure" ablesen
21 -    Xanf=input('Xanf=');% in MATLAB Command Window eintippen, Xanf=505
22 -    Xend=input('Xend='); % in MATLAB Command Window eintippen, Xend=1380
23 -    Yanf=input('Yanf='); % in MATLAB Command Window eintippen, Yanf=30
24 -    Yend=input('Yend='); % in MATLAB Command Window eintippen, Yend=580
25 -    t0=input('t0='); % in MATLAB Command Window eintippen, t0=5
26 -    t_ax=input('t_ax='); % gewünschte Fenstergröße, Abszisse, t_ax=1.5
27 -    x_ax=input('x_ax='); % gewünschte Fenstergröße, Ordinate, x_ax=900
28 -    tm=t-t0;                % Zeitachse verschieben
29 -    xm=x-Xanf;              % Ordinatenachse verschieben
30 -    figure
31 -    plot(tm,xm,'r','Linewidth',3)       % Messwerte (rote Kurve)
32 -    hold on                             % messwerte im Bild halten
33 -    G=s/s;                              % Fiktive Größe, um Plot zoomen
34 -    step(x_ax*G,t_ax);                  % Plot wird gezoomt
35 -    hold on
36 -    grid
```

Bild 14.6   Sektion 3 des MATLAB®-Skriptes

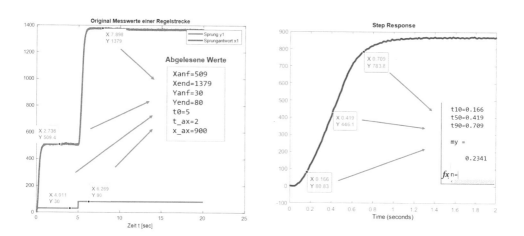

Bild 14.7   Die Sprungantworten vor (links) und nach der Ausführung von Sektion 3

Sektion 4: Die Änderung der Regelgröße *x(∞)* im stabilen Beharrungszustand wird bestimmt (Zeile 38, **Bild 14.8**). In der Zeile 40 wird der Proportionalbeiwert K_{ps} der Regelstrecke berechnet. In den Zeilen 41-43 werden die Prozentkennwerte bestimmt, die nach diesem Verfahren nötig sind (siehe Abschnitt 8.2.2).

Sektion 5: Aus dem Bild 14.7 (rechts) soll man die Zeit-Prozentkennwerte *t10*, *t50* und *t90* auslesen und nach Anfragen des Programms (Zeilen 45-47 des Bildes 14.8) in *Command Window* eintippen.

Nach Formel (8.11) wird die benötigte Kennzahl μ von MATLAB® in der Zeile 48 berechnet und sofort ausgegeben, damit man aus der Tabelle (Abschnitt 8.2.2) den entsprechenden Wert n für die Ordnung der Strecke finden kann. Danach soll man die Werte $\alpha 10$, $\alpha\,50$ und $\alpha 90$ aus der Tabelle des Abschnitts 8.2.2 übernehmen und in die Zeilen 50-52 eintragen. Die Formel (8.12) wird in der Zeile 53 ausgeführt, die Regelstrecke wird identifiziert (Zeile 54) und mit den Messwerten im **Bild 14.9** verglichen.

```
37   %% 4. Kps bestimmen, Prozentwerte x10, x50, x90 bestimmen
38 - x_oo=Xend-Xanf;       % t=unendlich (oo). Abweichung x vom Arbeitpunkt Xanf
39 - y0=Yend-Yanf;         % Abweichung y der Stellgröße y vom Arbeitspunkt Yanf
40 - KpS=x_oo/y0;          % Proportionalbeiwert der Strecke
41 - x10=0.1*x_oo          % Regelgröße: 10% des Beharrungswertes
42 - x50=0.5*x_oo          % Regelgröße: 50% des Beharrungswertes
43 - x90=0.9*x_oo          % Regelgröße: 90% des Beharrungswertes
44   %% 5. Zeit-Prozentkennwert Algorithmus und Vergleich mit Messwerten
45 - t10=input('t10=');    % aus der Sprungantwort ablesen und eintippen, t10=0.166
46 - t50=input('t50=');    % aus der Sprungantwort ablesen und eintippen, t50=0.419
47 - t90=input('t90=');    % aus der Sprungantwort ablesen und eintippen, t90=0.709
48 - my=t10/t90            % Griechische "My" berechnen
49 - n=input('n=');        % Ordnung n aus der Tabelle ablesen und eintippen, n=3
50 - alpha10=input('alpha10=');  % aus der Tabelle ablesen und eintippen, 0.907
51 - alpha50=input('alpha50=');  % aus der Tabelle ablesen und eintippen, 0.374
52 - alpha90=input('alpha90=');  % aus der Tabelle ablesen und eintippen, 0.188
53 - T=(alpha10*t10+alpha50*t50+alpha90*t90)/3; % Zeitkonstante T berechnen
54 - Gs=KpS/(1+s*T)^n;     % Übertragungsfunktion der PTn-Strecke
55 - step(y0*Gs,t_ax,'b')  % Sprungantwort der identififizeirten PTn-Strecke
56   % Vergleich der identifizierten Strecke mit Messwerten
57 - legend('Messwerte',' *Identifizierte Strecke','Location','southeast');
```

Bild 14.8   Sektionen 4 und 5 des MATLAB®-Skriptes

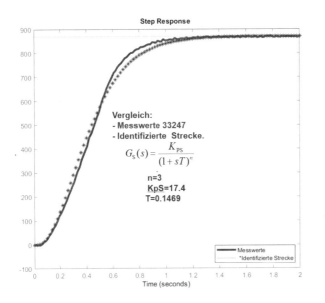
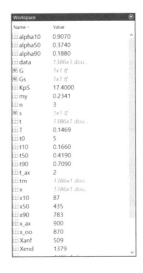

Bild 14.9   Sprungantworten nach der Ausführung von Sektion 5

14.3.2 AFIC (Adaptive Filter for Identification and Control)

Mit AFIC wird eine unbekannte Regelstrecke wird einem Filter (**Bild 14.10**) nach dem LMS-Algorithmus (*Least Mean Squares*) identifiziert. Das Verfahren gilt für P-Strecken mit Verzögerung bzw. für P-Tn-Strecken und Strecken mit der Totzeit. Es wird die Differenz *Error* zwischen Messdaten [t, x] (die Sprungantwort der realen Strecke x_{plant} nach einem Eingangssprung y_0) und dem Ausgang des Filters x_{model} nach dem gleichen Eingangssprung y_0 gebildet und mit Hilfe der Filter-Faktoren K0, K1 und K2 minimiert. Die reelle Regelstrecke wird durch ein Filter mit diesen Faktoren approximiert und simuliert, wie im **Bild 14.11** gezeigt ist.

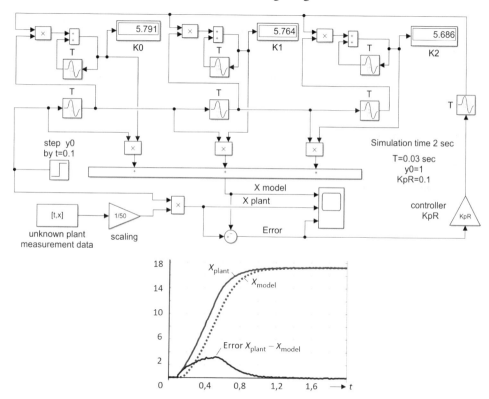

Bild 14.10 Identifizierung einer realen Strecke nach Messdaten mit dem adaptiven Filter

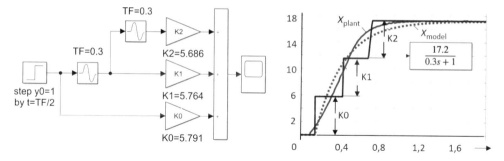

Bild 14.11 Filter (links) als Modell der Strecke und die approximierte Sprungantwort x_{model}

Der adaptive Regler besteht aus einem PID-Algorithmus und einem Filter des Bildes 14.11 als Strecke, die einen Regelkreis bilden (**Bild 14.12**). Der PID-Regler wird anhand einer Simulation optimal eingestellt, wonach seine Kennwerte dem reellen PID-Regler, der an eine reelle Regelstrecke angekoppelt ist, übergeben werden.

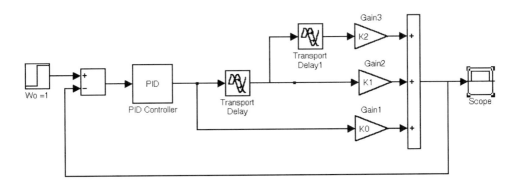

Bild 14.12 MATLAB/Simulink-Algorithmus eines adaptiven Reglers, bestehend aus dem PID-Block (*Simulink Library/Simulink Extras / Additional linear*) und einem adaptiven Filter

Der Funktionsbaustein PID hat die folgende Übertragungsfunktion:

$$G_R(s) = K_{PR} + K_I \cdot \frac{1}{s} + K_D \cdot s \tag{14.12}$$

Der Filter wird folgendermaßen durch ein P-Tt-Glied

$$G_S(s) = \frac{K_{PS}}{1 + sT_1} e^{-sT_t} \tag{14.13}$$

angenähert, wobei seine Parameter K_{PS}, T_1 und T_t aus Filter-Faktoren K0, K1 und K2 bestimmt werden, was im **Bild 14.13** erläutert ist.

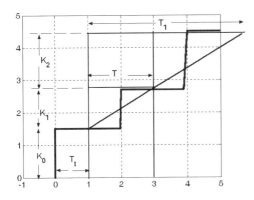

$$T_t = \frac{T}{2} \tag{14.14}$$

$$\frac{K_1}{K_1 + K_2} = \frac{T}{T_1}$$

$$T_1 = \frac{T(K_1 + K_2)}{K_1} \tag{14.15}$$

$$K_{PS} = \frac{K_0 + K_1 + K_2}{\hat{y}} \tag{14.16}$$

Bild 14.13 Approximieren der Streckenparameter durch Filter-Faktoren

- **Beispiel 14.1**

Gesucht ist die optimale Einstellung des adaptiven PI-Reglers mit einer P-Tt-Strecke, die mit dem LMS-Algorithmus mit folgenden Filter-Faktoren identifiziert ist:

$$K0 = 1,31 \qquad K1 = 1.125 \qquad K3 = 0.5627$$

Die Übertragungsfunktion der Regelstrecke nach Gl. (14.13) wird unter Annäherung

$e^{-sT_t} \approx \dfrac{1}{1+sT_t}$ wie folgt vereinfacht: $G_S(s) = \dfrac{K_{PS}}{1+sT_1} \cdot \dfrac{1}{1+sT_t}$. Die Übertragungsfunktion

des aufgeschnittenen Kreises nach der Kompensation $T_n = T_1$ wird nach dem Betragsoptimum

eingestellt: $G_0(s) = \dfrac{K_{PR} K_{PS}}{sT_n(1+sT_t)}$ bzw. $K_{PR} = \dfrac{T_n}{2 \cdot K_{PS} \cdot T_t}$. Die Sprungantwort der reellen

Strecke mit dem PI-Regler ist im **Bild 14.14** gegeben. Die Einstellung des PI-Regler ist nach Filter-Faktoren, wie unten erklärt, berechnet.

Unter Beachtung Gln. (14.14) bis (14.16) wird K_{PR} durch die Filter-Faktoren ausgedrückt:

$$K_{PR} = \frac{K_1 + K_2}{K_1(K_0 + K_1 + K_2)} \hat{y}$$

Aus Gl. (14.12) ergeben sich

$$K_D = 0$$

und $\quad K_I = \dfrac{K_{PR}}{T_n} = \dfrac{1}{K_0 + K_1 + K_2} \hat{y}$

Bild 14.14 Sprungantwort des Regelkreises mit dem adaptiven PI-Regler.

14.3.3 DSM Tuner für Standardregelkreise

Die Reglertypen (P, I, PI, PD, PID) und die Grundtypen von Regelstrecken (I- und P-T1 Strecken) sind schon seit Langem standardisiert. Man kann auch die gängigen Regelkreise standardisieren (**Tabelle 14.1**). Zu jedem Typ wurde in [142] eine Formel zur Berechnung der Regler-Verstärkung K_{PR} hergeleitet, z.B., der Typ A nach optimaler Dämpfung $\vartheta = 0{,}707$ und der Typ C nach gegebener Ausregelzeit T_{aus} eingestellt. Die Regelkreise sind nach der Anzahl der I-Glieder und der P-T1-Glieder in der Übertragungsfunktion $G_0(s)$ des offenen Kreises abgestuft. Beispielsweise wird der Regelkreis mit Zeitkonstanten $T_1 > T_2$

$$G_0(s) = \frac{K_{PR}(1+sT_n)}{sT_n} \cdot \frac{K_{PS}}{(1+sT_1)(1+sT_2)}$$

nach der Kompensation mit der größten Zeitkonstanten T_1 der Strecke $T_n = T_1$ zum Standardtyp A zugeordnet, weil hier ein I- und ein P-T1-Glied vorhanden sind:

$$G_0(s) = \frac{K_{PR}}{sT_n} \cdot \frac{K_{PS}}{(1+sT_2)}$$

Tabelle 14.1 Standardregelkreise und Einstellregeln

Typ	Übertragungsfunktion des offenen Kreises $G_0(s)$	Gegebene Regelgüte	Reglereinstellung K_{PR}
Typ A	$G_0(s) = \dfrac{K_{PR}K_{PS}K_{IS}}{sT_n(1+sT_E)}$	$\vartheta = \dfrac{1}{\sqrt{2}}$	$K_{PR} = \dfrac{T_n}{2 \cdot K_{PS}K_{IS} \cdot T_E}$
Typ B	$G_0(s) = \dfrac{K_{PR}K_{PS}}{(1+sT_E)(1+sT_2)}$	$\vartheta = \dfrac{1}{\sqrt{2}}$	$K_{PR} = \dfrac{(T_E+T_1)^2}{2 \cdot K_{PS} \cdot T_E \cdot T_2} - \dfrac{1}{K_{PS}}$
Typ C	$G_0(s) = \dfrac{K_{PR}K_{PS}K_{IS}}{sT_n}$	T_{aus}	$K_{PR} = \dfrac{3.9 \cdot T_n}{K_{PS}K_{IS} \cdot T_{aus}}$
Typ D	$G_0(s) = \dfrac{K_{PR}K_{PS}}{1+sT_E}$	T_{aus}	$K_{PR} = \dfrac{1}{K_{PS}}\left(\dfrac{3.9 \cdot T_E}{T_{aus}} - 1\right)$
Typ E	$G_0(s) = \dfrac{K_{PR}K_{PS}K_{IS}}{s^2T_n}$		Instabil bei beliebigem K_{PR}
Typ SO	$G_0(s) = \dfrac{K_{PR}K_{PS}K_{IS}(1+sT_n)}{s^2T_n(1+sT_E)}$	Phasen-reserve $\varphi_R = \max$	$K_{PR} = \dfrac{1}{2 \cdot K_{PS}K_{IS} \cdot T_E}$

Ein anderer Regelkreis, z.B. mit $T_4 > T_3$

$$G_0(s) = \frac{K_{PR}(1+sT_n)(1+sT_v)}{sT_n} \cdot \frac{K_{PS}}{(1+sT_3)(1+sT_4)},$$

gehört zum Standardtyp C, was sich aus der Übertragungsfunktion $G_0(s)$ nach der Kompensation mit Zeitkonstanten $T_n = T_4$ und $T_v = T_3$ ergibt:

$$G_0(s) = \frac{K_{PR}K_{PS}}{sT_n}$$

Die Sprungantworten $x(t)$ von den, nach der Tabelle 14.1 eingestellten, Regelkreisen nach einem Sprung des Sollwertes w sind in **Bild 14.15** gegeben.

Bei dem Typ E ist es mit keinem Proportionalbeiwert des Reglers K_{PR} möglich, ein stabiles Verhalten des Regelkreises zu erreichen. Man soll einen anderen Wert der Nachstellzeit T_n oder der Vorhaltzeit T_v einstellen, einen anderen Regler nutzen, um den Typ E zu vermeiden.

Ein DSM Tuner für Reglerentwurf anhand Tabelle 14.1 wurde in [142] entwickelt und mit dem DSM Ident (Abschnitt 14.3.1) zusammengesetzt. Damit wird automatisch die Strecke identifiziert, der Standardtyp des Regelkreises für den gewünschten Standard-regler wird bestimmt, wonach der Regler nach Tabelle 14.1 eingestellt wird. Man findet in [142] ein MATLAB®/Simulink-Beispiel des DSM Tuner für eine Mehrgrößen-regelung mit $n = 7$ Regelgrößen.

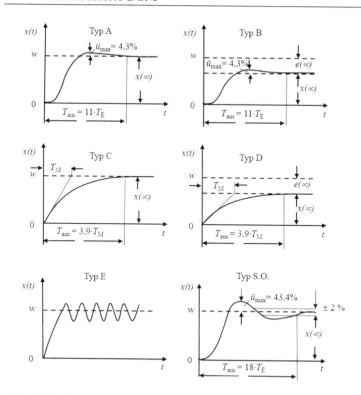

Bild 14.15 Sprungantworten von Standardregelkreisen. Quelle: [142], Seite 147, Abb. 5.11

- **Beispiel 14.2**

Gegeben ist die Übertragungsfunktion des offenen Kreises mit $T_3 > T_1 > T_2 > T_4$:

$$G_0(s) = \frac{K_{PR}K_{PS}(1+sT_n)(1+sT_v)}{sT_n(1+sT_1)(1+sT_2)(1+sT_3)(1+sT_4)}$$

Die Zeitkonstanten der Strecke werden mit der Nachstellzeit T_n und Vorhaltezeit T_v des Standard-Reglers kompensiert:

$T_n = T_{\text{größte}} = T_3$

$T_v = T_{\text{zweitgrößte}} = T_1$.

Daraus folgt:

$$G_0(s) = \frac{K_{PR}K_{PS}}{sT_n(1+sT_2)(1+sT_4)}$$

Nun soll die Übertragungsfunktion zu einem Standardtyp der Tabelle 14.1 zugeordnet werden. Es wäre der Standard-Typ A möglich, jedoch hat der Kreis nicht ein, sondern zwei P-T1-Glieder. Man darf eine Ersatzzeitkontante T_E bilden bzw. beide Zeitkonstanten T_2 und T_4 zueinander addieren, falls die Bedingung $T_2 \geq 5T_4$ oder umgekehrt $T_4 \geq 5T_2$ erfüllt ist:

$T_E = T_2 + T_4$

Danach wird K_{PR} nach Tabelle 14.1 für Grundtyp A unter Annahme $K_{IS}=1$ berechnet.

14.4 Modellbasierte DSM

Die Voraussetzung für eine optimale Reglereinstellung ist das präzise mathematische Modell der Regelstrecke, wie bereits im Kapitel 13 gezeigt wurde. Dasselbe gilt für die DSM dieses Abschnitts, welche die Regelung von komplizierten Regelstrecken bei Führungs- und Störverhalten anstelle des Reglers übernehmen sollen. Nachfolgend werden nur drei DSM behandelt, mehr Info über DSM findet man in [142]:

- *Terminator* für Störverhalten,
- *Plant Guard* für lineare zeitvariable Regelstrecken (LZV)
- *Router* für Mehrgrößenregelung (MIMO).

14.4.1 DSM Terminator

Nach der klassischen Regelungstechnik gibt es zwei Betriebsphasen eines Regelkreises, die von einem einzigen Regler behandelt werden (Abschnitt 4.2, Bild 4.9):

- Führungsverhalten nach Gl. (4.18), wenn nur die Führungsgröße w wirkt:

$$G_w(s) = \frac{x(s)}{w(s)} = \frac{G_{vw}(s)}{1+G_0(s)} = \frac{G_R(s)G_S(s)}{1+G_R(s)G_S(s)} \qquad (14.17)$$

- Störverhalten nach Gl.(4.20), wenn nur die Störgröße z wirkt:

$$G_z(s) = \frac{x(s)}{z(s)} = \frac{G_{vz}(s)}{1+G_0(s)} = \frac{G_S(s)}{1+G_R(s)G_S(s)} \qquad (14.18)$$

Beide charakteristischen Polynome $1+G_0(s)$ in (14.17) und (14.18) sind gleich, haben gleiche Polstellen und auch gleiche dynamische Verhalten des geschlossenen Regelkreises. Aber die Sprungantworten verlaufen wegen unterschiedlichen Vorwärts-Übertragungsfunktionen $G_{vw}(s)$ und $G_{vz}(s)$ unterschiedlich. Ein Regelkreis, der optimal fürs Führungsverhalten eingestellt ist, wird beim Störverhalten stabil, jedoch nicht optimal funktionieren. Die Störgrößenaufschaltung (Abschnitt 8.6.4) wird kaum wirksam, weil die nur für messbare Störungen geeignet ist sein, was eher selten sein kann.

Nach dem DSM-Konzept wird beim Störverhalten nicht die Regelgröße $x(t)$ nach Gl. (14.18) vom Regler $G_R(s)$ auf Sollwert $w = x_{soll}$ geregelt, sondern die Stellgröße $y(t)$ wird vom DSM Terminator auf Soll-Stellwert y_{soll} konstant gehalten. Die Stör- und Führungsverhalten sind dadurch in [142] als „Halten" und „Anfahren" genannt.

Der Aufbau des DSM Terminator ist im **Bild 14.16** gegeben. Die Regelstrecke, deren Übertragungsfunktionen $G_{S1}(s)$, $G_{S2}(s)$ bekannt sind, wird von einem Standardregler $G_R(s)$ geregelt. Nehmen wir an, dass sich der Kreis in einem stabilen Zustand befindet. Die Regelgröße x hat den gewünschten Sollwert w erreicht: $x = w = x_{soll}$. Die Stellgröße $y(t)$ hat dabei auch einen stabilen Wert, der in [142] als Sollwert der Stellgröße y_{soll} bezeichnet ist. Wirkt nun eine Störung, egal welche, z_1, z_2, z_3 oder alle drei zusammen, wird die Regelgröße gestört bzw. $x = x_{soll} + \Delta x$. Es entsteht eine Regeldifferenz Δe. Um den Zuwachs Δx der Regelgröße x auszuregeln, soll der Regler einen neue, „gestörte" Stellgröße $y_{soll} + \Delta y$ erstellen.

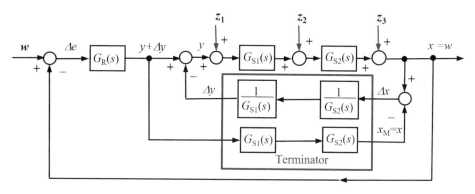

Bild 14.16 DSM Terminator (Quelle: [142], Seite 187, Abb. 6.13)

Der Terminator wird zuerst den Zuwachs Δx der Regelgröße in den Zuwachs Δy der Stellgröße umrechnen. Dafür wird Δx durch die inverse Übertragungsfunktion $1/G_{S1}G_{S2}$ der Strecke geschickt. Die somit erkannte Δy wird dann von „gestörter" Stellgröße $(y + \Delta y)$ abgezogen, sodass die Stellgröße y des „ungestörten" Arbeitspunktes wieder „erkannt" wird. Diese „wieder erkannte" Stellgröße des Arbeitspunktes $x = w = x_{soll}$ wird vom Terminator zur Strecke viel schneller gesendet als der Regler an seinem Eingang die „gestörte" Regeldifferenz Δe erhalten kann, weil die inverse Regelstrecke hohe D-Anteile besitzt. Die Wirkung der Störung verschwindet.

Das MATLAB®/Simulink-Beispiel des Regelkreises mit dem nach Betragsoptimum eingestellten PI-Regler und dem DSM Terminator ist im **Bild 14.17** dargestellt. Die Wirkung von Störungen wird schnell und vollständig beseitigt (**Bild 14.18**).

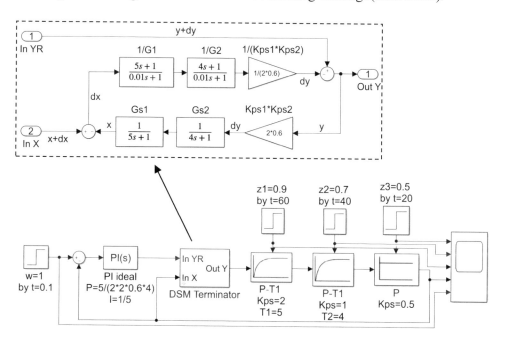

Bild 14.17 Der DSM Terminator (oben) und der Regelkreis mit dem DSM Terminator (unten)

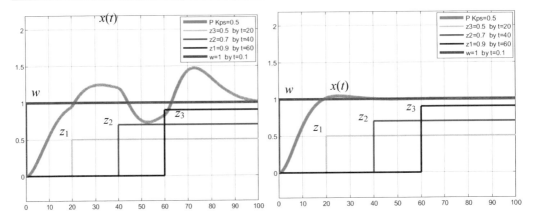

Bild 14.18 Sprungantworten beim Störverhalten: links - ohne Terminator; rechts - mit Terminator. In beiden Fällen wirken die Störgrößen z_1, z_2 und z_3.

14.4.2 Regelkreise mit LZV-Gliedern

„Nach dem in [35] gegebenen Klassifikationsschema werden die Übertragungsglieder mit konstanten Koeffizienten als LZI-Glieder (lineare zeitinvariante) und die mit zeitabhängigen Koeffizienten als LZV-Glieder (lineare zeitvariante) bezeichnet." (Zitat: [147], Seite 140). Ein einfaches Beispiel ist in **Bild 14.19** gebracht. Die Parameter $K_p(t)$ und $T(t)$ wirken wie Eingangsgrößen, die von außen angesteuert oder intern von einer nichtlinearen Funktion eingegeben werden.

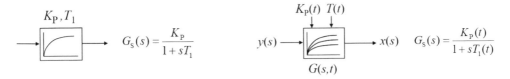

Bild 14.19 Beispiel einer Regelstrecke als P-T1-Grundglied: links – LTI, rechts – LTV

„Die DGL eines LZV-Glieds hat einen oder mehrere zeitabhängigen Koeffizienten, wie das Beispiel eines DGL mit dem zeitabhängigen Koeffizient $a_0(t)$ unten zeigt:

$$a_1\dot{x}_a(t) + a_0(t)x_a(t) = x_e(t) \tag{14.19}$$

Ein LZV-Glied kann für einen kleinen Zeitabschnitt τ als linear betrachtet werden, so dass das Überlagerungs- und Verstärkungsprinzip gelten." (Zitat: [147], Seite 145).

Die klassische lineare Regelungstechnik beruht ausschließlich auf LZI-Gliedern, weil der Entwurf von Regelkreisen mit LZV-Gliedern ohne spezielle Methoden der adaptiven Regelung nicht möglich ist. Das Konzept des Terminators, das im vorherigen Abschnitt ohne mathematische Hintergründe erläutert wurde, lässt die Änderung der Parameter von LZV-Gliedern als interne Störungen behandeln. Somit ist der DSM Terminator auch für die LZV-Regelkreise einfach einsetzbar. Um jedoch die Anwendungsbereiche voneinander zu unterscheiden (externe Störungen oder interne Parameteränderung) werden die DSM für LZV-Strecken als „Plant-Guard" bezeichnet.

- **Beispiel 14.3**

Die LZV-Strecke $G_S(s)$ mit den bei $t = 0$ s gegebenen Parametern $K_p(0) = 1$; $T_1(0) = 4$ s; $T_2(0)$ = 0,5 s wird mit dem PI-Regler mit konstanten Kennwerten $K_{PR} = 4$; $T_n = 4$ s nach Betragsoptimum geregelt:

$$G_S(s) = K_P(t) \cdot \frac{1}{1+sT_1(t)} \cdot \frac{1}{1+T_2(t)s}$$

Der Regelkreis mit dem DSM *Plant-Guard* ist im **Bild 14.20**, die Sprungantworten sind im **Bild 14.21** gezeigt. Die Parameter der LZV-Strecke ändern sich nach (14.19), was mit dem Baustein „Changing of parameters" implementiert wird (Bild 14.20). Die Parameter des PI-Reglers und des DSM Plant-Guard werden konstant gehalten. Trotzdem werden die Sprungantworten, wie aus dem Bild 14.21 ersichtlich ist, fast im ganzen Zeitbereich zwischen t = 0 s und t = 25 s mittels Soll-Stellgröße y_{soll} (siehe Abschnitt 14.4.1) optimal „gehalten".

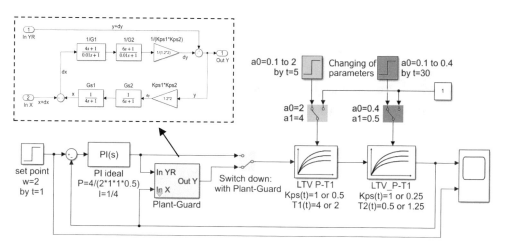

Bild 14.20 Regelkreis mit LZV-Strecke (unten) und DSM *Plant-Guard* (oben in Kästchen).

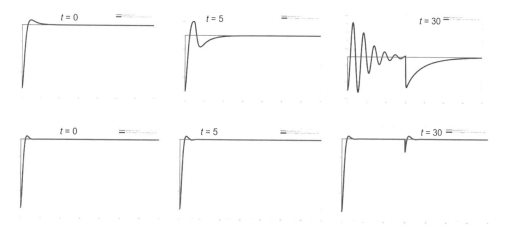

Bild 14.21 Sprungantworten des Regelkreises des Bildes 14.20 bei t =0 s, t =5 s und t= 30 s: oben - ohne DSM; unten – mit DSM *Plant-Guard*

14.4.3 DSM Router

Mit DSM Router werden die Mehrgrößen-Regelkreise anders als im Abschnitt 8.7 entkoppelt. „Die klassische Entkopplung eines MIMO-Regelkreises wird durch die Kompensation von Signalwegen zwischen benachbarten Hauptregelkreisen erreicht. Die Entkopplung mit dem DSM Router basiert auf einem anderen, in [141] eingeführten und in [144] mathematisch beschriebenen Konzept. Es werden damit keine Signalwege eines Hauptregelkreises zu benachbarten Hauptregelkreisen kompensiert, sondern lediglich die Signalwege selbst jedes Hauptregelkreises in Betracht genommen. Die Wirkung von benachbarten Hauptregelkreisen wird erkannt und beseitigt." (Zitat: [142], Seite 263).

Nach dem *Router*-Konzept wird die Wirkung einer Regelgröße, z.B. $x_1(s)$ des oberen Hauptregelkreises, über die Koppelstrecke $a_{21}(s)$ auf die benachbarte Regelgröße $x_2(s)$ des unteren Kreises (**Bild 14.22**) als Störung betrachtet. Und umgekehrt, wirkt die Regelgröße $x_2(s)$ als Störung auf den oberen Hauptregelkreis. Setzt man also jeweils einen Baustein, welcher (wie der DSM Terminator des Abschnitts 14.4.1) die Störungen nach jeweilige Soll-Stellgröße y_{soll} ausregeln kann, werden beide Regelkreise voneinander, wie im Bild 14.18 entkoppelt. Dieses Konzept wurde erfolgreich an mehreren MIMO-Projekten bis $n = 7$ Variablen getestet (siehe [142], Seiten 292-298).

Für die Entkopplung einer MIMO-Regelkreises mit n Regelgrößen sind nur n Router nötig, während nach dem klassischen Konzept $n(n-1)$ Entkopplungsregler eingesetzt werden. Mehr Info über DSM Router findet man in [141, 142, 144, 145].

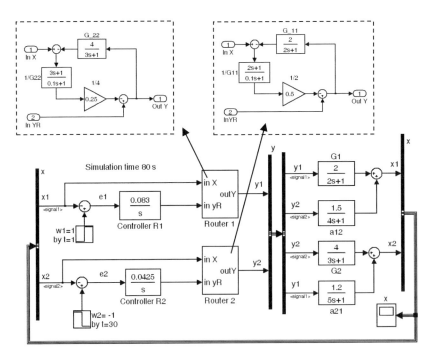

Bild 14.22 MIMO-Regelkreis (unten) und die Inhalte von komprimierten Bausteinen *Router* 1 und *Router* 2 (oben). Quellen: [141], Seiten 147, 148, Figure 6.4 - 6.6

15 Lösungen der Übungsaufgaben

Aufgabe 2.1

Aus der Übertragungsfunktion ergibt sich unter Beachtung von $u_e(s) = \dfrac{u_{e0}}{s}$:

$$u_a(s) = \frac{u_{e0}}{T_1 T_2} \cdot \frac{1}{s\left(s^2 + s\dfrac{T_1 + T_2 + T_3}{T_1 T_2} + \dfrac{1}{T_1 T_2}\right)} \,,$$

mit

$$T_1 = R_1 C_1 = 1\,\text{s}\,,$$

$$T_2 = R_2 C_2 = 1\,\text{s}$$

$$T_3 = R_1 C_2 = 0{,}5\,\text{s}\,.$$

Gemäß Korrespondenztabelle setzen wir

$$\beta^2 = \frac{1}{T_1 T_2} = 1\,\text{s}^{-2}$$

$$\alpha = \frac{T_1 + T_2 + T_3}{2 T_1 T_2} = 1{,}25\,\text{s}^{-1}\,.$$

Die Pole errechnen sich zu $s_1 = -0{,}5\,\text{s}^{-1}$ und $s_2 = -2\,\text{s}^{-1}$. Damit wird

$$u_a(s) = u_{e0}\beta^2 \frac{1}{s\,(s - s_1)(s - s_2)}\,.$$

Die Rücktransformation in den Zeitbereich liefert die gesuchte Sprungantwort

$$u_a(t) = \left(1 - \frac{4}{3} e^{-0{,}5\frac{t}{s}} + \frac{1}{3} e^{-2\frac{t}{s}}\right) u_{e0}\,.$$

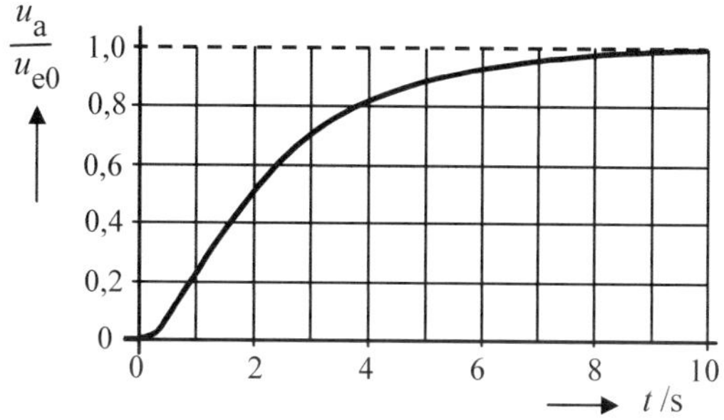

Bild A.1 Sprungantwort zu Aufgabe 2.1 (P-T2-Glied)

© Springer Fachmedien Wiesbaden GmbH, ein Teil von Springer Nature 2022
S. Zacher und M. Reuter, *Regelungstechnik für Ingenieure*,
https://doi.org/10.1007/978-3-658-36406-9_15

Aufgabe 2.2

a) Aus der Übertragungsfunktion

$$G(s) = \frac{u_a(s)}{u_e(s)} = \frac{sT_1}{1+sT_1} - \frac{1}{1+sT_2}$$

folgt mit $u_e(s) = \dfrac{u_{e0}}{s}$

$$u_a(s) = u_{e0}\left[\frac{1}{s+\dfrac{1}{T_1}} - \frac{\dfrac{1}{T_2}}{s\left(s+\dfrac{1}{T_2}\right)} \right].$$

Die Zeitkonstanten sind:

$$T_1 = \frac{L}{R_1} = 10^{-3}\,\text{s}, \qquad T_2 = R_2\,C = 0{,}02\,\text{s}.$$

Durch Rücktransformation in den Zeitbereich folgt

$$u_a(t) = (e^{-\frac{t}{T_1}} - 1 + e^{-\frac{t}{T_2}})\cdot u_{e0}.$$

b) Die Werte von $u_a(t)$ für $t=0$ und $t=\infty$ sind: $u_a(0) = +u_{e0}$ und $u_a(\infty) = -u_{e0}$.

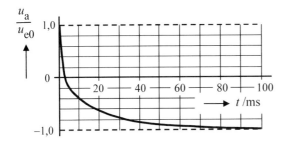

Bild A.2   Sprungantwort zu Aufgabe 2.2 (Allpaß 1. Ordnung)

Aufgabe 2.3

Mit $\alpha = -\varphi$ folgt aus Gl. (2.34)

$$\hat{u}_a = \frac{\hat{u}_e}{\sqrt{1+(\omega T_1)^2}}\cdot \sin(\omega t).$$

Aufgabe 2.4

Nach einem Eingangssprung

$$x_e(t) = x_{e0}\cdot\sigma(t) \quad \circ\!\!-\!\!\bullet \quad x_e(s) = \frac{1}{s}\cdot x_{e0}$$

folgt die Laplace-Transformierte Ausgangsgröße

$$x_a(s) = G(s) \cdot \frac{x_{e0}}{s} = K_P \frac{1 + sT_v}{s(1 + sT_1)} x_{e0} .$$

Nach dem Grenzwertsatz ist

$$\lim_{t \to 0} x_a(t) = \lim_{s \to \infty} s \cdot x_a(s) = \lim_{s \to \infty} G(s) \cdot x_{e0} = K_P \frac{T_v}{T_1} x_{e0}$$

und

$$\lim_{t \to \infty} x_a(t) = \lim_{s \to 0} s \cdot x_a(s) = \lim_{s \to 0} G(s) \cdot x_{e0} = K_P x_{e0} .$$

Vergleicht man die Sprungantwort mit dem Verlauf der Ortskurve, so sieht man: Das System verhält sich im Zeitbereich für $t = 0$ wie im Frequenzbereich für $\omega = \infty$, bzw. für $t = \infty$ wie im Frequenzbereich für $\omega = 0$.

$$G(j\omega)\big|_{\omega=0} = K_P$$

$$G(j\omega)\big|_{\omega=\infty} = K_P \frac{T_v}{T_1} .$$

Aufgabe 3.1

Aus Gl. (3.16) folgt die Übertragungsfunktion

$$G_S(s) = \frac{x(s)}{y(s)} = \frac{K_{PS}}{1 + sT_1}$$

bzw. der Frequenzgang

$$G_S(j\omega) = \frac{x(j\omega)}{y(j\omega)} = \frac{K_{PS}}{1 + j\omega T_1} .$$

Daraus ergeben sich:

$$\mathrm{Re}(G_S) = \frac{K_{PS}}{1 + (\omega T_1)^2}$$

$$\mathrm{Im}(G_S) = -\frac{K_{PS}\,\omega T_1}{1 + (\omega T_1)^2}$$

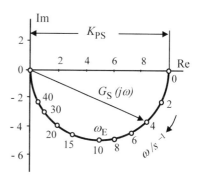

Bild A.3 Ortskurvenverlauf des P-T1-Gliedes zu Aufgabe 3.1 mit $K_{PS} = 10$, $T_1 = 0{,}1$ s und $\omega_E = 1/T_1 = 10\ \mathrm{s}^{-1}$

Aufgabe 3.2

Aus Gl. (3.16) folgt die Übertragungsfunktion $G_S(s) = \dfrac{K_{PS}}{1 + sT_1}$ mit

$$K_{PS} = \frac{K_1}{R} = \frac{cnNR_b}{R\,R_m\,(R_a + R_b)} ; \quad T_1 = \frac{L}{R} .$$

Durch die Substitution $(R_a + sL_a)$ anstelle von R_a wird die Ankerinduktivität berücksichtigt, und wir erhalten:

$$K_{PS}^* = \frac{cnNR_b}{R\,R_m\,(R_a + R_b + sL_a)} = K_{PS}\,\frac{1}{1+s\dfrac{L_a}{R_a + R_b}}.$$

Mit $T_2 = \dfrac{L_a}{R_a + R_b}$ ergibt sich die Übertragungsfunktion der Strecke bei Berücksichtigung von L_a zu einem P-T2-Glied:

$$G_S^*(s) = \frac{K_{PS}}{(1 + sT_1)(1 + sT_2)}.$$

Aufgabe 3.3

a) Aus Bild 3.19 folgt

$$G_S(s) = \frac{n(s)}{M_L(s)} = -\frac{R}{2\pi \cdot (c\Phi_0)^2} \cdot \frac{1 + sT_1}{s^2 T_1 \dfrac{JR}{(c\Phi_0)^2} + s\dfrac{JR}{(c\Phi_0)^2} + 1}.$$

Mit den Abkürzungen

$$K_{PS} = \frac{R}{2\pi\,(c\Phi_0)^2} = 0{,}00877\,\frac{1}{Ws^2}$$

$$T_1 = \frac{L}{R} = 0{,}2\,s$$

$$T_2 = \frac{JR}{(c\Phi_0)^2} = 0{,}05\,s$$

ergibt sich die Übertragungsfunktion zu

$$G_S(s) = -\frac{K_{PS}\,(1 + sT_1)}{s^2\,T_1 T_2 + sT_2 + 1}.$$

Das negative Vorzeichen ist durch die Abnahme der Drehzahl bei zunehmender Belastung bedingt.

b) Mit $M_L(s) = \dfrac{1}{s} \cdot M_{L0}$ und

$$\beta^2 = \frac{1}{T_1 T_2} = 10^2\,s^{-2}\,;\quad \alpha = \frac{1}{2T_1} = 2{,}5\,s^{-1}\,;\quad \omega = \sqrt{\beta^2 - \alpha^2} = 9{,}68\,s^{-1}$$

folgt

$$n(s) = G_S(s) \cdot M_L(s) = -K_{PS}\, \beta^2\, \frac{1+sT_1}{s\,(s^2 + s\cdot 2\alpha + \beta^2)}\, M_{L0}.$$

Mittels der Beziehungen 13 und 11 der Korrespondenztabelle ergibt die Rücktransformation in den Zeitbereich

$$n(t) = -K_{PS}\left[1 - e^{-\alpha t}\left(\cos \omega t - \frac{1-\alpha \cdot T_2}{\omega T_2}\sin \omega t\right)\right] M_{L0}.$$

c) Das negative Vorzeichen soll bei der Ortskurvendarstellung unberücksichtigt bleiben. Es bedeutet, dass jeder Punkt der Ortskurve zusätzlich um 180° gedreht wird.

$$G_S(j\omega) = \frac{K_{PS}\,(1+j\omega T_1)}{1-\omega^2 T_1 T_2 + j\omega T_2}$$

mit der Zerlegung

$$\mathrm{Re}\,(G_S) = K_{PS}\, \frac{1}{(1-\omega^2 T_1 T_2)^2 + (\omega T_2)^2}$$

$$\mathrm{Im}\,(G_S) = K_{PS}\, \frac{\omega T_1(1-\omega^2 T_1 T_2) - \omega T_2}{(1-\omega^2 T_1 T_2)^2 + (\omega T_2)^2}.$$

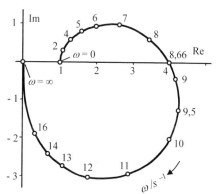

Bild A.4 Ortskurvenverlauf zu Aufgabe 3.3 (PD-T2-Glied mit $K_{PS} = 1$)

Aufgabe 3.4

Der Frequenzgang folgt aus Gl. (3.78) zu

$$G_S(j\omega) = \frac{1}{1-(\omega T_2)^2 + j\omega T_1}$$

mit der Zerlegung:

$$\mathrm{Re}\,(G_S) = \frac{1-(\omega T_2)^2}{[1-(\omega T_2)^2]^2 + (\omega T_1)^2}$$

$$\mathrm{Im}\,(G_S) = \frac{-\omega T_1}{[1-(\omega T_2)^2]^2 + (\omega T_1)^2}$$

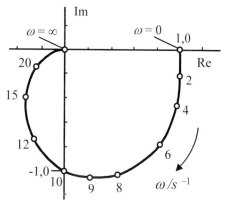

Bild A.5 Ortskurvenverlauf zu Aufgabe 3.4 (P-T2-Glied mit $K_{PS} = 1$)

Mit den Abkürzungen

$$\beta = \frac{1}{T_2}\,; \qquad \alpha = \frac{T_1}{2T_2^2}\,; \qquad D = \frac{\alpha}{\beta} = \frac{T_1}{2T_2}$$

folgt

$$\left|G_S(j\omega)\right| = \frac{\beta^2}{\sqrt{(\beta^2 - \omega^2)^2 + (2\alpha\omega)^2}}$$

$$\frac{\partial\left|G_S(j\omega)\right|}{\partial\omega} = \beta^2\,\frac{-4\omega\,(\beta^2 - \omega^2) + 8\alpha^2\omega}{2\left[(\beta^2 - \omega^2)^2 + (2\alpha\omega)^2\right]^{3/2}} = 0\,.$$

Daraus folgt

$$\omega^2 - \beta^2 = -2\alpha^2 \quad \text{bzw.} \quad \omega = \omega_r = \beta\sqrt{1 - 2D^2}$$

und

$$\left|G_S(j\omega_r)\right| = \left|G_S(j\omega)\right|_{MAX} = \frac{1}{2D\sqrt{1 - D^2}} \quad \text{q.e.d.}$$

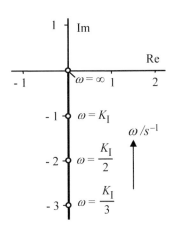

Aufgabe 3.5

Der Frequenzgang zu Gl. (3.85) lautet

$$G_S(j\omega) = \frac{K_I}{j\omega}$$

Der Betrag

$$\left|G_S(j\omega)\right| = \frac{K_I}{\omega}$$

wird gleich Eins für $\omega = K_I$.

Bild A.6 Ortskurvenverlauf zu
Aufgabe 3.5 (I-Glied $K_I = 1\ \text{s}^{-1}$)

Aufgabe 3.6

Für den Zusammenhang von Strom und Spannung an einem Kondensator gilt im Zeit- und im

Bildbereich $i(t) = C\,\dfrac{du(t)}{dt}$ ○--● $i(s) = C\left[s \cdot u(s) - u(0)\right]$

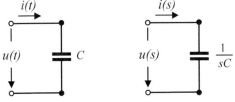

Bild A.7 Strom und Spannung an
einer Kapazität im Zeitbereich
(links) und im Bildbereich (rechts)

bzw. nach Integration

$$\int_0^t i(\tau)\,d\tau = C \int_0^t \frac{du(\tau)}{d\tau}\,d\tau$$

$$\int_0^t i(\tau)\,d\tau = C\,[u(t)-u(0)] \quad \Rightarrow \quad u(t) = \frac{1}{C}\int_0^t i(\tau)\,d\tau + u(0).$$

Für Anfangswert $u(0) = 0$ erhalten wir

$$u(t) = \frac{1}{C}\int_0^t i(\tau)\,d\tau \quad \circ\!-\!\!\bullet \quad u(s) = \frac{1}{sC}\,i(s).$$

Aufgabe 3.7

a) Anhand von Bild 3.31 folgt sofort

$$F_b(t) = K\,[v_s(t) - v_a(t)].$$

b) Die vom Linearmotor erzeugte Kraft dient der Beschleunigung der Masse m

$$m\,\frac{dv_a(t)}{dt} = K\,[v_s(t) - v_a(t)] \quad \Rightarrow \quad m\,\frac{dv_a(t)}{dt} + K\,v_a(t) = K\,v_s(t)$$

$$\Rightarrow \quad \underbrace{\frac{m}{K}}_{T_1}\,\frac{dv_a(t)}{dt} + v_a(t) = v_s(t) \quad \Rightarrow \quad T_1\,\frac{dv_a(t)}{dt} + v_a(t) = v_s(t).$$

c) Die Übertragungsfunktion folgt durch Laplace-Transformation

$$G_{S1}(s) = \frac{v_a(s)}{v_s(s)} = \frac{1}{1+sT_1}.$$

d) Der Zusammenhang zwischen Weg x und Geschwindigkeit v_a ist

$$v_a(t) = \frac{dx(t)}{dt} \quad \circ\!-\!\!\bullet \quad v_a(s) = s \cdot x(s) \quad \Rightarrow \quad G_{S2}(s) = \frac{x(s)}{v_a(s)} = \frac{1}{s}.$$

Damit erhält man

$$G_S(s) = \frac{x(s)}{v_s(s)} = G_{S1}(s) \cdot G_{S2}(s).$$

$$G_S(s) = \frac{x(s)}{v_s(s)} = \frac{1}{s\,(1+sT_1)}$$

e) Mit $v_S(s) = \dfrac{v_{s0}}{s}$

folgt

$$x(s) = G_S(s) \cdot \frac{v_{s0}}{s} = \frac{1}{s^2(1+sT_1)} v_{s0} .$$

Die Rücktransformation
in den Zeitbereich entspricht
der Gl. (3.100)

$$x(t) = v_{s0}[t - T_1(1 - e^{-\frac{t}{T_1}})] .$$

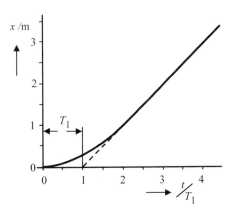

Bild A.8   Sprungantwort zu Aufgabe 3.7 (I-T1-Glied für $v_{s0} = 1$ m/s)

Aufgabe 4.1

a) Aus Bild 4.17 ergibt sich die Führungsübertragungsfunktion

$$G_W(s) = \frac{x(s)}{w(s)} = \frac{K_{PR}K_{IS}}{s + K_{PR}K_{IS}}$$

Für

$$w(s) = \frac{w_0}{s}$$

folgt

$$x(s) = \frac{K_{PR}K_{IS}}{s(s + K_{PR}K_{IS})} w_0$$

Nach dem Grenzwertsatz gilt

$$\lim_{t \to \infty} x(t) = \lim_{s \to 0} s \cdot x(s) = w_0 ,$$

d. h. die bleibende Regeldifferenz verschwindet.

$$e(\infty) = w_0 - x(\infty) = 0 .$$

b) Entsprechend folgt aus Bild 4.17 die Störübertragungsfunktion

$$G_z(s) = \frac{x(s)}{z(s)} = \frac{K_{IS}}{s + K_{PR}K_{IS}} .$$

Mit

$$z(s) = \frac{z_0}{s}$$

wird

$$x(s) = \frac{K_{IS}}{s(s + K_{PR} K_{IS})} z_0$$

und nach dem Grenzwertsatz

$$\lim_{t \to \infty} x(t) = \lim_{s \to 0} s \cdot x(s) = \frac{z_0}{K_{PR}}.$$

In diesem Fall ist

$$e(\infty) = x(\infty) = \frac{z_0}{K_{PR}},$$

da in der Störübertragungsfunktion x nicht den Absolutwert, sondern nur die Änderung infolge z darstellt.

c) Bei einem Führungssprung wird der vorgegebene Wert von der Regelgröße asymptotisch erreicht, d. h. die bleibende Regeldifferenz wird Null. Dagegen wird der Einfluss eines Störsprungs mit zunehmendem K_{PR} verringert aber nicht beseitigt.

Aufgabe 4.2

Die Störübertragungsfunktion lautet

$$G_z(s) = \frac{x(s)}{z(s)} = \frac{s K_{IS}}{s^2 + K_{IR} K_{IS}}.$$

Für

$$z(t) = z_0 \cdot \sigma(t) \quad \circ\!\!-\!\!\bullet \quad z(s) = \frac{z_0}{s}$$

ist

$$x(s) = \frac{K_{IS}}{s^2 + K_{IR} K_{IS}} z_0$$

und nach Rücktransformation folgt als Sprungantwort

$$x(t) = z_0 \sqrt{\frac{K_{IS}}{K_{IR}}} \cdot \sin(\sqrt{K_{IR} K_{IS}} \cdot t),$$

eine Dauerschwingung mit der Amplitude

$$z_0 \sqrt{\frac{K_{IS}}{K_{IR}}}$$

um den Nullpunkt. D. h. die mittlere Regeldifferenz wird zu

$$\bar{e}(\infty) = 0.$$

Aufgabe 4.3

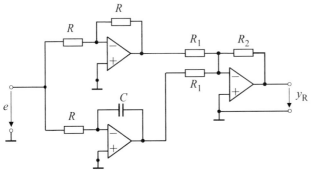

Bild A.9 PI-Regler mittels Operationsverstärker zu Aufgabe 4.3

Aus dem Schaltbild folgt die Übertragungsfunktion

$$G_R(s) = \frac{y_R(s)}{e(s)} = \frac{R_2}{R_1}\left(1 + \frac{1}{sCR}\right),$$

worin $K_{PR} = \dfrac{R_2}{R_1}$ und $T_n = CR$.

Aufgabe 4.4

Für $T_n = T_1$ erhält man aus Gl. (4.71)

$$G_z(s) = \frac{sK_{PS}}{T_1\left[s^2 + s\dfrac{1 + K_{PR}K_{PS}}{T_1} + \dfrac{K_{PR}K_{PS}}{T_1^2}\right]}.$$

Daraus folgt mit

$$\beta^2 = \frac{K_{PR}K_{PS}}{T_1^2}; \quad \alpha = \frac{1 + K_{PR}K_{PS}}{2T_1}$$

$$D = \frac{\alpha}{\beta} = \frac{1 + K_{PR}K_{PS}}{2\sqrt{K_{PR}K_{PS}}}$$

$$\frac{\partial D}{\partial K_{PR}} = \frac{1}{2}\left[(K_{PR}K_{PS})^{-\frac{1}{2}}K_{PS} - (1 + K_{PR}K_{PS})\frac{1}{2}(K_{PR}K_{PS})^{-\frac{3}{2}}K_{PS}\right] = 0$$

$$2K_{PR}K_{PS} - 1 - K_{PR}K_{PS} = 0$$

$$K_{PR} = \frac{1}{K_{PS}}.$$

Die minimale Dämpfung beträgt

$$D = 1.$$

Aufgabe 4.5

Der Frequenzgang des PD-T2-Reglers lautet

$$G_R(j\omega) = \frac{y_R(j\omega)}{e(j\omega)} = K_{PR}\frac{1 + j\omega T_v}{1 - (\omega T_2)^2 + j\omega T_1}.$$

Zur Kurvendiskussion wird $G_R(j\omega)$ in Real- und Imaginärteil zerlegt

$$\mathrm{Re}\,(G_R) = K_{PR}\frac{1 - (\omega T_2)^2 + \omega^2 T_1 T_v}{[(1 - (\omega T_2)^2]^2 + (\omega T_1)^2}$$

$$\mathrm{Im}\,(G_R) = K_{PR}\frac{\omega T_v[1 - (\omega T_2)^2] - \omega T_1}{[(1 - (\omega T_2)^2]^2 + (\omega T_1)^2}.$$

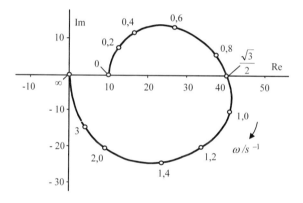

Bild A.10 Ortskurvenverlauf zu Aufgabe 4.5 (PD-T2-Glied)

Aufgabe 4.6

Die Führungsübertragungsfunktion des Regelkreises ergibt sich zu

$$G_W(s) = \frac{x(s)}{w(s)} = \frac{K_{PR}K_{IS}(1 + sT_v)}{K_{PR}K_{IS} + s(1 + K_{PR}K_{IS}T_v)}$$

bzw. mit der Abkürzung

$$\alpha = \frac{K_{PR}K_{IS}}{1 + K_{PR}K_{IS}T_v} \quad \Rightarrow \quad \alpha T_v < 1$$

$$G_W(s) = \frac{x(s)}{w(s)} = \alpha\frac{1 + sT_v}{s + \alpha}$$

Für $w(t) = w_0 \cdot \sigma(t)$ $\circ\!\!-\!\!\bullet$ $w(s) = \dfrac{w_0}{s}$

wird

$$x(s) = \alpha\frac{1 + sT_v}{s(s + \alpha)}w_0.$$

Nach Rücktransformation in den Zeitbereich folgt

$$x(t) = [1 - (1 - \alpha T_v)e^{-\alpha t}] w_0 .$$

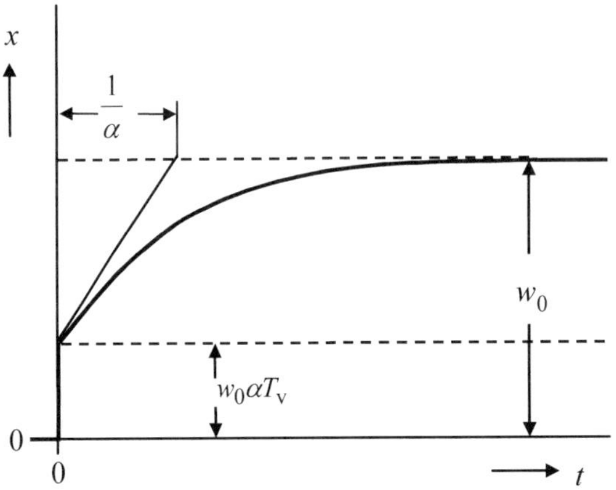

Bild A.11 Führungssprungantwort zu Aufgabe 4.6

Aufgabe 6.1

a) Die charakteristische Gleichung ergibt sich aus $1 + G_R(s)G_S(s) = 0$ zu

$$1 + K_{PR} K_{PS} \frac{1}{(1 + sT_1)^3} = 0$$

bzw. $s^3 \cdot \underbrace{T_1^3}_{a_3} + s^2 \cdot \underbrace{3T_1^2}_{a_2} + s \cdot \underbrace{3T_1}_{a_1} + \underbrace{1 + K_{PR} K_{PS}}_{a_0} = 0 .$

Nach Hurwitz ist ein System 3. Ordnung instabil für

$$a_1 a_2 - a_3 a_0 = 9T_1^3 - (1 + K_{PR} K_{PS})T_1^3 < 0$$

bzw. $K_{PR} > \dfrac{8}{K_{PS}} .$

b) Für $K_{PR} = K_{PRkr} = \dfrac{8}{K_{PS}}$ und $w(s) = \dfrac{w_0}{s}$ ist

$$x(s) = \frac{8}{s\,[(1 + sT_1)^3 + 8]} \cdot w_0 = \frac{8}{T_1^3} \cdot \frac{1}{s\left(s + \dfrac{3}{T_1}\right)\left(s^2 + \dfrac{3}{T_1^2}\right)} \cdot w_0 .$$

Mittels Grenzwertsatz folgt daraus

$$\lim_{t \to \infty} x(t) = \lim_{s \to 0} s \cdot x(s) = \frac{8}{9} w_0$$

bzw. die bleibende Regeldifferenz

$$e(\infty) = w_0 - x(\infty) = \frac{w_0}{9} .$$

c) Aus Gl. (6.12) bzw. Gl. (6.13) folgt für $\alpha = 0$

$$\omega = \omega_{\mathrm{kr}} = \sqrt{\frac{a_0}{a_2}} = \sqrt{\frac{a_1}{a_3}} = \frac{\sqrt{3}}{T_1}.$$

Aufgabe 6.2

a) Die Übertragungsfunktion des aufgeschnittenen Kreises lautet

$$G_0(s) = G_R(s) \cdot G_S(s) = K_{PR} K_{PS} \frac{1 + sT_n}{sT_n(s^2 T_2^2 + sT_1 + 1)}$$

mit der Polverteilung

$$s_1 = 0; \quad s_2 = 0{,}1\,\mathrm{s}^{-1}; \quad s_3 = 0{,}05\,\mathrm{s}^{-1}.$$

Es ist also $n_{\mathrm{i}} = 1$ und $n_{\mathrm{r}} = 0$.

Nach dem Nyquist-Kriterium (Bedingung 6.43) muss bei Stabilität die Winkeländerung

$$\Delta\varphi = (2n_{\mathrm{r}} + n_{\mathrm{i}}) \cdot \frac{\pi}{2} = +\frac{\pi}{2}$$

betragen.

Wir diskutieren zunächst den Ortskurvenverlauf von

$$G_0(j\omega) = \frac{K_{PR} K_{PS}}{\omega T_n} \cdot \frac{1 + j\omega T_n}{-\omega T_1 + j[1 - (\omega T_2)^2]}$$

mit der Zerlegung

$$\mathrm{Re}\,(G_0) = \frac{K_{PR} K_{PS}}{T_n} \cdot \frac{T_n[(1 - (\omega T_2)^2] - T_1}{(\omega T_1)^2 + [(1 - (\omega T_2)^2]^2}$$

$$\mathrm{Im}\,(G_0) = \frac{K_{PR} K_{PS}}{\omega T_n} \cdot \frac{-\omega^2 T_n T_1 - 1 + (\omega T_2)^2}{(\omega T_1)^2 + [(1 - (\omega T_2)^2]^2}.$$

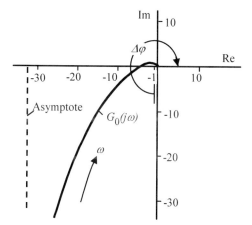

Bild A.12 Stabilitätsbetrachtung nach Nyquist: P-T2-Strecke und PI-Regler (instabil)

Wie der Ortskurvenverlauf zeigt, beträgt die Winkeländerung des Fahrstrahls $[1 + G_0(j\omega)]$

$$\Delta\varphi = -\frac{3}{2}\pi \, ,$$

d. h. der Regelkreis ist instabil.

b) An der Stabilitätsgrenze muss die Ortskurve $G_0(j\omega)$ durch den kritischen Punkt $P_{kr} = -1$ gehen, d. h. für

$$\text{Im}\,[G_0(j\omega_{kr})] = 0$$

muss

$$\text{Re}\,[G_0(j\omega_{kr})] = -1$$

sein. Daraus folgt

$$-K_{PR}\,K_{PS}\left[\frac{T_2^2}{T_n T_1} - 1\right] = -1$$

$$T_n = \frac{T_2^2}{T_1}\cdot\frac{K_{PR}\,K_{PS}}{1 + K_{PR}\,K_{PS}} = 5,\bar{5}\,\text{s} \, .$$

c) Durch die Hinzunahme des D-Anteils wird die Übertragungsfunktion des aufgeschnittenen Kreises

$$G_0(s) = K_{PR}\,K_{PS}\cdot\frac{s^2 T_n T_v + s T_n + 1}{s T_n (s^2 T_2^2 + s T_1 + 1)]} \, .$$

Die Polverteilung ändert sich gegenüber a) nicht, und die Forderung

$$\Delta\varphi \overset{!}{=} +\frac{\pi}{2}$$

bleibt bestehen.

Die Zerlegung des Frequenzganges $G_0(j\omega)$ in Real- und Imaginärteil liefert:

$$\text{Re}\,(G_0) = \frac{K_{PR}K_{PS}}{T_n}\cdot\frac{T_n[(1 - (\omega T_2)^2] - T_1(1 - \omega^2 T_n T_v)}{(\omega T_1)^2 + [(1 - (\omega T_2)^2]^2} \qquad\text{(A.1)}$$

$$\text{Im}\,(G_0) = -\frac{K_{PR}K_{PS}}{\omega T_n}\cdot\frac{\omega^2 T_n T_1 + (1 - \omega^2 T_n T_v)[1 - (\omega T_2)^2]}{(\omega T_1)^2 + [1 - (\omega T_2)^2]^2} \, . \qquad\text{(A.2)}$$

An der Stabilitätsgrenze muss für

$$\text{Im}\,[G_0(\omega_{kr})] = 0 \qquad\text{(A.3)}$$

$$\text{Re}\,[G_0(\omega_{kr})] = -1 \qquad\text{(A.4)}$$

sein. Die erste Bedingung (A.3) liefert mit Gl. (A.2)

$$(1 - \omega_{kr}^2 T_n T_v) = -\frac{\omega_{kr}^2 T_n T_1}{1 - (\omega_{kr} T_2)^2}. \tag{A.5}$$

Gl. (A.5) in Gl. (A.1) unter Berücksichtigung der Bedingung (A.4), eingesetzt, ergibt

$$\mathrm{Re}[G_0(\omega_{kr})] = \frac{K_{PR} K_{PS}}{1 - (\omega_{kr} T_2)^2} = -1$$

bzw.

$$\omega_{kr}^2 = \frac{1 + K_{PR} K_{PS}}{T_2^2} = 0{,}03 \text{ s}^{-2}.$$

Mit ω_{kr}^2 in Gl. (A.5) eingesetzt, folgt

$$T_v = \frac{1}{\omega_{kr}^2 T_n} \cdot \left[\frac{\omega_{kr}^2 T_n T_1}{1 - (\omega_{kr} T_2)^2} + 1 \right] = 2{,}\bar{3} \text{ s}.$$

Für $T_v > 2{,}\bar{3}$ s wird die Ortskurve in der in **Bild A.13** gezeigten Weise verformt. Die resultie-

rende Winkeländerung ist dann, wie bei Stabilität gefordert, $\Delta\varphi = +\dfrac{\pi}{2}$.

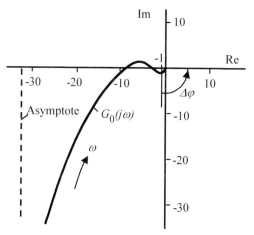

Bild A.13 Stabilitätsbetrachtung nach Nyquist: P-T2-Strecke und PID-Regler (stabil)

Aufgabe 8.1

Die Übertragungsfunktion des aufgeschnittenen Kreises lautet:

$$G_0(s) = \frac{K_{PR} K_{PS} (1 + s T_n)}{s T_n (1 + s T_1)(1 + s T_2)(1 + s T_3)}.$$

Zunächst wird die größte Zeitkonstante der Regelstrecke mit der Zeitkonstante des Reglers kompensiert, d. h.

$$T_n = T_{\text{größte}} = T_1 = 8{,}5 \text{ s}.$$

Da $T_2 \geq 5 \cdot T_3$ gilt, werden die beiden restlichen Zeitkonstanten durch eine Zeitkonstante T_E ersetzt:

$$T_E = T_2 + T_3 = 7{,}7 \text{ s}.$$

Damit entspricht die Übertragungsfunktion des offenen Kreises dem Grundtyp A. Nach dem Betragsoptimum für Grundtyp A folgt:

$$G_0(s) = \frac{K_{PR} \cdot K_{PSy}}{sT_n \cdot (1 + sT_E)} \quad \Rightarrow \quad K_{PR} = \frac{T_n}{2 \cdot K_{PSy} \cdot T_E} = 6{,}9.$$

Aufgabe 8.2

Für die gegebenen Werte $T_V = T_1$ und $T_R = 0$ ergibt sich die Übertragungsfunktion des aufgeschnittenen Kreises zu

$$G_0(s) = K_0 \frac{1 + sT_1}{1 - sT_1},$$

worin $K_0 = K_{PR} K_{PS}$ ist. Es gilt $n_r = 1$ und $n_i = 0$. Um das *Bode*-Diagramm zu ermitteln, wird $K_{PR} = 1$ bzw. $20 \lg K_0 = -12$ dB angenommen. Die Null- und Polstelle haben gleiche Realteile, jedoch mit unterschiedlichen Vorzeichen. Dadurch kompensieren sich die positive und negative Steigungen des Amplitudengangs gegenseitig im Bode-Diagramm (**Bild A.14**).

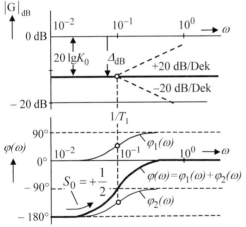

Bild A.14 *Bode*-Diagramm des offenen Kreises

$$G_0(s) = K_0 \frac{1 + sT_1}{1 - sT_1}$$

Die Stabilitätsbedingung nach dem vollständigen Nyquist-Kriterium (6.61) (im vorliegenden Fall $v_p - v_n = 0{,}5$) wird erst dann erfüllt, wenn die 0-dB-Linie um

$$\Delta_{dB} = 12 \text{ dB bzw. } \Delta_K = 4$$

nach unten verschoben wird, weil dann der einzige halbe positive Schnittpunkt ($S_0 = + 1/2$) in Betracht kommt. Der geschlossene Kreis wird bei $K_{PR} > \Delta_K$ bzw. $K_{PR} > 4$ stabil.

Aufgabe 9.1

Für $x_t = 0$ ist der Regelkreis linear. Die charakteristische Gleichung folgt aus

$$\frac{1}{G_R(s)G_S(s)} + 1 = 0 \quad \text{bzw.}$$

$$s^3 \underbrace{T_1 T_2^2}_{a_3} + s^2 \underbrace{T_1 T_1}_{a_2} + s \underbrace{T_1}_{a_1} + \underbrace{K_S}_{a_0} = 0 \,.$$

Nach *Hurwitz* muss bei Stabilität

$$a_1 a_2 - a_0 a_3 = T_1^2 T_1 - K_S T_1 T_2^2 > 0$$

bzw.

$$T_1 > K_S \frac{T_2^2}{T_1} = 0{,}4\,\mathrm{s}$$

sein. Demzufolge ist im Fall a) ($T_1 < 0{,}4$ s) das System instabil und im Fall b) ($T_1 > 0{,}4$ s) stabil.

Aufgabe 11.1

Der Wirkungsplan des analogen Regelkreises ist im **Bild A.15** gezeigt. Der geschlossene Kreis hat den P-T$_1$-Verhalten

$$G_w(s) = \frac{G_0(s)}{1 + G_0(s)} = \frac{\dfrac{K_{IR} K_{PS}}{s}}{1 + \dfrac{K_{IR} K_{PS}}{s}} = \frac{K_{IR} K_{PS}}{s + K_{IR} K_{PS}} = \frac{1}{1 + \dfrac{1}{K_{IR} K_{PS}} s}$$

mit der Zeitkonstante

$$T_w = \frac{1}{K_{IR} K_{PS}} = \frac{1}{2\,\mathrm{s}^{-1} \cdot 8} = 0{,}0625\,\mathrm{s}$$

und dem Proportionalbeiwert $K_{Pw} = 1$. Beim Eingangsprung $w_0 = 2$ erreicht die Regelgröße den Beharrungszustand $x(\infty) = K_{Pw} \cdot w_0 = 2$, wie die Kurve in **Bild A.16** zeigt.

Wird der analoge Regler durch einen digitalen I-Regler ersetzt, kommen die Differenzengleichungen in Betracht:

- Regler:

$$y_k = y_{k-1} + K_{IR} \cdot T_A \cdot \frac{e_k + e_{k-1}}{2}$$

- Additionsstelle: $e_k = w_k - x_k$

- Regelstrecke: $x_k = K_{PS} \cdot y_k$

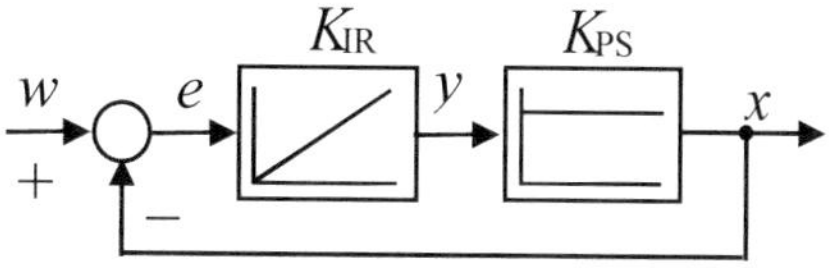

Ersetzt man y_{k-1} und y_k durch x_{k-1} und x_k

$$y_{k-1} = \frac{x_{k-1}}{K_{PS}}, \qquad y_k = \frac{x_k}{K_{PS}},$$

so ergibt sich die Gleichung des geschlossenen Regelkreises zu

$$\frac{x_k}{K_{PS}} = \frac{x_{k-1}}{K_{PS}} + K_{IR} \cdot T_A \cdot \frac{e_k + e_{k-1}}{2} = \frac{x_{k-1}}{K_{PS}} + K_{IR} \cdot T_A \cdot \frac{w_k - x_k + w_{k-1} - x_{k-1}}{2}$$

Bild A.15 Wirkungsplan des analogen Regelkreises

Unter Beachtung $w_{k-1} = w_k$ für den Eingangssprung findet man schließlich die rekursive Formel für die abgetastete Regelgröße:

$$x_k = \frac{1 - 0{,}5 \cdot K_{IR} \cdot K_{PS} \cdot T_A}{1 + 0{,}5 \cdot K_{IR} \cdot K_{PS} \cdot T_A} \cdot x_{k-1} + \frac{2 \cdot K_{IR} \cdot K_{PS} \cdot T_A}{1 + 0{,}5 \cdot K_{IR} \cdot K_{PS} \cdot T_A} \cdot w_{k-1}$$

Daraus folgt für die Kennwerte des Regelkreises:

$$x_k = \frac{1 - 0{,}5 \cdot 2\,\mathrm{s}^{-1} \cdot 8 \cdot 0{,}05\,\mathrm{s}}{1 + 0{,}5 \cdot 2\,\mathrm{s}^{-1} \cdot 8 \cdot 0{,}05\,\mathrm{s}} \cdot x_{k-1} + \frac{2 \cdot 2\,\mathrm{s}^{-1} \cdot 8 \cdot 0{,}05\,s}{1 + 0{,}5 \cdot 2\,s^{-1} \cdot 8 \cdot 0{,}05\,s} \cdot w_{k-1}$$

bzw.

$$x_k = 0{,}43 \cdot x_{k-1} + 0{,}57 \cdot w_{k-1}$$

Die Sprungantwort wird berechnet, angefangen von $x_0 = 0$ und $w_0 = 2$. Daraus ergibt sich das P-T1-Verhalten (**Bild A.16**):

$$x_1 = 0{,}43 \cdot 0{,}00 + 0{,}57 \cdot 2 = 1{,}14$$
$$x_2 = 0{,}43 \cdot 1{,}14 + 0{,}57 \cdot 2 = 1{,}63$$
$$x_3 = 0{,}43 \cdot 1{,}63 + 0{,}57 \cdot 2 = 1{,}84$$
$$x_4 = 0{,}43 \cdot 1{,}84 + 0{,}57 \cdot 2 = 1{,}93$$
$$x_5 = 0{,}43 \cdot 1{,}93 + 0{,}57 \cdot 2 = 1{,}97$$
$$x_6 = 0{,}43 \cdot 1{,}99 + 0{,}57 \cdot 2 = 1{,}99$$

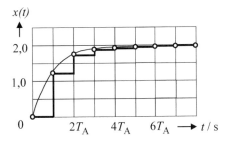

Bild A.16 Sprungantworten zu Aufgabe 11.1

Aufgabe 11.2

Der gegebene analoge I-Algorithmus wird zuerst differenziert

$$\dot{y}(t) = K_I e(t)$$

und nach der Rechteckregel mit $t = k T_A$ unter folgendem Ansatz digitalisiert (**Bild A.17**):

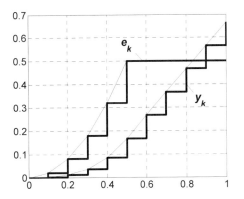

Bild A.17 Ein- und Ausgangsfunktionen des analogen und digitalisierten I-Algorithmus

$$\dot{y}(t) \approx \frac{y_k - y_{k-1}}{T_A} \qquad e(t) \approx e_{k-1}$$

$$y_k = y_{k-1} + K_I T_A e_{k-1},$$

wonach die (y_k)-Folge aus der gegebenen (e_k)-Folge $e_k = 2(k T_A)^2$ berechnet wird.

Um das Ergebnis zu prüfen, kann man die gegebene Eingangsfunktion als *Step*-Block $e = 4$ mit dem nachgeschalteten Doppel-I-Glied mit MATLAB®/Simulink simulieren, wie in **Bild A.18** gezeigt ist. Die Begrenzung $e(t) = 0{,}5$ ist mit dem Block *Saturation* und die Abtastung mit *Zero-Order-Hold* Blöcken berücksichtigt.

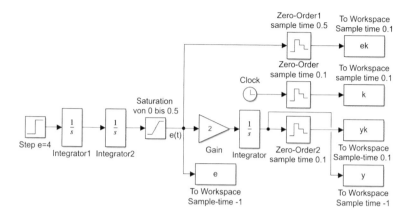

Bild A.18   Simulation eines digitalen I-Reglers mit dem Eingangssignal $e(t) = 2\ t^2$. Die Treppenfunktionen (y_k) und (e_k) sind mit dem MATLAB®-Befehl *stairs (k, yk, k ek)* aufgenommen. Für die kontinuierliche Funktionen $y(t)$ und $e(t)$ gilt der Befehl *plot(tout,y,tout,e)*.

Aufgabe 11.3

Die Differenzengleichung wird aus der Differentialgleichung nach dem Typ I für zwei Abtastschritte $i = k$ und $i = k - 1$ abgeleitet:

$$T_R \frac{y_{Rk} - y_{Rk-1}}{T_A} + y_{Rk} = K_{PR}\, e_k + K_{PR} \frac{T_A}{T_n} \sum_{i=1}^{k} e_i$$

$$T_R \frac{y_{Rk-1} - y_{Rk-2}}{T_A} + y_{Rk-1} = K_{PR}\, e_{k-1} + K_{PR} \frac{T_A}{T_n} \sum_{i=1}^{k-1} e_i \ .$$

Daraus bilden wir den Zuwachs der Stellgröße beim Schritt k

$$\Delta y_{Rk} = y_{Rk} - y_{Rk-1}$$

bzw.

$$T_R \left[\left(\frac{y_{Rk} - y_{Rk-1}}{T_A} \right) - \left(\frac{y_{Rk-1} - y_{Rk-2}}{T_A} \right) \right] + \Delta y_{Rk} =$$

$$= K_{PR}\, (e_k - e_{k-1}) + K_{PR} \frac{T_A}{T_n} \left(\sum_{i=1}^{k} e_i - \sum_{i=1}^{k-1} e_i \right).$$

Unter Beachtung $\sum\limits_{i=1}^{k} e_i - \sum\limits_{i=1}^{k-1} e_i = e_k$ und mit Bezeichnungen $\Delta y_{Rk-1} = y_{Rk-1} - y_{Rk-2}$

und $\Delta e_k = e_k - e_{k-1}$ ergibt sich die Lösung aus der letzten Gleichung zu

$$\frac{T_R}{T_A} (\Delta y_{Rk} - \Delta y_{Rk-1}) + \Delta y_{Rk} = K_{PR}\, \Delta e_k + K_{PR} \frac{T_A}{T_n} e_k$$

Aufgabe 11.4

a) Nach analogem PI-Regelalgorithmus

$$y_R(t) = K_{PR}\left[e(t) + \frac{1}{T_n}\int e(t)dt\right]$$

erreicht die Stellgröße den Wert

$$y_R = 6$$

zum Zeitpunkt $t = 2{,}0$ sec, wie aus der Sprungantwort für den Eingangssprung $e_0 = 2$ ersichtlich (**Bild A.19**).

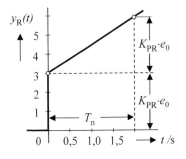

Bild A.19
Sprungantwort des analogen PI-Reglers

b) Der digitalisierte PI-Regelalgorithmus lautet:

$$y_{Rk} = y_{Rk-1} + K_{PR}(e_k - e_{k-1}) + \frac{K_{PR}T_A}{T_n}e_{k-1}$$

bzw.

$$y_{Rk} = y_{Rk-1} + K_{PR}\left[e_k - \left(1 - \frac{T_A}{T_n}\right)e_{k-1}\right].$$

Vor dem Eingangssprung ist $k = 0$ und $e_{k-1} = 0$, $y_{k-1} = 0$. Nach dem Sprung sind die abgetasteten Werte $e_0 = e_1 = .. = e_4 = 2$. Damit ergibt sich für die Stellgröße (**Bild A.20**):

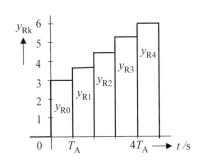

$$y_{R0} = 0{,}00 + 1{,}5\cdot(2 - 0{,}75\cdot0) = 3{,}0$$

$$y_{R1} = 3{,}00 + 1{,}5\cdot(2 - 0{,}75\cdot2) = 3{,}75$$

$$y_{R2} = 3{,}75 + 0{,}75 = 4{,}50$$

$$y_{R3} = 4{,}50 + 0{,}75 = 5{,}25$$

$$y_{R4} = 5{,}25 + 0{,}75 = 6{,}00$$

Bild A.20 Sprungantwort des digitalen PI-Reglers mit $T_A = 0{,}5$ s

Aufgabe 13.1

Im **Bild A.21** ist das MATLAB®/Simulink-Skript für den Entwurf des Kompensationsreglers

$$G_R(s) = \frac{G_M(s)}{1 - G_M(s)} \cdot \frac{1}{G_S(s)}$$

nach der gegebenen Regelstrecke $G_S(s)$ und und dem gewünschten Verhalten $G_M(s)$ gezeigt:

$$G_S(s) = \frac{K_{PS1}}{1 + sT_1} \cdot \frac{K_{PS2}}{1 + sT_2} \qquad G_M(s) = \frac{1}{(1 + 0{,}1s)^2}$$

Im **Bild A.22** sind die Sprunganwort des geschlossenen Regelkreises $G_w(s)$ mit dem Kompensationsreglers $G_R(s)$ gezeigt. Zum Vergleich ist dort auch die Sprunganwort des gewünschten Verhaltens $G_M(s)$ eingetragen. Da beide Sprunganworten absolut identisch sind, ist die Sprungantwort von $G_M(s)$ mit kleiner Verzögerung versehen.

```
Bild_A21.m  ×  +
 1 –    Kps1=1;Kps2=2;T1=1;T2=2;
 2 –    s=tf('s');
 3 –    Gs=Kps1*Kps2/((1+s*T1)*(1+s*T2));
 4 –    GM=1/(1+0.1*s);
 5 –    GR=(GM/(1-GM))*(1/Gs);
 6 –    G0=GR*Gs;
 7 –    Gw=G0/(1+G0);
 8 –    step(Gw,'Ob');
 9 –    grid
10 –    hold on
11 –    step(GM*exp(-0.02),'*r');
```

Bild A.21 MATLAB®-Skript zum Entwurf und Simulation des Regelkreises mit dem Kompensationsregler

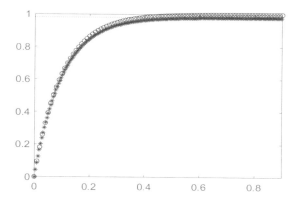

Bild A.22 Sprungantworten $G_w(s)$ und $G_M(s)$ des Regelkreises zu Aufgabe 13.1

Aufgabe 13.2

Es werden alle vier Eingangswerte (0, 0), (0, 1), (1, 0) und (1, 1) nacheinander dem KNN vorgegeben. Die Netzantwort $y = 1$ wird zur Klasse A und $y = 0$ zur Klasse B zugeordnet.

Die Lösung ist im **Bild A.23** gezeigt. Daraus erkennt man sofort, dass das KNN die logische Funktion XOR gelernt hat. Charakteristisch für die Mehrschicht-KNN ist die Klassifizierung mit Hilfe von mehreren Geraden.

Das entsprechende MATLAB®-Skript ist unten gezeigt.

```
x1 = 1;  x2 = 1;                    % Eingabe für Punkt (1, 1)
Av = – 6.4 * x1 – 6.4 * x2 + 2.2;   % Aktivierung des verdeckten Neurons
v = 1 / (1 + exp (– Av) );          % Ausgang des verdeckten Neurons
```

```
Ay = –4.2 * x1 –4.2 * x2 – 9.4 * v + 6.3;     % Aktivierung des Ausgangsneurons
   if Ay > 0                                  % Transferfunktion
           y = 1;                             % Klasse A
           plot (x1, x2, 'x');                % Graphische Darstellung mit „x"-Zeichen
   elseif Ay < 0
           y = 0;                             % Klasse B
           plot (x1, x2,'o');                 % Graphische Darstellung mit "o"-Zeichen
   end                                        % Ende der if-Blocks
   hold on                                    % Die Grafik im Fenster halten
```

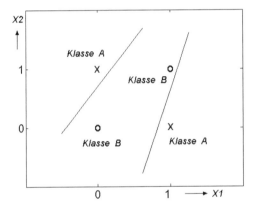

Bild A.23 Klasseneinteilung des trainierten KNN

Aufgabe 14.1

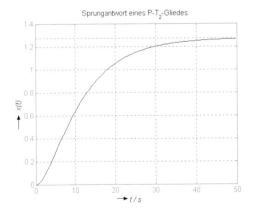

Bild A.24 Sprungantwort eines P-T$_2$-Gliedes
mit $s_{\mathrm{p1}} = -0,29$ und $s_{\mathrm{p2}} = -0,11$

Die Sprungantwort (**Bild A.24**) des Regelkreises mit Übertragungsfunktion

$$G(s) = \frac{K_0}{(s - s_{\mathrm{P1}})(s - s_{\mathrm{P2}})},$$

mit

$K_0 = 0,041$

$s_{\mathrm{p1}} = -0,29$

$s_{\mathrm{p2}} = -0,11$

ist nach dem folgenden Programm simuliert:

```
» z = [ ];
» p = [ – 0.29   –0.11 ];
» k = 0.041;
» [ num, den ] = zp2tf ( z, p, k ) ;
» step ( num, den, 'k' )
```

Aufgabe 14.2

Nach MATLAB®-Anweisungen

```
» pol = [ 0.1   0.6   1];
```

```
» roots(pol)
```
werden die Polstellen des Nennpolynoms ermittelt

```
ans =

        -3.0000 +1.0000i

        -3.0000 -1.0000i
```
und in das folgende Programm eingesetzt.

```
» z = [ ];
```
```
» p  = [-3.0000+1.0000i    -3.0000 -1.0000i ];
```
```
» k = 0.4;
```
```
» [ num, den ] = zp2tf ( z, p, k ) ;
```
```
» step( num, den )
```

Aufgabe 14.3

Zunächst wird die Übertragungsfunktion des PID-Reglers $G_R(s)$, wie in Beispiel 5.3. gezeigt, in zwei PD-Glieder $G_1(s)$, $G_2(s)$ und ein I-Glied $G_3(s)$ zerlegt:

$$G_R (s) = G_1(s) \cdot G_2(s) \cdot G_3(s) = K_{PR} \frac{(1 + sT'_n)(1 + sT'_v)}{sT_n} .$$

Die Zeitkonstanten sind:

$$T'_n = 7{,}24\,\text{s} ; \quad T'_v = 2{,}76\,\text{s}, \quad T_n = T'_n + T'_v = 10\,\text{s} .$$

Die Berechnung des Amplituden- und Phasenganges erfolgt nach folgenden Formeln:

$$\text{abs}G1 = 20\lg\left| G_1(j\omega) \right| = 20\lg K_{PR} + 10\lg[1 + (\omega T'_n)^2] \quad \varphi_1 = \arctan \omega T'_n$$

$$\text{abs}G2 = 20\lg\left| G_2(j\omega) \right| = 10\lg[1 + (\omega T'_v)^2] \qquad \varphi_2 = \arctan \omega T'_v$$

$$\text{abs}G3 = 20\lg\left| G_3(j\omega) \right| = -20\lg(\omega T_n) \qquad \varphi_3 = -\pi / 2 .$$

Der Verlauf des ermittelten Bode-Diagramms ist im **Bild A.25** gezeigt. Die mit MATLAB-Editor manuell eingetragenen Asymptoten lassen die Ergebnisse auswerten. Der ω-Bereich von $10^{-2}\,\text{s}^{-1}$ bis $10^{-1}\,\text{s}^{-1}$ ist durch Eckfrequenzen ω_{E1} und ω_{E2} (Variablen *omn*, *omv*) unterteilt:

$$\omega_{E1} = 1/ T'_n = 0{,}138\ \text{s}^{-1} \qquad \omega_{E2} = 1/ T'_v = 0{,}362\ \text{s}^{-1}.$$

Der Amplitudengang des I-Gliedes soll die ω-Achse für $K_{I0} = K_{PR}/T_n = 2\ \text{s}^{-1}$ schneiden. Der K_{PR}-Wert kann aus $20 \cdot \lg (K_{PR}) = 26$ dB ermittelt werden. Für $\varphi(\omega_0) = 0°$ wird

$$\omega_0 = \frac{1}{\sqrt{T_n T_v}} = 0{,}223\,\text{s}^{-1} \quad \text{und} \quad \left| G_R (j\omega_0) \right| = K_{PR} .$$

Das detaillierte MATLAB®-Skript ist unten gezeigt.

```
K = 20; Tn = 7.24; Tv = 2.76;                    % Eingabe von Parametern
w = logspace(-2,1);                              % ω-Bereich 10⁻² s⁻¹ bis 10¹ s⁻¹
omn  = w*Tn; omv  = w*Tv;                        % ω Tn und ω Tv
omnv = w*(Tn+Tv);                                % ω (Tn + Tv)
absG1 = 20*log10(K)+10*log10(1+omn.*omn) ;       % Berechnung des Amplitudengangs
absG2 = 10*log10(1+omv.*omv);
absG3 = -10*log10(omnv.*omnv);
absG = absG1 + absG2+absG3;
subplot(211);                                    % Das erste Fenster öffnen
semilogx(w, absG); grid;                         % Ausgabe des Amplitudengangs
subplot(212);                                    % Das zweite Fenster öffnen
phi1= atan(omn);   phi2=atan(omv);               % Berechnung des Phasengangs
phi3=-pi/2;          phi = phi1+phi2+phi3;
semilogx(w, phi*180/pi); grid;                   % Der Phasengang (in Grad)
```

Das Programmtext mit dem *Control System Toolbox* ist viel kürzer:

```
K = 20; Tn = 7.24; Tv = 2.76;                    % Eingabe von Parametern
s = tf('s');                                     % Laplace-Operator
GR=K*(1+s*Tn)*(1+s*Tv)/(s*Tn);                   % Übertragungsfunktion
bode(GR, {0.02,10})                              % Bode-Diagramm in ω= {0.02,10})
grid;                                            % Netzgitter
```

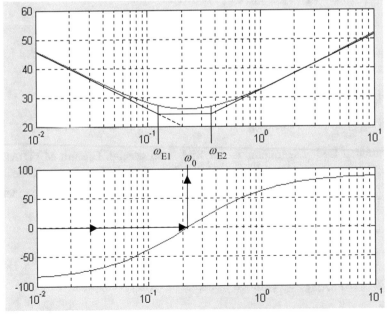

Bild A.25 Bode-Diagramm eines PID-Gliedes mit $K_{PR} = 20$; $T_n' = 7{,}24\,\text{s}$; $T_v' = 2{,}76\,\text{s}$

Anhang

Rechenregeln der Laplace-Transformation

Satz	Rechenregel
Definition der Laplace-Transformation	$$L[x(t)] = x(s) = \int_0^\infty x(t) \cdot e^{-st} \cdot dt$$
Linearitätssatz	$$L[a \cdot x_1(t) + b \cdot x_2(t)] = a \cdot L[x_1(t)] + b \cdot L[x_2(t)]$$
Dämpfungssatz	$$L[e^{-at} \cdot x(t)] = x(s+a) \text{ mit } x(s) = L[x(t)]$$
Differentiationssatz	$$L\left[\frac{d^n x(t)}{dt^n}\right] =$$ $$= s^n \cdot L[x(t)] - s^{n-1} \cdot x(0) - s^{n-2} \cdot \dot{x}(0) - \dots - s \cdot x^{(n-2)}(0) - x^{(n-1)}(0)$$
Integrationssatz	$$L\left[\int_0^t x(\tau) \cdot d\tau\right] = \frac{1}{s} \cdot L[x(t)]$$
Verschiebungssatz	$$L[x(t-\tau)] = e^{-s\tau} \cdot L[x(t)] \text{ für } \tau \geq 0$$
Anfangswertsatz	$$\lim_{t \to 0} x(t) = \lim_{s \to \infty} s \cdot x(s)$$
Endwertsatz	$$\lim_{t \to \infty} x(t) = \lim_{s \to 0} s \cdot x(s)$$
Faltungssatz	$$L[x_1(t)] \cdot L[x_2(t)] = \int_0^t x_1(\tau) \cdot x_2(t-\tau) \cdot d\tau = \int_0^t x_1(t-\tau) \cdot x_2\tau \cdot d\tau$$
Residuensatz für eine n-fache Polstelle in $s = a$	$$\text{Res}\left[G(s)\,e^{st}\right]_{s=a} = \frac{1}{(n-1)!} \lim_{s \to a} \frac{d^{n-1}}{ds^{n-1}}\left[(s-a)^n \cdot G(s)\,e^{st}\right]$$

© Springer Fachmedien Wiesbaden GmbH, ein Teil von Springer Nature 2022
S. Zacher und M. Reuter, *Regelungstechnik für Ingenieure*,
https://doi.org/10.1007/978-3-658-36407-6

Korrespondenztabelle

Nr.	$f(s)$	$f(t)$ (für $t < 0$ ist $f(t) = 0$)
1	1	$\delta(t) = \begin{cases} \infty & \text{für } t = 0 \\ 0 & \text{für } t \neq 0 \end{cases}$
2	$\dfrac{1}{s}$	1
3	$\dfrac{1}{s^n}$	$\dfrac{t^{n-1}}{(n-1)!}$
4	$\dfrac{1}{s + \alpha}$	$e^{-\alpha t}$
5	$\dfrac{1}{s(s + \alpha)}$	$\dfrac{1}{\alpha}\left(1 - e^{-\alpha t}\right)$
6	$\dfrac{s}{s^2 + \omega^2}$	$\cos \omega t$
7	$\dfrac{\omega}{s^2 + \omega^2}$	$\sin \omega t$
8	$\dfrac{1}{(s + \alpha)(s + \beta)}$	$\dfrac{e^{-\beta t} - e^{-\alpha t}}{\alpha - \beta}$
9	$\dfrac{1}{(s + \alpha)^n}$ für $n > 0$	$\dfrac{t^{n-1}}{(n-1)!} \cdot e^{-\alpha t}$
10	$\dfrac{1}{s(s + \alpha)^n}$	$\dfrac{1}{\alpha^n}\left[1 - \left(\displaystyle\sum_{v=0}^{n-1} \dfrac{(\alpha t)^v}{v!}\right) \cdot e^{-\alpha t}\right]$
11	$\dfrac{1}{s^2 + s \cdot 2\alpha + \beta^2}$	$\dfrac{1}{2w} \cdot \left(e^{s_1 t} - e^{s_2 t}\right) \qquad D = \dfrac{\alpha}{\beta} > 1$ $\dfrac{1}{\omega} \cdot e^{-\alpha t} \cdot \sin \omega t \qquad (D < 1)$
12	$\dfrac{s}{s^2 + s \cdot 2\alpha + \beta^2}$	$\dfrac{1}{2w} \cdot \left(s_1 e^{s_1 t} - s_2 e^{s_2 t}\right) \qquad D = \dfrac{\alpha}{\beta} > 1$ $e^{-\alpha t} \cdot \left(\cos \omega t - \dfrac{\alpha}{\omega} \cdot \sin \omega t\right) \qquad (D < 1)$
13	$\dfrac{1}{s(s^2 + s\,2\alpha + \beta^2)}$	$\dfrac{1}{\beta^2} \cdot \left(1 + \dfrac{s_2}{2w} \cdot e^{s_1 t} - \dfrac{s_1}{2w} \cdot e^{s_2 t}\right) \qquad D = \dfrac{\alpha}{\beta} > 1$ $\dfrac{1}{\beta^2} \cdot \left[1 - (\cos \omega t + \dfrac{\alpha}{\omega} \cdot \sin \omega t) \cdot e^{-\alpha t}\right] \ (D < 1)$

In den Beziehungen 11, 12 und 13 ist: $w = \sqrt{\alpha^2 - \beta^2}$; $\omega = \sqrt{\beta^2 - \alpha^2}$; $s_{1,2} = -\alpha \pm w = -\alpha \pm j\omega$

Sätze der Laplace- und z-Transformation

Sätze	Kontinuierliche Systeme	Abtastung
Faltung	$$y(t) = \int_0^\infty x(\tau)\, g(t-\tau)\, d\tau$$	$$y(nT) = \sum_{k=0}^\infty x(kT) \cdot g[(n-k)T]$$
Transformation	*Laplace-Transformation* $$f(s) = \int_0^\infty f(t)\, e^{-st}\, dt = L[f(t)]$$	*z-Transformation* $$f(z) = \sum_{k=0}^\infty f(kT) \cdot z^{-k} = Z[x(kT)]$$
Inverse Transformation	$$f(t) = \frac{1}{2\pi j} \oint f(s)\, e^{st}\, ds$$ $$= L^{-1}[f(s)]$$	$$f(kT) = \frac{1}{2\pi j} \oint f(z)\, z^{k-1}\, dz$$ $$= Z^{-1}[f(z)]$$
Linearität	$$L[c_1 f_1(t) + c_2 f_2(t)]$$ $$= c_1 \cdot f_1(s) + c_2 \cdot f_2(s)$$	$$Z[c_1 f_1(kT) + c_2 f_2(kT)]$$ $$= c_1 \cdot f_1(z) + c_2 \cdot f_2(z)$$
Verschiebungssätze	$$L[f(t-a)] = f(s) \cdot e^{-as}$$ $$L[x(t+a)]$$ $$= [f(s) - \int_0^a f(t)\, e^{-st}\, dt]\, e^{as}$$	$$Z[f(kT - nT)] = f(z) \cdot z^{-n}$$ $$Z[x(kT + nT)]$$ $$= [f(z) - \sum_{q=0}^{n-1} f(qT)\, z^{-q}]\, z^n$$
Dämpfungssatz	$$L[f(t) \cdot e^{-st}] = f(s+a)$$	$$Z[f(kT) \cdot e^{-akT}] = f(z \cdot e^{aT})$$
Anfangswertsatz	$$f(+0) = \lim_{s \to \infty} s \cdot f(s)$$	$$f(0) = \lim_{z \to \infty} f(z)$$
Endwertsatz	Wenn $\lim_{t \to \infty} f(t)$ existiert, dann ist $$\lim_{t \to \infty} f(t) = \lim_{s \to 0} s \cdot f(s)$$	Wenn $\lim_{k \to \infty} f(kT)$ existiert, dann ist $$\lim_{k \to \infty} f(kT) = \lim_{z \to 1} \frac{z-1}{z}\, f(z)$$
Stabilität	$$\int_0^\infty |g(t)|\, dt < \infty$$ Alle Pole von $G(s)$ in der linken s-Halbebene	$$\sum_{k=0}^\infty |g(kT)| < \infty$$ Alle Pole von $G(z)$ im Inneren des Einheitskreises der z-Ebene

Tabelle der Laplace- und z-Transformation

Für $t < 0$ ist $f(t) = 0$

Nr.	Funktion im Zeitbereich $f(t)$	Laplace-Transformierte im Bildbereich $f(s)$	Diskrete Laplace-Transformierte nach z-Transformation $f(z)$
1	1	$\dfrac{1}{s}$	$\dfrac{z}{z-1}$
2	t	$\dfrac{1}{s^2}$	$\dfrac{Tz}{(z-1)^2}$
3	t^2	$\dfrac{2}{s^3}$	$\dfrac{T^2 z\,(z+1)}{(z-1)^3}$
4	t^3	$\dfrac{6}{s^4}$	$\dfrac{T^3 z\,(z^2+4z+1)}{(z-1)^4}$
5	t^n	$\dfrac{n!}{s^{n+1}}$	$\displaystyle \lim_{s_1 \to 0} \frac{\partial^n}{\partial s_1^n}\left(\frac{z}{z-e^{s_1 T}}\right)$ bzw. $-zT \cdot \dfrac{\partial}{\partial z}\{Z[(kT)^{n-1}]\}$
6	e^{-at}	$\dfrac{1}{s+a}$	$\dfrac{z}{z-e^{-aT}}$
7	$t \cdot e^{-at}$	$\dfrac{1}{(s+a)^2}$	$\dfrac{e^{-aT} \cdot Tz}{(z-e^{-aT})^2}$
8	$t^2 \cdot e^{-at}$	$\dfrac{2}{(s+a)^3}$	$\dfrac{e^{-aT} \cdot (z+e^{-aT})\,T^2 z}{(z-e^{-aT})^3}$
9	$t^n \cdot e^{s_1 t}$	$\dfrac{n!}{(s-s_1)^{n+1}}$	$\dfrac{\partial^n}{\partial s_1^n}\left(\dfrac{z}{z-e^{s_1 T}}\right)$
10	$1 - e^{-at}$	$\dfrac{a}{s\,(s+a)}$	$\dfrac{(1-e^{-aT})\,z}{(z-1)(z-e^{-aT})}$

Fortsetzung Tabelle der Laplace- und z-Transformation

Nr.	Funktion im Zeitbereich $f(t)$	Laplace-Transformierte im Bildbereich $f(s)$	Diskrete Laplace-Transformierte nach z-Transformation $f(z)$
11	$at - 1 + e^{-at}$	$\dfrac{a^2}{s^2(s+a)}$	$\dfrac{(aT-1+e^{-aT})z^2 + (1-aTe^{-aT}-e^{-aT})z}{(z-1)^2(z-e^{-aT})}$
12	$e^{-at} - e^{-bt}$	$\dfrac{b-a}{(s+a)(s+b)}$	$\dfrac{(e^{-aT}-e^{-bT})z}{(z-e^{-aT})(z-e^{-bT})}$
13	$(a-b)+$ $+ be^{-at} -$ $- ae^{-bt}$	$\dfrac{ab(a-b)}{s(s+a)(s+b)}$	$\dfrac{z}{(z-1)(z-e^{-aT})(z-e^{-bT})} \cdot$ $\cdot \{(a-b-ae^{-bT}+be^{-aT})z +$ $+ [(a-b)e^{-(a+b)T} - ae^{-aT} +$ $+ be^{-bT}]\}$
14	$ab(a-b)\cdot t +$ $+ (b^2-a^2) -$ $- b^2 e^{-at} +$ $+ a^2 e^{-bt}$	$\dfrac{a^2 b^2 (a-b)}{s^2(s+a)(s+b)}$	$\dfrac{ab(a-b)Tz}{(z-1)^2} + \dfrac{(b^2-a^2)z}{z-1} -$ $- \dfrac{b^2 z}{z-e^{-aT}} + \dfrac{a^2 z}{z-e^{-bT}}$
15	$\sin \omega t$	$\dfrac{\omega}{s^2+\omega^2}$	$\dfrac{z \cdot \sin \omega T}{z^2 - 2z \cdot \cos \omega T + 1}$
16	$\cos \omega t$	$\dfrac{s}{s^2+\omega^2}$	$\dfrac{z(z-\cos \omega T)}{z^2 - 2z \cdot \cos \omega T + 1}$
17	$e^{-at} \sin \omega t$	$\dfrac{\omega}{(s+a)^2+\omega^2}$	$\dfrac{z \cdot e^{-aT} \cdot \sin \omega T}{z^2 - 2z \cdot e^{-aT} \cdot \cos \omega T + e^{-2aT}}$
18	$e^{-at} \cos \omega t$	$\dfrac{s+a}{(s+a)^2+\omega^2}$	$\dfrac{z^2 - z \cdot e^{-aT} \cdot \cos \omega T}{z^2 - 2z \cdot e^{-aT} \cdot \cos \omega T + e^{-2aT}}$
	Spezialfall: $\omega T = \pi$ $e^{-akT} \cdot \cos(\omega k T) = (-e^{-aT})^k$		$\dfrac{z}{z+e^{-aT}}$

Tabelle der wichtigsten Regelkreisglieder

Regel-kreis-glied	Differentialgleichung	Übertragungsfunktion $G(s) = \dfrac{x_a(s)}{x_e(s)}$	Sprungantwort
P	$x_a(t) = K_P\, x_e(t)$	$G_S(s) = K_P$	x_a; $K_P x_{e0}$; t
P-T$_1$	$T_1 \dot{x}_a(t) + x_a(t) = K_P\, x_e(t)$	$\dfrac{K_P}{1 + sT_1}$	x_a; T_1; $K_P x_{e0}$; $0{,}63\, x_a(\infty)$; t
P-T$_2$	$\underbrace{T_1 T_2}_{a_2}\ddot{x}_a(t) + \underbrace{(T_1 + T_2)}_{a_1}\dot{x}_a(t) +$ $+\, x_a(t) = K_P\, x_e(t)$ aperiodischer Verlauf bei $D \geq 1$ mit $D = \dfrac{\alpha}{\beta}$	$\dfrac{K_P}{(1 + sT_1)(1 + sT_2)}$ $\approx \dfrac{K_P}{1 + sT_g}\, e^{-sT_u}$	x_a; T_g; $K_P x_{e0}$; T_u; t
	$\underbrace{\dfrac{1}{\beta^2}}_{a_2}\ddot{x}_a(t) + \underbrace{\dfrac{2D}{\beta}}_{a_1}\dot{x}_a(t) + x_a(t)$ $= K_P\, x_e(t)$ gedämpft schwingend bei $0 < D < 1$	$\dfrac{K_P}{a_2 s^2 + a_1 sT + 1}$ $= \dfrac{K_P \beta^2}{s^2 + s \cdot 2\alpha + \beta^2}$	x_a; x_m; $K_P x_{e0}$; t
I	$x_a(t) = K_I \displaystyle\int x_e(t)\, dt$	$\dfrac{K_I}{s}$	x_a; $K_I x_{e0}$; x_{e0}; $1/K_I$; 1; t
I-T$_1$	$T_1 \dot{x}_a(t) + x_a(t) = K_I \displaystyle\int x_e(t)\, dt$	$\dfrac{K_I}{s\,(1 + sT_1)}$	x_a; $K_I x_{e0}$; T_1; 1

Ortskurve	Bode-Diagramm	Pol-Null-Stellen-Verteilung	Beispiel
Im, K_P, Re	$|G|_{dB}$, $20 \lg K_P$, ω; $\varphi(\omega)$, $0°$	$j\omega$, s - Ebene, σ	R_1, x_e, R_2, x_a
Im, $\omega = \infty$, K_P, $\omega = 0$, Re, ω, $\omega_E = 1/T_1$	$|G|_{dB}$, $20 \lg K_P$, ω, $1/T_1$, -20 dB/Dek; $\varphi(\omega)$, $0°$, $-90°$	$j\omega$, s_1, σ, $-\dfrac{1}{T_1}$	R, x_e, C, x_a, $T_1 = RC$
Im, ∞, K_P, $\omega = 0$, Re, $1/T_2$, ω	$|G|_{dB}$, $D = 0$, $0 < D < 1$, $D > 1$, $20 \lg K_P$, ω, -40 dB/Dek; $\varphi(\omega)$, $0°$, $D = 0$, ω, $0 < D < 1$, $-90°$, $D > 1$, $-180°$	$j\omega$, s_2, s_1, σ ; $j\omega$, s_1, σ, s_2	R_1, R_2, x_e, C_1, C_2, x_a ; R, L, x_e, C, x_a
Im, $\omega = \infty$, Re, -1, $\omega = K_I$, $\omega = 0$	$|G|_{dB}$, K_I, ω, -20 dB/Dek; $\varphi(\omega)$, $0°$, $-90°$	$j\omega$, s_1, σ	x_a, $x_e = n$, $a = 1/K_I$
Im, $\omega = \infty$, Re, $\omega = 1/T_1$, $K_I T_1$, $\omega = 0$	$|G|_{dB}$, -20 dB/Dek, 0 dB, K_I, ω, -40 dB/Dek; $\varphi(\omega)$, $1/T_1$, $-90°$, $-180°$	$j\omega$, s_1, s_2, σ, $-\dfrac{1}{T_1}$	x_e, x_a

Fortsetzung Tabelle der wichtigsten Regelkreisglieder

Regel-kreis-glied	Differentialgleichung	Übertragungsfunktion	Sprungantwort
D	$x_a(t) = K_D\, \dot{x}_e(t)$	$s \cdot K_D$	
D-T$_1$	$T_1 \dot{x}_a(t) + x_a(t) = K_D\, \dot{x}_e(t)$	$\dfrac{s \cdot K_D}{1 + sT_1}$	
PI	$x_a(t) =$ $= K_P\left[x_e(t) + \dfrac{1}{T_n}\int x_e(t)\,dt \right]$	$K_P\left(1 + \dfrac{1}{sT_n}\right)$ bzw. $K_P\,\dfrac{1 + sT_n}{sT_n}$	
PI-T$_1$	$T_1 \dot{x}_a(t) + x_a(t) =$ $= K_P\left[x_e(t) + \dfrac{1}{T_n}\int x_e(t)\,dt \right]$	$\dfrac{K_P(1 + sT_n)}{sT_n(1 + sT_1)}$	
PD	$x_a(t) = K_P\left[x_e(t) + T_v \dot{x}_e(t) \right]$	$K_P(1 + sT_v)$	
PD-T$_1$ mit $T_v > T_1$	$T_1 \dot{x}_a(t) + x_a(t) =$ $= K_P\left[x_e(t) + T_v \dot{x}_e(t) \right]$	$K_P\,\dfrac{1 + sT_v}{1 + sT_1}$	

Ortskurve	Bode-Diagramm	Pol-Null-Stellen-Verteilung	Beispiel
Im; $\omega \to \infty$; Re; $\omega = 0$	$\lvert G\rvert_{dB}$; $\dfrac{1}{K_D}$; ω; $+20$ dB/Dek; $\varphi(\omega)$; $90°$; $0°$; ω	$j\omega$; s_{N1}; σ	x_e; C; $i = x_a$
Im; 0; $1/T_1$; ω; ∞; Re; K_D/T_1	$\lvert G\rvert_{dB}$; $\dfrac{1}{K_D}$; $1/T_1$; ω; $+20$ dB/Dek; $\varphi(\omega)$; $90°$; $0°$; ω	$j\omega$; s_1; s_{N1}; σ; $1/T_1$	C; x_e; R; x_a; $T_1 = RC$
Im; $\omega = \infty$; Re; K_P; ω; $\omega = 0$	$\lvert G\rvert_{dB}$; $-20\,\dfrac{dB}{Dek}$; $20\lg K_P$; $1/T_n$; ω; $\varphi(\omega)$; $0°$; $-90°$	$j\omega$; s_{N1}; s_1; σ; $1/T_n$	$x_e = F$; x_a
Im; Re; ∞; $K_P\left(1-\dfrac{T_1}{T_n}\right)$; ω	$\lvert G\rvert_{dB}$; -20dB/Dek; $20\lg K_P$; -20dB/Dek; $\varphi(\omega)$; $1/T_n$; $1/T_1$; ω; $0°$; $-90°$	$j\omega$; $1/T_1$; s_{N1}; σ; s_2; s_1; $1/T_n$	x_e; M; R; R_p; C; x_a
Im; $\omega \to \infty$; ω; K_P; $\omega = 0$; Re	$\lvert G\rvert_{dB}$; $+20$ dB/Dek; $20\lg K_P$; $\varphi(\omega)$; $1/T_v$; $90°$; $0°$; ω	$j\omega$; s_{N1}; σ; $1/T_v$	$x_e = \alpha$; x_a; TG
Im; ω; $1/T_1$; 0; ∞; K_P; $K_P T_V/T_1$	$\lvert G\rvert_{dB}$; $+20$dB/Dek; $20\lg K_P$; $1/T_v$; $1/T_1$; ω; $\varphi(\omega)$; $90°$; $0°$; ω	$j\omega$; $1/T_1$; s_{N1}; σ; s_1; $1/T_v$	C; x_e; R_1; R_2; x_a; $T_1 = (R_1 \parallel R_2)\cdot C$

Fortsetzung Tabelle der wichtigsten Regelkreisglieder

Glied	Differentialgleichung	Übertragungsfunktion	Sprungantwort
PP-T$_1$ mit $T_v < T_1$	$T_1 \dot{x}_a(t) + x_a(t) =$ $= K_P \left[x_e(t) + T_v \dot{x}_e(t) \right]$	$K_P \dfrac{1 + sT_v}{1 + sT_1}$	
PID	$x_a(t) = K_P\, x_e(t) +$ $+ K_P \dfrac{1}{T_n} \displaystyle\int x_e(t)\, dt$ $+ K_P T_v \dot{x}_e(t)$	Additive Form: $K_P\left(1 + \dfrac{1}{sT_n} + sT_v \right)$ Multiplikative Form: $K_P' \dfrac{(1 + sT_n')(1 + sT_v')}{sT_n'}$	
PID-T$_1$	$T_1 \dot{x}_a(t) + x_a(t) =$ $= K_P\, x_e(t)$ $+ K_P \dfrac{1}{T_n} \displaystyle\int x_e(t)\, dt$ $+ K_P T_v \dot{x}_e(t)$ mit $K_P = K_P'\left(1 + \dfrac{T_v'}{T_n'} \right)$ $T_n = T_n' + T_v'$ $T_v = \dfrac{T_n' T_v'}{T_n' + T_v'}$	Additive Form: $K_P \dfrac{s^2 T_n T_v + sT_n + 1}{sT_n(1 + sT_1)}$ Multiplikative Form: $K_P' \dfrac{(1 + sT_n')(1 + sT_v')}{sT_n'(1 + sT_1)}$	
T$_t$	$x_a(t) = x_e(t - T_t)$	$G(s) = e^{-sT_t}$	

Ortskurve	Bode-Diagramm	Pol-Nullstellen	Beispiel

Row 1:

Ortskurve: Im, $K_P T_V/T_1$, ∞, 0, ω, $1/T_1$, K_P

Bode-Diagramm: $|G|_{dB}$, $-20dB/Dek$, $20\lg K_P$, $\varphi(\omega)$, $1/T_1$ $1/T_v$, ω, $0°$, $-90°$

Pol-Nullstellen: $\frac{1}{T_v}$, $j\omega$, s_1, σ, s_{N1}, $-\frac{1}{T_1}$

Beispiel: R_1, R_2, x_e, x_a, C

Row 2:

Ortskurve: Im, K_P, ω, Re

Bode-Diagramm: $|G|_{dB}$, $-20dB/Dek$, $+20$, $20\lg K_P$, $1/T_n$ $1/T_v$, ω, $\varphi(\omega)$, $90°$, $0°$, $-90°$, ω

Pol-Nullstellen: $j\omega$, $\frac{1}{T_v'}$, σ, $\frac{1}{T_n'}$

Beispiel: 1 P-Anteil, X_e, X_a, $\frac{s}{-}$ D-Anteil, $\frac{1}{s}$ I-Anteil

Row 3:

Ortskurve: Im, $K_P T_v/T_1$, K_P, ω, Re, $K_P(1-T_1/T_n)$

Bode-Diagramm: $|G|_{dB}$, $-20dB/Dek$, $+20$, $20\lg K_P$, $1/T_n$ $1/T_v$ $1/T_1$, ω, $\varphi(\omega)$, $90°$, $0°$, $-90°$, ω

Pol-Nullstellen: $\frac{1}{T_1}$, $j\omega$, $\frac{1}{T_v'}$, σ, $\frac{1}{T_n'}$

Beispiel: x_e, x_a

Row 4:

Ortskurve: Im, 1, $\omega = 0$, Re, ω

Bode-Diagramm: $|G|_{dB}$, ω, $\varphi(\omega)$, $1/T_t$ π/T_t, $0°$, $-90°$, $-57,3°$, $-180°$

Pol-Nullstellen: $j\omega$, s_1, s_2, s_{N1}, σ, s_n, s_{Nn}

Beispiel: x_e, x_a, l, v, $T_t = l/v$

Literaturverzeichnis

[1]   Abel, D; Bollig, A.: *Rapid Control Prototyping*, Springer-Verlag, Berlin/Heidelberg. 2006

[2]   Ackermann, J.: *Abtastregelung*, Springer-Verlag, Berlin / Heidelberg / New York, 3.Auflage, 1988

[3]   Adamy, J.: *Nichtlineare Regelungen*, Springer-Verlag, Berlin / Heidelberg, 2009

[4]   Albertos, P.; Sala A: *Multivariable Control Systems*, Springer-Verlag, Berlin / Heidelberg / New York, 3th Edition (engl), 2004

[5]   Altrock von, C.: *Fuzzy-Logic*, Verlag R. Oldenbourg, München / Wien, Band I, 2.Auflage, 1995, Band III, 1995

[6]   Angermann, A.; Beuschel, M.; Rau, M.; Wohlfahrt, U.: *Matlab-Simulink-Stateflow*, 5. Auflage, Verlag R. Oldenbourg, München / Wien, 2007

[7]   Astrom, K. J.; Murrey R.: *Feedback Systems*, Princeton University Press, Princeton, New Jersey (engl), 2008

[8]   Bach, H.; Baugarth, S.; Forsch, K.: *Regelungstechnik in der Versorgungstechnik*, Verlag C. F. Müller, Karlsruhe, 3. Auflage, 1992

[9]   Baumgarth, S.; Karbach, A.; Otto, D.; Schernus, G.-P.; Tresch, W.: *Digitale Regelung und Steuerung in der Versorgungstechnik.* Springer-Verlag, Berlin / Heidelberg, 1995

[10] Becker, C.; Litz, L.; Siffling, G.: *Regelungstechnik Übungsbuch*, 4. Auflage, Hüthig Verlag, Heidelberg, 1993

[11] Beier, T.; Wurl, P.: *Regelungstechnik*, Carl Hanser Verlag, 2. Auflage, 2013

[12] Berger, M.: *Grundkurs Regelungstechnik. Mit Anwendung der Student Edition of MATLAB und SIMULINK*, Verlag Book on Demand GmbH, 2001

[13] Bergmann, J.: *Lehr- und Übungsbuch Automatisierungs- und Prozessleittechnik*, Fachbuchverlag Leipzig im Carl Hanser Verlag, München / Wien, 1999

[14] Bernstein, H.: *Regelungstechnik. Theorie und Praxis mit WinFACT und Multisim*, Verlag Elektor, 2012

[15] Besekerski, V.; Popov, E.: *Theorie der Regelungstechnik*, Verlag Professia, Moskau, 4. Auflage (russ), 2004

[16] Beucher, O.: *MATLAB und Simulink*. MITP-Verlag, 2013

[17] Bode, H.: *MATLAB-Simulink*, Verlag B.G. Teubner, Wiesbaden, 2. Auflage, 2006

[18] Bode, H.: *MATLAB in der Regelungstechnik*, Verlag Teubner, Stuttgart/Leipzig, 1998

[19] Börcsök, J.: *Fuzzy Control*, Verlag Technik, Berlin, 2002

[20] Braun, A.: *Digitale Regelungstechnik*, Verlag R. Oldenbourg, München / Wien, 1997

[21] Braun, A.: *Grundlagen der Regelungstechnik*, Fachbuchverlag Leipzig im Carl Hanser Verlag, München / Wien, 2005

[22] Brouer, B.: *Regelungstechnik für Maschinenbauer*, Verlag B.G. Teubner, Wiesbaden, 2. Auflage, 1998

© Springer Fachmedien Wiesbaden GmbH, ein Teil von Springer Nature 2022
S. Zacher und M. Reuter, *Regelungstechnik für Ingenieure*,
https://doi.org/10.1007/978-3-658-36407-6

[23]   Busch, P.: *Elementare Regelungstechnik*, Vogel Buchverlag, Würzburg, 6. Auflage, 2005

[24]   Chen, C.-T.: *Linear System Theory and Design*, Oxford University Press, (engl), 2000

[25]   Cremer, H.; Kolberg, *F.: Zur Stabilitätsprüfung von Regelungssystemen mittels Zweiorts-kurvenverfahren*, Springer Fachmedien Wiesbaden GmbH, 1964

[26]   Doetsch, G.: *Anleitung zum praktischen Gebrauch der Laplace-Transformation*, Verlag R. Oldenbourg, München, 1967

[27]   Dorf, R.; Bishop, R.: *Modern Control Systems,* Prentice Hall Inc., Englewood Cliffs, 11th Edition (engl), 2007

[28]   Dorf, R.; Bishop, R.: *Moderne Regelungssysteme*, Pearson Education GmbH, München, 10. Auflage, 2006

[29]   Dörrscheidt, F.; Latzel, W.: *Grundlagen der Regelungstechnik*, Verlag B.G. Teubner, Stuttgart, 2. Auflage, 1993

[30]   Doyle, J; Francis, B.; Tannenbaum, A.: *Feedback Control Theory*, Macmilan Publishing Co Inc., New York, (engl), 1990

[31]   Ebel, T: *Beispiele und Aufgaben zur Regelungstechnik*, Verlag Teubner, Stuttgart, 1991

[32]   Favre-Bulle, B.: *Automatisierung komplexer Industrieprozesse*, Springer-Verlag, Berlin / Heidelberg, 2004

[33]   Feindt, E.-G.: *Computersimulation von Regelungen*, Verlag R.Oldenbourg, München / Wien, 1999

[34]   Feindt, E.-G.: *Regeln mit dem Rechner*, Verlag R. Oldenbourg, München / Wien, 1994

[35]   Föllinger, O.; Dörrscheidt, F.; Klittich, M.: *Regelungstechnik*, Verlag Hüthig, Heidelberg, 10. Auflage, 2008

[36]   Föllinger, O.; Kluwe, M: *Laplace-, Fourier- und z-Transformation*, Verlag Hüthig, Heidelberg, 9. Auflage, 2007

[37]   Föllinger, O.: *Nichtlineare Regelungen*, Verlag R.Oldenbourg, München / Wien, 8. Auflage, Band 1, 1998, Band 2, 3, 1969/70

[38]   Föllinger, O.: *Lineare Abtastsysteme*, Verlag R. Oldenbourg, München / Wien, 1974

[39]   Franklin, G. F.; Powell J.D.; Emami Naieni A.: *Feedback Control of Dynamic Systems*, Prentice Hall Inc., Englewood Cliffs, 5th Edition (engl), 2005

[40]   Friedland, B.: *Control System Design: An Introduction to State-Space Methods*, DoverPublications, (engl), 2005

[41]   Friedland, B.: *Advanced Control System Design*, Prentice Hall Inc., Englewood Cliffs, (engl), 1996

[42]   Garbrecht, F.-W.: *Digitale Regelungstechnik*, VDE-Verlag, Berlin / Offenbach, 1991

[43]   Gassmann, H.: *Regelungstechnik*, Verlag Harri Deutsch, Frankfurt a.M., 2. Auflage, 2004

[44]   Gassmann, H.: *Theorie der Regelungstechnik*, Verlag Harri Deutsch, Frankfurt am Main, 2. Auflage, 2003

[45]   Geering H. P.: *Regelungstechnik*, Springer-Verlag, Berlin, Heidelberg, New York, 6. Auflage, 2004

[46]   Glad, T.; Ljung, L.: *Control Theory: Multivariate & Nonlinear Methods*, CRC Publisher, (engl), 2000

[47]   Glattfelder, A.; Schaufelberger, W.: *Lineare Regelsysteme. Eine Einführung mit MATLAB*, vdf Hochschulverlag AG an der ETH Zürich, 1997

[48]   Goodwin, G.; Graebe, S.; Salgado, M.: *Control System Design*, Prentice Hall Inc., Englewood Cliffs, (engl), 2000

[49]   Große, N.; Schorn, W.: *Taschenbuch der praktischen Regelungstechnik*, Fachbuchverlag Leipzig im Carl Hanser Verlag, München / Wien, 2006

[50]   Grupp, F,; Grupp, F.: *MATLAB 7 für Ingenieure*, Verlag R.Oldenbourg, München / Wien, 4. Auflage, 2006

[51]   Günther, M.: *Kontinuierliche und zeitdiskrete Regelungen*, Verlag B.G. Teubner, Stuttgart, 1997

[52]   Hasenjäger, E.: *Regelungstechnik für Dummies*, Wiley-VCH Verlag, 2015

[53]   Hellerstein, J.; Diao, Y.; Perekh, S.; Tilbury, D.: *Feedback Control of Computing Systems*, Wilay-IEEE Press, (engl), 2004

[54]   Hoffmann, J.; Quint, F.: *Signalverarbeitung mit MATLAB und Simulink*, Verlag R.Oldenbourg, München / Wien, 2007

[55]   Hoffmann, J.; Brunner, U.: *MATLAB und Tools. Für die Simulation dynamischer Systeme*, Verlag Addison-Wesley-Longman, Bonn; 2002

[56]   Hoffmann, J.: *MATLAB und SIMULINK*, Verlag Addison-Wesley-Longman, Bonn, 1998

[57]   Holbrook, J.G.: *Laplace-Transformation*, Verlag Vieweg, Braunschweig, 1970

[58]   Horn, M.; Dourdoumas, N.: *Regelungstechnik*, Pearson Education GmbH, München, 2006

[59]   Isermann, R.: *Mechatronische Systeme*, Springer-Verlag, Berlin/Heidelberg, 2.Auflage 2008

[60]   Isermann, R.: *Digitale Regelsysteme*, Springer-Verlag, Berlin / Heidelberg, Band I, 1988, Band II, 2. Auflage 2001

[61]   Isermann, R.: *Identifikation dynamischer Systeme*, Band I, II, 2. Auflage, Springer-Verlag, Berlin / Heidelberg, 1992

[62]   Jaanineh, G, Maijohann, M.: *Fuzzy-Logik und Fuzzy-Control*, Vogel Buchverlag, Würzburg, 1996

[63]   Janschek, K.: *Systementwurf mechatronischer Systeme*, Springer-Verlag, Berlin / Heidelberg, 2010

[64]   Jaschek, H.; Schwinn, W.: *Übungsaufgaben zum Grundkurs der Regelungstechnik*. Verlag Oldenbourg, München, 7. Auflage, 2002

[65]   Jaschek, H.: Voos, H.: *Grundkurs der Regelungstechnik*, R. Oldenbourg Verlag, München / Wien, 15. Auflage, 2010 (Begründet von Ludwig Merz)

[66]   Jörgl, P.: *Repetitorium Regelungstechnik*, R. Oldenbourg Verlag, München / Wien, 2. Auflage, Band 1, 1995, Band 2, 1998

[67]   Kahlert, J.: *Crash-Kurs Regelungstechnik. Eine praxisorientierte Einführung mit Begleit-Software*, VDE-Verlag, Berlin / Offenbach, 2010

[68] Kahlert, J.: *Fuzzy-Control für Ingenieure*, Verlag Vieweg, Wiesbaden, 1999

[69] Kahlert, J.: *Einführung in WinFACT*, Fachbuchverlag Leipzig im Carl Hanser Verlag, 2009

[70] Kahlert, J.; Frank, H.: *Fuzzy-Logik und Fuzzy-Control*, Verlag Vieweg, Wiesbaden, 2. Auflage, 1994

[71] Karrenberg, U.: *Signale, Prozesse, Systeme*, Springer-Verlag, Berlin, Heidelberg, New York, 5. Auflage, 2009

[72] Kiendl, H.: *Fuzzy-Control methodenorientiert*, R. Oldenbourg Verlag, München / Wien, 1997

[73] Kilian, Ch.: *Modern Control Technology*, Cengage Delmar Learning, (engl), 2005

[74] Korn, U.; Jumar, U.: *PI-Mehrgrößenregler*, R. Oldenbourg Verlag, München / Wien, 1991

[75] Korn, U.; Wilfert, H.-H.: *Mehrgrößenregelungen*, Verlag Technik Berlin, 1982

[76] Kuhn, U.: *Eine praxisnahe Einstellregel für PID-Regler: Die T-Summen-Regel*, in: Automatisierungstechnische Praxis 37 (1995), H.5, S.10-16

[77] Landgraf, Chr.; Schneider G.: *Elemente der Regelungstechnik*, Springer-Verlag Berlin, Heidelberg, New York, 1970

[78] Langmann, R. (Hrsg.): *Taschenbuch der Automatisierung*. 2. Auflage, Fachbuchverlag Leipzig im Carl Hanser Verlag, München, 2010

[79] Latzel, W.: *Einführung in die digitale Regelungen*, Verlag VDI, Düsseldorf, 1995

[80] Lekkas, G.; Büchi, R.: *Regelunsgtechnik*. Lehtunterlagen, Zürcher Hochschule für Angewandte Wissenschaften (ZHAW), Winterthur, 2010

[81] Lenze, B.: *Einführung in die Fourier-Analysis*, Logos Verlag, Berlin, 2000

[82] Leonhard, W.: *Einführung in die Regelungstechnik*, Vcrlag Vieweg, Braunschweig, 6. Auflage, 1992

[83] Leonhard, W.; Schnieder, E.: *Aufgabensammlung zur Regelungstechnik*, Verlag Vieweg, Braunschweig / Wiesbaden, 1992

[84] Litz, L.: *Grundlagen der Automatisierungstechnik*, Oldenbourg Verlag, 2. Auflage, 2013

[85] Lunze, J.: *Automatisierungstechnik*, Oldenbourg Verlag, München, 2003

[86] Lunze, J.: *Regelungstechnik,* Springer-Verlag, Berlin / Heidelberg, Band 1, 8. Auflage, 2010, Band 2, 6. Auflage, 2010

[87] Lutz, H.; Wendt, W.: *Taschenbuch der Regelungstechnik*, Verlag Harri Deutsch, Frankfurt am Main, 7. Auflage, 2007

[88] Mann, H.; Schiffelgen, H.; Froriep, R.: *Einführung in die Regelungstechnik*, Verlag Hanser, München / Wien, 10. Auflage, 2005

[89] Merz, L.; Jaschek, H., Voos, H.: *Grundkurs der Regelungstechnik*. Verlag R. Oldenbourg, München / Wien, 15. Auflage, 2009

[90] Michels, K; Klawonn, F.; Kruse, R.; Nürnberger, A.: *Fuzzy-Regelung*, Springer-Verlag, Berlin / Heidelberg, 2003

[91]   Mille, R.: *Rapid Control Prototyping eines ASA-Controllers mit MATLAB PLC Coder*,
       Verlag Dr. Zacher, Stuttgart, 2017. ISBN 978-3-937638-28-7

[92]   Nollau, R.: *Modellierung und Simulation technischer Systeme*, Springer-Verlag, Berlin /
       Heidelberg, 2009

[93]   Norgaard, M; Ravn, O; Paulsen, N.K; Hansen, L.K: *Neural Networks for Modelling and
       Control of Dynamic Systems*, Springer-Verlag, Berlin /Heidelberg, 2th Edition (engl), 2000

[94]   Ogata, K.: *Modern Control Engineering*, Prentice Hall Inc., Englewood Cliffs, 4th Edition
       (engl), 2001

[95]   Oppelt, W.: *Kleines Handbuch technischer Regelvorgänge*, Verlag Chemie GmbH, Wein-
       heim/Bergstraße, 5. Auflage, 1972

[96]   Orlowski, R.F.: *Praktische Regelungstechnik*, Springer-Verlag, Berlin / Heidelberg,
       7. Auflage, 2008

[97]   Palm, R.; Driankov, D.; Hellendoorn: *Model Based Fuzzy Control*, Springer-Verlag, Ber-
       lin / Heidelberg, (engl), 1997

[98]   Philippsen, H.-W.: *Einstieg in die Regelungstechnik*, Fachbuchverlag Leipzig im Carl
       Hanser Verlag, München / Wien, 2004

[99]   Pietruszka, W. D.: *MATLAB® und Simulink® in der Ingenieurpraxis*. Verlag Vieweg-
       Teubner, Wiesbaden, 3. Auflage, 2012

[100] Preuß, W.: *Funktionaltransformationen, Fourier-, Laplace- und Z-Transformationen*,
       Hanser Verlag, München / Wien, 2002

[101] Reinisch, K.: *Analyse und Synthese kontinuierlicher Steuerungs- und Regelungssysteme*,
       Verlag Technik, Berlin, 1996

[102] Reinisch, K.: *Analyse und Synthese kontinuierlicher Steuerungssysteme*, Verlag Hüthig,
       Heidelberg, 1980

[103] Reinisch, K.: *Kybernetische Grundlagen und Beschreibung kontinuierlicher Systeme*,
       Verlag Technik Berlin, 1974

[104] Reinschke, K.: *Lineare Regelungs- und Steuerungstheorie*, Springer-Verlag, Berlin / Hei-
       delberg, 2006

[105] Reuther, K.-H.: *Grundlagen der Regelungstechnik*, Shaker Verlag, Aachen, 2003

[106] Richalet, J.; O'Donovan, D.: *Predictive Functional Control, Principles and Industrial
       Applications (Advances in Industrial Control)*, Springer-Verlag, London, 2009

[107] Roth, G.: *Regelungstechnik*, Verlag Hüthig, Heidelberg, 2. Auflage, 2001

[108] Samal, E.; Becker, W.: *Grundriß der praktischen Regelungstechnik*, Verlag R. Olden-
       bourg, München / Wien, 21. Auflage, 2004

[109] Scherf, H. E.: *Modellbildung und Simulation dynamischer Systeme*, Verlag R. Olden-
       bourg, München / Wien, 3. Auflage, 2007

[110] Schlitt, H.: *Regelungstechnik*, Vogel Buchverlag, Würzburg, 2. Auflage, 1993

[111] Schlüter, G.: *Regelung technischer Systeme interaktiv*, Fachbuchverlag Leipzig im Carl
       Hanser Verlag, München / Wien, 2001

[112] Schlüter, G.: *Digitale Regelungstechnik interaktiv*, Fachbuchverlag Leipzig im Carl Hanser Verlag, München / Wien, 2000

[113] Schneider, W.: *Praktische Regelungstechnik. Ein Lehr- und Übungsbuch für Nicht-Elektrotechniker*, Verlag Vieweg, Wiesbaden, 3. Auflage, 2008

[114] Schneider, W.: *Regelungstechnik für Maschinenbauer*, Verlag Vieweg, Wiesbaden, 2. Auflage, 2002

[115] Schröder, D.: *Intelligente Verfahren. Identifikation und Regelung nichtlinearer Systeme*, Springer-Verlag, Heidelberg, 2010

[116] Schulz, D.: *Praktische Regelungstechnik*, Verlag Hüthig, Heidelberg, 1994

[117] Schulz, G.: *Regelungstechnik*, R. Oldenbourg Verlag, München / Wien, Band 1, 4.Auflage, 2010; Band 2, 2.Auflage, 2008

[118] Schöneburg, E. (Hrsg): *Industrielle Anwendung Neuronaler Netze*, Addison-Wesley Publishing Company, Bonn / Paris, 1993

[119] Siegert, H.-J.: *Simulation zeitdiskreter Systeme*, Band 1-4, R. Oldenbourg Verlag, München / Wien, 1991

[120] Silva, G.; Datta, A; Bhattacharyya S.P.: *PID Controllers for Time Delay Systems*, Birkhäuser, Boston,(engl), 2004

[121] Skogestad, S.; Postlethwaite, I.: *Multivariable Feedback Control: Analysis and Design*, Wiley-Interscience, 2th Edition (engl), 2005

[122] Solodownikow, W.; Plotnikow, W.; Jakowlew, A.: *Theorie der automatischen Regelung von technischen Systemen*, Verlag MGTU, Moskau, (russ), 1993

[123] Solodownikow, W.: *Stetige Lineare Systeme*, Verlag Technik Berlin, 1972

[124] Stein, U.: *Einstieg in das Programmieren mit MATLAB*, Carl Hanser Verlag, 2009

[125] Strohrmann, G.: *Automatisierungstechnik*, Verlag R.Oldenbourg, München / Wien, Band 1-2, 4 .Auflage, 1998

[126] Thoma, M.: *Theorie linearer Regelsysteme*, Verlag Vieweg, Braunschweig, 1973

[127] Tilli, T.: *Automatisierung mit Fuzzy-Logik*, Franzis-Verlag, München, 1992

[128] Töpfer, H.; Besch, P.: *Grundlagen der Automatisierungstechnik*, Verlag Hanser, München / Wien, 2. Auflage, 1990

[129] Töpfer, H.; Kriesel, W.: *Funktionseinheiten der Automatisierungstechnik*, Verlag Technik Berlin, 1977

[130] Töpfer, H.; Rudert, S.: *Einführung in die Automatisierungstechnik*, Verlag Technik Berlin, 1976

[131] Tröster, F.: *Steuerungs- und Regelungstechnik für Ingenieure*, Verlag R. Oldenbourg, München / Wien, 3.Auflage, 2010

[132] Unbehauen, H.: *Klassische Verfahren zur Analyse und Synthese linearer kontinuierlicher Regelsysteme, Fuzzy-Regelsysteme*, Verlag Vieweg, Wiesbaden, 12. 2002

[133] Unbehauen, H.: *Systemtheorie*, Verlag R. Oldenbourg, München, Band I, 8. Auflage 2002, Band 2, 7. Auflage, 1998

[134] Unbehauen, H.: *Regelungstechnik.* Band 1-3, Verlag Vieweg, Wiesbaden, Bd. 1, 13. Auflage, 2005, Bd. 2, 9. Auflage, 2007, Bd. 3, 6. Auflage, 2000

[135] Unger, J.: *Einführung in die Regelungstechnik*, Verlag B.G. Teubner, Wiesbaden 3. Auflage, 2004

[136] Walter, H.: *Grundkurs Regelungstechnik*, Verlag Vieweg+Teubner, 2. Auflage, Wiesbaden, 2009

[137] Weber, W.: *Industrieroboter. Methoden der Steuerung und Regelung*, Fachbuchverlag Leipzig im Carl Hanser Verlag, München / Wien, 2002

[138] Wegener, A: *Analoge Regelungstechnik*, Fachbuchverlag Leipzig im Carl Hanser Verlag, München / Wien, 1995

[139] Weinmann, A.: *Test- und Prüfungsaufgaben Regelungstechnik.* Verlag Springer Wien New York, 2. Auflage, 2007

[140] Zacher, S.: *Regelungstechnik Aufgaben*, Verlag Dr. Zacher, Stuttgart, 4. Auflage, 2017

[141] Zacher, S.: *Bus-Approach for MIMO-Control. New Methods of Control Theory.* Verlag Dr. Zacher, Wiesbaden, (engl.), 2013

[142] Zacher, S.: *Regelungstechnik mit Data Stream Management.* Springer Vieweg Verlag, Wiesbaden, 2021

[143] Zacher, S.: *Übungsbuch Regelungstechnik*, Springer-Verlag, Wiesbaden, 6. Auflage, 2017

[144] Zacher, S.: *Drei-Bode-Plots-Verfahren für Regelungstechnik.* Springer Vieweg Verlag, Wiesbaden, 2020

[145] Zacher, S.; Saeed, W.: *Design of multivariable control systems using Antisystem-Approach*, -in: 7. Fachkolloquium AALE 2010, Wien, S. 201-209

[146] Zacher, S.: *Surf-Feedback Control.* Automation-Letter N42, Verlag Dr. Zacher, Stuttgart, 03.01.2021, https://www.zacher-international.com/Automation_Letters/42_Surf_Control.pdf

[147] Zacher, S.: *Duale Regelungstechnik*, VDE-Verlag, Berlin / Offenbach, 2003

[148] Zacher, S. (Hrsg): *Automatisierungstechnik kompakt*, Verlag Vieweg, Braunschweig / Wiesbaden, 2000

[149] Zacher, S.: *SPS-Programmierung mit Funktionsbausteinsprache*, VDE-Verlag, Berlin / Offenbach, 2000

[150] Zakharian, S.; Ladewig-Riebler, P.; Thoer, S.: *Neuronale Netze für Ingenieure, Arbeitsbuch für regelungstechnische Anwendungen*, Verlag Vieweg, Wiesbaden, 1998

[151] Zastrow, F.; Werner, J.-H.: *Messen, Steuern und Regeln mit dem Personal Computer*, expert-Verlag, 1994

[152] Zimmermann, H.-J.; von Altrock, C.: *Fuzzy-Logic*, Verlag R. Oldenbourg, München, Band II, 2002

English-German Symbols Directory

A	area, cross-section, cross-sectional area, magnitude	Fläche, Querschnitt, Amplitude
A_R	gain margin	Betragsreserve (Amplitudenreserve)
$a_0, a_1...$	coefficients of differential equations and transfer functions (for output)	Koeffizienten von Differentialgleichungen und Übertragungsfunktionen (bezogen auf Ausgangsgröße)
b	damping factor	Dämpfungskonstante
$b_0, b_1...$	coefficients of differential equations and transfer functions (for input)	Koeffizienten von Differentialgleichungen und Übertragungsfunktionen (bezogen auf Eingangsgröße)
C	capacitor, concentration	Kapazität, Kondensator, Konzentration
C_0	binding factor, coefficient, integration constant	Koppelfaktor, Koeffizient, Integrationskonstante
c	spring constant, specific heat	Federkonstante, spezifische Wärme
D	damping, determinant	Dämpfungsgrad, Determinante
d	thickness, reference output of neuron	Dicke, Sollwert eines Neuronausgangs
E	output error of an artificial neural network	Fehler eines künstlichen neuronalen Netzes
e	error, control deviation	Regeldifferenz
$e(\infty)$	retained error	bleibende Regeldifferenz $e(t)$ bei $t \to \infty$
F	force	Kraft
f	function, frequency	Funktion, Frequenz
G	compliance degree of a fuzzy-rule, also matrix	Erfüllungsgrad einer Fuzzy-Regel, auch Matrix
$G(j\omega)$ $\lvert G(j\omega)\rvert$	frequency response and its absolute value	Frequenzgang und dessen Betrag
$\lvert G(j\omega)\rvert_{dB}$	amplitude response of bode-plot in decibel	Amplitudengang im Bode-Diagramm in Dezibel: $\lvert G(j\omega)\rvert_{dB} = 20 \cdot \log\lvert G(j\omega)\rvert$
$G(s)$	transfer function	Übertragungsfunktion

© Springer Fachmedien Wiesbaden GmbH, ein Teil von Springer Nature 2022
S. Zacher und M. Reuter, *Regelungstechnik für Ingenieure*,
https://doi.org/10.1007/978-3-658-36407-6

$G(z)$	z-transfer function	z-Übertragungsfunktion
$G_{\text{gesch}}(s)$	closed-loop transfer function	Übertragungsfunktion des geschlossenen Kreises
$G_{\text{H}}(s)$	transfer function of hold	Übertragungsfunktion des Haltegliedes
$G_{\text{HS}}(z)$	z-transfer function of a plant with the hold	z-Übertragungsfunktion einer Strecke mit dem Halteglied
$G_0(s)$	open loop transfer function	Übertragungsfunktion des aufgeschnittenen Kreises
$G_{\text{M}}(s)$	desired closed-loop transfer function	Übertragungsfunktion des gewünschten Regelverhaltens
$G_{\text{R}}(s)$	controller's transfer function	Übertragungsfunktion der Regeleinrichtung
$G_{\text{S}}(s)$	plant's transfer function	Übertragungsfunktion der Regelstrecke
$G_{\text{vorw}}(s)$	feed-forward transfer function	Übertragungsfunktion des Vorwärtszweigs
$G_{\text{w}}(s)$	closed-loop transfer function by reference step	Führungsübertragungsfunktion
$G_{\text{z}}(s)$	closed-loop transfer function by disturbance step	Störübertragungsfunktion
g	impuls response, gravitational constant	Gewichtsfunktion, Erdbeschleunigung
H	height, level, magnetizing force	Höhe, Füllstandshöhe, magnetische Feldstärke
h	distance, height (deviation from operating point), transient response	Abstand, Höhe (Abweichung vom Arbeitspunkt), Übergangsfunktion
I	unit matrix	Einheitsmatrix
i	electric current	Strom
i_{a}	armature current	Ankerstrom
i_{e}	field current	Erregerstrom
J	inertial torque	Massenträgheitsmoment
j	imaginary unit	imaginäre Einheit $j = \sqrt{-1}$

K	gain, coefficient, factor, constant	Übertragungsbeiwerte, Koeffizienten, Konstante
K_D	differentiation transfer factor	Differenzierbeiwert
K_I	integration transfer factor	Integrierbeiwert
K_{kr}	critical gain	kritischer Proportionalbeiwert
K_0	gain of the open loop	Kreisverstärkung
K_P	gain	Proportionalbeiwert
K_{PR}	controller gain	Proportionalbeiwert des Reglers
K_{Pr}	gain of smith-predictor	Proportionalbeiwert des *Smith*-Prädiktors
K_{PS}	plant's gain, transfer factor	Proportionalbeiwert der Strecke
K_{Pw}	gain of the closed loop by reference response	Proportionalbeiwert des geschlossenen Kreises (Führungsverhalten)
K_{PSy}	transfer factor of the plant (gain) by input step	Proportionalbeiwert der Strecke beim Stellverhalten
K_{PSz}	transfer factor of the plant (gain) by disturbance step	Proportionalbeiwert der Strecke beim Störverhalten
K_S	transfer factor (gain) of the plant	Übertragungsbeiwert der Strecke
k	heat transmission coefficient, also constant	Wärmedurchgangszahl, Konstante
L	power, performance, inductivity, also lenght	Leistung, Induktivität, Länge
$L[...]$	Laplace-transform of [...]	Laplace-Transformierte von [...]
l	length	Länge
M	mass, weight, also torque	Masse, Moment
m	order of numerator's polynomial, also mass	Ordnung des Zählerpolynoms der Übertragungsfunktion, Masse
N	number of turns of a winding	Windungszahl einer Wicklung
$N(s)$	denominator's polynomial	Nennerpolynom
$N(\hat{x}_e)$	discribing function	Beschreibungsfunktion

n	revolutions per minute (RPM), also number of halfwaves, degree of transfer function	Drehzahl, Anzahl von Halbwellen, Ordnung der Übertragungsfunktion
n_i	number of zero-poles	Anzahl der Pole auf der imaginären Achse
n_l	number of negativ poles	Anzahl der Pole in der linken s-Ebene
n_r	number of positiv poles	Anzahl der Pole in der rechten s-Ebene
P	power, pressure	Leistung, Druck
$P(w)$	w-characteristic polynomial (in w-domain)	Polynom der charakteristischen Gleichung im w-Bereich
$P(z)$	z-characteristic polynomial (in z-domain)	Polynom der charakteristischen Gleichung im z-Bereich
P_e	electrical heating power	elektrische Heizleistung
p	pressure, also pole	Druck, Polstelle
Q	heat quantity, flow intencity, performance index	Wärmemenge, Durchflußmenge, Güteindex
Q_{abs}	integral of absolute error	Betrag der linearen Regelfläche
Q_{ITAE}	intergral of time multiplied by absolute error	zeitgewichtete Betragsfläche
Q_{lin}	integral of error	lineare Regelfläche
Q_{sqr}	intergral of quadratic error	quadratische Regelfläche
q	flow	Durchfluss
R	resistor, also gas constant	elektrischer bzw. magnetischer Widerstand, Gaskonstante
R_F	static error ratio	statischer Regelfaktor
r	radius	Radius
$S_0, S_1...$	intersection points of Nyquist- or Bode plot	Schnittpunkte der Ortskurve bzw. des *Bode*-Diagramms
s	complex variable	komplexe Variable $s = \sigma + j\omega$
s_N	zero	Nullstelle
s_P	pole	Polstelle
T	time constant, period (lenght, duration)	Zeitkonstante, Periodendauer

T_A	sample data period, scan period	Abtastzeit
T_{an}, T_{aus}	rise time, settling time	Anregelzeit, Ausregelzeit
T_E	equivalent time constant	Ersatzzeitkonstante
T_e	period duration of oscillations	Schwingungsperiode
T_g	time delay of the plant	Ausgleichszeit
T_I	integration time constant	Integrierzeit
T_n	reset time	Nachstellzeit
T_R	time delay of controller	Verzögerungszeitkonstante des Reglers
T_t	dead (delay) time	Totzeit
T_u	dead time of the plant	Verzugszeit
T_v	derivative time, rate time	Vorhaltzeit
t	time	Zeit
t_a	time when off	Ausschaltzeit
t_e	time when on	Einschaltzeit
t_w	turning point's coordinate	Koordinate des Wendepunktes
t_{10}, t_{50}...	time percentage points of steady output's state value (10%, 50% ...)	Zeitpunkte für die Regelgröße von 10%, 50% ... stationäres Wertes
U	voltage	Spannung
u	voltage deviation from operating point	zeitlich veränderliche Spannung (Abweichung vom Arbeitspunkt)
u_D	amplifier differential input mode	Differenzspannung des Operationsverstärkers
V	valve, volume, also gain	Ventil, Volumen, Verstärkungsgrad
$V(s)$	MIMO transfer function in V-canonical form	Übertragungsfunktion einer Mehrgrößenstrecke in V-kanonischer Struktur
v	velocity, also output of hidden neuron	Geschwindigkeit, Ausgang verdecktes Neurons
W	weight of neuron	Gewicht eines Neurons

w	reference signal, set-point, bilinear transform operator	Führungsgröße, Sollwert, Operator der bilinearen Transformation
w_0	reference step value	Höhe des Sollwertsprungs
X	controlled variable, plant output, also distance	Regelgröße, Weg
X_h	controller ranges	Regelbereich
x	controlled variable (deviation from operating point), distance	Regelgröße (Abweichung vom Arbeitspunkt), Weg
$x(t)$	step response	Sprungantwort
$x(\infty)$	steady state value	Beharrungswert bei $t \to \infty$
x_a	output	Ausgangsgröße (allgemein)
$\hat{x}_a$	output magnitude	Amplitude der Ausgangsgröße
x_B	saturation margin (zone)	Sättigungszone
x_E	final value	Endwert
x_e	input	Eingangsgröße (allgemein)
x_{e0}	input step	Eingangssprung
$\hat{x}_e$	input magnitude	Amplitude der Eingangsgröße
$2x_L$	hysteresis (width)	Hysteresebreite
x_{MA}	average deviation	Mittelwertabweichung
x_m	overshoot (peak)	Überschwingweite
$2x_0$	oscillation margin (width)	Schwankungsbreite
x_r	feedback (signal)	Rückführgröße
x_s	set-point	Sollwert
x_t	dead zone	tote Zone
x_{50}	time-percentage characteristic	Zeit-Prozentkennwert
Y_h	actuating ranges	Stellbereich
Y_0	actuating signal in operating point	Stellgröße im Arbeitspunkt

y	actuating signal	Stellgröße
y_R	controller output, also average (value)	Stellgröße am Ausgang der Regeleinrichtung, Mittelwert
$\bar{y}_R(t)$	average of pulse	Mittelwert der Impulsfunktion $y_R(t)$
Z	disturbance, impedance	Störgröße, auch Impedanz
Z_0	disturbance in operating point	Störgröße im Arbeitspunkt
$Z[...]$	z-transform of [...]	Laplace-Transformierte von [...]
$Z(s)$	numerator polynomial	Zählerpolynom
z	disturbance, complex operator of z-transform, zero using MATLAB	Störgröße, komplexe Variable bei z-Transformation, Nullstelle bei MATLAB-Anwendungen
z_0	disturbance step value	Höhe des Störsprungs

Greek characters

α	ring out factor, activity, scaling factor, angle	Abklingkonstante, Aktivierung, Skalierungsfaktor, Winkel
β	characteristic angular frequency, frequency of undamped system, also time scaling, neuron activity	Kennkreisfrequenz, Kreisfrequenz des ungedämpften Systems, Zeitskalierungsfaktor, auch Aktivierung eines Neurons
γ	specific weight	spezifisches Gewicht
Δ	deviation	Kennzeichnung von Größenänderung
δ	pulse, impulse response	Impulsfunktion
η	toughness of gas, also learning factor	Zähigkeit von Gasen, auch Lernschrittkonstante
ϑ	temperature	Temperatur
λ	roots of homogenious differential equation	Wurzel der homogenen Differentialgleichung, Wärmeleitfähigkeit
$\mu(...)$	membership function	Zugehörigkeitsfunktion
ρ	density	Dichte
σ	unit step	Einheitssprung
τ	time	Zeit

υ	number of intersections of Nyquist- or Bode-plot	Anzahl der Schnittpunkte der Ortskurve bzw. des Phasengangs
Φ	heat flow, flow, also field current	Wärmestrom, Fluss, auch Erregerfluss
φ	angle, phase shift	Winkel, Phasenverschiebungswinkel
φ_{Rd}	phase margin	Phasenreserve
$\varphi(\omega)$	phase response	Phasengang
ω	angular frequency	Kreisfrequenz, Winkelgeschwindigkeit
ω_d	crossover (angular) frequency	Durchtritts(kreis)frequenz
ω_E	break angular frequency	Eck(kreis)frequenz
ω_e	mode angular frequency	Eigenkreisfrequenz
ω_{kr}	critical angular frequency	kritische Kreisfrequenz

Subindexes

A	armature-	Anker-
a	outflow-, propagation-	Abfluss- , Ausbreitung-
akt	current value	aktueller Wert
C	spring- , capacitor-	Feder- , Kondensator-
D	damper-, differentiating-	Dämpfer- , Differenzier-
G	weight-	Gewicht-
HT	higher-lower	Höher-Tiefer
M	motor-, torque-	Motor- , Moment-
m.R. / o.R.	loop-performance „with controller" / „without controller"	„mit Regler"/ „ohne Regler"-Verhalten
n, p	negative, positive	negativ, positiv
0	initial point, operating point, open loop, no load	Anfangspunkt- , Arbeitspunkt- , aufgeschnittener (offener) Kreis, Leerelauf
TG	tachogenerator-	Tachogenerator-
W	water-	Wasser-

Fachwörter Deutsch-Englisch

A

Abfluss	outflow
Abgas	waste gas
Abgeleitete Funktionsbausteine	derived functionsbloks
Abklingkonstante	ring out (fade out) factor
Abkühlung	cooling, refrigeration
Abkühlungskurve	cooling curve
Ableitung (Zeitableitung)	derivative (time derivative)
abschalten	cut off, disable, deactivate, switch off
Abschaltkurve	power down curve
Abstand	distance
Abtast- und Halteglied	sample & hold
Abtastfrequenz	sampling rate, sampling frequency
Abtastzeit	sampled-data period (time), scan period
Abweichung	deviation
A/D-Wandler	A-to-D converter, analog/digital converter
aktueller Wert	current value
Allpass	all-pass
Amplitude	magnitude, amplitude
Amplitudengang	magnitude plot, amplitude response
Amplitudenreserve	gain margin
Anfangsbedingung	initial condition
Ankerstrom	armature current
A-Netz	action-network
Anregelzeit	rise time
Antenne	antenna
Anti-Windup-Maßnahme	anti-windup arrangement
Antrieb	drive
Anzahl	number
aperiodisch	aperiodic
Arbeitspunkt	operating point
aufgeschnittener Regelkreis	open (control) loop
Auflösung (digital)	resolution (digital)

© Springer Fachmedien Wiesbaden GmbH, ein Teil von Springer Nature 2022
S. Zacher und M. Reuter, *Regelungstechnik für Ingenieure*,
https://doi.org/10.1007/978-3-658-36407-6

Ausgleich	equalization, compensation
Ausgleichszeit	equalizing (compensating) time
Ausregelzeit	settling time
ausschalten	turn off, disconnect, switch off

B

Begrenzung	limitation, restriction
Beharrungswert	steady-state value
Beharrungszustand (Ruhelage)	equilibrium state
Beiwert	coefficient
Beschreibungsfunktion	describing function
Betrag	absolute value
Betragsoptimum	optimum magnitude
Beobachter	observer
Bildbereich	complex variable domain
bleibende Regeldifferenz	retained error, steady state error
Bode-Diagramm	bode-plot
Brückenschaltung	bridge circuit

C

CAE	Computer-Aided-Engineering
charakteristische Gleichung	characteristic equation
charakteristisches Polynom	characteristic polynomial

D

Dämpfung	damping
Dämpfungsgrad	damping factor
D-Anteil	derivative term
D/A-Wandler	D-to-A converter, digital/analog converter
Datenaustausch	data interchange
Dauerschwingung	undamped oscillation
Defuzzifizierung	defuzzification
Dekade	decade
Determinante	determinant
Dezibel	decibel
Dicke	thickness

Differentialgleichung	differential equation
Differenzierungsbeiwert	differentiation coefficient
Drehmoment	torque
Drehzahl	revolutions per minute, RPM
Drehzahlregelung	revolution (speed) control
Dreieck-Zugehörigkeitsfunktion	triangle membership function
Dreipunktregler	three-step controller
Drossel (induktiv.)	inductor
Drosselklappe	choke flap
Druck	pressure
Dynamik	dynamic
Durchfluss	flow
Durchflußmenge	flow intencity
Durchmesser	diameter
Durchtrittsfrequenz	crossover frequency
Düse	nozzle

E

Eckfrequenz	corner frequency
Eigenfrequenz	oscillation frequency
Eigenvorgang	mode
Eingangsfunktion	input function, immitanz
Eingangsgröße	input (quantity immitanz) variable
Einheitsimpuls	unit discrete pulse
Einheitskreis	unit circle
Einheitsmatrix	unit matrix
Einheitssprung	unit step
Einschwingvorgang	building-up transient
Einstellung	tuning
elektronischer Verstärker	electronics amplifier
Empfindlichkeit	sensivity
Endwert	final value
E-Netz	emulator network
Entkopplungsmatrix	decoupling matrix
Entwurf	design
Erdbeschleunigung	gravitational constant, acceleration of gravity,

Erfüllungsgrad	compliance (degree)
Erfüllungsgrad von Fuzzy-Regeln	compliance degree of fuzzy-rules
Erregerkreis	field (energizing) circuit
Erregerstrom	field current
Ersatzzeitkonstante	equivalent time constant
Erwärmungskurve	heating curve

F

Faltungssatz	convolution theorem
Farbstoff	colorant
Feder	spring
Federkonstante	spring constant
Federkraft	spring-damping system
Feder-Dämpfer-System	spring force
Fehler	error
Fehlerdiagnose	fault diagnosis
Fehlerkorrektur	error correction
Festwertregelung	set-value control, fixed command control
Fläche	area
Flüssigkeit	liquid
Folge	sequence, progression
Folgeregler	follow-up (tracking, servo) controller
Fourier-Transformation	Fourier transform
Frequenz	frequency
Frequenzbereich	frequency domain
Frequenzgang	frequency response
Frequenzkennlinie	frequency characteristic
Funktionsbausteinsprache (FBS)	functions block diagram (FBD)
Funktionsbausteine	elementary functions blocks
Führungsgröße	reference signal (value), set-point
Führungsregler	master controller
Führungsübertragungsfunktion	reference transfer function
Führungsverhalten	reference performance, common response
Füllstandshöhe	filling level
Funktion	function
Fuzzy-Regel	fuzzy rule

G

Gegenkopplung	negative feedback
Generator	generator
Storm-	electric generator
Wechselstrom-	as generator
Gleichstrom-	dc generator
Geschwindigkeitsalgorithmus	rate (velocity) algorithm
Gewicht	weight
Gewichtsfunktion	impulse response
Gewichtskoeffizient	weight factor
Gleichgewicht	equilibrium
Gleichstrom	dc (direct current)
Grenze	limit, bound
Grenzfall	borderline case, worst case
Grundlast	base load
Grundstrukturen	framework, basic structure
Güte	Q-factor, quality
Güteindex	performance index
Gütekriterium	control criterion

H

Halbwelle	halfwave
Halteglied	hold
Handregelung	manual control
Hauptregelkreis	main control loop
Heizleistung	heatpower
Hilfsregelgröße	objective (secondary) controlled variable
HIL-Simulation	hardware-in-the loop simulation
Hintereinander	in-line
Hintereinanderschaltung	series connection
Höhe	height
Höher-Tiefer Taster	high-low pushbutton
Hurwitz-Stabilitätskriterium	Hurwitz stability criterion
hydraulischer Regler	hydraulic controller

I

I-Glied	I-type system
imaginäre Einheit	imaginary unit
Impuls	pulse
Inferenz	inference
Integralkriterien	integrated criterion
Integrationskonstante	integration constant
Integrator	integrator
I-Regler	integral controller
ITAE	integral of time multiplied absolute value of error

K

kanonische Form	canonical form
Kapazität	capacitor
Kaskadenregelung	cascade (sequence) control
Kenngröße	characteristic
Kennkreisfrequenz	characteristic (identifications) angular frequency
Kennlinie	characteristic, diagram, graph
statische	static response
der Regelstrecke	characteristic curve of the plant
des Reglers	characteristic curve of the controller
Kennwert	characteristic (quantity), parameter
Knickfrequenz	break point frequency
Kompensation	compensation, pole-zero cancellation
vollständige	complete compensation
phasenanhebende	lead compensation
phasenabsenkende	lag compensation
komplexer Regelfaktor	complex error ratio
Kondensator	capacitor
Konfigurierung	configuration
Konzentration	concentration
Koppelstrecke	coupling block
Koppelfaktor	coupling factor

Korrekturglied	compensator
Korrespondenztabelle	correspondence table
Kraft	force
Kreisfrequenz	angular frequency
Kreisverstärkung	(closed) loop gain
kritisch	critical
Künstliche Neuronale Netze (KNN)	artificial neural networks (ANN)

L

Lageregelung	position control
Laplace-Operator	laplacian
Last	load
Lastmoment	load torque
Leistung	power, performance
Leistungsverstärker	power amplifier
Lernschrittweite	learning constant
Linearisierung	linearization
graphische-	graphical
analytische-	analytical
Linearität	linearity
linguistische Variable	linguistic variable
LSB	lcast significant bit
LZI-Glied	linear-timeinvariant block (LTI)

M

Magnetschwebekörper	body floating in magnet field
Masse	mass, weight
Massendurchfluss	mass flow
Massenträgheitsmoment	inertial torque, moment of inertia
maximale Überschwingweite	maximum overshoot
Mehrgrößenregelung	multivariate control
Menge	sets
scharfe	sharp
unscharfe	fuzzy
Messfühler	sensor, measuring set, measuring device
minimalphasiges System	minimumphase system

Mischbehälter	mixture container
Mitkopplung	positive feedback
Mittelwert	average (value)
Motor	engine

N

Nachstellzeit	reset time
Näherung	approximation
Nebenprodukt	byproduct
Nennlast	nominal load
Netz	network
Netzanschluss	power connection
Nichtlinearität	nonlinearity
Nivea	level
Normalform	(controllable, normalized) standard form
Normiert	normalized
Notausschalter	emergency switch
Nullstelle	zero
Nyquist-Stabilitätskriterium	Nyquist stability criterion

O

obere Grenze	upper limit
obere Kante	top edge
oberer Speicherbereich	high memory
Oberfläche	surface
Ofen	stove
ohmischer Widerstand	ohmic resistor
Ohmsches Gesetz	Ohm's low
Ölkühlung	oil cooling
Ordnung	order
OPC-Server	open process control server
Operationsverstärker	op amp (operational amplifier)
Optimierung	optimization
Ortskurve	locus, Nyquist-plot, Nyquist-contour

P

Parallelschaltung	parallel connection
Partialbruchzerlegung	partial fraction expansion
Pendel	pendulum
Periodendauer	period duration, period length
P-Glied	type 0 system
phasenabsenkendes Korrekturglied	lag compensator
phasenanhebendes Korrekturglied	lead compensator
Phasengang	phase response, (Bode) phase plot
Phasenreserve	phase margin
Phasenverschiebung	phase shift, phase deviation
Phasenwinkel	phase angle
PD-Regler	PD controller (proportional-plus-derivativ)
PID-Regler	PID controller (proportional-plus-integral-plus-derivative controller)
PI-Verhalten	proportional-plus-integral performance
P-kanonische Struktur	P-canonical form
pneumatisch gesteuert	pressure operated
pneumatischer Regler	pneumatic controller
Polpaar konjugiert	conjugate pole paar
Polstelle	pole
Polstellenverteilung	pole points distribution, partitioning
Polynom	polynomial
Positionsregelung	position control
P-Regler	proportional controller
Produktionssystem	manufacturing system
Proportionalbeiwert	gain

Q

quer	cross
Querschnitt	cross-section
Quecksilber	mercury
Quecksilbersäule	mercury column
Quadrat	square
Quadratfunktion	quadratic function

Qualität	quality
Quelldatei	source file

R

Rampenfunktion	ramp function, speed-of-response
Raumtemperatur	environmental temperature
Rauschen	noise
Reaktionskessel	reactive boiler
Reaktor	reactor
Rechteckregel	rectangle rule
Rechteck-Zugehörigkeitsfunktion	rectangle membership function
Regelabweichung	control deviation
Regelalgorithmus, digitaler	control algorithm, digital
Regelbarkeit	settability
Regelbasis	rule base
Regeldifferenz	error
Regeldifferenz, bleibende	(permanent) retained error
Regeleinrichtung	controller
Reglereinstellung	tuning (of controller)
Regelfaktor	error ratio
komplexer	complex error ratio
reeller / statischer	real /static error ratio
Regelfläche	performance index, (control area)
Regelgröße	controlled variable, also plant output
Regelkreis, digitaler	closed loop, digital
Regelstrecke	plant
Regelstrecke, instabile	plant, unstable
Regelung	feedback control, process control
Regelung, neuronale	neural control
Regelung, quasikontinuierliche	quasi continuous control
Regelverhalten	loop performance
Regler	controller
Reihenschaltung	series connection
Relais	relay
Resonanz	resonance
Rückführung	feedback

S

Sättigung	saturation
Satz	theorem
Schaltdifferenz	hysteresis
Schalter	switch
Scheibe	disk
Schnittfrequenz	crossover frequency
Schwebekörper	floating field
Schwellenwert	threshold value
Schwingungsversuch	oscillating experiment, try
Sicherheit	safety, security
Skalierung	scaling
Spannung	voltage
spezifisches Gewicht	specific weight
spezifische Wärme	specific heat
Sprungantwort, - funktion	step response, step function
Stabilität	stability
Stabilitätsgebiet	stability domain
Stabilitätsgrenze	stability bound
Stabilitätskriterium	stability criterion
Standardfunktion	standard function
stationäres Verhalten	steady-state response
statische Kennlinie	static diagam, input-output description
Stellglied	actuator, final control element
Stellgröße	actuating signal (variable), also plant input
Stellungsalgorithmus	stand (position) algorithm
Stellverhalten	actuator-input behaviour
Steuerbarkeit	controllability
Steuerung	open loop control, feedforward control
Störgröße	disturbance
Störgrößenaufschaltung	disturbance attenuation
Störgrößenvorregelung	disturbance feed-forward rejection
Störübertragungsfunktion	disturbance transfer function
Störverhalten	disturbance response (performance)
Strom	electric current
Symmetrisches Optimum	symmetric optimum

T

Taktgeber	timing generator
Taster	pushbutton
Temperaturregelung	temperature control
Thermoelement	thermocouple
Tiefpassfilter	lowpass filter
Toleranzbereich	tolerance range
Totzeit	dead time, time delay, latency
Trägheitsmoment	inertial torque
Trapezregel	trapezium rule
Treppenkurve	staircase curve, step curve

U

Übergangsfunktion	transient response
Überlagerungsprinzip	superposition principle
Überlauf	overflow
Überschwingung	overshoot
Überschwingweite	overshoot width, peak
Übersetzungswerte	translation, turns ratio
Übertragungsfunktion	transfer function
gewünschte-	desired transfer function
des Korrekturgliedes	correcting term transfer function
Umrichter	converter
unstetige Regelung	discontinuity control

V

Variable	variable
linguistische	linguistic variable
Ventil	valve
Vermaschte Regelung	mesh control
Vereinfachung	simplification, aggregation
Vergleichsstelle	comparison block
Verhalten	performance, response, behaviour
Verstärker	amplifier
Verstärkungsfaktor des offenen Kreises	open loop gain

verdeckte Neuronen	hidden neurons
Verzögerung	delay
Verzugszeit	delay time
V-kanonische Struktur	V-canonical form
Vorhaltzeit	rate time, derivative time
Vorwärtszweig	feed-forward path
Vorzeichenumkehr	sign inversion

W

Waage	balance
Wandler	converter, transducer
Wahrscheinlichkeit	probability
Wärmeaustauscher	heat exchanger
Wärmedurchgangszahl	heat transmission coefficient
Wärmemenge	heat quantity
Wärme, spezifische	specific heat
Welle (mech)	shaft
Welle (Schwingung)	wave
Wendepunkt	inflection point, turning point
Wendetangente	inflection point tangent
Werkstück	workpiece
Werkzeugmaschine	machine tool
Wert	value
Wicklung	winding
Widerstand (elektr.)	ohmic resistor
Windungszahl	number of turns
Winkel	angle
Winkeländerung	angle alteration, modification
Winkelgeschwindigkeitsregelung	angular velocity control
Winkelregelung	angle control
Wirkungsplan	block-diagram
Umformung	transformation of block diagram
Vereinfachung	simplification, aggregation
Wirkungsweg	action path
offener	open
geschlossener	closed
Wurzelortskurve	root locus

Z

Zähigkeit	toughness
Zähler / Nenner	numerator / denumerator
Zählerpolynom	numerator polynomial
z-Bereich	z-domain
z-Ebene	z-plane
Zeiger	pointer
Zeitbereich	time domain
Zeitkonstante	time constant
Zeit-Prozentkennwert	time-percentage characteristic
Zeitverhalten	time-response
Zentrifugalregulator	centrifugal controller
z-Übertragungsfunktion	z-transfer function
Zugehörigkeitsfunktion	membership function, fuzzy sets
Zustand	state
Zustandsraum	state space
Zustandsregelung	state space control
Zustandsrückführung	state feedback
Zustandsvariable	state space variable
Zweipunktregler	two-point controller
Zweitanksystem	two tank system
Zykluszeit	cycle time

Sachwortverzeichnis

© Springer Fachmedien Wiesbaden GmbH, ein Teil von Springer Nature 2022
S. Zacher und M. Reuter, *Regelungstechnik für Ingenieure*,
https://doi.org/10.1007/978-3-658-36407-6

Printed in the United States
by Baker & Taylor Publisher Services